MANUEL

DE MALACOLOGIE

ET

DE CONCHYLIOLOGIE.

LE NORMANT FILS, IMPRIMEUR DU ROI,
rue de Seine, n° 8.

MANUEL
DE MALACOLOGIE

ET

DE CONCHYLIOLOGIE;

CONTENANT :

1º Une Histoire abrégée de cette partie de la zoologie ; des Considérations générales sur l'anatomie, la physiologie et l'histoire naturelle des Malacozoaires, avec un catalogue des principaux auteurs qui s'en sont occupés.

2º Des principes de Conchyliologie, avec une histoire abrégée de cet art et un catalogue raisonné des auteurs principaux qui en traitent.

3º Un système général de Malacologie tiré à la fois de l'animal et de sa coquille, dans une dépendance réciproque, avec la figure d'une espèce de chaque genre.

PAR H. M. Ducrotay DE BLAINVILLE,

Professeur d'anatomie, de physiologie comparées et de zoologie à la Faculté des sciences de Paris.

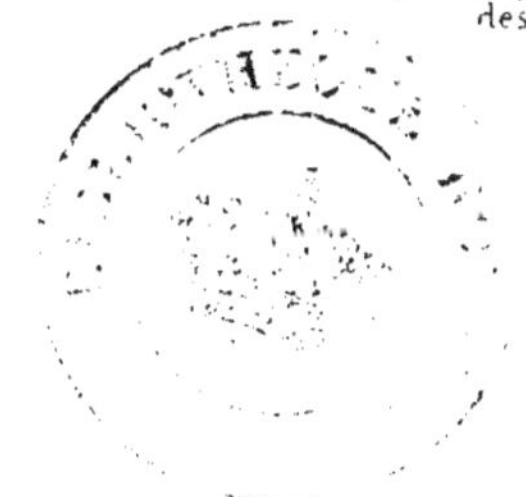

PARIS.

F. G. LEVRAULT, LIBRAIRE,
ÉDITEUR DU DICTIONNAIRE DES SCIENCES NATURELLES,
RUE DE LA HARPE, Nº 81.

STRASBOURG.

MÊME MAISON, RUE DES JUIFS, Nº 33.

1825.

AVERTISSEMENT.

Cet ouvrage fut entrepris pour le supplément de
l'*Encyolopédie Britannique* presqu'à mon retour
d'Angleterre en 1814, et par suite complètement
exécuté et traduit en anglois, à la prière de M. le
docteur Leach. Je lui en envoyai le manuscrit
en 1816 avec un certain nombre de figures des
animaux des familles principales. Dans la lettre
de réception (18 janvier 1817) de mon ami,
il m'annonçoit qu'il en avoit été fort satisfait, et
cependant il ne fut pas imprimé, quoique avant
son second voyage à Paris, il me pressât fortement pour le terminer promptement. Bien plus,
il ne s'est pas trouvé dans ses papiers, lorsqu'à la
demande de l'éditeur de l'*Encyclopédie*, M. Sowerby
voulut bien se charger de faire quelques recherches
à ce sujet. Une maladie grave de M. le docteur Leach
m'a empêché de m'adresser directement à lui. Au
reste, j'espère que cet accident n'aura été préjudi-
ciable qu'à moi, et que l'ouvrage n'aura fait que
gagner à ce retard par les changemens et les additions nombreuses que dix années de travaux

m'ont permis d'y faire ; grâce surtout aux matériaux qui m'ont été fournis avec toute la générosité
de la jeunesse par MM. Quoy et Gaimard de l'expédition du capitaine Freycinet. On y trouvera
tout ce que j'avois recueilli en Angleterre sur ce
type d'animaux, ainsi que l'extrait de mes différens
articles du *Dictionnaire des Sciences naturelles*. J'y
ai reproduit essentiellement l'article CONCHYLIOLO
GIE, imprimé dans ce *Dictionnaire* il y a déjà plusieurs
années, mais considérablement étendu, et, j'ose l'espérer, amélioré. Dans l'histoire de la malacologie,
j'ai essayé de montrer comment la science s'est
successivement avancée au point auquel elle est
parvenue aujourd'hui, et d'apprécier ce que chaque
zoologiste françois ou étranger, mort ou vivant, a
apporté de nouveau pour l'établissement du plan
et la construction de l'édifice. Je ne crains pas
d'être accusé de partialité non plus que de légèreté,
ou bien ce sera par des personnes qui, pour cacher
la leur, ne motiveront pas leur accusation et se
borneront maladroitement, ce me semble, à la
présenter en termes vagues et sans spécialités. J'ai
pu me tromper, cela même est inévitable ; mais je
ne crois pas qu'on puisse soupçonner ni ma bonne
foi, ni ma franchise, non plus que de n'avoir pas
apporté l'attention convenable dans les élémens
des jugemens que j'ai portés. J'ai cherché aussi
à rendre le chapitre consacré à la bibliographie conchyliologique le plus complet que j'ai pu,

surtout dans la partie des fossiles. Quant à la première et à la dernière section de ce Manuel, elles sont à peu près ce qu'elles étoient dans l'article MOLLUSQUES *du Dictionnaire des Sciences naturelles*, publié au commencement d'octobre de l'année dernière. J'y ai cependant encore fait quelques additions et corrections importantes, et entre autres l'article des bélemnites dont je viens de donner une monographie tout récemment. Je joins à mon ouvrage une collection de planches représentant une espèce de chaque genre, et même de chaque sous-genre. Un assez grand nombre de figures de mollusques sont tout-à-fait nouvelles, et d'après les dessins de mon portefeuille.

J'ai puisé beaucoup dans l'ouvrage de M. de Lamarck pour le nombre et la répartition des coquilles vivantes, et dans celui que vient de publier M. Defrance pour les coquilles fossiles. Je pense cependant que les espèces ont été généralement beaucoup trop multipliées ; mais la direction de mes travaux et ma position ne me portant pas à ces détails, j'ai dû les prendre dans les ouvrages qui en contiennent un plus grand nombre et de mieux avérés. On pourra toutefois tirer quelque utilité de ces nombres, de ces rapprochemens d'espèces fossiles identiques, analogues, sub-analogues, quoique, je le répète à dessein, on ne doive pas y avoir une confiance illimitée. Dans toutes les parties des sciences naturelles, ce que

l'on donne aujourd'hui est presque toujours susceptible d'être modifié demain. J'ai eu pour but de
montrer que la classification des animaux mollusques peut assez bien concorder avec celle des coquilles, et que par conséquent leur étude simulta-
née doit avoir une influence sur chacune d'elles. Je
serai satisfait si j'y ai réussi.

                                Paris, 20 mai 1825.

MANUEL
DE MALACOLOGIE

ET

DE CONCHYLIOLOGIE.

<hr>

SECTION PREMIÈRE.

DES MALACOZOAIRES,

OU

ANIMAUX MOLLUSQUES.

CHAPITRE PREMIER.

SYNONYMIE.

On est convenu depuis une trentaine d'années de désigner sous le nom général de *Mollusques* (Mollusca) une division assez nombreuse du règne animal, construite sur un plan particulier, et qui comprend non seulement les véritables mollusques d'Aristote et de Pline, mais encore leurs testacés.

Ce nom de *Mollusques*, *Mollusca*, vient du mot grec μαλακα, *mollia* en latin, mol ou mou en françois, parce que la plupart des animaux qu'on désigne sous cette dénomination sont remarquables par la mollesse de leur chair, ou mieux de leur enveloppe générale.

La science qui traite de cette partie de la zoologie n'a pas encore de nom particulier; celui de *Molluscologie* ne pouvant être reçu, parce qu'il est hybride, et celui de *Conchyliologie* n'étant guère préférable, parce qu'il semble indiquer qu'on ne s'occupe que des dépouilles de ces animaux : aussi avons-nous proposé celui de *Malacozoologie*, ou par abréviation, *Malacologie*, composé de μαλαχος, ζωον, et λογος, c'est-à-dire, discours raisonné ou traité sur les animaux mous, comme M. Rafinesque, dans un ouvrage intitulé : Somiologie, imprimé à Palerme, en 1814, l'avoit fait de son côté.

Aristote, le plus ancien et le plus important des auteurs d'histoire naturelle qui nous sont parvenus de l'antiquité, est le premier qui ait employé ce mot de *Mollusques ;* mais sous ce nom il ne comprenoit qu'une partie des animaux que nous rangeons maintenant dans ce type, donnant celui d'*Ostracodermes,* testacés, à ceux qui ont une enveloppe calcaire cassante et plus ou moins dure.

Pline, et en général tous les naturalistes latins anciens, ont employé les mêmes dénominations qu'ils ont traduites dans leur langue par les mots de *Mollia* et de *Testacea.*

Ælien, et les naturalistes grecs, ont suivi Aristote.

Isidore de Séville, Wotton, Belon, Rondelet ont adopté les mêmes dénominations, ainsi que Gesner, Aldovrande, et son abréviateur Jonston.

Ray, le précurseur de Linnæus, paroît être le premier qui, ayant appliqué le nom de *Vers* à tous les animaux à sang blanc, ou sans vertèbres des naturalistes modernes (les insectes et les crustacés exceptés), ait employé les noms de vers mollusques et de vers testacés qui correspondent cependant toujours aux divisions d'Aristote.

Adanson, le premier peut-être qui ait envisagé les coquilles d'une manière convenable, a employé le terme de coquillages d'une manière classique ; mais il n'a compris sous ce nom que les espèces de mollusques revêtues de coquilles.

Linnæus, Bruguière, Pennant, Vicq-d'Azyr ont suivi Ray, ainsi que toute l'école de Linnæus.

Pallas (*Miscellanea Zoologica*, p. 73), à la suite des observations importantes dont nous parlerons plus loin, a montré à quels animaux le nom de mollusques devoit être réservé.

M. G. Cuvier paroît être le premier qui ait compris toute la valeur de ces observations, qui les ait mises en œuvre, et qui ait réuni dans un traité tous les animaux indiqués par Pallas, en les comprenant définitivement sous le nom classique de *Mollusques*, qu'ils fussent nus ou revêtus d'une coquille d'une ou plusieurs pièces, ce que M. de Lamarck et presque tous les naturalistes françois ont imité. Cependant M. de Lamarck, dans la dernière édition de ses Animaux sans vertèbres, n'emploie plus le nom de mollusques tout-à-fait de la même manière, ce n'est plus pour lui qu'une partie des mollusques de M. Cuvier, qui correspond à peu près à son ancienne division des mollusques céphalés. M. Rafinesque, dans son Précis de Somiologie, avoit, quelques années auparavant, désigné ce groupe sous la dénomination de *Malacosia*.

Nous avons proposé le nom de *Malacozoaires* pour le type qui renferme les véritables mollusques, et celui de *Malentozoaires* pour le sous-type formé des molluscarticulés.

CHAPITRE II.

DÉFINITION.

Aristote définissoit ses mollusques proprement dits, des animaux qui n'ont pas de sang, dont les parties charnues sont au dehors, et les solides au dedans, et au contraire pour les testacés. Pline, et ensuite tous les zoologistes de la renaissance des lettres, admirent à peu près la même définition.

Adanson entend par le mot de coquillages un animal dont le corps est mou, sans aucune articulation sensible, et recouvert en tout ou en partie d'une croûte pierreuse, appelée coquille, à laquelle il est attaché par un ou plusieurs muscles.

Linnæus donne cette définition : MOLLUSCA ; *A. simplicia, nuda absque testâ, artubus instructa* : TESTACEA ; *A. simplicia domo sæpiùs calcareo obtecta.*

Bruguiére, en séparant les mollusques des insectes, leur donne pour caractéres communs d'être sans os, sans stigmates, sans pieds, ou sans articulations. Il distingue les mollusques proprement dits, parce qu'ils sont nus, des testacés qui sont contenus dans une coquille d'une ou plusieurs valves.

M. Cuvier les définit, d'après des caractères anatomiques : des animaux sans vertèbres, ayant des vaisseaux sanguins, une moelle épiniére simple, et pas de membres articulés.

M. de Lamarck admet à peu près la même définition : Animaux ovipares, à corps mollasse, non articulé dans ses parties, et ayant un manteau variable et musculeux ; respiration par des branchies diversifiées ; un cerveau, quelques ganglions et des nerfs pour le sentiment et la vivification des organes, mais ni moelle longitudinale, ni moelle épiniére ; des glandes conglomérées : une coquille enveloppante ou enveloppée, et quelquefois nulle.

Celle que nous proposons est la suivante :

Animaux pairs, le corps et ses appendices mous, non articulés, enveloppés d'une peau ou derme musculaire (manteau) de forme variable dans ou sur laquelle se développe le plus souvent une partie calcaire (coquille) d'une ou deux pièces.

Circulation complète à sang blanc, à cœur essentiellement aortique et supérieur au canal intestinal, si ce n'est dans les brachiocéphalés ou sèches.

Respiration aquatique ou aérienne.

Système nerveux composé d'un ganglion cérébriforme, sus-œsophagien, communiquant avec les ganglions des différentes fonctions ; ceux de la locomotion étant latéraux.

CHAPITRE III.

DE LA PLACE DES MOLLUSQUES DANS LA SÉRIE DES ANIMAUX.

Aristote sépare ses deux groupes par les crustacés.

Aldovrande, Jonston, Ray, Linnæus, toute son école, M. Duméril les placent après les insectes.

MM. Cuvier, de Lamarck et leurs sectateurs les mettent à la tête des animaux sans vertèbres.

Nous pensons qu'en les considérant comme construits sur un plan particulier, formant un type distinct, ils peuvent être aussi rapprochés de l'homme, qui est le *summum* de l'animalité, que les insectes, mais dans une autre direction. Néanmoins nous croyons que si en effet la structure des premiers genres a quelque chose de celle des animaux vertébrés dans les rudimens de squelette qui enveloppent le cerveau, cependant les derniers sont considérablement dégradés, et passent plus vite au dernier type des animaux, en sorte que nous les plaçons parallèlement aux animaux articulés extérieurement, et comme passant aux actinozoaires par les ascidies, etc.

CHAPITRE IV.

DE L'IMPORTANCE DE L'ÉTUDE ET DE LA CONNOISSANCE DES MOLLUSQUES.

Quoique presque jusqu'à ces derniers temps, comme nous allons le voir tout à l'heure dans l'histoire de cette partie de la zoologie, on ait fort négligé ces animaux pour ne s'occuper presque exclusivement que de leurs enveloppes ou coquilles, ils n'en offrent pas moins un assez grand intérêt sous plusieurs rapports, pour qu'on s'efforce d'aplanir les difficultés que leur étude présente. Ainsi l'anatomiste, et surtout le physiologiste, y pourront trouver des éclaircissemens dans certaines questions générales ; ils y verront l'organe de l'audition réduit pour ainsi dire à sa plus simple expression, à ce qui lui est absolument essentiel, dans les sèches et genres voisins : ils trouveront l'organe principal d'impulsion dans la circulation se partager en plusieurs parties, et offrir quelquefois la singulière disposition de paroître être traversé par le canal intestinal. En étudiant chez ces animaux les organes de la génération, ils pourront se faire une idée du véritable hermaphrodisme suffisant ou non, c'est-à-dire, que dans un assez grand nombre les organes mâles et femelles sont portés sur le même individu, sans que cependant ils puissent agir l'un sur l'autre, en sorte que l'espèce se compose toujours de deux individus, tandis que chez d'autres, chez lesquels on n'aperçoit bien évidemment que les organes femelles, la génération a lieu au moyen d'un seul individu.

Le géologue ne tirera pas moins d'avantage de l'étude minutieuse des enveloppes ou coquilles des mollusques, pour s'aider dans la détermination de l'identité ou de la superpo-

sition des différentes couches de la terre. Il verra dans la quantité innombrable de ces animaux se succédant de génération
en génération dans la profondeur des mers, une des causes
évidentes de l'accroissement des continens.

Mais l'homme peut trouver dans la connoissance des mollusques des applications encore plus directes à son mieux-être
dans l'état de société, soit dans les avantages, soit dans les désavantages qu'il peut en attendre: ainsi un assez grand nombre
d'espèces sont propres à lui servir de nourriture: les poulpes,
les sèches, les calmars surtout, sont fort recherchés en Grèce,
et même dans quelques parties de l'Italie. Les escargots ou
grosses espèces de limaçons, plusieurs buccins et genres voisins, sont assez estimés dans certains pays, et l'étoient tellement
des anciens Romains, que Pline n'a pas dédaigné de nous rapporter les noms de ceux qui ont imaginé de les réunir dans
des parcs, de les pourvoir d'une abondante nourriture pour
les grossir et les rendre plus succulens. Les huîtres, les moules
sont encore de nos jours l'objet de spéculations commerciales.

Quoique les animaux mollusques n'offrent presque aucune
ressource pour nos vêtemens, si ce n'est la pinne-marine ou le
jambonneau, il est cependant utile de connoître que la perle,
ce bel et modeste ornement, si recherché des Orientaux, des
princes, et surtout des femmes, est due à une maladie de
certaines espèces de coquilles voisines de la famille des moules.
C'est cette connoissance qui fit imaginer au célèbre Linnæus
les moyens de créer une sorte de perlière artificielle dans les
rivières de Suède. La nacre de perle, également employée
pour l'ornement d'une foule d'objets de luxe, n'est aussi que
la parois intérieure de certaines coquilles univalves ou
bivalves. La peinture tire encore de quelques uns de ces animaux des couleurs précieuses, sinon par leur éclat, au moins
par leur solidité et la facilité de leur emploi, comme l'encre
de la Chine et la sépia, qui proviennent de certaines espèces
de sèches. Il paroît prouvé que l'ambre gris est également dû

à des espéces de ce genre. Enfin la couleur la plus vive, la plus riche, connue des anciens, et peut-être encore la plus solide de nos jours, ou la pourpre, est produite par des animaux qu'on désigne encore sous le nom de *Purpura*.

Quoique assez peu nombreux, les avantages que nous offrent les mollusques le sont cependant beaucoup plus que les dommages que nous en éprouvons, et nous croyons même que l'on ne peut citer comme animal vraiment nuisible que le taret qui, attaquant, pour se loger, le bois de nos vaisseaux et de nos digues, nous cause souvent de très-grands torts. La connoissance de ses mœurs, de ses habitudes, est donc de première nécessité dans les pays qui en sont infestés. Les limaces et les limaçons sont aussi des ennemis fortement et justement redoutés dans nos jardins.

CHAPITRE V.

HISTOIRE DE LA MALACOLOGIE.

Tous les auteurs anciens comme Aristote, Pline et leurs abréviateurs, paroissent avoir assez peu connu les animaux mollusques : ils les plaçoient parmi ceux qu'ils désignoient sous le nom d'*exsanguia*, division qui correspond tout-à-fait à celle des animaux à sang blanc de Linnæus, et des animaux sans vertèbres des naturalistes modernes, non pas qu'ils pensassent que ces animaux n'ont pas de sang, mais par comparaison avec ceux qui ont le sang rouge. Ils se contentèrent de les subdiviser en deux sections : les *Mollusques* et les *Testacés*; c'est ce qu'imitèrent plus ou moins complètement les naturalistes de la renaissance des lettres, Belon, Rondelet, Aldovrande, Jonston, sans ajouter beaucoup de faits à ceux que nous devons aux anciens; mais bientôt la collection facile des enveloppes de ces animaux, souvent de la plus grande beauté, devenues un objet de curiosité, et même de rivalité entre les gens riches, on oublia presque entièrement l'animal, pour ne s'occuper que des coquilles; c'est ainsi qu'est née cette partie de l'histoire naturelle, qu'on nomme conchyliologie proprement dite, sur laquelle nous avons de superbes ouvrages de luxe, presque chez toutes les nations, et dont nous avons traité avec détails dans la seconde section de ce manuel de manière à former des élémens de conchyliologie. En vain Lister, célèbre médecin et naturaliste anglois, avant lui Fabius Columna, et, après lui, Willis, Heyde, Swammerdam, etc., donnèrent-ils l'anatomie de plusieurs animaux mollusques, on ne songea nullement à établir leur classification sur leur organisation extérieure, ou sur leur forme, et encore moins sur leur structure profonde.

Il est bien vrai que Linnæus, dès les premières éditions de son *Systema Naturæ*, parle de l'animal de ses testacés, avant d'exposer les caractères des genres; mais il se borne à citer le nom de celui de ses mollusques avec lequel il a le plus de rapports, et le genre n'est réellement établi que sur la forme de la coquille.

La très-grande partie des naturalistes du dernier siècle suivit l'exemple de ce grand homme, comme nous le verrons plus loin; et déjà des naturalistes françois avoient senti la nécessité de recourir aux animaux pour parvenir à une bonne classification des coquilles. Ainsi, dès 1743, Daubenton lut à l'Académie des Sciences, dont il n'étoit pas encore membre, un mémoire sur la distribution méthodique de ces enveloppes, dans lequel, après avoir prouvé que leur connoissance peut suffire, il fait cependant remarquer que celle des animaux est indispensable pour former un système complet de conchyliologie, et une distribution naturelle des coquilles. Nous ne voyons cependant pas qu'il ait mis ce principe en exécution : du moins il n'en est pas question dans l'extrait que le secrétaire de l'Académie a donné du mémoire de Daubenton.

En 1756, Guettard, membre de la même société, fut donc le premier qui ait fait ce que paroît n'avoir pas fait Daubenton; car, dans un mémoire fort étendu, inséré dans les Actes de l'Académie, et qui semble avoir pour but non avoué la critique de ce qu'avoit dit Buffon au commencement de son article de l'âne, sur l'espèce et sa distinction ; non seulement il établit sur des principes indubitables la nécessité, dans la classification des coquilles, d'avoir recours à l'animal qu'elles renferment, et dont elles font partie, mais il caractérise fort bien, d'après l'un et l'autre, un certain nombre de genres, du moins parmi les univalves, et en y comprenant les limaces, les aplysies, les bullées ; ces genres sont les suivans : Limace. Limaçon (Hélice des zoologistes modernes). Buccin terrestre (Maillot, Lamck.); Limaçon à coquille aplatie et ombiliquée (Hélicelle, Lamck.); Limaçon terrestre à opercule (Cyclostome, Lamck.); Planorbe, dont le nom même a été adopté; Vigneu, Limaçon vivipare, fluviatile (Vivipare, Lamck.); Buccin ou Pourpre; Nérite; Guignette (Trochus, Linn.); Lepas ou Patelle; Lernée de Linnæus, *Lepus marinus*, Aplysie des modernes; Conque ou Buccin fluviatile (Limnée, Lamck.); Buccin d'eau douce (Valvée, Mull.).

Quoique dans ce mémoire Guettard dise que les genres de bivalves doivent aussi être susceptibles d'être caractérisés d'après l'animal, il avoue que ses observations sont trop peu nombreuses pour qu'il puisse même en faire l'essai; mais il discute fort bien jusqu'à quel point est exacte la division des coquillages en terrestres, fluviatiles et marins; il fait également une grande attention à la présence ou à l'absence de l'opercule.

Les nouvelles observations de Guettard furent sans doute ce qui détermina d'Argenville dans la seconde édition de sa Conchyliologie, en 1757, à y ajouter un assez grand nombre de figures malheureusement fort mauvaises d'animaux sous le nom de *zoomorphoses*, mais cela ne lui servit de rien dans les caractères de ses genres de coquilles que Guettard avoit justement critiqués dans le mémoire que je viens de citer.

Dans la même année 1757, Adanson fit une application beaucoup plus étendue de ses principes de classification des êtres en familles, c'est-à-dire d'après le plus grand nombre de leurs rapports, et sans système, aux mollusques conchylifères qu'il désigne sous le nom classique de coquillages, dans le premier et seul volume qu'il ait publié de son Voyage au Sénégal. Il étudie avec soin, distingue, et dénomme d'une manière convenable, toutes les parties extérieures des animaux et des coquilles; il s'occupe ensuite à ranger ceux qu'il a observés au Sénégal, en un grand nombre de systèmes ou de tables de rapports, en considérant dans la coquille des limaçons, 1.° les

spires, 2.º le sommet, 3.º l'ouverture, 4.º l'opercule, 5.º la
nacre, 6.º le périoste : dans celle des conques, 1.º les valves qu'il
nomme battans, suivant qu'elles sont égales ou inégales, qu'elles
ferment exactement, ou laissent quelques ouvertures ; 2.º les
sommets, suivant qu'ils ne sont pas sensibles, ou qu'ils le sont, et
dans ce cas, d'après leur position à l'une des extrémités, au-dessous du milieu, au milieu, ou au-dessus du milieu de la valve ;
3.º la charnière d'après le nombre, la figure des dents et des
cavités qui la forment, ce qui produit cinq divisions ; 4.º le
ligament dont il considère la forme et la situation, ce qui
lui donne trois divisions : la première dans laquelle il est arrondi et placé autour ou au milieu des sommets et en dedans ; la seconde où il est alongé et placé en dessus des sommets en dehors ; et enfin la troisième où il est placé entre les
sommets et autour des sommets en dehors ; 5.º les muscles
qu'il nomme attaches et qui varient par la figure, la grandeur et le nombre (en ne les considérant que sous ce dernier rapport, il divise les conques en trois sections, à une
attache, à deux attaches et à trois attaches) ; 6.º la nacre, ce
qui forme trois sections, la première où la nacre est au moins
en dedans, la seconde où la conque tire un peu sur la nacre
en dedans, et enfin la troisième où il n'y a de nacre ni en
dedans ni en dehors ; 7.º le périoste qui peut être considéré
comme n'étant pas sensible, comme assez fin, ou enfin comme
très-épais.

Passant ensuite aux rapports par l'animal et admettant toujours la division première en limaçons et en conques, il envisage
celui des premiers sous cinq de ses parties principales ; savoir :

1.º Les tentacules qu'il nomme cornes et qu'il considère
dans leur nombre, ce qui fournit la division des espèces, suivant
qu'elles n'en ont aucune, ou qu'elles en présentent deux ou
quatre, dans leur forme conique ou cylindrique, avec ou sans
renflement à leur origine, dans leur situation à la racine ou à
l'extrémité de la tête.

2.° Les yeux dont il envisage l'absence ou l'existence; dans ce cas, leur situation sur la tête, au côté interne de la racine des tentacules, derrière les tentacules, vers leur côté interne, à l'origine des tentacules sur leur côté externe, au-dessus de la racine des tentacules à leur côté externe, au milieu des tentacules sur le côté interne, enfin au sommet des tentacules.

3.° La bouche qui peut être pourvue de deux mâchoires sans trompe ou d'une trompe sans mâchoires.

4.° La trachée, ou l'orifice respiratoire, formée par un trou simple situé sur l'un des côtés de l'animal, ou par un long tuyau qui sort vers le dos.

5.° Le pied qui n'est pas coupé par un sillon transversal à sa partie antérieure ou qui en a un.

Parmi les conques il ne considère que quatre parties principales, savoir :

1.° Le manteau qui peut être divisé tout autour en deux lobes ou divisé seulement d'un côté, ou qui forme un sac ouvert uniquement aux deux extrémités opposées.

2.° La trachée ou tube qui peut être unique et comme une ouverture, double en manière d'ouvertures, double en forme de tuyaux séparés et distincts, double en forme de tuyaux réunis.

3.° Le pied nul ou ne paroissant pas au dehors, ou paroissant au dehors.

4.° Les byssus ou fils qui existent dans quelques espèces ou n'existent pas dans d'autres.

Après cela Adanson décrit et figure les espèces de coquillages qu'il a observés au Sénégal, qu'il distribue en genres dans l'ordre suivant. Il ne fait que deux familles : les limaçons et les conques. La première est subdivisée en deux sections : l'une sous la dénomination de limaçons univalves, et l'autre sous celle de limaçons operculés. La première section comprend les genres suivans : Gondole ou *Cymbium*, Bulin, *Bulinus* (Physe des auteurs modernes), Coret, *Coretus* (Planorbe de Guettard), Piétin, *Pedipes* (Auricule. Lamck.), Limaçon,

Cochlea (Bulime, Brug.), Lepas (Patelle des zoologistes modernes), dans lequel le premier, à ce qu'il nous semble, il a
réuni les oscabrions; Ormier, *Haliotis*, Yet, *Yetus* (Voluta,
Lamck.), Vis, *Terebra*, adopté par tous les auteurs suivans;
Porcelaine, *Porcellana* (Olive des conchyliologistes modernes),
Pucelage, *Cyprœa*, et Mantelet, *Peribolus*, qui est regardé,
d'après Bruguière, comme établi sur de jeunes individus du
genre Pucelage (1).

La section des limaçons operculés ne renferme que neuf
genres, savoir : le Rouleau, *Strombus*, qui est le genre Cône des
conchyliologues modernes; la Pourpre, *Purpura*, qui, outre les
véritables pourpres de M. de Lamarck, comprend ses rochers
et plusieurs autres genres; le Buccin, *Buccinum*; le Cérithe, *Cerithium*, adopté par tous les auteurs modernes; le Vermet, *Vermetus*; la Toupie, *Trochus*; le Sabot, *Turbo*; la Natice, *Natica*;
la Nérite, *Nerita*; genres qui presque tous ont aussi été adoptés.

La famille des conques est également partagée en deux sections, les bivalves et les multivalves.

Dans la première, sont les genres Huître, *Ostrea*; Jataron,
Jataronus, nommé par les modernes, Spondyle; Jambonneau, *Perna*, dans lequel il comprend des moules, des modioles, des avicules, des pinnes, et même des cardites de
M. de Lamarck; Came, *Chama* qui renferme des vénus, des
cythérées, des mactres, des cardites et des solens du même
conchyliologiste; Telline, *Tellina*, analogue du genre Donace;
Pétoncle, *Pectunculus*, formé de bucardes, d'arches et des
véritables pétoncles de M. de Lamarck; et Solen.

Dans la seconde il n'y a que deux genres, la Pholade et le Taret.

En terminant l'analyse de cet ouvrage important sur les

---

(1) Dans cette analyse des ouvrages qui ont pour objet la classification
des Mollusques, l'emploi des caractères italiques indique ordinairement
les noms des genres nouveaux, proposés par chacun des auteurs, et
quelquefois aussi les noms latins de genres anciennement adoptés.

mollusques conchylifères, on ne peut faire autrement que de remarquer que s'il n'est pas le premier en date pour l'établissement du principe dans la classification des coquillages, qu'il faut avoir égard à la fois à l'animal et à sa coquille, c'est au moins là que l'on trouve tous les moyens d'appliquer ce principe, puisque toutes les parties de l'un et de l'autre y sont définies, dénommées, distinguées avec clarté et précision, de manière à pouvoir aisément fournir des caractères dans les différences qu'elles présentent. Il faut cependant convenir qu'Adanson ne s'est pas toujours servi avec succès des excellens matériaux qu'il avoit préparés d'une manière si convenable : en effet la distinction de ses genres est bien loin d'être complète, surtout dans les conques. Ses rapprochemens ne sont pas non plus fort naturels dans beaucoup de cas ; c'est à lui cependant que l'on doit d'avoir senti les nombreux rapports qu'il y a entre la pholade et le taret ; mais aussi c'est à lui que la science doit le rapprochement erroné des oscabrions et des patelles.

Un autre naturaliste françois auquel la science de la malacologie doit aussi l'introduction du même principe, mis en avant par Guettard, et si bien soutenu par Adanson, est Geoffroy le médecin, de Paris. On trouve en effet dans son petit Traité des Coquilles terrestres et fluviatiles des environs de Paris, publié en 1766, la description des animaux qui les portent, et les caractères des genres peu nombreux qu'il contient sont également tirés de l'animal et de la coquille. Il ne parle que de cinq genres d'univalves parmi lesquels il n'y en a qu'un de nouveau, l'*Ancyle*, adopté par tous les zoologistes modernes. Quoiqu'il ait établi à peu près les mêmes genres que Guettard, *Cochlea*, *Buccinum*, *Planorbis* et *Nerita*, il n'a pas été aussi heureux dans leur circonscription : ainsi il a confondu encore les physes avec les planorbes, mais surtout dans son genre Nérite il a mis des cyclostomes terrestres, des cyclostomes aquatiques, le porte-plumet et de véritables nérites.

Quant aux deux seuls genres de bivalves qu'il établisse, ce
sont les genres Came et Moule : dans le premier il place la
cyclade des rivières, et dans le second une anodonte et une
mulette.

Muller, le célèbre auteur de la Faune Danoise, fut le premier zoologiste étranger qui adopta le même principe dans
son Histoire des vers terrestres et fluviatiles ; mais en général il
n'introduisit dans la malacologie aucune idée nouvelle ; et
son système de classification, quoique plus complet que celui
de Geoffroy, puisqu'il s'étend à tous les animaux conchylifères, est encore extrêmement peu naturel et bien inférieur
à celui d'Adanson. Adoptant les divisions primaires d'univalves, de bivalves et de multivalves, auxquelles il donne le nom
de familles, il fait dans les univalves trois sections : dans la première, définie des testacés univalves, dont la coquille est percée d'outre en outre, il met les Oursins et les Dentales ; la seconde (testacés univalves dont l'ouverture est très-grande)
renferme les genres *Akera*, correspondant aux bulles des
zoologistes modernes, Argonauta, Bulla (Physe de Draparnaud), Buccinum (Limnée des modernes), *Carychium*, *Vertigo*,
qui ont été adoptés ; Turbo, Helix, Planorbis, Ancylus, Patella et Haliotis ; enfin dans la troisième (testacés univalves,
operculés), il place les genres Tritonium (Buccinum, Linn.),
Trochus, Nerita, *Valvata*, qui a été adopté, et Serpula, probablement d'après l'animal du vermet d'Adanson.

Les testacés bivalves ne sont subdivisés qu'en deux sections,
d'après la charnière dentée ou non ; dans la première il n'y
a qu'un genre nouveau, *Terebratula;* et dans la seconde il y
en a deux, Anomia et *Pecten*, séparé des huitres.

Les multivalves comprennent les genres Chiton, Lepas et
Pholas.

Ainsi il est aisé de voir que , quoique Muller dans ses caractères de genres, en tire toujours quelques uns de l'animal, il
n'a rien ajouté dans la classification naturelle des malacozoaires

à ce qui avoit été fait avant lui, si ce n'est cependant l'établissement de quelques bons genres adoptés depuis.

C'est, à ce qu'il nous semble, à cette époque que l'on aperçoit
dans le *Systema Naturæ* de Linnæus, des changemens importans dans la distribution des animaux mollusques, comme il
va nous être facile de le montrer.

Dans les neuf premières éditions, c'est-à-dire, jusqu'en 1746,
dont la dernière ne forme encore qu'un volume in-8° de
236 pages, Linnæus paroît n'avoir pas encore employé la dénomination de mollusques; les animaux que nous nommons ainsi
étoient répartis, les espèces nues dans son ordre des zoophytes
de la classe des vers, et les espèces couvertes d'une coquille
formoient son ordre troisième de la même classe sous le nom
de testacés.

Parmi les premiers il ne distinguoit que les genres *Thethys*
dans lequel il mettoit les holothuries; *Limax* et *Sepia* qu'il
plaçoit tout près des hydres.

Parmi les seconds qu'il ne partageoit pas encore même en
univalves et en bivalves, il caractérisoit les genres suivans :
Patella, *Cochlea* dans lequel il renfermoit toutes les coquilles
univalves turbinées; *Cypræa*, *Haliotis* et *Nautilus* pour ce qu'il
a appelé depuis univalves; et sous le nom de *Concha*, il comprenoit tous les bivalves; il rangeoit cependant aussi dans ses
testacés les ascidies sous le nom de *microcosmus*.

Quoique Linnæus ne distinguât encore ses différens genres
que par un très-petit nombre de caractères tirés de la coquille, il citoit cependant l'animal nu qu'il supposoit lui
appartenir et qu'il avoit placé dans ses zoophytes, et cela évidemment d'une manière accessoire.

Mais dans la dixième édition qui parut en 1758, et dont le
premier volume qui contient le règne animal a déjà 821
pages, on trouve des augmentations assez considérables qui le
furent encore plus dans la douzième, qu'on peut regarder
comme ayant reçu la dernière main de son célèbre auteur,

..s laquelle en effet la partie qui appartient au règne animal forme 1327 pages : elle fut publiée de 1766 à 1768, c'est-à-dire plus de dix ans après l'ouvrage d'Adanson.

La classe des vers y est divisée en cinq sections : dans la seconde qui porte le nom de *Mollusca*, sont huit genres de véritables mollusques, *Ascidia*, *Limax*, *Aplysia*, *Doris*, *Thethys*, *Sepia*, *Clio* et *Scyllœa*; la troisième presque tout entière est consacrée aux *Testacea*, divisés en multivalves, bivalves et univalves.

La première de ces divisions contient trois genres : *Chiton*, *Lepas* et *Pholas*.

La seconde, quatorze, savoir : *Mya*, *Solen*, *Tellina*, *Cardium*, *Mactra*, *Donax*, *Venus*, *Spondylus*, *Chama*, *Arca*, *Ostrea*, *Anomia*, *Mytilus* et *Pinna*.

Enfin la troisième division, ou celle des univalves, est partagée en deux subdivisions suivant que la spire est régulière ou irrégulière : les genres qu'elle comprend sont les suivans : *Argonauta*, *Nautilus*, *Conus*, *Cyprœa*, *Bulla*, *Voluta*, *Buccinum*, *Strombus*, *Murex*, *Trochus*, *Turbo*, *Helix*, *Nerita*, *Haliotis*, *Patella*, et, par une singularité assez remarquable, le genre *Teredo*.

Dans les caractères de ces genres, Linnæus se borne cependant toujours à la citation d'un mollusque nu analogue, en sorte que si l'ouvrage d'Adanson a eu quelque influence sur les dernières éditions du *Systema Naturœ*, ce n'est que dans la division plus nombreuse des genres de coquilles, dans leur meilleure circonscription ; mais il a réellement peu influé sur la partie des animaux : aussi trouve-t-on parmi les mollusques de Linnæus, les aphrodites, les térébelles, les lernées qui sont des animaux articulés, et les holothuries, les astéries, les oursins, et les méduses qui sont des radiaires. Dans ses testacés il y a aussi des rapprochemens inconvenans, comme celui des lepas et des chitons avec les pholades, mais surtout celui des dentales, des serpules, des sabelles avec les patelles dans les univalves, et cela avec les tarets qui sont ainsi le plus éloignés possible des pholades, celles-ci étant presque à une extrémité des testacés et ceux-là à l'autre; de manière qu'il faut penser que Linnæus qui paroit s'être toujours fort peu occupé des mollusques, puisqu'en effet on ne trouve dans ses Aménités aucune dissertation qui les ait pour sujet, ne connoissoit pas les ouvrages de Guettard et d'Adanson ou n'en sentoit pas l'importance. Quant aux coquilles, il venoit de créer une nomenclature, c'est-à-dire, de donner des noms courts, expressifs, quelquefois même trop, aux différentes parties dont il tiroit ses caractères; en un mot, il venoit de former son système de conchyliologie, que Murray, l'un de ses élèves, a commenté dans sa dissertation latine, intitulée : *Fundamenta testacologiæ*, publiée d'abord à part, et ensuite insérée dans le tome 8 des Aménités académiques.

Les zoologistes françois créateurs de la malacologie, n'avoient eu pourtant égard qu'aux parties extérieures des animaux des coquilles, et d'ailleurs ne parlèrent pas des mollusques nus.

Cependant l'impulsion donnée à l'Histoire naturelle dans toute l'Europe par le Système de Linnæus, et en France par les écrits de Buffon, fut cause que plusieurs naturalistes publièrent l'anatomie et la description d'un assez grand nombre d'animaux mollusques; c'est ce que firent Boadsh, Baster, Forskal, Fabricius, Muller, etc. En outre, l'application aux différentes parties de la zoologie des principes si heureusement imaginés pour la botanique par le célèbre Bernard de Jussieu et par Adanson, changea peu à peu la manière d'envisager la classification des animaux. Voulant les disposer de manière à rompre le moins de rapports naturels, on sentit la nécessité de la connoissance de leur structure intime, et Pallas peut être regardé comme le chef de cette nouvelle école, que les naturalistes françois ont soutenue avec tant de succès, et qui commence à se propager dans le reste de l'Europe.

Ce fut en effet dans ses *Miscellanea Zoologica*, publiés en 1766, que Pallas jeta en homme de génie le germe des améliorations

dont étoit susceptible la disposition méthodique des malacozoaires. On n'a besoin pour s'en convaincre que de lire ce
que ce grand observateur dit à l'article des Aphrodites, p. 73
et suiv.; il y montre que Linnæus, dans la disposition de ses
vers mollusques, s'est considérablement éloigné de la nature;
que sa subdivision des testacés, telle qu'elle étoit admise par
lui et par les conchyliologues de son temps, en ne considérant que la coquille et non les animaux, ne pouvoit être conservée, et qu'en général c'étoit à tort qu'il avoit séparé ces deux
ordres; aussi propose-t-il de réunir dans celui des univalves,
comme formant un ordre naturel, non seulement tous les
testacés univalves, mais encore les limaces (et sous ce nom il
comprend les doris, les thethys, les scyllées), ainsi que les
sèches, et peut-être, ajoute-t-il, les méduses, mais évidemment
à tort. Dans le second ordre il pense qu'on doit placer
tous les testacés bivalves (en y joignant le taret, comme il
se plait à avouer qu'Adanson l'avoit si judicieusement fait),
dont les ascidies lui paroissent l'analogue, et, pour mieux dire,
le type nu.

Malgré cela Bruguière, l'un des auteurs qui ont le plus contribué peut-être dans les derniers temps aux progrès de la
conchyliologie, convaincu avec raison des grands avantages
que le *Systema Naturæ* de Linnæus a apportés dans l'histoire
naturelle, n'a profité que d'une manière très-incomplète de ce
que la malacologie avoit acquis par les travaux des prédécesseurs de ce grand naturaliste; et même il l'a presque complètement imité. Ainsi il admet encore la division des vers mollusques et des vers testacés en deux ordres. Le premier, qu'il
partage en deux sections d'après l'absence ou la présence des
tentacules, réunit des animaux de types très-différens. En effet,
dans l'une avec les ascidies, les théthys et les *biphores*,
(genre nouveau) qui sont de véritables malacozoaires de
classes différentes, il met les lernées et les mammaires sur
lesquelles il étoit possible d'avoir quelques doutes; mais sur-

tout il y joint les pédicellaires, qui sont des polypes, ainsi
que les douves et les planaires, qui sont des animaux subarticulés. L'autre section est encore évidemment plus hétérogène, puisqu'avec les sèches, les clios, les doris, les aplysies, les limaces, il réunit la myxiné, qui est un poisson, et les
holothuries, les béroés, les méduses, les physsophores, les
actinies, et même les hydres, comme l'avoit fait Linnæus. Cependant il en ôte avec raison, pour en former un ordre distinct, les oursins et les étoiles de mer, qui pour celui-ci étoient
encore des mollusques.

Son ordre des vers testacés est aussi à peu de chose près
ce qu'il étoit dans Linnæus, avec la différence que les genres
sont un peu plus multipliés et mieux définis. Cet ordre est
encore partagé en trois sections, d'après le nombre des valves.

Dans la première, parmi les coquilles multivalves où il place
les oscabrions, il réunit les genres Lepas (Linn.), divisé pour la
première fois en deux, *Balane* et *Anatife;* Taret, *Fistulane*,
genre nouveau; Pholade, *Char*, genre nouveau, mais imaginaire; et Anomie divisé en Anomie, et en *Cranie*.

Les coquilles bivalves sont partagées en régulières et irrégulières : parmi les premières sont trois genres nouveaux,
Acarde, genre peut-être imaginaire; *Placune* et *Perne*, qui faisoient partie du genre Ostrea de Linnæus. Parmi les secondes, il
y a aussi plusieurs genres nouveaux, *Trigonie*, *Peigne* déjà séparé
des huîtres par Muller et Poli, *Tridacne*, *Cardite* retirés du genre
Chama, Linn., et *Térébratule*, contenant une division des anomies.

La section qui comprend les coquilles univalves est subdivisée en uniloculaires et en multiloculaires. Parmi les premières qui n'ont pas de spire régulière se trouvent encore les
patelles, partagées pour la première fois en deux genres, *Patelle* et *Fissurelle*, et malgré les observations positives de Pallas,
les genres Dentale, Serpule, *Siliquaire* établi pour la première fois, et *Arrosoir*, genre également nouveau que l'on
regarde aujourd'hui comme voisin des tarets.

Parmi les univalves uniloculaires à spire régulière, on ne voit rien d'aussi bizarre, et Bruguière suit toujours à peu près Linnæus; il resserre les bornes du genre *Voluta* en en retirant des espèces très-différentes, et il établit les dix nouveaux genres suivans dont plusieurs appartiennent réellement à Adanson : *Ovule*, séparé des porcelaines ; *Olive*, des volutes; *Pourpre*, *Casque* et *Vis*, des buccins; *Fuseau*, *Cérithe*, des murex; *Bulime*, de trois ou quatre genres de Linné fort différens, Hélice, Bulle et Volute; *Planorbe*, retiré des hélices, et *Natice*, séparé des nérites.

Dans la division des univalves multiloculaires, à laquelle Linnæus paroît avoir peu pensé, et qui est due à Breynius, Bruguière établit trois genres, *Camérine*, *Ammonite* et *Orthocérate* qui tous faisoient partie du genre Nautilus de Linnæus.

Gmelin qui fit paroître son édition du *Systema Naturæ* de Linnæus, en 1789, c'est-à-dire à peu près au moment où Bruguière publioit la partie des vers de l'Encyclopédie, quoiqu'il ait pu consulter tous les auteurs que nous avons cités plus haut, n'étoit pas assez zoologiste pour en profiter d'une manière convenable : aussi n'a-t-il presque rien changé à la douzième édition de Linnæus. Son ordre des mollusques qui est divisé d'après la position de la bouche et la disposition des tentacules, renferme encore des genres un peu hétérogènes, mais peut-être un peu plus heureusement rapprochés. On y trouve aussi quelques coupes génériques nouvelles, comme les genres *Salpa* introduit par Forskal et que Bruguière avoit désigné de son côté sous le nom de biphore; *Dagysa*, qui ne diffère pas du précédent; *Pterotrachea*, encore établi par Forskal et que les zoologistes françois nomment Firole; *Lobaria* d'après Muller. Quant au genre *Glaucus* dont il donne le nom dans ses caractères de genres, il n'en parle réellement pas dans le corps de l'ouvrage. Ses subdivisions parmi les vers testacés offrent encore moins de différences avec celles du *Systema Naturæ* (12ᵉ édit.), et ce n'est que dans le nombre des es-

pèces de chaque genre qu'il y a une très-grande augmentation.

Ce fut donc un médecin italien, M. Poli, qui le premier établit
les genres de mollusques d'après l'animal seulement sans faire
attention à la coquille. C'est en 1791 que parut le premier volume de son superbe ouvrage sur les testacés des Deux-Siciles.
Il semble qu'il avoit réellement envisagé tous les animaux
mollusques nus ou testacés, comme on le voit dans sa préface,
où en effet il partage les mollusques en trois ordres : 1.° *Mollusca brachiata*, caractérisés parce qu'ils ont plusieurs bras à la
manière des hydres; il y place les sèches de Linnæus et le nautile, mais en outre les tritons et les serpules du même auteur,
qui n'ont certainement avec eux que des rapports extrêmement
éloignés, comme Pallas l'avoit très-bien senti; 2.° le second
ordre, sous la dénomination de *Mollusca reptantia*, a pour
caractères de marcher en rampant à la manière des limaçons
au moyen d'un large pied, et d'avoir constamment une tête et
des yeux ; ce sont les univalves ; 3.° enfin le troisième ordre,
sous la dénomination de *Mollusca subsilientia*, avec les caractères d'être pourvu d'un long pied, d'être fixé ou non aux
rochers, et de manquer constamment de tête et d'yeux, renferme les bivalves et les multivalves. C'est par ce dernier ordre
que M. Poli a commencé : aussi n'a-t-il encore publié que la
partie qui en traite (1). Il subdivise cet ordre en six familles,
d'après la considération de l'absence ou de l'existence du pied,
d'après la manière dont les lobes du manteau sont réunis et
forment des ouvertures qu'il nomme *trachées*. Ses genres sont
également établis sur des caractères de cette importance : aussi
sont-ils beaucoup moins nombreux, même que ceux de Linnæus.

La première famille, qui n'a ni trachée ni pied, renferme

---

(1) D'après un prospectus rapporté par M. Savigny, il paroît que la
seconde partie du grand ouvrage de M. Poli est sous presse, et ne tardera
pas à être publiée, si même elle ne l'est déjà

les genres *Criopus* (anomia imperforata, Linn.), *Echion* (anomia læva, squamula, Linn.), *Peloris* (ostrea edulis, cristata, Linn.), et *Daphne* (arca Noæ et barbata, Linn.).

La seconde, qui n'a pas de trachées, mais bien un pied, ne renferme que le genre *Axinea* (arca pilosa, Linn.).

La troisième, qui a une trachée abdominale sans pied, est formée des genres *Argus* (pectines, spondyli), *Glaucus* (ostrea lima, glacialis, Linn.).

La quatrième, qui a une trachée postérieure et un pied unique, se compose des genres *Chimera* (pinna, Linn.), *Callitriche* (mytilus).

La cinquième, qui a une trachée unique et un pied, est formée par les genres *Loripes* (tellina lactea), *Limnœa* (mya pictorum, mytilus cygneus, anatinus, Linn.).

Enfin la sixième, dont le caractère est d'avoir deux trachées et un pied, renferme les genres *Hypogœa* (solen, pholas, tellina inæquivalvis, Linn.), *Peronœa* (tellina, Linn.), *Callista* (venus, Linn.), *Arthemis* (venus exoleta, Linn.), *Cerastes* (cardium, Linn.).

Quoiqu'il y ait une erreur assez forte dans ce système de malacologie à cause du rapprochement des tritons, des térébelles et des serpules dans l'ordre des *brachiata*, il n'en faut pas moins convenir qu'il a suffi pour mériter à M. Poli le nom de véritable fondateur de la classe des mollusques, *molluscorum classis verus fundator*, que lui a donné M. Meckel dans sa Dissertation sur les Ptéropodes; en effet, outre l'établissement des trois coupes principales, d'après l'appareil de la locomotion, on y trouve comme caractère secondaire l'absence ou la présence de la tête. Ajoutons que les familles de bivalves sont en général fort naturelles et qu'elles reposent sur la considération d'organes importans.

On y remarque aussi que la série dans laquelle les familles et même les genres sont disposés est en sens inverse de celle qui est aujourd'hui adoptée, si ce n'est par M. de Lamarck.

Pendant les dix ou douze années de la grande tourmente révolutionnaire, qui agita l'Europe, de 1789 jusqu'à la fin du règne de la terreur en France, on ne voit qu'un assez petit nombre de travaux de malacologie. Quelques journaux, et entre autres celui d'Histoire naturelle, dont Bruguière étoit rédacteur, contiennent cependant des faits et l'établissement de quelques genres nouveaux : c'est ainsi que le conchyliologiste françois ajouta à ceux qu'il avoit indiqués dans l'Encyclopédie parmi les bivalves, les genres *Unio* ou *Mulette* proposé par Retzius ; *Anodontite* retiré des moules de Linnæus ; et l'on voit en outre par les dessins qu'il avoit laissés avant d'entreprendre le voyage au retour duquel il a succombé, qu'il avoit conçu l'établissement des genres *Houlette*, *Lime*, séparés encore du grand genre *Ostrea*, Linn. ; *Lucine*, *Capse*, *Pandore*, des tellines ; *Lingule*, des patelles, et *Corbule*.

Tel étoit l'état de la malacologie à l'époque de 1796 où nous nous arrêterons un moment comme à une sorte de renaissance des sciences, du moins en France ; Guettard et Adanson avoient démontré le principe que dans l'établissement des genres de coquillages, il faut avoir également recours à la forme des parties de l'animal et à celle de la coquille, parties dont Adanson nous avoit donné une excellente définition.

Linnæus avoit créé le langage conchyliologique et la conchyliologie artificielle.

Pallas avoit fait voir que dans la disposition générale des animaux de ce type, on ne devoit avoir égard que d'une manière très-secondaire à l'absence ou à la présence de la coquille, et en effet il avoit proposé de réunir dans un seul groupe les mollusques nus et les testacés.

Bruguière avoit donné au système conchyliologique de Linnæus une précision et un développement déjà fort remarquables, tandis que de son côté, Gmelin, par une compilation sans doute un peu indigeste, avoit cependant recueilli les nombreux matériaux qu'il falloit ensuite élaborer un à un, et par conséquent avoit au moins préparé le travail.

Enfin Poli avoit proposé une véritable méthode naturelle, décrit d'une manière beaucoup plus profonde l'organisation des mollusques multivalves et bivalves, et dans l'établissement de ses ordres et de ses genres, n'avoit considéré que l'animal lui-même, et peu ou point la coquille; en sorte qu'il étoit parvenu à l'excès contraire à celui que nous avons remarqué au commencement de cette histoire de la malacologie.

De 1789 à la fin du dix-huitième siècle, la malacologie étoit donc à peu près restée stationnaire, lorsqu'en 1798, M. G. Cuvier (Tableau élémentaire de l'Histoire naturelle des animaux), sentant bien, comme Guettard, Adanson, Geoffroy, Muller et Poli, que la subdivision méthodique des mollusques, comme celle de tous les autres animaux, devoit reposer sur l'étude de l'organisation, proposa sa nouvelle classification. Il crut d'abord que toute la division des malacozoaires devoit monter d'un degré dans la série animale et précéder les entomozoaires ou animaux articulés extérieurement; une seconde innovation fut de réunir définitivement, comme l'avoit fait Pallas, sous le seul nom classique de mollusques, les vers mollusques de Linnæus, à ses vers testacés, c'est-à-dire, de ne considérer l'absence ou l'existence de la coquille que d'une manière très-secondaire; il en fit donc une classe distincte de ce grand groupe qu'il nommoit encore animaux à sang blanc, et qui devoit bientôt être connu par la dénomination d'animaux sans vertèbres, la caractérisa d'une manière nette et tranchée, ainsi que les trois autres, celles des insectes, des vers et des zoophytes, qu'il admit parmi les animaux sans squelette intérieur articulé. Prenant ensuite en considération la forme des mollusques, il les partagea en trois sections, les céphalopodes, les gastéropodes et les acéphales. Dans la première il plaça non seulement les sèches de Linnæus qu'il divisa en sèches proprement dites, et en poulpes, mais en outre les argonautes, en confondant encore la carinaire, les nautiles, et par analogie, les ammonites, orthocératites et camérines de Bruguière.

Sa section des gastéropodes, beaucoup plus nombreuse, étoit partagée en deux d'après l'ancienne considération de l'absence ou de la présence de la coquille. Les principaux genres de gastéropodes nus, étoient les limaces, les thethys, les aplysies, les doris de Linnæus que M. Cuvier commençoit à subdiviser en doris véritables, en tritonies et en *eolides*, les *phyllidies*, genre nouveau, enfin les scyllées. Tous ces genres étoient assez bien rapprochés, mais en outre M. Cuvier leur avoit réuni les thalides, nouveau genre de Bruguière, nommé depuis physale, qui a dû prendre place près des médusaires, et les lernées.

Les mollusques gastéropodes testacés étoient partagés en cinq divisions, d'après la considération de la coquille.

Dans la première où la coquille est de plusieurs pièces, se trouvoit seul le genre Oscabrion dont M. Cuvier rapprochoit l'animal des phyllidies.

Dans la seconde où la coquille est d'une seule pièce, non spirale, étoient les patelles dont il ne faisoit encore qu'un seul genre.

Dans la troisième dont la coquille est d'une seule pièce en spirale, à bouche entière, sans échancrure ni canal, se trouvoient les haliotides, les nérites, les planorbes, les hélices, les bulimes, les bulles, les sabots et les toupies, ce qui faisoit un assemblage fort hétéroclite.

Dans la quatrième dont la coquille est d'une seule pièce en spirale, à bouche terminée par un canal, étoient les rochers subdivisés à la manière de Bruguière, les strombes et les casques.

Enfin dans la cinquième dont la coquille est d'une seule pièce en spirale, à ouverture échancrée par le bas, prenoient place les buccins avec l'indication des sous-genres, tonne, harpe, pourpre et vis ; les volutes avec l'indication des sous-genres, cymbium, volute et mitre établis depuis ; les olives, les porcelaines et les cônes.

Dans cette même méthode la section des mollusques sans tête

ou acéphales est partagée d'après l'absence ou la présence de la coquille, celle d'un pied , l'égalité ou l'inégalité des valves et la disposition du manteau, c'est-à-dire en suivant la marche de Poli.

La première division des acéphales nus ne contient que les genres Ascidie et Salpa de Linnæus.

Dans toutes les autres l'acéphale est revêtu d'une coquille.

Dans la seconde dont l'animal est sans pied et la coquille inéquivalve, sont les genres Huître, Spondyle, Placune, Anomie, Peigne.

Dans la troisième où l'animal a un pied, ses valves égales et le manteau ouvert par devant, sont les genres Lime, Perne, Avicule, contenant encore les marteaux, Moule, Jambonneau, Anodontite, Unio, Telline, Bucarde, Mactre, Vénus, Came, comprenant les véritables cames qu'il dit devoir être rapprochées des huîtres, les tridacnes, les cardites de Bruguière, et les arches.

Dans la quatrième dont l'animal a un pied, les valves égales, la coquille ouverte par les deux bouts, le manteau fermé par devant, M. Cuvier place les Solens en distinguant les espèces d'après la position de la charnière, les Myes, les Pholades et les Tarets, comprenant les Fistulanes de Bruguière.

Dans la cinquième sont les acéphales testacés, sans pied, munis de deux tentacules charnus, ciliés, roulés en spirale, c'est-à-dire les térébratules, parmi lesquelles il confond encore l'Hyale (*anomia tridentata*); la Cranie qui lui paroît cependant devoir être plus voisine des véritables anomies; la Lingule, genre établi par Bruguière sur la coquille; l'*Orbicule*, genre établi par M. Cuvier sur la *patella anomala* de Muller, et que Poli long-temps avant avoit nommé *criopoderme*.

Dans la sixième enfin qui comprend les acéphales testacés munis d'une multitude de tentacules articulés et ciliés, rangés par paires, sont les anatifes et les balanites.

D'après l'analyse que je viens de donner du premier travail de M. Cuvier sur les mollusques, on voit aisément qu'établi sur les observations critiques de Pallas, comme il se plait à l'avouer, il perfectionne encore ce que Poli avoit inventé; car il est évident que ses mollusques céphalopodes sont les *brachiata* de Poli; ses gastéropodes, les *repentia* de l'anatomiste italien, et enfin ses acéphales les *subsilientia* de celui-ci. On y trouve aussi les perfectionnemens que Bruguière avoit apportés successivement dans la distinction des genres, et que M. de Lamarck augmentoit alors chaque année dans le cours qu'il étoit chargé de faire au Jardin du Roi, érigé en 1794 en école spéciale d'histoire naturelle.

Ce ne fut cependant qu'en 1798 (le 11 floréal, an VI) que M. de Lamarck commença la publication de ses travaux sur les malacozoaires par un mémoire (Journ. d'Hist. nat., t. 1) sur la séparation du genre *Sepia*, Linn., en trois genres, Sèche, *Calmar* et *Poulpe*, appuyé autant que besoin sur ce que M. Cuvier avoit déjà donné de leur organisation.

Au commencement de l'année 1799 (21 frimaire, an VII), il lut à l'Institut et publia dans le même recueil son prodrome d'une nouvelle classification des coquilles, comprenant la rédaction appropriée des caractères génériques et l'établissement d'un grand nombre de genres nouveaux. Dans ce travail M. de Lamarck avoue qu'il a embrassé les principes et la manière de voir de Bruguière, en profitant des observations de M. Cuvier sur l'organisation des animaux, mais qu'il s'est vu obligé de resserrer encore davantage les caractères des genres, ce qui a nécessité d'en augmenter le nombre. En effet, il l'a porté d'un seul coup, de 61, qu'il étoit dans le tableau de l'Encyclopédie de Bruguière, à 123, ce qui fait 62 genres nouveaux.

Comme Bruguière, il divise encore les coquilles d'après le nombre de leurs valves, en univalves, bivalves et multivalves; mais il les range dans un ordre inverse.

Les univalves sont encore subdivisées, comme par Bruguière, en uniloculaires et en multiloculaires.

Dans les uniloculaires il abandonne un peu son prédécesseur et

les partage en deux sections d'après la forme de l'ouverture
versante, échancrée ou canaliculée à sa base dans l'une, et entière dans l'autre.

Dans la première section il ajoute les genres suivans : *Tarière* séparé des bulles, B. (1) ; *Ancille* différent du genre de ce
nom de Geoffroy, et que depuis il a nommé ancillaire ; *Mitre*,
Colombelle, *Marginelle*, *Cancellaire*, *Turbinelle*, séparés des volutes, B. ; *Nasse*, des pourpres, B. ; *Harpe*, des buccins, B. ; *Ptérocère*, *Rostellaire*, des strombes, B. ; *Fuseau*, *Pleurotome*, *Fasciolaire*, des murex, B. ; *Pyrule*, des bulles, B.

Dans la seconde il ajoute aux genres de Bruguière les suivans : *Cadran* séparé des toupies ; *Monodonte*, *Pyramidelle*, *Cyclostome*, *Turritelle*, des sabots ; *Janthine*, des hélices ; *Agathine*
Limnée, *Mélanie*, *Ampullaire*, *Auricule*, des bulimes, B. ; *Hélicine*,
Sigaret, des hélices, Linn. ; *Stomate*, des haliotides ; *Crépidule*, *Calyptrée*, des patelles, B. ; mais il y joint encore à la fin de cette
section, comme Bruguière l'avoit fait, et malgré l'exemple
de M. Cuvier, les genres Dentale, Siliquaire, Vermiculaire
avec l'Arrosoir et l'Argonaute.

Quant à la division des univalves multiloculaires, M. de Lamarck ajoute encore les genres suivans : *Spirule*, *Orthocère*, qui
ne sont que des démembremens du genre Ammonite ou Nau-
tile ; *Planorbite*, *Baculite* et *Orthocératite*, entièrement nouveaux.

Les coquilles bivalves sont aussi divisées, comme par Bruguière, en irrégulières et en régulières.

Dans la première de ces divisions il n'établit que deux
genres nouveaux, *Vulselle* et *Marteau*, démembrés des avicules, B., et il rapproche les anomies des cranies.

Dans la seconde il en forme un plus grand nombre ; savoir :
Glycimère séparé des myes ; *Sanguinolaire*, des solens ; *Cyclade*,
des tellines ; *Mérétrice* qu'il a changé depuis en *Cythérée*, des
vénus ; *Lutraire*, *Paphie*, *Crassatelle*, des mactres ; *Isocarde*, des

---

cardites; *Hippope*, des tridacnes; *Pétoncle*, *Nucule*, des arches;
Modiole, des moules; *Calcéole*, *Hyale*, des anomies.

Quant aux multivalves qu'il divise en trois sections fort
convenables, il ne propose de nouveau rien autre chose que
d'en retirer les anomies et les cranies pour les porter parmi
les bivalves irrégulières.

D'après cette analyse il est aisé de voir qu'entraîné par la
direction de Bruguière, M. de Lamarck ne profita pas encore,
comme il le pouvoit, des travaux de ses prédécesseurs pour
l'établissement d'une méthode naturelle parmi les coquilles :
il le fitbien davantage dans la première édition de son ouvrage
intitulé : Animaux sans vertèbres, et publié en 1801. Mais
avant d'en exposer l'analyse, il sera convenable de dire
quelque chose du tableau des divisions de la classe des mollusques, que M. Cuvier publia en 1799 (28 ventose an VIII),
à la fin du premier volume de ses Leçons d'anatomie comparée. On y voit qu'éclairé par le prodrome de M. de Lamarck,
pour les genres de coquilles, M. Cuvier caractérise en outre
d'une manière plus tranchée, les divisions qu'il avoit proposées
dans son Tableau élémentaire. Par exemple, ses trois principales sections, les céphalopodes, les gastéropodes, et les acéphales, sont désignées comme desfamilles. Du reste, la première
n'asubi aucun changement; la seconde est aussi toujours divisée
en nus et en testacés; les gastéropodes nus ne contiennent plus
les thalides et les lernées, mais ils se sont accrus de la *testacelle*, genre nouveau presque découvert par Faure-Biguet, et
du sigaret, en sorte que cette section est encore assez hétéroclite. Les conchyliféres sont encore comme dans le Tableau,
avec cette légère différence, que M. Cuvier nomme *multivalves*
la petite division qui contient les oscabrions, *conivalves* les
patelles, et *spirivalves* toutes les autres coquilles univalves,
toujours partagées en trois sections suivant que l'ouverture est
entière, échancrée ou canaliculée.

L'ordre des acéphales est également, à peu de différences

près subdivisé comme dans le Tableau, d'abord en nus et en testacés. La première section contient, outre les ascidies et les biphores, les genres Firole et Thalide, rapprochement erroné. Les testacés sont plus nettement et plus naturellement partagés que dans le Tableau en quatre sections. La première, dont le manteau est ouvert par devant, est encore subdivisée en quatre d'après la considération de l'inégalité ou de l'égalité des valves, la forme du pied et l'existence des tubes, suivant la méthode de Poli. La première division, ou les inéquivalves, comprend les mêmes genres que le Tableau, et en outre, sous le nom de *Lazarus*, un nouveau genre probablement établi avec le *chama lazarus*, Linn., et alors placé à tort dans cette section ; la seconde, ou les équivalves, avec un pied propre à ramper, les anodontes et mulettes ; la troisième ou les équivalves, avec un pied propre à filer, les limes, pernes, avicules, moules ; et enfin la quatrième ou les équivalves, avec un pied le plus souvent impropre à filer, les vénus, tellines, bucardes, cames, arches. La seconde section, dans laquelle le manteau n'est ouvert qu'aux deux bouts, contient les mêmes genres que dans le Tableau. La troisième dont le manteau est ouvert par devant sans pied ni tube, et la quatrième où, avec des tentacules cornés articulés, il y a un tube en arrière du corps, renferment aussi les mêmes genres que dans le Tableau.

Dans la même année que l'ouvrage de M. Cuvier parut, c'est-à-dire en 1800, M. d'Audebard de Férussac père, qui n'étoit peut-être pas très au courant de la science, donna dans le troisième volume des Mémoires de la Société d'Emulation, un essai d'une méthode conchyliologique d'après la considération de l'animal et de son têt. Il y insiste sur la nécessité d'envisager à la fois l'un et l'autre dans l'établissement des familles et des genres ; il introduit d'ailleurs quelques considérations nouvelles, comme celle de l'état complet ou incomplet de ce qu'il nomme le *cône spiral* dans la coquille, et le point d'attache du pied, sous le cou ou sous le ventre des gastéropodes. Il borne du reste l'application de sa manière de voir aux mollusques (qu'il nomme *musculites*) terrestres et fluviatiles : il les partage en deux sections comme Adanson, et les subdivise en ordres presque aussi nombreux que ses genres. Parmi ceux-ci il n'y en a qu'un de nouveau, qu'il nomme *helico-limax*, et qui fait le passage des limaces aux hélices; mais il y confond à tort les testacelles de Faure-Biguet. Le nom de *bulla* est appliqué au bulin d'Adanson, nommé physe par Draparnaud. Du reste il a suivi Adanson et Muller.

Dans l'ouvrage que M. de Lamarck publia en 1801, sous le titre d'Animaux sans vertèbres, on voit que ne se bornant plus aux coquilles, mais qu'envisageant comme M. Cuvier les animaux, il a suivi à peu près son exemple. Il l'imite d'abord en ceci, que la classe des mollusques est mise à la tête des animaux sans vertèbres; mais ensuite il s'en écarte assez souvent : ainsi sa première division des mollusques en deux ordres porte sur l'existence ou l'absence de la tête; d'où les mollusques *céphalés*, et les mollusques *acéphalés*, ce qui ne se trouve qu'implicitement dans le système de M. Poli et dans celui de M. Cuvier.

Les céphalés sont ensuite partagés en deux sections comme dans la méthode de ce dernier, suivant qu'ils sont nus ou conchylifères.

Enfin les céphalés nus sont distribués en deux sous-divisions suivant le mode de locomotion.

Les premiers nagent librement dans les eaux, tels sont les animaux qui composent le genre Sepia, L., et dont M. de Lamarck a fait les trois genres Sèche, Calmar et Poulpe. Il place aussi dans la même section les lernées, les firoles et les clios.

Dans la sous-division des mollusques nus qui rampent, M. de Lamarck place à peu près les mêmes genres que M. Cuvier, et de plus les *dolabelles*, division des aplysies, l'*onchidie*, nouveau genre établi par Buchanan, et les oscabrions, qui cependant ne peuvent guère passer pour nus. Il en retire au contraire avec raison les thalides ou physales.

Les céphalés conchylifères sont partagés en trois sous-divisions principales d'après la forme de la coquille uniloculaire non spirale, uniloculaire spirale et multiloculaire.

Dans la première, aux patelles dont il sépare encore un nouveau genre sous le nom d'*Emarginule*, outre ceux des crépidules et des calyptrées qu'il avoit déjà établis dans son prodrome, il joint le genre *Concholepas*, espèce de pourpre, et par conséquent fort mal placé ici.

Dans la seconde on remarque une nouvelle coupe dont il n'avoit pas été question dans le prodrome, mais qui avoit été employée par M. Cuvier; elle porte sur l'échancrure, la tubulure ou l'intégrité de l'ouverture de la coquille. La division qui renferme les coquilles dont l'ouverture est entière ou sans canal, contient les mêmes genres disposés semblablement que dans le prodrome, avec la différence de l'établissement de quelques genres nouveaux, savoir : *Clavatule*, démembré des pleurotomes du prodrome, *Scalaire* et *Maillot* séparés des cyclostomes, *Carinaire*, des argonautes, et en outre *Volvaire*, genre entièrement nouveau, Testacelle de Faure-Biguet, et Vermiculaire d'après Adanson. La disposition des genres n'est en général pas naturelle, et en effet on y trouve encore l'arrosoir, et même la siliquaire avant l'argonaute qui termine cette section. Les dentales en ont cependant été retirées.

Quant à la troisième sous-division des coquilles univalves en spirales, ou de celles qui sont multiloculaires, elle n'offre de différences avec ce qu'elle est dans le Tableau, qu'en ce qu'un nouveau genre a été établi sous le nom d'*Hippurite* avec une espéce d'orthocératite.

Les mollusques acéphalés qui constituent le second ordre de cette classe sont également divisés en espèces nues ou espèces conchylifères, comme dans la méthode de M. Cuvier.

Les acéphalés nus contiennent outre les deux genres Ascidie et Biphore, le genre Mammaire de Muller.

Dans la section des acéphales conchylifères, M. de Lamarck abandonne la classification des animaux pour celle des co-quilles : il ne les divise cependant pas non plus en bivalves et en multivalves, comme il l'avoit fait dans son prodrome, mais il prend en première considération l'égalité ou l'inégalité des valves, ce qui le conduit à une autre disposition des genres. Dans la première de ses sous-divisions sont les genres Pinne, Moule, *Modiole*, Anodonte pour anodontite, Mulette, *Nucule*, genre nouveau divisé des arches, Pétoncle, Arche, *Cucullée* démembré du précédent, Trigonie, Tridacne, Hippope, Car-dite, Isocarde, Bucarde, Crassatelle, Paphie, Lutraire, Mactre, *Pétricole*, genre nouveau établi avec des vénus lithophages, Donace, Mérétrice, Vénus; *Vénéricarde*, genre nouveau, Cy-clade, Lucine, Telline, Capse, Sanguinolaire, Solen, Glyci-mère, Mye et Pholade, et par conséquent cinq genres nou-veaux.

Dans la sous-division des inéquivalves qui ont deux valves ou davantage, dont les principales sont irrégulières, la disposition des genres est la suivante :

+ Valve principale tubuleuse : Taret, Fistulane.

++ Deux valves inégales opposées ou réunies en charnière, Acarde, *Radiolite*, genre nouveau, Came, Spondyle, *Plicatule*, genre nouveau établi avec une espéce de spondyle, L. et B. : *Gryphée*, genre nouveau démembré des huîtres; Huître, Vul-selle, Corbule, Anomie, Cranie, Térébratule, Calcéole, Hyale, Orbicule et Lingule.

+++ Plus de deux valves inégales non articulées en char-nière : Anatife et Balane.

Malgré cette marche d'un perfectionnement évident dans la classification des malacozoaires, quelques personnes, même en France, ne crurent pas devoir encore abandonner le sys-tème de Linnæus, perfectionné par Bruguière : tel fut, par

exemple, M. Bosc dans les supplémens de Buffon, édition de
Deterville, 1802. Quoiqu'il sentît bien toute la valeur de ces
innovations, il adopta cependant encore les divisions de vers
mollusques pour les mollusques nus, et de vers testacés, pour
les espèces conchylifères ; et, dans chacune de ces divisions,
il suivit presque exactement Bruguière, en adoptant cependant les nouvelles subdivisions génériques établies par MM. Cuvier et de Lamarck. Il seroit donc inutile de montrer combien
cette méthode est peu naturelle, puisque nous l'avons fait
en parlant du système de Bruguière. Nous nous bornerons à
faire observer que M. Bosc, qui a eu souvent l'occasion d'étudier des mollusques vivans, a introduit plusieurs faits nouveaux
dans leur histoire naturelle, et qu'il a aussi établi quelques
genres ; tels sont les genres *Fodie*, très-voisin des ascidies,
si même il en diffère, *Oscane* placé auprès des patelles, et qui
pourroit bien être un animal d'un tout autre type, *Onguline*, *Erodone* et *Hiatelle*, adoptés de Daudin parmi les bivalves.

Quatre ou cinq ans après que MM. Cuvier et Lamarck eurent fait paroître l'un après l'autre leur Système de Malacologie,
le premier, en publiant l'anatomie du *clio borealis*, en 1802,
fit observer que, cet animal n'ayant aucun des caractères de
ses céphalopodes et n'ayant pas non plus de pied propre à ramper comme ses gastéropodes, avec lesquels il offroit du reste
beaucoup de rapports, et près desquels il falloit le placer, il
conviendroit de changer ce nom de gastéropodes ; il ne l'a
cependant pas fait, parce qu'il trouva dans les objets recueillis
deux ans après, en 1804, par MM. Péron et Lesueur, l'animal
de l'hyale, et un autre dont il fit un nouveau genre sous la
dénomination de *Pneumoderme*, et comme ces animaux avoient
pour caractère commun de se mouvoir au moyen d'espèces
d'ailes placées de chaque côté du corps, il en fit un ordre
nouveau sous le nom de *ptéropodes*, dans lequel il plaça les
genres Clio, Pneumoderme et Hyale, en émettant le doute que
les firoles pouvoient aussi lui appartenir.

M. de Lamarck, de son côté, avoit aussi été conduit à l'établissement de quelques nouveaux genres, et entre autres, de ceux qu'il a nommés Tubicinelle et Coronule séparés des balanes de Linnæus.

On trouve aussi dans le prodrome, publié en 1803, d'un grand travail de Draparnaud sur les mollusques terrestres et fluviatiles de France qui n'a paru qu'après sa mort, en 1808, les preuves d'une marche rationnelle et convenable à la malacologie, non seulement dans l'établissement ou l'adoption de quelques genres nouveaux comme *Vitrine*, *Ambrette*, *Clausilie*, *Physe* et *Valvée*, mais encore dans la manière dont il a proposé d'envisager les coquilles en général, et surtout les coquilles bivalves, comme si elles faisoient partie de l'animal marchant devant l'observateur. Il abandonna donc le premier la manière arbitraire dont Linnæus et ses nombreux sectateurs avoient placé les coquilles pour les décrire, et revint à celle que Réaumur avoit proposée dans son Mémoire sur le mouvement progressif des coquillages. (Acad. des Sc. 1711.) Son système de classification est du reste celui de M. Cuvier.

Le premier ouvrage qui put recueillir ces nouveaux travaux, fut l'Histoire Naturelle des mollusques, commencée à peine par Denys de Montfort, et exécutée en presque totalité par M. de Roissy, ouvrage qui fait partie de l'édition de Buffon, par Sonnini, et qui développa d'une manière fort convenable le système de malacologie de M. Cuvier. Les genres assez naturellement groupés en général, caractérisés soigneusement d'après l'animal et d'après la coquille, sont exactement ceux que M. de Lamarck avoit donnés dans ses Animaux sans vertèbres. Le peu de changemens qu'on y remarque consiste presque à proposer de remplacer les noms d'ancille et de galathée, l'un déjà employé par Geoffroy pour un genre de mollusques, par celui d'*Anaulace*, et l'autre qui étoit déjà employé par les entomologistes, par celui d'*Egérie*. Il croit aussi que le nom de paphie devroit être préféré à celui de crassatelle qui

pourroit induire en erreur. Tout en admettant la classification de M. Cuvier. M. de Roissy pensoit. ce nous semble, avec
raison. que la section qui contient les anodontes ne devoit pas
suivre immédiatement la seconde ou celle des huîtres. mais
en être séparée par la section des espèces qui ont un pied
propre à filer; enfin. contre l'opinion du même zoologiste.
M. de Roissy croit que dans les biphores. l'ouverture que
M. Cuvier a regardée comme l'antérieure est la postérieure, et
vice versâ. opinion de MM. Bosc, Péron. de Blainville. qui a été
confirmée par les observations de MM. de Chamisso et Kuhl.
faites sur la nature vivante.

On trouve encore dans cet ouvrage les premières idées développées de l'analogie des coquilles polythalames avec les
céphalopodes, appuyées sur la connoissance de l'animal de la
spirule que Péron et Lesueur venoient de rapporter, et
que M. de Roissy avoit examiné. Il avoit également entrevu
le passage des mollusques univalves aux bivalves par les
patelles. quoiqu'il rangeât toujours celles-ci avec les phyllidies. Enfin c'est également M. de Roissy qui le premier a rapproché les arrosoirs des fistulanes. rapprochement qui
depuis a été adopté par tous les zoologistes.

Un autre ouvrage général qui recueillit aussi ces nouveaux
travaux est la Zoologie analytique de M. C. Duméril. publiée
en 1806. Adoptant presque complétement la manière de voir
de M. Cuvier. M. Duméril partage la classe des mollusques
qu'il met encore avant les insectes. en cinq ordres. les céphalopodes. les ptéropodes. les gastéropodes. les acéphales
et les brachiopodes.

L'ordre des céphalopodes ne contient aucune innovation.

Celui des ptéropodes est adopté absolument comme M. Cuvier venoit de l'établir.

Mais celui des gastéropodes offre une nouvelle division
d'après une nouvelle considération. celle des organes de la
respiration. en trois familles. les *dermobranches*. les *siphono-*

branches et les *adelobranches*, qui correspondent à peu près aux trois divisions établies sur la considération de la coquille.

En effet, la famille des dermobranches dont le caractère est d'avoir les branchies extérieures en forme de lames et de panaches, renferme les gastéropodes nus de M. Cuvier, et en outre les patelles de Linnæus, c'est-à-dire les nouveaux genres de Bruguière et de M. de Lamarck, qui n'ont cependant pas les branchies de cette forme, non plus que les haliotides.

La seconde famille dont le caractère est d'avoir les branchies intérieures communiquant à l'extérieur par un simple trou est encore bien moins naturelle, puisqu'elle renferme, avec les limaces et les hélices qui respirent bien par un trou, tous les gastéropodes dont la coquille a son ouverture entière, ainsi que les aplysies, les sigarets dont la cavité branchiale s'ouvre par une large fente cervicale ou latérale.

La troisième famille est tout-à-fait naturelle ; aussi renferme-t-elle tous les mollusques dont la coquille est échancrée ou canaliculée pour recevoir un tube.

L'ordre des acéphales ne forme qu'une seule masse sans distinction de familles, renfermant même les espèces nues.

Enfin celui des *brachiopodes* est dénommé pour la première fois comme ordre distinct, car il comprend les deux dernières sections d'acéphales de M. Cuvier, confondues fort à tort en un seul ordre, les lingules, les orbicules et térébratules différant considérablement des anatifes et des balanes, et sur un caractère également faux qui regarde comme analogues les véritables tentacules ciliés des premiers genres, et les appendices abdominaux articulés des deux derniers. L'anatomie que Poli avoit donnée d'un animal de chacun de ces groupes suffisoit cependant pour faire sentir ces différences.

En 1809, M. de Lamarck obligé par sa place de professeur de l'histoire naturelle des animaux sans vertèbres de suivre les progrès de la science et de réunir les nouveaux faits qu'elle avoit acquis, proposa une nouvelle distribution des malacozoaires, dans son ouvrage intitulé : Philosophie Zoologique. Divisant le règne animal en six degrés d'organisation, il plaça dans le quatrième, en allant de bas en haut, ou le troisième en allant en sens inverse, les animaux qui nous occupent en ce moment; mais il les partagea en deux classes, l'une à laquelle il laissa le nom de mollusques et l'autre qu'il désigna par la dénomination nouvelle de *cirrhipodes*.

La classe des mollusques est toujours subdivisée en deux ordres d'après la considération de la tête comme dans les premiers systèmes de M. de Lamarck; mais il adopte du reste les trois divisions proposées par MM. Cuvier et Duméril dans son ordre des céphalés, savoir, les céphalopodes, les gastéropodes et les ptéropodes.

Sa division des céphalopodes contient à la fois les espèces nues, les espèces conchylifères à coquille uniloculaire et celles qui ont une coquille multiloculaire, ce qui est comme dans le second système de M. Cuvier, avec cette différence que les conchylifères sont partagés en deux.

Les espèces nues portent le nom de *sépialées*, et en effet comprennent le genre *Sepia*, Linn., et ses subdivisions.

La seconde section nommée *argonautacées*, renferme les genres Argonaute et Carinaire.

Enfin la troisième, à têt multiloculaire, est divisée en trois familles, les *nautilacées* contenant les genres anciens, Nautile, Ammonite, Orbulite, Turrilite, Baculite, et le seul nouveau *Ammonocératite;* les *lituolacées*, nouvelle famille, composée des genres nouveaux, *Spirolinite*, *Lituolite*, et des genres anciens, Bélemnite, Hippurite, Orthocère et Spirule; les *lenticulacées*, famille également nouvelle, formée des nouveaux genres, *Miliolite*, *Gyrogonite*, *Rénulite*, *Discorbite*, *Lenticulite*, et des genres anciens Nummulite et Rotalite.

La division des gastéropodes est partagée en trois sections.

La première qui renferme les animaux dont le corps est en

spirale et qui ont un siphon, est formée de quatre familles: les *enroulées*, contenant les genres Cône, Porcelaine, Ovule, Tarière, Olive et Ancille; les *columellaires*, contenant les genres Volute, Mitre, Colombelle, Marginelle et Cancellaire; les *purpuracées*, renfermant les genres Nasse, Pourpre, *Monoceros*, Concholepas, Buccin, Eburne, Vis, Tonne, Harpe et Casque, dont un seul est nouveau; les *canalifères* enfin, composées des genres Strombe, Ptérocère et Rostellaire réunis sous le nom particulier d'*ailées*, et des genres Murex, Fuseau, Pyrule, Fasciolaire, Turbinelle, Pleurotome et Cérithe.

La seconde section, dont les animaux ont encore le corps en spirale, mais point de siphon, contient huit familles composées, 1.º les *calyptracées*, des genres Toupie, Cadran, Calyptrée et Crépidule; 2.º les *hétéroclites*, des genres Janthine, Bulle et Volvaire; 3.º les *turbinacées*, des genres Vermiculaire, Turritelle, Scalaire, *Dauphinule*, Monodonte, Turbo et *Phasianelle;* 4.º les *stomatacées*, des genres *Stomatelle*, Stomate et Haliotide; 5.º les *néritacées*, des genres Natice, Nérite, *Nacelle* et Néritine; 6.º les *auriculacées*, des genres Limnée, Mélanie, *Mélanopside* et Auricule; 7.º les *orbacées*, des genres Ampullaire, Planorbe, *Vivipare* et Cyclostome; enfin les *colimacées*, des genres Maillot, Agathine, *Amphibulime*, Bulime, Hélicine et Hélice.

La troisième section, dont le corps est droit, réuni au pied dans toute ou presque toute sa longueur, ne contient que quatre familles qui renferment tous les gastéropodes nus; ce sont, 1.º les *limaciens* ou les genres Testacelle, Vitrine, Parmacelle, Limace et Onchidie; 2.º les *aplysiens* ou les genres Sigaret, Bullée, Dolabelle et Aplysie; 3.º les *phyllidiens* ou les genres Emarginule, Fissurelle, Patelle, Oscabrion, Phyllidie, Pleurobranche; enfin 4.º les *tritoniens* comprennent les genres Doris, Thethys, Tritonie, Scyllée, Eolide et Glaucus.

La dernière division des mollusques céphalés ou les ptéropodes ne comprend que trois genres, Pneumoderme, Clio et Hyale.

L'ordre des mollusques acéphalés dans ce nouveau système de malacologie n'est partagé qu'en petites familles qui sont au nombre de treize et qui paroissent assez bien correspondre aux genres de Bruguière et de Linnæus, aussi chacune d'elles en emprunte-t-elle ordinairement sa dénomination; ce sont les *ascidiens*, contenant les genres Mammaire, Biphore, Ascidie; les *pholadaires*, Arrosoir, Fistulane, Taret, Pholade; les *solénacées*, Saxicave, Rupellaire, Pétricole; les *myaires*, Mye, *Panope*, *Anatine*; les *mactracées*, Mactre, Lutraire, Crassatelle, Onguline, Erycine; les *conques*, Capse, Galathée, Cyclade, Lucine, Telline, Donace, Cythérée, Vénus et Vénéricarde; les *cardiacées*, Bucarde, Isocarde, Cardite, Hippope, Tridacne; les *arcacées*, Trigonie, Cucullée, Arche, Pétoncle et Nucule; les *naïades*, Anodonte, Mulette; les *camacées*, Pandore, Corbule, *Dicerate*, Came et *Ethérie*; les *byssifères*, Avicule, Marteau, Perne, Crénatule, Modiole, Moule, Pinne, Lime et Houlette; les *ostracées*, Peigne, Spondyle, Plicatule, Gryphée, Huître, Vulselle, Placune, Anomie, Cranie, Calcéole et Radiolite; les *brachiopodes*, Orbicule, Térébratule et Lingule.

La nouvelle classe des cirrhipodes, convenablement établie, ne renferme que les genres Anatife, Balane, Coronule et Tubicinelle. On a pu voir comment, établi par M. Cuvier comme une simple division de ses acéphales, de même valeur que celle qui sépare les huîtres des vénus, ce groupe d'animaux fut ensuite séparé des acéphales par M. Duméril, mais confondu à tort avec les brachiopodes, et comment successivement, mieux apprécié, il a fini par être regardé, avec raison, comme une sorte de classe intermédiaire aux animaux articulés et aux mollusques.

Dans ce nouveau système de malacologie, M. de Lamarck, tout en perfectionnant ce qu'il avoit fait jusqu'alors, avoit encore établi quelques rapprochemens peu naturels, comme les crépidules qui ne sont pas operculées avec les toupies; sa

section ou famille des hétéroclites l'étoit en effet beaucoup ;
son groupe des auriculacées ne l'étoit pas peut-être beaucoup
moins ; le genre Hélicine étoit aussi fort mal avec les hélices,
puisqu'il est operculé ; le genre Sigaret étoit hétérogène avec
les aplysies ; la famille des phyllidiens comprenoit des genres
de familles entièrement différentes et fort éloignées. En général il sembleroit que M. de Lamarck n'avoit pas encore porté
suffisamment son attention sur l'opercule.

La disposition des genres dans les familles d'acéphales contenoit beaucoup moins d'erreurs , quoique c'en soit une , à
ce qu'il nous semble, de placer la famille des ascidiens à la
tête de la classe . et celle des brachiopodes à la fin , et de ne
pas considérer comme de valeur différente les caractères qui
séparent ces deux groupes des autres acéphales, et ceux qui
partagent, par exemple , les myaires des mactracées. Les
genres Hippope et Tridacne n'étoient peut-être pas non plus
à leur place.

Il n'y a donc rien d'étonnant que quelques années après
cet ouvrage, M. de Lamarck, dans un prodrome de son Cours
au Jardin des Plantes, en octobre 1812 , ait encore changé
quelque chose à son système général de classification, et établi un assez grand nombre de genres nouveaux , et cela d'autant moins que dans cet intervalle, de nouveaux travaux particuliers de M. Cuvier, de Péron et Lesueur, etc. , vinrent
apporter des matériaux mieux élaborés. Ces derniers venoient
surtout de publier le prodrome d'un assez grand travail sur
l'ordre des ptéropodes, établi par M. Cuvier, dans lequel ils
rangeoient non seulement les clios, pneumodermes et hyales,
mais encore définitivement les firoles, le glaucus, la carinaire, et trois genres nouveaux auxquels ils donnèrent les
noms de *Phylliroé*, de *Cymbulie* et de *Callianire*. En partant
du principe que, pour appartenir à ce groupe, il suffisoit
que le mollusque eût des nageoires pour la locomotion , ils
réunirent évidemment des animaux fort différens , les uns

ayant réellement des nageoires paires et latérales, les autres
n'en ayant que de médianes. Ils ne firent pas même cette
distinction, et leur division de cet ordre en deux sections
porta sur l'absence ou la présence d'un têt; en sorte que les
genres Carinaire et Firole, qui n'en font peut-être qu'un,
furent placés, l'un au commencement de l'ordre, et l'autre à
la fin.

Avant de voir les perfectionnemens que la malacologie re-
çut par le prodrome de M. de Lamarck, nous devons dire quelque chose du système de conchyliologie de Denys de Monfort,
publié en 1808 et 1810, parce que, quoiqu'il ne traite que
des coquilles univalves, on ne peut nier, comme on le verra
dans le Manuel de Conchyliologie, qu'il n'ait rendu de véritables services à la science, d'abord en introduisant dans le
système toutes les coquilles microscopiques observées par Soldani, Von Moll et Von Fichtel, et ensuite en proposant un
grand nombre de genres de coquilles qui étoient sans doute
bons, puisqu'ils ont été établis depuis sous des dénominations
nouvelles.

Les divisions primaires de Denys de Montfort dans la conchyliologie, n'ont pas été établies sur l'animal; cependant il
pense que certains mollusques testacés, comme les habitans
de beaucoup de coquilles cloisonnées, et les argonautes, parmi
les cloisonnées, doivent être rangés à côté des sèches; d'autres, comme ceux des cônes, des volutes, des hélices à côté
des limaces; d'autres, tels que les serpules, les siliquaires,
les tarets à côté des vers; d'autres, tels que les arrosoirs à
côté des polypes; d'autres, tels que les balanes, les lingules,
les anatifes à côté des crustacés; d'autres enfin comme les camérines, les rotalites à côté des vélelles et des méduses; opinions souvent fort erronées.

Sa première division des coquilles repose sur le nombre
des valves d'où résultent des univalves, des bivalves et des
multivalves, comme chez la plupart des anciens conchylio-

logues; mais ce en quoi il diffère, c'est qu'il partage la dernière section en deux : il conserve la dénomination de multivalves aux coquilles de plusieurs pièces réunies, sans laisser
de solution de continuité entre elles, comme les pholades,
les anatifes, etc., et il donne celle de *dissivalves* aux coquilles
de plusieurs pièces, mais non cohérentes ni adhérentes les
unes aux autres, comme les tarets, les fistulanes, les balanes, etc. Nous n'avons pas besoin de montrer combien cette
nouvelle distinction est artificielle, puisqu'elle rompt non
seulement les rapports naturels tirés de l'animal, mais même
ceux tirés de la coquille.

Les coquilles univalves, les seules dont il ait publié la disposition méthodique, sont encore subdivisées en univalves
cloisonnées et en univalves non cloisonnées. Le principe qui
l'a guidé dans l'établissement des genres qu'il ne groupe pas
en familles, c'est que chaque genre doit être assez nettement
circonscrit, pour qu'il soit impossible d'avoir de doute sur
la place d'une coquille; aussi les plus légères différences dans
la forme de l'ouverture, la présence ou l'absence d'un ombilic suffisent pour l'établissement de ses genres. C'est ainsi
que dans la seule section des univalves cloisonnées, de 13 genres
qui existoient dans les conchyliologues les plus modernes,
il en a fait 100, dont 87 nouveaux. Il faut cependant ajouter
que parmi ces genres nombreux, il y en a beaucoup qui sont
établis sur des corps organisés, fossiles ou microscopiques,
que jusques-là on n'avoit osé classer. Parmi les univalves non
cloisonnées, il y a 93 genres dont 42 nouveaux, en comptant,
il est vrai, les tubes calcaires, ou même arénacés des chétopodes
à tuyaux, qu'il place encore avec les véritables coquilles. Parmi
ces genres, nous nous bornerons à citer les principaux, tels que
les genres Cabochon, Pavois, Helcion, Cimbre, démembrés
des patelles; Padolle, des haliotides; Laniste, Cyclophore, des
cyclostomes; Eperon, Monodonte, Méléagre, des sabots; Fri-
pier, Entonnoir, Tectaire, Bouton, Empereur, Cantharide,

Télescope, des toupies; Polinice, Clithone, Théodoxe et Vélate, des nérites; Radix, des limnées; Scarabée, Actéon, Mélampe, des auricules; Gibbe, des maillots; Carocolle, Capraire, Ibère, Cépole, Polydonte, Straparolle, Acave, Tomogère, des hélices; Polyphème, des bulimes; Ruban, des agathines; Séraphe et Rhizoa, des bulles; Navette, Calpurne et Ultime, des ovules; Rouleau, Rhombe, Hermès et Cylindre, des cônes; Cymbe, des volutes; Minaret, des mitres; Licorne, des pourpres; Perdrix, des tonnes; Héaume, des casques; Alectrion et Sistre, des buccins; Hippocrène, des rostellaires; Trophore, Phos, Carreau, Latire, Appole, Crapaud, Aquile, Triton, Masque, Chicorée, Typhis et Bronte, des rochers. Parmi ce grand nombre de genres nouveaux, il y en a déjà un certain nombre d'admis par M. de Lamarck, comme nous allons le voir dans un moment.

Nous devrons aussi dire encore quelque chose d'une nouvelle édition du petit ouvrage de M. d'Audebard de Férussac, dont nous avons parlé plus haut, et qui fut publié à Paris par son fils en 1810; parce que, quoiqu'il soit encore borné aux mollusques terrestres fluviatiles, il contient plusieurs observations nouvelles. On y trouve en outre l'établissement des genres *Septaire* pour une coquille patelloïde d'eau douce, *Nerita porcellana*, Chemn., genre que Denys de Montfort avoit proposé de son côté sous le nom de *cimbre*, et que M. de Lamarck a depuis appelé Navicelle; *Mélanopside* pour des animaux conchylifères fluviatiles qu'Olivier avoit nommés *mélanies*.

Ce seroit aussi le lieu de parler du Mémoire de M. Mégerle sur la classification des coquilles multivalves et bivalves, dans laquelle, tout en suivant Linnæus, il proposoit un assez grand nombre de genres démembrés de ceux de cet illustre zoologiste; mais, comme nous l'avons dit à l'article de la conchyliologie, ce sont des genres rigoureusement établis sur la coquille, et qui, quoique souvent correspondans à ceux qu'avoit proposés, ou qu'a proposés depuis M. de Lamarck, n'ont cependant pas été adoptés; en sorte qu'il seroit inutile de nous appesantir même à les énumérer.

Dans le prodrome de son Cours de 1812, M. de Lamarck divise le règne animal en trois sections primaires auxquelles il ne donne pas de noms : 1.° les animaux apathiques; 2.° les animaux sensibles (ces deux divisions composant les animaux sans vertèbres) ; et 3.° les animaux intelligens ou vertébrés.

Les animaux que renferme la partie de la zoologie dont nous faisons l'histoire, sont toujours partagés en deux classes qui commencent la section des animaux sensibles, ou qui la terminent, suivant M. de Lamarck; car il suit l'ordre de la gradation de l'organisation animale.

Les mollusques céphalés sont partagés en cinq sections : 1.° les *hétéropodes;* 2.° les céphalopodes; 3.° les *trachélipodes;* 4.° les gastéropodes; et 5° les ptéropodes.

Sous la dénomination nouvelle d'*hétéropodes,* M. de Lamarck range les genres Carinaire, Firole et Phylliroé, dont MM. Péron et Lesueur faisoient des ptéropodes , évidemment à tort, du moins pour les deux premiers ; et, par une manière de voir assez inexplicable, M. de Lamarck les regarde comme devant être à la tête des mollusques, et comme faisant une transition aux poissons, quoique rien dans leur organisation ne milite en faveur de cette opinion.

La section des mollusques céphalopodes, quoique divisée, comme dans le prodrome du Cours, en non testacés, testacés monothalames et testacés polythalames , contient un plus grand nombre de familles et de genres , du moins dans cette dernière section , car la première n'a éprouvé absolument aucun changement, et la carinaire est retirée de la seconde. Mais dans la troisième, la famille des nautilacées est partagée en deux, les *ammonées* et les nautilacées; les *ammonées* renferment les genres dans lesquels les cloisons sont sinueuses;

les nautilacées, ceux où les loges ne s'étendent pas du centre
à la circonférence, ce sont les genres Nautile, Nummulite,
Vorticiale, *Sidérolite*, genres nouveaux, et Discorbe; la famille
des lenticulacées du prodrome est partagée en trois; celle des
radiolées, dont la coquille globuleuse, à spire centrale, a ses
loges rayonnantes du centre à la circonférence, formée des
Placentules, genre nouveau, Lenticulaire et Rotalie; les *sphé-
rulées*, dont la coquille est globuleuse, contenant les *mélo-
nites*, genre nouveau, Gyrogonite et Miliolite; les *cristacées*,
dont la coquille semi-discoïde a la spire excentrique, formées
des *orbiculines*, *cristellaires*, genres nouveaux, et des rénulites :
la famille des lituolées du prodrome est aussi partagée en
deux, suivant que la coquille est partiellement en spirale,
ou tout-à-fait droite; les *lituolées*, qui ont le premier caractère, ne renferment plus que les trois genres Lituole, Spi-
ruline et Spirule; les *orthocérées*, qui ont le second, renferment, avec les hippurites, orthocères et bélemnites, un
nouveau genre sous le nom de *Nodosaire*.

La section des céphalés gastéropodes est partagée, d'après
la considération de la différence dans l'attache du pied en
deux sections de même ordre, et non plus en trois.

La première appelée *trachélipodes*, parce que le pied est
attaché à la base inférieure du cou, contient les deux premières divisions des gastéropodes du prodrome, mais avec
des différences dans le nombre, la disposition des familles et
des genres. Le volvaire est reporté avec les columellaires; dans
la famille des *purpurifères*, au lieu de purpuracées, les genres
Ricinule et *Cassidaire*, sont établis, l'un avec quelques espèces
de pourpres, l'autre avec des espèces de casques. Les ailées sont
nettement distinguées comme famille des canalifères où sont
proposés deux nouveaux genres démembrés des rochers, *Ranelle*
et *Struthiolaire;* mais c'est surtout dans la section des trachélipodes sans siphon et à coquille sans échancrure ni tube, que
les changemens sont plus considérables : une première inno-

vation fort importante, c'est qu'en général il n'y a plus de mélange de coquilles operculées et de coquilles inoperculées. Les turbinacées qui commencent perdent les genres Vermiculaire ou Vermet, Scalaire et Dauphinule, et gagnent les genres Toupie et Cadran, de la famille des calyptracées, qui passe parmi les gastéropodes proprement dits. Les Stomate et Stomatelle séparées, on ne sait pourquoi, des haliotides, constituent la nouvelle famille des *macrostomes;* les genres Vermet, Scalaire, Dauphinule forment celle des *Scalariens*, qui est aussi nouvelle. Une autre, proposée nouvellement sous le nom de *plicacées*, comprend deux nouveaux genres, *Pyramidelle* et *Tornatelle.* Le genre Janthine est resté seul dans une famille particulière; celle des néritacées contient les mêmes genres, avec cette différence que le nom de nacelle est changé en celui de *navicelle;* la famille des orbacées est remplacée par celle des *péristomiens*, qui ne contient que les genres Ampullaire, Valvée et Paludine : ainsi les genres Planorbe et Cyclostome en sont sortis, le premier avec raison, le second évidemment à tort; la famille hétérogène des auriculacées a été démembrée encore avec raison. Les genres Mélanie, Mélanopside et *Pirène*, genre nouveau, constituent celle des *mélaniens;* et les limnées réunies justement aux physes, aux planorbes, mais à tort aux conovules, forment la famille des *limnéens*, qui est la première des inoperculés respirant l'air; vient enfin la dernière famille des trachélipodes, sous le nom de colimacées, et qui, outre les genres démembrés de l'*helix*, Linn., contient l'hélicelle, nouvelle subdivision du même genre, et malheureusement avec l'auricule, le vertigo, et surtout le cyclostome qui est operculé.

La division des gastéropodes proprement dits a éprouvé en général moins de changemens; la famille des limaciens, qui la commence toujours, n'en a éprouvé aucun; celle des laplysiens s'est accrue avec raison du genre Bulle et du genre nouveau *Acère*, établi par M. Cuvier, pour un animal que

Muller avoit appelé depuis long-temps *lobaria ;* mais elle a conservé toujours à tort le sigaret. La famille des calyptraciens est passée dans cette division, et elle contient, outre les genres Calyptrée et Crépidule, qu'elle avoit dans le prodrome, les émarginules, fissurelles et *cabochons*, genre nouveau adopté de Denys de Montfort, c'est-à-dire toutes les espèces de patelles de Linnæus, qui ont de véritables branchies sur le cou, ce qui est un rapprochement très-naturel : il n'en est pas de même de celui qu'offre la famille des phyllidiens, puisqu'on y trouve toujours les genres Pleurobranche, Phyllidie, Oscabrion, Patelle, *Ombrelle*, nouveau genre encore démembré des patelles, Linn., et enfin Haliotide, il est vrai, avec un point de doute, c'est-à-dire qu'il n'y a pas un seul genre qui doive réellement appartenir à la même famille. Quant à celle des tritoniens, elle n'a pas éprouvé de changement, et le genre Glaucus y est même conservé convenablement malgré ce qu'en avoit dit Péron.

La section des mollusques ptéropodes n'offre non plus de différences avec ce qu'elle étoit dans le prodrome, qu'en ce qu'elle contient les genres Cléodore et Cymbulie, proposés par MM. Péron et Lesueur ; M. de Lamarck ayant fait, comme nous l'avons vu plus haut, une section particulière des genres Carinaire, Firole, Phylliroé, et repoussant avec raison le genre Callianire parmi les béroés.

Les subdivisions établies dans la classe des mollusques acéphalés ne diffèrent que fort peu de ce qu'elles sont dans le prodrome. On y voit cependant plus évidemment que M. de Lamarck prend en première considération le nombre des impressions musculaires, principe qu'il avoit posé dès 1807, d'où sa division des acéphalés *monomyaires* et *dimyaires*. Il y a en outre une famille et quelques genres nouveaux : ainsi, entre les pholadaires et les solénacées, se trouve la famille des *lithophages* démembrée de cette dernière, et qui comprend les genres Saxicave, Pétricole et Rupellaire, avec un nouveau genre appelé *Rupi-*

cole par M. Fleuriau de Bellevue. On y trouve l'indication des nouveaux genres *Clavagelle* parmi les pholadaires. *Donacille* et *Cyprine*, dans la famille des conques, *Hiatelle* de Daudin dans celle des cardiacées.

Vers la fin de 1814, nous publiâmes nos premières idées sur la disposition méthodique des malacozoaires, dans laquelle nous fîmes sentir la relation nécessaire qui existe entre la coquille et les organes de la respiration. Nous en tirâmes le nouveau caractère de la symétrie et de la non-symétrie de ces organes, ainsi que du corps protecteur, pour l'établissement des ordres. En 1815 et 1816, nous donnâmes dans le Bulletin de la Société Philomathique, plusieurs mémoires dans lesquels nous traitâmes successivement de nos quatre ordres des ptérodibranches, polybranches, cyclobranches et inférobranches, en proposant quelques nouveaux genres.

Le premier ouvrage étranger dans lequel on abandonna le système de Linnæus pour adopter plus ou moins complétement la manière de voir des zoologistes français, nous paroît être celui de M. Oken. Dès l'année 1810, il avoit présenté à la Société de Goettingue, un mémoire sur la connoissance des mollusques hors de leurs coquilles, et sur une classification naturelle établie sur cette connoissance ; mais, d'après l'extrait qu'il en a seulement donné, on ne voit pas quelle étoit cette classification naturelle. Ce n'est que dans son Manuel d'histoire naturelle publié en 1815, que l'on peut s'en faire une idée. Il faut d'abord faire observer qu'elle n'est pas tout-à-fait semblable dans le corps de l'ouvrage et dans le tableau général des genres qui le précède. Ainsi, dans le premier, les animaux du type des malacozoaires forment les trois derniers ordres de la quatrième classe dont le premier est constitué par les vers intestinaux, sous les noms de conques (*muscheln*), de limaçons (*schnecken*), de poulpes (*kraken*). Il y est bien encore question des oscabrions qui sont rangés comme Adanson et MM. Cuvier et de Lamarck l'avoient fait ; mais les balanes et les anatifes sont

placés plus haut avec les lernées et les argules dans la seconde
tribu de la troisième classe, entre les échinodermes et les vers
à sang rouge; car, dans cette distribution générale des animaux, les mollusques ont à peu près repris le rang qu'ils
avoient dans l'école de Linnæus.

Dans le Tableau de la distribution des animaux qui précède le premier volume de Zoologie, les malacozoaires occupent la même place dans la série générale, c'est-à-dire qu'ils
forment la troisième classe, mais ils la forment presque à eux
seuls, car les vers intestinaux en ont été avec juste raison
retirés; on y trouve cependant encore les lernées et les argules mêlés avec les balanes et les anatifes, entre les familles
des anomies et des térébratules, qui finissent la classe et celle
des biphores et des ascidies. Une autre différence, c'est que
le système quaternaire est rigoureusement adopté pour toutes
les divisions : ainsi il y a quatre ordres dans la classe entière,
quatre tribus dans chaque ordre, quatre familles dans chaque
tribu, et quatre genres dans chaque famille, ce qui a forcé
M. Oken de diminuer considérablement le nombre de ceux-ci,
mais, il paroît, assez arbitrairement. Comme il seroit trop long
et même trop difficile de faire connoître les familles et leurs
dénominations, nous nous bornerons à dire que le dernier
ordre, sous le nom de *erdleche* ou de *gopeln*, contient les anomies, les térébratules, les lernées et les balanes, c'est-à-dire un
assemblage d'animaux assez hétéroclites; le troisième, sous le
nom de *muscheln*, le deuxième sous celui de *schnecken*, et
enfin le premier sous la dénomination de *kraken*, sont composés
à peu près comme dans les auteurs françois, et correspondent
assez bien aux acéphales, aux gastéropodes et aux céphalopodes
de M. Cuvier. On trouve cependant que M. Oken a fait
passer dans son premier ordre, entre les familles qui ont une
coquille multiloculaire et les sépiacées, les clios et genres
voisins, sous le nom de clionées, le glaucus, sous celui de
glaucinées, les firoles et genres voisins, sous la dénomination

de ptérotrachéens, en y mettant le phyllirhoé, et enfin, ce qui est plus singulier, la cymbulie, et le clio boréal sont avec les argonautes et les sèches, dans la première famille, celle des sépiacées. Les autres familles sont en général plus naturelles, c'est-à-dire que les quatre genres qui composent chacune d'elles sont mieux rapprochés; il en est cependant encore plusieurs dans lesquelles les affinités ont été assez peu suivies; ainsi on trouve le genre Scalaire operculé aquatique marin, avec le genre Maillot inoperculé terrestre, le genre Valvée avec les natices, le genre Janthine avec la gondole séparé des volutes, les nasses et les vis, les phyllidies avec les oscabrions, les patelles dont il ne fait qu'un seul genre et l'haliotide, le sigaret avec les aplysies, les tridacnes et hippopes avec les véritables cames dans le même genre.

Dans ce Système de Malacologie de M. Oken, on trouve assez peu de genres nouveaux, et même en général il restreint assez ceux de M. de Lamarck; cependant on remarque un assez grand nombre de changemens de noms anciens. Parmi les acéphales on trouve *chœna* pour *gastrochœna*, *irus* pour *pandora*, *cardissa* pour *venericardia*, *glossus* pour *isocardium*, *axinœa* pour *pectunculus*, *arcinella* pour *cardita*, *lymnium* pour *unio*, *anodon* pour *anodonta*, *perna* pour *lithodoma*, *anonica* pour *avicula*, *tudes* pour *malleus*, *melina* pour *perna*, *glaucion* pour *lima* et *pedum* réunis; dans les céphalés on voit *clathrus* substitué à *scalaria*, *bullinus* à *physa*, *marsyas* à *auricula*, *pythia* à *bulimus*, *lucena* à *succinea*, *tricla* à *hyalœa*, etc.

Les genres nouveaux établis par M. Oken ne sont jamais que des démembremens, et même peu importans; tels sont parmi les acéphalés, les genres *Tethium* pour les ascidies pédonculées; *Aulus* pour quelques espèces de tellines; *Arthemis* de Poli pour la *venus exoleta*; *Trisis* pour l'*arca tortuosa* : parmi les céphalés, *Vibex* pour le *strombus palustris*; *Peloronta* pour quelques espèces de nérites marines ombiliquées, comme la *nerita peloronta*; *Labio* pour une espèce de Sabot; *Systrium* pour les harpes, tonnes, etc.; *Turbinellus* pour quelques espèces de volutes, et entre autres, la *voluta musica; Dito, Themisto* pour plusieurs doris; *Lobaria,* de Muller, pour réunir les genres Acère, Cuv., *Doridium, Parthenope* de Meckel, et Bulle; *Actæon* pour l'*aplysia viridis* de M. Bosc; *Volvulus* pour la plupart des espèces de maillots; *Vortex* pour certaines hélices, et entre autres l'*helix lapicida; Ægle* pour le *pneumoderme capuchonné* de Péron, qui est un animal décrit à l'envers; *Kronjacht* pour le *clio helicina,* etc.

D'après cette analyse du Système de Malacologie de M. Oken, on voit qu'il n'a introduit aucune considération nouvelle de classification, ni parmi les animaux ni parmi les coquilles, et que sa diminution et son augmentation des genres établis par ses prédécesseurs, se trouvent comme dominées par la subdivision quaternaire conçue *à priori.*

C'est aussi vers la même époque que M. Rafinesque-Schmaltz donna une esquisse des changemens qu'il proposoit dans la classification des malacozoaires dans son Précis de Somiologie, publié à Palerme en 1814. Malheureusement, par le peu qui existe dans ce Précis, il est impossible de se faire une idée de son système. On y trouve seulement l'indication plus que l'établissement de quelques genres de mollusques nus, et entre autres, de l'*ocythoé* pour les poulpes dont la paire supérieure de tentacules est élargie par une membrane, de l'*hypterus,* très-voisin des firoles, du *stephylla,* rapproché des doris, de l'*armina* et du *sarcoptère.*

C'est également à cette époque que l'on peut rapporter les travaux plus importans de MM. Lesueur, Desmarest et Savigny, sur les mollusques aggrégés. Le premier en eut évidemment l'initiative en montrant que le pyrosome, genre qu'il avoit établi avec son ami Péron, n'étoit qu'un aggrégat de petits animaux. Eveillé par cette idée, il fut aussi conduit à s'assurer, avec M. Desmarest, qu'il en étoit de même des botrylles de Gærtner, résultat singulier auquel M. Savigny paroît être arrivé aussi de son côté en étudiant les alcyons, ce qui les lui avoit fait d'abord nommer à tort alcyons à double ouverture. Plus tard, reconnoissant sans doute son erreur, il étendit son travail à tous les mollusques aggrégés, et n'en fit plus des alcyons, mais y fit connoître un grand nombre d'espèces nouvelles pour lesquelles il établit presque autant de genres nouveaux qu'il seroit presque inutile d'énumérer, et cela d'autant plus qu'ils seront indiqués dans le Système de Malacologie.

En 1817, nous fîmes connoître avec un peu plus de développement que nous ne l'avions fait dans notre premier essai, la subdivision systématique que nous proposions dans le type des malacozoaires, en publiant notre prodrome de classification générale du règne animal. On y voit que l'organe dont nous avons tiré nos premières considérations après la forme générale non articulée ou subarticulée, est celui de la respiration, et en effet la dénomination de nos différens ordres est constamment tirée de cet organe, qui concorde, comme nous l'avons déjà dit, avec la forme de la coquille quand il y en a. Nous commençons par établir un sous-type distinct avec les animaux que nous regardons comme intermédiaires au type des entomozoaires et à celui des malacozoaires, et ce sous-type contient non seulement les anatifes et les balanes qui semblent avoir quelque chose des crustacés, mais encore les oscabrions, dont l'organisation rappelle, dans certains points, celle des chétopodes parmi les entomozoaires; rapprochement qui concorde assez bien avec celui de Linnæus. Parmi les véritables malacozoaires, notre première division en deux classes porte sur la présence ou l'absence de la tête, ce qui forme les *céphalophores* et les *acéphalophores*. La première classe est ensuite divisée en deux sections, suivant que l'organe respiratoire et le corps protecteur sont symétriques ou non, et chaque section est partagée en ordres d'après la position, la forme, et même la nature de l'organe respiratoire. La seconde classe ou celle des acéphalophores est aussi subdivisée en trois ordres encore d'après la disposition des organes de la respiration, d'où les noms de *palliobranches*, de *lamellibranches* et de *siphono-branches* remplacé depuis à cause du double emploi, par la dénomination de *salpingobranches*, ou mieux d'*hétérobranches*.

Nous avons fait en outre quelques rectifications et établi plusieurs nouveaux genres. Ainsi nous montrâmes dans notre premier mémoire sur les ptérodibranches, que le clio boréal avoit été mal caractérisé, que le pneumoderme capuchonné de Péron avoit été considéré à l'envers, et que le prétendu capuchon n'étoit que les appendices natatoires de la gorge dans le clio et dans le pneumoderme décrit par M. Cuvier; que les firoles, les carinaires rangées à tort dans cet ordre par Péron, avoient en outre été considérées par lui dans une situation également renversée, en sorte que la nageoire supposée dorsale dans ces animaux n'étoit autre chose qu'une sorte de pied analogue à celui des mollusques gastéropodes, mais ici comprimé en nageoire; que le glaucus avoit aussi été défini dans une position renversée, que c'étoit encore plus un véritable gastéropode.

Dans un second mémoire sur notre ordre des polybranches, et où nous faisons voir que doit être placé le genre Glaucus dont nous donnons la première description complète, nous établissons un nouveau genre sous le nom de *Laniogère*, pour un petit mollusque intermédiaire aux glaucus et aux cavolines.

Dans un troisième mémoire sur notre ordre des cyclobranches, et dans lequel nous réunissons les véritables doris et l'onchidie de Péron, dont on doit la découverte à celui-ci et la connoissance à M. G. Cuvier, nous établissons un genre intermédiaire que nous désignons à cause de cela par la dénomination d'*Onchidore*.

Enfin, dans un quatrième mémoire sur les inférobranches dont nous retirons les oscabrions, comme très-différens des phyllidies, nous établissons aussi un nouveau genre sous le nom de *Linguelle*.

Cependant M. Cuvier, continuant ses recherches anatomiques et zoologiques sur les mollusques céphalés, venoit de publier un ouvrage important sur ces animaux, dans lequel il réunissoit non seulement tous ses mémoires publiés successivement dans les Annales du Muséum depuis un assez grand nombre d'années, mais encore de nouveaux sur l'haliotide, les sèches, les crépidules, les cabochons, les fissurelles, etc. Le résultat général parut dans son ouvrage intitulé : *Le Règne animal distribué d'après son organisation*, publié en 1817.

Les subdivisions que M. Cuvier avoit établies sous la dénomination de chapitres ou d'ordres, sont ici élevées à l'importance de classes qui sont au nombre de six, *céphalopodes*, *ptéropodes*, *gastéropodes*, *acéphales*, *brachiopodes* et *cirrhipodes*; en sorte que les ptéropodes qui diffèrent si peu des gastéropodes, n'en forment pas moins une division de même degré que les acéphales dont l'organisation est au contraire si différente.

La classe des céphalopodes n'a du reste éprouvé d'autres changemens que l'introduction des genres de coquilles polythalames, établis par MM. de Lamarck et Denys de Montfort.

Celle des ptéropodes n'en a pas éprouvé davantage, si ce n'est l'établissement du genre *Limacine* que nous avions aussi proposé sous le nom de *Spiratelle* pour le *clio helicina*, Linn.

La classe des gastéropodes est subdivisée en sept ordres essentiellement d'après la nature et la position des organes de la respiration, mais aussi secondairement d'après une nouvelle considération, la réunion ou la séparation des sexes sur un ou deux individus, quoique M. Cuvier, dans ses généralités, eût dit que les variétés relatives à la génération se trouvent dans un même ordre, quelquefois dans une même famille.

L'ordre des nudibranches ne renferme que deux genres nouveaux, *Polycère* et *Tergipes*, tous deux démembrés des doris.

Les inférobranches ne renferment plus, et avec juste raison, ni les patelles, ni les oscabrions, mais seulement, comme nous l'avions proposé, les phyllidies, avec le genre nouveau *Diphyllidie*, qui paroît fort rapproché de notre genre *Linguelle*.

Les tectibranches n'ont éprouvé d'autre changement que l'établissement d'un nouveau genre, sous le nom de *Notarche*. Les bulles et les bullées sont réunies sous la dénomination générique d'acère, imaginée par Muller.

L'ordre des pulmonés est divisé en deux sections, suivant que les mollusques sont terrestres ou aquatiques. Dans la première section, les scarabes sont à tort placés entre les maillots et une petite subdivision nouvelle de ce même genre, que M. Cuvier nomme *Grenaille*, car l'animal des scarabes est tout semblable à celui des auricules, placé plus loin dans la section des pulmonés aquatiques. Dans celle-ci, outre ce genre et ses démembremens, se trouvent assez artificiellement réunies les onchidies de Buchanan, comprenant les espèces marines que M. Cuvier en a rapprochées peut-être à tort, suivant nous, avec les planorbes et les limnées.

L'ordre des pectinibranches, à peu de chose près divisé comme dans les tableaux des Leçons d'anatomie comparée, contient, et à juste raison, les cyclostomes terrestres qui ont cependant une véritable cavité pulmonaire, tout-à-fait conformée comme dans l'ordre précédent. On y remarque aussi le rapprochement artificiel sous tous les rapports des ampullaires, des mélanies, des phasianelles, avec les janthines, qui ne sont pas operculées, sous la dénomination générique de *Conchylium*.

L'ordre des scutibranches est nouveau ; il contient des genres assez artificiellement rapprochés, comme les haliotides, les stomates, les cabochons, les crépidules, les fissurelles, les émarginules et les septaires ou navicelles qui sont évidemment des nérites, et même les carinaires auxquelles M. Cuvier réunit les firoles, qui sont des animaux hermaphrodites.

Enfin le dernier ordre est également nouveau et artificiel : il porte le nom de *cyclobranches*, et contient les patelles symétriques de Linnæus, en y comprenant à tort les *pavois* de Denys de Montfort, qui sont de vraies émarginules, et les oscabrions.

La classe des acéphales est partagée en ordres, d'après la présence ou l'absence de la coquille.

Dans le premier, qui comprend les testacés, on remarque quelques innovations dans le rapprochement des genres en familles; ainsi dans la première, ou les ostracés, on voit réunis des genres qui ont une seule impression musculaire, et d'autres qui en ont deux, comme les arches et leurs subdivisions. La seconde, celle des mytilacés, renferme les moules proprement dites, parmi lesquelles M. Cuvier établit le nouveau genre *Lithodome*, les unios, les anodontes, les cardites, les vénéricardes, et même les crassatelles; la troisième, ou les *bénitiers*, est nouvelle, et ne contient que les genres Tridacne et Hippope. La quatrième, ou les cardiacés, renferme presque tous les autres genres de bivalves dont les valves closent également. On y remarque la création du nouveau genre *Corbeille*, l'adoption de celui des Loripèdes de Poli, et l'éloignement artificiel du genre Capse des donaces ; enfin la cinquième et dernière famille, celle des *enfermés*, contient des genres dont la coquille est plus ou moins bâillante, parmi lesquels il n'y en a qu'un seul nouveau, *Byssomie*, formé avec une espèce de mollusque des mers du Nord, et le *Gastrochène* adopté de Spengler, mais trop éloigné de certaines fistulanes dont il doit à peine être séparé.

Le second ordre des acéphales, ou celui des acéphales sans coquilles, ne contient rien de nouveau que le résultat des travaux de MM. Lesueur, Desmarest et Savigny, sur les mollusques aggrégés, sans cependant adopter tous les genres proposés par celui-ci.

La cinquième classe, ou les brachiopodes, n'offre non plus

rien de nouveau que la singularité d'être placée après les
ascidies.

Enfin la sixième, ou les cirrhopodes, formée des anatifes
et des balanes, termine les mollusques, et fait convenablement le passage aux animaux articulés.

C'est un an après que M. de Lamarck a commencé la publication de la seconde édition de ses Animaux sans vertèbres,
dans laquelle il put profiter, outre ceux des auteurs que nous
venons de citer, d'un travail de M. le docteur Leach sur les nématopodes ou cirrhopodes, dans lequel celui-ci avoit analysé
avec soin l'enveloppe calcaire des animaux de cette classe, et
y avoit trouvé des caractères suffisans pour établir un assez
grand nombre de genres nouveaux qui ont pu être adoptés, et
que nous rapportons dans notre Système de Malacologie.

Une première innovation qui ne paroit pas heureuse, parce
qu'elle n'est réellement pas appuyée sur l'organisation, est
d'avoir séparé des animaux, jusques-là regardés comme des
mollusques, les espèces acéphales nues, ou les biphores et les
ascidies simples ou complexes, que nous venons de voir M. Cuvier placer avant ses brachiopodes et ses cirrhopodes, et par
conséquent avant tous les entomozoaires; M. de Lamarck en
forme en effet une classe distincte à laquelle il donne le nom
de *tuniciers*, et qu'il place immédiatement avant la première
classe des actinozoaires, ce qui paroît convenable, mais si loin
des mollusques qu'elle en est séparée par tous les animaux
articulés, vers et insectes.

Les divisions que M. de Lamarck admet du reste dans cette
classe, diffèrent un peu de celles que M. Cuvier et nous
avions proposées successivement, après les travaux de
MM. Lesueur, Desmarest et Savigny, puisqu'en partageant sa
classe des tuniciers en deux ordres, les tuniciers aggrégés,
ou les botyllaires, et les tuniciers libres ou ascidiens, il confond dans le premier les ascidies aggrégées avec les pyrosomes
qui sont des biphores aggrégés, et, dans le second, les biphores

simples avec les ascidies également simples. Du reste il admet
la plus grande partie des genres que M. Savigny avoit cru devoir établir parmi les ascidies aggrégées, et qui ne sont que
des divisions des distomes et des botrylles de Gærtner et de Pallas. Le genre Mammaire suit toujours les ascidies, quoiqu'imparfaitement connu, et on trouve en outre un nouveau genre
sous la dénomination de *Bipapillaire*, qui ne l'est pas beaucoup mieux.

Dans le nouveau système de zoologie de M. de Lamarck,
les autres animaux que nous comprenons dans le type des malacozoaires et dans le sous-type des malentozoaires ou mollusques articulés, sont répartis en trois divisions de même valeur
ou classes, dont la première, celle des cirrhipèdes, est absolument comme dans le prodrome du Cours de 1812, avec
cette différence que les genres primitifs Balane et Anatife de
Bruguière, devenus des ordres, sont subdivisés en un plus
grand nombre de genres nouveaux, d'après les travaux que
M. Olfers, et surtout M. le D.ʳ Leach, venoient de publier
à ce sujet.

La seconde classe est nouvelle, c'est-à-dire que celle des
mollusques du prodrome est divisée en deux : l'une pour les
mollusques bivalves ou acéphales, sous le nom de *conchifères;*
et l'autre qui conserve seule la dénomination de *mollusques*,
pour ses anciens mollusques céphalés, qui ainsi constituent
la troisième classe que M. de Lamarck forme avec tous les
animaux dont nous parlons ici.

La principale subdivision de la classe des conchifères en
deux ordres porte encore sur le nombre des muscles d'attache et sur leurs impressions, considération que nous venons de voir abandonnée par M. Cuvier ; les autres sections
sont établies sur celle de la régularité ou l'irrégularité de la
coquille, sur sa clôture complète ou incomplète, sur la situation du ligament et sur la forme du pied de l'animal, qui est
si variable. Il en résulte cependant une disposition des fa-

milles qui est assez naturelle, depuis les brachiopodes qui commencent avec raison la série, jusqu'aux tarets qui la finissent. On fera cependant sans doute l'observation que toutes les familles ne sont pas distinguées par des caractères de même valeur. Ainsi, entre les pectinides et les ostracées, la différence est si peu considérable qu'on pourroit très-bien les réunir en une seule famille, tandis que, entre les brachiopodes et les ostracées, elle est si grande, que M. Cuvier a cru devoir faire une classe des premiers. Au reste, analysons les principales divisions des conchifères de M. de Lamarck, en faisant l'observation que dans les caractères l'animal est toujours considéré comme la coquille dans la position artificielle imaginée par Linnæus.

Dans l'ordre des monomyaires, la famille des brachiopodes n'offre pas de différences avec ce qu'elle étoit dans l'extrait du Cours.

Celle des *rudistes* est nouvelle; mais elle ne contient cependant presque que des genres anciens, et qui, étant pour la plupart fossiles, sont fort incomplètement connus; tels sont les genres Sphérulite, Radiolite, Calcéole et *Birostrite* qui est nouveau. Le genre *Discine*, également nouveau, appartient peut-être aux brachiopodes, et n'est en effet qu'une espèce d'orbicule, comme M. J. Sowerby l'a prouvé dans un mémoire récemment publié.

La famille des ostracées est considérablement réduite par la formation de celle des pectinides, qui comprend les genres anciens Houlette, Peigne, Lime, Plicatule, Spondyle, et les genres nouveaux *Plagiostome* et *Podopside*, tous deux établis sur des coquilles fossiles : l'un par M. Sowerby, et l'autre par M. de Lamarck.

Les *malléacées* forment aussi une nouvelle famille démembrée des byssifères, et qui renferme les genres Crénatule, Perne, Marteau, et Avicule, divisé en avicule proprement dite, et en *Pintadine*, nouvelle dénomination imposée au genre créé par M. le D.ʳ Leach , pour les avicules régulières , comme l'avicule perle, sous le nom de *margarita*.

La famille des mytilacées se trouve ainsi réduite au genre Mytilus, Linn., et aux jambonneaux.

Celle des tridacnées est prise de M. Cuvier.

Dans l'ordre des dimyaires on trouve moins de changemens.

La famille des naïades contient cependant deux genres de plus : mais ce ne sont toujours que des démembremens, *Hyrie* des unios, et *Iridine* des anodontes.

Celle des *trigonées* est nouvelle, et formée de deux seuls genres, les trigonies, et les *castalies*, genre nouveau établi sur une coquille de la collection de M. de Drée, dont M. de Lamarck faisoit anciennement une trigonie, et qu'après un examen attentif, nous avons reconnue pour n'être qu'une espèce d'unio, ce dont nous fîmes part à M. Valenciennes.

Les arcacées sont comme dans le prodrome, si ce n'est que les trigonies en ont été retirées.

La famille des cardiacées est dans le même cas, les genres Tridacne et Hippope en ayant été retranchés; il y a cependant un nouveau genre sous le nom de *Cypricarde*, démembré des cardites de Bruguière.

Les conques de l'extrait du Cours sont partagées en deux familles : l'une qui conserve ce nom, l'autre sous celui de *nymphacées*, et qui se subdivise en deux coupes : la première ou nymphacées tellinaires pour les genres sans dents latérales, Capse, et *Crassine*, nouveau genre démembré des tellines; et les genres avec une ou deux dents latérales, Donace, Lucine, Corbeille, Telline, et *Tellinide*, nouvellement établi; la seconde, ou nymphacées solenaires, pour le genre Sanguinolaire, précédemment de la famille des solenacées, et deux nouveaux, *Psammotée* et *Psammobie*, démembrés des solens.

La famille des lithophages encore conservée renferme un nouveau genre sous le nom de *Vénérupe* pour le *Donax irus* de

Linnæus , et espèces voisines , et perd au contraire les genres Rupellaire et Rupicole , qui sont supprimés.

Les corbulées constituent une famille nouvelle qui ne contient que les genres Corbule et Pandore.

Les mactracées renferment deux nouveaux genres , *Solemye* et *Amphidesme* , celui-ci en remplacement du genre Donacille de l'extrait du Cours.

Les solénacées ne contiennent plus que trois genres.

Parmi les pholadaires , je ne vois que le genre Gastrochæne de nouvellement introduit.

Enfin dans la famille des tubicolées , qui est nouvelle , se trouvent établis deux genres nouveaux , *Térédine* , avec quelques espèces de fistulanes , et *Cloisonnaire* avec le *solen arenarius* de Rumph.

La classe des mollusques proprement dits , ou celle des mollusques céphalés des premiers ouvrages de M. de Lamarck , est divisée dans le même nombre d'ordres disposés de la même manière que dans l'extrait du Cours.

Les ptéropodes n'offrent rien de nouveau.

Les gastéropodes , au contraire , ont subi quelques changemens : ils sont divisés en deux sections , les *hydrobranches* et les *pneumobranches* , d'après la nature de l'organe respiratoire.

La première contient , comme familles , les tritoniens , les phyllidiens , dont M. de Lamarck a retranché l'ombrelle et l'haliotide , mais parmi lesquels il laisse toujours les oscabrions avec plusieurs espèces desquelles il fait son nouveau genre *Oscabrelle* ; les *semi-phyllidiens* , nouvelle famille composée des genres Pleurobranche et Ombrelle , dont nous lui avons communiqué la description extérieure et anatomique de l'animal. Les calyptraciens dans lesquels est un nouveau genre *Parmophore* , institué par Denys de Montfort et par nous ; les *bulliens* , division nouvelle des laplysiens qui ne contiennent plus que les genres Laplysie et Dolabelle.

La seconde section ne renferme que la famille des limacinés comme dans l'extrait.

L'ordre des trachélipodes est un peu autrement divisé que dans l'extrait du Cours. Les deux divisions principales portent le nom de *phytophages* et de *zoophages*, d'après leur nourriture habituelle présumée.

Dans la première sont les familles suivantes :

Les colimacés, divisés en deux sections comme dans l'extrait, d'après le nombre des tentacules. La première offre cependant deux genres nouveaux, *Carocolle* et *Anostome*, démembrés des hélices véritables, comme l'avoit fait Denys de Montfort, et le genre Hélicine, dont l'animal qui n'a que deux tentacules est operculé, et n'appartient pas à cette famille. La seconde section renferme toujours un genre operculé et un qui ne l'est pas.

La famille des limnéens est devenue naturelle, parce que le genre Conovule en a été retranché.

Celles des mélaniens, des péristomiens, des néritacées et des janthines sont comme dans l'extrait.

Il en est de même des macrostomes, si ce n'est que les haliotides y ont été placées avec les sigarets, des plicacés et des scalariens.

La famille des turbinacées contient deux genres nouveaux, *Roulette*, démembrement des toupies, et *Planaxe*, séparé des buccins.

Dans la seconde division des trachélipodes, on remarque encore moins de changemens que dans la première; les genres de la famille des canalifères sont cependant partagés en deux sections, d'après la présence ou l'absence d'un bourrelet au bord droit; et, dans la seconde, est une division générique nouvelle parmi les murex, sous le nom de *Triton*; les purpurifères sont aussi divisées en deux sections, d'après l'existence d'un petit canal ascendant, ou d'une simple échancrure à l'ouverture de la coquille, et contiennent le nouveau genre

Licorne, adopté de Denys de Montfort, et le genre Cancellaire, passé de la famille des columellaires.

L'ordre des céphalopodes est absolument comme dans l'extrait du Cours, si ce n'est qu'il y a deux genres nouvellement établis, savoir : *Conilite* parmi les orthocères, et *Polystomelle* parmi les nautilacées, établis, le premier sur un corps fossile nouveau, et le second sur des coquilles microscopiques, décrites et figurées par Von Moll et Von Fichtel, et dont Denys de Montfort avoit fait plusieurs genres.

Enfin le dernier ordre, ou celui des hétéropodes, n'a pas éprouvé de changemens.

Ainsi, dans son nouvel ouvrage, résultat des travaux successifs et continuels de sa vie entière, et de ceux de ses contemporains, M. de Lamarck n'a peut-être pas apporté de considérations bien nouvelles dans la malacologie, et même semble plutôt y avoir introduit quelques vues erronées déduites *à priori*, plus que de la rigoureuse observation des faits ; mais il n'en a pas moins rendu un très-grand service à la science, en décrivant, ou au moins en caractérisant les espèces nombreuses de coquilles de son magnifique cabinet, service immense, surtout pour la conchyliologie, et qu'il est à regretter qu'il n'ait pas rendu encore plus utile en travaillant à la fois sur la collection du cabinet public, comme sur la sienne, ce que son malheureux état de cécité l'a sans doute empêché de faire.

Depuis l'époque où l'ouvrage de M. de Lamarck a été terminé, et même pendant qu'il se terminoit, les travaux de malacologie proprement dite, et surtout ceux de conchyliologie, ont continué non seulement en France, mais encore en Angleterre, en Allemagne, en Italie, et même dans les États-Unis d'Amérique.

Dans le cours de l'année 1820, l'Allemagne a vu paroître deux traités généraux sur les animaux mollusques, mais qui n'ont réellement pas avancé beaucoup la science.

Le premier est dû à l'excellent et infortuné Schweiger, as

sassiné dans le cours de ses voyages en Sicile; il fait partie de son Manuel d'histoire naturelle des animaux sans vertèbres, non articulés. Il adopte exactement, comme il l'annonce lui-même, la classification de M. G. Cuvier, avec la seule différence qu'il suit l'ordre de composition croissante de MM. de Lamarck et Oken, et que les classes de M. Cuvier sont regardées comme des ordres d'une classe unique. Il propose aussi des noms latins nouveaux pour l'ordre des gastéropodes, devenu ici une famille comme tous les autres; ainsi le nom scutibranches est traduit par *aspidobranchiata*, pectinibranches par *ctenobranchiata*, pulmobranches par *cælobranchiata*, tectibranches par *pomatobranchiata*, inférobranches par *hypobranchiata*, et enfin nudibranches par *gymnobranchiata*.

Du reste cet ouvrage ne contient absolument rien de neuf; les genres de M. de Lamarck, dont même il n'a pu connoître qu'une partie, sont entassés dans les divisions génériques de M. Cuvier.

Le second traité allemand sur les mollusques, publié en 1820, fait partie d'un manuel de zoologie par M. le Dr Goldfuss, qui lui-même est contenu dans un manuel d'histoire naturelle à l'usage des cours, par le Dr Schubert : c'est encore évidemment une compilation, mais dans laquelle cependant il y a quelques innovations, il est vrai, plutôt de place et de dénomination que de principes.

Sous le nom de mollusques qui forment sa 7.e classe du règne animal, le Dr Goldfuss comprend tous les animaux dont il est question dans cet article, les place à la tête des animaux invertébrés, mais les étudie dans l'ordre de l'organisation croissante.

Il n'admet pas de classes, et ses premières divisions sont des ordres dont le caractère principal et la dénomination sont tirés très-rigoureusement de l'appareil de la locomotion, suivant le principe de Poli; ainsi il conserve celles de céphalopodes, ptéropodes, brachiopodes, gastéropodes et de cirrhi-

podes, aux divisions qui portent ces noms dans le système de
M. Cuvier, et il substitue ceux de *pélécypodes*, d'*apodes*, pour
désigner, le premier, les acéphales conchifères, et le second,
les acéphales nus; il imagine en outre la dénomination de
crépidopodes, probablement parce que le pied de ces animaux
est en forme de semelle, pour un ordre nouveau qu'il forme
avec les oscabrions.

Cette division, tirée rigoureusement d'un seul organe, seroit bonne en principe, si le caractère indiqué par la dénomination se trouvoit dans tous les animaux de l'ordre auquel
elle est appliquée, mais malheureusement il n'en est pas ainsi :
les huîtres, par exemple, n'ont aucune trace de l'organe appelé pied dans les acéphales.

M. Goldfuss a aussi introduit quelques changemens dans
la succession des ordres; ainsi, après les céphalopodes et
les ptéropodes, il place les brachiopodes avant les gastéropodes, on ne voit pas trop pourquoi. Son nouvel ordre des
crépidopodes est après les gastéropodes terminé par la famille des anthobranches, qui correspond à l'ordre des cyclobranches de notre méthode; enfin les cirrhipodes sont presque
à la fin de la classe, mais cependant avant les apodes ou acéphales nus, qui sont ainsi séparés des acéphales testacés.

On remarque enfin quelques différences dans le nombre, la
disposition et les genres des familles qui subdivisent ses ordres des gastéropodes et des pélécypodes.

Dans le premier on trouve les familles suivantes dans cet
ordre : 1.º les pectinibranches, très-naturelle et dont l'onchidie
a été retranchée; 2.º les tectibranches; 3.º les pectinibranches,
y compris le cyclostome terrestre; 4.º les siphonobranches,
ordre établi par nous, et qui comprend ici le sigaret, on ne
sait pourquoi; 5.º les scutibranches comme M. Cuvier; 6.º les
cyclobranches pour les patelles et les phyllidies, par conséquent contre la manière de voir actuelle de MM. Cuvier,
de Lamarck et la nôtre; 7.º enfin les *anthobranches*, dénomi-

nation nouvelle, pour l'ordre que nous avons nommé cyclo-branches.

Dans le second, qui correspond, comme il a été dit plus haut, aux acéphales conchifères, et immédiatement après l'ordre qui contient les oscabrions, on trouve d'abord les cardiacées dont les genres sont comme dans le système de M. Cuvier; les myacées qui correspondent aux enfermés de ce dernier; les mytilacées, également comme dans le règne animal; les arcacées comprenant les trigonies; les *avicules*, nouvelle famille pour les trois genres Avicule, Pinne et Crénatule; les tridacnes; les byssifères ne contenant que les genres Vulselle, Pinne et Crénatule; et enfin les ostracées qui terminent l'ordre, après lequel vient celui des cirrhipodes; et enfin le dernier, ou les apodes, qui ne contient rien de nouveau.

Parmi les travaux de malacologie publiés en Italie dans ces derniers temps et qui sont venus à notre connoissance, nous citerons un Mémoire approfondi de M. le professeur Ranzani à Bologne, sur les espèces du genre *Balanus* de Linnæus, dans lequel, sans considérer en aucune manière l'animal, il a établi un assez grand nombre de genres sur la structure de la coquille et de son opercule. On les trouvera analysés dans notre *Genera*. Nous ajouterons que dans les généralités de son Mémoire, le zoologiste italien propose de nouvelles dénominations pour les quatre sections qui sont généralement établies dans la classe des acéphales, et qu'il considère comme des ordres. Les deux premiers, qui ont des bras, sont réunis sous la dénomination commune d'*olenia*. Si ces bras sont cornés, ce sont les *ceratolena* (nématopodes); s'ils sont charnus, ce sont les *sarcolena* (brachiopodes). Les deux derniers, n'ayant pas de bras, sont les *anolena*, qui se divisent également en deux ordres, suivant qu'ils sont revêtus d'une coquille, *calyptranolena* (les conques, Lamck.), ou qu'ils sont nus, les *gymnanolena* (tuniciers, Lamck.). Cette division, imitée évidemment du système de

M. Cuvier, induiroit en erreur, si l'on croyoit que les organes
qui servent à la dénomination des deux premiers ordres, sont
du même genre, les uns étant analogues des appendices locomoteurs qui accompagnent l'abdomen caudiforme des animaux articulés, et les autres des appendices tentaculaires qui
accompagnent la bouche des lamellibranches.

Les naturalistes des Etats-Unis d'Amérique ont aussi commencé depuis cinq ou six ans à recueillir des matériaux fort
intéressans pour la malacologie; mais ils n'ont pas encore, que
nous sachions du moins, publié d'ensemble sur cette science :
ainsi M. Say, par exemple, nous a fait connoître les animaux
de plusieurs genres de coquilles dont nous n'avions aucune
idée; tel est celui de l'hélicine, du bulime gland, etc.

Nous devons aussi à M. Rafinesque la proposition d'un grand
nombre de genres nouveaux établis quelquefois sur les animaux, et le plus souvent sur la coquille; mais, quoiqu'il y en
ait peut-être de bons, ils sont trop peu arrêtés pour qu'on
puisse bien comprendre leurs caractères. Il semble cependant
qu'il a poussé le principe établi par Denys de Montfort encore plus loin que lui : en effet, pour en donner un exemple,
parmi les unios des conchyliologistes les plus récens, il trouve
à former huit genres, en prenant pour caractère essentiel la
forme de la charnière qui dans ce groupe varie pour chaque
véritable espèce. On remarque cependant dans le tome V
des Annales de Bruxelles un nouveau travail dans lequel il
envisage les coquilles et l'animal : il contient les genres *Unio*,
avec les sous-genres *Elliptio*, *Leptodea*, *Euryna*; *Lampsilis*,
Metaptera, *Truncilla*, *Obliquaria*, avec les sous-genres Plagiola,
Ellipsaria, Quadrula, Rotundaria, Scatenaria, Sintoxia; *Obo-*
voria, *Pleurobema*, *Amblema*, *Anodonta*, *Alasmidonta*, *Cyclas*,
en tout, soixante-douze espèces et douze genres.

M. Lesueur, depuis son séjour aux Etats-Unis, a aussi publié dans ce pays plusieurs Mémoires de malacologie, dans lesquels il a fait connoître plusieurs genres tout-à-fait nouveaux,

tels que les genres *Leachia*, *Onychia*, parmi les calmars dont il a découvert beaucoup d'espèces nouvelles; *Firoloïde* et *Sagitelle*, parmi les firoles dont il a donné une anatomie détaillée qui manquoit à la science; *Atlas*, *Atlante*, *Maclurite*, etc.

M. le Dr Leach, dans une histoire générale des mollusques de l'Angleterre, qu'il préparoit, et qui étoit bien avancée lorsqu'une cruelle maladie l'a presque tout-à-fait enlevé à la zoologie, auroit sans doute, à en juger par son beau travail sur les crustacés, ajouté beaucoup de faits nouveaux à la malacologie; mais en outre il se proposoit, en suivant toujours le système de Denys de Montfort, d'établir un assez grand nombre de genres de coquilles, en général peu admissibles, s'il en faut juger du moins par quelques uns dont il a publié les caractères.

Deux autres zoologistes anglois ont aussi commencé à introduire dans leur pays la méthode naturelle de malacologie : l'un dans un article inséré dans le Journal de l'Institution royale en 1823, mais qui n'est presque qu'une traduction de la classification de M. de Lamarck; et l'autre dans un système général complet, publié dans le cahier de mars 1821, du *London medical Repository*. Nous allons nous borner à donner l'extrait de ce système, dû à M. S. Ed. Gray, qui ne contient cependant guère d'autres innovations que dans les dénominations. Ainsi les animaux dont nous parlons dans cet article sont partagés en sept classes, comme dans M. de Lamarck : 1.° les *anthobrachiophora*, ou céphalopodes; 2.° les *gasteropodophora*, ou gastéropodes; 3.° les *gasteropterophora*, ou hétéropodes, Lamck.; 4.° les *stomatopterophora*, ou ptéropodes; 5.° les *saccophora*, ou tuniciers; 6.° les *conchophora*, ou conques; 7.° les *spirobrachiophora*, ou brachiopodes.

La première classe renferme trois ordres : le premier pour les poulpes sous le nom d'*anosteophora;* le second pour les sèches et calmars sous celui de *sepiæphora*, et le troisième pour les espèces testacées, sous la dénomination de *nautilophora.*

La seconde classé est d'abord partagée en trois sous-classes, *pneumobranchia*, *cryptobranchia* et *gymnobranchia*.

La première est formée de deux ordres, les *adelopneumona*, qui renferment dans trois sections les pulmonés terrestres à tentacules rétractiles, les pulmonés amphibiens à tentacules contractiles, et les pulmonés aquatiques à tentacules comprimés; et les *phaneropneumona* pour les genres Cyclostome, Hélicine et Olygira, qui sont la même chose.

La seconde sous-classe, beaucoup plus nombreuse, est partagée en neuf ordres : les *ctenobranchia*, divisés en six sections d'après une considération nouvelle, la forme de l'opercule, cartilagineux et vésiculeux dans la janthine; spiral et articulé avec la columelle dans les néritines et la navicelle; spiral et libre dans les genres Mélanie, Sabot, Toupie, Valvée, Cérithe; annulaire à nucléus subcentral, spiral, régulier dans la paludine; annulaire à nucléus apicillaire, irrégulier dans les rochers, volutes, strombes, cônes; enfin nul comme dans les porcelaines, volvaire, etc. Les *trachelobranchia* renferment les genres Sigaret, Cryptostome, *Velutina*, genre nouveau établi avec une espèce de Bulla de Linnæus; Cabochon, Stomate, Crépidule, Calyptrée, et *Mitrula* pour la *patelle chinoise;* les *monopleurobranchia* pour les genres Umbrelle, Pleuro-branche et *Laminaria;* les *notobranchia* pour les aplysies et les bulles; les *chismatobranchia* pour les haliotides seulement; les *dicranobranchia* pour les genres Fissurelle, Parmophore, Emarginule, et *Diodora*, nouveau genre, pour la *patella apertura* de Montagu; les *cyclobranchia* pour les patelles proprement dites; les *polyplacophora* pour les oscabrions et les oscabrelles qu'il nomme *gymnoplax* et *cryptoplax;* et enfin les *dipleurobranchia* pour les phyllidies.

La troisième sous-classe n'a que deux ordres, les *pygobranchia*, qui ne renferment que les doris, et les *polybranchia*, comme dans notre système.

La troisième classe de la méthode de M. Gray répond exac-

tement à notre ordre des *nucléobranches*, et renferme de même
le genre Argonaute.

La quatrième n'est divisée qu'en deux ordres : le premier
sous le nom de *pterobranchia* pour les genres Limacine, Cléodore, Clio, Pneumoderme; et le second sous celui de *dac-
tyliobranchia* pour le seul genre Hyale.

Dans la cinquième classe qui correspond aux tuniciers de
M. de Lamarck, M. Gray établit trois ordres : le premier sous
le nom d'*holobranchia*, pour les ascidies simples ou composées ; le second sous celui de *tomobranchia* pour le genre Pyrosome, et le troisième sous la dénomination de *diphyllo-
branchia* pour les biphores.

La sixième classe est partagée en six ordres, en prenant
pour point de départ le nombre des impressions musculaires,
rigoureusement la forme du pied, et en tirant les dénominations de cette dernière considération, comme l'a fait
M. le docteur Goldfuss : 1.° *cladopoda* pour les genres Pholade,
Taret et Aspergille ; 2.° *leptopoda* pour les genres Mactre et
Nucule; 3.° *phyllopoda* pour les genres Solen, Psammobie,
Telline, Cyclade, Vénus, Bucarde, Tridacne, Chame, Pétoncle, Trigonie et Unio ; 4.° *pogonopoda* pour les genres Arche, Moule et Avicule ; 5.° *micropoda* pour les genres
Peigne, Huître et Anomie.

Enfin la septième classe de ce système correspond exactement aux brachiopodes de MM. Cuvier et de Lamarck.

D'après cette analyse, il est évident que M. Gray n'a introduit dans la science aucune autre considération nouvelle que
celle de la forme de l'opercule, qu'il a évidemment plus profondément étudié qu'on ne l'avoit fait jusqu'à lui; cependant,
par une contradiction assez singulière, on trouve encore des
rapprochemens d'animaux operculés avec d'autres qui ne le
sont pas, comme dans sa sous-classe des *pneumobranchia*, où,
il est vrai, il a imité M. de Lamarck. On trouve aussi réunis des mollusques monoïques et des hermaphrodites ; l'exa-

gération des subdivisions est portée à l'excès ; les dénominations sont trop rigoureuses et généralement trop compliquées, et même dans les mollusques céphalés, l'ordre naturel est considérablement interverti. Cela est encore plus manifeste pour les acéphalés où l'on voit, pour ne citer qu'un exemple, les démembremens du genre Arche de Linnæus , répartis dans trois ordres différens. M. Gray a en outre donné des dénominations nouvelles à quelques genres anciens, et il a proposé plusieurs genres nouveaux, par exemple : *Phytia* pour l'*auricula myosotis* de Draparnaud; *Bythinia* d'après le docteur Leach, pour quelques espèces de paludine; *Velutina* pour la *bulla velutina* de Muller ; *Mitrula* pour la *patella chinensis* ; *Diodora* pour la *patella apertura* de Montagu ; *Laminaria* pour quelques pleurobranches, etc.

Depuis la même époque, à laquelle M. de Lamarck a eu terminé la publication de son grand ouvrage, nous avons eu l'occasion d'observer aussi plusieurs malacozoaires que nous ont procurés MM. de Férussac, Marion de Procé , et surtout MM. Quoy et Gaimard, ce qui nous a permis de faire quelques rectifications dans notre système général de malacologie, d'apercevoir les liaisons qui existent entre plusieurs des divisions principales des animaux de ce type. C'est ainsi que nous avons fait connoître dans des mémoires insérés dans le Journal de Physique ou dans des articles de ce Dictionnaire, l'animal du scarabe, l'organisation de l'ampullaire, celle de la véronicelle, que M. de Férussac a nommée vaginule, les différentes espèces de calmars, d'aplysies, genres dont nous avons fait des monographies. Nous avons également publié une dissertation sur l'animal prétendu de l'argonaute, dans laquelle nous le rapportons au genre de poulpes que M. Rafinesque, sans avoir pensé le moins du monde à ce rapprochement, avoit proposé sous le nom d'ocythoé, opinion qui a été adoptée par M. le docteur Leach, dans un Mémoire sur les Céphalopodes, inséré dans le Journal de Physique, et dans lequel il propose l'établissement de quelques genres nouveaux, *Eledone*, *Cranchia*, ainsi que par M. Say, etc., mais combattue par M. l'abbé Ranzani, dans le Recueil scientifique publié à Bologne.

M. de Férussac le fils, qui s'étoit jusque-là spécialement occupé des mollusques terrestres et fluviatiles, dans le but d'étendre et de continuer ce que son père avoit entrepris à ce sujet, et qui en effet depuis quatre ou cinq ans a publié un assez grand nombre de figures magnifiquement peintes et gravées par MM. Huet, Bessa et Coutant, a voulu rattacher à un système général de malacologie ses travaux particuliers sur les mollusques terrestres et fluviatiles, dont il a à peine commencé la publication. Pour cela, il a combiné le mieux qu'il lui a été possible ce qui lui a convenu dans les travaux de MM. Poli, Cuvier, de Lamarck et dans les nôtres, ainsi que ce qu'il a puisé dans des conversations particulières, et il en est résulté un système de classification qu'il a intercalé, sous forme de table synoptique, dans les livraisons, malheureusement un peu incohérentes, des planches de ses peintres, et qui attendent encore pour la plupart un texte explicatif. Quoique ce système n'offre aucune considération bien nouvelle, nous allons cependant en donner une courte analyse pour ne pas laisser cette histoire de la malacologie incomplète.

Sous le nom de mollusques M. de Férussac comprend tous les mêmes animaux que M. Cuvier; mais, avant de les partager en classes, il les divise en deux sections, les céphalés et les acéphalés, d'après la considération de la tête. Dans la première, il admet les mêmes classes que M. Cuvier. Ses céphalopodes sont partagés en deux ordres sur le nombre des pieds ou tentacules, ou en *décapodes* et *octopodes*, d'après M. le D.ʳ Leach. Ce qu'il y a de singulier, c'est que tous les genres de coquilles polythalames qu'une analogie, souvent forcée, déduite de la seule spirule, fait placer dans ce groupe, sont compris d'une manière tranchée parmi les décapodes.

Les ptéropodes sont comme dans le système de M. Cuvier, si ce n'est que le gastéroptère de Meckel, qui est évidemment une espèce d'acère, y est rangé.

Les gastéropodes contiennent un nouvel ordre ajouté à ceux de M. Cuvier. L'ordre des nudibranches est tout-à-fait comme dans le système de ce zoologiste; celui des inférobranches contient, outre les phyllidiens, les semi-phyllidiens de M. de Lamarck, et entre autres, le genre Ombracule ou Gastroplace, qui a tous les caractères des aplysies. Une autre singularité qu'offre cette famille, c'est que notre genre Linguelle est mis à la fin des pleurobranches, tandis qu'il diffère à peine des véritables phyllidies. Après cet ordre on en trouve un incertain, sous la dénomination de *ciliobranches*, proposée transitoirement dans une note ajoutée par nous à l'article de M. Lesueur, inséré dans le Journal de Physique (1817), sur le genre d'Atlas, mais que depuis nous avons reconnu être très-voisin du gastéroptère de M. Meckel, dans l'ordre des monopleurobranches. Les tectibranches sont comme dans l'ouvrage de M. Cuvier. Les pulmonés, que M. de Férussac nomme pulmonés sans opercule, comprennent, outre les genres connus, les genres *Onchis* formé avec les onchidies marines, que nous avions déjà séparées des véritables onchidies de Buchanan, sous le nom de Péronie; *Vaginule*, qui ne diffère probablement pas de nos véronicelles et peut-être pas même des onchidies; *Eumèle* et *Phylomique*, genres incomplètement établis par M. Rafinesque, et qui pourroient aussi n'être que des véronicelles; *Arion*, division des limaces; *Plectrophore*, qui probablement ne renferme que des testacelles; *Héliçarion*, pour une espèce de véritable vitrine, dont la coquille est très-petite comparativement avec l'animal; *Partule*, division artificielle des vertigos; et enfin, sous le nom générique d'*Hélice*, toutes les espèces que jusqu'à M. de Férussac on avoit rangées dans ce genre et dans les subdivisions successivement introduites par Bruguière, MM. de Lamarck, Draparnaud, Denys de Mont-fort, etc.; mais comme il a cru devoir donner de nouvelles dénominations aux sections qu'il a établies dans son genre Hélice, il en résulte à peu près le même inconvénient, de n'avoir que des genres de coquilles. Nous n'avons pas pu donner les caractères de ces divisions, dont M. de Férussac a retranché avec raison les auricules, pour en faire avec quelques petits genres voisins, à nòtre imitation, une famille intermédiaire aux limacinés et aux limnéens, qui, du reste, sont comme dans l'ouvrage de M. de Lamarck.

Sous la dénomination de pulmonés à opercules, M. de Férussac établit un ordre particulier pour placer les cyclostomes terrestres et les hélicines, en sorte qu'il rompt les rapports naturels qui lient si étroitement ces animaux aux cyclostomes aquatiques ou paludines, que M. Cuvier n'a pas cru pouvoir faire autrement que de les mettre dans la même famille.

Cet inconvénient est cependant moins grand que dans d'autres systèmes malacologiques, parce que l'ordre des pectinibranches commence par les cyclostomes aquatiques; cet ordre est du reste divisé en quatre sous-ordres, d'après la considération rigoureuse de l'opercule complet dans le premier, ce qui constitue les *pomastomes;* incomplet, ou s'enfonçant plus ou moins dans la coquille, dans le second, d'où le nom d'*hémipomastomes*, ou nul dans le troisième, d'où les *apomastomes;* et enfin un quatrième sous-ordre est établi pour les sigarets sous le nom d'*adelodermes*, d'après un caractère erroné, que le têt est caché dans le manteau, car il y a des espèces parfaitement sans coquille, et d'autres où la coquille est tout-à-fait extérieure. Dans le premier sous-ordre sont tous les genres à ouverture de la coquille non échancrée; dans le second ceux où elle est tubuleuse ou échancrée; et dans le troisième ceux dont l'ouverture est subéchancrée; mais en général M. de Férussac admettant, lorsque cela est possible, le principe de Guettard et d'Adanson, a plutôt diminué le nombre des genres qu'il ne les a augmentés , en conservant comme sous-genres ceux qui ne sont établis que sur la coquille , comme M. Cuvier et nous l'avons fait. La considération des yeux brièvement pédiculés , ou complétement sessiles parmi les genres du sous-ordre des pomastomes, lui sert comme caractère nouveau pour la partager en deux familles : la première, celle des sabots , contient les genres Paludine, Turritelle, Vermet, Valvée, Natice et le genre Turbo de Linnæus, considéré comme sous-genre des paludines, sous le nom de *littorine*, et la seconde, celle des toupies, renfermant les genres Nérite , Ampullaire , Janthine , qui n'est cependant pas réellement operculé, Phasianelle, Toupie, *Pleurotomaire*, nouveau genre de M. Defrance , Scalaire , et Mélanopside, qui a cependant l'ouverture échancrée.

L'ordre des scutibranches est à peu près comme dans le système de M. Cuvier, mais un peu moins artificiel , parce que le parmophore a été rapproché des émarginules, comme nous l'avions fait; mais le genre Navicelle ou Septaire est toujours à tort dans cet ordre, ainsi que les firoles qui sont hermaphrodites.

Enfin le huitième et dernier ordre de la classe des gastéropodes , celui des cyclobranches , est comme dans l'ouvrage de M. Cuvier, et terminé par les oscabrions, probablement pour se rapprocher un peu de notre méthode, où nous avons placé ce groupe d'animaux dans une classe voisine de celle qui contient les anatifes et balanes.

M. de Férussac , en effet , commence sa section des mollusques acéphalés par la classe des cirrhopodes, dans laquelle il place les mêmes genres que M. de Lamarck ; en sorte qu'il rompt tous les rapports naturels, puisque , de l'aveu de tous les zoologistes, ces animaux font un passage vers les animaux articulés.

Il place ensuite les brachiopodes dont il fait une classe. et où il range les cranies comme nous l'avions proposé.

Sa classe des lamellibranches tire son nom de notre sys-

tème, les sections principales de M. Cuvier, les familles de
M. de Lamarck, et les genres et sous-genres de celui-ci, ainsi
que de Megerle et de M. Rafinesque.

Enfin sa classe des tuniciers est entièrement imitée de
M. de Lamarck, mais en admettant toutes les subdivisions de
M. Savigny.

En faisant cette histoire de la malacologie depuis son origine jusqu'aujourd'hui, nous avons passé sous silence les travaux des naturalistes qui se sont bornés à l'établissement d'un
petit nombre de genres, quelquefois sans même en chercher
les rapports, et cela pour ne pas l'alonger presque inutile-
ment. Il n'en est pas moins vrai de dire que ces travaux circonscrits ont été d'une utilité réelle à la science, comme on
pourra s'en convaincre en lisant les deux Dissertations de
M. Meckel, l'une sur les ptéropodes et l'autre sur le nouveau
genre *Doridium*; le Catalogue des animaux et des coquilles
de la mer Adriatique de M. Renieri; les Mémoires de MM. Donovan, Leach, Sowerby et de quelques autres naturalistes anglois, sur les coquilles et les mollusques de leur pays; ceux
de M. Say sur les coquilles et les mollusques des Etats-Unis,
insérés dans les Mémoires de l'Académie des sciences naturelles de Philadelphie, etc.

Nous devons peut-être aussi faire mention des naturalistes
qui ont envisagé les coquilles fossiles, et qui, pour en faciliter la connoissance, et surtout l'application de la conchyliologie à la géologie, ont introduit un plus ou moins grand
nombre de genres, presque toujours, il faut l'avouer, incomplètement caractérisés, comme MM. Sowerby, Defrance,
et même Brongniart, Brard, Deshayes, etc.; mais ce genre de
travaux ne peut que difficilement être rangé dans la malacologie proprement dite.

CHAPITRE VI.

DE LA FORME ET DE L'ORGANISATION DES MALACOZOAIRES

Art. 1.er DE LA FORME.

La forme du corps des animaux mollusques est extrêmement variable, quoiqu'il offre le caractère constant de n'être jamais articulé ; ainsi le plus ordinairement ovale, plus ou moins alongé, convexe en dessus, plan en dessous, comme dans les doris, les limaces, etc., il est aussi quelquefois ovale et convexe également en dessus et en dessous, comme dans les sèches, alongé et subcylindrique, comme dans certains calmars, globuleux comme dans les poulpes ; souvent il est comprimé plus ou moins fortement sur les côtés, comme dan s les scyllées, et surtout dans presque tous les acéphales lamellibranches ; il peut être aussi fort alongé, claviforme, comme dans les tarets et genres voisins. Dans beaucoup de céphalés, une grande partie du corps s'enroule comme la coquille, en spirale plus ou moins élevée et de différente forme : enfin il peut être assez bizarre pour que l'animal paroisse à peine symétrique à l'extérieur, comme cela se voit dans les ascidies et genres voisins, et même un peu dans les biphores.

Un assez grand nombre de ces animaux offre une séparation bien nette entre la tête et le reste du corps, comme les poulpes ; quelquefois elle est beaucoup moins marquée, comme dans les doris, etc. ; et enfin dans toute une classe nommée à cause de cela acéphalés, cette séparation n'a plus lieu, et il n'existe plus de tête proprement dite.

La distinction de cou, de poitrine, d'abdomen et de

queue est encore moins évidente, le corps ne formant qu'une masse simple ou subdivisée quelquefois dans la direction verticale, mais jamais dans celle d'avant en arrière.

Le corps du malacozoaire n'est que très-rarement pourvu d'appendices locomoteurs proprement dits: mais quelquefois on remarque de chaque côté des expansions cutanées, plus ou moins étendues, qui servent à la locomotion; ce n'est que dans les mollusques articulés que la disposition des appendices prend une forme un peu analogue à ce qui a lieu dans les entomozoaires.

Art. 2. DE L'APPAREIL SENSITIF.

§. 1.er *De l'organe du toucher, de la peau et de la coquille.*

La peau qui enveloppe le corps des malacozoaires offre un caractère particulier dans sa mollesse, sa spongiosité, et surtout dans la manière dont le derme est confondu avec la fibre musculaire sous-jacente, en sorte qu'elle est contractile dans tous les points et dans toutes les directions. Ce derme peut du reste être tuberculeux ou très-lisse. Le réseau vasculaire y est en outre fort considérable. Le pigmentum colorant est aussi souvent assez vif; il est probable que la couche nerveuse peut également être assez complète, par la grande quantité de nerfs qui s'y rendent. Quant à l'épiderme, il est le plus souvent nul.

Si l'on en pouvoit juger par la grande quantité de mucosité qui est répandue en général à la superficie de la peau des malacozoaires, il faudroit croire que les cryptes muqueux y seroient très-nombreux; mais il est souvent fort difficile d'en démontrer la présence. On trouve cependant des parties où les pores muqueux sont évidens, comme au bord épaissi du manteau qui constitue le collier des paracéphalés conchylifères, et probablement à la place où la peau forme des plis souvent nombreux dans le fond de la cavité respiratrice, vers l'anus, et que l'on a désignés sous le nom de plis muqueux. Il sort en effet de ces endroits beaucoup plus de mucus que de tous les autres.

On ne remarque jamais de véritables poils dans aucun animal de ce type : quelquefois cependant la partie muqueuse épidermique de la coquille se prolonge, pour ainsi dire, au dehors, et s'arrondit ou s'aplatit de manière à présenter un aspect pileux, comme cela se voit dans certaines espèces d'hélices et de bivalves.

Dans les oscabrions, cette disposition est quelquefois encore bien plus marquée sur la peau elle-même, et même dans certaines espèces on trouve des faisceaux de poils cornéo-calcaires de chaque côté du corps.

Comme il arrive assez souvent que la peau des malacozoaires est plus grande qu'il ne faudroit pour entourer leur corps exactement, ou la masse des viscères, et que les replis qu'elle forme semblent l'envelopper comme notre corps l'est dans un manteau, l'on a généralisé ce nom de manteau (*pallium*), pour désigner la peau des mollusques, quoique réellement cette disposition n'existe pas toujours.

La disposition générale du manteau des mollusques offre un si grand nombre de différences qu'il seroit presque fastidieux de les énumérer; nous nous bornerons donc aux principales. Dans les poulpes, les sèches et les calmars il forme une sorte de bourse ou de gaîne fort épaisse, ouverte à la circonférence inférieure du cou, et c'est par cette ouverture que l'eau pénètre dans la cavité branchiale qu'il constitue. Dans les subcéphalés conchylifères la partie de la peau qui recouvre les viscères est excessivement mince ; elle s'épaissit à mesure qu'on approche des bords du manteau, et forme autour du pédicule qui joint le pied à la masse viscérale une espèce d'anneau plus mince en arrière, beaucoup plus épais en avant, et auquel on donne souvent le nom de *collier*. C'est dans l'épaisseur de ce rebord libre du manteau que se trouvent en plus grande abondance les pores muqueux qui

produisent la coquille, et ce sont ces bords au milieu desquels
rentrent la tête et le pied de l'animal quand il veut chercher
un abri complet dans sa coquille. L'étendue, la forme de
l'ouverture du manteau sont toujours en rapport avec la grosseur du pédicule du pied ; ainsi, fort rétrécie dans les buccins
et genres voisins qui constituent la famille des siphonobranches, et même dans celle des pulmobranches, où elle mérite
réellement le nom de collier, elle est au contraire fort longue
et fort étroite dans les cônes, les olives, les porcelaines, où elle
est constituée par deux lobes plus ou moins inégaux, et qui
peuvent quelquefois dépasser beaucoup l'ouverture de la
coquille et se recourber sur elle de manière à l'envelopper
totalement : enfin l'ouverture du manteau peut encore être
ovale ou circulaire, comme dans les cervicobranches symétriques ou asymétriques. Dans les mollusques subcéphalés nus ou
presque nus, le manteau fort épais dans toute son étendue,
ou à peine un peu plus sur ses bords, est en outre souvent
couvert de tubercules, comme cela se voit dans les doris,
les péronies, les tritonies, et même dans les limaces ; ses bords
saillans dépassent cependant le pied de manière à ressembler
à une espèce de grand bouclier.

Dans les mollusques acéphalés lamellibranches, dont le corps
est ordinairement très-comprimé, le manteau constamment
fort mince, si ce n'est vers ses bords, est divisé en deux grands
lobes latéraux égaux ou un peu inégaux qui retombent de
chaque côté du corps qu'ils comprennent entre eux et qu'ils
dépassent souvent beaucoup. C'est une disposition assez analogue à celle des porcelaines, et c'est ici que cette partie de
l'enveloppe mérite réellement le nom de manteau. Toujours
réunis dans une plus ou moins grande étendue de la ligne
dorsale, les lobes du manteau des lamellibranches peuvent
être séparés dans tout le reste de leur étendue, comme dans
les huîtres ; à demi séparés, comme dans les mulettes, les
bucardes, les vénus, ou bien réunis pour constituer une

sorte de gaine ouverte seulement en avant et en arrière, comme dans les solens et beaucoup d'autres genres, ou enfin former un sac percé seulement de deux ouvertures postérieures, rapprochées comme dans les ascidies, ou plus ou moins distantes comme dans les biphores, chez lesquels le manteau dans sa couche extérieure devient presque cartilagineux.

Les bords de l'ouverture du manteau des mollusques céphalés sont souvent simples, c'est-à-dire sans prolongemens, sans lobures, ni digitations, ni cirrhes tentaculaires, comme dans les sèches et genres voisins; mais il arrive souvent aussi que le bord supérieur s'avance un peu pour former une sorte d'abri pour la tête, comme dans les onchidies, et même dans les limaces, ou qu'il soit prolongé considérablement par l'addition d'un appendice épais, musculaire, en forme de cornet ouvert inférieurement, mais pouvant constituer un tube complet plus ou moins alongé, et servant à l'introduction de l'eau dans la cavité branchiale : c'est ce que l'on voit dans tous les siphonobranches, dont l'ouverture de la coquille est échancrée ou siphonée.

On trouve un assez petit nombre d'espèces de mollusques de cette classe, dont les bords latéraux du manteau sont lobés ou digités ; mais il y en a un peu plus qui les ont garnis de franges ou de cirrhes tentaculaires; les cervicobranches, et surtout les patelles et les haliotides, sont les espèces qui offrent le plus ce caractère.

Mais c'est surtout dans la classe des acéphales que les cirrhes marginaux du manteau acquièrent le plus de développement pour la grandeur et le nombre. Dans les limes, par exemple, ce sont presque de petits tentacules cylindriques, formant un quadruple cordon autour des bords du manteau. Dans les peignes, les cirrhes, qui sont aussi grands et nombreux, sont entremêlés avec de petites plaques ovales, irisées en forme d'yeux, régulièrement espacées, et dont on ignore complètement l'usage.

Dans cette même classe d'animaux, les bords du manteau offrent aussi assez souvent des lobures ou digitations plus ou moins marquées, et dans les espèces où les lobes latéraux sont plus ou moins complétement réunis, ils le sont en arrière au moyen d'un ou deux tubes musculaires, entièrement contractiles, distans ou non, courts ou très-alongés, dont les orifices sont souvent garnis de cirrhes et affectent une disposition presque radiaire. Ces tubes servent, l'un, ou le ventral, à l'introduction des substances récrémentitielles ; l'autre, ou le dorsal, à la sortie des matières excrémentitielles. Dans les biphores, où ils sont si séparés qu'ils semblent aux deux extrémités du corps, l'un d'eux, le dorsal, est pourvu d'un appareil valvulaire.

Mais un caractère plus singulier de la peau d'un grand nombre des animaux mollusques, c'est que dans une partie de son épaisseur, et le plus souvent entre le réseau vasculaire et le pigmentum, se dépose une matière muqueuse, mêlée d'une plus ou moins grande quantité de substance crétacée, dont l'accumulation, le desséchement produisent un corps protecteur ou une coquille.

Dans la seconde section de ce Manuel, nous parlerons avec détails de la forme des coquilles et de celle de leurs différentes parties, afin d'en tirer les caractères de cette branche accessoire de la zoologie. En ce moment nous devons étudier ces corps sous les rapports de leur structure, de leur composition chimique, de la manière dont ils naissent, croissent, se modifient avec l'âge, et enfin de leur connexion avec l'animal.

Une coquille vraie est toujours composée de couches ou de lames mucoso-calcaires appliquées les unes en dedans des autres, la plus ancienne et la plus petite en dehors, et la plus nouvelle et la plus grande en dedans ; c'est ce que l'on voit évidemment dans les coquilles feuilletées, comme les huîtres, surtout, quand, par l'exposition à la chaleur, ou par la longue action de l'air, la matière muqueuse, qui lioit non seulement les molécules de chaque lame, mais encore celles des deux superposées, a été enlevée. Le bord des lames composantes, qui se voit à la face externe de la coquille, constitue ce qu'on nomme les stries d'accroissement.

Cette structure, la plus connue de toutes, est la structure feuilletée; mais il en est une autre qui en diffère, en ce que les couches composantes sont beaucoup mieux liées entre elles et leurs molécules calcaires plus rapprochées; telle est celle des coquilles des peignes et des patelles : aussi ces coquilles peuvent-elles être chauffées fortement sans se déliter, ce qui fait employer les premières comme des espèces de plat dans nos cuisines.

Quelquefois, en même temps que les molécules calcaires se déposent en formant une des lames composantes, elles se correspondent ou se placent au-dessus les unes des autres dans toutes celles qui composent la coquille, et il en résulte la structure fibreuse dans laquelle la coquille se brise plus aisément dans la direction des fibres que dans celle des lames; c'est ce que l'on voit très-bien dans la coquille des jambonneaux.

On trouve quelques coquilles dans lesquelles ces deux structures peuvent alterner, c'est-à-dire qu'une partie de leur épaisseur est simplement feuilletée, et l'autre fibreuse; c'est une structure *fibro-lamelleuse*.

Une structure fort rapprochée de celle-ci est celle qu'on remarque dans les coquilles nacrées, univalves ou bivalves; la partie nacrée semble être toujours lamelleuse, et l'autre être fibreuse et plus ou moins oblique.

Quand une coquille est parvenue au degré de grandeur dont elle étoit susceptible, le derme de l'animal paroît produire une plus grande quantité de matière calcaire, et moins de matière muqueuse, et les molécules qui la composent ne se déposent plus par lames ou couches régulières; elles sont très-serrées, entassées, et prennent une *structure vitreuse* qui se polit de plus en plus avec l'âge par le frottement des parties du manteau, c'est ce que l'on remarque dans toutes les coquilles

univalves à leur surface interne, et surtout près de l'ouverture, comme dans les casques, par exemple; mais c'est ce
que l'on voit encore mieux dans les porcelaines et quelques
genres voisins, où la coquille proprement dite, étant formée
et fort mince, est solidifiée en dehors par un dépôt plus
ou moins épais, et souvent autrement coloré que ses couches,
parce que dans la reptation ordinaire, l'animal pourvu de
deux grands lobes latéraux à son manteau, l'enveloppe presque
de toutes parts.

C'est de cette matière que se remplissent les trous qu'un
accident a pu faire dans l'étendue d'une coquille, la partie
postérieure de la spire de celles qui sont turriculées, ce qui
force l'animal à l'abandonner, et même les tubes ou tuyaux
calcaires que se forment certains animaux mollusques acéphalés bivalves, à une certaine époque de la vie. C'est enfin
par cette matière de dépôt vitreuse que se rétrécit l'ouverture d'un assez grand nombre de coquilles univalves, et qu'elle
prend souvent une tout autre forme que celle qu'elle avoit
avant l'âge adulte de l'animal.

Cette partie de la coquille des mollusques offre cela de remarquable qu'elle est très-cassante dans toutes les directions,
un peu à la manière du verre; c'est ce qui explique ce qu'on
nomme la décollation de la spire dans plusieurs mollusques
céphalés.

Il est fort rare que la coquille soit colorée dans ses couches
composantes : elle est en effet dans le plus grand nombre de
cas de couleur blanche; mais elle est au contraire quelquefois colorée dans quelques parties de sa surface interne, et
presque toujours à l'externe.

Toute coquille qui est complétement dermale n'est jamais
colorée, et cela se conçoit, le pigmentum étant resté à la
partie de la peau qui la recouvre.

La coloration que l'on remarque quelquefois à la face interne, et ce n'est guére, ce nous semble, que dans les bivalves,

appartient à la matière de dépôt, et paroit être produite par une imprégnation qui s'étend peu à peu en surface et en profondeur. Il est donc probable qu'elle est due à quelque humeur de l'animal, produite dans un organe dont le contact avec la coquille la teint de la couleur de cette humeur. Cela nous semble du moins certain pour la couleur jaune ou brune que l'on voit quelquefois dans les coquilles univalves ; elle est certainement due au contact du foie. Celle de la janthine est dans le même cas ; c'est une véritable coloration d'imprégnation qui paroît provenir de l'organe dépurateur.

Quant à la coloration nacrée ou irisée qui se remarque encore plus souvent à l'intérieur de coquilles univalves et bivalves, l'expérience de M. Brewster dont nous avons parlé dans le Manuel de conchyliologie, met hors de doute qu'elle est due à la disposition mécanique des molécules, et non plus à une matière réellement colorante.

La coloration de la surface externe des coquilles est toute différente, et ne leur appartient réellement pas : elle est toujours extrêmement superficielle et produite par le pigmentum coloré du bord de la peau. Ce sont des molécules colorées qui se déposent au-dessus du dépôt calcaire, et qui sont d'une autre nature, puisqu'elles disparoissent avec le temps et par l'action de la chaleur· aussi la couleur est-elle d'autant plus vive que l'animal est plus jeune, et que la partie produite de la coquille est plus nouvelle. Nous devons à Réaumur des expériences qui prouvent qu'il n'y a que le limbe ou bord antérieur du manteau qui produise ainsi des molécules colorées ; en effet, il est certain que la nouvelle pièce, qui se forme pour remplir un trou fait dans un autre endroit de la coquille que son bord, est constamment blanche. On voit d'ailleurs que dans l'hélice némorale sur laquelle il a fait ses expériences, et dont la robe est agréablement zonée de noir sur un fond jaune, la partie du collier qui correspond aux zones noires, présente une teinte de cette couleur, en

sorte que si l'on vient à casser une partie du bord de la
coquille, le morceau qui est reproduit est noir vis-à-vis de la
partie noire du limbe du manteau, et jaunâtre sur le reste.
Quoiqu'on n'ait pas de preuves directes que cela soit ainsi
pour toutes les autres coquilles qui sont colorées par zones
décurrentes du sommet à la base, l'analogie permet de
conclure que cela doit être ainsi, mais dans les espèces dont la
coloration est par taches ovales, carrées, irrégulières, et surtout par bandes transverses dans la direction des stries d'accroissement, il faut convenir que l'analogie devient moins évidente,
à moins que d'admettre avec Bruguière qu'il y a changement,
déplacement, irrégulierement ou non, dans les parties du
bord du manteau, qui produisent le dépôt coloré, phénomènes dont il est bien plus difficile de se rendre compte,
et qui auroient besoin d'être soumis à de nouvelles observations.

Nous avons dit tout à l'heure que la coloration des coquilles est
constamment superficielle : il en est cependant un groupe où,
à une certaine époque, malgré l'existence de celle-ci, il y en a
encore une profonde non visible, et toujours fort différente, non
seulement dans l'espèce, mais encore dans la forme ; ce sont les
porcelaines et quelques olives. Bruguière a parfaitement expliqué ce fait. Pendant une assez longue durée de la vie, ces animaux
sont revêtus, comme nous l'avons vu plus haut, d'une coquille
fort mince, à bords non dentés, à spire visible, etc., et qui est
surtout colorée à sa superficie comme le sont la plupart des coquilles ; cette coloration, due aux bords du manteau, se fait
peu à peu avec l'accroissement de la coquille ; mais plus tard,
peut-être, quand l'animal est adulte, les appendices cutanés
qui, de chaque côté du corps, se relèvent sur le dos de la coquille, quand il rampe, déposent la matière vitrée, éburnée,
qui l'épaississent peu à peu, et en même temps une matière
colorée qui offre constamment une tout autre disposition que

la première. Il faut donc admettre que la face supérieure de
ces lobes cutanés présente des espaces où le pigmentum est
coloré, ce qui colore la matière crétacée qui s'en exhale; et
comme, dans le développement de ces lobes, il est rare que
ces espaces tombent justement sur les lieux de premiers dépôts, on conçoit comment cette nouvelle coloration, non seulement n'est jamais par bandes décurrentes, mais est toujours
par taches assez irrégulières.

Nous avons déjà fait l'observation que la lumière semble avoir
une influence de grande valeur dans la coloration des coquilles,
puisque celles qui sont tout-à-fait intérieures ou déposées dans
quelque grande loge du derme, sont toujours blanches, de même
que celles des animaux qui vivent constamment dans des trous
dont ils ne sortent pas; mais une autre preuve de ce fait, c'est
que, dans certaines coquilles bivalves, qui vivent fixées plus ou
moins horizontalement, la valve fixée est constamment blanche,
et la supérieure est souvent colorée d'une manière très-vive. Les
spondyles et un assez grand nombre de peignes en offrent des
exemples. Il faut donc admettre ici qu'un lobe du manteau ne
recevant pas l'action excitante de la lumière, ne produit pas
de pigmentum coloré, au contraire de l'autre; ou mieux, que
le pigmentum ne se colore que par cette action : en sorte que,
si artificiellement on venoit à retourner une de ces coquilles, il
y auroit un renversement dans la coloration des valves, comme
cela a lieu pour les côtés de certains pleuronectes.

En général la coloration des coquilles est d'autant plus vive
que les animaux dont elles proviennent sont plus exposés à
l'action de la lumière. Les hélices, animaux terrestres, sont
en effet ceux dont la coquille varie le plus en couleur; les
tubicoles, parmi les bivalves, ont au contraire leur coquille
constamment blanche. Olivi qui a fait des recherches à ce
sujet, a remarqué également que les coquilles qui sont enveloppées par des éponges ou des alcyons, ou qui vivent dans le
sable, ou même dans des lieux constamment ombragés, sont

bien plus pâles que celles qui sont constamment à découvert dans des lieux bien exposés ; la même coquille est même plus colorée dans ses parties découvertes que dans celles qui sont cachées.

On trouve presque toutes les espèces de couleur à la surface externe des coquilles, le plus communément cependant le brun et le fauve, le moins souvent le vert, et un grand nombre de systèmes de coloration, quelquefois uniforme, souvent piqueté ou tacheté, rayé longitudinalement ou verticalement.

Enfin, une dernière partie qui entre dans la composition des coquilles, est l'épiderme qui recouvre le pigmentum colorant, et que l'on nomme souvent *Drap marin* ou *Epiphlose*. C'est évidemment l'épiderme de la peau dans laquelle la coquille s'est déposée ; cet épiderme est formé d'une matière muqueuse ou cornée desséchée, quelquefois produisant une couche plus ou moins épaisse et lisse à la surface de la coquille, et d'autres fois se relevant en lames ou en productions piliformes aplaties ou coniques et prolongées de manière à ressembler à des espèces de poils. Dans les bivalves, cette partie est de la même nature que le ligament, et elle enveloppe les valves quelquefois tout-à-fait comme dans les solens, certaines myes : c'est cette partie qui commence à se former dans l'accroissement d'une coquille univalve ou bivalve, qu'elle doive rester avec un épiderme ou non.

D'après ce que nous venons de dire sur la structure de la coquille des malacozoaires, il est certain qu'elle est composée chimiquement de deux substances, 1.º d'une matière muqueuse animale, plus ou moins abondante, suivant l'âge du mollusque, la partie de la coquille analysée, et suivant sa structure ; 2.º d'un sel calcaire beaucoup plus abondant en général, mais qui varie cependant en quantité, suivant l'âge des mollusques conchylifères. Quoique l'analyse des coquilles donnée par les chimistes soit fort incomplète, en ce qu'elle porte sur

toutes leurs parties à la fois, sans distinction d'âge . on reconnoît cependant que les différences dans les résultats sont
assez bien en rapport avec les différences de structure.

Les espèces qui contiennent en général le plus de matière
animale, paroissent être celles qui ont la structure fibreuse
et nacrée. Suivant M. Hatchett, elles sont formées de sous-
carbonate de chaux et d'albumine coagulée. La nacre de
perle elle-même est composée, sur 100 parties, de 66 du premier, et de 34 de la seconde.

Les coquilles d'huîtres contiennent beaucoup moins de
matière animale, et cette matière ressemble davantage à une
substance gélatineuse. M. Vauquelin y a trouvé, outre la
matière organique, du sous-carbonate et du phosphate de
chaux, du sous-carbonate de magnésie et de l'oxide de fer.

La coquille des patelles qui offre une structure lamelleuse
fort serrée, se rapproche encore davantage dans sa composition chimique de celles dont la structure est en général
vitrée. Celles-ci, d'après M. Hatchett, qui les nomme *coquilles
porcelaines*, ne renferment qu'une très-petite quantité de matière azotée; on y trouve au contraire beaucoup de sous-
carbonate de chaux, mais sans traces de phosphate et de
sulfate de la même base.

D'après ce que nous venons de dire, il est évident que la
coquille des animaux mollusques, matière mucoso-crétacée,
n'est pas un endurcissement de la peau par le dépôt de
molécules calcaires dans les mailles d'un tissu cellulaire,
mais bien un dépôt d'une matière mucoso-calcaire, non pas
cependant excrétée à la superficie de la peau, mais bien entre
deux de ses parties, le réseau vasculaire et l'épiderme, et
quelquefois même dans le derme lui-même; et en effet elle
tient organiquement avec le reste de l'animal, et surtout
avec la fibre musculaire ou contractile, tandis qu'un simple
tube calcaire, comme celui qui existe dans les tubicoles,
n'est réellement qu'un dépôt, qu'une exhalation tout-à-fait

extérieure, aussi n'adhère-t-il à aucune partie de l'animal; c'est ce point de relation de l'animal avec sa coquille qui constitue les empreintes de forme variable que l'on remarque en différens endroits de la coquille, et surtout dans les bivalves. Cette relation nécessaire ne permet donc pas de supposer qu'un animal mollusque conchylifère auquel on auroit enlevé sa coquille pût la reproduire, et encore moins qu'il pût la quitter lui-même, comme Bruguière l'a supposé pour les porcelaines. Elle ne permet cependant pas non plus d'admettre l'idée de Klein et de Bonnet, que la coquille s'accroît par intus-susception; en effet les expériences de Réaumur où il a montré qu'un trou fait à la coquille, ou dans une partie de sa spire ou même à son bord, ne se remplit pas par la circonférence, mais à la fois et indépendamment de la coquille elle-même, ont mis la chose hors de doute.

La forme de cette coquille, et même la prédominance de la matière animale sur la matière minérale, doivent donc être en rapport avec la forme de la peau ou du manteau et avec l'âge de l'animal : aussi les prolongemens tubuleux, épineux, lamelleux, que l'on remarque souvent à la surface d'une coquille, ne sont que des produits de prolongemens, de lobes, de lanières du manteau, de même que les sinus, les échancrures sont produites par la saillie habituelle, mais intermittente de quelque organe, comme du tube de la respiration, de la tête elle-même, de l'oviducte, etc.; mais, pour en bien comprendre la formation, il faut suivre les développemens d'un mollusque conchylifère, depuis le moment de son apparition dans l'œuf dont il est sorti jusqu'au *summum* de son accroissement, et de ce point jusqu'à la mort.

Tout animal mollusque, quelque grande et disproportionnée pour son corps que doive être sa coquille par la suite, a offert une disproportion inverse, c'est-à-dire que sa coquille que l'on aperçoit de très-bonne heure dans l'œuf a été d'abord beaucoup plus petite que le corps, et par conséquent étoit bien

loin de pouvoir le contenir, à peu près comme cela se voit
dans l'hélicolimace. Elle a également commencé par être
presque entièrement membraneuse. Dans les premiers temps
ses bords libres étoient donc réellement dans la peau elle-
même, puisqu'ils n'atteignoient pas encore les limites du manteau. Par l'addition de nouvelles couches intérieures et par
l'accroisssement de la quantité des molécules calcaires, la
coquille s'est épaissie, solidifiée, mais en même temps elle s'est
accrue de manière à ce que les bords de son ouverture ont
atteint les limites du manteau, d'abord seulement dans l'état
de repos ou de rétraction ; cependant l'animal est sorti de
l'œuf à peu près à cette époque, et son accroissement a continué ; pour la recherche de sa nourriture, et en général des
circonstances nécessaires à son développement, il a été obligé
d'étendre les différentes parties de son manteau, et surtout les
lobures, les lanières, digitations dont il est pourvu , et qui sont
toujours plus grandes proportionnellement, et même plus
nombreuses dans le jeune âge qu'à l'époque de décrépitude où
elles tendent à disparoître ; c'est alors que les bords de l'ouverture de la coquille se sont étendus et ont dépassé ceux du manteau rétracté, à mesure que le dépôt de nouvelles couches
augmentoit sans cesse, et d'autant plus que l'animal, par quelque circonstance, étoit forcé à se contracter, à se rétracter
davantage. La coquille est donc devenue un abri, un organe
protecteur d'autant meilleur, d'autant plus complet, que le
mollusque a approché davantage du *summum* de développement dont il étoit susceptible. Si les bords du manteau étoient
simples, ceux de la coquille l'ont été de même ; si, au contraire, ils se sont prolongés dans une direction quelconque
pour faciliter quelque fonction, les bords de la coquille ont
suivi ces prolongemens, et il en est résulté des prolongemens semblables dans la coquille. Il faut cependant admettre
que les prolongemens du manteau avoient l'organisation nécessaire pour excréter avec la matière muqueuse que la

peau des malacozoaires rejette toujours, une quantité suffisante de matière crétacée ; sans cela, il seroit impossible d'expliquer pourquoi parmi les siphonobranches, il y a des espèces
dont le tube cutané a produit un tube à la coquille comme
dans les siphonostomes, et seulement une échancrure, comme
dans les entomostomes ; c'est ainsi que l'on peut expliquer
non seulement la formation du siphon et des épines quand il
en a, mais encore celle des pointes ou découpures plus ou
moins nombreuses du bord droit de l'ouverture d'une coquille, etc. En thèse générale, il est certain que les épines,
tubercules et piquans d'une coquille, quelque solides qu'ils
soient, ont d'abord été canaliculés ; ceux dont le canal ou la
scissure est en dedans, et c'est le plus grand nombre, ont
été produits par des digitations du manteau, ceux dont la
scissure est en dehors comme la corne des pourpres licornes,
et les épines du corselet de la vénus dionée, paroissent au contraire l'avoir été par la concavité d'un appendice du manteau
qui sailloit au dehors.

Mais ces lobures, ces découpures du manteau n'ont pas eu
lieu, à ce qu'il paroît, à toutes les époques de la vie active
de l'animal, et alors la coquille n'a pu être pourvue des découpures correspondantes : c'est ce que l'on voit très-bien
dans les ptérocères et genres voisins dont la coquille, dans le
jeune âge, ressemble beaucoup à celle d'un cône. Il faut
donc penser que dans ces genres le lobe latéral droit du
manteau se dilate, s'élargit, et même quelquefois se digite
d'une manière assez irrégulière avec l'âge, et c'est alors que
la coquille offre l'aile ou les digitations qui les caractérisent.
Il faut aussi nécessairement admettre que cette disposition du
manteau diminue peu à peu à l'époque de la décrépitude,
puisque les digitations de la coquille, d'abord évidemment
canaliculées, se remplissent, se solidifient complètement, et
que, comme nous l'avons vu sur un individu de ptérocère, il est
vrai, conservé dans l'esprit de vin, le lobe droit du man-

teau n'offre aucune trace de division aux endroits correspondans aux digitations devenues solides de la coquille.

Dans un assez grand nombre de mollusques, il paroît que
la durée de la vie active dans l'époque de l'accroissement
est sans interruption, ce qui, probablement, dépend de la
réunion constante de circonstances favorables, et surtout
dans la température et la nourriture ; alors l'accroissement
de la coquille plus ou moins lent est cependant uniforme
jusqu'à ce qu'elle ait atteint le *summum* de son développement ; mais il en est aussi plusieurs autres dans lesquels, par
l'intermittence des circonstances favorables, l'animal étant
forcé de diminuer l'intensité de son activité vitale à de certaines époques de l'année ou de la durée de sa vie, la coquille
offre des indices de ces intermittences périodiques dans le renflement, l'épaississement du bord droit de l'ouverture dans les
univalves, ou de tout le bord libre dans les bivalves, qui s'est
conservé à des intervalles très-différens dans l'étendue du cône
spiral et par l'état plus mince et lisse des intervalles. Ces intermittences sont-elles déterminées par celles de l'activité des
organes digestifs ou par celles des organes générateurs ? c'est ce
qu'il est difficile d'assurer, mais ce que l'on pourroit admettre.
On pourroit concevoir en effet que pendant l'activité généra-
trice, la congestion vitale portant sur les organes de la génération, diminueroit proportionnellement celle de la peau et de
l'excrétion crétacée, et qu'alors l'accroissement de la coquille
se feroit comme à l'ordinaire, d'où les espaces intermédiaires
aux bourrelets ; mais que lorsque cette congestion viendroit
à cesser, elle se porteroit vers la peau, d'où une accumulation de matière calcaire au bord de l'ouverture, ce qui produiroit les bourrelets simples ou ramifiés, suivant la simpli-
cité ou la subdivision des bords du manteau producteur. La
rareté ou la fréquence de ces intermittences détermineroit le
nombre et la distance des bourrelets, quelquefois très-serrés,
comme dans les scalaires, les harpes et certaines espèces de

vénus, ou très-espacés comme dans les murex triptères, les murex diptères, et les tritons où ces bourrelets dans l'accroissement de la spire se disposent régulièrement au nombre de trois, un de chaque côté, et un médio-dorsal, ou au nombre de deux, symétriques, un de chaque côté, ce qui donne à la coquille, considérée en général, une forme aplatie, ou au nombre de deux, non symétriques ; mais il faut remarquer que ces bourrelets sont toujours formés de substance vitrée, et non lamelleuse.

Lorsque l'animal est parvenu au terme de sa croissance et dans des limites de grosseur assez variables, sa coquille est toujours terminée par un bourrelet ou un épaississement dans les espèces dont nous venons de parler ; mais même dans celles chez lesquelles les intermittences de l'accroissement ne sont pas aussi sensibles, et ne sont marquées que par de simples stries, la terminaison de l'accroissement est très-souvent indiquée par un bourrelet plus ou moins épais, quelquefois simple, quelquefois denticulé, et qui est également formé de substance vitrée ; c'est aussi à cette époque que dans les univalves la substance vitrée de dépôt intérieur, et même extérieur, comme dans les porcelaines, s'accroît, s'épaissit, semble pour ainsi dire s'extravaser et tend à diminuer l'ouverture dont elle change aussi souvent beaucoup la forme, comme on le voit dans les véritables casques, les grimaces et certaines hélices, de manière quelquefois à réunir les deux bords et à former une espèce de péristome continu. L'orifice d'une coquille univalve est souvent encore modifié par la formation de dents, non seulement au côté interne du bord droit, mais encore sur le bord gauche et sur la columelle elle-même : ces dents sont évidemment produites par des cannelures du manteau qui accompagnent le pédicule qui joint le pied de l'animal à la partie tortillée de son corps, et plus encore par les faisceaux du muscle columellaire.

L'explication de la formation des sinus, entailles, échan-

crures, rentre tout-à-fait dans celle des tubercules, canaux,
bourrelets et varices; avec cette différence que ces solutions
de continuité dans le bord des univalves ou des bivalves, sont
dues à ce qu'une partie saillante sort et rentre un grand nombre
de fois, et ne persiste pas dans son exsertion : ainsi dans les coquilles univalves, l'échancrure antérieure de l'ouverture est
due, comme nous avons déjà eu l'occasion de le faire observer, au tube formé par le bord du manteau; le sinus, qui se
remarque quelquefois dans la partie antérieure du bord droit,
comme dans les ptérocères, dans les strombes, résulte du passage
de la tête; l'entaille médiane ou subpostérieure du même bord,
qui se trouve dans les pleurotomes, et dans beaucoup d'autres
genres, se rapporte à la sortie de l'organe femelle de la génération ou de l'oviducte; peut-être même n'existe-t-elle que dans
les individus femelles. Il est du moins certain que cette disposition ne s'est ainsi trouvée jusqu'ici que dans les espèces dioïques.
Quant au sinus, quelquefois prolongé le long d'un éperon, et
formant une sorte de gouttière, comme dans beaucoup de
genres, il paroît dû à un prolongement ou repli du manteau, et
peut-être aussi à l'organe de la génération.

Une autre considération, à laquelle donne lieu l'examen
des coquilles, et dont il sera bon de dire quelque chose, est
celle de l'empreinte musculaire; nous verrons plus loin que
cette empreinte est due à la communication ou à l'adhérence
de la fibre musculaire avec la coquille. Cette adhérence, si
forte dans l'état de vie, l'est cependant très-peu après la mort.
Consiste-t-elle en une simple application sans continuité de
tissu avec la coquille? cela est fort probable. Quoi qu'il en
soit, les traces qui en restent sur la coquille sont toujours
plus ou moins évidentes, et forment des stries très-fines et
plus ou moins parallèles ou concentriques. Dans les univalves il n'y a presque toujours qu'une seule impression musculaire produite par le faisceau dorsal de la columelle, et
qui indique fort bien sa forme. Peu ou point visible dans

les spirivalves à cause de son enfoncement, elle le devient dans les espèces dont le dernier tour est fort grand, comme dans les concholepas, dans les haliotides, et même dans les argonautes, etc.; mais elle l'est surtout dans les espèces patelloïdes ou dont la coquille ne s'enroule pas. Sa forme est alors presque toujours en fer à cheval, ouvert en avant pour le passage de la tête de l'animal, et à branches plus ou moins inégales. Sur des espèces de patelles non symétriques de Linnæus, que je rapporte au genre Mouret d'Adanson, la branche droite du fer à cheval est partagée en deux par un espace lisse ou canal peu enfoncé, par où, sans doute, l'eau va aux branchies. Quelques autres espèces de véritables patelles ont leur impression musculaire comme lobée, ou étranglée d'espace en espace, et enfin des espèces non symétriques ont réellement deux impressions distinctes, le fer à cheval étant interrompu en arrière. Les navicelles, et même quelques nérites, sont dans ce cas.

La coquille des malacozoaires acéphalés offre au contraire, beaucoup plus souvent, plusieurs impressions musculaires qu'une seule; elles sont plus profondes, et sont dues aussi bien à l'attache des fibres ligamenteuses qu'à celle des muscles.

Nous verrons plus loin que les premières qui ont tant d'analogie avec l'épiderme, n'en ont pas moins avec les fibres musculaires desséchées du byssus; aussi les impressions qu'elles laissent sur la coquille sont-elles absolument de même aspect; nous n'en avons observé encore que de deux sortes, l'une externe ou extéro-interne, plus ou moins alongée, occupant la partie dorsale des valves en arrière, et fort rarement en avant des sommets; l'autre, entièrement ou presque tout-à-fait interne, ordinairement arrondie sous les sommets, comme dans les mactres, les crassatelles, etc.

Les impressions produites par les fibres musculaires sont beaucoup plus nombreuses : on peut les diviser en celles des

muscles adducteurs, des muscles rétracteurs du pied, de
l'attache des bords du manteau, et enfin de l'attache des
tubes.

L'impression des muscles adducteurs est quelquefois simple
ou unique, centrale ou non, comme on le voit dans les ostracés
et les subostracés et dans les pholades. Elle se subdivise rarement comme dans les anomies.

Elle paroît encore unique dans les mytilacés, mais, en y regardant attentivement, on voit, tout-à-fait en avant, une
très-petite impression qui est le commencement de la double
impression musculaire que l'on trouve dans presque tous les
acéphalés lamellibranches, et dont une est buccale et l'autre
anale. La forme, la proportion, et même la position de ces deux
impressions varient beaucoup, et fournissent de bons caractères à la conchyliologie.

Les impressions des muscles rétracteurs du pied sont toujours beaucoup plus petites, et se confondent souvent, surtout
les postérieures, avec celles des muscles adducteurs, où elles
forment une sinuosité; elles sont nombreuses dans les mytilacés; dans les conchacés, l'antérieure, seule distincte, remonte
vers la charnière.

L'impression des bords du manteau, et celle de l'attache des
tubes, constituent ce que nous nommons *impression marginale;*
l'une, descendant du muscle adducteur antérieur, suit la direction du bord de la coquille, dans une largeur et à une distance
variables, et atteint ou dépasse l'autre, c'est-à-dire l'impression de l'attache des tubes qui forme une excavation ou une
sinuosité plus ou moins profonde, ouverte en arrière.

Quand une coquille est enfin parvenue à son plus grand degré de développement en étendue, les changemens qu'elle
éprouve, toujours en rapport avec ceux de l'animal qui tend
à se rétrécir lui-même, surtout dans les lobes de son manteau,
ne consistent guère que dans son augmentation d'épaisseur,
non pas par l'augmentation des couches qui la composent,

mais par celle de la matière vitrée, et en accroissement de poids par la diminution de la quantité de substance organique en rapport inverse de l'inorganique. Les couches externes perdent de plus en plus les productions piliformes et le peu d'épiderme qu'elles pouvoient avoir; les couleurs pâlissent, s'effacent, disparoissent; les stries, les tubercules, les varices même, s'émoussent, s'usent, s'abaissent de plus en plus; la coquille se couvre de dépôts terreux crétacés, et d'animaux qui s'y creusent des loges; les prolongemens épineux et tuberculeux se remplissent, se solidifient; au contraire, les sinus ordinaires se creusent, s'agrandissent : il s'en développe même quelquefois, surtout dans les individus femelles, où il n'y en avoit pas durant la plus grande partie de la vie, de manière à former des *pleurotomes* dans un grand nombre de genres. L'ouverture se rétrécit, l'extrémité postérieure de la cavité se remplit ou se cloisonne par l'avancement successif de l'animal, et la mort de celui-ci, arrivée par suite de la durée de la vie, détermine celle de la coquille. Cette coquille alors perd peu à peu la matière animale qu'elle contenoit, et finit par n'être plus composée que de carbonate de chaux, et par conséquent devient souvent très-friable. Le mouvement insensible qui se produit par les lois de l'attraction entre les molécules, les porte à se réunir sous une forme inorganique et à cristalliser; alors les dépouilles coquillères des mollusques tendent plus ou moins à disparoître et à former des masses calcaires par leur agglomération, et surtout par celle de leurs morceaux ou détritus, ce qui constitue les formations de calcaire coquiller.

D'après ce que nous venons de dire, les coquilles offrent des différences assez considérables, suivant l'âge de l'animal auquel elles appartiennent, et ces différences portent souvent sur la forme de l'ouverture, et surtout sur celle du bord droit des coquilles univalves.

Elles offrent aussi des différences suivant les sexes, dans les groupes dioïques, c'est-à-dire où le sexe mâle est porté

par un seul individu et le sexe femelle par un autre, comme
nous le verrons plus loin.

Jetons auparavant un coup d'œil sur une autre production de
la peau, dont l'usage est de rendre l'appareil protecteur de certains univalves encore plus complet, et que l'on désigne sous le
nom d'opercule, parce qu'elle sert à fermer plus ou moins complètement l'ouverture de la coquille à son orifice même, ou plus
ou moins profondément. Quelques auteurs, et entre autres,
Adanson, l'ont regardée comme l'analogue d'une des valves
d'une coquille bivalve, mais évidemment à tort ; car sa position,
par rapport au corps de l'animal, n'indique aucune analogie. Les
deux valves d'une bivalve sont placées, une de chaque côté de
son corps, si ce n'est dans les palliobranches, tandis que dans les
malacozoaires operculés, la coquille seule, dépendant du manteau, occupe constamment sa face dorsale, et l'opercule n'a
jamais de connexion qu'avec la face dorsale ou supérieure du
pied, quelquefois à l'angle de sa jonction avec le pédicule du
corps, rarement à son extrémité postérieure, et le plus souvent
dans sa partie moyenne (1). Il est évidemment le produit de la
peau qui recouvre le pied ; cette production est sans doute une
excrétion de matière calcaire ou cornée ; mais comment une
surface plane, ovale ou circulaire produit-elle une matière
qui s'enroule en spirale d'une manière souvent fort régulière,
et en formant quelquefois un grand nombre de tours ? c'est
une question à laquelle il me paroît réellement assez difficile
de répondre, surtout peut-être parce que le sujet n'a pas été
suffisamment étudié. On pourroit cependant en tirer de bons
caractères de familles et de genres ; car l'opercule diffère non
seulement dans son point d'attache, dans sa grandeur, rela-

---

(1) On a bien dit quelque temps que l'opercule de la septaire ou navicelle étoit sous son pied : mais outre que cela n'est pas probable, l'analogie
avec ce qui a lieu dans les nérites ne permettoit pas de l'admettre. En
effet, il est à sa place ordinaire.

tivement avec celle de l'orifice de la coquille, mais encore dans sa forme, dans sa nature chimique et dans son mode d'adhérence.

Nous avons déjà vu quelles étoient les différences principales sous le rapport de son point d'attache.

Quant à sa grandeur, il est souvent assez développé pour fermer l'ouverture de la coquille à son orifice même, comme dans tous les cyclostomes, en s'appliquant presque sur les bords; mais quelquefois il l'est beaucoup moins, et il ne la clôt que lorsqu'il a été plus ou moins enfoncé dans la cavité spirale; c'est le cas de presque tous les siphonobranches; enfin il arrive aussi qu'il est presque rudimentaire, c'est-à-dire qu'il ne peut fermer qu'une très-petite partie de l'ouverture de la coquille, comme dans quelques pourpres, dans les strombes, et surtout dans les cônes.

Cette facilité avec laquelle l'opercule peut être rentré plus ou moins dans l'ouverture d'une coquille univalve, influe nécessairement sur sa forme générale; en effet, quand il reste à l'orifice même appliqué dans le petit évasement formé par le péristome, il a constamment la forme de cette ouverture : aussi, presque circulaire dans les cyclostomes, il est elliptique dans les ellipsostomes, demi-circulaire dans les hémi-cyclostomes ou nérites, etc. Dans les espèces où il s'enfonce dans la cavité spirale, il offre encore à peu près la forme de son orifice, mais il est beaucoup plus petit; enfin dans celles où il n'est que rudimentaire, il n'y a plus de rapports entre sa forme et celle de l'ouverture de la coquille.

Quant à sa forme spéciale, elle varie aussi d'une manière fixe pour chaque groupe bien naturel : ovale ou arrondi dans les coquilles de siphonostomes où il est toujours corné, il n'est pas formé en spirale; mais d'un côté on voit les stries d'accroissement qui ont commencé vers une des extrémités, et de l'autre un espace plus ou moins ovalaire, orné de stries subrégulières au milieu d'un rebord ou bourrelet lisse beaucoup plus large d'un côté que de l'autre.

Une autre forme est celle de l'opercule calcaire ou corné des anentomostomes : il offre en effet constamment un enroulement spiral dans un même plan , plus ou moins visible sur les deux faces, et constamment sur l'interne; mais le sommet de la spire varie beaucoup par son degré d'excentricité; aussi, quelquefois tout-à-fait central , comme dans l'opercule corné des toupies, qui est formé de neuf à dix tours de spire, il l'est déjà beaucoup moins dans celui des sabots ; et enfin dans les nérites il est complètement latéral. La coloration ou non de la face externe de ce genre d'opercules, la disposition des stries ou tubercules qui l'ornent, les sillons dont la face interne ou adhérente est souvent guillochée , peuvent encore fournir d'excellens caractères pour confirmer la distinction des genres et des espèces. Malheureusement cette partie de l'organisation des mollusques a été beaucoup trop négligée.

Cette même propriété d'être rentré ou non avec l'animal dans sa coquille , paroît aussi avoir quelque influence sur la nature chimique , cornée ou calcaire , et sur l'épaisseur de l'opercule. En effet, dans le premier cas, il est constamment corné , et le plus souvent mince et flexible , surtout sur les bords, tandis que dans le second il est souvent calcaire et fort épais. Il se peut cependant qu'il soit simplement corné : aussi trouve-t-on quelquefois dans le même genre naturel des anentomostomes, des espèces qui ont un opercule corné , et d'autres un opercule calcaire ; ce qui n'a jamais encore été observé parmi les siphonostomes et les entomostomes.

Enfin le dernier rapport sous lequel l'opercule peut varier, c'est celui de l'adhérence : tous les opercules calcaires , et même une partie des opercules cornés , paroissent adhérer par toute leur surface interne ou inférieure , de manière à ne laisser libre que leur circonférence : tandis que les opercules cornés de tous les entomostomes ne sont fixés à la peau que par une petite partie de la même surface à leur base, et sont libres dans tout le reste. C'est ce que l'on voit très-bien

dans les rochers, les buccins, les pourpres, etc. Dans les hémicyclostomes, l'adhérence au pied se fait au moyen d'une ou
deux apophyses du bord antérieur ou droit, et l'opercule
semble s'articuler avec le bord interne de la coquille sans que
cependant cela soit réellement.

Il faut bien distinguer la pièce de l'enveloppe coquillère
dont nous venons de parler de l'épiphragme, parce que, s'il y
a quelque rapport d'usage, qui est de fermer complètement
l'ouverture de la coquille, il n'y en a aucun de structure, ni
même de position par rapport à l'animal. L'épiphragme ou
opercule temporaire, n'est en effet qu'une aggrégation de molécules calcaires desséchées, produites par les bords du manteau
ou le collier de certaines espèces d'hélices, quand elles ont retiré complètement leur tête et leur pied dans le manteau ; la
couche, plus ou moins épaisse, qui en résulte, n'adhère nullement à l'animal, et il peut en former successivement plusieurs, à mesure que les circonstances défavorables, comme
le froid, la grande sécheresse ou l'absence de nourriture qui
l'avoient forcé de rentrer dans sa coquille, se prolongent
davantage.

Après cette espèce de digression, dans laquelle nous avons
été obligés d'entrer, en regardant la coquille comme une dépendance de la peau ou du siége du sens du toucher, passons à
l'examen de l'appareil de ce sens, et successivement des autres.

L'appareil du sens du toucher dans les mollusques, consiste
dans les tentacules ou dans les cirrhes tentaculaires dont les
bords du manteau peuvent être garnis, et dont nous avons
parlé plus haut. On peut encore ranger dans la même catégorie, certains appendices tentaculaires, quelquefois en
forme de membrane frangée, comme dans les janthines, ou
même de véritables tentacules aplatis, comme dans certaines
espèces de sabots, de monodontes, de nérites, qui sont de chaque
côté du pédicule du pied. Souvent ces appendices plus élargis servent à la natation, comme dans les aplysies, etc.

§. 2. *De l'organe du goût.*

L'organe du goût, lorsque ce sens existe, est sans doute, comme dans les animaux supérieurs, à la partie inférieure de la cavité buccale où l'on remarque fréquemment un renflement lingual; mais il faut convenir que la peau qui revêt cette partie ne paroît pas beaucoup différer de ce qu'elle est à l'orifice même de la bouche et dans beaucoup d'autres parties du corps. Nous allons voir cependant que cette peau est souvent revêtue d'espèces de petits crochets cornés disposés symétriquement qui ont quelque analogie avec ceux qu'on observe à la superficie de la langue de certains mammifères, et qu'elle reçoit un grand nombre de nerfs.

Les mollusques acéphalophores n'ont aucune trace de ce renflement.

§. 3. *De l'organe de l'odorat.*

Le siége du sens de l'odorat qui paroît aussi n'exister que dans les mollusques céphalophores, n'est peut-être pas encore suffisamment déterminé, et en effet la nature de la peau des mollusques ayant en général dans sa structure quelque chose de la membrane olfactive des animaux vertébrés, plusieurs personnes ont pensé que les malacozoaires pouvoient odorer dans tous les points de leur peau; d'autres, ayant admis en principe qu'une molécule odorante avoit besoin pour être sentie d'être suspendue dans un véhicule gazeux, ont cru qu'il n'y avoit que les espèces aériennes qui pussent odorer, et par conséquent que le siége de la fonction devoit être le bord de l'orifice respiratoire; mais alors où est-il dans les espèces aquatiques, qui sans doute sentent aussi bien que les autres? Enfin une autre opinion qui est la nôtre, c'est que c'est l'extrémité des tentacules véritables, ou de la première paire d'appendices qui est l'organe d'olfaction. La peau y est en effet encore plus molle, plus lisse, plus délicate que dans aucun autre endroit, et le nerf qui s'y rend est plus considérable.

§. 4. *De l'organe de la vision.*

L'organe de la vision n'a pas donné lieu à autant d'opinions, parce que dans sa structure la relation de cause et d'effet est beaucoup plus évidente : il manque dans tous les molluscarticulés, de même que dans tous les acéphalophores; il est au contraire à peu près certain qu'il existe dans tous les céphalophores, les hipponices peut-être exceptées : mais il est susceptible de degrés de développement très-différens.

Les yeux de ces animaux ne sont jamais qu'au nombre de deux, disposés fort symétriquement, un de chaque côté de la tête ou de la partie antérieure du corps dans le cas où celle-là n'est que peu distincte.

On reconnoit dans la structure de ces yeux, des enveloppes fibreuse, vasculaire et nerveuse, à peu près comme dans les ostéozoaires; mais la cornée appartient seulement à la peau. On y voit aussi des humeurs et un cristallin bien distinct; quelquefois même il y a de petits muscles qui les peuvent mouvoir un peu dans une sorte d'orbite ou de cavité protectrice, comme cela a lieu dans les sèches et genres voisins; mais en général ces yeux seroient immobiles, si assez souvent ils n'étoient plus ou moins pédiculés, c'est-à-dire, portés à l'extrémité d'une sorte de tentacule analogue à celui de l'olfaction, comme cela se voit surtout dans la famille des limacinés, ce qui fait qu'ils peuvent être dirigés par l'animal dans un grand nombre de sens, ou par l'appendice olfactif lui-même dans un point plus ou moins élevé de son étendue comme dans les buccins, les rochers, les strombes, etc. Dans le cas où ils sont sessiles, leur position varie beaucoup par rapport aux tentacules véritables, puisqu'ils peuvent leur être

antérieurs, postérieurs, extérieurs ou intérieurs, ce qui fournit d'assez bons caractères à la zoologie.   .

§. 5. *De l'organe de l'audition.*

L'organe de l'audition offre beaucoup moins de différences
parmi les malacozoaires, et en effet on ne le trouve plus que
dans les brachiocéphalés, poulpes, sèches et calmars, où il
est réduit à un petit sac creusé à la partie latérale inférieure
du cartilage céphalique, et qui n'a pas même de communication
immédiate à l'extérieur.

Art. 3. DES ORGANES DE LA LOCOMOTION.

Nous venons de voir en traitant de la structure de la peau
des malacozoaires, que la fibre contractile n'est souvent pas
distincte du derme proprement dit, d'où il est résulté que
tous les points de cette peau sont susceptibles de se contracter dans tous les sens ; c'est en effet une chose certaine que
toutes les parties extérieures d'un mollusque, et même les
branchies, peuvent exécuter une foule de mouvemens vibra-
toires, mais cela ne produiroit guère qu'une sorte de locomotion partielle ; la locomotion générale est déterminée par
une véritable fibre musculaire distincte, visible à la face
interne de la peau et se disposant en faisceaux ayant une
forme et une direction déterminées ; elle prend même quelquefois son point d'appui sur la partie solidifiée de la peau ; mais
il est cependant fort rare que cette partie puisse réellement
servir à la locomotion, si ce n'est dans les molluscarticulés.
La disposition, le nombre, et même la forme des muscles
dans ce type d'animaux , sont nécessairement en rapport avec
leur forme générale. Ainsi toutes les fois qu'il y a une séparation bien tranchée entre la tête et le tronc, il y a des
muscles supérieurs, des muscles latéraux et des muscles in-

férieurs, comme cela se voit dans les mollusques brachiocéphalés ; mais dans tout le reste du tronc cette distinction
n'a plus lieu. Les oscabrions sont dans un autre cas, chaque
articulation du dos ayant ses muscles particuliers ; mais ce
ne sont déjà plus de véritables mollusques.

§. 1. *Dans les M. céphalophores.*

Le manteau qui enveloppe le corps des mollusques céphalophores et paracéphalophores, quoique la couche musculaire qui
le double ne forme pas de muscles distincts , ne présente donc
de différences que dans l'épaisseur de cette couche en différens
points de sa circonférence : ainsi quelquefois cette épaisseur
est à peu près la même , d'où résulte une sorte de sac , comme
dans les sèches et les poulpes ; mais encore plus souvent elle est
beaucoup plus grande à la partie inférieure du corps, où
même les fibres , quoique longitudinales , éprouvent des inter-
sections fréquentes , et il en résulte une sorte de disque musculaire plus ou moins épais auquel on donne le nom de *pied.*

Dans un assez grand nombre de cas cette espèce de pied
s'étend dans toute la longueur du corps, ou mieux, de la
masse des viscères qui est au-dessus, et il en résulte une espèce
de semelle de forme un peu variable à l'aide de laquelle
l'animal rampe, et qui occupe tout son ventre, d'où la dénomination de *repentia* ou de gastéropodes, que l'on a donnée aux
limaces et genres voisins.

Mais on l'avoit également donnée à des espèces dans lesquelles
la masse viscérale est pour ainsi dire sortie au-dessus de la
masse du corps, en s'enroulant plus ou moins en spirale,
d'où il est résulté que le pied ne contenant plus de viscères
dans sa partie postérieure où il est libre, semble ne plus
être attaché au corps qu'en avant ou en arrière de la tête,
à la partie qu'on a pu regarder comme le cou, ce qui a
valu à ces mollusques , le nom de trachélipodes ; la plupart

des mollusques paracéphalés conchylifères sont dans ce cas,
surtout quand la coquille est fortement spirale et enroulée.

La grandeur proportionnelle, et même la forme de ce pied,
varient beaucoup, quelquefois même dans des genres assez
voisins : ainsi il est presque circulaire dans les patelles, ovale,
et très-épais dans les haliotides, arrondi en avant, et aminci
de chaque côté dans les rochers, buccins, etc. Il est auriculé de
chaque côté dans quelques vis : dans un grand nombre de genres
de l'ordre des cyclostomes, et même dans les cônes, il est
coupé par un sillon transverse à son bord antérieur. Le pied
de l'auricule piétin est partagé en deux talons par un large
sillon transversal.

Toutes les espèces de mollusques paracéphalés sans coquilles
sont éminemment gastéropodes; il n'en est pas de même des
espèces conchylifères; elles ne sont pas nécessairement trachélipodes, quoique cela soit le plus ordinaire; mais ce
qu'elles offrent de commun, c'est que la coquille est en communication musculaire avec ce pied, de manière à ce qu'il
peut être rentré plus ou moins profondément, ainsi que la
tête elle-même par un faisceau musculaire appelé muscle de
la columelle, parce que dans les coquilles spirales, c'est à
cette partie qu'ils s'attachent. La disposition de ce faisceau
de muscles diffère beaucoup suivant la forme du pied, et surtout suivant celle de la coquille. Ainsi, par exemple, quand
celle-ci est seulement recouvrante, et non en spirale, comme
dans les patelloïdes, le faisceau, dans son attache dorsale,
forme une espèce de fer à cheval ouvert en avant ou en
arrière, et la terminaison au pied a lieu dans presque toute sa
circonférence; dans celles qui sont auriformes, comme dans
les haliotides, le faisceau ne forme qu'une masse presque aussi
large à son insertion qu'à sa terminaison au pied; dans celles
dont la coquille est spirale turriculée, le faisceau commun
est pointu à la columelle et se porte, plus ou moins obliquement, d'arrière en avant et de haut en bas, vers le milieu du

pied, à peu près, de manière à ce que, par sa contraction, il ploie celui-ci en deux en le retirant dans la coquille ; dans les espèces dont l'enroulement est latéral, comme dans les porcelaines, c'est au contraire une large bande musculaire qui s'insère longitudinalement à la columelle, et qui se termine de même au pied, de manière à ployer celui-ci dans sa longueur pour le retirer dans la coquille.

On peut aussi regarder comme faisant partie de ce faisceau musculaire, les muscles plus ou moins considérables qui se portent en avant pour se rendre aux appendices tentaculaires et oculaires, lorsque ces organes sont rétractiles à l'intérieur, comme cela a lieu dans les limacinés. Ils pénètrent en effet dans ces tentacules, et vont jusqu'à leur extrémité en entourant le nerf qui se rend aussi à l'organe.

Dans les mollusques qui ont ces espèces de tentacules, et qui n'ont pas de coquille crustacée, et, par conséquent, dont le pied n'a pas ses muscles rétracteurs, on ne trouve pas moins les muscles rétracteurs des tentacules ; mais leur origine se fait au-dessus de la cloison musculaire qui sépare la cavité viscérale de la cavité pulmonaire, réellement au même point à peu près que dans les espèces conchylifères.

C'est aussi du même point à peu près que part souvent le muscle rétracteur de l'organe excitateur quand il existe.

Enfin c'est aussi du faisceau musculaire de la columelle que naît le muscle rétracteur de l'opercule, lorsque cette partie existe, et auquel s'attache le siphon des espèces qui en sont pourvues.

Nous avons vu plus haut que quelques mollusques céphalés et paracéphalés sont pourvus de chaque côté d'appendices locomoteurs assez considérables, comme les calmars, les sèches, et généralement les ptéropodes. Dans ce cas, ces appendices ont des muscles élévateurs ou abaisseurs qui se portent du dos ou du ventre à leur racine. Mais, quand les appendices ne doivent réellement pas servir à la locomotion, ils sont formés d'un derme contractile, dans lequel il n'est pas possible de distinguer de véritables muscles.

§. 2. *Dans les mollusques acéphalophores.*

Les mollusques acéphalés offrent une disposition d'organes de la locomotion assez différente, et qui le paroît surtout encore davantage quand on n'a pas bien saisi le passage des céphalés aux acéphalés. Comme dans tous les mollusques en général, toutes les parties de leur enveloppe branchiale ou non, sont réellement contractiles; mais on remarque en outre quelquefois des fibres musculaires distinctes, qui, des bords plus ou moins épaissis du manteau, se vont fixer à la coquille à peu de distance de sa circonférence, de manière à pouvoir les rentrer plus ou moins, et plus rarement des petits muscles grêles qui, provenant des muscles adducteurs dont nous allons parler, se dirigent dans les différens points de chaque lobe du manteau. Dans le cas où celui-ci n'a que cette dernière espèce de muscles, la coquille n'offre pas d'empreinte submarginale, et le manteau est considérablement rétractile; mais, dans le cas contraire, on voit très-bien une empreinte en forme de lanière qui suit plus ou moins régulièrement le bord de la coquille, descendant du muscle antérieur, et qui souvent en arrière forme une grande flexuosité rentrée en dedans, ce qui indique assez bien la grandeur des prolongemens postérieurs et tubuleux du manteau. Dans cette dernière disposition, le manteau n'a de contractile que ce qui se trouve entre son bord et cette ligne d'insertion.

L'on trouve souvent en outre que le milieu de l'abdomen est occupé par une masse musculaire plus ou moins épaisse, polymorphe, et qui, outre ses fibres contractiles intrinsèques, a encore ses muscles extrinsèques. Cette masse a reçu le nom de *pied*, comme celle qui occupe la partie inférieure des gastéropodes. De forme et de grandeur extrêmement variables, au point que quelquefois il n'en existe aucune trace, comme dans les huîtres, elle s'attache plus ou moins en avant, ce qui dépend de la position habituelle de l'animal; mais en outre elle peut se porter en différens sens par de véritables muscles qui, divisés en un plus ou moins grand nombre de faisceaux, se dirigent en différens points de la coquille, et surtout en avant, en arrière, et quelquefois dans l'espace intermédiaire, comme on le voit dans les moules, les anodontes, etc. Ce pied extensible ressemble quelquefois à une sorte de ventouse, comme dans les nucules; à une espèce de langue, comme dans les moules où il est canaliculé en arrière; à une hache, comme dans les vénus; à une sorte de pied humain, comme dans les cames; à une espèce de fouet, comme dans les loripèdes, etc. Outre ces muscles du pied, qui ont évidemment de l'analogie avec ceux que nous avons vus servir à la rétraction de celui de certains mollusques gastéropodes, et entre autres des patelles, il en est d'autres qui se portent transversalement, c'est-à-dire d'un côté à l'autre de l'animal, et dont chaque extrémité s'attache à l'une des valves, de manière, par leur contraction, à les rapprocher l'une de l'autre. Ce sont les muscles adducteurs dont le degré d'adhérence à la coquille paroît être assez différent, comme on le voit en comparant, sous ce rapport, une mactre et une cythérée; quelquefois ils ne forment qu'une seule masse rapprochée dans le milieu des valves; d'autres fois la masse tend à se subdiviser en deux ou trois; enfin, dans un grand nombre de cas, il y a deux muscles bien distincts, un antérieur, et l'autre postérieur, dont la forme et la proportion sont du reste assez variables. Ce sont les insertions de ces muscles aux valves de la coquille, qui forment ce qu'on nomme les impressions ou les attaches musculaires; de même que c'est celle des bords du manteau, qui forme au bord inférieur et postérieur de la coquille une ligne plus ou moins large, plus ou moins sinueuse, ou rentrée en arrière, dont la considération n'est pas sans importance en conchyliologie, et dont nous avons parlé plus haut en traitant de la coquille.

Dans l'appareil locomoteur des mollusques bivalves, on doit encore considérer le mode d'engrenage des pièces de leur coquille, ou leur système d'articulation, et surtout les ligamens qui servent, non seulement à les retenir dans un rapport déterminé, mais encore à agir comme antagonistes des muscles adducteurs. Nous traiterons du premier point dans la section de la Conchyliologie; quant au second ou aux ligamens, nous devons ajouter que, formés de substance cornée évidemment épidermique, ils sont composés de fibres transversales qui passent d'une valve à l'autre, absolument comme les fibres contractiles des muscles adducteurs, et qui ont beaucoup de ressemblance avec celles qui constituent la partie desséchée des byssus véritables, et encore plus du pied tendineux de l'arche de Noé, et peut-être du tridacne. Les ligamens que l'on observe dans la coquille des mollusques acéphalés, se peuvent distinguer en épidermique, en externe et en interne. Le ligament épidermique est celui qui est formé par l'épiderme même des valves, qui se continue en passant de l'une à l'autre, comme dans les solens, et même dans les jambonneaux. Peut-être faut-il ranger dans la même catégorie le ligament des arches et genres voisins, celui que l'on voit dans quelques genres de conchacés en avant des sommets, comme dans les donaces, les tellines, les amphidesmes, etc. Le ligament externe est toujours beaucoup plus épais, plus bombé, plus élastique : il occupe constamment le dos de la coquille en arrière des sommets. Enfin le ligament interne, simple ou multiple, est celui qui est plus en dedans que la ligne d'articulation. Ses fibres sont ordinairement courtes et droites. Les mactres, les crassatelles, et même les peignes, les pernes, etc., nous offrent un exemple de cette espèce de ligament.

Une des singularités les plus remarquables qu'offrent les mollusques acéphales, c'est que, dans plusieurs espèces, un plus ou moins grand nombre des fibres des muscles adducteurs peuvent être attachées et s'agglutiner, par leur extrémité élargie, aux corps étrangers, de manière à servir de point d'appui extérieur à l'animal ; c'est ce qui constitue le byssus dans les jambonneaux, les moules, et le pied tendineux des tridacnes et de certaines espèces d'arches, etc., byssus qui n'est réellement pas formé, comme quelques auteurs l'ont dit, d'une mucosité sécrétée par une glande et filée dans une rainure du pied, mais qui n'est qu'un assemblage de fibres musculaires desséchées dans une partie de leur étendue, encore contractiles, vivantes à leur origine, et qui même l'étoient dans toute leur longueur à l'époque où elles ont été attachées.

Une autre singularité qui ne seroit pas moindre que la précédente, si elle étoit hors de doute, c'est l'observation de la marche ou du changement de place des muscles adducteurs, à mesure que l'animal grossit, ainsi que sa coquille. En effet, si dans une coquille très-jeune, le muscle est subcentral, il faut nécessairement que, pour qu'il reste tel , quand la coquille est deux fois plus grande, il ait marché d'avant en arrière. On admet donc que dans une coquille spirivalve, le muscle semble descendre avec l'animal lui-même, de même que dans une coquille bivalve, une huître , par exemple, le muscle subcentral s'avance, non pas cependant qu'il se détache entièrement à la fois, mais parce qu'un rang antérieur de fibres se détache en même temps qu'un rang postérieur se produit. Mais s'il en étoit ainsi, on devroit trouver à une époque avancée de l'animal et de sa coquille une partie de l'empreinte qui seroit sans fibres musculaires ; or, c'est ce que nous n'avons jamais vu, dans les huîtres même, dont on peut observer un si grand nombre sous ce rapport, et encore moins dans les coquilles bivalves où il faudroit d'ailleurs qu'elle fût en sens inverse pour chaque muscle. Nous aimerions donc mieux admettre que les muscles croissent comme tout le reste de l'organisation dans toute leur circonférence, mais surtout du côté où la coquille s'accroît le plus, comme en arrière, ce qui a lieu dans les huîtres ; peut-être même faut-il penser que le muscle tout entier est jusqu'à un certain point détaché, lorsque la nouvelle couche d'accroissement se forme, et que c'est ainsi que sa marche apparente a lieu; car l'épaisseur s'accroît également à l'endroit de l'attache des muscles, où les couches sont cependant en général plus serrées, ce qui fait que cette empreinte forme souvent un enfoncement, et que dans l'état fossile, cette partie se conserve plus long-temps que le reste.

L'appareil de la locomotion est encore très-différent dans les balanes et dans les anatifes. Dans les premiers, le manteau est fort mince, et ne présente de muscle qu'à son extrémité postérieure ou ouverte pour les mouvemens des pièces de l'opercule. Dans les seconds il offre en outre cette singularité qu'à son extrémité céphalique ou inférieure, à cause de la position de l'animal, il se prolonge en un tube fibro - contractile, flexible, qui attache l'animal d'une manière fixe aux corps sous-marins; il y a de plus un muscle adducteur entre les deux principales valves de la coquille.

Quant aux muscles de l'animal lui-même, ou du tronc et de ses appendices, leur disposition rentre déjà un peu dans celle des entomozoaires.

Les oscabrions ont aussi dans l'ensemble de leur appareil locomoteur quelque chose des mollusques véritables, et quelque chose des entomozoaires. En effet, toute la partie inférieure du corps est occupée par une espèce de pied fort analogue à celui des patelles, des phyllidies, tandis que le dos, dans sa partie conchylifère, présente autant de doubles paires de muscles obliques, l'une à droite et l'autre à gauche, qu'il y a de pièces testacées.

Art. 4. DE L'APPAREIL DE LA COMPOSITION OU DE LA NUTRITION.

Cet appareil est complet dans tous les mollusques, c'est-à-dire qu'il est formé d'organes de digestion, de respiration et de circulation,

§. 1.ᵉʳ *Des organes de la digestion.*

La bouche ou l'orifice antérieur du canal intestinal est réellement toujours antérieure dans les mollusques même les plus déformés, comme les ascidies, etc., quoiqu'elle ne soit pas constamment terminale, et surtout visible; elle est en effet quelquefois tout-à-fait inférieure, comme dans les doris, les onchidies, les scyllées, les oscabrions, etc. Nous ne voyons pas qu'elle soit jamais supérieure.

Sa forme est extrêmement variable, ce qui dépend nécessairement de la disposition des lèvres qui la circonscrivent. Ces lèvres en effet offrent une forme très-différente dans les différens groupes. Ainsi, dans les sèches et genres voisins, c'est une sorte de voile circulaire, quelquefois double, percée dans son milieu et frangée à la circonférence; dans les polybranches, les cyclobranches, les inférobranches, et même dans beaucoup de cervicobranches, elles forment un bourrelet épais, demi-circulaire, dans le milieu inférieur duquel est la bouche, et qui se prolonge quelquefois de chaque côté en une sorte d'appendice qui forme le tentacule labial. Dans plusieurs espéces de doris, dans les tritonies, etc., le bord antérieur de ce bourrelet labial se dilate, se frange et forme un voile membraneux plus ou moins étendu. D'autres fois on trouve que les lèvres se prolongent en une sorte de ventouse dans le fond de laquelle est la trompe, comme dans les cônes; enfin on remarque assez souvent qu'elles se prolongent de même, mais en acquérant une assez grande épaisseur, et il en résulte, comme dans un grand nombre des espéces de la famille des cyclostomes, un mufle proboscidiforme, organe susceptible de se contracter ou de s'alonger, mais sans jamais pouvoir rentrer dans la cavité buccale, ce qui le distingue de la véritable trompe dont nous allons parler plus loin.

En dedans de ces lèvres contractiles par elles-mêmes dans

tous leurs points, et quelquefois pourvues de quelques petits muscles spéciaux, se trouvent souvent des organes cornés ou calcaréo-cornés, auxquels on a donné à tort le nom de mâchoires; ce sont en effet de véritables dents, produits de la peau qu'elles recouvrent, et dont la structure et le mode de formation sont tout-à-fait analogues.

Rarement il y a deux de ces dents agissant l'une sur l'autre verticalement, comme dans les sèches, ou horizontalement, comme dans les tritonies; alors elles sont entourées à leur base d'un muscle circulaire épais, qui les serre vigoureusement l'une contre l'autre, après qu'elles ont été écartées par l'action de muscles élévateurs de la supérieure, et abaisseurs de l'inférieure.

Dans un beaucoup plus grand nombre de cas il n'y a qu'une dent supérieure en forme de peigne courbé et dentelé sur le bord; elle est alors à peu près immobile, et la langue dont nous allons parler tout à l'heure agit sur elle. C'est ce que l'on voit dans tous les animaux de la famille des limacinés, de celle des limnées, des auricules, et même des patelles.

Dans un bien plus grand nombre encore, il n'y a aucune trace de véritables dents marginales, comme dans tous les mollusques paracéphalés, pourvus d'une trompe, et dans la classe tout entière des acéphalés.

A la face inférieure de la cavité buccale, il existe souvent dans les mollusques un renflement plus ou moins considérable, que l'on a comparé avec quelque raison à celui qui forme la langue dans les ostéozoaires; ce renflement est en effet régulier, symétrique, et reçoit une assez grande quantité de nerfs. Sa surface supérieure est le plus ordinairement garnie de très-petits crochets cornés, dont la pointe est dirigée en arrière, et qui se disposent d'une manière fort symétrique. Ce sont encore des dépendances, des productions de la peau, mais qui ne peuvent être comparées, à cause de leur disposition et de leur place, aux dents marginales.

Cette espèce de langue n'est jamais exsertile en avant qu'avec toute la masse buccale : mais elle se prolonge quelquefois d'une manière bien singulière en arrière dans l'intérieur de la cavité viscérale, en s'enroulant comme un ressort de montre. En général sa disposition est différente suivant celle des dents.

Dans les espèces qui ont deux dents opposées, comme les poulpes et les sèches, la plaque linguale est assez peu saillante, peu mobile.

Dans celles qui ont une dent supérieure, le renflement lingual est plus épais, plus mobile, mais beaucoup plus court, et se porte aisément en avant par l'action de muscles adducteurs ; c'est ce que l'on voit dans les limaces, les hélices, les bulimes, les limnées, etc.

Dans des espèces qui n'ont pas de dents du tout à l'orifice buccal, on trouve que la langue forme une longue bande étroite, qui se prolonge en arrière dans la cavité abdominale, en s'enroulant en spirale ; sa surface est hérissée d'un grand nombre de petits crochets bi ou tricuspides, dirigés en arrière, et dont la solidité ou la résistance va toujours en décroissant de la base à la pointe, où ils sont mous et fort peu apparens. On trouve cette singulière langue dans les porcelaines, dans les cônes, dans les patelles, et même dans les oscabrions.

Enfin, dans un plus grand nombre d'espèces qui n'ont pas non plus de dents proprement dites, on observe que, par une disposition singulière de l'œsophage, il peut se prolonger au dehors, ou rentrer dans la cavité buccale sous la forme d'un organe cylindro-conique auquel on a donné le nom de *trompe* : outre le derme musculeux qui compose cet organe, et qui peut l'alonger ou le raccourcir, suivant que les fibres longitudinales ou transverses agissent, on trouve à sa base des muscles extrinsèques qui facilitent cette action : les uns en la tirant en arrière, et les autres en la portant en avant.

Dans les espèces de mollusques qui sont pourvues de cette espèce de trompe, nous n'avons jamais vu de renflement lingual proprement dit, et par conséquent de crochets cornés; mais assez souvent nous avons trouvé que ce renflement est remplacé par un double groupe de crochets placés à droite et à gauche, et qui sont plus ou moins profondément enfoncés dans la trompe, de manière à ce qu'ils ne deviennent marginaux que lorsqu'elle est fortement retournée; c'est ce qui a lieu dans les buccins et genres voisins. Dans la vis maculée, qui a aussi une très-longue trompe, il n'y a aucune trace de ces crochets.

Nous avons remarqué quelques espèces de mollusques dont le palais est armé d'une plaque de dents cornées, comme la langue; tels sont plusieurs monopleurobranches, et entre autres la bullée et l'ombracule.

Aucun mollusque acéphalé n'offre de traces de dents, ni de renflement lingual quelconque; mais l'ouverture de la bouche de forme variable, quoique ordinairement fort grande et presque toujours inférieure, est accompagnée de deux lèvres le plus souvent simples, quelquefois frangées, qui se prolongent à leurs angles en appendices labiaux ou tentaculaires. Ces appendices de forme triangulaire et de grandeur très-variable, sont striés, surtout à leur face interne, de manière à ressembler un peu aux branchies, avec lesquelles leur connexion est souvent assez intime. Ils sont presque toujours très-mous et dirigés en arrière. Dans la nucule ils sont au contraire roides et dirigés vers la bouche, de manière à simuler des espèces de mâchoires.

L'appareil salivaire, qui manque également dans toute cette grande classe d'animaux, existe au contraire dans la plupart des céphalophores. Ordinairement simple, c'est-à-dire formé de chaque côté d'une glande salivaire unique, qui, commençant plus ou moins en arrière sur les côtés du canal intestinal, ou même libre dans la cavité viscérale, traverse l'anneau nerveux, pour s'ouvrir en un endroit un peu variable de la cavité buccale, quelquefois l'appareil salivaire est composé de deux glandes de chaque côté, l'une disposée comme celle que nous venons de décrire, et l'autre, filiforme, qui se prolonge souvent fort loin le long du canal intestinal. Les cônes en ont une tout-à-fait singulière, impaire, située dans la cavité viscérale, et dont le canal excréteur, extrêmement long et rentré, vient s'ouvrir à la base de la langue.

La réunion des organes dont nous venons de parler, constitue une masse plus ou moins considérable, ordinairement ovale, qui est quelquefois sensible à travers la peau, et le plus souvent indistincte. Cette masse buccale est entourée par un grand nombre de muscles qui peuvent la tirer en avant, la porter en arrière, et quelquefois faire agir la partie inférieure sur la supérieure.

On n'en trouve aucun indice dans les acéphales, et elle est très-forte dans beaucoup de genres de céphalés, surtout quand il y a une véritable mastication.

C'est presque toujours à la partie supérieure et postérieure de cette masse que commence le canal intestinal proprement dit par un œsophage dont le diamètre est constamment beaucoup plus étroit que le sien.

Le canal intestinal des malacozoaires, considéré en général, est composé d'une membrane muqueuse intérieure, le plus ordinairement formant des plis longitudinaux, et d'une couche musculaire plus ou moins distincte, mais évidemment contractile dans tous ses points. Son étendue, ses renflemens stomacaux, sa direction et ses circonvolutions paroissent du reste offrir un grand nombre de variations.

Ainsi l'on trouve quelquefois un œsophage long et étroit jusqu'à l'estomac, ou bien un œsophage fort large, fort grand, comme dans beaucoup de mollusques phytophages. L'on voit même, quoique plus rarement, une sorte de jabot distinct, comme dans quelques brachiocéphalés. Sa direction, quelquefois presque médiane, comme à son origine, est souvent de droite à gauche, de manière à se réunir à l'estomac de ce côté.

Le renflement stomacal, souvent simple et assez peu distinct, est au contraire, dans un assez grand nombre d'espéces, partagé en plusieurs poches ou loges. Quelquefois même l'une de ces poches a ses parois comprises entre deux muscles fort épais, presque comme dans le gésier des oiseaux; les péronies, les limnées en ont une semblable. On trouve aussi dans plusieurs espèces, et entre autres, dans les monopleurobranches, que la membrane interne de l'estomac est armée de productions calcaréo-cornées, fort analogues dans leur structure et leur composition aux dents, et même à la coquille.

L'estomac des mollusques acéphales n'a pas ses parois distinctes; de forme ordinairement assez irrégulière, il semble creusé dans le tissu même du foie qui l'enveloppe de toutes parts, et qui y verse la bile par des ouvertures ou des sinus nombreux, fort grands, dans lesquels on remarque des corps très-singuliers dont l'usage et le mode de formation sont complètement inconnus; c'est ce qu'on nomme les *stylets crystallins*, parce qu'ils sont ordinairement en forme de stylets dont la pointe est dans les canaux, et qu'ils sont à peu près transparens.

Dans les malacozoaires céphalés où l'on n'a encore remarqué rien de semblable, le foie n'enveloppe jamais complètement l'estomac, et n'y adhère pas : il se porte même le plus souvent en arrière dans la partie la plus reculée de la masse viscérale, et à la pointe de la spire ; il est composé de lobes et de lobules, dont les derniers sont en forme de globules creux. De chacun de ces globules naît une radicule de vaisseaux biliaires qui, successivement réunis, constituent un ou trois ou quatre gros canaux qui s'ouvrent largement dans l'estomac lui-même, ou quelquefois dans le commencement de l'intestin. Cette structure du foie permet souvent qu'il soit insufflé avec la plus grande facilité. Cela est surtout évident dans les brachiocéphalés.

Le foie nous a toujours paru plus considérable dans les mollusques phytophages que dans les zoophages.

L'intestin proprement dit varie encore plus que l'estomac, dans son diamètre, le nombre et la forme de ses circonvolutions, dans sa direction et dans le point de sa terminaison.

Le plus ordinairement il forme ses circonvolutions entre les lobes du foie, dont il est souvent assez difficile de les séparer, et par conséquent les plus flexueuses d'entre elles sont dans la partie postérieure du corps de l'animal. Il s'en dégage assez souvent, en se portant dans la ligne médiane en dessous et en avant, ou en dessus et en arrière, mais souvent aussi en se portant de gauche à droite, ou en avant vers le côté antérieur et droit de l'animal, où se trouve l'anus.

Les malacozoaires acéphalés offrent moins de variations peut-être dans l'étendue, dans les circonvolutions, et surtout dans le mode de terminaison de l'intestin. En effet, après avoir formé une anse plus ou moins grande dans le foie, et quelquefois un sinus cœcal à la racine du pied, il remonte vers le dos de l'animal, se place dans la ligne médiane, et se dirige d'avant en arrière, où il se termine dans la cavité du manteau par un prolongement libre plus ou moins considérable, à l'extrémité duquel est l'anus.

La position de l'anus dans cette classe de mollusques est donc presque constamment la même, et il est à peu près toujours pédiculé : il n'en est pas de même de celui des mollusques céphalés ; en effet tantôt médian, inférieur et antérieur, comme dans les brachiocéphalés, il est quelquefois médian, postérieur, supérieur ou inférieur, comme dans les doris et les péronies ; il est entièrement postérieur et terminal dans les dentales ; enfin, dans le plus grand nombre de cas, il se trouve placé à droite, quelquefois tout-à-fait en avant comme dans les limaces, ou tout-à-fait en arrière comme dans les onchidies. Lorsqu'il est à gauche, c'est que l'animal et sa coquille sont sénestres. Les haliotides et l'ancyle l'ont cependant de ce côté et s'enroulent de gauche à droite.

§. 2. *Des organes de la respiration.*

Ces organes sont à peu près connus dans tous les véritables malacozoaires et dans tous les malentozoaires ; mais ils varient considérablement, non seulement sous le rapport de la forme et de la place qu'ils occupent sur l'animal, mais même sous celui de la structure.

En effet, sous ce dernier rapport, quoique, dans le plus grand nombre des mollusques, la partie de l'enveloppe extérieure, modifiée pour former l'organe de la respiration, soit disposée en branchies, c'est-à-dire de manière que ce soit l'organe qui plonge dans le fluide ambiant, il arrive quelquefois qu'il y ait une disposition contraire, et qu'elle forme une sorte de poche ou de cavité dans laquelle pénètre le fluide ambiant, ce qui constitue un organe pulmonaire ou aérien ; et alors les vaisseaux afférens et efférens tapissent la face interne de cette cavité. Cette disposition a lieu dans les différentes espèces de mollusques qui vivent habituellement dans l'air ; mais ces mollusques peuvent réellement appartenir à diverses. familles. Le plus grand nombre cependant appartient à celles des limacinés et des limnéens ; il y en a toutefois aussi dans la famille des cyclostomes, dans celle des cyclobranches, et même, suivant nous, dans celle des cervicobranches ; car nous croyons que les patelles véritables respirent par un poumon, et non par des branchies.

La forme des organes de la respiration varie encore bien davantage ; en effet, dans les mollusques aériens, c'est toujours une cavité plus ou moins ovalaire ; mais dans les aquatiques, l'organe peut être simple ou multiple : il peut être formé d'espèces d'arbuscules ramifiés, comme dans les tritonies : de petites houppes, comme dans les scyllées; de lames, ou de lanières, comme dans les cavolines et les éolides; de pyramides triangulaires, fort grandes, une de chaque côté, comme dans les poulpes et les sèches, ou très-petites et nombreuses, comme dans les phyllidies, et même les oscabrions, qui en sont cependant si différens: d'espèces de peignes plus ou moins alongés, comme dans le très-grand nombre des paracéphalés spirivalves, dans les genres démembrés des patelles symétriques, etc.; de grandes lames semicirculaires, comme dans la plupart des acéphalés; ou enfin d'un réseau, comme dans les ascidies, ou d'une longue frange, comme dans les biphores.

La situation de l'organe respiratoire offre peut-être encore plus de variations que sa forme; ainsi, dans un assez grand nombre d'espèces, il est extérieur et ne peut alors être constitué que par des branchies; c'est ce que l'on voit dans tous les genres que M. Duméril a nommés à cause de cela dermobranches, M. Cuvier nudibranches, et même dans les inférobranches. Cette disposition seroit encore plus évidente dans les ptéropodes, s'il étoit certain que les branchies formassent un réseau à la surface des appendices natatoires; dans tous les autres, l'organe respiratoire est plus ou moins intérieur, mais plus dans les pulmonés que dans les autres genres, où il peut être presque extérieur, comme dans certains monopleurobranches et cervicobranches. Dans les brachiocéphalés, les branchies sont contenues dans le sac formé par le manteau.

Dans tous les acéphales, les branchies sont entre le manteau qui les cache et le corps.

La place qu'occupe l'organe que nous examinons varie aussi d'une manière notable; ainsi il est quelquefois à la partie supérieure et postérieure du corps, comme dans les doris, les péronies, et même dans les testacelles; il est d'autres fois de chaque côté du dos, comme dans les scyllées, les éolides, les tritonies; dans d'autres espèces il passe en dessous tout autour du rebord du manteau, entre le pied et celui-ci, comme dans les phyllidies, les ombracules, et même un peu dans les oscabrions : assez rarement l'organe respiratoire est de chaque côté du corps, dans le sac formé par le manteau, comme dans les brachiocéphalés, ou seulement sur le côté droit comme dans tous les monopleurobranches ; enfin le plus ordinairement c'est à la partie antérieure et supérieure de l'origine du dos et du dos lui-même que se voit l'organe de la respiration, comme dans le plus grand nombre des mollusques paracéphalés, pulmonés ou branchifères, et même dans les dentales.

Dans tous les mollusques acéphalés conchifères, c'est de chaque côté du corps, entre lui et le manteau, que sont les deux grands lobes semilunaires, qu'on regarde généralement comme les branchies de ces animaux.

Dans l'ordre des acéphalés nus, l'organe respiratoire est dans une sorte de tube qui de la partie postérieure du corps conduit à la bouche.

Quant à la structure des branchies des mollusques céphalés, elle rappelle assez bien celle de ces organes dans les poissons. Que ce soient des espèces de lames triangulaires rangées comme des dents de peigne sur un axe commun, ou des espèces de tubercules irrégulièrement ramassés sous forme de granulations, la peau qui les constitue est considérablement amincie, quoiqu'elle conserve sa faculté contractile. On y injecte très-bien les vaisseaux principaux afférens, dont les ramifications souvent très-fines vont se réunir dans un tronc principal efférent qui se dirige pour sortir de l'organe en sens inverse du vaisseau afférent. La saillie de ces peignes branchiaux ou de ces tubercules est quelquefois peu considérable, et quand ils peuvent être renversés dans une cavité, comme dans certaines doris, et surtout dans l'onchidore, ils indiquent le passage vers les organes pulmonaires que l'on observe dans certains groupes de mollusques, comme dans les péronies et même dans les hélices et les limaces. Alors l'organe n'est plus réellement composé que par un réseau vasculaire assez grossier, dont la couche externe semble formée par les anastomoses nombreuses de l'artère respiratoire, et l'interne par celles dont la réunion constitue la veine.

Les branchies des acéphalophores sont composées un peu différemment ; ce sont, dans le plus grand nombre de cas, deux paires, plus ou moins inégales, de lames semilunaires, verticalement placées entre l'abdomen et les lobes du manteau, et appliquées l'une contre l'autre. Séparées ou réunies plus ou moins dans l'étendue de leur bord inférieur, celle d'un côté est jointe à sa correspondante de l'autre, dans une partie plus ou moins considérable de son bord supérieur ou dorsal ; mais elle est attachée sur les côtés du ventre par son extrémité antérieure, l'autre étant souvent libre. Chacune de ces quatre branchies est elle-même formée de deux lames qui laissent entre elles un espace libre, divisé en un grand nombre de loges verticales ouvertes au bord dorsal, par des cloisons triangulaires nombreuses ; ces lames sont constituées par deux couches de vaisseaux parallèles, verticaux, réunis par d'autres vaisseaux transverses ; l'une de ces couches est formée par les ramifications de l'artère branchiale, et l'autre par celles de la veine. Ces ramifications se réunissent dans deux gros troncs qui bordent le dos de la lame branchiale, et qui sont en communication, l'un avec l'oreillette de son côté, et l'autre avec le système veineux du reste du corps.

Dans les lingules et genres voisins, il paroît que les branchies sont un peu différentes dans leur structure et dans leur position, puisqu'elles sont en forme de peigne appliquées à la face interne de chaque lobe du manteau.

Dans les acéphales nus, l'appareil branchial est encore plus anomal ; en effet, dans les ascidies, il est formé par un réseau à mailles quadrangulaires qui tapisse la cavité du tube récrémentitiel jusqu'à la bouche, et, dans les biphores, c'est une espèce de lame étroite, presque libre et obliquement dirigée de l'ouverture du siphon récrémentitiel à la bouche.

Les nématopodes ont leur appareil respiratoire rapproché de ce qu'il est dans les entomozoaires, s'il est certain qu'il soit formé par de petits organes triangulaires attachés à la racine des premières paires d'appendices, comme le pense M. Cuvier. On pourroit aussi concevoir que les filamens qui hérissent ces appendices en tiendroient lieu, et alors ces appendices pourroient être considérés comme des branchies de lamellibranches décomposées.

Les polyplaxiphores, ou oscabrions, ont leur système respiratoire formé, presque comme dans les phyllidies, de petites lames triangulaires placées sous les rebords de la partie postérieure du manteau.

D'après la structure, la forme, et même la position de l'organe respiratoire, l'appareil au moyen duquel le fluide ambiant est amené au contact de l'enveloppe cutanée modifiée a dû nécessairement être différent.

Il n'y en avoit pas besoin quand les branchies sont extérieures, soit sur le dos, soit sous le rebord du manteau.

Quand au contraire elles sont devenues intérieures, ou qu'il y a eu un poumon, il a fallu quelque modification particulière dans les bords de la cavité qui les contient, et même dans la coquille qui la recouvre ou la protège; c'est ainsi que dans un grand nombre d'espèces pectinibranches, le bord antérieur du manteau s'est prolongé en un tube plus ou moins long, tandis que d'autres n'ont qu'une sorte d'auricule inférieure en place de ce tube, ou n'offrent qu'une large fente qui conduit dans la cavité branchiale. Les pulmonés n'ont qu'un trou percé dans le rebord épaissi du manteau.

Dans presque tous les acéphales, l'eau n'arrive aux branchies que par l'ouverture formée par les deux lobes du manteau qui sont souvent prolongés en arrière par l'addition d'un tube contractile fort long, distinct ou réuni à celui de l'anus, comme nous l'avons vu plus haut.

§. 3. *Des organes de la circulation.*

Dans tous les malacozoaires cet appareil est complet, quoique le système centripète rentrant ou absorbant ne soit formé que par des veines.

Ces vaisseaux ont leurs parois extrêmement minces, et souvent tellement confondues avec le tissu des parties, surtout dans les enveloppes dermoïdes, qu'il est souvent assez difficile de les apercevoir, et même qu'ils n'existent réellement que par leur membrane interne comme dans les bivalves. Les veines offrent quelquefois cette singularité, qu'elles sont percées d'orifices béans, assez grands, du moins dans la cavité viscérale, ainsi que cela se voit fort bien dans les aplysies. On trouve aussi qu'elles sont quelquefois hérissées d'espèces de petits corps spongieux, plongeant aussi dans la cavité viscérale, par exemple dans les poulpes.

Comme dans les animaux de types plus élevés, les veines naissent sans doute en partie de la continuité des artères et en partie du tissu même des organes, mais elles ne constituent jamais que deux systèmes, l'un qui revient de tout le corps et l'autre de l'organe spécial de la respiration, c'est-à-dire qu'il n'y a pas de système de la veine-porte. Les radicules veineuses du système général du corps après s'être réunies successivement en troncs de plus en plus gros, distingués cependant quelque temps en ceux des viscères et ceux de l'enveloppe sensible et contractile, arrivent vers l'organe respiratoire, et suivant qu'il est simple ou complexe, symétrique ou non symétrique, se comportent un peu différemment ; en effet, dans le premier cas toutes les veines du corps se réunissent en un seul gros tronc qui, le plus ordinairement, sans l'intermédiaire d'un renflement musculeux ou d'un cœur, se change de suite en ar-

tère pulmonaire ou branchiale ; dans le second cas, au contraire, les veines se réunissent en deux troncs principaux qui
se subdivisent en autant d'artères branchiales qu'il y a de
branchies. Au point de cette transformation, il n'y a jamais de
véritable cœur ou d'organe d'impulsion ; mais dans tous les
brachiocéphalés, et même dans un petit nombre d'espèces
de paracéphalés, et peut-être dans les acéphalés, on trouve en
cet endroit un sinus veineux auquel on a quelquefois donné
le nom de cœur, mais qui ne peut être désigné ainsi, car il
n'a rien de musculaire. Quoi qu'il en soit, l'artère branchiale ou pulmonaire, simple ou multiple, se ramifie d'une
manière plus ou moins régulière, suivant la forme de l'organe
respiratoire, dans la peau modifiée qui le constitue.

C'est des extrémités capillaires de l'artère branchiale, subdivisée dans l'organe respiratoire, que naît le second système
veineux ; après que les rameaux, disposés comme ceux des
artères, se sont successivement réunis en branches de plus en
plus grosses, il en résulte enfin un gros tronc qui sort de l'organe respiratoire et qui se rend dans un cœur aortique situé
d'une manière différente suivant la position et la symétrie des
branchies.

Le cœur des mollusques, dans le plus grand nombre de cas,
situé dans le dos, au-dessus du canal intestinal si ce n'est, à
ce qu'il nous semble, dans les brachiocéphalés où il est inférieur, comme dans les ostéozoaires, est placé à égale distance
de chaque organe respirateur quand celui-ci est pair, ou obliquement à gauche et rarement à droite, quand il est impair. Ce
cœur n'est pas contenu dans un véritable péricarde, mais dans
une loge musculaire de l'espèce de diaphragme qui sépare la
cavité viscérale de celle des branchies, cavité souvent beaucoup plus grande et d'une toute autre forme que lui. Il est du
reste composé d'une oreillette, quelquefois double quand
celles-là sont symétriques et latérales, comme dans les brachiocéphalés et les acéphales conchifères, et d'un ventricule.

L'oreillette, de forme très-variable, ordinairement ovale, quelquefois triangulaire, a ses parois fort minces; on observe cependant à l'intérieur quelques cordons musculaires qui la traversent : il ne paroît pas qu'il y ait de valvule à l'entrée de la veine branchiale ou pulmonaire dans cette oreillette.

Sa communication avec le ventricule se fait par une sorte de pédicule ou de rétrécissement, souvent assez long, comme dans les calmars, par exemple, et au moyen d'un orifice étroit, ordinairement transverse, situé entre deux replis de la face interne du ventricule, mais sans valvules proprement dites, un peu comme l'intestin grêle s'ouvre dans le cœcum de l'espéce humaine.

Le ventricule, en général beaucoup plus gros, est aussi de forme ainsi que de direction très-variables. Ses parois sont toujours beaucoup plus épaisses que celles de l'oreillette, et l'on distingue très-bien les faisceaux musculaires transverses qui le forment, entre-deux desquels est l'orifice auriculo-ventriculaire.

C'est de sa pointe ou de l'une des extrémités de son grand diamètre que sort le système artériel ou centrifuge, le plus ordinairement par un seul tronc, mais quelquefois aussi par deux, comme cela se voit fort bien dans les calmars, sans qu'il y ait de véritables valvules à l'origine du système centrifuge.

Les artères des mollusques ont évidemment leurs parois plus épaisses, plus résistantes que les veines; elles jouissent d'une grande élasticité, et dans les plus grands de ces animaux que nous avons disséqués, comme dans la gondole, elles semblent d'un tissu gélatineux, analogue à de la colle-forte sans trace de fibres.

Leur distribution est trop variable pour qu'on puisse rien dire de général; cependant le plus ordinairement il y a deux troncs principaux, un antérieur et l'autre postérieur; le premier fournit des branches à la tête et à ses différentes parties à l'œsophage, et même aux organes antérieurs de la génération, tandis que le second, qui a plus de ressemblance avec le trépied cœliaque des ostéozoaires, envoie ses ramifications à l'estomac, au reste de l'intestin, au foie et aux organes sécréteurs de la génération.

Dans les mollusques acéphalés l'appareil circulatoire offre quelques différences avec ce qu'il est dans les céphalés; les veines de chaque branchie se réunissent dans une oreillette latérale, placée de chaque côté et après un rétrécissement souvent fort sensible, chacune des deux oreillettes s'ouvre dans le ventricule qui est situé dans la ligne médio-dorsale; celui-ci est ordinairement fusiforme; mais ce qu'il offre de plus remarquable, c'est qu'il semble traversé par le rectum, parce que dans sa largeur il se recourbe autour de cet intestin, de manière à ce que les deux extrémités de son diamètre transverse paroissent se toucher. Du reste de ce ventricule naissent deux aortes : une postérieure plus petite qui passe sous le rectum et donne des rameaux aux parties postérieures du corps . une antérieure bien plus considérable qui se porte jusqu'au muscle adducteur antérieur, fournit des rameaux à l'estomac, au foie, au pied et aux autres parties environnantes. se recourbe en bas par une branche anastomostique qui suit le bord du manteau pour aller se réunir à un rameau semblable de l'aorte postérieure, formant un grand arc, dont les branches inférieures vont aux tentacules du bord du manteau, tandis que les autres, plus considérables, remontent et se distribuent à toutes ses parties.

Les radicules veineuses du ventre et de toutes les parties antérieures du corps se réunissent en deux gros troncs qui sortent de la région hépatique au-dessous du rectum; et, après avoir reçu par plusieurs radicules deux veines qui ont suivi le bord de chaque lobe du manteau, elles s'ouvrent à l'extrémité antérieure d'une espèce d'oreillette ou de réservoir veineux placé longitudinalement au-dessous du cœur dans la ligne dorsale. Ce réservoir reçoit par son extrémité postérieure deux autres veines assez grosses, qui ont ramassé le sang des parties postérieures du corps, et même des bords du manteau.

Ce sinus médian, qui est entouré d'un organe brun dont nous parlerons plus loin à l'article de la dépuration urinaire, paroit aussi en recevoir un assez grand nombre de vaisseaux, ou bien ces vaisseaux naissent et vont se distribuer à cet organe, tandis qu'un bien plus grand nombre va se réunir dans les artères branchiales; celles-ci sont au nombre de deux, une de chaque côté; elles sont considérables et placées longitudinalement le long du bord supérieur des lames branchiales; plus grosses au milieu, elles diminuent de diamètre et finissent en pointe à l'extrémité à mesure qu'elles ont fourni des artères aux branchies; elles y forment deux plans, l'un pour la face interne du feuillet externe, et l'autre pour la face externe de l'interne des branchies, descendent verticalement en diminuant jusqu'au bord du feuillet, et fournissent des branches longitudinales anastomostiques nombreuses, en sorte qu'il en résulte un réseau à mailles carrées. De ce même réseau naissent, par une disposition contraire, les veines branchiales, dont le réseau occupe sur chaque feuillet la face opposée au réseau artériel, et elles se réunissent dans autant de grosses veines longitudinales qu'il y a de lames branchiales, du moins en avant, où elles sont parfaitement séparées au bord supérieur; car en arrière il n'y en a que trois, la médiane étant commune aux deux lames internes, qui sont réunies; la veine branchiale externe se change en une espèce de sinus ou de longue oreillette avec laquelle la veine externe communique par plusieurs pédicules veineux; et cette oreillette, après s'être rétrécie, s'ouvre elle-même dans le ventricule.

Les palliobranches paroissent avoir les oreillettes encore plus distinctes que les acéphalés ordinaires, et c'est probablement ce qui a fait admettre qu'ils avoient deux cœurs.

Les huîtres ont aussi le cœur placé différemment et n'occupant pas le dos de l'animal, mais la partie antérieure du muscle central.

Dans les acéphalés nus il occupe à peu près la même place que dans les conchifères, mais il est peut-être moins symétrique (1).

Il l'est bien complètement dans les nématopodes, et surtout dans les polyplaxiphores dont le ventricule occupe la partie postérieure du dos avec une grande oreillette bien symétrique de chaque côté.

Le produit de l'appareil de la nutrition ne consiste qu'en une seule substance, le sang : car il n'y a jamais de véritable graisse dans aucun mollusque, ce qu'on regarde comme telle dans les huîtres, n'étant qu'un état particulier de l'ovaire.

Le sang est toujours une sorte de sanie ou de fluide légèrement visqueux, de couleur blanche ou plus ou moins bleuâtre, dans laquelle nagent des globules ovulaires.

Art. 5. DE L'APPAREIL DE DÉCOMPOSITION.

Comme dans les animaux des types supérieurs, cet appareil se forme de deux appareils secondaires, celui de la dépuration urinaire et celui de la génération.

§. 1.er *Des organes de la dépuration urinaire.*

Cet appareil, en général fort simple, paroît exister dans tous les malacozoaires qui ont été suffisamment examinés ; il accompagne toujours la terminaison du canal intestinal : dans les céphalés on le trouve quelquefois décrit sous les noms

---

(1) Nous ne comprenons réellement pas trop ce que MM. Van Hasselt et Kuhl disent de l'appareil circulatoire des biphores, dans lesquels ils admettent qu'il n'y a qu'un seul système de vaisseaux, le vaisseau artériel n'étant pas séparé du système veineux, quoiqu'il y ait un cœur bien évident.

d'organe de la glu ou de sac calcaire, et dans les acéphalés, sous celui d'organe pulmonaire.

Dans les premiers il consiste en un organe sécréteur impair, non symétrique, de forme très-variable, souvent situé aux environs de l'organe de la respiration, faisant saillie dans l'intérieur de la cavité qui le contient: il en naît un canal excréteur qui, après un trajet plus ou moins long, souvent accompagnant le rectum, vient se terminer à l'extérieur par un orifice arrondi, sessile, à peu de distance de l'anus.

Dans la classe des acéphalés l'organe dépurateur est pair ou au moins symétrique; il est situé également de chaque côté du rectum au-dessous de lui, en avant du muscle adducteur postérieur, et en arrière de la connexion des lobes branchiaux; sa couleur est ordinairement d'un vert foncé; sa forme est plus ou moins cylindrique, sa structure est celluleuse ou vasculaire, et il reçoit une grande quantité de vaisseaux artériels et surtout veineux. Il paroît que le canal excréteur n'est pas suffisamment connu; l'organe est cependant contenu dans une poche ouverte par un très-petit orifice dans la partie supérieure et antérieure de la cavité branchiale, selon M. Bojanus, ce qui l'a porté à penser que cet organe est un véritable poumon, ceux que jusqu'ici l'on a regardés comme les branchies, n'étant, suivant lui, que des organes de dépôt pour les œufs; suivant Méry, cet orifice est en arrière et sous le rectum, ce qui paroît davantage dans l'analogie.

§. 2. *Des organes de la génération.*

Cet appareil, que l'on connoit plus ou moins complètement dans tous les animaux de ce type, est souvent fort compliqué, et d'autres fois réduit à ce qu'il y a de plus simple. En effet, quelquefois composé de la partie femelle seulement, comme cela se voit dans tous les acéphalés et dans quelques paracéphalés, ce qui fait qu'alors tous les individus d'une espèce sont semblables; il se trouve aussi un assez grand nombre de mollusques chez lesquels les deux sexes sont distincts, mais por-tés par le même individu, d'où il résulte qu'ils sont encore tous semblables; enfin il y en a aussi plusieurs dans lesquels les sexes sont séparés sur des individus différens, ce qui consti-tue dans la même espèce des individus femelles et des indi-vidus mâles.

L'appareil femelle de la génération, dans le cas où il existe seul, n'est formé que par un ou deux organes sécréteurs ou ovaires, situés un peu différemment dans les acéphalés que dans les paracéphalés; de cet ovaire il part un canal ou oviducte qui, après s'être quelquefois renflé dans une partie de son étendue, se dirige en avant ou en arrière, et se termine d'un côté ou de l'autre, mais beaucoup plus souvent à droite qu'à gauche.

Dans les paracéphalés, l'ovaire peut-être unique dans son origine, et pouvant, par ses accroissemens successifs, s'é-tendre dans toutes les parties du manteau qu'il dédouble, mais qui étoit situé d'abord en avant ou en arrière de l'ab-domen, paroît toujours se prolonger par deux oviductes distincts qui se placent en se dirigeant d'avant en arrière de chaque côté du corps, où ils se terminent par un ori-fice arrondi, à l'extrémité d'un prolongement flottant, plus ou moins alongé, situé entre la seconde lame branchiale et le corps. Avant cette terminaison, l'oviducte contient à une certaine époque une humeur laiteuse, blanche, dans une sorte de dilatation peu considérable. Quelques auteurs, et entre autres, Méry et M. Bojanus, ajoutent à cette partie essen-tielle de l'appareil générateur des bivalves, les organes que nous avons décrits plus haut sous le nom de branchies, et qu'ils re-gardent comme des réservoirs pour les œufs.

Dans les paracéphalés monoïques, comme les patelles, les ha-liotides, etc., l'ovaire est toujours unique et d'un seul côté; il en est de même de l'oviducte qui se dirige constamment d'arrière en avant, quelquefois à gauche , le plus souvent à droite où il se termine par un tube fort court dans la cavité respiratoire.

La disposition que constitue la réunion des deux sexes distincts sur le même individu, ne se trouve que chez les malacozoaires céphalophores ou paracéphalophores, et seulement dans un certain nombre.

La partie femelle est en général formée par un ovaire unique, situé postérieurement dans le foie; il en part un premier oviducte qui naît par des ramifications, comme dans le foie, celles du canal biliaire ; d'abord très-fin, son diamètre s'accroît ; il se fléchit, se pelotonne d'une manière plus ou moins serrée, s'approche de la partie mâle, entre dans une connexion intime avec elle, et enfin s'ouvre dans un second oviducte beaucoup plus large, à parois épaisses, plissées, sécrétant une matière visqueuse abondante, et qui est quelquefois désigné sous le nom de matrice ; près sa terminaison médiate ou immédiate à l'extérieur, on remarque souvent celle d'un canal plus ou moins long, provenant d'une vessie ovale ou sphérique, contenue dans la grande cavité viscérale, et dont on ignore entièrement l'usage. Seroit-ce une sorte de prostate ?

La partie mâle se compose aussi d'un organe sécréteur ou testicule, situé le plus ordinairement sur la gauche et en avant de l'ovaire. Le canal déférent qui en naît après une connexion intime avec le premier oviducte suit le trajet du second contre lequel il s'accole d'une manière plus ou moins serrée, forme quelquefois une sorte d'épidydyme par ses nombreux replis, puis se change en un canal cylindrique, à parois épaisses, musculeuses; celui-ci se dirige vers une espèce d'organe excitateur, à la base duquel il se termine dans le plus grand nombre de cas. Cet organe n'est qu'une sorte de long tentacule creux, contractile dans tous ses points, de forme extrêmement variable, même dans les espèces du même genre,

et qui, rentré le plus ordinairement dans l'intérieur de la
cavité viscérale, à l'aide d'un muscle rétracteur, peut aussi,
par la disposition de ses fibres annulaires musculaires, se
dérouler en dehors comme un doigt de gant.

Au point où le canal déférent se termine, on trouve
quelquefois un amas d'organes cylindroïdes ou d'espèces de
cœcums creux, en nombre variable, et qui, successivement
réunis à leur base, finissent par s'ouvrir par un seul orifice :
on leur a donné le nom de *vésicules séminales.* Ne seroient-ce
pas plutôt des prostates ?

Enfin dans un certain nombre de mollusques hermaphrodites on remarque un autre organe encore voisin de la terminaison extérieure de l'appareil mâle ; il consiste en une
poche musculo-muqueuse, en forme de vessie, qui produit et
contient dans son intérieur un corps solide, cornéo-crétacé,
en forme de dard ou de poignard ; ce corps peut sortir par
l'orifice de la poche qui est situé près de celui du reste de
l'appareil mâle.

Malgré la connexion intime qui existe entre les deux
parties de l'appareil génital de ces mollusques hermaphrodites dans leur trajet, elles peuvent se terminer à des distances plus ou moins considérables l'une de l'autre, quoique
toujours au côté droit dans l'état normal : ainsi, dans quelques
espèces, la terminaison de l'organe femelle est tout-à-fait en
arrière, et celle de l'organe mâle en avant plus ou moins proche
du tentacule de ce côté, comme dans les véronicelles et les onchidies ; dans quelques autres, l'éloignement est moins grand ;
plusieurs les ont réunies dans le même tubercule extérieur,
comme les doris, les tritonies, etc. ; enfin dans tous les pulmobranches ces terminaisons se font dans une sorte de vestibule
commun, à la racine du tentacule droit, de manière que dans
l'état d'inaction on ne voit qu'un seul orifice à l'extérieur ;
mais, dans l'acte de l'accouplement, la poche vestibulaire se
renverse, et les deux terminaisons deviennent apparentes.

La troisième disposition de l'appareil génital des malacozoaires constitue la division ou l'isolement de chaque sexe
sur un individu distinct, ce qui forme des individus femelles
et des individus mâles; chaque appareil est du reste à peu près
conformé comme dans la disposition précédente: on trouve
cependant peut-être plus souvent dans le sexe femelle le renflement du second oviducte faisant l'office de matrice; et
dans le sexe mâle on remarque que les vésicules séminales
sont quelquefois remplacées par un renflement unique situé
vers la fin du canal déférent: enfin une autre différence,
c'est que l'organe excitateur, quand il existe, ne semble jamais être rétractile à l'intérieur, mais seulement contractile,
en sorte qu'il est toujours plus ou moins visible au côté droit
et antérieur de l'animal, quelquefois recourbé dans la cavité
branchiale.

§. 3. *Du produit des organes de la génération.*

Celui du sexe mâle, quand il existe, paroît toujours être
un fluide d'un blanc visqueux; mais en général il est peu
connu : on ne sait pas même d'une manière positive s'il est
versé en une seule fois, ou peu à peu, et dans quelle partie de
l'organe femelle. Le produit du sexe femelle l'est beaucoup
davantage, et constitue toujours un véritable œuf, composé
d'enveloppes, d'une masse vitelline et d'un germe placé sur
cette masse qui sans doute en fait partie.

La forme des œufs des mollusques ne laisse pas que d'offrir
un assez grand nombre de différences, étant quelquefois sphériques, comme ceux des limaces; ovalaires, comme ceux d'un
grand nombre d'espèces; ou même plus ou moins longuement
pédiculés, comme ceux de plusieurs buccins.

Les enveloppes adventives, ordinairement d'abord vis-
queuses pour déterminer l'adhérence de l'œuf, passent ensuite à l'état corné ou muqueux concrété, et quelquefois même

a l'état crétacé, de manière qu'elles ressemblent assez bien à l'enveloppe calcaire d'un œuf d'oiseau ; c'est ce que l'on voit dans plusieurs mollusques terrestres, comme les bulimes, les agathines.

Les enveloppes propres sont peu connues ; mais il est probable qu'elles ne diffèrent pas beaucoup de celles des œufs d'animaux plus élevés.

On ne connoît pas beaucoup davantage la forme et la disposition du germe, si ce n'est quand il est assez développé pour ressembler presque complètement aux parens qui lui ont donné naissance. On voit seulement que ce germe est contenu d'abord dans une loge ou excavation superficielle d'un véritable vitellus qui communique comme de coutume avec le canal intestinal, peut-être même tout près de la bouche, comme nous avons cru le voir dans l'œuf des sèches. Ce vitellus est évidemment une matière muqueuse ou gélatineuse, concrescible par l'alcool, translucide et peu épaisse dans l'état frais.

Le développement du germe dans l'intérieur de l'œuf des mollusques est si complet, que le petit animal qui en sort ressemble presque entièrement à ses parens : aussi arrive-t-il souvent que ce développement a lieu dans quelque partie de la mère, et cela dans les céphalés comme dans les acéphalés; ce qui fait qu'elle les rejette à l'état vivant, et alors ces mollusques sont dits vivipares : tous les acéphalés paroissent être dans ce cas.

La disposition des œufs pondus par les malacozoaires à l'extérieur est aussi assez variable : ainsi quelquefois ils sont placés et attachés un à un sur les corps sous-marins, comme dans un assez grand nombre de mollusques paracéphalés ; mais d'autres fois ils sont réunis entre eux de manière à former des masses plus ou moins considérables, et qui ressemblent plus ou moins à des grappes de raisin, surtout quand les œufs sont de couleur noire, comme ceux des sèches. Souvent encore ils sont réunis par une substance gélatineuse dans laquelle ils sont plongés, comme ceux des limnées, des planorbes, des aplysies; d'autres fois plusieurs de ces œufs sont renfermés dans des enveloppes cornées, empilées comme des cosses les unes à la suite des autres, disposition que l'on trouve dans plusieurs espèces de fuseaux.

Art. 6. DE L'APPAREIL D'IRRITATION OU DU SYSTÈME NERVEUX.

Cet appareil, comme on a pu le voir dans les caractéres du type, offre une disposition assez particulière : il se compose cependant toujours d'une partie centrale ou cerveau, situé au-dessus du canal intestinal; de ganglions pour les organes des sens spéciaux, quand il y en a, ainsi que pour l'appareil de la locomotion; de quelques ganglions viscéraux; enfin de filets conducteurs ou de nerfs dont la structure est quelquefois singulière en ce qu'ils ont une enveloppe fibreuse, plus grande que le cordon nerveux, de manière à permettre l'injection entre ces parties; quant au nerf lui-même, il est difficile de le décomposer en filamens, et il semble formé par une matière médullaire, homogène, qui n'est cependant pas fluide.

La disposition générale, et surtout la proportion des parties du système nerveux, sont fort différentes dans les deux classes de malacozoaires, et surtout dans celles du sous-type des malentozoaires.

Dans les mollusques céphalés, le cerveau, composé de deux parties similaires plus ou moins grosses, plus ou moins réunies en une seule par une sorte de commissure, est quelquefois contenu dans une espèce de crâne ou de loge cartilagineuse qui sert d'appui à la fibre contractile; mais dans un très-grand nombre de cas il est à peine recouvert de tissu cellulaire et placé à l'origine de l'œsophage, en arrière de la masse buccale, en sorte qu'il en suit les mouvemens.

Avec ce cerveau communiquent le ganglion de l'organe de la vision, qui est toujours placé immédiatement derrière le bulbe de l'œil, ainsi que celui de l'audition quand il y en a, et il en part les différens nerfs qui se rendent aux tentacules ainsi qu'aux lèvres.

Outre la communication plus ou moins serrée qu'il y a au-dessus de l'œsophage entre les deux parties du cerveau, il y en a une autre inférieure qui passe sous l'œsophage, ce qui constitue une sorte d'anneau, que celui-ci traverse.

Le système nerveux de l'appareil sensitif et locomoteur n'est formé que par un seul ganglion situé de chaque côté, quelquefois assez loin du cerveau, avec lequel il communique toujours par un cordon, et le plus souvent si près de cet organe, qu'il semble réellement en faire partie; dans les deux cas, c'est toujours de lui que partent les filets plus ou moins nombreux qui se rendent à toutes les parties de l'enveloppe musculo-cutanée, et surtout à celles qui servent essentiellement à la locomotion générale, comme au pied des gastéropodes et des trachélipodes, au sac des brachiocéphalés, aux ailes des ptéropodes, etc.

Les ganglions viscéraux ne paroissent être qu'au nombre de deux: l'un qui appartient essentiellement à l'organe excitateur mâle est situé ordinairement près de l'orifice par où il sort, et il fournit des filets à l'organe ainsi que celui de communication avec le cerveau; l'autre ganglion viscéral est plus constant : il est ordinairement placé vers le renflement stomacal, et les filets nerveux qu'il fournit sont également de deux sortes, les uns qui vont au canal intestinal et les autres qui remontent et vont communiquer avec le cerveau par l'intermédiaire de l'anneau œsophagien.

Il n'est pas besoin de dire que le développement des différentes parties de ce système nerveux est proportionnel à celui des organes auxquels elles appartiennent, et que par conséquent il l'est beaucoup plus dans les brachiocéphalés ou sèches, Linn., qui sont à la tête de la classe que dans les patelles qui sont à la fin.

Cette observation convient également au système nerveux des malacozoaires acéphalés ; en effet, chez eux il est si peu développé, que long-temps on n'en a pas aperçu l'existence. Le cerveau n'est plus qu'un double ganglion, ou mieux, qu'une sorte de cordon aplati situé toujours au-dessus de l'œsophage. Il paroît qu'il n'y a pas de filets qui formeroient autour de celui-ci un véritable anneau, comme dans les céphalophores. De cette espèce de cerveau il part bien deux longs cordons, mais ils se portent beaucoup plus en arrière et vont établir la communication entre cet organe et le ganglion de la locomotion qui se trouve au-dessous du muscle adducteur postérieur, et qui en effet en reçoit des filets, de même que le manteau et les tubes quand il y en a.

Voici comment nous avons vu le système nerveux dans la moule commune, où il nous a paru plus évident que dans aucune autre espèce d'acéphales : il est composé de trois paires de ganglions. La première, la plus antérieure, est certainement placée sous l'œsophage, ou mieux, sous le muscle rétracteur antérieur du pied, en partie recouverte par le bord postérieur de la réunion de la seconde paire de tentacules labiaux. Les ganglions qui la constituent sont de forme triangulaire et de couleur blanche opaque. Ils fournissent, 1.° un filet transversal très-fin, qui leur sert de commissure entre eux ; 2.° plus en arrière, un rameau plus gros qui se distribue au muscle adducteur antérieur et aux appendices labiaux ; et, 3.° enfin, en arrière, un très-gros filet qui se porte en dehors, s'applique sur la membrane du foie, traverse obliquement le muscle rétracteur antérieur du pied, suit les côtés de l'abdomen au-dessus de la terminaison de l'ovaire, et va se réunir au ganglion postérieur.

La seconde paire de ganglions, la seule qui puisse être regardée comme à peu près supérieure au canal intestinal, est placée au-dessus du muscle rétracteur antérieur du pied, appliquée immédiatement sur lui, au-dessous du foie, contre lequel elle est collée. C'est un ganglion géminé ou divisé en deux parties latérales par un sillon médian, d'une consistance plus molle , d'un aspect plus pulpeux que les deux autres paires. On en voit sortir en avant un filet très-fin qui va peut-être se joindre au ganglion antérieur, ce que nous ne voulons pas assurer ; et, en arrière, un autre filet qui se rend aux muscles de l'abdomen.

La troisième paire de ganglions est tout-à-fait en arrière, au-dessous et un peu en dehors, à la partie antérieure du muscle adducteur postérieur. Celui d'un côté est séparé de celui de l'autre par toute l'épaisseur du muscle. Ils fournissent, 1.° un filet de commissure transverse très-fin ; 2.° en arrière, un filet plus gros qui pénètre dans le muscle lui-même ; 3.° de leur angle externe et postérieur deux filets qui se portent en arrière, probablement aux bords du manteau. Enfin leur angle antérieur et externe reçoit le gros cordon d'anastomose du ganglion antérieur.

Le système nerveux des molluscarticulés offre une disposition toute différente dans les deux classes qui composent ce sous-type.

Dans les polyplaxiphores ou oscabrions, il se rapproche davantage de ce qu'il est dans les malacozoaires céphalophores, avec cette différence que les deux ganglions locomoteurs latéraux sont remplacés par deux espèces de cordons qui suivent les côtés du dos, et qui fournissent des filets à chaque espèce d'articulations.

Dans les nématopodes ou balanes, on trouve presque complètement la disposition qui existe dans les entomozoaires, le système nerveux de la locomotion ayant passé au-dessous du canal intestinal, et se composant d'autant de petits ganglions qu'il y a d'articulations à la partie caudiforme du corps.

CHAPITRE VII.

PHYSIOLOGIE DES MALACOZOAIRES.

Art. 1.er SENSIBILITÉ GÉNÉRALE.

L'intelligence des malacozoaires, d'abord assez évidente dans les premières espèces, comme les poulpes, qui usent de ruses pour atteindre et saisir leur proie vivante, décroît très-rapidement, et sans doute arrive à son minimum dans celles dont tous les mouvemens se bornent à l'ouverture et à la fermeture des valves de leur coquille, comme les huîtres, et qui recueillent leur nourriture sous forme de molécules disassociées et déjà presque à l'état fluide.

La sensibilité générale, ou le sens du toucher, est au contraire toujours très-grande dans presque tous les animaux de ce type; mais elle l'est surtout sur les bords du manteau qui sont souvent garnis d'organes tentaculaires d'une sensibilité exquise; c'est ce que l'on voit très-bien au collier des paracéphalés conchylifères que forme la partie antérieure des bords du manteau, et encore mieux à la circonférence des deux lobes de celui de tous les acéphalés; aussi une secousse un peu forte imprimée à l'eau dans laquelle se trouvent des huîtres, par exemple, suffit pour leur faire fermer leur coquille. Ce sens est déjà moins délicat dans un certain nombre d'espèces dont l'enveloppe extérieure, étant toujours à découvert, est plus ou moins tuberculeuse, et il devient presque obtus dans celles dont l'enveloppe s'est plus ou moins solidifiée, comme dans certaines ascidies et dans les biphores.

§. 1.er *Du sens du goût.*

Les sensations spéciales sont assez souvent en rapport inverse de développement avec la sensation générale du toucher; ainsi le sens du goût est probablement nul dans toute la classe des acéphalés, et il est probable qu'il n'est pas très-fin dans les autres classes.

§. 2. *Du sens de l'odorat.*

Il en est à peu près de même du sens de l'odorat: il paroît en effet que les acéphalés n'odorent pas, tandis qu'il est certain que les céphalés et les subcéphalés, et surtout les espèces qui vivent dans l'air, jouissent d'une faculté olfactive assez forte, puisqu'on voit les limaces et les hélices rechercher telle ou telle plante et être évidemment attirées par son odeur au milieu de la plus profonde obscurité. Il seroit curieux de savoir si en coupant la première paire de tentacules à l'un de ces animaux, il pourroit encore choisir aussi bien qu'ils le font, les fruits les plus voisins de la maturité.

§. 3. *Du sens de la vision.*

Le sens de la vision si étendu, si vif dans les poulpes et les sèches, doit être déjà beaucoup diminué dans le très-grand nombre des paracéphalés, d'abord si l'on en juge d'après la structure de l'organe, mais même d'après les faits : aussi une limace, une hélice semblent ne voir qu'infiniment peu ; du moins elles n'aperçoivent pas plus tôt le doigt qu'on en approche avec les tentacules oculaires qu'avec les autres. Les porcelaines, d'après ce qu'en dit Adanson, se servent fort bien de leurs yeux qui, il est vrai, sont plus grands, mieux conformés que ceux des autres paracéphalés.

Il n'y a pas de vision dans aucun des mollusques acéphalés.

§. 4. *Du sens de l'ouïe.*

Ils ne jouissent pas davantage de la faculté d'entendre ; mais le plus grand nombre des céphalés est dans le même cas, et il n'y a que les sèches et les poulpes qui peuvent sentir le bruit autrement que par la secousse de toutes les parties du corps.

Art. 2. DE LA LOCOMOTION.

La faculté de changer ses rapports avec les corps extérieurs étant en général en raison directe de la sensibilité, il est évident que la locomotion des malacozoaires doit être généralement peu active, peu étendue, et même souvent presque nulle.

Les brachiocéphalés, sèches Linn., étant les mollusques qui ont les facultés sensoriales les plus étendues, sont aussi ceux qui se meuvent avec le plus de vitesse, et dans toutes les directions ; les acéphalés, et surtout les derniers, comme les ascidies, sont justement à l'extrémité opposée ; et en effet ils vivent fixés sur les corps submergés.

On remarque cependant parmi les mollusques plusieurs espèces de locomotion : un certain nombre nagent à l'aide de nageoires ou d'espèces d'appendices paires dont leur corps est pourvu, comme les calmars, les sèches, les ptéropodes en général, et plusieurs monopleurobranches, à peu près comme le font les poissons avec leurs nageoires pectorales. Ces organes leur servent même quelquefois à sortir de l'eau et à s'élancer plus ou moins loin dans l'air ; c'est ce qui est certain pour les calmars. On le dit même pour certaines espèces de bivalves qui se servent alors des valves de leur coquille comme d'espèce d'ailes, avec lesquelles elles prennent leur point d'appui sur l'eau.

Une autre espèce de natation est celle qui est exécutée par une nageoire impaire médiane, ou par un pied très-comprimé, et par conséquent par des mouvemens alternatifs à droite et à gauche, comme cela se voit dans les firoles et dans les carinaires ; mais dans ce cas, le mouvement ne paroît jamais avoir lieu que dans une situation renversée, c'est-à-dire, le dos en bas et le ventre en haut.

Enfin il en est une troisième plus singulière, et qui se rencontre dans les premières espèces du type et dans les dernières; elle est exécutée par la contraction de l'enveloppe,
qui chasse ainsi le fluide dont elle a été remplie dans sa dilatation, d'où il résulte un mouvement de translation souvent assez
vif. Les sèches, les calmars et les biphores se meuvent ainsi.

Quelques mollusques voguent à la surface des eaux,
poussés qu'ils sont par le courant ou par le vent, les uns à
l'aide d'une espèce de vessie hydrostatique, comme les janthines, et d'autres en déployant une sorte de voile formée
par le rebord du manteau ou par quelque appendice élargi,
même en ramant avec d'autres, comme on le dit du poulpe
de l'argonaute. Dans le premier cas, il paroît que l'animal
est constamment à la surface de l'eau; car il ne peut rentrer
sa vessie, qui est subcartilagineuse; dans le second, le poulpe
peut, dit-on, à volonté développer sa voile et ses rames, ou
bien les reployer dans la coquille qui lui sert de nacelle, et
plonger plus ou moins profondément. Mais cette manœuvre
ingénieuse est-elle hors de doute?

Il n'y a peut-être que les poulpes qui exécutent une sorte
de marche, au moyen des longs appendices qui couronnent
leur tête, mais alors ils ont la bouche en bas et le tronc en haut.
Il paroît qu'ils peuvent aussi rouler sur eux-mêmes au fond
de la mer avec une grande vélocité, et sans se fixer par leurs
tentacules, comme l'a observé M. Desmarest.

Le piétin d'Adanson, quelques autres espèces d'auricules,
et même les cyclostomes terrestres font aussi des espèces de
pas en prenant un point d'appui sur la partie antérieure du
pied ou sur le mufle avancé, et en rapprochant la postérieure
ou le pied tout entier à la fois.

Un beaucoup plus grand nombre rampe à la surface du sol,
soit à terre, soit dans les eaux, au moyen du pied ou du disque
musculaire dont leur ventre est pourvu; mais cette sorte de
reptation ne ressemble nullement à la reptation des rep-

tiles; c'est plutôt une sorte de glissement du pied, produit par des ondulations extrêmement fines de tous les petits faisceaux longitudinaux qui le composent, et qui se succèdent du premier au dernier; chacun étant alternativement point d'appui, ou point fixe pour le suivant. Il en résulte que ce mode de locomotion dans lequel l'animal touche l'une après l'autre toutes les éminences, toutes les anfractuosités du sol sur lequel il se meut, est en général fort lent. Cependant les espèces dont le pied est large, épais, étendu, n'a pas de coquille à traîner, et surtout dans lequel les fibres contractiles distinctes ont une direction fasciculaire évidente, comme les limaces, les hélices, etc., s'éloignent avec une rapidité encore plus grande qu'on ne seroit porté à le croire au premier aspect. D'autres, au contraire, dont le pied est cependant fort large, comme les patelles, les haliotides, rampent si lentement, et changent si rarement de place, que quelques personnes ont admis à tort qu'elles ne le faisoient jamais; elles peuvent en outre adhérer avec une très-grande force par la viscosité de leur pied et par le vide qu'il peut faire en totalité ou par petites fossettes.

Les cabochons, et surtout les hipponyces, restent fixés aux corps sur lesquels ils sont tombés en naissant; aussi leur pied est-il à peine musculaire et ressemble-t-il beaucoup au muscle en fer à cheval du dos, servant d'attache à la coquille.

Les scyllées, dont le pied est extrêmement étroit, et comme canaliculé, ne peuvent se mouvoir que le long des tiges et des pédoncules des plantes marines, et c'est toujours en glissant.

Un assez grand nombre d'espèces peuvent aussi ramper à la surface de l'eau, en prenant pour point d'appui une légère couche de ce fluide; mais alors elles sont obligées de le faire dans une situation renversée, c'est-à-dire la coquille en bas, et la surface inférieure du pied en haut; c'est ce que l'on voit dans les limnées, les planorbes, les paludines, les glaucus, les doris, les théthys, etc. La théorie de ce mouvement est du reste absolument la même que celle de la reptation des gastéropodes ordinaires.

On trouve rarement ce dernier mode de locomotion dans les mollusques acéphalés; cependant, d'après ce que m'a rapporté M. Mathieu, qui a beaucoup observé les mollusques pendant son séjour à l'Ile-de-France, un petit mollusque bivalve dont M. de Lamarck a fait sa psammobie orangée, rampe ainsi; les deux valves de sa coquille très-étalées sur son dos, et les bords du manteau les dépassant de toutes parts.

On peut concevoir quelque chose d'analogue dans les nucules, du moins d'après la disposition de leur pied.

Le mouvement de cette classe de mollusques est souvent borné à l'ouverture peu considérable des valves et à leur occlusion complète.

La première circonstance est la position naturelle ou de repos de l'animal; et en effet ce n'est qu'alors qu'il peut recevoir l'eau qui lui apporte la nourriture, surtout quand son manteau n'est pas pourvu de tubes extensibles; elle est produite par la disposition du ligament de la charnière dont les fibres perpendiculaires à chaque valve sont tiraillées ou comprimées, suivant leur position en dehors ou en dedans du point d'appui, lorsqu'on cherche à faire toucher les deux valves. Leur fermeture est au contraire entièrement active, c'est-à-dire due à la contraction des fibres des muscles adducteurs, qui sont les antagonistes du ligament. Willis, et dernièrement M. le D.ʳ Leach, ont pensé que dans les huîtres, une partie du muscle central adducteur étoit formée de substance élastique, antagoniste de l'autre partie qui seule seroit contractile; mais cela paroît assez douteux.

La famille des palliobranches contient plusieurs genres dans lesquels, au lieu de ligament, les deux valves de la coquille sont réunies à leur sommet par un long tube élastique qui est fixé aux corps sous-marins, et qui pourroit même bien être un peu contractile; cependant l'animal n'a pas d'autre

mouvement que ceux d'ouverture et de fermeture de sa co·
quille, comme les autres acéphalés.

Dans les espèces fixées immédiatement par la coquille ou
par un tube, tels sont les seuls mouvemens permis; il n'y
a donc pas de translation, quelque petite qu'elle soit. Dans
toutes les autres il y en a une, quoiqu'à des degrés très-différens : ainsi plusieurs espèces sont presque dans le même cas
que celles dont nous venons de parler, c'est-à-dire qu'elles
sont fixées, mais c'est avec un certain degré de mobilité; ce
sont celles dont l'attache se fait par des fibres musculaires
desséchées, ou par un byssus, comme quelques espèces de
peignes, les limes, les crénatules, et surtout les moules, les
jambonneaux. Dans ce cas, il paroît que les filamens d'attache sont fixés aux corps solides, au moyen du pied canaliculé dont ces animaux sont pourvus, et qui en effet paroît
très-extensible, très-long, etc. Ils ne peuvent se détacher
eux-mêmes, mais il leur est possible de s'attacher de nouveau quand ils l'ont été.

Les arches, et même les tridacnes, peuvent aussi se fixer
aux corps solides par une sorte d'agglutination de leur pied,
un peu comme les espèces byssifères, mais en masse, non
pas fibre à fibre : aussi se pourroit-il que par l'accroissement
de l'animal, il se détachât naturellement; c'est du moins ce
que nous fait présumer l'observation que nous avons faite,
que la coquille des tridacnes perd, en grossissant, la grande
ouverture præcardinale qu'elle a, étant petite, et par laquelle
passe le faisceau musculaire.

Dans le plus grand nombre de cas, les mollusques acéphalés n'étant pas adhérens, peuvent changer de place. Ils se
meuvent à l'aide de leur pied : les uns cependant se bornent à un mouvement d'ascension ou de descente dans le trou
qu'ils habitent, qu'il soit creusé dans une pierre, dans le
sable ou dans la vase; leur pied attaché plus antérieurement
que dans les autres espèces, sort plus ou moins, s'alonge et

prend son point d'appui sur le fond de la loge. C'est ce qui a lieu dans tous les pyloridés tubicoles ou non, ainsi que dans les adesmacés.

Tous les autres mollusques bivalves, quoique souvent ils vivent encore plus ou moins enfoncés dans la vase ou dans le sable, peuvent en sortir à leur volonté, et même changer tout-à-fait de place, et par conséquent se mouvoir complètement. Quelques uns le font en sautant, presque comme s'ils étoient poussés par un ressort. Pour cela leur pied très-étendu, est ployé dans sa longueur, et subitement redressé. C'est ce mode singulier de locomotion qui avoit fait généraliser la dénomination de *subsilientia*, ou de sauteurs, à tous les acéphalés, par M. Poli, mais évidemment à tort; car si la plupart des animaux de la famille des conques peuvent ainsi sauter, les submytilacés, les arcacés, etc., ne le peuvent pas, et semblent réellement ramper avec leur pied; à plus forte raison les espèces qui n'ont qu'un rudiment de cet organe, ou qui n'en ont même pas du tout.

Les polyplaxiphores se meuvent en rampant avec leur pied abdominal, à peu près comme les patelles. Quant aux nématopodes, il n'y en a aucune espèce qui jouisse de la faculté de changer de place en totalité; les appendices de leur abdomen caudiforme peuvent sortir hors de la coquille, et se mouvoir dans l'eau, mais, à ce qu'il paroît, pour déterminer un courant de ce fluide dans l'intérieur du manteau de l'animal, et pour saisir les petits animaux qui passent à sa portée.

Art. 5. DE LA COMPOSITION OU NUTRITION.

Le mode de nutrition des malacozoaires nous est en général beaucoup moins connu que celui de leur locomotion.

§. 1.er *De la préhension buccale.*

Un très-petit nombre peuvent saisir leur proie avant de

l'introduire dans la cavité buccale ; ce sont les brachiocéphalés. Pour cela, les singuliers appendices dont leur tête est pourvue s'enlacent, s'attachent, d'une manière serrée, à l'aide des ventouses qui les garnissent, à l'animal vivant qu'ils doivent engloutir.

§. 2. *De la mastication.*

Les mollusques dont l'orifice buccal est garni de dents, paroissent pouvoir saisir et mâcher leur nourriture avec elles ; quand il n'y en a qu'une en haut, elle sert de point d'appui sur laquelle agit le renflement lingual dans sa partie antérieure, ce que l'on voit très-bien dans les limaces, les hélices et genres voisins.

On ne connoît pas aussi bien le mode d'action de la trompe dans les mollusques qui en sont pourvus : on croit cependant que les dents dont elle est souvent armée à son extrémité, quand elle est déroulée suffisamment, peuvent servir à tarauder la coquille des autres mollusques, à y faire un trou par lequel cette trompe va ensuite déchirer ou sucer leurs parties molles ; mais cela est-il hors de doute ?

Quelques espèces qui n'ont qu'une sorte de langue spirale, comme certaines patelles, et même les oscabrions : comment s'en servent-elles ? c'est ce qu'on ignore.

On ne sait pas beaucoup davantage comment les acéphalés saisissent leur nourriture. Il paroît même qu'elle doit être à l'état presque moléculaire, suspendue dans l'eau que les appendices buccaux font parvenir jusqu'à la bouche ; car il n'y a aucun indice d'appareil masticateur ni salivaire.

Les palliobranches, à l'aide de leurs longs appendices labiaux, doivent mieux saisir la nourriture, puisqu'ils peuvent les sortir de la coquille et les agiter en tous sens. Les ascidies et les biphores n'ayant aucune trace d'appareil à la bouche doivent être dans un cas entièrement opposé.

La déglutition, du moins dans les céphalés, doit se faire comme dans les animaux plus élevés.

§. 5. *De la digestion.*

Quant à la digestion qui doit aussi présenter à peu près les mêmes phénomènes que dans ceux-ci, il est probable qu'elle est assez lente ; cependant les limaces, les hélices, les seuls mollusques que nous puissions un peu étudier, mangent beaucoup dans la saison favorable, ce qui fait supposer une certaine activité digestive.

Elle est sans doute augmentée par l'action de la bile qui doit être abondante, si l'on en juge d'après la grosseur du foie, la quantité de vaisseaux qu'il reçoit, et la grosseur des canaux hépatiques. En effet le fluide biliaire est souvent versé dans l'estomac lui-même, ou à l'orifice pylorique.

S'il est certain que dans les acéphalés l'aliment soit pris à l'état moléculaire, ou tout au plus composé d'animaux microscopiques, la digestion doit être facile et ne doit avoir besoin de l'action de la bile que d'une manière très-secondaire. Le foie dans ce groupe d'animaux paroit en effet fort peu considérable ; mais à quoi servent les stylets crystallins que nous avons vus remplir les énormes pores biliaires ouverts dans l'estomac? C'est ce qu'il est à peu près impossible de dire.

Le résidu de la digestion ou les fèces sont connus un peu davantage, du moins physiquement ; et il est assez remarquable qu'il en existe dans les mollusques acéphalés, comme dans les autres, ce qui prouve que leurs alimens ont encore quelque consistance.

Quant au chyle, produit principal de cette fonction, il est sans doute absorbé dans le canal intestinal par les radicules veineuses ; mais nous ne le connoissons pas.

§. 4. *De la respiration.*

La théorie de la fonction de la respiration paroît être aussi à peu près la même que dans les types d'animaux plus élevés. On sait en effet que les mollusques absorbent l'oxigène de l'air dans lequel on les retient : mais est-ce seulement par l'organe de la respiration ? Cela n'est pas probable, l'enveloppe générale étant par sa nature si absorbante ; mais comme cet organe contient une bien plus grande quantité de vaisseaux que toute autre partie, l'absorption aérienne doit y être beaucoup plus forte.

On sait aussi par expérience que les espèces qui sont pourvues d'une cavité pulmonaire meurent au bout de peu de temps, après qu'elles ont été retenues à une certaine profondeur sous l'eau, sans qu'il leur fût possible de remonter à sa surface ; et qu'au contraire les espèces à branchies ne peuvent vivre long-temps à l'air libre, surtout quand les branchies sont à découvert : car lorsqu'elles sont internes, l'animal le peut quelque temps, à cause de l'eau qui les humecte, et qui s'évapore difficilement (1).

Le mécanisme par lequel le fluide ambiant est amené au contact du fluide à élaborer, ou du sang, est en général assez simple.

Dans les espèces dont les branchies sont extérieures, comme les tritonies, les scyllées, les phyllidies, etc., il suffit à l'animal de nager pour respirer.

Celles au contraire qui ont l'organe respiratoire formé par les parois mêmes d'une cavité, comme les pulmobranches, ou contenu dans la cavité, comme presque tous les autres mollusques paracéphalés, le fluide ambiant (l'air ou l'eau) est introduit ou chas-

---

(1) Nous avons en effet gardé vivante pendant l'automne plus d'un mois et demi hors de l'eau une grosse huître pied de cheval.

sé par la dilatation ou la contraction de la cavité et de son orifice simple ou tubuleux ; et ces deux effets sont facilités dans toutes les espèces, et surtout dans celles qui sont pourvues d'une coquille, par l'extension ou la contraction donnée à la partie antérieure du corps où est l'appareil, et par son avancement dans la partie la plus large de la coquille. Mais, dans aucun cas, il n'y a de régularité dans l'inspiration et l'expiration. Il n'en existe pas même chez les brachiocéphalés où l'eau, introduite dans la cavité du manteau où sont les branchies, sert en même temps à la locomotion.

Les malacozoaires acéphalés, qui tous sont aquatiques, offrent à peu près tous le même mode de respiration ; les appendices labiaux dont la bouche est pourvue, paroissent, par leurs mouvemens continuels, déterminer une sorte de courant dans l'eau où l'animal est plongé. On le distingue très-bien surtout dans les espèces dont l'extrémité postérieure du manteau est prolongée en deux tubes plus ou moins longs ; l'eau entre par l'inférieur et sort par le supérieur. Il en est de même dans les ascidies, et peut-être aussi dans les biphores. C'est lors de la traversée du fluide dans la cavité branchiale que les effets de la respiration ont lieu.

On soupçonne que ces effets sur le sang qui remplit les artères branchiales ou pulmonaires, sont analogues à ce qu'ils sont dans les animaux plus élevés ; mais c'est ce que l'on ne sait pas positivement, parce qu'il n'y a aucune différence physique entre le sang veineux et le sang artériel des malacozoaires.

§. 5. *De la circulation.*

La marche du sang dans les veines paroît être à peu près aussi lente que dans les artères ; aussi n'y a-t-il pas dans celles-ci de véritables pulsations, quoique le cœur offre des mouvemens évidens et réguliers de systole et de diastole. Ces mouvemens sont cependant en général assez lents : on les voit aussi bien dans les acéphalés que dans les céphalés.

Si l'on pouvoit admettre sans restriction ce que MM. Kuhl et Van-Hasselt disent de la circulation dans les biphores, elle seroit fort singulière, puisque le sang, selon eux, ne coule pas toujours du cœur à l'aorte pour se répandre de là dans les diverses parties du corps, mais qu'après avoir coulé ainsi pendant quelque temps on le voit s'arrêter tout à coup et prendre une direction justement opposée par les veines et leurs anastomoses.

§. 6. *De l'absorption, nutrition, etc.*

La manière dont se fait la nutrition dans les malacozoaires à l'aide de l'absorption externe et interne, et surtout avec le sang parvenu dans le tissu le plus intime des parties, ne nous est pas plus connue que dans les autres classes d'animaux.

Ce qui paroît certain, c'est que l'accroissement général est fort lent, et que l'animal peut supporter un jeûne extrêmement prolongé, surtout quand il peut se mettre complètement à l'abri des circonstances extérieures, et par conséquent lorsqu'il est revêtu d'une coquille, comme on le voit dans les hélices dont la coquille est épaisse. Il ne trouve cependant pas de secours pour cela dans une accumulation préalable de graisse, car cette substance n'existe jamais dans les mollusques : ce que l'on nomme ainsi dans les huîtres paroît n'être qu'un état particulier de l'ovaire.

Les malacozoaires semblent cependant jouir de la faculté de reproduire en assez peu de temps, du moins lorsque l'ensemble des circonstances est favorable, quelques parties extérieures de leur corps. C'est ce qui est aisé à concevoir pour des lobes du manteau ou de l'enveloppe générale, les appendices buccaux, etc. Cela l'est déjà beaucoup moins pour les tentacules olfactifs, et surtout pour les oculaires dont l'organisation devient bien plus compliquée; mais cela est tout-à-fait inconcevable pour la tête tout entière, y compris le cerveau, et cependant des expérimentateurs l'assurent, comme on pourra le voir en lisant les travaux contradictoires qui ont été faits à ce sujet par Muller, Bonnet, Spallanzani, et même par Voltaire.

Art. 4. DE LA DÉCOMPOSITION.

Les fonctions de décomposition ou d'exhalation dans les mollusques sont à peu de chose près ce qu'elles sont dans les animaux plus élevés.

§. 1.ᵉʳ *De l'exhalation.*

L'exhalation générale, toujours plus abondante dans les espèces aériennes que dans les aquatiques, paroît être peu connue : peut-être cependant est-elle plus passive qu'active.

§. 2. *Des sécrétions.*

Les exhalations spéciales qui constituent les excrétions et les sécrétions sont assez abondantes.

Nous avons déjà parlé de celle qui forme la coquille dans les espèces qui en sont pourvues, ainsi que de celles des glandes salivaires et du foie, dont les produits sont employés à la digestion. Nous n'avons donc plus à dire quelque chose que des excrétions de dépuration urinaire et génitale.

§. 3- *De la dépuration urinaire.*

Le produit de l'excrétion de dépuration urinaire paroît beaucoup varier dans sa quantité et dans ses propriétés physiques et chimiques. Nous devons à M. Jacobson la découverte du purpurate de chaux dans la matière sécrétée par le rein des hélices; nous n'avons pas encore d'analyse chi-

mique de celle qui forme la pourpre, e t que produit cet organe dans presque tous les mollusques de l'ordre des siphonobranches. Nous ne nous rappelons pas non plus que l'encre de la
sèche, qui paroît être un produit d'un organe analogue, ait
été examinée par les chimistes. En général nous sommes peu
instruits sur cette espèce d'excrétion.

§. 4. *De la génération.*

La fonction de la génération ne nous est pas plus connue
dans son essence que dans les animaux plus élevés , et nous
savons même assez peu de chose sur son mode.

L'appareil mâle dans les espèces monoïques et dioïques
produit un fluide spermatique assez peu connu, même dans
ses propriétés physiques. Nous ignorons ce qu'il est d'abord
au moment où il vient d'être sécrété, et quels changemens il
éprouve dans le cas où il est conservé dans quelque organe
de dépôt.

Dans certaines espèces il paroît exister un autre fluide produit par une espèce de prostate, appelée vésicules séminales
dans les mâles , et vessie dans les femelles; mais nous ignorons
également sa nature et ses usages.

Dans les mollusques hermaphrodites ou les acéphalés, il paroît
même que le fluide séminal n'existe pas, à moins cependant
que d'admettre, comme quelques auteurs l'ont voulu, qu'une
partie de l'ovaire, ou mieux de l'oviducte lui-même, le sé-
crète, et que les germes produits par la femelle, en le traversant , en soient imprégnés.

---

(1) J'ai vu une fois sortir de l'organe mâle d'une limace agreste, prête à
s'accoupler, une substance à peine fluide, comme composée de grains
crystallins. Cette consistance étoit-elle due à l'action de l'air? C'est ce
que j'ignore, mais ce que l'on peut assez bien concevoir

Le produit de l'appareil femelle nous est mieux connu, il est vrai, plutôt dans la série de ses développemens que dans son origine. On sait que, formant de petits grains d'abord presque imperceptibles, composés d'une enveloppe renfermant un fluide, le germe y apparoît, sans que l'on connoisse bien complètement comment l'œuf est constitué. Cet œuf reçoit à une époque variable de sa marche dans l'oviducte, mais toujours avant la production de ses membranes adventives, l'action du sperme introduit dans l'organe, ou dans l'individu femelle, et absorbé. La vie individuelle de chaque œuf est alors commencée : il tend à être rejeté au dehors, reçoit les enveloppes qui doivent le défendre contre quelque action défavorable extérieure, et suit ses développemens. Combien de temps conserve-t-il sa faculté d'évolution? quelles sont les circonstances qui peuvent la lui faire perdre ou la prolonger? C'est ce que nous ignorons à peu près. Nous savons cependant, d'après les expériences de M. Leechs sur les œufs de la limace agreste, que la dessiccation presque complète ne peut la détruire.

Les œufs des mollusques subissent leur développement le plus souvent à l'extérieur, et complètement indépendans de leur mère ; mais dans un certain nombre de mollusques subcéphalés, ce développement a lieu dans une partie de l'oviducte, à laquelle on a donné le nom de matrice, comme dans les paludines et dans plusieurs sabots, ce qui a fait appeler ces mollusques vivipares ou ovovivipares ; mais cela paroît être constant dans tous les acéphalés, avec cette différence que le dépôt s'en fait souvent dans les cellules qui forment les deux parois dont se compose chaque lame branchiale ; ils y entrent par les ouvertures qui sont au bord dorsal extérieurement, et ils en sortent par celles qui sont en arrière dans le tube excrémentitiel.

Art. 4. DE LA MORT.

A la suite d'une série de reproductions plus ou moins répétées, et dont le nombre nous est inconnu, le mollusque tend à sa décomposition générale, ou à sa mort. Nous ignorons complétement la durée de sa vie naturelle; mais il est probable qu'elle est assez longue, si nous en jugeons du moins par la durée de son accroissement, et parce qu'il vit dans des circonstances peu variables. Cependant nous n'avons aucune donnée positive à ce sujet, et il faut convenir qu'il est assez difficile d'en avoir.

Quant à la durée de la coquille et aux changemens qu'elle est susceptible d'éprouver par l'action de l'air et dans le sein de la terre, cela dépend beaucoup de sa structure, de sa solidité, de sa grosseur, et de quelques circonstances accessoires.

Si elle est exposée à l'action de l'air et aux vicissitudes de la température et de l'humidité, elle perd d'abord ses couleurs qui s'altèrent très-promptement (les ferrugineuses résistent le plus), et elle devient d'une couleur blanche ordinairement terne. La matière animale se détruit et disparoît peu à peu : les lames composantes n'étant plus liées s'exfolient, surtout par l'alternative du froid et du chaud, et bientôt, par cette action continuée, les lames elles-mêmes se résolvent en une sorte de poussière calcaire qui est entraînée par les courans d'eau.

La structure particulière de la coquille, son âge, et même sa grosseur et son épaisseur facilitent ou arrêtent plus ou moins sa décomposition terreuse.

Si au contraire les coquilles mortes sont, par des circonstances particulières, enfoncées dans le sable, dans la vase où elles ont vécu, et où elles ont été encroûtées d'un dépôt crétacé qui se fait en plus ou moins grande quantité dans toutes les eaux douces ou salées, mais surtout dans les premières, ou enfin si par l'action des courans elles sont accumu-

lées, brisées ou non dans quelques localités des mers ou des lacs
comme dans ces différens cas elles sont mises à l'abri des
vicissitudes de la température et de l'humidité, leur décomposition est infiniment plus lente et leurs couleurs se conservent
bien plus long-temps. Les fibres cornées des ligamens se conservent quelquefois un grand nombre de siècles (1), et à plus forte
raison leur structure lamelleuse ou fibreuse, au point qu'elles
n'ont souvent perdu aucune des parties qui servent de caractères génériques et même spécifiques ; enfin quand les couleurs
ont disparu, ainsi que le gluten animal, elles arrivent à un
point où, blanches et happant à la langue, elles peuvent ainsi
résister un nombre d'années qu'il est impossible de calculer.
Cependant à la longue la pression déterminée par les dépôts
nouveaux qui les recouvrent, tend à les briser, à en rapprocher les molécules ; la diminution et la disparition de la matière animale qui retenoit la substance inorganique dans
des formes pour ainsi dire accidentelles pour elle, et déterminées par la vie, tout facilite la tendance que ces molécules
ont à se rapprocher, suivant les lois simples du règne inorganique (2) : la coquille tend donc à disparoître tout-à-fait par
l'enlèvement successif des molécules calcaires qui la constituent ; mais comme sa cavité s'étoit remplie par la pression en
tous sens des molécules terreuses ou argileuses qui l'entou-
roient, lorsque le véritable têt a disparu, elle est pour ainsi
dire représentée et prolongée dans le temps par ce qu'on
nomme son moule qui traduit toutes les formes de sa cavité.
Il est également possible de concevoir, ce qui arrive en effet,
que les molécules calcaires, quoiqu'ayant obéi aux lois de la

---

(1) M. Defrance possède dans sa riche collection une coquille bivalve
fossile des collines subapennines qui est encore pourvue de son ligament
presque entier.

(2) M. De Bournon a en effet observé depuis long-temps que la substance calcaire de l'opercule des sabots cristallise en rhomboïdes.

cristallisation, conservent elles-mêmes la forme de la coquille ;
la structure dans ce cas est perdue , mais non la forme , ce
qui constitue une coquille spathifiée, et prolonge, à ce qu'il
nous semble , presque d'une manière indéfinie, la preuve de
l'existence de l'être organisé à travers la série des siècles , jusqu'à ce qu'enfin elle se fonde, pour ainsi dire , par la pression continuelle, par le mouvement moléculaire des parties
qui l'entourent dans la roche elle-même qu'elle contribue à
former. Au sujet de cette fusion des coquilles dans les roches
qu'elles contribuent à former, M. Defrance a observé que certaines parties des coquilles se fondent ou disparoissent beaucoup plus tôt que d'autres, et qu'il en est de même pour certaines coquilles.

Art. 6. DES MALADIES ET ANOMALIES.

Les maladies des mollusques sont sans doute peu nombreuses,
mais certainement elles sont très-peu connues, du moins quant
à l'animal lui-même : doit-on regarder comme telle cette altération particulière qu'offrent les huîtres quand elles passent
à la verdeur? C'est ce qui n'est rien moins que certain. Cependant, en faisant l'observation que les huîtres qui passent à cet
état vivent dans une sorte d'eau stagnante, qu'elles restent en
général plus petites, moins charnues, etc., ne pourroit-on pas
admettre que le vibrion particulier auquel elles doivent leur
couleur verte, d'après les observations de M. Gaillon, ne les
nourrit qu'incomplètement, et que l'eau à moitié douce, peu
renouvelée, dans laquelle elles sont , n'excite pas assez leur
activité organique?

Les maladies des coquilles sont peut-être plus nombreuses
et plus connues. La première est la chute ou brisure de la
pointe de la spire. On l'observe dans plusieurs espèces d'univalves, et entre autres, dans le bulime décollé. Quoique cela n'ait
lieu que dans des coquilles de forme turriculée, cependant ce ne

peut être cette circonstance seule qui détermine cette brisure.
puisque la très-grande partie des coquilles de cette forme ne
l'offre pas. Il est plus probable que cela tient à ce que l'animal
croissant très-vite abandonne promptement le commencement
de la spire , et que la matière vitreuse, déposée pour remplir
la cavité abandonnée , est plus cassante et moins lamelleuse.

L'espèce d'altération qu'on remarque aux sommets ou crochets d'un grand nombre des coquilles bivalves fluviatiles,
qui composent les genres Moulette et Anodonte , a peut-être
quelque analogie avec ce que nous venons de voir dans les
univalves; mais cela n'est pas certain : et en effet plusieurs
auteurs ont pensé que cette espèce de carie, qui semble ron-
ger d'une manière irrégulière, non seulement le sommet , mais
même les natèces des unios, et cela souvent assez profondément , étoit due à l'action destructive d'animaux qui se nourrissent de mollusques. Quoi qu'il en soit, on sait que cette
carie augmente en largeur et en profondeur avec l'âge , et que
les moulettes de tous les pays offrent ce singulier caractère.

Une autre maladie des coquilles, et peut-être même de l'a-
nimal, est celle qui produit les perles. On a observé depuis
long-temps que la matière nacrée qui les forme est tout-à-
fait analogue à celle qui revêt la face interne de beaucoup
d'univalves et d'un certain nombre de bivalves : aussi a-t-on
vu qu'elles pouvoient être produites par une sorte d'extrava-
sation de cette matière qui prend une forme plus ou moins
régulière (1) : on a même cru qu'on pourroit forcer le mollusque
à en produire, si l'on faisoit un trou de dehors en dedans à la
coquille; parce qu'alors, pour boucher ce trou, il seroit
forcé d'y accumuler de la matière nacrée. C'est en effet ce
que Linnæus a démontré pour les unios des rivières de Suède:
en sorte qu'il avoit ainsi créé une espèce de perlière artifi-

____

(1) M. de Bournon pense qu'une perle contient toujours un corps
étranger dans son intérieur.

cielle; mais, outre ces espèces de perles, rarement grosses et
régulières, et qui portent toutes l'indice d'un pédicule d'attache plus ou moins gros, il paroît qu'il s'en produit dans
l'animal lui-même, et probablement dans l'épaisseur de son
manteau, et que même c'est de cette source que sortent le
plus communément les perles les plus grosses et les plus
belles qui nous viennent de l'Inde. Dans ce cas il est évident
que cela provient d'une véritable maladie de l'animal : quelle
est-elle? C'est ce que nous ignorons.

Les anomalies ou difformités des coquilles sont de deux sortes : les unes sont assez bien explicables, et les autres ne le
sont pas.

On peut d'abord placer dans la première catégorie la
grosseur relative qu'une même espèce peut atteindre dans le
cours de son accroissement; et en effet on trouve dans certains genres des individus qui, quoique complets, sont beaucoup plus petits que d'autres ; cela est sans doute dû à une
différence dans la quantité de nourriture, soit dans la même
localité, soit dans une localité différente, comme on le voit
parmi les insectes hexapodes : aussi ne doit-on pas admettre
l'idée de Bruguière, que cette différence, souvent remarquable dans les porcelaines, nécessite que l'animal change de
coquille, un peu comme les insectes le font de leur épiderme.

Il faut aussi mettre dans la même catégorie les doubles
bourrelets qui se forment dans certains individus univalves,
après que, parvenus à l'état adulte, le bourrelet normal est
produit : cela tient sans doute à une surexcitation dans les
forces vitales déterminée par quelque circonstance locale.

Nous devrons également y ranger la forme artificielle que
peuvent prendre certaines coquilles bivalves minces, et dont
la valve inférieure adhère dans toute son étendue; non seulement celle-ci prend la forme du corps sur lequel elle s'applique, mais la valve supérieure suit la forme de l'inférieure.

Cette observation faite sur les anomies et due à M. Defrance,
s'explique en ce que la valve supérieure a dû suivre la forme
du corps qui lui-même a été modifié par celle de la valve inférieure moulée sur le corps étranger.

Une anomalie à peu près inexplicable est le degré d'élévation de la spire dans les univalves : en effet on sait que la
même espèce offre sous ce rapport des différences qui, quoi
que contenues dans des limites assez bornées, n'en sont pas
moins très-évidentes ; mais il arrive quelquefois qu'elles sortent considérablement de la limite déterminée pour une espèce, en ce que les tours de spire s'éloignent, s'alongent dans
le sens vertical, et sont bien loin de se toucher, ce qui fait
ressembler la coquille à un escalier, ou à la scalaire précieuse, ce
qui a conduit à donner le nom de variété scalaire aux individus
ainsi anomaux. On n'en connoît encore d'exemple, si nous ne
nous trompons, que dans les hélices vigneronne et des jardins.

Mais la monstruosité la plus inexplicable des coquilles, et
même des animaux mollusques, est celle dans laquelle il y a
renversement dans la position des viscères, et par conséquent
dans leur terminaison qui, au lieu de se faire à droite, se fait
à gauche. La coquille ayant suivi ce renversement, s'enroule
alors de droite à gauche, et elle constitue la variété que
l'on désigne par la dénomination de sénestre ou de gauche.
Il est évident que toutes les espèces peuvent être susceptibles de ce renversement, et offrir cette variété. Il y a
cependant des genres où elle est beaucoup plus commune,
au point de servir de caractère ; telles sont les physes, les
planorbes ; dans beaucoup d'autres genres on en trouve des
exemples, mais cela est bien plus rare ; et enfin il en est qui
n'en ont pas encore offert, comme les porcelaines, les cônes.

On admet que les coquilles bivalves sont aussi quelquefois
susceptibles de ce renversement : cela peut se concevoir ; mais
nous n'en connoissons pas d'exemple bien avéré.

Nous ne croyons pas qu'on ait encore un fait positif qui prouve

ce renversement dans les mollusques symétriques nus ou conchylifères, quoique cela ne dût pas plus étonner que pour
les non-symétriques. Mais comment cela se fait-il? C'est sans
doute ce que nous ignorerons long-temps. La prédominance
constante du côté droit sur le côté gauche dans tous les animaux pairs, permet d'apercevoir pourquoi l'enroulement de
la masse viscérale se fait dans le cas normal de gauche à droite ;
dans le cas contraire, le côté gauche, par anomalie, seroit-il
plus fort que le droit? C'est ce qu'il n'est pas permis d'assurer.
Il faut se contenter de remarquer que cette singulière anomalie
se retrouve chez des animaux bien plus élevés, et chez l'homme
lui-même.

CHAPITRE VIII.

HISTOIRE NATURELLE DES MALACOZOAIRES.

Art. 1.ᵉʳ DU SÉJOUR ET DE L'HABITATION.

On trouve des mollusques dans tous les milieux : en effet il y en a qui paroissent vivre presque constamment sous terre, comme les testacelles, mais cela est rare ; un plus grand nombre vivent dans l'air à la surface de la terre, comme les limaces, les hélices, etc. Quelques uns sont jusqu'à un certain point amphibies, c'est-à-dire qu'ils sont aériens par l'organe de respiration, et cependant vivent dans l'eau qu'ils quittent rarement, comme les limnées et les planorbes ; enfin la très-grande partie des malacozoaires vit constamment dans l'eau douce ou salée, courante ou stagnante, tels sont, par exemple, tous les acéphalophores sans distinction. Les eaux de la mer Morte, quoique si fortement bitumeuses, contiennent des mollusques conchylifères vivans. On en trouve aussi dans des eaux thermales : par exemple, le *turbo thermalis*, espèce de paludine sans doute, vit dans celles d'Abano, dont la température est de 40° R., tandis que le clio boréal paroît ne pouvoir quitter les mers polaires.

Y a-t il quelques caractères qui indiquent cette différence des milieux qu'habitent les mollusques ? Cela est certain pour les espèces aquatiques ou terrestres, puisque l'organe de la respiration a une structure particulière.

Mais cela ne peut plus avoir lieu pour les espèces entièrement aquatiques dont les branchies n'offrent rien de différent, qu'elles doivent agir dans l'eau douce ou dans l'eau salée. La coquille seule fourniroit-elle des signes caractéristiques de la nature du séjour de l'animal ? Non, en tant que l'on considère cette coquille en elle-même; mais jusqu'à un certain point, lorsqu'on compare les coquilles d'animaux marins avec celles d'animaux d'eaux douces ou terrestres, comme on pourra le voir dans notre Conchyliologie.

Les espèces qui se trouvent habituellement dans l'eau salée, peuvent-elles finir par vivre dans l'eau douce, et *vice versâ*? Cette question à laquelle on a attaché une grande importance en géologie, semble fort pouvoir être résolue par l'affirmative en consultant l'analogie. En effet, on sait d'une manière indubitable que certains poissons quittent les eaux de la mer pour les eaux fluviatiles, et d'autres celles-ci pour celles-là, comme les anguilles, et cela presque subitement : pourquoi les mollusques ne pourroient-ils pas en faire autant? Aucun fait positif ne prouve cependant cette possibilité, du moins pour la même espèce (1). Car il n'en est pas de même pour les genres : on sait en effet que des espèces du même genre peuvent vivre dans les eaux douces, et d'autres dans les eaux salées. On connoît, par exemple, une espèce de véritable moule dans le Danube. et plusieurs cérithes qui se trouvent également dans l'eau douce. Mais si les espèces de mollusques ne peuvent subitement passer de l'eau salée dans l'eau douce, et de celle-ci dans celle-là, ne le peuvent-elles pas graduellement? Ne voit-on pas en effet dans certains étangs qui ne communiquent que rarement avec la mer, et dont les eaux pluviales diminuent peu à peu la salure, des mollusques véritablement marins y vivre, et paroître y exercer toutes leurs fonctions? Le fait est certain, et M. Beudant a obtenu par l'expérience les mêmes résultats : mais est-il également

---

(1) Adanson dit positivement dans son Mémoire sur les Tarets (Acad. des Sc., année 1789), que pendant la moitié de l'année le Niger ne roule que des eaux douces, et que cependant on y trouve des tarets, des pholades, pétoncles, balanes. tellines. qui dans les autres six mois vivent dans les eaux salées.

certain que les animaux habitués à vivre dans l'eau salée, et
qui se trouvent ainsi forcés par des circonstances naturelles ou
artificielles, à vivre dans l'eau presque douce, ou tout-à-fait
douce, puissent s'y reproduire ? C'est ce qui n'est pas encore
hors de doute. Le fait observé par M. de Fréminville, qui a vu
des mollusques marins et fluviatiles vivant à la fois dans les eaux
peu salées du golfe de Livonie, est cependant en faveur de
cette opinion, et encore plus celui de M, Nilson, qui rapporte
dans son Histoire des Mollusques de Suède, que sur les bords
de la mer de Norwége, dans des lieux où il n'y a pas d'embouchure de rivière, il a trouvé des unios, des anodontes et des
cyclades vivant pêle-mêle avec des vénus, des bucardes et des
cythérées.

Les mollusques aquatiques, marins ou fluviatiles, ne vivent
pas non plus absolument dans les mêmes circonstances:
ceux-ci peu nombreux n'offrent cependant pas beaucoup de
différences sous ce rapport, quoique les uns restent fixés à la
surface du sol, comme les huîtres : telles sont les éthéries, d'a-
près la découverte de M. Caillaud ; d'autres adhèrent aux
corps submergés par un byssus, comme la moule du Danube ; d'autres se meuvent dans la vase et à sa surface comme
les unios et les anodontes ; et enfin d'autres y vivent plus profondément, et s'y meuvent encore, comme les cyclades ; mais
jamais on n'a remarqué de mollusques fluviatiles des autres
familles, et surtout des espèces de palliobranches, de pyloridés, d'hétérobranches, encore moins du sous-type des molluscarticulés.

Les circonstances de la vie des mollusques marins sont
beaucoup plus variables : ainsi la plupart vivent sur les bords
de la mer, sur les rochers, dans les lieux de remous et à l'embouchure des fleuves, ce qui constitue les espèces littorales ;
mais il en est un certain nombre d'autres qui paroissent n'exister
qu'à des distances plus ou moins considérables du rivage et à de
grandes profondeurs, ce qui les a fait distinguer sous le nom

de mollusques pélagiens. Les térébratules semblent être dans ce cas, et l'on suppose que les nautiles, les ammonites y sont encore davantage; en effet les calmars, les sèches et les spirules, dont on les rapproche, sont des animaux de haute mer.

On trouve ensuite que d'après leur mode de locomotion, les uns vivent en nageant ou en flottant presque continuellement à la surface ou dans l'intérieur des eaux, ou en rampant sur les rochers au milieu des varecs qui les recouvrent ou qui s'en séparent en masse, ou en s'y attachant d'une manière fixe par leur coquille ou par un byssus, tandis que d'autres croissent enfoncés plus ou moins profondément dans des éponges, dans la vase, dans le sable, dans les rochers, dans des madrépores, dans d'autres coquilles, et même dans des pierres non calcaires (1), ainsi que dans le bois mort ou vivant.

Les espèces qui vivent dans les éponges sont dans le cas des moules, etc., que l'on trouve dans les trous de rochers; mais comme la substance dans l'excavation de laquelle elles ont été accidentellement placées augmente tant qu'elle est vivante, il en résulte qu'elles finissent par en être complétement enveloppées, au point sans doute d'être pour ainsi dire étouffées.

Les mollusques qui vivent dans la vase, dans le sable, ou même dans les terres argileuses, agissent réellement pour s'y enfoncer à mesure qu'ils augmentent de grosseur, et il est évident que c'est mécaniquement et au moyen de leur pied; quant à ceux qui séjournent dans des substances dures, comme dans les pierres calcaires, les madrépores, les coquilles, on a cru que leur enfoncement successif étoit dû à un suc corrosif, à un acide qui pourroit dissoudre la pierre calcaire; mais outre que cela n'est rien moins que prouvé, le fait observé par Olivi et par Spallanzani, de pholades dans des morceaux de lave,

---

(1) Olivi dit positivement avoir vu deux fois des pholades dans un morceau de lave compacte.

celui des tarets dans le bois vivant, ne permettent pas d'adopter cette opinion.

Les mollusques terrestres offrent, comme on le pense bien, beaucoup moins de variations dans les circonstances de leur séjour. En général c'est dans les lieux humides et plus ou moins aquatiques qu'on en trouve le plus ; mais il en est aussi qui semblent davantage rechercher les lieux secs et exposés au soleil, comme certaines espèces d'hélices.

Quelques personnes ont même été jusqu'à croire que plusieurs espèces étoient fixées à des terrains de nature minéralogique particulière ; mais cela ne paroît pas probable.

Ce qu'il y a de plus certain, c'est que les mollusques terrestres dans les pays où la prolongation de quelque circonstance défavorable, comme le froid ou la sécheresse, les force de suspendre leur activité vitale, sont obligés de s'y soustraire, et pour cela s'enfoncent plus ou moins dans la terre, dans les anfractuosités des corps, et entrent ainsi dans une sorte de torpeur analogue à celle des marmottes : c'est ce qui fait que l'on trouve quelquefois dans le même endroit une grande quantité de ces animaux, ou de leurs dépouilles, qui ont pu s'y accumuler par la suite des siècles.

Art. 2. DE LA RÉPARTITION A LA SURFACE DE LA TERRE.

L'étude raisonnée des malacozoaires est encore si peu avancée, que nous savons peu de chose sur leur nombre total et sur leur répartition dans les différentes parties du monde : on peut dire d'une manière générale qu'aucune partie de la terre n'est dépourvue de mollusques marins, terrestres, lacustres ou fluviatiles, et que la proportion des espèces de ces divisions est en rapport avec celle de l'étendue des mers, des continens, des lacs et des fleuves.

On peut aussi assurer que presque toutes les familles existent dans les différentes zones du globe, mais que les genres et les espèces de quelques unes sont beaucoup plus nombreux dans une zone que dans l'autre ; ainsi il nous paroît que partout il existe des poulpes, des sèches et des calmars. Il est difficile d'en assurer autant pour les genres de coquilles polythalames ; et, en effet, les deux seuls dont on connoisse un peu l'animal, la spirule et l'argonaute, appartiennent à la zone torride. Les genres de siphonobranches se trouvent aussi dans toutes les latitudes, mais il est plusieurs des subdivisions qu'on a établies dans les coquilles de cet ordre, qui n'appartiennent qu'aux régions intertropicales ; tels sont les pleurotomes, les tonnes, les harpes, les vis, les mitres, les strombes, les cônes, les olives, les porcelaines et les ovules, genres dont on connoît à peine une espèce dans nos mers du Nord, et deux ou trois dans notre Océan et la Mediterranée. Le nombre des subdivisions génériques de coquilles dont il nous manque des espèces dans l'ordre des asiphonobranches, est beaucoup moins considérable, ou bien elles sont représentées l'une par l'autre, tant elles diffèrent peu entre elles. Nous possédons aussi tous les genres des familles qui composent l'ordre des pulmobranches, et ils se trouvent répandus sur toute la terre seulement dans des proportions un peu différentes ; ainsi les espèces de la famille des auriculacés sont beaucoup plus rares et plus petites dans nos climats que dans ceux de la zone torride. Il en est de même des agathines et des bulimes, démembremens du genre des hélices (1). Les limnées paroissent au contraire plus nombreuses et même plus grosses dans nos climats que dans les pays chauds, ce qui n'a pas lieu pour les planorbes ni pour les physes. Nous n'avons pas d'espèces d'onchidies ou de véronicelles, qui semblent représenter dans les climats chauds les limaces de notre zone (2), comme nos tes-

---

(1) M. Leach cite une assez grosse agathine de la baie de Baffin.

(2) On connoît cependant des limaces des deux extrémités de l'Afrique et de la Nouvelle-Hollande.

lacelles remplacent les parmacelles de la zone torride. Dans toutes les autres familles nues ou conchylifères, on peut presque généraliser la même observation, en ajoutant que les espèces des mêmes genres sont bien plus nombreuses, et spécialement bien plus grosses dans les régions équatoriales que dans les régions polaires, et surtout que dans les nôtres.

Dans la classe des acéphalophores, on peut également arriver au même résultat; dans l'ordre des palliobranches, les lingules ne se rencontrent que dans l'Inde : on trouve des térébratules, des orbicules et des cranies dans tous les pays. Cela est encore plus évident pour les huîtres qui sont abondamment répandues partout. Il n'en est pas de même des tridacnes qui ne sont encore connues que dans l'Archipel indien : les peignes, les limes, sont de toutes les mers : les vulselles, les pernes, les crénatules paroissent n'appartenir qu'aux mers des pays chauds; les moules, les avicules irrégulières même, sont de toutes les mers. Il en est de même de presque toutes les subdivisions génériques de la famille des arcacés et de celle des submytilacés; les trigonies, de celle des camacés, n'ont encore été trouvées vivantes que dans la zone australe: on a observé des espèces de tous les genres de conques dans toutes les mers ; mais quelquefois un de ces genres est représenté par un autre fort voisin; ainsi nos cyclades paroissent dans l'Inde être des cyrènes, etc. Il nous semble aussi qu'il y a des vénus saxicaves dans toutes les mers; il en est de même des mactres. Les myes paroissent plutôt appartenir aux mers du Nord, de même que les pandores et les solens à bords droits et parallèles (1); les solens ovales sont plutôt des climats méridionaux. On trouve des pholades partout, et peut-être des tarets de même, tandis que les fistulanes, les clavagelles et les arrosoirs sont presque constamment des zones équatoriales.

____

(1) M. le docteur Leach a cependant figuré une espèce de solen très approchée du Solen vagina, et qui vient de Ceilan.

Les ascidies simples ou aggrégées existent aussi sous toutes les zones, mais cependant toujours plus nombreuses et plus développées dans les équatoriales que dans les polaires. Cela est encore plus évident pour les biphores qui ne commencent même à se montrer que dans les mers des régions tempérées.

La classe des polyplaxiphores a des espèces dans toutes les mers, mais bien plus nombreuses et bien plus grosses dans celles des pays chauds que dans les autres.

Il en est à peu près de même de celles de la classe des nématopodes.

Ainsi l'on peut donc dire des familles, des genres et des espèces de malacozoaires acéphalophores, ce que nous avons dit des paracéphalophores, que, quoique plus nombreux et d'une dimension plus grande sous les zones équatoriales, les genres sont représentés dans toutes, sauf un petit nombre d'exceptions que l'on peut même raisonnablement espérer de voir diminuer de plus en plus, à mesure qu'on aura mieux étudié ce type d'animaux. Quant aux espèces, le nombre en devra aussi beaucoup diminuer en même temps qu'on cherchera davantage en quoi consiste la différence des véritables espèces qu'on étudiera plus soigneusement la limite de leurs variations, et que l'on saura jusqu'à quel point les individus sont modifiés par l'ensemble des circonstances locales dans lesquelles ils vivent.

Art. 5. DE L'ESPÈCE DE NOURRITURE.

Les mollusques se nourrissent de toutes sortes de substances. c'est-à-dire de substances animales ou végétales, dans tous les états, vivantes ou mortes, fraîches ou putréfiées ; mais chaque espèce, chaque genre même, et moins certainement chaque famille se borne à l'une ou l'autre de ces nourritures.

Tous les cryptodibranches connus se nourrissent d'animaux

vivans qu'ils déchirent, qu'ils brisent peut-être, mais qu'ils ne mâchent probablement pas.

Les siphonobranches paroissent aussi être tous carnassiers: mais il est probable qu'ils avalent rarement leur proie tout entière, qu'ils la sucent, l'attirent dans leur trompe armée ou non, mais qu'ils ne la mâchent pas, puisqu'ils n'ont pas d'organes destinés à une véritable mastication.

Les asiphonobranches semblent être généralement moins carnassiers, peut-être même ne le sont-ils pas du tout, ou prennent-ils indifféremment leur nourriture animale ou végétale à l'état de putréfaction. Ils semblent en effet se servir de leur mufle proboscidiforme non armé, plutôt pour avaler les matières végétales pourries que pour les mâcher; cela est certain du moins pour les cyclostomes terrestres.

Les pulmobranches sont au contraire certainement le plus souvent phytophages, et ils mâchent ou coupent la substance dont ils font leur nourriture par petits morceaux qu'ils avalent aussi peu à peu; en effet nous avons vu que leur bouche est toujours armée d'une dent supérieure coupante et dentelée à laquelle s'oppose la masse linguale. On rapporte cependant que la testacelle avale des vers de terre tout entiers en les tirant peu à peu dans son canal intestinal.

Les chismobranches, les monopleurobranches sont probablement dans le même cas que les asiphonobranches, puisqu'ils n'ont pas de dents à la bouche.

Les aporobranches ou ptéropodes nous paroissent aussi devoir ne pas mâcher leur proie, mais la sucer ou la prendre à l'état de décomposition par la même raison.

On en peut dire autant des cyclobranches, des inférobranches, et même des polybranches, quoique dans ce dernier ordre il y ait quelques genres, tels que les tritonies et les scyllées, dans lesquels il y a deux mâchoires agissant latéralement comme des branches de ciseaux, et qui, par conséquent, doivent au moins couper leur nourriture.

Quant aux nucléobranches, il paroît qu'ils se nourrissent de petits animaux; les cervicobranches sont peut-être dans le même cas, mais il est plus probable que leur nourriture doit aussi se composer de matières en décomposition.

Dans toute la classe des acéphalophores cela est encore plus nécessaire, puisque la bouche de ces animaux, entièrement molle dans toutes ses parties, ne pourroit avoir la moindre action sur des corps de la plus foible solidité : aussi est-il probable qu'ils se nourrissent de particules animales et peut-être même végétales, résultat de la décomposition d'êtres de l'un ou de l'autre de ces règnes, et qui sont entraînés avec le fluide qui entre dans la cavité du manteau pour la respiration ; il se pourroit aussi que leur nourriture fût composée des animalcules innombrables que le microscope fait apercevoir dans l'eau où vivent ces animaux, et qui sont d'une mollesse extrême. Les nucules se nourriroient-elles de substances plus solides, comme on pourroit le supposer. d'après la disposition de leurs appendices labiaux?

D'après la nature de l'aliment et l'état sous lequel ils le saisissent, il est évident que les moyens que les mollusques emploient pour l'atteindre doivent être très-différens.

Les espèces qui, comme les brachiocéphalés (*Sepia*, Linn.) et même les testacelles, se nourrissent de proie vivante fugitive, sont obligées ou de la poursuivre quand elles en ont les moyens, comme les sèches et les calmars, ou de l'attendre en embuscade pour se jeter subitement dessus; c'est le cas des poulpes parmi les premiers, et peut-être de la testacelle.

Celles qui au contraire mangent des animaux vivans, mais immobiles, se fixent, s'attachent dessus, percent leurs enveloppes de quelque nature qu'elle soit, à l'aide des crochets dont leur trompe est armée, et par conséquent n'ont pas beaucoup de peine à trouver leur proie qui souvent même est immobile.

Les mollusques qui se nourrisseut de substances animales

ou végétales en décomposition, les cherchent sans doute guidés essentiellement par l'odorat, et n'ont pas besoin de grands efforts pour les atteindre.

Il en est de même de ceux qui, comme la très-grande partie des limacinés, composent leur nourriture de substances végétales vivantes et plus ou moins solides; il ne s'agit que de les chercher et de les couper par petits morceaux.

Enfin pour les espèces dont la nourriture consiste en molécules déjà désunies ou en corps microscopiques suspendus dans les fluides où elles vivent, il n'y a plus besoin de recherches, de préhension quelconque : il suffit à l'animal de produire dans l'eau un mouvement presque circulatoire de ce fluide qui doit apporter avec lui la substance nutritive, et probablement d'avaler cette substance et le véhicule à la fois.

Art. 4. DES RAPPORTS DES MOLLUSQUES ENTRE EUX.

Les rapports d'un plus ou moins grand nombre d'individus d'une espèce de mollusques n'indiquent jamais la moindre apparence de société même parmi les espèces les plus élevées, comme les poulpes et les sèches, mais seulement un ensemble de circonstances favorables à leur propagation, à leur multiplication, à leur nourriture, ou enfin à leur conservation pendant la saison de torpeur.

Le mode de reproduction et quelquefois un courant du fluide qu'ils habitent, ou l'époque peu éloignée de leur sortie de l'œuf, peuvent aussi déterminer la réunion d'un assez grand nombre de mollusques; c'est ainsi que parmi les bivalves, et surtout dans les espèces fixées, on rencontre souvent des bancs immenses en longueur, en largeur, et même en épaisseur, qui ne sont composés que d'individus de la même espèce; ce que l'on voit surtout pour les huitres et les moules, et même pour les jambonneaux. Aussi sont-ce les coquilles que l'on trouve le plus fréquemment fossiles et en place. Les espèces qui vivent enfoncées dans le sable, la vase, les pierres, le bois, sont presque dans le même cas; mais cependant les circonstances n'étant pas si favorables à leur accumulation, les individus sont en général moins nombreux. Plus les espèces deviennent mobiles, moins grandes sont les accumulations d'individus, si ce n'est lorsque quelques unes des causes rapportées ci-dessus viennent à agir. Ainsi, peu de temps après que les œufs d'une seule et même portée sont éclos, on trouve réunis les petits animaux qui en sont sortis, et qui doivent se séparer par la suite. Quand les circonstances extérieures nécessitent que l'animal entre en torpeur, alors souvent un assez grand nombre d'individus se rassemblent dans les mêmes trous, les mêmes anfractuosités, parce qu'ils y trouvent le même abri; quelquefois la direction du vent ou de l'eau détermine aussi une réunion nombreuse d'individus, comme cela se voit pour les espèces marines ou lacustres qui nagent à la surface de l'eau, telles que les janthines, les limnées, les planorbes, et même les salpas ou biphores. Les circonstances de repos, de tranquillité, d'abondance de nourriture, causent aussi l'accumulation des mollusques dans certains lieux. Ainsi dans les anses, sur les côtés des embouchures de rivières, du côté surtout abrité du vent ordinaire, dans les fonds sablonneux où la main de l'homme ne traine pas ces instrumens destructeurs des animaux marins en général connus sous le nom de dragues, de chaluts, on est souvent étonné de la quantité de mollusques qu'on y trouve, tandis que dans des lieux fort voisins dans la même mer, mais où rien n'est favorable, on en rencontre à peine. Un seul accident peut aussi déterminer ces réunions; ainsi l'on voit souvent en mer flotter des débris de vaisseaux qui sont comme fleuris, tant ils sont couverts d'anatifes ou de balanes: l'œuf d'un seul individu bien attaché a suffi pour produire tous les autres.

Mais les réunions les plus singulières des individus d'une

même espèce de mollusques, sont celles dans lesquelles ils se greffent par les côtés de leur enveloppe extérieure de manière à former un tout, une sorte d'animal composé. On n'en voit cependant d'exemples que dans les acéphales les plus informes, parmi les ascidiens et les salpiens : ces réunions plus ou moins intimes semblent n'être que la continuation, ou mieux, la fixité de la disposition qu'avoient dans l'ovaire de l'animal les individus qui les forment ; il semble alors qu'il y ait une espèce de société forcée, puisqu'il résulte quelquefois de l'action de chaque individu un concours pour une action générale et utile à tous : c'est du moins ce qui paroît exister dans les botrylles, et peut-être dans les pyrosomes.

Art. 5. DES RAPPORTS, DES SEXES.

Le mode de reproduction des malacozoaires a aussi nécessairement une influence marquée sur le rapprochement des individus, mais il est évident que cela ne peut avoir lieu que dans les espèces chez lesquelles les deux sexes sont distincts sur un même individu, ou sur des individus différens, ici les rapports qui en résultent sont bien plus intimes.

On connoît assez peu la manière dont ces rapports s'établissent entre les individus de sexes différens, c'est-à-dire, dans la section des malacozoaires dioïques.

On le sait davantage dans celle des malacozoaires monoïques, c'est-à-dire dont les deux sexes sont réunis sur chaque individu, ce qui constitue l'hermaphrodisme insuffisant, parce qu'on a pu l'observer dans les limaces et les hélices, espèces qui peuvent le plus aisément être exposées à nos observations. Plus ou moins de temps après que ces animaux sont sortis de l'état de torpeur, ce qui dépend de la chaleur atmosphérique et de l'abondance de nourriture qu'ils ont pu se procurer, tous les individus parvenus à l'âge adulte qui n'est pas ici celui du plus grand développement, éprouvent un gon-

flement de tout l'appareil génital à la suite de l'irritation et de
la sécrétion de l'ovaire et du testicule. Ces individus se cherchent alors, se rapprochent, se caressent, s'essaient récipro
quement par des moyens différens pour s'assurer s'ils sont au
même degré d'énergie génitale; alors le rapprochement devient plus intime, le spasme s'empare des deux individus qui
tendent à s'accoupler, les organes excitateurs se déroulent
en dehors, s'enlacent réciproquement, se couvrent d'une
humeur spermatique abondante, et sont introduits dans l'o-
viducte de la partie femelle. Le rapport immédiat qui en
résulte dure un temps toujours fort long, mais un peu variable, et lorsque l'action réciproque du fluide spermatique de
l'un a eu lieu sur les germes de l'autre, l'éréthisme décroît peu
à peu, l'organe excitateur rentre quoique fort lentement dans
le corps de l'animal, et après un laps de temps qui nous est
inconnu, chaque individu va de son côté déposer ses œufs
dans des lieux favorables à leur développement.

Le plus souvent dans les mollusques monoïques les rapports génitaux n'ont lieu qu'entre deux individus, comme
dans les limaces et les hélices, mais quelquefois il faut qu'il
y en ait au moins trois, la disposition des organes ne permet-
tant pas l'accouplement réciproque de deux seulement. Dans
ce cas, celui du milieu pâtit comme femelle, avec le premier
qui agit sur lui comme mâle, et agit comme tel avec le troisième qui le supporte comme femelle; et, comme d'autres
individus peuvent ainsi s'ajouter à la suite des trois premiers,
il en résulte des cordons souvent fort longs dans lesquels tous
les individus intermédiaires au premier et au dernier agissent
à la fois dans les deux sexes, tandis que celui-là agit seulement comme mâle, et celui-ci seulement comme femelle. Ce
système d'accouplement se remarque dans toutes les espèces
de la famille des limnées.

Les mollusques hermaphrodites ou qui ne sont pourvus que
du seul sexe femelle, se suffisant à eux-mêmes, n'ont jamais

besoin de rapports avec d'autres individus de leur espèce : aussi
y en a-t-il un assez grand nombre qui ne peuvent changer de
place. A une certaine époque de l'année, ordinairement vers le
milieu du printemps dans nos climats, l'ovaire se gonfle,
s'étend, s'accroît sous l'aspect d'une substance d'un blanc
jaunâtre qui épaissit beaucoup le corps de l'animal, et qui
n'est qu'un amas innombrable de germes perceptibles seulement au microscope. Avant que d'être rejetés ou déposés
dans des expansions de l'ovaire, quelques auteurs rapportent
qu'une humeur laiteuse, sécrétée sans doute par une partie
de l'oviducte, se répand sur les œufs, et produit l'effet de la
liqueur séminale du mâle dans les mollusques monoïques ou
dioïques ; mais, quoi qu'il en soit, les œufs s'accroissent, éclosent
dans les oviductes qui contiennent ainsi de petits animaux
déjà revêtus de leur coquille ; ils en sortent soit en rompant les
parois même de l'oviducte, comme quelques auteurs le disent,
soit par la terminaison des ovaires entre les lobes du manteau,
comme cela est beaucoup plus probable. Plus souvent les œufs,
ou mieux les petits animaux qui ont été déposés à l'état d'œufs
dans les réservoirs formés par les branchies, en sortent par la
fente dorsale et postérieure qui s'ouvre dans le tube excrémentitiel.

Art. 6. DE LA DISPOSITION DU PRODUIT DE LA GÉNÉRATION ET DES
RAPPORTS DES PARENS AVEC LUI.

La forme sous laquelle le produit de la génération femelle
fécondée apparoît à l'extérieur, varie beaucoup, même dans
les genres de familles bien naturelles. Le nombre paroit toujours être assez bien en rapport avec la grandeur de l'espèce,
c'est-à-dire que les plus grosses sont celles qui produisent le
moins et les plus petites le plus ; l'âge des individus, et par
conséquent leur grosseur, doit avoir également quelque
influence sur ce nombre : il semble aussi que les espèces vivi-

pares produisent moins que les autres, et peut-être les terrestres moins que les aquatiques.

Dans la section des dioïques, le plus souvent c'est à l'état
d'œufs, mais quelquefois aussi c'est à l'état de petits vivans,
comme dans la paludine et dans plusieurs petites espèces de
sabots, ainsi que Ginnani l'avoit observé le premier, et que
l'a confirmé miss Warn.

Les œufs paroissent être toujours muqueux ou cornés, et
jamais réellement à enveloppe calcaire.

Quelquefois tous ceux qui sont pondus par un individu
forment une seule masse libre, flottante, dans laquelle ils sont
réunis de manières très-différentes, comme on le voit dans
les œufs de poulpes, de sèches, de calmars, de plusieurs
espèces de buccins, etc.; mais d'autres fois ils sont déposés
un à un et attachés sur les corps marins par une sorte de pédicule; c'est ce qui a lieu pour des espèces de buccins ou de
pourpres, et probablement de beaucoup d'autres genres. Les
femelles des mollusques ovovivipares ne rejettent leurs petits
que peu à peu, pendant toute la belle saison et à mesure qu'ils
se complètent, comme nous l'apprenons des observations de
miss Warn.

Dans la section des monoïques, il y a aussi des espèces vivipares (les partules de M. de Férussac paroissent être dans ce
cas); mais le plus grand nombre est ovipare.

Les œufs, le plus ordinairement muqueux ou cornés, sont
quelquefois, dans les espèces terrestres, revêtus d'une coque
calcaire, ce qui les fait ressembler aux œufs d'oiseaux ou de
reptiles. Ils semblent être toujours sessiles, souvent séparés,
ou seulement ramassés en tas, mais aussi quelquefois réunis
au moyen d'une matière glaireuse qui en fait un tout, comme
ceux des limnéens, ou des bandes gélatineuses, comme ceux
des doris et genres voisins.

On ne sait pas trop comment les germes des mollusques
hermaphrodites céphalés sortent du corps de leur mère. Mais

il paroît que ceux de tous les malacozoaires acéphalés naissent
à l'état vivant et un à un.

Il n'y a qu'un très-petit nombre de mollusques qui paroissent prendre quelque soin du produit de leur génération : on
le dit des poulpes; mais cela n'est rien moins que certain.
Adanson nous rapporte que la femelle de la volute gondole
recueille ses petits pendant quelque temps dans le pli de son
pied; la femelle de la paludine ovipare les porte aussi pendant quelques jours sur sa coquille, et probablement au fur
et à mesure qu'ils sortent de son oviducte. Il en est de même
des néritines et des navicelles, ce qui a fait donner à l'une des
premières le nom de pulligère.

Quant aux œufs, il est certain que l'animal les place souvent d'une manière convenable, comme cela se voit dans les
buccins qui en ont de pédonculés. La janthine, qui paroît
toujours flottante, en entoure sa coquille; les limaces, les hélices les cachent dans des anfractuosités, sous des pierres, à
l'humidité et à l'abri du soleil. L'ocythoé de l'argonaute paroit
les placer constamment dans le fond de la coquille qu'il habite.

Il n'y auroit rien d'étonnant que les moules attachassent leurs
petits avec leur pied canaliculé.

Les balanes, etc., pourroient fort bien aussi en faire autant
à l'aide de la longue trompe qui termine leur oviducte.

Tous les autres mollusques les rejettent à peu près au hasard, et c'est à la viscosité qui les entoure qu'est probablement due la faculté qu'ils ont de s'attacher aux corps submergés, et par suite l'avantage de se trouver placés dans la position convenable à leur espèce.

Ces œufs paroissent jouir d'une force de vitalité assez grande,
puisqu'ils peuvent être desséchés sans perdre leur faculté de
développement. Ce n'est en effet que par là qu'on peut expliquer le fait observé par Adanson au Sénégal, d'une petite
espèce de bulin ou de physe, qui chaque année est extrêmement abondante dans les marécages formés par l'eau des pluies

qui tombent en juin, juillet, août et septembre, quoique ces marais soient ensuite desséchés pendant cinq à six mois, et pour ainsi dire brûlés par le soleil le plus ardent; fait qui se trouve parfaitement en rapport avec l'expérience de M. Leechs sur le desséchement réitéré des œufs de la limace agreste, sans perdre la propriété de se développer.

———

CHAPITRE IX.

DES RAPPORTS DES MALACOZOAIRES AVEC LE RESTE DES ÊTRES.

Art. 1.er AVEC LES AUTRES ANIMAUX.

Les rapports des animaux de ce type avec les autres animaux ne leur sont en général pas favorables, c'est-à-dire qu'ils ont bien plus souvent à les fuir qu'à les rechercher. En effet, quoiqu'il y en ait un certain nombre qui soient zoophages, il en est peu qui attaquent des animaux des classes supérieures : peut-être même n'y a-t-il que les brachiocéphalés qui soient dans ce cas, puisqu'ils se nourrissent de crustacés et de poissons. Toutes les autres espèces zoophages n'attaquent que des animaux de leur classe, et surtout de la classe des acéphalés qui se meuvent assez difficilement : aussi peut-on dire, d'une manière générale, que le type des malacozoaires n'a qu'une foible action sur les types précédens, tandis qu'au contraire ceux-ci ont sur lui une action destructive considérable. En effet un certain nombre de mammifères aquatiques, comme les cétacés, les morses, mais surtout les oiseaux qui habitent les eaux, les amphibiens, les poissons même, recherchent avec plus ou moins d'avidité les mollusques nus ou conchylifères, brisent la coquille de ces derniers et les dévorent. Aussi ce groupe d'animaux ne paroît-il échapper à la destruction que par les lieux qu'ils habitent, et par l'immensité de leur multiplication.

M. Mielzinsky a observé dernièrement que le mollusque de l'hélice némorale paroît être la proie d'un hexapode à l'état de larve, insecte dont il a cru devoir former un genre nouveau, nommé, à cause de ses habitudes, *cochleoctone*, mais que M. le professeur Desmarest a montré n'être que celle du *drilus flavescens* d'Olivier, ou PANACHE JAUNE de Geoffroy , dont on ne connoissoit jusqu'alors que le mâle, et dont le *cochleoc-tone* est la femelle.

Art. 2. AVEC L'ESPÈCE HUMAINE.

L'espèce humaine, dans ses rapports avec les malacozoaires , en tire aussi beaucoup plus d'avantages, qu'elle n'en éprouve de dommages.

§. 1.er *Des avantages.*

Nous voyons en effet qu'un assez grand nombre d'espèces de mollusques font partie de sa nourriture, non seulement chez les peuples sauvages ou à demi sauvages, mais même chez les peuples civilisés. Les nations sauvages qui vivent sur les bords de la mer, font un grand usage des mollusques dans leur nourriture, comme nous l'apprenons d'Adanson, pour les peuplades qui habitent l'Afrique occidentale, de Molina pour celles du Chili, de Péron pour celles de la Nouvelle-Hollande, de Forster pour celles des îles de la mer du Sud, etc. Mais même dans nos pays civilisés , les mollusques font souvent une grande partie de la nourriture des habitans de nos rivages maritimes, surtout dans les endroits où la population est généralement pauvre, et où certains jours de la semaine ou de l'année sont consacrés par l'abstinence religieuse, comme en Grèce, en Italie, surtout dans les Etats de Naples et dans quelques parties de la France.

La nourriture que l'homme tire des animaux du type des malacozoaires, en général assez agréable au goût, est en outre souvent assez profitable, et même excitante; mais elle est quelquefois dure et même indigeste , surtout lorsqu'elle est retirée des parties musculaires qui composent le pied, et qu'on la fait trop cuire.

Les bivalves paroissent être en général plus estimés et d'une saveur plus agréable que les univalves, parce qu'ils ont une moins grande quantité de fibres musculaires. En effet, dans les premiers, les plus recherchés sont ceux dont la masse abdominale est nulle ou peu considérable, comme les huitres, les moules, les lithodomes ou dails, les pholades, et surtout les tarets, d'après l'observation de Rédi, qui les dit beaucoup plus délicats que les huitres.

Comme la masse qui compose le corps de ces animaux, surtout quand on les mange crus, contient une quantité plus ou moins grande d'eau de mer, qui agit souvent comme purgatif, il n'est pas étonnant que l'homme éprouve souvent un effet de cette nature, quand il mange un nombre un peu considérable de ces animaux; mais il est prouvé que, dans certaines circonstances à peu près inappréciables, et même sur certains individus, l'effet est beaucoup plus intense, et suivi d'accidens souvent fort graves, comme on le voit pour les huitres, et surtout pour les moules. Un vomitif d'abord, et ensuite du vinaigre, sont les meilleurs moyens pour combattre les accidens déterminés par l'ingestion de ces dernières, qui doivent leur qualité vénéneuse au frai d'étoiles de mer.

La préparation que l'homme fait subir aux mollusques dont il se nourrit, est souvent nulle, c'est-à-dire qu'il les mange, non seulement crus, mais même vivans ; c'est ce qu'il fait surtout pour les huitres et quelques genres voisins ; mais bien plus souvent il les fait cuire complètement dans l'eau de mer, ou dans une eau salée artificielle, comme cela a lieu pour tous les mollusques céphalés, et même pour une partie des acéphalés, tels que les peignes, les moules, les bucardes, les vénus, etc. D'autres fois la cuisson s'opère dans du beurre, de la graisse fondue, ou de l'huile; c'est ce que l'on fait en France, en Italie, et surtout en Grèce, pour le manteau frais ou desséché des calmars et des sèches. Les nations sauvages leur font subir une autre préparation ; elles les dessèchent à l'action de la fumée, ce qu'on nomme *boucaner*, ou même seulement en les exposant à un air chaud et sec; et souvent les mollusques ainsi préparés deviennent des objets de commerce, susceptibles d'être transportés, comme Molina nous le rapporte d'une espèce d'ascidie aggrégée qu'il a nommée *pyura*.

Mais ce n'est pas seulement comme objets de nourriture que les malacozoaires peuvent être utiles à l'homme. Quelques uns, en petit nombre à la vérité, lui fournissent des matériaux de vêtemens ; tels sont les pinnes-marines ou les jambonneaux dont les filamens, qui constituent leur byssus, sont employés, de temps immémorial, par les habitans des rives de la Méditerranée, et surtout par ceux de la Sicile, à former des tissus aussi remarquables par la beauté et la fixité de leur couleur naturelle, que par leur légèreté et leur propriété de retenir la chaleur.

La demi-transparence qu'offrent les valves du genre Placune, est cause que les habitans de la Chine et des Philippines, les emploient pour garnir leurs fenêtres, ou pour remplacer les carreaux de vitres.

La propriété dont jouissent certaines parties de coquilles univalves et bivalves, de réfléchir les rayons lumineux en les décomposant, ce qui caractérise la nacre irisée, les a fait employer comme objets de parure ou d'ornement. C'est ainsi que nous recherchons une disposition maladive de cette partie développée, soit au contact de la coquille, soit dans le tissu même de l'animal, et qui accidentellement prend avec une couleur plus ou moins blanche, plus ou moins transparente, une forme régulière globuleuse, ovale ou de poire, ce qui constitue les perles. Nous enlevons aussi artificiellement de ces coquilles des morceaux plus ou moins épais de la nacre ; et, suivant leur forme plane ou courbe, épaisse ou mince, nous en faisons l'ornement d'une multitude d'instrumens, des tables et des panneaux de meubles, enfin des bijoux à l'usage des femmes, notamment les pendans d'oreilles en coques qui sont formés avec des cloisons du fond de la coquille de l'argonaute.

Nous avons déjà fait remarquer que l'espèce humaine tire encore des animaux du type des mollusques plusieurs objets utiles à l'art de la peinture et à celui de la teinture ; en effet, s'il n'est pas absolument prouvé que l'encre de la Chine soit formée avec la matière déposée dans la vessie d'espèces de cryptodibranches, cela est au moins certain pour la sépia qui a même reçu ce nom de ce qu'on obtient cette matière colorante si finement et si également divisée, des sèches de nos pays.

Il n'est pas moins hors de doute que les anciens extrayoient la belle couleur pourpre dont ils teignoient les vêtemens presque exclusivement consacrés aux princes, d'une espèce de mollusques subcéphalés de la famille des pourpres qui habitoit les bords de la Méditerranée, surtout vers les rivages de Tyr, et qu'il seroit sans doute aisé de retrouver ou de remplacer par quelques espèces de nos mers, comme l'ont proposé Réaumur, Templeman et plusieurs autres auteurs ; mais la petite quantité de cette couleur que l'on retiroit de chaque individu, et par conséquent la grande difficulté de la teinture, ont dû porter à abandonner cet emploi des mollusques, surtout quand on a eu trouvé à remplacer la pourpre par la couleur également belle que fournissent en abondance le kermès et la cochenille.

Nous ne nous arrêterons pas long-temps à exposer les propriétés thérapeutiques que l'ancienne médecine attribuoit à certaines parties des mollusques, parce que le temps ne les a pas respectées et les a à peu près détruites successivement. La seule peut-être qui ait résisté est celle de calmant, d'adoucissant dans les maladies de poitrine, que l'on cherche encore dans l'emploi des bouillons de limaces et d'hélices, qui, cependant, n'est rien moins que spécifique ; et enfin la propriété légèrement purgative des huîtres, des peignes, mangés crus, et probablement, comme il a été dit plus haut, à cause de l'eau de mer qu'ils contiennent.

§. 2. *Des désavantages.*

D'après ce qui vient d'être dit, il est évident que le type des mollusques n'a d'utilité bien certaine que comme nourriture, mais aussi on va voir que ces animaux nous·nuisent encore moins qu'ils ne nous sont utiles.

Les poulpes sont peut-être les seules espèces qui par leur instinct carnassier puissent nous nuire sous le rapport de notre nourriture animale. Il est en effet bien connu qu'ils causent beaucoup de tort aux pêcheurs de crustacés par la grande destruction qu'ils font de ces animaux, parce que, comme eux, ils habitent les endroits rocailleux.

Notre nourriture végétale éprouve des pertes indubitablement plus grandes par la voracité des limaces et des hélices qui habitent nos champs et nos jardins; mais c'est un inconvénient proportionnel au développement de notre industrie agricole ou horticole qui accumule dans un petit espace les substances dont ces animaux sont le plus friands.

Nos habitations en pleine terre ne paroissent éprouver aucun dommage de la part des mollusques; mais il n'en est pas de même de nos constructions sur les bords de la mer ou de celles qui sont destinées à flotter à sa surface. Les vénus lithophages, et surtout les dails ou moules lithophages et les pholades, pour se loger dans les pierres qui constituent nos digues, les percent dans tous les sens; et, quoique cela ne soit jamais très-profondément, elles peuvent cependant en hâter la destruction.

Cela est beaucoup plus évident pour les tarets qui choisissent le bois pour y creuser leur demeure; les pays qui ont employé dans la construction des digues qui les mettent à l'abri des invasions de la mer, des pilotis de bois, les ont, au bout d'un assez petit nombre d'années, vus tellement percés au-dessous du niveau de l'eau, qu'il a fallu les renouveler. Les vaisseaux qui séjournent long-temps dans les ports et dans les bassins sont aussi exposés à l'action destructive de ces animaux, surtout, à ce qu'il paroît, dans les mers des pays chauds ; enfin il n'est pas jusqu'aux arbres vivans dont les racines ou la tige sont submergées qui ne puissent être attaqués par les tarets, comme Adanson le rapporte des mangliers des bords du Niger, au Sénégal.

§. 5. *Manière d'obtenir ou de détruire les malacozoaires.*

Les différens avantages ou dommages que les mollusques peuvent occasionner à l'espèce humaine ont dû la déterminer à imaginer quelques moyens d'augmenter les uns et de diminuer les autres.

C'est dans la première catégorie que doivent être rangés, 1.° l'art d'élever les hélices dans des lieux favorables à leur développement, de leur fournir abondamment les substances qui leur servent de nourriture habituelle, et même celles dont l'usage produit en eux certaines qualités recherchées, comme il paroît que les Romains l'avoient fait; 2.° l'art de parquer les huîtres, c'est-à-dire d'introduire dans les lieux choisis dans lesquels on les place, une certaine quantité d'eau douce provenant de la pluie ou d'une rivière, de la laisser en stagnation, afin que les huîtres perdent l'âcreté, la dureté qu'elles avoient en sortant de la mer, et même que par le développement d'une espèce de vibrion, comme l'a démontré M. Gaillon, dans cette espèce d'eau stagnante, ces mollusques en même temps qu'ils s'attendrissent encore davantage, prennent avec la couleur verte une saveur piquante plus ou moins poivrée ; 3.° l'art de disposer les moules dans des lieux également déterminés, d'y faciliter leur développement et leur multiplication.

Il faut aussi rapporter à cette première division les moyens que l'homme a inventés pour découvrir, saisir, ramasser et conserver les espèces de mollusques qui peuvent lui être utiles.

Il en est peu qui puissent se prendre dans des filets fixes ou mobiles ; les sèches et les calmars sont peut-être les seuls mollusques dans ce cas, parce qu'ils nagent en pleine eau à la manière des poissons. Quelques espèces peuvent être presque pêchées à la ligne ; telles sont les olives, d'après ce que nous a appris M. Mathieu , dans les parages de l'Ile-de-France.

Les espèces fixées ou presque immobiles, peuvent être recueillies à la main, quand elles sont à la surface des corps que la mer découvre dans ses mouvemens journaliers, mensuels ou annuels, comme les patelles, les haliotides, et même les moules et les ascidies ; mais quand c'est à une profondeur telle que dans les marées les plus basses, jamais elles ne sont à découvert ; alors on est obligé de les détacher avec des râteaux à dents de fer ou avec une espèce de grattoir de même substance derrière lequel est un sac ou gros filet qui les reçoit ; c'est ce que l'on fait pour les huîtres , du moins dans nos pays ; car dans ceux où elles s'attachent aux branches des mangliers, il suffit de couper celles-ci pour emporter souvent plusieurs centaines d'huîtres à la fois.

Les mollusques qui s'enfoncent dans la vase ou dans le sable, n'ont besoin que de fourches ou de crochets plus ou moins longs pour être atteints et enlevés ; quelquefois même en ayant soin de remarquer le trou creusé dans le sable par lequel ces animaux communiquent avec l'eau, quand il en est recouvert et en y mettant un peu de sel, l'action de cette substance les fait sortir en partie hors de leur retraite ; c'est ce qui a lieu pour les solens.

Enfin pour obtenir les espèces qui vivent dans les rochers, ou même dans le bois, comme leur corps est conique ainsi que leur loge, la partie la plus large étant en arrière, il faut briser la pierre ou le bois qui les contient.

Pour diminuer les désavantages que les mollusques peuvent nous causer, il est évident qu'il faut aussi les rechercher. les saisir, dans le but de les détruire, ou bien rendre moins nombreuses et moins favorables les circonstances qui peuvent en favoriser le développement et la multiplication, ou enfin envelopper les corps que certaines espèces peuvent creuser, de substances inattaquables ou les remplacer par celles qui ne le sont pas; ces deux dernières indications sont remplies en couvrant de lames de cuivre ou d'autres substances la partie submergée des pilotis ou des vaisseaux, ou en les construisant avec certaines espèces de bois qui jouissent de la propriété de n'être pas attaqués par les mollusques xylodomes.

Art. 3. DES RAPPORTS DES MALACOZOAIRES AVEC LES VÉGÉTAUX.

Les rapports des malacozoaires avec les végétaux ne sont que d'utilité pour eux, puisqu'un assez grand nombre d'espèces s'en nourrissent comme nous l'avons vu plus haut, et même que quelques uns peuvent s'y creuser une loge ou un abri.

Art. 4. DES RAPPORTS DES MALACOZOAIRES AVEC LE RÈGNE MINÉRAL ET AVEC LA MASSE DE LA TERRE.

Enfin les rapports des mollusques avec le règne minéral, et par conséquent avec la masse de la terre qu'ils contribuent à former, ne sont pas sans intérêt; car, sans chercher ici à résoudre la question physiologique de savoir si les mollusques conchylifères empruntent au règne inorganique la matière calcaire qui compose leur coquille, ou s'ils la forment de toutes pièces, il est cependant certain qu'ils produisent au moins des changemens à la surface de la terre, en accumulant dans des endroits plus que dans d'autres cette matière, et par conséquent qu'ils changent la physionomie ou la structure superficielle du globe dont l'étude constitue la géognosie.

La manière dont se fait cet accroissement est toute différente, suivant que les mollusques dont proviennent les co-

quilles étoient fixés, ou ne l'étoient pas, vivoient enfoncés
dans la vase, dans le sable, ou étoient libres à la superficie
des rochers ou du sol. Ainsi les huîtres dans nos pays, les pintadines ou avicules régulières dans les pays chauds, ainsi que
les spondyles et plusieurs autres bivalves, forment par leur accumulation des bancs plus ou moins étendus, des couches plus
ou moins épaisses, horizontales, où les coquilles sont encore
aujourd'hui dans la même position où elles ont vécu anciennement, et presque sans mélange de corps étrangers. Quoique
cela soit moins évident pour les bucardes, les tellines, les lutricoles, les myes, etc., et tous les genres de bivalves qui vivent
verticalement enfoncés dans le sable ou dans la vase, on voit
cependant que ces coquilles doivent former aussi des espèces
de couches, parce que les individus nouvellement nés sont
déposés par leurs parens au-dessus d'eux-mêmes, en sorte que
ceux-là s'enfonçant dans le sable à mesure qu'ils grossissent,
dépriment leurs parens, et successivement les individus qui
sont au-dessous d'eux, de manière à les éloigner assez de la
surface du sol, pour que leurs tubes ne puissent plus atteindre
l'ean, ce qui les fait mourir. Alors leurs coquilles, verticales,
quand l'animal étoit vivant, s'inclinent peu à peu, deviennent horizontales, se remplissent de la substance dans laquelle
elles étoient enfoncées, résistent à la pression des couches accumulées, de manière quelquefois à rester bien entières avec toutes leurs aspérités, ou sinon se brisent, se
cassent en se disposant par lits plus ou moins purs de toute
autre coquille, ou même de substance étrangère. C'est ce
que l'on voit très-bien dans les alluvions formées à l'embouchure actuelle de nos grands fleuves, ou dans les anses
des rivages de nos mers, où les courans se font peu sentir, ce qui fait présumer par analogie qu'aux endroits de nos
continens où l'on trouve de semblables accumulations, il
y avoit autrefois une embouchure de rivière, ou quelque
gorge où les eaux formoient un remous. Les autres mollusques

vivant librement au fond des eaux douces et salées, sans s'enfoncer dans le sable ou la vase qui en fait le fond, ou qui ne s'enfoncent que dans la partie mobile, abandonnent à leur mort leurs coquilles; celles-ci roulées, culbutées, pendant plus ou moins long-temps, contre les rochers et les saillies du sol, par les mouvemens des ondes, se brisent, se réduisent à l'état fragmentaire plus ou moins fin, et sont alors entraînées dans la direction habituelle des courans, des vents, et accumulées le long des rivages, surtout dans les baies, sur une étendue et à une hauteur souvent considérables. Les couches qui en résultent sont ainsi entièrement composées de fragmens plus ou moins gros de coquilles souvent roulées, qui ont par conséquent perdu leurs aspérités, et de genres souvent très-différens, ce qui dépend un peu des localités. L'on remarque aussi que dans la structure de ces couches, les fragmens se sont en général déposés d'après les lois de pesanteur spécifique, et qu'ils sont peu ou point entremêlés de vase ou d'autres substances étrangères; les coquilles entières qui ont échappé à l'action destructive des courans, étant remplies jusqu'au fond de détritus ou de sable coquillier. On voit un bel exemple de cette espèce d'augmentation de nos continens dans plusieurs points de la vaste baie qui est entre le cap la Hêve et la presque île du Cotentin, et surtout du côté de celle-ci. Ce sont ces dépôts qui, dans la suite des temps, par l'action long-temps continuée de la pression des couches supérieures, ainsi que par la tendance de la matière inorganique ainsi pressée et brisée, à cristalliser, se solidifieront de plus en plus, et se convertiront en roches calcaires, qui finiront elles-mêmes par ne plus offrir de traces de leur ancienne disposition organique.

CHAPITRE X.

DES PRINCIPES DE CLASSIFICATION DES MALACOZOAIRES.

Les principes généraux de la distinction des espèces de mollusques et de leur classification, afin d'en faciliter la connoissance, sont absolument de même sorte que ceux qui sont appliqués aux autres types du règne animal. La facilité que l'on a eue de recueillir et de conserver les coquilles ou les enveloppes de ces animaux, la beauté de forme et de couleur qui les distingue souvent, et surtout la considération qu'elles existent seules dans la composition de certaines couches de la terre, ont fait penser quelquefois que non; mais c'étoit véritablement à tort. Ainsi le principe par excellence, que c'est l'ensemble de l'organisation qui doit servir de guide au malacologiste, et que ce sont les organes extérieurs qui doivent la traduire et fournir les caractères distinctifs, est admissible dans cette partie de la zoologie, comme dans toute autre. Mais comme l'ensemble de l'organisation est quelquefois assez rigoureusement traduit par la coquille, et que celle-ci est évidemment une des parties extérieures les plus saillantes, et dont on a le plus besoin dans l'application accessoire à la géologie, il en est résulté que l'on a pu se tromper dans l'application du principe et croire que l'on pourroit arriver à la classification méthodique des mollusques par la considération seule de la coquille; ce qui nous paroît une erreur.

Art. i. DANS L'ÉTABLISSEMENT DES COUPES SECONDAIRES, TERTIAIRES, etc.

La considération du séjour, et encore moins celle de la patrie, ne doivent avoir aucune importance dans la classification des mollusques, parce qu'elles ne fournissent jamais de caractères qui soient inscrits sur l'animal ou sur sa coquille.

Celle de l'espèce de nourriture ne le doit pas beaucoup davantage, parce que, quoiqu'il soit possible de concevoir une certaine corrélation d'organes visibles avec la structure de l'appareil digestif plus ou moins modifié pour telle ou telle substance alimentaire, cependant cela n'a jamais lieu : aussi trouve-t-on des espèces essentiellement carnivores, comme les testacelles, auprès d'espèces herbivores, comme les limaces.

L'existence ou l'absence d'un corps protecteur est d'une importance évidemment déjà plus grande, puisque c'est un caractère tout-à-fait apparent; cependant il est aisé de voir que quoique le nombre des exceptions soit assez peu considérable, il est vrai de dire que dans le même genre on peut trouver des espèces conchylifères, et d'autres complètement nues : c'est ce que l'on voit, par exemple, parmi les bulles, les aplysies, les sigarets, etc.

La forme particulière du corps dont la partie viscérale, faite en un tortillon plus ou moins élevé, est encore de moindre importance.

Les appendices, les lobes, les cirrhes, qui bordent le manteau, n'importent pas non plus beaucoup à considérer, si ce n'est peut-être dans les lamellibranches, chez lesquels la considération des lobes tubuleux, qui prolongent en arrière le manteau, présente des caractères de valeur réelle.

La distinction complète, incomplète ou nulle, de la tête du reste du corps, conduit à des divisions de premier ordre dans le type des malacozoaires, mais c'est un caractère qui n'est pas toujours bien tranché.

Le nombre, la forme, la position des appendices tentaculaires qui accompagnent la tête, ont peut-être quelque chose de plus constant encore, et par conséquent de plus essentiel à étudier pour l'établissement d'une classification parmi les mollusques. On trouve cependant quelquefois des

espèces d'anomalies inexplicables : telle est celle des cary-
chiums, chez lesquels les véritables tentacules disparoissent
peu à peu, tandis que tous les animaux de la même famille
les ont fort évidens.

La position des yeux est aussi digne de quelque considération, mais moins peut-être que les tentacules. On trouve en
effet des genres de la même famille, ou même des espèces
des mêmes genres, qui ont des yeux subpédonculés, et d'autres
qui les ont sessiles.

La forme, la position de l'organe principal de la locomotion,
c'est-à-dire du pied et des appendices natateurs, donnent lieu
à des considérations d'une valeur encore plus grande dans la
classification des malacozoaires; et, comme les caractères qu'on
en tire sont bien évidemment extérieurs, il n'est pas étonnant qu'on les ait employés si souvent et avec beaucoup d'a-
vantages.

Un meilleur caractère peut-être, sous le rapport de son importance, mais qui paroît malheureusement plus difficile à
observer, ce qui sans doute a empêché de l'employer, est
celui qu'on peut tirer de l'armature de la bouche, soit à son
orifice, soit dans son intérieur, puisqu'elle est en rapport
avec l'espèce de nourriture.

Un autre encore préférable, parce que le plus ordinairement il concorde assez bien avec la forme de la coquille, se
tire de la position, de la forme symétrique ou non, et même
de la structure des organes de la respiration; mais malheureusement, quoique ces organes soient le plus souvent à peu
près extérieurs, il faut une certaine habitude pour employer
ce caractère avec avantage.

Mais la partie de l'organisation des malacozoaires qui paroît jusqu'ici offrir le caractère d'une plus grande valeur,
est celle qui constitue l'appareil de la génération, composé
des deux sexes partagés sur des individus différens, ou réunis
sur un seul individu, ou enfin formé d'un seul sexe femelle.

Malheureusement encore ce caractère est entièrement anatomique, et par conséquent difficilement applicable en zoologie.

Enfin la considération de la coquille seule ne doit pas être
regardée absolument comme de nulle valeur, ou comme inutile, surtout si l'on envisage successivement les différences
suivant leur degré d'importance : 1.° le nombre de pièces qui
entrent dans sa composition univalve, subbivalve ou operculée, bivalve, tubivalve et multivalve ; 2.° la position sur le
corps de l'animal, dorsale comme dans tous les céphalés, dorsale et ventrale comme dans un petit nombre de céphalés et d'a-
céphalés, ou enfin bilatérale comme dans tous les lamellibran-
.ches ; 3.° les indices de ses rapports avec l'appareil respiratoire, c'est-à-dire l'existence d'une échancrure ou d'un tube à
l'extrémité antérieure de l'ouverture dans les univalves, ou
d'un bâillement plus ou moins considérable de l'extrémité postérieure dans les bivalves ; 4.° les indices de ses rapports avec
le système musculaire de l'animal, ce qui constitue l'impression
musculaire, simple dans la très-grande partie des univalves ,
mais seulement visible dans les patelloïdes et les otidés, plus
ou moins complexe dans les bivalves, et formée, comme nous
l'avons vu plus haut, par une, deux, ou même plusieurs empreintes des muscles adducteurs, une, deux ou un plus grand
nombre d'empreintes des muscles rétracteurs du pied, par la
ligule marginale ou palléale, indice de l'attache des bords du
manteau, et enfin en arrière par celle des tubes de la respiration ; 5.° la forme symétrique ou non, ce qui entraîne la similitude ou la dissemblance des pièces dans les bivalves ; 6.° la forme
de l'ouverture dans les univalves, la manière dont chaque bord
et la columelle, ou son dépôt vitreux, contribuent à la former
ou à la modifier ; 7.° le système ligamenteux et d'engrenage des
deux pièces d'une coquille bivalve, c'est-à-dire la position et
la forme du ligament, celles de la charnière et des dents qui
la composent, en faisant l'observation que chaque véritable

espéce a un système d'engrenage particulier ; 8.° la considération de l'existence ou de l'absence d'un opercule dans les
univalves, de sa structure, de sa forme, etc.; 9.° la forme totale
de la coquille, la proportion de la spire et de l'ouverture
dans les univalves, la direction de celle-là, et dans les bivalves
la proportion des deux côtés de chaque valve, la direction
des sillons qui en labourent la superficie, le système de coloration, de couverture épidermique, etc.

D'après cet examen rapide du degré d'importance relative
des caractères que peuvent offrir les différentes parties de
l'organisation des mollusques, et d'après l'observation qu'il
est souvent utile d'envisager leurs dépouilles ou corps protecteurs à part ; quoique cette partie soit réellement peu
importante, on devra, autant que possible, prendre pour
base de la classification la forme générale du corps, la distinction plus ou moins complète ou nulle de la tête, et l'organe qui ensuite modifie le plus la coquille, c'est-à-dire celui
de la respiration ; toutefois en faisant observer que la même
forme de coquille peut quelquefois, quoique rarement, se
représenter dans des genres assez différens : telle est, par
exemple, la forme des haliotides qui existent dans les pulmobranches, dans les chismobranches et dans les otidés ; il en est
de même de la forme patelloïde, turriculée, etc.

Ce sont ces principes qui nous ont guidés dans la classification
du type des véritables malacozoaires, et des malentozoaires ou
molluscarticulés, que nous avons suivie dans le système général de malacologie que nous allons exposer sous forme
d'un *genera* qui nous paroît manquer à la science, et que
nous avions exécuté depuis plus de sept ans pour l'Encyclopédie d'Edinbourg, d'après la prière de notre ami M. le
D.ᵣ Leach, auquel nous l'avions envoyé, et qui paroit l'avoir
égaré. Depuis ce temps nous avons toujours travaillé à le
perfectionner. Nous avons cherché à ne rien oublier des
travaux des malacologistes et des conchyliologistes les plus

récens, en indiquant tous les genres qu'ils ont établis comme
de simples subdivisions parmi les espéces des genres à peu près
admissibles. On en trouvera cependant encore un plus grand
nombre que ne devroit le permettre notre principe, qu'un
genre n'est bon que lorsqu'il est établi *sur des différences d'or-*
ganisation, concordantes avec des différences dans les mœurs,
et traduites par des caractères extérieurs; mais ici il a fallu
faire fléchir un peu la régle pour se rendre plus utile, et
surtout parce qu'on ne connoît pas encore suffisamment l'animal de toutes les coquilles.

Mais, avant de passer à l'exposition de ce systéme de classification dont nous venons de présenter les principes jusqu'à
la formation des genres et des sous-genres, voyons un peu quels
sont ceux qui peuvent servir à la distinction des espéces,
partie de la science la plus difficile dans tous les types de la
série animale, mais plus encore ici que dans aucune autre,
à cause de l'emploi que l'on a voulu faire de la coquille seule
pour cette distinction.

Art. 2. DANS LA DISTINCTION DES ESPÈCES.

L'espéce dans un point quelconque de la série animale ne
peut être déterminée d'une manière certaine, que par des
différences dans quelque partie de l'appareil de la génération, et surtout dans ses parties accessoires, quoiqu'il puisse
y en avoir de concordantes ou non dans d'autres appareils.
Les différences de cette seconde sorte ne sont jamais aussi
essentielles; à plus forte raison quand elles ne se remarquent
que dans des parties auxquelles le nom d'organes ne peut
pas même convenir, qui ont un usage, mais pas de fonctions, comme les coquilles. Ce principe s'applique d'une
manière rigoureuse à la distinction de l'espèce parmi les
malacozoaires. Toutes les véritables espèces que nous avons

pu examiner dans un genre bien naturel et très-nombreux,
comme celui des hélices, par exemple, nous ont toujours offert
quelque différence dans l'appareil de la génération, à plus
forte raison les individus d'une même espèce, quand les sexes
sont séparés, comme cela se voit dans tous les rochers, les
buccins, etc. : aussi, dans ce dernier cas, les différences ne se
bornent pas à l'animal, mais s'étendent à la coquille qui est
toujours plus grosse, plus renflée dans les femelles que dans les
mâles. Nous nous sommes également assurés, comme Adanson,
le seul auteur qui ait réellement envisagé la distinction des
espèces des mollusques d'une manière convenable, l'avoit
depuis long-temps observé, que même des parties de l'animal, comme des lobes, des appendices du manteau varient
en plus ou en moins avec l'âge, l'époque de l'année, et par conséquent la coquille; et que les différences de celle-ci ne se bornent pas à la couleur, à l'état lisse ou rugueux, à l'épaisseur, à
la grandeur, au développement des varices, cordons, tubercules, mais qu'elles s'étendent à la forme de l'ouverture et
à la proportion des parties.

Si le sexe et l'âge ont une influence évidente pour déterminer des différences sur l'animal mollusque, et par suite
sur sa coquille, il n'est pas moins évident que des circonstances inappréciables peuvent agir moins profondément sans
doute, c'est-à-dire peu sur l'animal, mais bien sur la couleur, sur la grandeur et sur la proportion des parties de la
coquille; c'est ce dont on a des preuves certaines pour des
espèces dont on peut voir à la fois un très-grand nombre
d'individus : l'hélice némorale, la limnée stagnale, la petite
pourpre de nos côtes (*buccinum lapillus*), la néritine de nos
rivières, la patelle vulgaire, l'huître comestible, la moule
édule, la mulette des peintres, plusieurs espèces de bucardes, la vénus treillisée et plusieurs autres espèces sont
dans ce cas, c'est-à-dire qu'on trouve dans la même localité
des individus qui diffèrent les uns des autres par tous les

caractères de la coquille, que nous avons énumérés plus
haut.

A plus forte raison pourrons-nous concevoir que l'ensemble
des circonstances jusqu'à un certain point appréciables, qui
constituent les localités, et qui ont agi depuis un temps fort
long, auront pu se faire sentir d'une manière presque fixe
sur une succession d'individus de la même espèce, et déterminer sur les coquilles des différences dans la grandeur, la
proportion, les couleurs, le système de coloration, et même
dans l'état de la superficie, lisse ou rugueux, surtout lorsqu'on
les comparera à d'autres individus de la même espèce, vivant depuis une longue suite de siècles dans des localités
différentes. Ces différences ne constituent donc réellement,
à ce qu'il nous semble, que de simples variétés fixes, d'autant plus dissemblables que les localités seront plus éloignées,
et que l'on pourra, si l'on veut, décorer du nom d'espèces
locales, mais qui ne sont pas réelles; et en effet, quand on
vient à rassembler ces prétendues espèces d'un grand nombre
de localités différentes, on trouve qu'elles passent les unes
aux autres d'une manière tout-à-fait insensible. M. Defrance,
qui a eu occasion de faire les mêmes remarques pour la distinction des coquilles fossiles, s'enquiert pour savoir si une
espèce est véritable, si celle dont elle se rapproche le plus se
trouve à la fois avec elle dans la même localité. Quoique cette
règle ne soit pas encore très-rigoureuse, cependant elle peut
aider dans un sujet aussi difficile et aussi important pour la géologie. L'étude minutieuse des espèces vivantes peut seule
fournir des moyens analogiques pour diminuer la difficulté, et
par conséquent fournir aux géologues les moyens de résoudre
les problèmes d'analogie de couches dont ils s'occupent dans
la structure des terrains secondaires et tertiaires.

CHAPITRE XI.

BIBLIOGRAPHIE MALACOLOGIQUE,

ou

Catalogue des principaux auteurs qui ont écrit sur l'organisation, les mœurs, les habitudes, les usages, et enfin sur la classification des malacozoaires (1).

ABILDGAARDT (Pierre-Chrétien). *Zoologia Danica* , de Muller.

ADANSON. Histoire naturelle du Sénégal, avec la relation abrégée d'un voyage fait en ce pays. Paris, 1757, in-4°.

Cet ouvrage, d'une importance remarquable et trop peu sentie, a été malheureusement borné à un seul volume de 275 pages, avec 19 planches de figures assez bonnes.

ALDROVANDE (Ulysse). *De animalibus exanguibus ut pote de mollibus et testaceis. Bononiæ*, 1606, fol.

Ouvrage de pure compilation, mais encore bon à consulter pour connoître ce que les auteurs anciens ont dit de vrai ou de faux sur les animaux mollusques.

ANONYME. *Naturliche Gesch. der Schnecken*, ou Hist. natur. des limaçons. Leips., 1772.

ARGENVILLE (Antoine-Joseph DESALLIERS D'). L'Histoire naturelle éclaircie dans une de ses principales parties, la conchyliologie, et augmentée de la zoomorphose. Paris, 1757.

Les figures d'animaux mollusques sont en général fort mauvaises; mais il en est encore quelques unes qui peuvent être utiles.

ARISTOTE. *Historia animalium libri* x. Paris, 1533, fol.

---

(1) Le petit nombre de ces auteurs, et surtout la difficulté d'établir des divisions tranchées suivant qu'ils se sont occupés de l'une ou l'autre partie de l'histoire des animaux mollusques, nous forcent à adopter l'ordre alphabétique. On se rappellera que nous ne parlons ici que des auteurs qui ont écrit spécialement sur les mollusques.

Cet ouvrage original ne contient qu'un assez petit nombre d'observations sur les malacozoaires.

ATHENÆUS. *Deipnosophistarum , libri* xv. Lyon, 1583 , fol.

BASTER (Job). *Observationes de Corallinis iisque insidentibus polypis aliisque animalculis marinis. In Act. Angl.,* vol. 41.

———— *Opuscula subseciva, observationes miscellaneas de animalculis et plantis quibusdam marinis eorumque ovariis et seminibus continentia.* Tom. 4, *Harlemi,* 1764-1765.

BELON (Pierre). *De aquatilibus libri duo cum iconibus ad vivum.* Paris, 1553 , in-8°.

C'est dans le 2e livre qu'il est un peu question des mollusques.

BEUDANT, (F. S.). Mémoire sur la possibilité de faire vivre des mollusques fluviatiles dans les eaux salées, et des mollusques marins dans les eaux douces, considérés sous le rapport géologique. J. de Ph. , t. 83, p. 268.

Mémoire curieux sur un sujet très-intéressant.

BOHATSCH (Jean-Baptiste). *De quibusdam animalibus marinis.* Un vol. in-4° de 169 pages et 12 planches. Dresde , 1761.

Cet ouvrage, encore utile aujourd'hui, renferme une bonne description extérieure et intérieure de l'aplysie, sous le nom de lernée, de la théthys, sous celui de fimbria, de la doris, sous la dénomination d'argus , avec de bonnes figures.

BLAINVILLE (H. DUCROTAY DE). Sur l'animal de l'argonaute. Journ. de Physique , t. 85, p. 72 et 86.

———— Sur quelques mollusques pulmobranches. J. de Ph., t. 85, p. 437.

———— Monographie du genre Calmar. J. de Ph., t. 96, p. 116, 136.

———— Description extérieure et intérieure de l'animal de l'ampullaire. J. de Phys. , t. 95, p. 459, 464.

———— Description de l'animal de l'*helix scarabæus* de Linnæus t. 93 , p. 304.

———— Mémoire sur l'organisation d'un mollusque nu de la famille des limacinés. Journ. de Ph., t. 96, p. 175. Avril 1823.

———— Monographie du genre Hyale. Journ. de Ph., t. 93, p. 81.

———— Premier Mémoire sur la classification des mollusques. Nouveau Bulletin pour la Société philomathique. 1814.

——— Second Mémoire sur l'ordre des mollusques ptérodibranches. Nouveau Bulletin par la Société philom. 1816, p. 28.

——— Troisième Mémoire sur l'ordre des polybranches. Nouveau Bulletin par la Société philom. 1816, p. 151.

——— Quatrième Mémoire sur l'ordre des cyclobranches. Nouveau Bulletin par la Société philom. 1816, p. 93.

——— Sur la *Patella distorta* de Montagu. Bulletin par la Société philomathique. 1819, p. 72.

——— Sur la *Patella ambigua* de Chemnitz, type du genre Parmophore. Bulletin par la Société philom. 1817, p. 25.

——— Sur la place que doit occuper dans la série la *Patella porcellana*, type du genre Navicelle de M. de Lamarck. Bulletin par la Société philomathique, novemb. 1824.

——— Sur l'animal de la *Patella umbellata* de Chemnitz, type du genre Ombrelle, de M. de Lamarck. Bulletin par la Société philomathique. 1819, p. 178.

——— Observations au sujet du mémoire de M. Bojanus, sur les organes respiratoires des mollusques bivalves. Jour. de Ph., t. 89, p. 127-134.

——— Monographie du genre Aplysie. Journ. de Phys., t. 96, p. 227.

——— Sur un nouveau genre de mollusques. CRYPTOSTOME, *cryptostomus*. Bulletin par la Société philom. 1818, p. 120.

BLONDEL. Observations sur des pierres qu'on trouve près de Toulouse, qui, étant cassées, présentent des huîtres (lithodomes) bonnes à manger crues. Mém. de l'Acad. des Sciences, t. 1, p. 235.

BOJANUS (L. H.). Sur les organes respiratoires et circulatoires des coquillages bivalves en général, et spécialement sur ceux de l'anodonte des cygnes, traduit de l'allemand. Jour. de Ph., t. 89, p. 108, avec fig. Mémoire fort intéressant.

BOMMÉ (Léonard). Sur plusieurs espèces de mollusques, dans les Mémoires de la Société des Sciences de Flessingue.

BOSC (L. A. G.). Histoire naturelle des coquilles, contenant leur description, les mœurs des animaux qui les habitent, et leurs usages; 1802, 5 vol. in-18 faisant partie du Buffon de Déterville.

——— Sur une nouv. esp. de sèche. Act. Soc. d'Hist. nat., t. 1, p. 24.

BRUGUIÈRE (Jean-Guillaume). Dictionnaire encyclopédique par ordre de matières, contenant les vers. Paris, 1789, 2 vol. in-4°.

Cet ouvrage, remarquable par l'exactitude des descriptions, plus souvent, il est vrai, des coquilles que des animaux, n'a malheureusement pas été continué. M. de Lamarck a terminé l'atlas, contenant maintenant 471 planches ; mais le texte n'a pas été augmenté depuis la mort de Bruguière.

Buchanan. Mémoires sur plusieurs animaux mollusques, et entr'autres sur le genre Onchidie, dans les Transactions de la Société Linnéenne de Londres, in-4°.

Carus (C. G.). Observations pour servir à la connoissance de la structure intérieure et du développement des Ascidies, avec 2 planches coloriées. Nouveaux Mémoires de l'Académie des Curieux de la Nature, t. X, 2ᵉ part., p. 428.

Chamisso (Adelbert). *De animalibus quibusdam è classe vermium Linnæi, etc. Fasciculus primus; de Salpâ.* Brochure in-4° de 24 pages avec une planche. Berlin, 1819.
Mémoire excellent.

Columna. (Fabius). *Tractatus de purpurâ ab animali testaceo fusâ, de hoc ipso animali, aliisque rarioribus testaceis quibusdam.* Romæ, 1616, in-4°.

Cole (Williams). Sur l'animal de la pourpre. Trans. phil., n.° 178.

Coquebert (Romain) et Brongniart (Alex.). Sur la formation de la coquille du *Strombus fissurella*, et sur des espèces analogues. Bulletin par la Société phil., n.° 25.

Coquebert (Antoine). Sur deux espèces d'Ascidies. Bulletin par la Société phil., 1797, n.° 1.

Cubières (S. L. P.). Histoire abrégée des coquillages de mer, de leurs mœurs et de leurs amours. Un vol. petit in-4° de 194 pages avec 19 planches gravées.
Mauvais ouvrage sous tous les rapports, quoique écrit avec prétention.

Cuvier (Georges). Mémoire pour servir à l'histoire et à l'anatomie des mollusques. Un vol. in-4°. Paris, 1816.
Ce recueil renferme non seulement les mémoires importans que M. Cuvier avoit successivement publiés dans les Annales du Muséum d'histoire naturelle, depuis leur création, mais encore plusieurs Mémoires entièrement nouveaux; il n'est cependant toujours question que des mollusques céphalés et des derniers acéphalés.

Daudin (François-Marie). Recueil de Mémoires et de notes sur des espèces inédites ou peu connues de mollusques, de vers ou de zoophytes. Petite brochure in-12 de 5o pages , avec 4 planches.

On y trouve des détails sur le genre Vermet ; mais les espèces que l'auteur y rapporte appartiennent-elles réellement à ce genre ?

DESMAREST (A. G.) et LESUEUR (C. A.). Mémoire sur le Botrylle étoilé de Pallas. Bulletin de la Soc. philomat. , mai 1815, et Journ. de Phys., tome 80.

DICQUEMARE (Jacques-François). Mémoires sur différens animaux mollusques insérés dans les Transactions philosophiques de Londres et le Journal de Physique. —Limace de mer , 1779, part. 2, p. 54. — Limace à plante, *ibid.*, p. 56. — Huître, 1786, part. 1, pag. 241, et part. 2, p. 70. — Organisation des parties par lesquelles certains mollusques saisissent leur proie , 1784 , part. 2, p. 85, etc.

DRAPARNAUD (Jacques-Philippe-Raimond). Tableau des mollusques terrestres et fluviatiles de la France. Brochure in-8°, Montpellier et Paris, 1801.

———— Histoire naturelle des mollusques terrestres et fluviatiles de la France. Paris, 1805. Un vol. in-4° avec de belles planches gravées.

Ouvrage posthume qui n'a pas peu contribué à l'avancement de la science par l'exactitude des observations et des figures.

———— Observations sur la Gioenia. Journal de Physique, t. 5o, p. 146.

DUHAMEL DU MONCEAU. Expérience sur la couleur de la pourpre. Mém. de l'Acad. des Sciences , 1739, p. 49.

DUMÉRIL (Constant). Zoologie analytique, in-8°. Paris, 1806.

DUPONT (André-Pierre). Mémoire sur le Glaucus. Trans. phil., vol. 53.

DURASSE. Observations sur les Dactyles (lithodomes) qu'on trouve dans certaines pierres à Constantinople et à Toulon. Anc. Mém. de l'Acad. des Sciences, t. 1, p. 275.

ERMAN (.......). Sur le sang de quelques mollusques. *Abandl. der Kœnigl., Academ. der Wissensch. in Berlin ,* pour 1816-1817, p. 199.

EISENHARDT (Charl. Guill.). Sur quelques phénomènes vitaux des Ascidies. *Nova Act. Cur. nat.,* tom. II, part. 2, p. 1.

FABRICIUS (Othon). *Fauna Groenlandica , systematicè sistens animalia Groenlandiæ occidentalis hactenùs indagata, quoad nomen specificum,* etc. Copenhague et Leipsick , 1780 , in-8°.

Cet ouvrage excellent renferme de fort bonnes descriptions d'animaux mollusques.

Faure Biguet. Description et figure d'une nouvelle espèce de testacelle. Bullet. Soc. phil., p. 98, avec fig.

Férussac (D'Audebard de) père. Essai d'une méthode conchyliologique, d'abord dans les Mémoires de la Société médicale d'émulation, puis imprimé à part. Paris, 1807, brochure in-8°.

Férussac (D'Audebard de) fils. Histoire naturelle générale et particulière des mollusques terrestres et fluviatiles, 21 livraisons in-4°.

Ouvrage de luxe, non terminé, dont les figures, remarquables par l'exactitude et la beauté, représentent les animaux avec leurs coquilles, et quelques anatomies par M. G. Cuvier et H. de Blainville.

——— Monographie des espèces vivantes et fossiles du g. Mélanopside. Mém. Soc. d'Hist. nat. Par., tom. 1er, part. 2, fig.

——— Sur le g. Partule. J. de Phys. t. 92, p. 459.

Fleuriau de Bellevue. Mémoire sur quelques nouveaux genres de mollusques et de vers lithophages. Journal de Physique, t. 54, p. 345.

Forskal (Pierre). Descriptiones animalium, avium, piscium, amphibiorum, vermium, insectorum quæ in itinere orientali observavit. Copenhague, 1775, in-4°.

——— Icones rerum naturalium quas in itinere orientali depingi curavit. Copenhague, 1776, in-4°.

Ouvrages posthumes qui renferment la description et la figure de plusieurs animaux mollusques rares.

Fougeroux de Bondaroy. Mémoire sur le coquillage appelé datte en Provence. Acad. des Sc. par. Mém. des Sav. Etr. t. v.

Gaillon (Benjamin). Sur la cause de la coloration des huîtres, et sur les animalcules qui servent à leur nutrition. Mém. de l'Académ. de Rouen, ann. 1820.

Gaspard (.......). Mémoire physiologique sur le colimaçon (helix pomatia), avec des notes, par T. Bell., Zoolog. Journ. 1824, p. 9-174.

Gautier (Jean - Antoine). Collection de planches d'hist. nat., en couleur, et avec les explications. Paris, 1754, in-4°; la 12e pl. donne l'anatomie de l'hélice vigneronne, et la 42e celle de l'huître.

GÆRTNER (Joseph). Sur les genres Distome et Botrylle, dans les Transactions philosophiques et les *Spicilegia zoologica* de Pallas.

GEOFFROY, médecin. Traité sommaire des coquilles tant terrestres que fluviatiles qui se trouvent aux environs de Paris, 1767, in-12.

GESNER (Conrad). *De piscibus et aquatilibus omnibus libelli tres. Tiguri*, 1556 et 1560.

Ouvrage de la nature de celui d'Aldovrande, et de la même utilité pour connoître ce que les anciens ont dit des mollusques et des coquilles.

GINANNI (il conte Giuseppe). *Opere postume nel quale si contengono testacei marini, paludosi e terrestri, dell' Adriatico e del territorio di Ravena da lui osservati e descritti.* Venezia, 1755-1757. Deux vol. in-fol.

Livre fort rare à Paris, qui contient sur les coquilles marines, terrestres et fluviatiles, 72 pages de texte, sans la dédicace et la préface, et 31 planches de coquilles marines, 4 de fluviatiles et 3 de coquilles terrestres.

GIOENI (Joseph). Description d'une nouvelle famille et d'un nouveau genre de testacés. Brochure en italien de 74 pages, avec une planche. Naples, 1783, contenant, outre la description de ce prétendu animal, que Draparnaud a fait voir n'être que l'estomac de la *bulla lignaria*, celle d'une anomie véritable, et celle de l'*anomia tridentata* de Linn.

GRAY (J. E.). Classification naturelle des mollusques d'après leur structure interne. Dissertation écrite en anglois et insérée dans le *London medical Repository*, mars 1821.

GUETTARD. Mémoires sur les accidens des coquilles fossiles, comparés à ceux qui arrivent aux coquilles qu'on trouve maintenant dans la mer. Mémoire de l'Académie des Sciences de Paris, année 1759.

———— Mémoire sur la classification des coquilles, d'après les animaux qu'elles renferment. Acad. des Sc. par. 1756.

HARDER (Jean-Jacq.). *Examen anatomicum cochleæ terrestris domiportæ.* Bâle, 1679. Dissertation de 80 et quelques pages, avec une pl. à la fin de son ouvrage, intitulé : *Prodromus physiologicus.*

HASSELT (F. C. Van). Sur les mollusques de l'île de Java, *algem. Konsten letterbode*, Messag. univ. des Sciences, octob. 1823.

HEYKE (Detlof). *Pisciculi testis ostrearum inhærentes. Academ. sc. Sueciæ*, ann. 1744, art. v.

HÉRISSANT (François-David). De la formation des opercules des coquilles. Mémoires de l'Académie des Sciences de Paris, année 1765.

HEYDE (Antoine de). *Anatomia mytuli (Belgici Mossel) structuram elegantem ejusque motum mirandum exponens.* Amsterdam , 1684, vol. in-12 de 48 pag., avec 7 planches ; une autre édit. de 1686.

HOME (sir Everard). *Lectures on comparative anatomy.* Deux ǀvol. in-4°. Londres, 1814, et Transactions philosophiques , contenant plusieurs mémoires sur les animaux mollusques, et entre autres, sur les caractères distinctifs des œufs de Sèche et de ceux des Vers testacés, vivans dans l'eau. Transact. phil., 1817, p. 2.

HUMPHREY (Georges). Mémoire sur les pièces testacées intérieures de l'animal des *bulla lignaria , aperta , patula.* Lu à la Soc. Linnéenne de Londres, le 1er décembre 1789, et inséré *Transact. of the Linn. Soc.* tom. 11. Londres, 1791.
C'est cet auteur qui, le premier, a décrit avec détails, la singulière armature de l'estomac des bulles ; mais c'est Daudin qui depuis a montré que c'étoit la même chose que le genre Gioenia.

KLEIN (Jacob-Théodore). *Tentamen Methodi ostracologicœ.* Lugduni Batavorum , 1753, in-4°.
Ouvrage apprécié dans l'histoire de la conchyliologie.

KLEIN (Jacq. Théod.). *Von der Schaalthieren concha anatifera, Enten muscheln, und beylaüfig von Pholaden oder Stein muscheln. Acta ged.* vol. 2, p. 349.

KOEMMERER (C. L.). *Die Conchylien in cabinette des Herrn Erbprinzen von Schwartzburg-Rudolstadt.* Rudolst., 1786, in-8°.

KOHLER (H. I.). *Aristotelis de molluscis cephalopodibus commentatio.* Riga, in-8°.

LAMARCK (J. B. DE MONNET DE). Prodrome d'une nouvelle classification des coquilles. Mém. de la Soc. d'Hist. natur. de Paris, an VII, in-4°.

———— Mémoire sur le genre de la seiche, du calmar et du poulpe, vulgairement nommé Polype de mer. Mém. de la Soc. d'Hist. nat. de Paris. In-4°, avec planches. Paris, an VII.

———— Système des animaux sans vertèbres. Paris, an XI (1801) in-8°.

———— Philosophie zoologique. Deux vol. in-8°, Paris, 1809.

———— Extrait du Cours de zoologie du Muséum d'histoire naturelle.

sur les animaux sans vertèbres, etc., à l'usage de ceux qui suivent ce cours. Brochure in-8° de 127 pages. Octobre 1812.

—————— Histoire naturelle des animaux sans vertèbres, présentant les caractères généraux et particuliers de ces animaux, leur distribution, leurs classes, leurs familles, leurs genres, et la citation des principales espèces qui s'y rapportent.

Le tome v, le tome vi, divisé en deux parties, et le tome vii tout entier, sont employés pour l'histoire des animaux dont il est question dans ce Manuel.

Le Masson Le Golft (Mlle). Observations sur les moules. Journal de Physique, 1779, t. 2, p. 285.

Leach (Williams-Elford). Sur la distribution des cirrhipèdes. Journal de Physique, tom. 85, p. 67.

—————— Sur la distribution des céphalopodes. Jour. de Ph. t. 86, p. 393.

—————— Observations sur le genre Ocythoé de Rafinesque, et descriptions d'une nouvelle espèce de ce genre. Trans. phil., 1817, p. 2.

—————— Sur la manière dont les mollusques bivalves ouvrent et ferment leurs coquilles. Bulletin par la Soc. philom., 1818, p. 14.

Lesueur (Charles-Alexandre). Mémoire sur l'organisation des pyrosomes, et sur la place qu'ils doivent occuper dans une classification naturelle. Journal de Physique, t. 80, p. 412.

—————— Sur les genres Firole et Firoloïde, dans le Journal de l'Académie des Sciences naturelles de Philadelphie.

—————— Sur les genres Atlas et Atlante, dans le Journal de Phys., t. 85.

—————— Mémoire sur plusieurs nouvelles espèces de Calmar, dans le Journal de l'Académie des Sciences naturelles de Philadelphie, t. 2, p. 221, 248 et 257.

—————— Description d'une nouvelle espèce de Calmar. Journ. Acad. Sc. Philad. 1824, p. 282.

—————— Descriptions de plusieurs nouvelles espèces d'Ascidies, dans le Journ. de l'Acad. des Sc. naturelles de Philadelphie, avril 1823.

Lister (Martin). *Historia Animalium Angliæ : tres tractatus ; unus de araneis ; alter de cochleis, tum terrestribus, tum fluviatilibus ; tertius de cochleis marinis.* Londres, 1678. Un vol. in-4° de 250 pages, avec neuf planches.

Très-bon petit ouvrage original, encore bon à consulter.

——— *Exercitatio anatomica in quâ de cochleis, maximè terrestribus et limacibus agitur omnium dissectiones tabulis æneis ad ipsas res affabrè incisis illustrantur.* Londres, 1694, in-8°, avec huit pl. grav.

Il est question en outre de la seiche, du calmar et du poulpe.

——— *Exercitatio anatomica altera in quâ maximè agitur de buccinis fluviatilibus et marinis.* Londres, 1695, in-8°, avec 6 pl.

——— *Exercitatio anatomica tertia de conchyliis bivalvibus utriusque aquæ.* Londres, 1696, in-4°, avec fig.

——— *Anatomy of the scallop.* Anatomie du peigne. Trans. phil. vol. 19, p. 229, avec fig.

Ces différentes dissertations de Lister, le principal auteur ancien de l'anatomie des mollusques, ont été recueillies dans l'édition de 1770 de son Histoire méthodique des coquilles dont nous avons parlé en traitant de la bibliographie conchyliologique.

LEUWENHOËK (Antoine de). *De anatome et generatione mytuli; de ostreorum partu numeroso; de mytulo ostreorum fœtus continente; de mytulo aquæ dulcis; de animalculis in ostreo; de cochleis marinis.* Dans ses *Arcana naturæ.*

——— *A letter concerning the eggs of snails, and joung oysters. Phil. Trans.*, vol. 19, p. 790.

MARSIGLI (Aloys. Ferdin.). *De luce dactylorum. Act. Bonon.*, vol. 2, part. 1, p. 248.

MASSUET (Pierre). Recherches intéressantes sur l'origine, la formation, le développement, la structure des diverses espèces de vers à tuyaux qui infestent les vaisseaux, les digues de quelques unes des Provinces-Unies. Amst., 1733, in-8°, avec fig.

MECKEL (Jean-Frédéric). *De Pleurobranchœá novo Molluscorum genere.* Thèse in-4°, de treize pages, avec une planche, soutenue par Etienne-Frédéric Leues. Hale, 1813.

——— *De Pteropodum ordine et novo ipsius genere.* Dissertation inaugurale, in-4°, avec figures, soutenue par Jean-Frédéric-Jules Kosse. Hale, 1813.

Méry (Jean). Remarques faites sur la moule des étangs. Acad. des Sciences. Paris, 1710.

Miller (J. S,). *A list. of the freshwater and landshells occuring in the environs of Bristol, with observations.* Ann. of phil., mai, 1822.

Moehring (Paul-Henri-Gérard). *Mytulorum quorumdam venenum.* Brême, 1742.

Molina (Jean-Ignace). *Saggio sulla Historia naturale del Chili.* Bologna, 1782, in-4°, et traduit en françois; par Gruvel, in-8°, 1789.

Montagu (Georges). *Description of several animals found on the south coast of Devonshire,* et autres travaux insérés dans les Transactions de la Société linnéenne de Londres.

Montfort (Denys de). Histoire naturelle des Mollusques, faisant partie du Buffon, Edition de Sonnini. Paris, 1802. Six vol. in-8°.

Les quatre premiers volumes, contenant les généralités et l'histoire des céphalopodes, sont seuls de Denys de Montfort; mais ils contiennent bien des choses hasardées.

Muller (Othon-Frédéric). *Von Wurmen des süssen und salzigen wassers, mit Kupfern.* Copenhag., 1771, grand in-4° de 200 pages, avec 17 planches gravées.

——— *Vermium terrestrium et fluviatilium, seu animalium infusoriorum, helminthicorum et testaceorum, non marinorum, succincta historia,* 2 vol. grand in-4°. Copenhague et Leipsick, 1773-1774.

——— *Zoologiæ Danicæ Prodromus.* Copenhag., 1776.
——— *Zoologia Danica.* Copenhague et Leipsick, 1788-1789, in-fol.

Les trois premiers volumes sont de lui; le quatrième est d'Abildgaardt et de Vahl.

——— Observations sur la reproduction de la tête des Limaçons. Journal de Physique, 1778.

Murray (Jos. Andr.). *De reintegratione partium cochleis, limacibusque præcisarum.* Thèse de 19 pages in-4°. Gœttingue, 1776.

Muralto (Jean de). *Limacis majoris rubicundæ terrestris anatome.* Misc. Cur. nat., dec. 2, ann. 1-1689.

Nozeman (Corneille). *Beshriyving van de ganzen mossel,* Description de l'anatife (*anatifera anserifera*). Vitgez Verhand, vol. 2, pag. 576, tab. 18.

Nilson (Suéno). *Historia molluscorum Sueciæ terrestrium et fluviatilium breviter delineata.* Lund. 1821, un petit vol. in-8° de 124 pag.

Œdmann (Jean). *Observationes quædam de ostreis.* Academ. suecicæ comment., ann. 1744, art. 7.

Olivi (Joseph). *Zoologia Adriatica.* Un vol. in-4° avec plusieurs planches gravées.

Excellent ouvrage, contenant de bonnes observations sur les coquilles et les mollusques.

Olivier (Antoine-Guillaume). Voyage dans l'Empire ottoman, l'Egypte et la Perse. Trois vol. in-4° avec figures. Paris, 1807.

Cet ouvrage renferme plusieurs observations intéressantes sur les coquilles.

Otto (A. W.). Sur un nouveau mollusque du genre Diphyllidie. *Nov. Act. Cur. nat.*, tom. X. part. 1, p. 111, avec fig.

—— Description de quelques nouveaux mollusques et zoophytes. *Ibid.*, t. xi, part. ii, p. 373, avec fig.

Pallas (Pierre-Simon). *Miscellanea zoologica.* Hagæ-Comit., 1767, in-4°.

—— *Spicilegia zoologica.* Quatorze cahiers. Berolini, 1780, in-4°.

Parsons (Jacques). Observations sur un coquillage apporté dans une pierre des environs de Mahon. Trans. phil., vol. 15, p. 44.
C'est de la moule lythodome dont il est question.

Péron (François) et Lesueur (Charles-Alexandre). Mémoire sur les Ptéropodes. Annales du Muséum d'Histoire naturelle, tom. xv, pl. 3 et 4.

—— Mémoire sur le genre Pyrosome. *Ibid.*, tome 4, pag. 437.

Petiver (Jacq.). *Aquatilium animalium Amboinæ icones et nomina.* London, 1713, in-fol., avec 20 pl. gravées.

Pfeiffer(Charles). *Systematische anordnung und Beschreibung deutscher land und wasser-schnecken*, etc., ou Disposition systématique et description des coquillages terrestres et fluviatiles de l'Allemagne, avec des considérations particulières sur les espèces trouvées jusqu'ici dans la terre. Cassel, 1821, 1 vol. in-4° de 134 pag., avec de bonnes figures enluminées en 8 planches, donnant la figure de l'animal de l'espèce principale de chaque genre et de ses œufs.

PINEL (Phil.). Observations anatom. sur l'huître commune. Bulletin par la Société phil., nº 20.

PLANCUS (Janus), ou Jean BIANCHI. *De Conchis minùs notis in littore Ariminensi.* Venise, 1739, in-4°, et seconde édition fort augmentée. Rome, 1760.

PLINIUS (Caius Secundus). *Historia naturalis.* Lib. 37. Par. 1723. 3 vol. in-fol.

POLI. *Testacea utriusque Siciliæ eorumque Historia et Anatome.* Deux vol. grand in-fol. Parme, 1791-1795, ne contenant encore que les multivalves et les bivalves.

Ouvrage remarquable, et qui fait époque dans la science, puisque c'est depuis son apparition que la classification générale des mollusques et celle des bivalves ont suivi une marche rationnelle.

Les objets représentés dans les magnifiques planches de cet ouvrage avoient été préalablement figurés en cire par les élèves de M. Poli.

POUPART (François). Remarques sur les coquillages à deux coquilles, et premièrement sur les moules (anodontes). Mém. Acad. des Scien. Paris, 1706.

QUOY et GAIMARD. Voy. de l'Uranie, in-4° avec atlas in-fol. Paris, 1824.

La partie zoologique contient un grand nombre d'observations nouvelles sur les animaux mollusques, dont une partie de M. de Blainville.

RAFINESQUE (C. S. Schmaltz). Précis de découvertes somiologiques ou Distribution méthodique de tous les corps de la nature. Un très-petit volume in-12, imprimé à Palerme, 1816.
———— Tableau de la nature. Palerme, 1815.
———— *Annals of nature, or animal synopsis of new genera and species of animals, plants, etc.* Lexington, Kentucky, 1820.

———— Sur plusieurs nouveaux genres de mollusques. Journ. de Phys., t. 88, p. 417, et Ann. des Sc. nat. de Bruxelles.

RANZANI (Camille). Observations sur les balanes. *Memorie di Storia naturale*, deca prima, in-4°, fig. Bologne.

———— Considérations sur le genre Eledone de Leach et sur les moyens d'en distinguer les espèces. *Ibid.* p. 77, in 4°.

———— Considérations sur les mollusques céphalopodes qui se trouvent dans les coquilles nommées Argonautes. *Ibid.* p. 85-401, avec fig.

Ces différens travaux avoient d'abord été insérés dans le recueil intitulé : *Oposcoli scientifici* de Bologne.

RÉAUMUR (René-Antoine FERCHAULT DE). De la formation et de l'accroissement des Coquilles. Acad. des Sciences. Paris, 1709.

———— Insecte du Limaçon. Mém. Ac. des Sc. de Paris, 1710.

———— Du mouvement progressif de quelques Coquillages. *Idem*, 1711-1712.

———— Des différentes manières dont plusieurs espèces d'animaux de mer s'attachent aux pierres ou les uns aux autres. *Ibid.*, 1711.

———— Découverte d'une nouvelle espèce de Pourpre. *Ibid.*, 1711.

———— Observations sur la Pinne-marine et sur les Perles. *Ibid.*, 1717.

———— Des merveilles des Dails et de la lumière qu'ils répandent. *Ibid.* 1723.

REISELIUS (Salomon). *De Limace in ovo.* Miscell. Cur., 1697-1698, p. 600, obs. 259.

RICHTER. *Programma de Purpure antiquo.* Gotting. 1741, in-4°.

RISSO (Dominique). Mémoire sur quelques Animaux mollusques de la mer de Nice. Journal de Physique, tom. 87, p. 376.

ROISSY (Félix DE). Histoire naturelle des Mollusques (tom. V et VI), dans l'Histoire des Mollusques commencée par Denys de Montfort, faisant partie de l'édition des œuvres de Buffon, de Sonnini.

Ouvrage apprécié dans l'histoire de la malacologie.

RONDEAU (DU). Mémoire sur les effets pernicieux des moules. Journal de Physique, 1783. Suppl., tom. III, pag. 66.

RONDELET (Guillaume). *De Piscibus.* Lyon, 1554, un vol. in-fol.

Ouvrage qui renferme des observations exactes.

RUMPH (Georges - Everard). *De Unguibus odoratis, Murice,* etc. Misc. Cur. nat. 1684.

———— *Amboinische Rareiteten Kamer,* etc., ou Cabinet d'Amboine, in-fol., fig., Amsterd., 1705.

———— *De Ovo marino, Porcellanis,* etc. Misc. Cur. nat. 1688.

———— *De nautilo, Epistola ad And. Cleyerum.* Valentin, ind. litt. édit., pag. 13.

———— *De nautilo velificante et remigante.* Misc. Cur. décad. 2, ann. 1620, avec fig.

Rousset (........). Observations sur l'origine, la constitution et la nature des vers de mer (Tarets) qui percent les vaisseaux, les piliers, les jetées et les estacades. La Haye, 1733, in-8°, avec fig.

Ruysch (Henri). *Theatrum universale omnium animalium, piscium, quod olim sub nomine Jonstoni Historia naturalis prodiit.* Amsterd., 1718, in-fol.

Savigny (Jules-César). Mémoires sur les Animaux sans vertèbres, in-8°, Paris, 1816.

Say (Thomas). Sur le genre Ocythoé, dans une lettre adressée à M. Williams-Elford Leach, dans les Transactions philosophiques de Londres, 1819.

———— Conchyliologie de l'Encyclopédie américaine, avec la description et les figures de plusieurs espèces de coquilles des Etats-Unis.

———— Sur les testacés des Etats-Unis, dans le Journal de l'Académie des Sciences naturelles de Philadelphie, t. 2.

Un grand nombre d'articles intéressans, souvent avec la description des animaux, mais malheureusement sans figures, dans le même recueil.

Schalck (Henr. Freder.). *De ascidiarum structurá dissertatio inauguralis.* Hale, 1814, broch. in-4° de 10 p., avec une pl. grav.

Schœffer (.....). Premiers essais sur les limaçons. Ratisbonne, 1768, broch. in-4° de 30 p., avec 3 pl. enluminées.

———— Essais ultérieurs et réponse à différens doutes. Ratisbonne, in-4° de 24 p., avec 2 pl. enluminées.

Schellamer (Gunth-Christophe). *De animali in cochleá minutá depressá degente.* Misc. Cur., 1690, obs. 143.

Seba (Albert). *Locupletissimi rerum naturalium Thesauri accurata descriptio,* 4 vol. in-fol,, fig. Le troisième renferme tout ce qui est relatif aux mollusques.

Sellius (Godofredus). *Historia naturalis Teredinis, etc.* Trajecti ad Rhenum, 1733, in-4°.

Sowerby (Georges-Brethingham). Remarques sur les genres Orbicule et Cranie de M. de Lamarck, etc. En anglois dans les Mém. de la Soc. Linn. de Londres, vol. 8, p. 465, 1823, avec d'excellentes figures.

Stiebel (. . . . . . .). *Dissertatio inauguralis sistens Limnæi stagnalis anatome.* Goett., 1815, avec fig.

Sturm (Jac.). *Deuschlands Fauna*, ou Faune allemande, avec des figures et des descriptions faites d'après nature. vi* part., les Vers. Nuremb., in-12, 1803–1820.

Spengler (Laurent). *Der Islandisch Oskabiorn. In Berlin Bechaftrag.* 1.

Swammerdam (Jean). *Biblia Naturæ.* Deux vol. in-fol. en latin et en hollandois, avec de belles figures. Leyde, 1737-1738, formant le cinquième volume de la collection académique, partie étrangère.

Cet ouvrage, qui fait époque, surtout pour l'anatomie des insectes, contient aussi quelques anatomies précieuses de mollusques, et entre autres celle de la limace, de l'hélice vigneronne, etc.

Sporing (Hermann Didier). *Bericht von eyer und junge von schnecken und muscheln.*

Valentin (Michel-Bernard). *Amphitheatrum zootomicum.* Francf. 1720, in-fol.

Vahl (Martin). *Zoologia Danica*, partie du quatrième volume. Copenh. 1789.

Ulloa (Antoine de). *Of an american shellfish producing purple, found in south-america*, ou sur un coquillage américain donnant de la pourpre, trouvé dans l'Amérique Méridionale. *Gent. Magaz.*, vol. 23, pag. 491.

Warn (Miss.). Observations sur quelques animaux mollusques des côtes d'Angleterre. Journ. de physiq., tom. 95, p. 387.

Wedel (Georg. Wolgang). *Programma de Purpurá et Bysso.* Jena, 1706, in-4°.

Whaulich (Guill.). *Dissertatio inauguralis de helice pomatiá.* Virub., 1823, une brochure in-4°.

WILLIS (Thomas). Anatomie de l'huître, dans son traité *de Animâ Brutorum*.

WITZEN (........). Sur les œufs d'une espèce de coquille des Indes Orientales. Tr. ph., n° 203.

SECTION SECONDE.

DES COQUILLES

ou

PRINCIPES DE CONCHYLIOLOGIE.

CHAPITRE PREMIER.

CONSIDÉRATIONS PRÉLIMINAIRES.

On doit entendre sous le nom composé de conchyliologie, et non pas d'après son étymologie, puisque le mot *conchylion* veut dire, non pas une coquille seulement, mais l'animal qui en est revêtu, l'art de disposer les coquilles, ou mieux les enveloppes ou corps protecteurs des animaux testacés, de manière à les faire reconnoître promptement et sûrement, sans avoir presque aucun égard aux animaux qu'elles ont pu contenir, ou auxquels elles ont appartenu. Si l'on veut faire à la fois attention aux coquilles et aux animaux, c'est la malacologie qu'il faut principalement étudier, ou l'art de grouper et de disposer les animaux mollusques ou malacozoaires de manière à les faire reconnoître ; et si l'on veut envisager les

coquilles comme faisant partie d'un animal mollusque, c'est-
à-dire, quant à leur structure anatomique, à leur composition chimique, à leur mode d'accroissement, il faut recourir
à la partie de la section première de ce Manuel, où il est
question de la peau dont elles sont un produit et une dépendance. D'après cette explication, que j'ai crue nécessaire, on
voit qu'il ne sera question ici que des enveloppes seules qui
ont été conservées indépendamment de l'animal, et qui peuvent en effet avoir appartenu à des animaux de classes et
même de types très-différens; et que par conséquent c'est,
sous ce rapport, le système de Linnæus et d'un grand nombre
d'autres zoologistes que nous nous proposons de suivre, quoique nous le regardions comme totalement artificiel.

Long-temps cette partie de l'histoire naturelle, qui n'avoit
pour ainsi dire été imaginée que pour satisfaire les yeux des
amateurs de choses rares et brillantes, fut regardée comme
une étude presque oiseuse et inutile par les véritables zoologistes, et cela avec d'autant plus d'apparence de raison, qu'il
étoit souvent plus nécessaire de connoître les coquilles à l'état
artificiel, où on les amenoit, en employant l'émeri, la meule,
la lime, pour leur enlever non seulement ce qu'on nommoit
drap marin, mais souvent une ou deux couches plus ou moins
épaisses, et qui en cachoient l'éclat, qu'à leur état vraiment
naturel, où elles étoient souvent rejetées : on rebutoit par
conséquent des collections toutes celles qui naturellement, ou
par l'art, n'offroient pas quelque chose de remarquable, quelque singularité. Les zoologistes méthodistes auroient même
fini par faire disparoître presque entièrement cette étude superficielle, en ne considérant jamais les coquilles que comme
dépendantes et encore placées sur les animaux, si la géologie,
par le grand essor qu'elle a pris dans ces derniers temps, n'a-
voit eu besoin de caractères extrêmement minutieux pour
comparer entre elles, ou avec les espèces vivantes, les nombreuses dépouilles d'animaux conchylifères qui existent dans

le sein de la terre. C'est réellement à cette cause que la conchyliologie, proprement dite, doit encore son existence et les efforts toujours croissans des naturalistes qui cherchent à y établir des principes, des règles sûres, au moyen desquels les géologistes puissent se guider dans les recherches délicates et les problèmes extrêmement difficiles qu'ils se proposent de résoudre. La conchyliologie, ou mieux, peut-être, l'ostracologie, forme donc parmi les sciences naturelles une branche tout-à-fait à part, qui peut avoir ses régles propres, particulières, et qui n'auroit rien de comparable, que si l'on vouloit aussi connoître en détail les poils, par exemple, des animaux mammifères, les plumes des oiseaux ou les écailles des poissons. Il me semble cependant que si l'on pouvoit, tout en étudiant la conchyliologie d'une manière parfaitement indépendante, la disposer de telle sorte qu'elle pût être prise en entier par la malacologie, on seroit à la fois utile à la science des animaux et à celle de la géologie ou palæontologie (1). C'est le but qu'on doit se proposer, mais en admettant toujours que la prédominance doit évidemment être pour la géologie.

Tout art, quel qu'il soit, a nécessairement un plus ou moins grand nombre de termes qui lui sont propres, ou de termes communs, dont les acceptions lui sont particulières ; c'est là ce qu'on nomme termes techniques, qu'il est très-important de bien définir, afin de les bien faire connoître, et que l'on emploie pour éviter les trop longues circonlocutions auxquelles il faudroit avoir recours si l'on se servoit des termes ordinaires. Nous allons faire connoître ces termes techniques, ou la terminologie des coquilles, avant d'exposer l'histoire de la conchyliologie et la méthode que nous proposons, et que nous aurons soin de faire marcher avec de bonnes figures.

---

(1) Il me semble utile de créer un mot composé pour désigner la science qui s'occupe de l'étude des corps organisés fossiles.

Art. 1ᵉʳ. — DES COQUILLES EN GÉNÉRAL.

Nous n'avons réellement point d'autres termes génériques
pour indiquer les corps durs, calcaires, cassans, qui font l'objet
de cette partie d'histoire naturelle, que celui d'enveloppe,
ou mieux de corps protecteur ou de têt; car par le nom de coquilles on entend seulement le têt des animaux mollusques.
Les Grecs avoient le mot *ostraca*, d'où ostracodermes et
ostracés; et les Latins celui de *testa*, d'où la dénomination de
testacés, c'est-à-dire d'animaux couverts d'un têt ou d'une enveloppe dure. Cependant c'est l'acception vulgaire de coquilles que l'on emploie : c'est ce qui fait que nous traitons de
cette partie de l'histoire naturelle sous le nom de *Conchyliologie*, sans cela il eût été, je crois, plus convenable de le faire
sous celui d'*Ostracologie* ou de *Testaceologie*.

Quoi qu'il en soit, nous entendons par coquilles ou corps
protecteurs, des corps de forme très-variable, crétacés, plus
ou moins minces, durs, cassans d'une manière nette, se conservant aisément, et qui sont constamment en rapport avec la
peau d'un animal.

Il est deux manières de faire connoître les différentes parties
que l'art observe, décrit et nomme dans les corps protecteurs
ainsi définis, l'une qui consiste à adopter, dans l'explication
des termes, l'ordre alphabétique, comme l'a fait le premier
Daniel Major, imité depuis par beaucoup d'auteurs; et l'autre, à suivre un ordre méthodique quelconque. C'est celle-ci
que nous adopterons ici, l'autre étant nécessairement dans la
table qui termine ce Manuel. Mais, pour suivre cet ordre méthodique, et pour ne rien donner à l'arbitraire, nous croyons.
malgré ce que nous avons dit plus haut, devoir considérer la
coquille comme ayant été placée sur l'animal, quand ce ne
seroit que pour faciliter la fusion de la conchyliologie dans la
malacologie. Linnæus, Bruguière et plusieurs autres suivent

une autre marche, que nous exposerons bientôt, et étudient cette coquille dans une position arbitraire qu'ils ont soin de définir, en la regardant presque comme un corps artificiel.

En considérant d'abord ces corps d'une manière générale et sous le rapport de la structure, on aperçoit une première division des coquilles, en celles qu'on peut appeler *fausses* et *vraies*.

Une coquille fausse (*pseudotesta*) est celle qui n'appartient pas à un animal mollusque, ou mieux celle qui est composée d'un très-grand nombre de petits polygones appliqués les uns à côté des autres, et dont l'ensemble forme une enveloppe calcaire, dure, cassante; c'est ce que l'on voit dans le têt des échinites ou oursins.

Une coquille vraie est celle qui est formée de lames appliquées les unes en dedans des autres; la plus nouvelle, la plus grande étant la plus interne, et la plus ancienne, la plus petite, la plus externe, quels que soient sa forme et le nombre de pièces qui la composent.

L'étude générale de cette forme donne ensuite une division en celles qui sont tubuleuses, et en celles qui ne le sont pas.

On appelle COQUILLES TUBULEUSES, *testæ tubulosæ*, celles dont le diamètre transversal est considérablement plus petit que le longitudinal, et qui ne sont pas enroulées, ou du moins ne le sont que d'une manière fort irrégulière et jamais en spirale; tels sont les tubes de certains genres de *chétopodes*, qui ont un autre caractère distinctif, en ce que le sommet reste toujours ouvert, ce qui n'a jamais lieu dans les coquilles des malacozoaires ou mollusques proprement dits, si ce n'est pourtant dans les fissurelles, les dentales, les hyales, cléodores, et peut-être même dans la spirule.

Les coquilles non tubuleuses se divisent ensuite en coquilles composées, 1° d'une seule pièce, ce sont les *univalves;* 2° d'une pièce principale et d'une pièce accessoire, ce sont les *subbivalves;* 3° de deux pièces, ce sont les *bivalves;* 4° de deux pièces et d'une pièce accessoire, ce sont les *tubivalves*; 5° d'un plus grand nombre de pièces, ce sont les *multivalves* (1).

D'après cela on doit entendre par VALVE, *valva* (*valve*, *klappen*, allem.; *valve*, angl.; *valvula*, ital.), une pièce calcaire de forme très-variable, appliquée sur ou dans la peau d'un animal mollusque, ou molluscarticulé, et en recouvrant une plus ou moins grande partie; mais alors il faut souvent avoir recours à la peau de l'animal, pour juger qu'un certain nombre de ces valves appartenoient à un seul individu; comme, par exemple, quand elles n'ont aucuns rapports directs entre elles, mais seulement d'indirects au moyen de la peau. C'est ce qui a fait que long-temps une valve du têt de la lingule a été regardée comme une coquille univalve.

Les coquilles *multivalves* sont de trois sortes : celles qui sont composées de plusieurs pièces transversales, imbriquées, comme dans les oscabrions. M. de Lamarck les nomme *sériales;* celles qui sont formées de cinq valves ou plus, symétriquement rangées à droite et à gauche, et quelquefois même placées en écailles, et réunies entre elles au moyen de la peau (ce sont les *dissivalves* de Denys de Montfort), comme dans les anatifes; enfin, celles qui sont disposées d'une manière presque circulaire, comme dans les balanes et genres voisins; ce sont les coquilles *subcoronales* de M. de Lamarck.

Les coquilles *tubivalves* sont celles qui sont composées de deux valves principales, comme dans les bivalves proprement dites, mais entourées, enveloppées par une autre pièce en forme de tube, qui ne peut cependant pas être considérée

---

(1) Le nom de multivalves est appliqué maintenant d'une manière moins rigoureuse que dans le système de Linnæus, qui donnoit ce nom à toutes les enveloppes calcaires des mollusques où il trouvoit plus de deux pièces; ainsi les pholades, les tarets étoient aussi bien des coquilles multivalves que les anatifes, les balanes et les oscabrions, tandis que les coquilles operculées n'étoient que des univalves.

comme une autre valve, comme dans les tarets, les fistulanes, etc.

Les coquilles *bivalves* sont celles qui, comme l'indique leur
nom, ne sont formées que de deux pièces qui sont presque
toujours appliquées sur les côtés de l'animal, et constamment
dans un rapport plus ou moins marqué entre elles. Cependant
nous devons avertir que ce rapport entre les deux pièces
d'une coquille bivalve n'étant pas toujours évident, on peut
quelquefois être induit en erreur, et regarder comme ayant
appartenu à une univalve, une pièce ou valve qui étoit d'une
bivalve, comme dans la lingule, quelques espèces de cames,
d'orbicules, etc.

Les coquilles *subbivalves* sont celles dans lesquelles, outre
une pièce analogue à celle qui constitue les coquilles univalves, il y en a encore une seconde plus ou moins complète, calcaire ou non, qui ferme plus ou moins entièrement
l'ouverture de celle-ci, ce sont les coquilles univalves operculées.

Les coquilles *univalves* ne présentent plus dans leur composition qu'une seule pièce de forme extrêmement variable,
quelquefois même tout-à-fait tubuleuse, qui recouvre plus ou
moins un animal mollusque, et qui peut aussi être entièrement cachée dans l'intérieur de sa peau.

Après ces définitions, nous allons étudier successivement
chacune de ces espèces de coquilles, en allant de la plus
simple à la plus composée; mais auparavant nous commen-
cerons par définir les termes tirés de rapports communs à
toutes les espèces, et qui par conséquent s'appliquent aussi
bien aux univalves qu'aux bivalves.

Les coquilles, de quelque nombre de pièces qu'elles soient
composées, peuvent être considérées sous un certain nombre
de rapports communs que nous allons rapidement envisager.

1.º Sous le rapport des lieux où se trouvent les animaux
auxquels elles ont appartenu, on a cru pouvoir les distinguer

en terrestres, fluviatiles ou d'eau douce et marines; mais il faut convenir que cette distinction est souvent très-difficile; qu'elle le devient de jour en jour encore davantage, à cause des nouvelles découvertes, et qu'on en a exagéré l'importance pour l'usage de la géologie.

Les coquilles TERRESTRES, *terrestres*, sont celles des animaux qui ne vivent que sur la terre, et jamais dans les eaux douces ou salées.

On n'en connoît de telles que dans la division des univalves et des subbivalves : en effet il est assez difficile de concevoir des coquilles bivalves ou multivalves qui seroient terrestres, puisque leurs animaux sont constamment aquatiques; et parmi ces deux premières divisions, le plus grand nombre appartient à la famille des limacinés, univalves, inoperculés. On n'en a encore observé que dans une ou deux autres familles.

Ces coquilles sont ordinairement assez minces; leur surface extérieure, le plus souvent lisse, n'offre guère que les indices des stries d'accroissement, quelquefois avec des prolongemens piliformes de l'épiderme, mais jamais d'épines ni d'aspérités proprement dites. Jamais non plus leur surface interne n'est nacrée, et encore moins l'externe sous l'épiderme. Leur ouverture, toujours entière, a fort souvent, au moins dans l'état adulte, le bord droit épaissi en bourrelet, ou plus ou moins rejeté en dehors.

Les coquilles FLUVIATILES, *fluviatiles*, comprennent toutes celles qui vivent dans les eaux douces, stagnantes ou courantes.

On en a observé de telles dans trois premières divisions que nous avons établies dans les coquilles, c'est-à-dire des univalves, des subbivalves, des bivalves; mais on n'en connoît pas encore de multivalves.

Le nombre des coquilles fluviatiles paroît être assez peu considérable, et surtout appartient à un assez petit nombre de familles.

Ainsi, parmi les univalves, on n'en a pas encore observé

de polythalames ; la plus grande partie de celles qu'on connoît aujourd'hui ont l'ouverture entière, operculée ou non, mais surtout de ce dernier groupe. Un ou deux genres au plus l'ont échancrée, et même assez foiblement, comme les mélanopsides ; enfin il n'y a peut-être qu'un genre dont la forme soit patelloïde.

Les bivalves de cette section n'appartiennent aussi presque qu'à trois ou quatre familles. On n'en connoît en effet que dans celle des mytilacés, des submytilacés, des camacés et des conques, et encore c'est souvent un seul genre ou une seule espèce.

Les coquilles univalves et subbivalves d'eau douce sont en général minces, parce qu'elles appartiennent à des animaux nageurs ; leur surface extérieure est ordinairement finement striée, sans bourrelets ni varices, mais quelquefois avec des épines ; l'épiderme est toujours mince, quand il en existe. On donnoit aussi pour caractères de cette division des coquilles, d'avoir toujours l'ouverture entière ; mais les mélanopsides font évidemment exception sous ce rapport, de même que par leur épaisseur souvent assez considérable. Ainsi la distinction des coquilles univalves et subbivalves d'eau douce est encore moins facile que celle des coquilles terrestres.

Les coquilles bivalves fluviatiles sont à peu près dans le même cas : on a cependant fait l'observation que, minces ou très-épaisses, elles ont presque constamment un épiderme assez épais, qu'elles sont parfaitement closes, qu'elles sont plus ou moins nacrées à l'intérieur, et que les sommets et les natèces sont souvent décortiqués.

Quant aux coquilles MARINES, *testæ marinæ*, qui se trouvent dans les eaux salées, on peut dire qu'il en existe de toutes les familles, sauf cependant de celles des limacinés parmi les univalves, et de la première section des submytilacés parmi les bivalves.

Leurs caractères sont opposés à ceux des deux premières

sections : ainsi les univalves et les subbivalves même sont en général beaucoup plus épaisses, bien plus fréquemment chargées de bourrelets, de varices, d'épines. Leur ouverture est, au contraire de ce qu'elle étoit dans les précédentes, très-fréquemment échancrée ou canaliculée, et bordée à droite par un bourrelet simple ou complexe. Quelquefois nacrées à l'intérieur, l'épiderme dont elles sont assez souvent recouvertes est écailleux, pileux, et en général assez différent de ce qu'il est dans les espèces terrestres et même fluviatiles.

Les bivalves marines ont en général aussi plus de rugosités, de stries, de cannelures, de rayons, etc. Leur épiderme est moins lisse, moins épais même, et en général d'un tout autre aspect que celui des fluviatiles ; mais ce peu de caractères est encore moins prononcé sur les espèces qui habitent vers les embouchures des rivières, comme les cyprines.

2.° Sous le rapport des parties des rivières, des lacs, et surtout des mers que les animaux des coquilles habitent, on a subdivisé celles-ci en littorales et en amniales ou pélagiennes.

Les coquilles LITTORALES, *littorales*, sont celles, univalves, subbivalves, bivalves ou multivalves, qui habitent plus ou moins constamment les bords ou rivages des fleuves, rivières, des lacs ou des mers.

Les AMNIALES, *amniales* ; PÉLAGIENNES, *pelagicæ*, sont au contraire celles dont les animaux cherchent toujours les parties les plus profondes des eaux qu'ils habitent, et qui par conséquent arrivent plus difficilement et plus rarement à notre connoissance.

Nous n'avons réellement aucun caractère proprement dit, c'est-à-dire inhérent à la coquille pour appuyer cette distinction.

3.° Nous n'en avons guère davantage pour confirmer sur les coquilles même la substance dans laquelle leurs animaux habitent, et qu'ils percent on ne sait quelquefois pas encore trop comment, ce qui les a fait nommer ainsi que la coquille, TÉRÉBRANTES, *terebrantes*; cependant cette considération les a fait distinguer en

PÉTRICOLES, *petricolœ*, lorsqu'elles se trouvent dans des pierres plus ou moins dures, dénomination quelquefois remplacée par celle de LITHOPHAGES, *lithophagœ*, ou mieux de LITHODOMES, *lithodomœ*.

XYLODOMES, *xylodomœ*, ou LIGNIVORES, *lignivorœ*, quand c'est dans le bois qu'elles établissent leur séjour, comme les tarets.

ARÉNICOLES, *arenicolœ*, lorsque c'est dans le sable.

LUTRICOLES, *lutricolœ*, lorsque c'est dans la vase.

Nous devons cependant faire l'observation qu'on ne connoît guère de coquilles térébrantes dans des corps durs, que parmi les bivalves, dans plusieurs familles, et que l'on peut en trouver un caractère indicateur dans la forme plus large et arrondie de l'extrémité antérieure.

4.° Il en est à peu près de même pour la distinction des coquilles, d'après leur plus ou moins de mobilité ou leur fixité, dépendant toujours de l'animal qui les porte; elles en offrent aussi quelques indices. On peut les diviser sous ce rapport en coquilles

FLOTTANTES, *natantes*, lorsqu'elles proviennent d'animaux nageurs, et alors elles sont toujours très-minces, très-légéres; c'est ce que l'on voit fort bien dans les nautiles, les janthines, les limnées, les bulles, les argonautes, carinaires, etc.

LIBRES, *liberœ*, lorsque avec une minceur presque toujours beaucoup moins considérable, elles n'offrent aucun indice d'attache ou d'adhérence. C'est le cas de la plupart des coquilles.

ADHÉRENTES, *adhœrentes*, quand elles sont fixées et plus ou moins immobiles à l'aide de moyens différens, d'où les dénominations de

FIXES, *fixœ*, lorsque c'est au moyen de la substance même de la coquille, comme dans les hipponices pour leur support, parmi les univalves; dans les huîtres, les spondyles, les

cames, parmi les bivalves, et dans les balanes, parmi les
multivalves.

Enracinées, *radicatœ*, quand l'adhérence se fait à l'aide de
quelque partie tendineuse, comme dans les térébratules, les
lingules, parmi les bivalves ; les anatifes parmi les multivalves.
Linnæus donne à cette partie, et surtout dans ce dernier cas,
la mauvaise dénomination d'*intestinum*, que Bruguière a tra-
duite par intestin. On ne peut souvent reconnoître cette
adhérence sur la coquille ; mais quelquefois cela se peut par
un trou ou une échancrure de l'une ou l'autre valve.

Cachée, *obtecta*, quand la coquille est cachée profondément, adhérente ou libre dans un tube distinct, enveloppant
l'animal en totalité. On ne connoît encore d'exemple de cette
disposition que dans quelques bivalves de la famille des pyloridés et des adesmacés.

5.° La position de la coquille sur le corps de l'animal a fait
donner les noms de

Dorsale, *dorsalis*, à celle qui est placée sur le dos. Il n'y
en a de cette sorte que dans les univalves et les subbivalves,
et chez les oscabrions parmi les multivalves.

Ventrale, *ventralis*, à celle qui est placée sous le ventre
du mollusque auquel elle appartient. J'ai supposé que la coquille de l'ombrelle pouvoit être ainsi placée.

Dorso-ventrale, *dorso-ventralis*, aux coquilles composées
de deux pièces, l'une sur le dos, l'autre sous le ventre,
comme dans les hipponices et les palliobranches.

Bilatérale, *bilateralis*, à celle dont les pièces composantes
sont l'une à droite et l'autre à gauche de l'animal, comme
dans la coquille de tous les mollusques lamellibranches.

Perisomatique, *perisomatica*, à celle dont les pièces composantes au-dessus de deux entourent le corps de l'animal,
comme dans les multivalves de la classe des nématopodes,
balanes et anatifes.

6.° Sous un rapport presque anatomique, on a établi la

distinction des coquilles en externes et en internes ; on nomme

EXTERNE, *externa*, celle qui paroît être complètement hors de la peau de l'animal, comme dans la plupart des coquilles.

INTERNE, *interna*, celle qui est au contraire recouverte par une partie plus ou moins épaisse de la peau de l'animal : elle est alors généralement fort mince, plate, ou peu enroulée, constamment sans épiderme et de couleur blanche. On n'en trouve guère d'exemple que dans les univalves polythalames ou monothalames; certaines espèces de myes sont cependant peut-être dans ce cas.

7.° En envisageant la structure des coquilles, on emploie aussi des dénominations particulières qui peuvent appartenir aux différentes sections que nous y avons établies. Une coquille est dite :

SOLIDE ou d'un tissu serré, *solida*, lorsqu'elle résiste à un choc souvent considérable : l'*helix scarabœus*, Linn., est dans ce cas, ainsi que les olives, les mitres parmi les univalves, les crassines, ou astartés, les tarets, les peignes, les spondyles parmi les bivalves.

FRAGILE, *fragilis*, dans le cas contraire.

EPAISSE, *crassa*, ce qui s'entend de l'épaisseur des valves et non de la coquille en totalité.

MINCE, PAPYRACÉE, *tenuis, papyracea*, lorsqu'elle est excessivement mince.

TRANSPARENTE, *translucida*, quand cette minceur est telle que la lumière la traverse en partie, les carinaires, les anatines, etc.

LAMELLEUSE, *lamellosa*, ou FOLIACÉE, *foliacea*, lorsque les lames composantes sont peu serrées, surtout sur les bords, comme dans les huîtres.

FIBREUSE, *fibrosa*, lorsque dans sa cassure elle offre des fibres perpendiculaires à sa surface : les jambonneaux.

Lamello-fibreuse, *lamello-fibrosa*, quand une partie est en lames, et l'autre en fibres : les moules.

Nue, *nuda*, ou mieux vernissée, lorsqu'elle semble être recouverte par un vernis, tant la surface externe est lisse : les porcelaines et les olives.

Revêtue, *corticata*, ou épidermée, *epidermata*, lorsque les bords des stries d'accroissement réunis, forment à la surface de la coquille une enveloppe plus ou moins épaisse, dont la division en poils, en lames, donne les coquilles pileuses, *pilosœ*, squameuses, *squamosœ*.

8.° La **composition** chimique des coquilles, les fait diviser en

Arénacées, *arenaceœ*, lorsque les molécules calcaires ne sont pas liées entre elles, de manière à se réduire en grains avec la plus grande facilité, comme dans la coquille des limaces grises.

Crétacées, *cretaceœ*, lorsque l'abondance de la matière calcaire les rend très-cassantes, comme dans les tubicoles.

Cornées ou Membraneuses, *membranosœ*, quand au contraire la substance muqueuse les forme presque tout-à-fait, comme dans les aplysies.

Un autre point de vue sous lequel les coquilles peuvent encore être considérées d'une manière générale, est celui de la couleur, soit qu'on l'étudie dans l'espèce ou dans sa disposition.

9.° Les différentes espèces de couleurs n'ont pas eu besoin d'autres dénominations que celles employées par le langage vulgaire. Je ne crois cependant pas que les conchyliologistes emploient constamment les mêmes termes pour les mêmes nuances, ce qui, très-heureusement, n'est pas ici d'une grande importance, tant les individus de la même espèce et de la même localité, offrent de variations sous ce rapport.

En considérant la pénétration de la substance colorante, je nommerai couleur

Superficielle ou *superficialis*, celle qui reste en effet à la superficie de la coquille, comme dans le très-grand nombre de cas.

Imbue, *imbutus*, celle qui pénètre plus ou moins profondément son tissu, comme dans la janthine, etc.

La disposition des couleurs ou ce que je nomme système de coloration, *coloratio*, fournit les dénominations suivantes : elle est

Uniforme, *uniformis*, quand toutes les parties de la surface d'une coquille sont d'une même couleur.

Variée, *variegata*, dans le cas contraire ; mais les différens modes de cette variation ont reçu des noms particuliers : on dit que la coquille est

Fasciée, *fasciata*, lorsque des bandes d'un autre couleur que le fond en ornent la surface ; elle est fasciée *longitudinalement*, quand elles se portent du sommet à la base, en suivant la décurrence de la spire ; dans les coquilles bivalves, c'est ce qu'on nomme Radiée, *radiata ;* et *transversalement* dans le cas contraire, c'est-à-dire dans la direction des stries d'accroissement.

Linée, *lineata*, lorsque les bandes colorées sont très-étroites, comme dans la bulle physe.

Litturée ou écrite, *scripta*, lorsque les bandes colorées, irrégulières, fléchies en différens sens, imitent un peu des caractéres arabes.

Tessellée, *tessellata*, quand le système de coloration a lieu par larges plaques, tranchées, que l'on compare à des pavés ou à de la marqueterie.

Tachetée, *maculata*, lorsque des taches plus foncées ou plus claires que le fond, et arrondies, l'ornent dans tout ou partie de son étendue.

Fascio-tachetée, *fascio-maculata*, quand les taches se disposent par bandes.

Ponctuée ou Pointillée, *punctata*, lorsque les taches sont extrêmement petites et ressemblent à des points ou à des chiures de mouches.

Fascio-ponctuée, *fascio-punctata*, lorsque les points sont disposés par bandes.

10.° La considération de la grandeur a fait imaginer le nom de Microscopiques, *microscopicæ*, pour indiquer celles qui, quoique supposées parvenues à toute leur grandeur, ne peuvent être aperçues qu'à l'aide du microscope. On ne l'a cependant encore appliqué qu'aux univalves polythalames.

11.° Enfin, en envisageant le temps depuis lequel une coquille a été abandonnée par l'animal qui l'avoit formée, ainsi que sa place dans les couches qui constituent l'écorce de notre globe, on les a distinguées en coquilles vivantes, en coquilles mortes et coquilles fossiles.

Comparant ensuite celles qui sont plus ou moins anciennement fossiles avec celles qui sont actuellement vivantes, on a eu les dénominations d'identique, d'analogue et de sub-analogue.

Une coquille vivante, rigoureusement parlant, est aisée à définir; c'est celle qui fait partie d'un animal actuellement vivant : et en effet elle est encore susceptible de croître, si elle n'est pas entièrement arrivée à tout son développement, et de se modifier plus ou moins dans le cas contraire.

Une coquille morte, est celle qui est séparée de l'animal qui l'a produite, et par conséquent mort lui-même, mais dont la similitude est complète, dans certaines limites de variations cependant, avec la coquille vivante actuellement sur le dos de l'animal et trouvée dans la même localité. Mais l'ancienneté de sa séparation, la réunion de certaines circonstances extérieures, produisent d'autres différences.

La première paroît porter sur les couleurs; en effet, plus une coquille est anciennement morte, plus ses couleurs superficielles et même imbues tendent à disparoître; aussi en général, plus une coquille est décolorée, plus on suppose qu'elle est anciennement morte.

Un autre caractère, peut-être encore plus certain que celui-ci, pour indiquer l'époque de la mort d'une coquille, se tire de la quantité de gluten animal qu'elle contient, ce que l'on juge assez bien par la simple combustion. Les coquilles récemment mortes, ont encore souvent la matière épidermique au bord de l'orifice, ou au moins sur quelque partie de leur superficie, tandis que celles qui le sont anciennement, non seulement n'en offrent plus aucune trace à l'extérieur, mais même dans leur tissu. Moins il y en a, plus la coquille est anciennement morte.

L'état plus ou moins frustre d'une coquille, ce qu'on désigne par la dénomination de coquilles *roulées*, c'est-à-dire l'usure de ses éminences et même de sa superficie et de ses bords, par les frottemens répétés qu'elle a dû éprouver sur les rivages, ne peut guère servir à déterminer depuis combien de temps une coquille est morte, parce que le degré de l'usure a pu être avancé par quelque circonstance particulière; mais cet état n'est pas moins utile à considérer, parce qu'on peut s'en servir pour préjuger qu'une coquille n'a pas vécu aux lieux où on la trouve, et qu'elle y a été transportée.

La distance de la surface actuelle du sol ou la profondeur à laquelle se trouve une coquille, doit fournir un meilleur moyen de faire préjuger l'ancienneté de sa séparation de l'animal. En effet, il est très-naturel de penser que plus elle sera profondément enfoncée dans l'intérieur du sol, plus elle sera anciennement morte; et au contraire, que moins elle le sera, plus elle sera nouvelle; mais ici la profondeur ou l'enfoncement devra être jugé plutôt par la superposition géologique, que par une mesure immédiate. On conçoit en effet des coquilles qui sont actuellement à la surface du sol, et qui sont très anciennement mortes, et d'autres qui sont tout-à-fait dans une disposition contraire, en sorte que la distance à la surface actuelle du sol, doit s'entendre du niveau où se produisent encore des coquilles, aussi bien en s'enfonçant qu'en s'élevant; il est même assez singulier que ce sont souvent les plus élevées que l'on doit regarder comme les plus anciennement mortes; mais alors cela tient à la position des roches dans la composition desquelles elles entrent.

Ces coquilles plus ou moins anciennement mortes, et surtout celles qui entrent dans la composition des couches de la terre, situées au-dessous des terrains meubles ou d'alluvions, portent plus particulièrement le nom de coquilles fossiles, dont la définition ne laisse pas que d'être assez difficile, à moins qu'on ne la tire des conditions géologiques.

Une coquille FOSSILE, *fossilis*, est celle qui, morte depuis un temps, en général fort long, mais très-variable, a perdu son gluten animal, ses couleurs, et est devenue plus ou moins friable, happante à la langue, et d'une couleur blanche crétacée, toute différente de la blancheur des coquilles vivantes.

A plus forte raison est-elle fossile, lorsque le têt lui-même a changé de nature, ou a disparu, de manière que la coquille est représentée par un moule interne ou externe.

Dans le premier cas, on dit la coquille

SPATHIFIÉE, *spatifacta*, lorsque sa substance même est changée, non pas de nature chimique, mais dans sa structure minéralogique; en sorte qu'en la cassant, on n'aperçoit plus les lames composantes, mais de véritables rhomboèdres calcaires, ou une sorte de tissu fibreux : les bélemnites.

Il faut observer que dans ce cas la coquille, quoique conservant tout-à-fait sa forme générale, et même son aspect extérieur et intérieur, est toujours beaucoup plus épaisse. Les coquilles fossiles du calcaire jurassique présentent surtout ce caractère d'une manière manifeste, et dans leur intérieur une conchyliomorphite interne.

SILICIFIÉE, *silicifacta*; ACATHIFIÉE, *achatifacta*, quand elle est changée dans sa nature chimique et dans sa nature minéralogique, en une substance siliceuse, translucide ou non.

Dans le second cas, ce n'est plus la coquille elle-même que l'on considère, mais une CONCHYLIOMORPHITE, *conchyliomorphites*, c'est-à-dire une masse minérale qui s'est formée dans la coquille fossile elle-même, ou dans la place laissée par la coquille dans une masse minérale, ou même dans celle laissée par son moule intérieur, et cela pour des univalves comme pour des bivalves (1).

Les conchyliomorphites pourront donc être partagées d'abord en COCHLIDOMORPHITES, *cochlidomorphitæ*, et en CONCHOMORPHITES, *conchomorphitæ*, suivant qu'elles seront le produit d'une coquille univale ou bivalve; et ensuite en

INTERNES, *internæ*, lorsqu'elles représentent le moule interne d'une coquille univalve ou bivalve. Les articulations des ammonites sont de véritables cochlidomorphites internes. La cochlidomorphite interne se reconnoît aisément, parce qu'on y remarque que les tours de spire, toujours lisses, ou presque lisses, laissent entre eux un évidement dans toute leur étendue, ou sont complétement disjoints, *disjuncti*.

Les conchomorphites internes sont également sans stries ni sillons, si ce n'est quelquefois vers les bords, et elles of-

---

(1) Comment s'est opérée cette formation? Cette question n'appartient pas essentiellement à la zoologie. Nous nous bornerons donc à dire que ce peut être immédiatement ou médiatement. Dans le premier cas, ce qui a lieu pour la plupart des coquilles bivalves ou univalves, la substance argileuse, sablonneuse, ou même coquillière, s'est entassée dans l'ouverture de la coquille, a pénétré peu à peu jusque dans les parties les plus profondes de la cavité, ou par la pression A TERGO, ou par l'action de l'eau qui a entraîné avec elle des molécules très-fines suspendues et non-dissoutes; dans le second cas de la formation d'une conchyliomorphite, c'est à travers les parois mêmes de la coquille ou des cloisons qui en partagent la cavité, que l'eau plus ou moins saturée d'élémens calcaires ou siliceux les a entraînées, et a rempli peu à peu cette cavité en commençant par former des couches de cristaux le long des parois: c'est ce que l'on voit très-bien dans les ammonites et les nautiles.

frent le moule de l'intérieur des sommets en forme de cornes plus ou moins distantes, ainsi que l'empreinte des impressions musculaires et marginales, mais sans indice de charnière. La dicérate est dans ce cas, ainsi que la birostrite ou jodamie, que l'on a reconnue pour n'être qu'un moule de sphérulite.

Externes, *externæ*, lorsqu'elles représentent la face externe d'une coquille, ce qui peut être arrivé de deux manières, ou parce qu'elles se sont formées dans un moule produit par une coquille qui aura disparu dans une masse minérale, ou peut-être par l'annihilation successive des parois même de la coquille, et alors la masse conchyliomorphite offre à sa surface des sillons extérieurs, sans que cependant il y ait réellement des restes de la coquille. On en trouve beaucoup de cette sorte dans les terrains avant et depuis la craie ; il en est même quelques unes dont on a cru devoir faire des genres univalves et bivalves distincts ; la pholadomye de Sowerby me paroît être dans ce cas.

La comparaison que l'on fait entre les coquilles fossiles et celles que nous savons d'une manière indubitable être actuellement vivantes, ou provenues d'espèces d'animaux mollusques actuellement vivans, a déterminé l'emploi des dénominations suivantes ; elles n'ont pu cependant encore être rigoureusement définies, parce que l'étude de la malacologie est encore trop peu avancée, pour que l'on connoisse les limites des variations dont sont susceptibles les coquilles des mollusques dans la même localité, et à plus forte raison dans des localités un peu différentes. On dit une coquille fossile

Identique, *identica*, lorsqu'elle est parfaitement semblable à une coquille certainement vivante. M. Defrance admet qu'il en existe un plus grand nombre de cette espèce parmi les coquilles fossiles des collines subapennines, que dans toute autre localité.

Analogue, *analoga*, lorsque cette ressemblance est moins grande ; mais en quoi consiste cette diminution de ressemblance? Probablement dans la grosseur de la coquille, le développement de la spire et des tubercules dont elle peut être hérissée.

Subanalogue, *subanaloga*, quand les différences deviennent moins sensibles, et portent sans doute sur des parties moins fixes de la coquille; mais quelles sont-elles? C'est ce que je ne trouve pas dans les auteurs qui ont imaginé et employé ces dénominations.

Perdue, *deperdita*, lorsque la coquille ou la conchyliomorphite présente des caractères qui non seulement la font évidemment différer des espèces d'un genre connu, mais même suffisent pour en caractériser un nouveau. En employant cette dénomination, il faut cependant toujours sous-entendre que c'est dans l'état actuel de la malacologie; car il se peut que le lendemain de l'établissement d'une espèce perdue, la découverte de quelque coquille vivante place celle-là au rang des identiques ou des analogues.

Art. 2. DES COQUILLES UNIVALVES ET SUBBIVALVES.

Nous avons dit plus haut ce qu'on doit entendre par là; plusieurs auteurs les désignent sous le nom de monotomes, *monotomæ*, et plus souvent encore sous celui de *cochleæ*, *cochlidæ*, *limaçons* en françois, *snail* en anglois, *schnecken* en allemand, *chiocciole* en italien.

§. 1ᵉʳ. *De leur forme générale.*

1.° En considérant la forme générale des coquilles univalves sans faire attention à la distinction de leurs parties, on emploie des dénominations qui, quoique assez vagues, sont cependant nécessaires à connoître.

La première distinction est celle qui porte sur l'égalité ou l'inégalité des deux côtés d'une coquille de forme quelconque, séparés par un axe fictif étendu du sommet à la base, ou d'une extrémité à l'autre. On nomme coquille SYMÉTRIQUE, *symetrica*, celle dont les deux côtés sont parfaitement égaux, et NON SYMÉTRIQUE, *non symetrica*, les autres : ainsi l'os de la sèche, la coquille de l'argonaute, celle des patelles, etc., sont symétriques ; la patelle chinoise, le sigaret et beaucoup d'autres sont non symétriques.

La coquille PLATE, *plana*, est celle qui n'a aucune cavité, comme l'os de la sèche, la patelle chinoise, etc.

TUBULEUSE, *tubulosa*, celle dont le diamètre est considérablement plus petit que la longueur : les dentales.

RECOUVRANTE, *operiens*, celle qui est conique et sans spire proprement dite, et qui s'applique sur l'animal de manière à pouvoir aisément être enlevée : les patelles.

ENGAINANTE, *invaginans*, celle qui est plus ou moins spirée, et qui contient l'animal de manière à ce qu'il soit difficile de l'en retirer.

SPIRALE, *spiralis*, celle qui est plus ou moins contournée, et dans différens sens, comme il va être expliqué tout à l'heure. Mais auparavant définissons encore quelques termes qui appartiennent à la coquille envisagée en masse. On nomme

DISCOÏDE, *discoïdea*, celle qui ressemble plus ou moins à un disque, et que, en considérant par la suite la manière dont la spire s'enroule, nous nommerons *enroulée* : les ammonites.

DÉPRIMÉE, *depressa*, l'espèce ovale ou arrondie dont la forme est très-aplatie, et la spire très-courte : le sigaret.

Le même nom est quelquefois employé pour désigner certaines coquilles dont le dernier tour, ou le corps de la coquille élargi par des bourrelets latéraux, semble aplati de haut en bas : les ranelles, *murex anus*, Linn.

GLOBULEUSE OU AMPULLACÉE, *globosa* ou *ampullacea*, celle dont tous les diamètres sont sensiblement égaux, à cause du grand développement du dernier tour de spire, qui est beaucoup plus grand que celui qui précède : les ampullaires, les tonnes, etc.

OVALE ou OVOÏDE, *ovalis*, la coquille dont le diamètre longitudinal est un peu plus long que le transversal : les porcelaines et un assez grand nombre d'hélices.

OVALE-RENVERSÉE, *obversè ovata*, celle dont la forme est ovale, mais dont l'extrémité antérieure est un peu plus alongée que la postérieure : *voluta dactylus*. Linn.

BORDÉE, *marginata*, celle dont les bords ont plus d'épaisseur que le reste du corps : *cyprœa erosa*, etc.

NAVICULAIRE, *navicularis*, quelques coquilles qui, renversées sur le dos et l'ouverture en haut, ont une certaine ressemblance avec un petit bateau : l'argonaute, la navicelle.

PYRIFORME, *pyriformis*, quand une des extrémités est grosse où renflée, arrondie, et l'autre appointie en forme de queue assez courte : la pyrule.

CLAVIFORME ou EN MASSUE, *clavata*, lorsque le corps de la coquille est court et renflé, au contraire de la partie antérieure, étroite et alongée : *murex haustellum*, Linn.

ROSTRALE ou ROSTRÉE, *rostrata*, quand elle se termine à ses deux extrémités par un prolongement en forme de bec : *bulla birostris*, Linn.; *ovula birostris*, Lamck.

CONIQUE, *conica*, lorsque l'une des extrémités élargie est comme coupée carrément, l'autre étant pointue et formant le sommet : quand c'est le sommet même de la coquille qui fait le sommet du cône, c'est ce qu'on nomme une coquille *turbinée*, comme dans les troques et dans les turbinelles ; et elle est dite *conique* ou *conoïde*, quand, au contraire, le sommet du cône est à la partie antérieure de l'ouverture, comme dans les cônes proprement dits.

CYLINDRIQUE, *cylindrica*, quand la coquille est alongée, et d'une largeur ou grosseur à peu près semblable en avant et en arrière : la plupart des coquilles involvées comme les olives.

Pupiforme, *coarctata*, celle qui, étant à peu près cylindrique dans la plus grande partie de la longueur, diminue sensiblement de diamètre vers les extrémités, ce qui la fait un peu ressembler à un enfant emmaillotté, ou mieux à une nymphe de papillon : les maillots.

Fusiforme, *fusiformis*, celle qui, renflée au milieu, est appointie aux deux extrémités : les fuseaux.

Turriculée, *turriculata*, celle qui est fort alongée, c'est-à-dire dont le diamètre longitudinal est beaucoup plus long que le transversal, ce qui dépend de la manière dont la spire est formée : les turritelles.

2.° Les coquilles univalves peuvent ensuite être considérées sous le rapport de la distinction de chacune de leurs parties.

§. 2. *De la forme extérieure des coquilles univalves.*

Une coquille univalve peut être conçue avoir réellement toujours un sommet ou point par où elle a commencé, une base qui est sa terminaison actuelle, et un corps intermédiaire, avec une cavité quelquefois presque imperceptible, dans le cas où la coquille est extrêmement déprimée, ou tout-à-fait plate ; et alors elle a réellement beaucoup de rapports avec la valve d'une coquille bivalve. C'est justement tout le contraire dans les coquilles tubuleuses ou tubiformes, qui ressemblent beaucoup aux tubes calcaires de certains *chétopodes.*

Mais, avant d'aller plus loin, indiquons la position dans laquelle nous étudions et dénommons les différentes parties des coquilles univalves, et comparons-la avec celle des autres conchyliologistes. Linnæus, Bruguière, d'Acosta, M. de Lamarck, etc., placent la coquille qu'ils étudient debout sur l'extrémité opposée au sommet, et l'ouverture en face de l'observateur : nous, au contraire, imitant Draparnaud et plusieurs autres auteurs, nous la supposons obliquement sur le dos de l'animal marchant devant l'observateur, ou, ce qui

est à peu près la même chose, appliquée obliquement sur
une table, du côté de l'ouverture, et par conséquent le sommet en arrière et en haut; l'extrémité opposée en avant et
en bas. Il en résulte que les noms de *droite* et de *gauche* sont
appliqués aux mêmes côtés dans les deux manières de voir ;
mais que ceux d'*inférieur* et de *supérieur*, dans la description
de l'ouverture et de ses bords , sont remplacés par les mots
d'*antérieur* pour le premier, et par celui de *postérieur* pour le
second.

Le sommet, *apex* (*the head* , angl. ; *die spitz* , allem. ; *apice*,
ital.), qui est la partie par où a commencé la coquille, ou
mieux le commencement de la spire, peut être tout-à-fait
plat, ou très-saillant, droit ou vertical, ou penché directement en arrière, à droite ou à gauche, ou même en avant.
Enfin il peut être pointu, ou mamelonné, entier ou carié ,
et même quelquefois creux comme dans les bulles.

Il est tout-à-fait PLAT, *planus* , dans la patelle chinoise;

TRÈS-SAILLANT , *peracutus*, dans le vermet d'Adanson :

VERTICAL, *verticalis*, dans les patelles; dans ce genre Linnæus l'appelle *vertex;*

MARGINAL OU SUBMARGINAL, *marginalis* ou *submarginalis*, dans
les crépidules;

ABAISSÉ OU SURBAISSÉ en arrière , *retròversus* , dans les navicelles;

ABAISSÉ OU SURBAISSÉ EN AVANT, *antèversus*, dans certaines
espèces de patelles, et surtout dans les émarginules ;

SENESTRE, *sinistralis*, ou penché à gauche dans les ancyles;

DEXTRE, *dextralis*, ou penché à droite dans les cabochons;

POINTU , *acutus*, dans un grand nombre de coquilles;

MAMELONNÉ, *mamillaris*, ou arrondi dans les volutes ;

ENTIER, *integer*, dans la plupart des coquilles;

CARIÉ, *cariosus*, dans le bulime tiare;

TRONQUÉ OU DÉCOLLÉ, *truncatus* ou *decollatus*, dans le bulime
décollé, et plusieurs espèces turriculées;

Creux ou enfoncé, ombiliqué, *umbilicatus*, les bulles, bullées et même certaines espèces d'ammonacés et de planorbes; mais alors il est latéral;

Percé, *terebratus*, dans les dentales.

La Base, *basis*, ou la partie ordinairement opposée au sommet, est celle dans laquelle est constamment percée l'ouverture dont nous allons parler tout à l'heure. Sous ce nom nous n'entendons cependant pas ce que Linnæus et la plupart des conchyliologistes désignent ainsi : en effet, pour eux, c'est l'extrémité, pointue ou non, opposée au sommet, et ils faisoient ainsi parce que, dans leur manière de dénommer les différentes parties d'une coquille, ils plaçoient celle-ci verticalement, le sommet en haut, l'ouverture en devant; pour nous la base est toute cette partie qui appuie plus ou moins obliquement sur le dos de l'animal. Quelquefois cette base est TRÈS-LARGE et RONDE, *ampla*, *rotundata*, comme dans les troques; ce qui leur donne la forme d'une toupie renversée. D'autres fois elle est PETITE, *parva*, comme dans les vis et alênes, etc.; elle peut être TRÈS-ALONGÉE, *elongata*; par exemple, dans les cyprées, etc. Elle est formée entièrement par l'ouverture, dans les patelles, les sigarets, et beaucoup plus souvent par une partie du dernier tour de spire.

Sa direction, qui est ordinairement celle de l'ouverture, offre aussi quelques considérations qu'on ne doit pas négliger : ainsi elle est tout-à-fait perpendiculaire à l'axe de la coquille, dans les patelles, les cadrans, etc.; et elle est presque entièrement dans sa direction dans les cyprées, les olives, etc.; dans les autres coquilles elle est plus ou moins intermédiaire.

Le Corps de la coquille est tout ce qui se trouve entre la base et le sommet; le plus souvent il est creusé à l'intérieur, et sert non seulement à recouvrir, mais à contenir une plus ou moins grande partie du corps de l'animal.

Quelquefois on lui donne le nom de Disque, *discus*, comme

dans les haliotides, mais alors on ne comprend sous ce nom que le dernier tour de la spire.

Dans un certain nombre de coquilles ou de têts, le corps ne se recourbe en aucun sens, ni à droite, ni à gauche, ni en avant, ni en arrière, et même il n'est nullement excavé : il en résulte alors ce que nous avons nommé coquille plate, symétrique dans l'os de la sèche, du calmar, non symétrique dans la patelle chinoise.

Assez souvent la base et le sommet sont réunis par un corps qui n'est recourbé en aucun sens, mais qui est plus ou moins excavé : d'où résulte ce que nous avons désigné plus haut sous le nom de coquille recouvrante ou non engaînante, comme dans les patelles, les émarginules, les cabochons, et surtout dans les dentales.

Enfin, dans le plus grand nombre de cas, le corps de la coquille est formé par son enroulement, de différentes manières ; ce qui donne les véritables cochléides, ou SPIRIVALVES, *spirivalvæ.*

Pour s'en faire une idée juste, il faut concevoir que toute coquille univalve étoit un cône plus ou moins alongé, analogue à une dentale, mais flexible.

S'il s'enroule d'arrière en avant et de haut en bas, absolument dans le même plan vertical, il en résultera une coquille discoïde, comprimée de droite à gauche, dont le sommet ne peut être visible que dans le même sens, et dont l'axe est tout-à-fait également transversal. On peut nommer ces espèces de coquilles ENROULÉES, *revolutæ :* un exemple rigoureux peut être pris dans les argonautes et genres voisins, et non dans les planorbes, qui ne sont réellement que SUBENROULÉES, *sub-revolutæ.*

Les principales différences qu'offre cette espèce d'enroulement, consistent dans sa perfection plus ou moins grande. On nomme

Arquée, *arcuata*, la coquille qui n'offre encore qu'une arqûre plus ou moins considérable, comme dans certaines espèces de bélemnites et dans les dentales.

Courbée, *curvata*, celle dont le corps commence à être beaucoup plus courbé, comme dans les ammonocératités.

Demi-enroulée, *semirevoluta*, la coquille qui est enroulée de manière à ce que les tours de spire ne se touchent pas, comme dans les spirules.

Enroulée, *revoluta*, quand les tours se touchent, mais sans se pénétrer, comme dans les véritables ammonacées.

Et enfin, très-enroulées, *perrevolutæ*, les espèces dont les tours de spire se pénètrent réciproquement, de manière à ce que le dernier tour cache tous les autres et que l'ouverture en soit modifiée, comme cela se voit dans le nautile flambé.

Si, au contraire, l'enroulement du cône spiral se fait transversalement ou de gauche à droite, en suivant sa marche sur l'animal, c'est ce qui forme les coquilles involvées, *involvatæ*. C'est ce que Linnæus nomme *convolutæ*, terme que Bruguière a traduit par roulées.

Dans ces espèces, la base de la coquille est presque aussi longue qu'elle, ainsi que son ouverture; et l'axe d'enroulement est longitudinal. Il n'y a réellement presque jamais de coquilles complètement involvées : celles qui en approchent le plus sont les cyprées, les ovules. Quelquefois la coquille ne fait pas un tour complet, comme dans les bullées, et alors l'ouverture est aussi large et aussi longue qu'elle.

Enfin la plus grande partie des coquilles univalves sont intermédiaires à ces deux dispositions, c'est-à-dire, que le corps de la coquille est le résultat d'un enroulement oblique de droite à gauche et de bas en haut, si l'on marche de la base au sommet, ou mieux, et tout-à-fait au contraire, si l'on suit l'accroissement de la coquille. Ce sont là les véritables Spirivalves, que quelques auteurs nomment turbinées, *turbinated shell* des Anglois.

On donne le nom de Spire, *clavicula* en latin, *turban* ou *clavicle* en anglois, *gewinde* en allemand, *spira* en italien, à toute cette partie d'une coquille spirivalve formée par l'enroulement du cône spiral.

Celui de Tour de Spire ou de *circonvolution*, *anfractus* en latin, *whril* en anglois, *windungen* en allemand, *anfratto* en italien, à une révolution complète du cône spiral.

Quelquefois on distingue de la totalité de la spire le dernier tour, qui est ordinairement le plus gros, et où existe l'ouverture, et on le désigne sous le nom de Corps, *corpus*, de la coquille. La face qui se trouve correspondre à l'ouverture est le Ventre, *venter;* celle qui lui est opposée, le Dos, *dorsum.* Mais Bruguière veut que le ventre ne soit que la partie du dernier tour qui forme la partie gauche de l'ouverture, et sur laquelle la lèvre interne est attachée. Quoi qu'il en soit, on réserve le nom de Clavicule, *clavicula*, à tout le reste de la spire.

La direction suivant laquelle se fait l'enroulement du cône spiral, sert à distinguer les coquilles en DROITES et en GAUCHES, ou en DEXTRES et en SÉNESTRES, *dextræ* et *sinistrosæ.* En général, comme on a pu le voir à l'article de l'organisation des malacozoaires, la terminaison actuelle d'une coquille est à la droite de l'animal, et par conséquent, en partant de ce point, l'enroulement ou mieux la torsion semble se faire de droite à gauche, en allant de la base au sommet, ou mieux de gauche à droite, en suivant la marche de l'accroissement du sommet à la base : ce sont les coquilles spirales normales. Mais il arrive assez souvent que l'animal, étant anomal sous ce point, est, pour ainsi dire, renversé, c'est-à dire, que ce qui est ordinairement à droite se trouve à gauche, *et vice versâ*, et alors la coquille est également anomale, en ce que son bord terminal est à gauche : on donne à ces coquilles le nom de GAUCHES, *sinistræ, heterostrophæ.*

La considération de la spire proprement dite, mais prise en totalité, donne encore lieu à quelques termes techniques qui rentrent, il est vrai, jusqu'à un certain point, dans ceux employés pour désigner la forme générale des coquilles. On dit la spire

APLATIE, *depressa*, quand les tours réunis forment une surface tout-à-fait plate, comme dans le cône cardinal.

ÉCRASÉE, *subdepressa*, quand la marche en sens vertical est peu rapide, en comparaison de celle en sens opposé : ce sont des coquilles qui se rapprochent un peu de celles que nous avons nommées discoïdes : les cadrans.

MÉDIOCRE, *mediocris*, lorsque la marche dans les deux sens est à peu près égale, comme dans les buccins, etc.

ÉLEVÉE, *alta*, quand le cône spiral avance plus en hauteur qu'en largeur : les vis.

ÉLANCÉE, EFFILÉE, SUBULÉE, *exquisita*, *exserta*, *subulata*, lorsque cette disposition est encore plus marquée, comme on le voit dans les alênes.

TURRICULÉE, *turrita*, quand, avec cette marche, les tours de spire sont bien nettement séparés par leurs différentes tranches d'épaisseur, comme dans les mitres.

DÉCOLLÉE, *decollata*, lorsqu'à la suite de l'âge son extrémité se brise et se casse.

COURONNÉE, *coronata*, lorsque les bords de chaque tour sont armés de points saillans, de tubercules ou d'épines, comme dans un grand nombre de cônes et dans la volute d'Ethiopie.

CARIÉE, *cariosa*, lorsqu'en effet il semble que l'extrémité de la spire ait été rongée, comme dans le *buccinum prærosum*.

TRONQUÉE, *truncata*, quand les tours de spire du centre ne s'élèvent pas au-dessus de ceux de la circonférence, comme dans le *conus litteratus*.

Enfoncée ou ombiliquée, *retusa*, lorsque les nouveaux tours de spire se portent plus en arrière que les anciens, ce qui produit un enfoncement, une sorte d'ombilic au sommet, comme dans les bulles.

Les tours de spire donnent aussi lieu à plusieurs caractéres que l'on exprime par des mots déterminés.

Quant à leur nombre, on les compte ou en partant du sommet, ou de la fin du cône spiral ; mais il est préférable de commencer par le sommet ; alors le dernier est celui qui forme l'ouverture.

Leur proportion entre eux s'exprime en termes ordinaires. Assez souvent l'avant-dernier tour est plus gros que tous les autres pris ensemble ; quelquefois le dernier est plus petit que l'avant-dernier, c'est ce qu'on voit surtout dans les maillots, et en général, dans les coquilles d'animaux, parvenus à leur dernier âge.

Les tours de spire, considérés en totalité suivant leur degré de rapprochement ou de forme générale, peuvent être distingués en

Séparés, *disjuncti*, lorsqu'ils sont plus ou moins loin de se toucher : la scalaire précieuse, et encore plus le vermet.

Appuyés, *contigui*, quand ils s'appuient immédiatement les uns sur les autres : plusieurs espèces de nautiles.

Rubannés, *depressi*, s'ils sont larges, aplatis, ou peu renflés dans le milieu : les alênes et les vis.

Convexes, *convexi*, lorsqu'ils sont au contraire renflés et bombés dans le milieu : les cyclostomes.

Carénés, *carinati*, s'ils sont renflés anguleusement dans leur milieu : les carocolles.

Effacés, fondus, *obsoleti*, lorsqu'on les distingue assez difficilement par leur aplatissement, et le peu de profondeur du sillon qui les sépare : les ancillaires.

Distincts, *distincti*, quand, plus ou moins convexes, ils

sont séparés par une grande profondeur du sillon qu'on nomme suture : les olives.

La SUTURE, *sutura*, peut donc être presque nulle ou très-profonde. Elle est

SIMPLE, *simplex*, dans presque toutes les coquilles.

DOUBLE, *duplicata*, quand elle est accompagnée par un autre sillon parallèle : les alênes.

BORDÉE, *marginata*, lorsque au lieu d'un enfoncement qui sépare les tours de spire, c'est une carène : *turbo annulatus*, Linn.

IMBRIQUÉE, *imbricata*, quand elle est presque entièrement recouverte par une espèce de petite côte aiguë : *turbo replicatus*, Linn.

En envisageant ensuite la superficie des tours de spire, on peut y remarquer

DES STRIES, *striæ*, petites lignes creuses, transversales, par rapport au cône spiral, et longitudinales, par rapport à toute la coquille, et par conséquent formées par les stries d'accroissement.

DES SILLONS, *sulci*, petites lignes creuses, longitudinales, ou allant du sommet à la base du cône spiral, et transverses pour la coquille.

DES RAYONS, *radii*, petites lignes saillantes du sommet à la base, ou suivant la décurrence de la spire.

DES CÔTES, *costæ*, grosses lignes saillantes dans la même direction de la décurrence de la spire, et que l'on peut distinguer en

CARÉNÉES, *carinatæ*, lorsque leur dos est anguleux.

RONDES, *rotundæ*, lorsqu'il est arrondi.

CARRÉES, *quadratæ*, lorsqu'il est droit.

TUBERCULEUSES, *tuberculosæ*, quand elles sont couvertes de tubercules.

ÉPINEUSES, *spinosæ*, quand ce sont des épines.

VOUTÉES, *fornicatæ*, lorsque ce sont des écailles concaves en dessous.

Des Bourrelets, *tori*, petites lignes saillantes transverses , ou dans la direction des stries d'accroissement.

Des Varices, *varices*, grosses lignes saillantes , transverses comme les précédentes, produites par les rebords épaissis des anciennes ouvertures , et conservés sur les tours de spire ; on dit qu'elles sont

Continues, *continui*, lorsque celles d'un tour sont dans la même direction longitudinale que celles des autres, en quelque nombre qu'elles soient : les ranelles.

Discontinues, *discontinui* , dans le cas contraire : comme dans les tritons.

Simples, *simplices* , lorsqu'elles ne forment que de gros bourrelets.

Scrobiculées, *scrobiculati* , ou bordées de fossettes , quand elles sont garnies dans toute leur longueur par un ou deux rangs de fossettes : *murex scrobilator*, Linn.

Découpées, *frondosi*, lorsqu'elles se divisent en épines plus ou moins ramifiées : un grand nombre de murex.

Des Points , *puncta*, ou petits enfoncemens ; ils peuvent être

Articulés , *concatenata;* ils sont alors placés à la suite les uns des autres sur une ou plusieurs lignes : *trochus Pharaonis*, Linn.

Piqués, *pertusa*, quand ils sont très-petits : mitre papale.

Des Tubercules, *tubercula* , ou éminences plus ou moins élevées , d'où la distinction de

Punctiformes, *punctiformia* , lorsqu'ils sont très-petits, comme lorsqu'ils sont produits par le croisement des côtes et des bourrelets : *murex reticularis* , Linn.

Mamelonnés, *mamillata*, quand plus grands ils se terminent en mamelon.

Coniques, *conica*, si leur terminaison est pointue : *murex nodus* , Linn.

Des Epines, *spinæ*, qui ne sont que des tubercules plus élevés et à base plus étroite, que l'on peut distinguer en

Aigues, *acutæ*, quand la pointe est fine.

Linéaires, *setaceæ*, lorsqu'elles sont longues et atténuées
comme une aiguille : *murex tribulus*, Linn.

L'absence ou la présence de ces différentes parties à la surface d'une coquille univalve, a déterminé pour les tours de
spire les dénominations suivantes ; on dit qu'ils sont,

a. *En les envisageant dans la direction de l'accroissement*,

Striés, *striati*, si les stries d'accroissement sont bien marquées ou mieux indiquées par de très-petits bourrelets : l'hélice striée.

Imbriqués ou Tuilés, *imbricati*, lorsque les stries d'accroissement sont encore plus marquées, et donnent l'idée de
plusieurs coquilles très-minces placées les unes sur les autres :
plusieurs espèces de cabochons.

Crépus, *crispati*, si les tours de spire sont ornés de stries
relevées et onduleuses : *bulla physis*, Linn.

Lamelleux, *lamellati*, lorsqu'ils sont pourvus d'excroissances
transversales et minces comme du papier : *buccinum bezoar*,
Linn.

Interrompus, *interrupti*, lorsque les accroissemens de la
coquille sont marqués alternativement par de simples stries,
et par des bourrelets ou des varices.

Comprimés, *ancipites*, quand il n'y a que deux varices latérales et continues, ce qui donne à la coquille en totalité une
forme déprimée : les ranelles, les scarabes, etc.

Cordonnés, *torulosi*, *torosi*, lorsque les tours de spire sont
relevés par un ou plusieurs bourrelets ou varices simples,
continus ou discontinus : les différentes espèces de tritons.

Variqueux, *varicosi*, lorsque les varices sont plus nombreuses et plus tourmentées : plusieurs espèces de rochers.

Chicoracés , Découpés , *frondosi*, quand les varices, au nombre de deux, de trois ou plus, sont découpées, divisées comme des feuilles de chicorée ; plusieurs espèces de rochers.

Cancellés ou grillés, *cancellati* , si les bourrelets conservés des ouvertures anciennes sont bien plus nombreux, continus, et forment par leur réunion des barres que l'on a comparées à la grille ordinaire des prisons : les scalaires et les harpes.

b. *Dans la direction longitudinale ou de la décurrence de la spire.*

Carénés, *carinati* , lorsqu'ils sont relevés par une carène décurrente, et assez sensible sur le dernier pour rendre la coquille carénée : les carocolles.

Sillonnés, *sulcati* , quand leur surface est finement creusée de sillons plus ou moins fins.

Bifides , *bifidi*, si, outre la suture, il y a à quelque distance un sillon décurrent : les alênes, vis, etc.

Côtelés, *costati* , lorsque les intervalles des sillons sont relevés en côtes plus ou moins saillantes : plusieurs espèces de turbos.

Rugueux, *rugosi* , quand les côtes sont rendues rugueuses seulement par les stries d'accroissement, relevées et un peu squameuses.

Tuberculeux, *tuberculosi* , quand ce sont des tubercules plus ou moins prononcés qui hérissent les côtes.

Couronnés, *coronati* , lorsqu'il n'y a qu'une seule rangée de tubercules, formant une sorte de couronne sur la spire : le cône impérial et la volute d'Ethiopie.

Radiés, *spinosoradiati*, lorsque le rang des tubercules occupe le milieu des tours de spire, et qu'ils sont longs et épineux.

c. Dans les deux directions.

On nomme

Lisses, *levigati*, ceux dont la superficie est lisse et luisante, et polie : les porcelaines, olives, etc.

Entiers, *indivisi*, *integri*, ceux qui n'offrent presque aucune trace de stries ni de sillons, sans cependant être lisses : les mitres, etc.

Treillisés, *tesselati*, ceux dont la superficie est marquée de stries et de sillons, se coupant à angle droit, et formant ainsi de petits carreaux.

Cicatrisés, *scrobiculati*, les tours de spire marqués de petites fossettes un peu irrégulières, résultat d'un treillage peu marqué : le casque tricoté.

D'après l'idée que nous avons donnée plus haut de la formation d'une coquille spirale, on voit que si les tours de spire ne se touchent ni transversalement ou de droite à gauche, ni de haut en bas, on doit apercevoir, dans le milieu de la coquille, un enfoncement conique étendu du sommet à la base (c'est ce qu'on nomme Ombilic, *umbilicus* en latin, *navel* en anglois, *nabel* en allemand, *ombilico* en italien), et en même temps un vide plus ou moins considérable entre chaque tour de spire, comme dans le vermet d'Adanson, et même dans la vraie scalaire, c'est ce qui forme les coquilles à tours disjoints, dont il vient d'être parlé. Si, en s'enroulant, les révolutions du cône se touchent de haut en bas, mais non transversalement, on a une coquille fortement ombiliquée, comme dans les cadrans; et, enfin, si les tours de spire se touchent dans tous les sens, sans empiéter, ou surtout en empiétant plus ou moins fortement les uns sur les autres, ce qui constitue le cône spiral complet de M. de Férussac père dans le premier cas, et incomplet dans le second, il en résulte que l'axe fictif n'est plus libre, n'est plus creux, si ce n'est quelquefois à la base,

et qu'il est remplacé par une sorte de petite colonne tordue,
résultant du contact et de la fusion du bord interne du cône
sur lequel il s'enroule. En effet, en sciant une coquille de
cette nature de la base au sommet, on voit dans son intérieur
une partie solide plus ou moins torse; c'est à cette partie qu'on
donne le nom de COLUMELLE, *columella*, *pillar* en anglois, *saüle*
en allemand, *colonna* en italien; et comme assez souvent cette
espèce de colonne, quand la base de la coquille est très-oblique, se prolonge jusqu'à son extrémité antérieure, c'est elle
qui dans ce cas forme en entier le bord gauche de l'ouverture, d'où il prend quelquefois le nom de *columellaire*.

D'après l'explication que nous venons de donner de la formation de la columelle, il est évident qu'il ne peut y en avoir
dans les coquilles involvées, pas plus que dans les enroulées,
non plus que dans celles dont le cône spiral est court, et s'é-
largit subitement pour former son dernier tour.

Lorsque la columelle existe; on la dit

POINTUE, *acuta*, quand elle se termine antérieurement en
pointe : les harpes.

TRONQUÉE, *abrasa*, *truncata*, quand elle semble avoir été
coupée à son extrémité antérieure : les agathines.

SAILLANTE OU CAUDÉE, *caudata*, lorsqu'elle se prolonge au-
delà de l'ouverture : les janthines, les térébelles.

APLATIE, *plana*, lorsqu'elle est en effet aplatie : la pourpre
persique.

SPIRALE, *spiralis*, lorsque la partie qui dépasse l'ouverture
est tordue comme une vrille : cérithe télescope.

PLISSÉE, *plicata*, lorsqu'on y aperçoit un plus ou moins grand
nombre de plis transverses ou obliques, indices de sa torsion,
produits par les faisceaux du muscle columellaire : les volutes, marginelles, etc.

RENFLÉE OU CHARGÉE D'UN BOURRELET, *inflata*, lorsqu'elle offre
à son extrémité un renflement plus ou moins considérable et
presque transversal : les alênes, les vis.

En dehors ou à gauche de la terminaison de la columelle, on voit souvent un trou, ou mieux, une fente plus ou moins profonde, de forme un peu variable, et qui existe surtout dans les jeunes sujets : c'est l'ombilic dont nous avons expliqué plus haut la formation. De la présence ou de l'absence de ce trou, résulte la distinction des coquilles en OMBILIQUÉES, *umbilicatæ*, ou en NON OMBILIQUÉES, *exumbilicatæ*, ou IMPERFORÉES, *imperforatæ*.

On dit l'ombilic

CONSOLIDÉ, *consolidatus*, lorsque par l'âge de la coquille il a été totalement recouvert par le dépôt calcaire ou callosité qui forme ou modifie la lèvre gauche; mais il n'en existe pas moins dessous : plusieurs espèces d'hélices et de natices.

SOUDÉ ou SUBCONSOLIDÉ, *subtectus* ou *subconsolidatus*, lorsque le dépôt calleux ne le recouvre qu'en partie, et laisse en dehors une fente nommée FENTE OMBILICALE, *rima umbilicalis*.

INFUNDIBULIFORME, *infundibuliformis*, lorsqu'il est largement ouvert du sommet à la base, en forme d'entonnoir : les cadrans, *Trochus solarium*, Linn.

PERFORÉ, *perforatus*, *pervius*, lorsqu'il s'étend de la base au somme.

CYLINDRIQUE, *cylindricus*, lorsqu'il est à peu près de la même largeur partout : *trochus umbilicaris*, Linn.

CRÉNELÉ, *crenatus*, s'il offre des grains saillans à sa circonférence : les cadrans.

DENTÉ, *dentatus*, lorsqu'il est muni d'une dent à son entrée : *turbo pica*, Linn.

BIFIDE, *bifidus*, lorsqu'il est comme partagé en deux par une sorte de colonne de la callosité : certaines espèces de natices.

CANALICULÉ, *canaliculatus*, quand il offre à l'intérieur une gouttière spirale : plusieurs sabots.

Après avoir ainsi successivement envisagé les coquilles univalves dans leur ensemble et à leur surface extérieure, voyons maintenant l'intérieur et son orifice.

§. 3. *De la cavité ou de l'intérieur des coquilles univalves.*

La cavité d'une coquille univalve peut ne pas être entièrement occupée par l'animal, et ce qui est occupé être séparé
de ce qui ne l'est pas par une ou plusieurs cloisons, qui la partagent en plusieurs cavités qu'on nomme *chambres, concamérations, loges, cellules.*

Les coquilles qui n'ont qu'une seule cavité sont dites *uniloculaires* ou *monothalames*, comme la très-grande partie des coquilles univalves.

Celles qui ont au contraire leur cavité séparée en plusieurs
loges, par autant de cloisons, sont nommées, par opposition,
multiloculaires, polythalames, chambrées, cellulées, et même
cloisonnées.

La forme des cloisons, qui peut être très-différente, a déterminé les noms de cloisons :

UNIES, *simplices*, quand elles sont simples.

DÉCOUPÉES, PERSILLÉES, SINUEUSES, *incisæ, sinuosæ*, quand
elles offrent, et surtout sur leurs bords, au point de jonction
avec la coquille, des sinuosités ou découpures que l'on a comparées à celles des bords de la feuille de persil.

C'est de cette disposition que sont venus, dans la *Paléozoo-
logie*, les noms de coquilles *articulées, d'articulations*, tirés de
la disposition que conservent entre eux les morceaux de substance étrangère qui se sont moulés dans ces cavités anfrac-
tueuses, observés après que la coquille elle-même a été dé-
truite. Ces articulations peuvent être COMPRIMÉES, CYLINDRI-
QUES, VENTRUES OU RENFLÉES, etc.

Ces différentes chambres ou loges particulières communiquent plus ou moins complètement entre elles au moyen d'un
trou en forme de canal, qui traverse les cloisons et les loges :
ce trou est nommé SIPHON, *sipho, siphon.* angl., *rohre*, allem.,
sifone, ital. On en étudie.

1.° Le nombre, qui n'est jamais au-dessus de deux, comme dans les bisiphytes (1); mais, dans le très-grand nombre de cas, il n'y en a qu'un.

2.° La position : il peut être au milieu de la cloison, ou rapproché de l'une de ses extrémités; d'où les noms de

CENTRAL, *centralis*, quand il est au milieu.

DORSAL OU EXTERNE, *dorsalis*, lorsque c'est vers le bord externe qu'il est percé.

INTERNE, *ventralis*, ou contre la spire, lorsque c'est vers le bord interne.

LATÉRAL, *lateralis*, lorsqu'il est plus d'un côté que de l'autre : *nautilus legumen*, Linn.

OBLIQUE, *obliquus*, lorsqu'il coupe obliquement l'axe des chambres : *nautilus gramen*, Linn.

3.° La continuité : il est

CONTINU, *continuus*, quand celui de chaque loge se continue dans le suivant de manière à former un tube étendu d'une extrémité de la coquille à l'autre : la spirule.

DISCONTINU, *discontinuus*, dans le cas contraire.

4.° Et quelquefois la forme RONDE, OVALE, TRIANGULAIRE, RENFLÉE, CYLINDRIQUE OU INFUNDIBULIFORME.

Dans les coquilles uniloculaires, la cavité est rarement partagée en deux seulement, et incomplètement, par une lame droite plus ou moins étendue, qu'on nomme DIAPHRAGME, *septum*, comme dans les navicelles, mais encore mieux dans les crépidules. Dans ce dernier cas, on nomme ces coquilles doubles, *perfoliatæ*, parce qu'elles semblent formées de deux coquilles placées l'une sur l'autre. D'autres fois, cette lame est plus ou moins recourbée, ce qui produit une LANGUETTE en cornet, *labium adnatum*, ou *septum spirale*, dont la forme est un peu variable : *exemp.*, les calyptrées, etc.

---

(1) MM. Defrance et de Roissy doutent qu'il y ait de véritables bisiphytes.

§. 4. *De l'ouverture des coquilles univalves.*

L'ouverture des coquilles univalves, que la plupart des auteurs nomment encore la bouche, *apertura* en latin, *mouth* ou *aperture* en anglois, *mündungen* ou *mundoffnung* en allemand, est l'entrée de leur cavité; elle est réellement formée ou circonscrite par les bords, qui ne sont que la réunion de la surface intérieure de la coquille avec l'extérieure. Linnæus appelle *faux* ou gorge tout ce qu'on peut voir dans l'intérieur même de la coquille, c'est-à-dire, à peu près le dernier demi-tour.

Quelques auteurs donnent le nom de *péristome* à toute la circonférence de la coquille à son ouverture; mais le plus souvent on la divise en deux parties désignées sous les noms de bords ou de lèvres, distinguées en bord ou lèvre interne et en bord ou lèvre externe, droite, gauche ou columellaire, comme nous le dirons plus en détail tout à l'heure.

Considérée en totalité et avec une partie du dernier tour qu'elle termine, on dit que l'ouverture est TOMBANTE, *decidua*, quand, ne suivant pas la direction de la spire, elle tombe subitement; REBROUSSÉE, *resupinata*, quand c'est à contre-sens, c'est-à-dire vers la spire, qu'elle se recourbe, comme dans le tomogère; *helix ringens*.

Envisagée seule, elle peut être HORIZONTALE, *horizontalis*, quand elle est dans une direction parallèle à l'axe de la coquille comme dans les maillots; PERPENDICULAIRE, *perpendicularis*, ou TRANSVERSALE, *transversalis*, lorsqu'elle lui est presque perpendiculaire, comme dans les planorbes; et OBLIQUE, *obliqua*, lorsqu'elle est intermédiaire à ces deux directions.

Si nous considérons l'ouverture dans sa régularité ou son irrégularité, elle est SYMÉTRIQUE, *symetrica*, lorsqu'elle peut être partagée en deux parties parfaitement égales et similaires, et NON SYMÉTRIQUE, *non symetrica*, dans le cas contraire: alors

elle peut être formée par l'excavation plus ou moins considérable de l'un ou de l'autre de ses bords, ce qui doit être pris en
considération.

Quant à sa grandeur proportionnelle avec le reste de la coquille, elle peut être *très-grande*, comme dans les haliotides,
désignés à cause de cela sous le nom de *mégastomes* ou de *macrostomes*; ou *médiocre*, *petite*, etc.

Quant à son intégrité, le dernier tour de spire peut pénétrer plus ou moins dans son intérieur, et la modifier : on dit
alors qu'*elle est modifiée par le dernier tour de spire*, comme
dans les argonautes, les limaçons, etc. Dans ce cas, suivant
l'observation de M. de Férussac père, le cône spiral est toujours
incomplet, et au contraire dans l'autre.

Mais surtout elle peut être antérieurement plus ou moins
profondément ÉCHANCRÉE, *emarginata*, ou ENTIÈRE, *integra* :
c'est ce qu'explique le terme d'*entomostomes*, opposé à celui
d'*anentomostomes*, qui indique que l'ouverture est entière. Linnæus emploie quelquefois l'expression d'*effusa*, mal traduit,
ce nous semble, par Bruguière, par SINUEUX, pour indiquer
la même condition d'être échancrée, comme dans les porcelaines ; ou bien a-t-il entendu par là l'échancrure postérieure
de la jonction des deux bords.

Elle peut offrir une simple propension à être échancrée,
et alors elle est dite VERSANTE, *effusa*, c'est-à-dire que, si l'on
concevoit la coquille sur le dos et remplie d'un fluide, il s'é-
couleroit par une partie un peu évasée de sa circonférence :
exemple, plusieurs cônes et les mélanies.

Enfin, on peut encore parler ici de la forme qui lui vaut
le nom de SIPHONOSTOME ou de CANALIFÈRE, *siphonostoma*
ou *canalifera*, c'est-à-dire, quand elle est terminée antérieurement par une espèce de canal ou de siphon plus ou
moins alongé, parce que cette forme est en rapport avec une
disposition semblable dans l'animal. Ce canal, *cauda*, *rostrum*
en latin, *beack* en anglois, *kanal* en allemand, *rostello* en ita-

lien, considéré à part, peut ensuite offrir des différences qui sont désignées par les épithètes de

Long, *longa*, alongé. *elongata*, si sa longueur surpasse celle du dernier tour de spire : *murex haustellum*, *tribulus*, Linn.

Court, *abbreviata*, quand sa longueur n'égale pas le dernier tour de spire : *murex erinaceus*, *saxatilis*, Linn.

Tronqué, *truncata*, lorsqu'il a peu de longueur et qu'il est comme coupé transversalement : *murex ramosus*, *trunculus*, Linn.

Relevé, *ascendens*, quand il se relève en en haut.

Fermé, *clausa*, quand il est fermé inférieurement : *murex ramosus*, *scorpio*, Linn.

Sous le rapport de la forme, qui est extrêmement variable, l'ouverture des coquilles univalves peut être

Ronde, *rotunda*, ou à peu de chose près : d'où les noms de *cricostomes* ou de *cyclostomes*.

Ovale, *ovalis*, d'où celui d'*ellipsostomes*, lorsque le diamètre longitudinal est plus long que le transversal.

Transversale, *transversalis*, lorsque c'est le contraire, le diamètre transversal étant plus grand que l'antéropostérieur, comme dans les hélices.

Angulaire, *angulata*, lorsqu'elle offre un angle plus ou moins marqué dans un certain point de sa circonférence : c'est ce qu'on peut désigner par la dénomination de *goniostomes*.

Demi-circulaire, *semirotunda*, ou demi-ronde, quand elle représente une sorte de gueule de four, comme dans les natices, et surtout dans les nérites : d'où le nom d'*hémicyclostomes*.

Étroite, linéaire ou longitudinale, *longitudinalis*, c'est-à-dire, d'un égal diamètre et de la longueur de la coquille : ce sont les *angyostomes*, comme dans les cyprées, etc.

§. 5. *Des bords de l'ouverture.*

Les bords de l'ouverture sont quelquefois désignés par le nom de lèvres, *labium* et *labrum* latin, *lip* anglois, *lippe* allemand, *labro* italien.

Draparnaud a proposé le nom de *péristome* pour tout le bord; mais ordinairement on le divise en deux par un axe fictif que l'on suppose aller d'une extrémité à l'autre de la coquille. Tout ce qui se trouve correspondre au côté droit de l'animal, et qui offre la terminaison actuelle de la coquille, depuis son point de départ de l'avant-dernier tour, est appelé bord DROIT, lèvre DROITE, ou mieux, bord EXTERNE ou lèvre EXTERNE, et *labrum*, pour éviter l'inconvénient d'employer le mot de lèvre droite, quand réellement elle est gauche. On nomme l'autre, c'est-à-dire, celle qui se trouve du côté de la columelle, qui la forme quelquefois en plus ou moins grande partie, bord GAUCHE, lèvre GAUCHE, INTERNE OU COLUMELLAIRE, ou enfin *labium*. Linné et son école n'admettent de lèvre gauche que dans un petit nombre de cas, et seulement dans certaines espèces de murex, chez lesquelles le dépôt calleux de la columelle prend réellement la forme de la lèvre externe. Ce sont leurs coquilles BILABIÉES, *bilabiosæ.*

Quelquefois les deux bords sont *réunis* complètement, comme dans les cyclostomes, et en général dans les coquilles où l'ouverture n'est pas modifiée par l'avant-dernier tour de spire, ce qui fait que le cône spiral est complet: d'autres fois ils ne sont *réunis* qu'incomplètement, et seulement dans l'âge adulte, par une espèce de dépôt calcaire qui recouvre l'avant-dernier tour de spire, c'est ce qui constitue l'ouverture ENTIÈRE, *coarctata* de Linné, comme dans les auricules et plusieurs hélices; enfin, le plus souvent, ils sont *désunis* simplement ou au moyen d'un sinus plus ou moins profond, comme dans certaines espèces de buccins et de nérites.

Si nous considérons maintenant chaque bord indépendamment l'un de l'autre, nous trouvons que chacun d'eux peut
offrir quelques caractères importans.

Le bord DROIT OU EXTERNE, *labrum*, Linn., peut être étudié
sous le rapport de son épaisseur, de son intégrité, de son plus
ou moins grand développement et de son excavation.

Il est TRANCHANT, *acutum*, quand il est mince, et ne s'épaissit
pas avec l'âge : les agathines.

RÉFLÉCHI, *reflexum*, lorsqu'il s'évase en dehors.

EPAIS, *crassum*, quand, au contraire, il est assez peu mince
et arrondi.

REBORDÉ, *marginatum*, lorsqu'il est épaissi, au moyen d'un
bourrelet extérieur qui peut se conserver en plus ou moins
grand nombre sur les tours de spire, ce qui forme les coquilles
cancellées, comme dans les harpes.

BIMARGINÉ, *bimarginatum*, lorsqu'il est épaissi en dedans
seulement, comme dans certaines espèces d'hélices.

REPLIÉ, *involutum*, quand il se roule en dedans, comme
dans les cyprées.

DENTÉ, *dentatum*, extérieurement, et surtout intérieurement, quand il offre à sa marge, externe ou interne, un plus
ou moins grand nombre de dents.

DILATÉ ou AILÉ, *alatum*, lorsqu'il s'élargit plus ou moins
avec l'âge.

AURICULÉ, *auritum*, lorsque cette dilatation se fait surtout
en arrière et en se prolongeant sur la spire, comme dans
quelques strombes.

DIGITÉ, *digitatum*, quand cette dilatation est divisée en
plusieurs pointes canaliculées qu'on a comparées à des doigts,
d'où proviennent les noms spécifiques de *tetra*, *pentadactyle*,
donnés à quelques espèces de strombes ou de ptérocères.

Lorsque ces espèces de bourrelets et la dilatation du bord
droit se divisent, se présentent de différentes manières, et
qu'elles se conservent en nombre variable sur la spire, on dit

que la coquille est *chicoracée*, garnie de bourrelets, de cordons, etc., comme dans un assez grand nombre de murex,
ce dont il a été parlé plus haut, en considérant la coquille en
totalité, et les tours de spire.

Sous le rapport de son intégrité, le bord droit peut être
ENTIER, *integrum*, et c'est le cas le plus ordinaire.

ECHANCRÉ, *solutum*, ENTAILLÉ, *scissum*, ou pourvu d'un *sinus*, lorsque, dans une partie quelconque de son étendue, il
offre un sinus ou une entaille plus ou moins profonde, comme
dans les strombes, les pleurotomes, etc.

Enfin il est DÉROULÉ, *dehiscens*, lorsqu'à son origine il se
développe et s'écarte plus de la columelle que dans le reste
de sa longueur, comme dans les cônes, les strombes.

VOUTÉ, *fornicatum* ou *subfornicatum*, quand il s'avance plus
ou moins au-delà de l'axe de la coquille, comme dans les
physes.

Le bord GAUCHE, INTERNE OU COLUMELLAIRE, *labrum*, offre
un moins grand nombre de caractères.

Il peut être entièrement indépendant de la columelle, quand
elle ne dépasse pas l'avant-dernier tour, comme dans tous
les cyclostomes, et même dans les hélices (1).

Quelquefois la partie postérieure est formée par la columelle, comme dans les limnées, par exemple, et le reste en
est bien distinct.

Enfin, le plus souvent la columelle le forme entièrement,
comme dans toutes les coquilles canaliculées, et même échancrées, et alors la columelle peut être recouverte par un dé-

---

(1) On voit que j'envisage le bord gauche un peu différemment que
Linnæus et que Bruguière, puisque, lorsque je le trouve le plus considérable, ils le regardent presque comme nul, et cela vient de ce que le
bord droit n'est, pour moi, étendu que de son origine sur l'avant-dernier tour de spire jusqu'à l'extrémité antérieure de la coquille, et non
jusqu'à la columelle.

pôt calcaire plus ou moins considérable , qui fait dire que le bord gauche ou la columelle est *calleuse*, comme dans les casques, etc.; quelquefois ce dépôt est pris pour la lèvre même, mais à tort, ce nous semble. Il est surtout bien évident dans les murex, par exemple dans le *murex brandaris*, *haustellum*, c'est ce que Linnæus a désigné par l'ouverture *bilabiée*.

Il peut aussi arriver que ce bord soit entièrement formé par l'avant-dernier tour, comme dans les coquilles involvées et enroulées, et alors il peut être

Denté, *dentatum* , comme dans les porcelaines.

Granulé, *granulatum*, comme dans le casque granuleux.

Rugueux, *rugosum*, comme dans le casque saburon.

Septiforme. *septiformis*. quand il est en forme de cloison : les nérites.

§. 6. *De l'opercule.*

L'ouverture de beaucoup de coquilles univalves reste toujours ouverte; mais, dans un assez grand nombre de cas, elle peut être momentanément fermée ; et enfin elle peut l'être constamment, à la volonté de l'animal, par une pièce calcaire ou cornée.

La pièce qui, dans certaines coquilles univalves, sert à les fermer pendant un certain temps de l'année, n'appartient réellement ni à l'animal , ni à sa coquille ; c'est ce que Draparnaud a nommé *épiphragme;* sa considération est de peu d'importance.

Il n'en est pas de même de celle que l'animal porte constamment attachée à la partie supérieure et postérieure du pied, comme on a pu le voir dans la première partie de ce Manuel, et qu'on nomme Opercule, *operculum* en latin, *cover* ou *lid* en anglois , *deckel* en allemand, et *coperchio* en italien.

C'est cette partie de l'enveloppe coquillière des mollusques céphalés, qui, ayant été comparée à tort avec la valve operculiforme de certaines bivalves, a déterminé quelques auteurs, et entre autres, Adanson, à diviser les coquilles univalves en unitestacées et en bitestacées.

Les Unitestacées, *unitestaceæ*, sont des coquilles univalves non operculées.

Les Bitestacées, *bitestaceæ*, sont les coquilles univalves operculées : ce sont celles que nous avons nommées subbivalves.

Cet opercule peut être envisagé sous différens rapports qui donnent lieu à quelques dénominations assez importantes à connoître.

Sa nature chimique est désignée par les termes de

Calcaire, *calcareum*, quand il n'est formé que de matière calcaire, comme dans les nérites et néritines.

Corneo-calcaire, *corneo-calcareum*, lorsque outre sa couche interne cornée, il est plus ou moins épaissi en dehors par un dépôt calcaire, souvent considérable, comme dans les turbos, les phasianelles.

Corné, *corneum*, lorsqu'il est constamment corné, comme dans les toupies, un certain nombre de natices, etc.

Sa grandeur proportionnelle avec l'ouverture de la coquille, est indiquée par les termes de

Similaire, *similare*, lorsqu'il a exactement la forme de l'ouverture, comme dans les cyclostomes, les nérites, etc.

Subsimilaire, *subsimilare*, lorsqu'ayant à peu près la forme de l'ouverture de la coquille, il est beaucoup plus petit qu'elle, et peut s'y enfoncer plus ou moins profondément, comme dans les buccins, les murex, etc.

Dissimilaire, *dissimilare*, quand il n'a plus la forme de l'ouverture de la coquille, à quelque profondeur qu'il y soit enfoncé, comme dans les strombes, les cônes, et même dans les navicelles.

La manière dont l'opercule se joint à l'ouverture, a fait appeler par Linnæus :

SIMPLE, *simplex*, celui qui n'a d'autre rapport que dans la forme avec l'ouverture.

COMPOSÉ, *compositum*, celui qui, en ne quittant pas le bord columellaire dans ses mouvemens, semble y être articulé, mais ne l'est réellement jamais, au moyen d'éminences et de cavités, comme Bruguière le dit d'après Linnæus : les nérites.

Le mode d'attache au corps de l'animal est encore assez différent pour mériter quelques dénominations particulières. Il est

APPLIQUÉ, *applicatum*, quand son adhérence se fait par une plus ou moins grande partie de sa surface interne, comme dans la plus grande partie des coquilles operculées.

INSÉRÉ, *insertum*, quand il est inséré dans les muscles de la columelle par une ou deux fortes apophyses de son bord columellaire, comme dans les nérites et les natices.

La disposition des élémens cornés ou calcaires, qui constituent l'opercule, peut être désignée par les dénominations suivantes. J'appellerai :

MULTISPIRÉ, *multispiratum*, celui qui est formé par un très-grand nombre de tours de spire très-étroits, et dont le sommet est à peu près médian : les toupies.

PAUCISPIRÉ, *paucispiratum*, celui qui est composé par un ou deux tours de spire assez large, et dont le sommet est subcentral : les turbos et cyclostomes.

UNISPIRÉ, *unispiratum*, l'opercule qui ne forme qu'un tour de spire, s'accroissant très-rapidement en largeur, et dont le sommet est presque terminal : les natices et les nérites, etc.

SUBSPIRÉ, *subspiratum*, celui qui n'offre qu'un indice de commencement de spire à une de ses extrémités : les mélanies et les mélanopsides.

UNGUICULÉ, *unguiculatum*, l'opercule non spiré, et composé d'élémens imbriqués, placés à la suite les uns des autres, depuis le sommet terminal à une extrémité, jusqu'à la base à l'autre : les rochers, fuseaux, cônes, etc.

Ce sont les onyx des anciens auteurs.

Lamelleux, *lamellosum*, celui dont les élémens non spirés et imbriqués se disposent en formant des stries subconcentriques à un sommet submarginal, mais non terminal : le buccin ondé.

Squammeux, *squammosum*, l'opercule non spiré, dont les élémens ovales ou subcirculaires semblent appliqués les uns sur les autres, en forme de squames, dont la plus petite forme le sommet margino-central : les ampullaires, paludines, hélicines, etc.

Radié, *radiatum*, celui dont les élémens concentriques, marginaux, sont coupés par des stries très fines, s'irradiant d'un des angles : la navicelle.

§. 7. *Des différences.*

Les différences que les individus d'une même espéce de coquilles univalves et subbivalves peuvent présenter, n'ont pas encore suffisamment été étudiées; en sorte qu'on est bien loin de connoître les limites des variations dont elles sont susceptibles.

Les différences dépendantes de l'âge sont assez nombreuses et importantes à connoître.

La coquille jeune est toujours beaucoup plus petite ; son épaisseur est constamment beaucoup moindre.

Le nombre des tours de spire est moins considérable ; le sommet presque toujours mamelonné.

L'ouverture est proportionnellement plus grande.

L'ombilic est également plus grand dans les espéces qui restent toujours ombiliquées. Il existe dans celles où par la suite il se consolide, c'est-à-dire est caché par un dépôt calcaire, et il est même apparent dans celles qui n'en offriront aucune trace par la suite.

La coquille est souvent subcarénée, ce qu'elle ne sera pas par la suite.

Les bords de l'ouverture sont souvent désunis, le dépôt calleux, qui forme la réunion, n'existant pas encore, c'est-à-dire qu'il n'y a pas de lèvre interne dans le système de terminologie de Linnæus.

Le bord droit est toujours tranchant, ou bien moins épais qu'il ne sera par la suite.

Les bourrelets, les varices sont moins prononcés, et au contraire pour les stries d'accroissement. Dans les espèces chez lesquelles il y a une disposition alternante de ces bourrelets, on trouve qu'elle est la même à toutes les époques de la vie; mais en est-il de même des sillons ou cannelures décurrentes? Sont-ils toujours en même nombre? cela ne paroît pas, du moins à en juger par les cérithes et les turritelles.

Les couleurs sont souvent assez différentes ainsi que le système de coloration, comme on en voit un exemple tranché dans les porcelaines.

Les différences provenant des sexes sont aussi assez faciles à saisir; en effet Adanson a remarqué le premier, et j'ai confirmé depuis que la coquille des individus mâles est toujours plus petite, à spire plus pointue, au contraire de celle des femelles : y a-t-il d'autres différences ?

On conçoit très-bien que les localités produisent aussi des différences appréciables, suivant le repos, l'abondance de la nourriture, l'excitation, déterminée par la chaleur et la lumière.

Les deux premières circonstances déterminent des différences dans le volume, par deux raisons, d'abord parce que l'animal trouvant plus de nourriture, obtiendra tout son accroissement annuel, et ensuite parce qu'il pourra atteindre le maximum de la durée de la vie qui appartient à son espèce.

Les deux autres produiront aussi nécessairement un plus grand volume, parce qu'il n'y aura que peu ou point d'intermittence dans la durée des fonctions actives , et que celles-ci seront plus stimulées ; elles produiront des différences surtout dans la vivacité des couleurs.

Si maintenant ces circonstances se continuent long-temps dans une même localité , et sur un certain nombre d'individus, alors il se produira une variété fixe, locale, qui se perpétuera par la génération.

Dans le cas contraire, des individus d'une même espèce, vivant avec plus de peine, vivant moins de temps, étant moins excités , produiront des coquilles plus petites, moins développées, moins colorées, etc.

Il est encore important de connoitre les différences qu'offrent les coquilles d'après le plus ou moins de temps qu'elles ont été séparées de l'animal qui les a produites. Le principal caractère distinctif porte nécessairement sur la couleur qui disparoît peu à peu , en sorte que des coquilles fort anciennes séparées, surtout si elles ont été exposées à l'alternative de la pluie et de la sécheresse , à l'action de la lumière, deviennent tout-à-fait blanches; leur pesanteur peut aussi diminuer avec l'ancienneté de leur séparation , mais surtout leur solidité, au point qu'elles finissent par devenir friables et terreuses.

Sous ce rapport de la facilité de destruction , les coquilles paroissent aussi offrir des différences assez considérables, mais qui malheureusement ont encore été peu étudiées. On conçoit en effet que celles dont le tissu est serré, solide, résisteront bien davantage à l'action des élémens destructeurs, que celles dont le tissu est au contraire lâche et feuilleté.

Art. 3. DES COQUILLES BIVALVES.

Nous avons dit plus haut ce qu'on doit entendre par coquilles bivalves. Quelques auteurs françois leur donnent le nom de CONQUES, ou de *conchæ* en latin : d'où le nom de conchifères, que M. de Lamarck donne aux animaux qui les portent. Les Anglois les désignent sous la dénomination de *bivalv shell* ou de *conch*, et les Allemands sous celle de *zwey-lappige schalen* ou de *muschelschalen*, ou enfin de *shale swey shale*; les Italiens les nomment *bivalvi*. M. de Lamarck dernièrement, abandonnant tout-à-fait les dénominations linnéennes, les a appelées CARDINIFÈRES, *cardiniferæ*, admettant très-probablement que toutes ont une charnière.

On peut considérer les coquilles bivalves à peu près sous les mêmes rapports que les univalves, et sous quelques autres qui leur sont particuliers.

§. 1.ᵉʳ *De leur forme générale.*

En envisageant d'abord une coquille bivalve comme composée d'une seule pièce, comme formant un tout, on explique ce qu'on entend par coquille longue, alongée, cylindrique, transverse, épaisse, fort épaisse, comprimée, très-mince; mais, pour bien s'entendre à ce sujet, il faut savoir dans quelle position on doit placer la coquille pour l'étudier, soit en totalité, soit dans ses différentes parties.

Nous avons déjà annoncé que, pour prendre un point de départ invariable, nous supposerions la coquille recouvrant l'animal, et celui-ci marchant devant l'observateur, la tête en avant, quoique réellement beaucoup de ces animaux ne changent pas de place, et qu'ils affectent quelquefois une position déterminée sur le flanc, ou même la tête en bas. Alors la coquille sera placée sur la tranche d'avant en arrière, de manière que ses sommets soient presque toujours en haut et très-rarement en avant, le ligament entre le sommet et l'observateur : dans cette position, la partie opposée aux sommets sera inférieure, et les deux extrémités du diamètre perpendiculaire à cette direction seront, l'une en avant et l'autre en arrière. Linné, Bruguière, M. de Lamarck, Bosc supposent la coquille dans une position tout-à-fait et exactement opposée, c'est-à-dire, reposant sur les sommets, l'ouverture en haut et le ligament en avant. D'après cela, je nommerai HAUTEUR, *altitudo*, d'une coquille, le diamètre vertical étendu des crochets ou du ligament, ou mieux du bord dorsal, au bord inférieur ou abdominal qui touchera le sol où la coquille sera posée : c'est la longueur pour Linnæus, Bruguière, Lamarck, Da Costa et Draparnaud, et la largeur pour Muller. Sa LONGUEUR, *longitudo*, avec Muller, sera donc le diamètre perpendiculaire au précédent, c'est-à-dire, celui qui est étendu d'avant en arrière, ou de la bouche à l'anus; c'est la largeur pour Da Costa et Draparnaud, ainsi que pour Bruguière et M. de Lamarck. L'EXTRÉMITÉ ANTÉRIEURE OU ORALE, BUCCALE, *extremitas antica*, *oralis*, *buccalis*, sera celle qui correspondra à la bouche, et la POSTÉRIEURE OU ANALE, *extremitas postica* ou *analis*, à l'opposite; ou celle du côté où se trouve le plus ordinairement l'anus.

L'ÉPAISSEUR, *crassitudo*, sera indiquée par le diamètre transversal de la partie la plus bombée d'une valve à l'autre; d'où la valve droite sera réellement celle qui correspond au même côté de l'animal, et de même pour la valve gauche. C'est là ce que Draparnaud nomme profondeur.

On devra donc nommer DOS DE LA COQUILLE ou BORD SUPÉRIEUR, *dorsum* ou *margo superior*, *dorsalis*, celui qui correspond réellement au dos de l'animal, dans lequel se trouve ordinairement le sommet, mais beaucoup plus souvent encore le ligament.

Le côté opposé sera le COTÉ ABDOMINAL de la coquille, son BORD INFÉRIEUR OU ABDOMINAL, *margo inferior*, *abdominalis*, ou enfin sa base réelle. C'est ainsi que Réaumur d'abord, puis Muller, Da Costa, Draparnaud, M. Cuvier l'ont envisagé : c'est le contraire pour Linnæus, Bruguière, M. de Lamarck, Bosc, etc., etc.

La circonférence de la coquille, ou la ligne qui réunit

les quatre points dont nous venons de parler, forme les Bords de la coquille : *margo* ou *margines*, latin ; *the margins*, *borders*, anglois ; *der rand*, allemand ; *margine*, italien.

D'après cela, il est aisé de voir ce que nous entendons par une coquille bivalve longue, etc. Elle est

Longue, *longa*, lorsque le diamètre horizontal est beaucoup plus long que le vertical : les pholades, les myes.

C'est la coquille *transverse* des linnéens.

Haute, *alta*, dans le cas contraire : les vulselles.

Ovale, *ovalis*, lorsqu'un des diamètres n'est qu'un peu plus long que l'autre : les vénus.

Ronde, *rotundata*, lorsque les deux diamètres sont sensiblement égaux : les peignes.

Epaisse, *crassa*, quand le diamètre transversal est aussi grand que les autres, d'où dépend la profondeur des valves : les bucardes.

Comprimée, mince, très-mince, *compressa*, quand ce diamètre est plus ou moins petit, proportionnellement aux autres : les tellines.

Cylindrique, *cylindrica*, quand, le diamètre longitudinal étant très-grand, les deux autres sont près d'être égaux, comme dans certaines espèces de *solen*.

Naviculaire, *navicularis*, lorsque le diamètre, antéro-postérieur étant sensiblement plus long que les deux autres, ceux-ci sont à peu près égaux, ce qui donne à la coquille une certaine ressemblance avec le corps d'un vaisseau, surtout lorsque le bord dorsal est droit : les arches.

Cordiforme, Cardioïde, *cordiformis*, lorsque, vue en arrière, en avant ou de côté, elle offre quelque ressemblance avec ce qu'on appelle vulgairement un *cœur* : les isocardes, les bucardes.

Triquètre, *triquetra*, lorsque la coquille est comme tronquée à son extrémité antérieure, mais beaucoup plus souvent à la postérieure, en sorte qu'une coupe horizontale, faite à toute la coquille, auroit la forme d'un triangle : c'est ce dont on voit un exemple dans la trigonie, dans les donaces.

L'INGUIFORME, *linguiformis*, lorsqu'elle rappelle un peu la forme d'une langue : la vulselle.

ROSTRÉE, *rostrata*, quand l'extrémité postérieure est beaucoup plus étroite que l'antérieure : plusieurs espèces de tellines.

FASTIGIÉE, *fastigiata*, quand l'extrémité postérieure est au contraire beaucoup plus large et comme coupée transversalement : plusieurs espèces de jambonneaux.

TRONQUÉE, *truncata*, lorsqu'elle est en effet comme tronquée à une de ses extrémités, comme dans plusieurs espèces de donaces.

AURICULÉE, *auriculata*, lorsque les bords de la coquille vers le sommet, sont plus ou moins dilatés en forme d'oreilles; elle est UNIAURICULÉE, *uniauriculata*, ou BIAURICULÉE, *biauriculata*, quand il n'y a qu'une seule oreille ou qu'il y en a deux.

Les oreillettes sont ÉGALES, *œquales*, ou INÉGALES, *inœquales*, quand leur grandeur est la même ou est différente; ÉCHANCRÉES, *dissectœ* ou *excisœ*, lorsqu'elles sont en effet profondément échancrées à l'origine de leur valve; ÉPINEUSES, *cellato spinosœ*, quand leur bord inférieur est comme denticulé; RACCOURCIES, *obliteratœ*, lorsqu'elles sont très-peu saillantes, comme dans les limes.

Après avoir considéré les deux valves de la coquille comme formant un tout insécable, il nous faut maintenant envisager chacune de ces pièces à part, et ensuite dans leurs rapports réciproques ou moyens d'union.

§. 2. *Des valves.*

Une valve peut être *régulière* ou *irrégulière.*

Elle est RÉGULIÈRE, *regularis*, lorsqu'elle affecte une forme constante, indépendante des corps extérieurs, comme dans la plupart des coquilles bivalves.

Elle est au contraire IRRÉGULIÈRE, *irregularis*, lorsque, se fixant sur les corps marins, elle se modifie suivant leur forme, comme dans toutes les coquilles adhérentes immédiatement, et comme, par exemple, dans les huîtres, les anomies. A ce sujet, M. Defrance a observé que la valve inférieure et même la supérieure se modifient plus ou moins et se moulent presque sur le *substratum*.

Elle peut être mince, plus ou moins épaisse, ce qui ne détermine pas de termes techniques.

Elle est PLIÉE, *inflexa*, quand elle forme un pli rentrant ou saillant à sa partie postérieure : les tellines.

Chaque valve, régulière ou irrégulière, peut être réellement et avec juste raison, comparée à une coquille univalve, recouvrante, qui seroit en général fort plate ou peu concave, mais qui, au lieu d'être placée sur le dos de l'animal, le seroit sur les côtés : on doit donc y trouver un sommet et une base, une face externe et convexe, et une interne concave.

Le SOMMET d'une coquille bivalve est ce qu'en terme de conchyliologie on nomme en françois le CROCHET, parce qu'il est ordinairement plus ou moins recourbé : il est désigné sous le nom latin d'*apex; beak, tip*, ou *summit* en anglois; *wirbel*, *rucken* en allemand; *apice* en italien. C'est par le sommet que commence la formation de la valve.

En considérant sa position générale, en prenant toujours notre point de départ de l'animal, on dit qu'il est

ORAL ou BUCCAL, *oralis*, lorsqu'il est à l'extrémité antérieure de la valve, ce qui est assez rare : on en trouve un exemple dans les peignes, les huîtres, les spondyles, où il porte le nom de TALON.

DORSAL, *dorsalis*, quand il correspond au dos de l'animal, ou au bord supérieur de la coquille, ce qui a lieu le plus ordinairement; mais, dans ce cas, il peut être *antéro-dorsal*, lorsqu'il est plus en avant qu'en arrière dans la longueur de la valve; *medio-dorsal*, quand il est au milieu, et enfin *pos-téro-dorsal*, quand il est plus en arrière qu'en avant.

Anal ou postérieur, *analis, posterior*, quand il est à l'extrémité opposée à la bouche, comme dans les térébratules, la lingule, etc.

C'est encore de la position relative du sommet des coquilles bivalves, que se tire le caractère indiqué par les mots équilatéral, subéquilatéral, et inéquilatéral. On dit une valve

Equilatérale, *equilateralis*, lorsque le sommet céphalique ou dorsal se trouve justement au milieu du côté où il est, en sorte qu'une ligne menée du sommet au côté opposé partageroit la valve en deux parties égales; c'est ce qu'on voit dans les peignes.

Subéquilatérale, *subequilateralis*, quand il n'y a pas une grande différence dans sa position plus en avant ou plus en arrière.

Inéquilatérale, *inequilateralis*, lorsque la différence entre les deux côtés est assez considérable, et que par conséquent le sommet est antéro-dorsal ou postéro-dorsal.

La direction de ce sommet peut aussi offrir quelques caractères désignés par des termes particuliers : le plus souvent il est un peu courbé ou incliné en avant; mais quelquefois il est tout-à-fait vertical, ou dans la direction du diamètre dont il forme une extrémité, et plus rarement incliné en arrière; enfin, il arrive dans certaines espèces, comme dans les dicérates, qu'il tend à se contourner en spirale, à la manière des coquilles univalves.

On le dit

Auriforme, *auriformis*, lorsque sa direction est spirale et qu'il s'applique extérieurement sur le ventre de la valve : la came gryphoïde.

Corniforme, corniculé, *corniculatus*, lorsqu'il est droit, alongé et pointu : *chama bicornis*, Linn.

Spiral, *spiralis*, quand il se roule en spirale : l'isocarde.

Crochu, *inflexus*, *incurvatus*, lorsqu'il se courbe vers celui du côté opposé : *cardium cardissa*.

Recourbé, *reflexus*, *recurvatus*, lorsqu'il est un peu recourbé en avant, ce qui est le cas le plus ordinaire.

Sous le rapport de son intégrité, on trouve que le plus ordinairement il est *entier;* mais quelquefois, comme dans un assez grand nombre de coquilles fluviatiles, il est plus ou moins carié ou seulement écorché : c'est ce qu'on nomme *nates decorticatæ*, parce qu'il est rare qu'il le soit sans que les natèces ne le soient en même temps.

Enfin, le plus souvent lisse et toujours visible, il est quelquefois recouvert par un dépôt calleux, ce que l'on pourra désigner par sommet calleux, *callosus*, comme dans les pholades ; c'est le caractère que Linnæus a rendu par *cardo reflexus*, Charnière repliée, Brug.

La base de la valve, comparée à celle d'une coquille univalve, est ce qu'on nomme ici Circonférence, *ambitus*. Cette circonférence est

Entière, *integer*, lorsqu'elle n'offre aucune déperdition de substance, et qu'elle s'applique exactement sur celle de sa congénère.

Echancrée, *emarginatus*, supérieurement, inférieurement, antérieurement, ou postérieurement, lorsqu'elle offre une excavation plus ou moins profonde, ou un sinus dans une de ces quatre parties de son étendue. C'est ce qui forme les coquilles bivalves bâillantes, dont il sera parlé plus loin, en envisageant les rapports des valves.

Régulière, *regularis*, lorsque la valve, appliquée sur une table, par exemple, y touche par toute sa circonférence.

Irrégulière, *irregularis*, dans le cas contraire.

En n'envisageant principalement que la lèvre interne de cette circonférence à laquelle on donne spécialement, avec Linnæus, la dénomination de Bord, *margo*, on dit qu'il est

EPAIS, MINCE, TRANCHANT, lorsqu'il offre la disposition indiquée par ces épithètes.

FEUILLETÉ, *lamellosus*, lorsque la réunion des lames ou couches qui le forment n'est pas complète, comme dans les huîtres.

ONGUICULÉ, *unguiculatus*, quand il est relevé en écailles voûtées, qui ont un peu la forme d'ongles : le tridacne bénitier.

CRÉNELÉ, *crenatus*, lorsque les sillons de la surface extérieure forment des espèces de festons dans une plus ou moins grande partie de son étendue.

DENTÉ ou DENTICULÉ, *dentatus*, lorsque le bord est seulement marqué par de très-petites dents, comme dans les donaces.

EDENTULE, *edentatus*, lorsque les bords sont entiers et dépourvus de dents : vénus chionée, etc.

§. 3. *De la face externe des valves.*

La face externe d'une valve offre un assez grand nombre de choses à étudier.

Elle est d'abord plus ou moins convexe ou plate, termes qui n'ont aucun besoin de définition.

Dans les espèces convexes, on donne à la partie la plus saillante de cette convexité, et par conséquent la plus creuse à l'intérieur, le nom de NATÈCE, *natis*, ainsi désignée par Linnæus, parce que sa forme renflée et arrondie fait qu'en considérant à la fois les deux valves, il y a quelque ressemblance avec la partie de l'homme que désigne le mot latin. Souvent ces natèces sont plus élevées que les sommets, et c'est alors qu'elles méritent mieux leur nom. Dans la position artificielle que Linnæus et ceux qui l'ont suivi donnent aux coquilles bivalves qu'ils veulent étudier, les natèces servent de base, ce qui leur méritoit encore mieux ce nom.

Comme nous l'avons fait observer plus haut pour le sommet, cette partie peut être entière ou écorchée : d'où le nom de *nates decorticatæ*, comme dans les unios et les anodontes.

Si nous continuons l'examen de ce que peut offrir la partie dorsale de la face externe d'une valve de coquille bivalve, nous trouverons assez souvent, en avant du sommet pour nous, et, au contraire, en arrière pour Linnæus et ceux qui l'ont suivi, une dépression de forme, d'étendue et de profondeur variables, où la structure de la coquille présente un aspect un peu différent : c'est ce que Linnæus, en l'envisageant sur les deux valves à la fois, et continuant sa comparaison avec la partie inférieure du tronc de la femme, nomme *anus*, que Da Costa, effarouché des termes de Linnæus, a désigné sous ceux de *slope* ou de *declivitas*, et que Bruguière, Draparnaud, M. de Lamarck, ont préféré appeler Lunule, *lunula*, dénomination que nous adopterons.

Ordinairement pleine, *plena*. elle est quelquefois ouverte ou échancrée, *patula*, *hians*, comme dans les tridacnes.

On dit qu'elle est

Bordée, *marginata*, lorsqu'elle est circonscrite par un bourrelet saillant.

Dentée, *serrata*, *dentata*, lorsque la circonférence est garnie de dents, comme dans les tridacnes.

Cordiforme, en forme de croissant, lancéolée, ovale . oblongue, superficielle, profonde, etc., suivant qu'elle a la forme d'un cœur, comme dans la vénus cancellée ; d'un croissant, comme dans le bucarde cœur-de-diane ; d'un fer de lance, comme dans la vénus aile-de-papillon, etc.

En arrière des sommets, dans notre manière de voir, et au contraire en avant pour les linnéens, on trouve une autre dépression plus longue que l'antérieure. et beaucoup moins large, que Linnæus, dans son système de comparaison, nomme Vulve, *vulva*. Da Costa, par la raison rapportée plus haut, a changé ce nom en celui de Fissure, *fissura*. Bruguière, Draparnaud et M. de Lamarck la désignent par la dénomination d'Ecusson , *fissura*.

Les Lèvres , *labia* , sont la partie du bord externe des valves qui, s'écartant en dehors, constituent ou limitent l'écusson.

Les Bourrelets ou Nymphes , *nymphæ*, sont formées par une lame peu saillante , alongée, sur laquelle est attaché et placé le ligament.

Suture , Fente , *rima*, est le petit espace qui se voit au-dessous de celui qui sépare les nymphes , et qui est formé par le bord interne de cette partie de la circonférence des valves.

L'écusson est dit

Canaliculé, *canaliculata* , lorsqu'il est creusé en gouttière dans toute sa longueur, comme dans la donace meroé.

Distinct, *distincta* , quand sa couleur diffère de celle du reste de la coquille : vénus épineuse.

Litturé , *litturata* , lorsque sa superficie est marquée de lignes colorées , un peu ressemblantes à des caractères : vénus dysère.

Replié ou crochu , *inflexa* , lorsque le bord des lèvres est recourbé dans l'intérieur des valves : vénus cancellée.

La suture est fermée, *clausa*, quand elle est entièrement recouverte par le ligament.

Ouverte, *aperta* , quand l'extrémité postérieure du ligament, étant saillante, laisse apercevoir dans cette partie un écartement des valves, qui permet de voir à l'intérieur de la coquille.

Les nymphes sont dites

Ecartées, *hiantes* , quand elles ne se touchent pas : vénus meretrix.

Enfoncées, *retractæ* , *intractæ* , quand elles sont très-enfoncées : vénus dysère.

Tronquées , *truncatæ* , lorsqu'elles sont plus courtes que la suture dans l'intérieur des valves : tellina gars.

Les Lèvres, *labia*, sont les petites lames comprises dans l'écusson, dont les bords forment la suture : elles peuvent être LISSES OU STRIÉES, *læves, striatæ*, etc., ce qui n'a pas besoin de définition, ou APPUYÉES, *incumbentia*, lorsque l'une ou l'autre, plus large, s'appuie sur celle de l'autre valve, comme dans la vénus dysère.

L'écusson avec toutes ses parties, dans un certain nombre de coquilles, est compris dans un espace ovalaire, formé à moitié par chaque valve, et situé au côté postérieur pour nous, antérieur pour Linnæus, etc., de la coquille ; c'est ce qu'on nomme CORSELET ou *pubes*. Il peut être plus ou moins étendu, et être circonscrit par une carène saillante, ou par un angle, ou même par une ligne enfoncée.

On dit qu'il est

EPINEUX, *spinosa*, quand sa circonférence est bordée d'épines, comme dans la vénus épineuse.

CARÉNÉ, *carinata*, quand elle est formée par une carène saillante : la donace triangulaire.

LAMELLEUX, *lamellosa*, lorsqu'il est coupé transversalement par des appendices écailleux : vénus ridée.

RAMEUX, *ramosa*, lorsque les côtes transverses qui s'y remarquent sont bifurquées ou rameuses : vénus pectinée.

NU, *nuda*, lorsqu'il n'offre aucune strie, épine ou écaille : vénus cendrée.

Tout le reste de la surface externe d'une valve de coquille bivalve en forme réellement le disque ; mais on le divise en trois parties, auxquelles on donne encore quelquefois une dénomination particulière : ainsi, on appelle VENTRE de la coquille, *testæ umbo*, la partie la plus renflée ; DISQUE, *discus*, proprement dit, tout ce qui se trouve entre le ventre et le limbe ; et enfin le LIMBE, *limbus*, la bande qui règne le long des bords.

La surface extérieure de la coquille, considérée en général, peut être

1.º Lisse, *lœvis*, lorsqu'elle n'offre ni écailles, ni stries, ni rayons.

2º. Ecailleuse, *squamosa*, quand les bords des lames composantes ne sont pas bien réunis, mais plus ou moins soulevés comme dans les huîtres : d'où il résulte des espèces d'écailles, et alors ces Ecailles, *squamulœ*, sont dites

Simples, *simplices*, comme dans l'huître commune.

Découpées, quand leur circonférence est divisée en appendices inégaux, comme dans la came feuilletée, etc.

Tubuleuses, *tubulosœ*, lorsqu'en se repliant sur elles-mêmes, elles forment une espèce de tube, comme dans la pinne rouge.

Canaliculées, *canaliculatœ*, quand elles sont creusées en gouttière sur toute leur longueur : *pinna nobilis*, Linn.

Tuilées, *imbricatœ*, quand elles s'appliquent les unes sur les autres, à la manière des tuiles : le bucarde tuilé.

Voutées, *fornicatœ*, lorsqu'elles sont larges, voûtées en dessus, et creusées en dessous, comme dans le bucarde tuilé.

3.º Rayonnée, *radiata*, lorsqu'elle est couverte d'assez petites saillies, longitudinales, convexes, qui partent du sommet pour aller à la circonférence, comme dans plusieurs espèces de peignes.

Les Rayons, *radia*, peuvent être distingués en rayons

Ecailleux, *squammosa*, quand ils sont garnis d'écailles droites ou imbriquées, comme dans le bucarde tuilé.

Epineux, *spinosa*, lorsqu'ils sont garnis d'épines droites, comme dans le bucarde épineux.

Tuberculeux, *tuberculata*, quand leur superficie est garnie de grains : l'arche grenu.

Lisses, *lœvia*, quand ils n'offrent aucune de ces particularités.

4.º Côtelée, *costata*, lorsqu'elle est couverte de côtes verticales, comme les rayons, mais plus grosses, quelquefois

longitudinales, anguleuses, ordinairement creusées en autant
de sillons dans la face concave : d'où l'on voit que la Côte ,
costa, ne diffère guère du rayon que par la grosseur ; aussi
la distingue-t-on par les mêmes termes, c'est ce qui constitue
les coquilles PECTINÉES, *pectinatæ*, lorsque ces côtes se terminent sur les bords par des dents et des échancrures, un peu
comme sur un peigne, comme dans le *cardium pectina-
tum*, etc.

5.° SILLONNÉE, *sulcata*, nécessairement lorsqu'elle est ou
rayonnée ou côtelée : on doit donc, avec Bruguière, entendre par sillons les rigoles ou excavations qui séparent les
rayons ou les côtes, et non les parties saillantes même, avec
Linnæus.

Ces sillons peuvent offrir quelques différences. On conçoit qu'ils peuvent être RONDS, TRIANGULAIRES, et même CAR-
RÉS; ce qui s'entend de soi-même. On dit en outre qu'ils sont
STRIÉS ou LAMELLÉS, ou POINTILLÉS, lorsque leur superficie est
pourvue de stries transverses, de petites écailles dans le même
sens , ou piquée de points enfoncés, comme dans le bucarde
hérissé, le peigne ducal et la came arcinelle.

6.° STRIÉE, *striata*, lorsqu'elle est couverte de lignes en
creux, longitudinales, ne différant des sillons qu'en ce qu'elles
sont beaucoup plus fines, et qu'elles sont longitudinales; ces
stries deviennent des cannelures, lorsqu'elles sont beaucoup
plus larges et profondes , comme celles qui existent entre les
bourrelets.

7.° TREILLISÉE, *tessellata* , lorsqu'elle offre des sillons verticaux et des stries longitudinales, se coupant à angle droit.

VARIQUEUSE, *varicosa*, lorsque les bourrelets de l'ouverture
se conservant d'espace en espace sur la coquille, lui forment
des varices longitudinales : vénus verruqueuse.

RUSTIQUÉE , *antiquata*, quand les côtes ou sillons sont coupés longitudinalement par les stries d'accroissement : les cardium.

§. 4. *De la face interne des valves.*

La surface intérieure des valves d'une coquille bivalve offre un moins grand nombre de caractères à la conchyliologie que l'externe, à moins que l'on n'y comprenne, ce qui se pourroit sans inconvénient, les moyens d'union des deux valves entre elles, dont il va être parlé tout à l'heure.

On la subdivise, comme on le pense bien, en autant de régions que l'externe, c'est-à-dire en Ventre, Disque et en Limbe, dont la définition vient d'être donnée plus haut.

Ordinairement lisse, sans traces même des stries d'accroissement, elle peut offrir la contre-partie des côtes et des sillons de l'externe, mais jamais celle des stries ni des écailles. Quand la cavité du ventre se prolonge dans l'intérieur du sommet, etc., Linnæus dit qu'il est vouté, *fornicatus.*

On dit qu'elle est

Chambrée, *concamerata*, quand elle offre un feuillet testacé, détaché du fond, comme dans l'arche et la cardite chambrée.

Solidifiée, *solidificata*, lorsqu'elle est pourvue d'une côte assez élevée et saillante, qui s'étend obliquement de dessous le sommet, presque jusqu'au bord inférieur de la coquille, qu'elle semble solidifier : les anatines, le solen radié, etc.

Appendiculée, *appendiculata*, lorsque au lieu d'une côte, c'est une sorte d'apophyse recourbée en crochet, qui part aussi de l'intérieur des sommets, comme dans les pholades et les tarets.

Ce qu'il est plus important d'y observer, ce sont des parties de forme, d'étendue et de position un peu différentes, qui sont presque toujours plus planes et plus lisses que le reste, et dans lesquelles on aperçoit des stries ordinairement concentriques, extrêmement luisantes; c'est ce qu'on nomme *impressions musculaires* et *ligamenteuses*, parce qu'en effet c'est dans ces endroits que s'attachent les muscles ou les ligamens adducteurs, qui, se portant d'une valve à l'autre, les rapprochent l'une contre l'autre, et agissent comme antagonistes du ligament externe.

L'impression musculaire est

NULLE, *nulla*, lorsque les valves n'en offrent aucune trace ; ce qui constitue les *amyaires*, s'il en existe.

SOLITAIRE ou UNIQUE , *unica*, lorsqu'il n'y en a qu'une qui occupe ordinairement le centre de la cavité ; ce qui forme les coquilles *monomyaires* de M. de Lamarck, comme l'huître. Les moules sout *submonomyaires*, en ce que, outre l'impression subcentrale , il y en a une beaucoup plus petite, placée antérieurement.

DOUBLE , *duplex*, lorsqu'elle est divisée en deux parties , l'une en avant et l'autre en arrière , comme dans un grand nombre de coquilles, et surtout dans les vénus : ce sont les *dimyaires* de M. de Lamarck.

TRIPLE , *triplex*, quand elle est partagée en trois , comme on le voit dans les unios et les anodontes ; on peut les nommer *trimyaires*.

MULTIPLE , *multiplex*, lorsque ses divisions sont au-dessus de trois , comme dans la lingule : ce sont les *polymyaires*.

Une autre impression qu'on a négligé jusqu'ici de noter dans l'intérieur des coquilles bivalves , mais à tort, parce qu'on peut en tirer une bonne indication pour distinguer l'extrémité d'une coquille, est celle qui est laissée par l'application constante du corps proprement dit de l'animal, et surtout de son pied : elle est ordinairement un peu moins lisse que le limbe externe, et que l'extrémité postérieure, rendus tels par les mouvemens de rétraction et d'extension des tubes et des bords du manteau de l'animal ; sa forme un peu variable est le plus ordinairement comparable à une hache à cause de celle du pied, de manière que la convexité est en avant, et la pointe libre ou la concavité en arrière. Je la nommerai IMPRESSION

ABDOMINALE, *impressio abdominalis.* Elle est circonscrite par une ligne d'attache du manteau, qui a lieu dans toute la longueur du limbe, et par celle des muscles rétracteurs des siphons, quand il y en a : on pourra considérer cette attache seule, et la désigner par le nom d'IMPRESSION MARGINALE OU PALLÉALE, *impressio marginalis, pallealis.* Elle peut être étroite, linéaire, ou fort large, entière, ou plus ou moins enfoncée et sinueuse en arrière.

§. 5. *Des valves des coquilles bivalves, étudiées dans leurs rapports entre elles et dans leurs moyens d'union.*

D'après leur position sur le corps de l'animal, les valves se divisent en *droite* et en *gauche.*

La DROITE, *valvula dextra*, est pour moi celle qui occupe la droite de l'animal supposé marchant devant l'observateur, dans quelque position qu'il se fixe d'ailleurs ; et, au contraire,

La GAUCHE, *valvula sinistra*, celle qui est placée à la gauche de l'animal.

Linnæus, en plaçant la coquille sur les sommets, et en arrière la lunule qui devroit être réellement en avant, se trouve, par cette double indication, donner les mêmes noms que moi à chaque valve, au lieu que, s'il s'étoit contenté de renverser la coquille du bord dorsal au ventral, les dénominations seroient en sens inverse des miennes. J'avoue ne pas trop entendre ce que dit Bruguière à ce sujet, que, dans la position où Linnæus met la coquille, la valve droite correspond au côté gauche de l'observateur, et au contraire la gauche au côté droit ; car cela n'est certainement, à moins qu'il n'ait fait la juste observation que la lunule doit être placée en avant, et le ligament en arrière ; et alors il aura parfaitement raison.

Au reste la question de savoir quelle est la valve droite ou gauche dans les coquilles équivalves, est toujours facile, parce que le sommet étant constamment supérieur et le ligament en arrière, fournissent un point de départ invariable. Cela est un peu plus difficile pour les bivalves , équivalves ou non, qui ont le sommet et le ligament tout-à-fait antérieur ou buccal ; aussi Murray et Bruguière ont-ils eu une opinion opposée, par exemple, dans les huîtres; pour le premier, la valve concave est la droite, et la valve operculaire est la gauche ; tandis que, pour le second, c'est exactement le contraire. Ici Bruguière a parfaitement raison : mais il auroit eu tort s'il avoit voulu en conclure qu'il en est de même dans les peignes. En effet, dans ce genre, il y a des espèces dont la valve la plus bombée est la droite, et l'operculaire la gauche, comme le peigne de Saint-Jacques, par exemple, tandis que, dans d'autres espèces, comme le peigne bourse , c'est au contraire la valve gauche qui est la plus bombée, et qui est toujours la supérieure. Pour s'en assurer, il faut faire attention à l'échancrure de l'oreillette par où sortent le byssus et le pied , ainsi qu'à l'impression musculaire; la première est toujours sur le bord ventral, et l'autre plus près du bord dorsal que celui-ci. Ainsi les hétéropleures, parmi les mollusques, sont dans le cas des hétéropleures parmi les poissons; c'est tantôt le côté droit et tantôt le côté gauche qui est le plus coloré et le plus fort.

Nous devons cependant faire ici l'observation que nous avons déjà eu occasion de faire en traitant des coquilles univalves : c'est qu'il est des bivalves anomales et gauches, c'est-à-dire dans lesquelles ce qui est ordinairement à droite est à gauche , *et vice versâ*, M. Faujas de Saint-Fond en possédoit un bel exemple dans sa collection pour la coquille, que M. de Lamarck a nommée Egérie.

D'après la différence de forme et de grandeur des valves entre elles, on distingue les coquilles bivalves en équivalves , en subéquivalves et en inéquivalves.

Une coquille bivalve est dite

Equivalve, *equivalvis* en latin , *equavalved* en anglois, *gleich-*

klappig en allemand, *equavalvi* en italien, lorsque les valves sont égales en grandeur et en profondeur, ou sont d'une forme semblable, comme dans les vénus et le plus grand nombre des coquilles.

Subéquivalve, *subequivalvis*, quand la différence entre les deux valves n'est pas très-grande, comme dans certaines espèces de peignes.

Inéquivalve, *inequivalvis*, *inequavalved*, angl., *ungleich-klappig*, allem., lorsqu'il y a une très-grande différence, soit pour la grandeur, soit pour la forme; dans ce cas, Linnæus et quelques autres conchyliologistes donnent le nom d'*oper-cule* à la valve la plus petite et tout-à-fait plate, comme dans les gryphées, et de *fornix* à la plus bombée.

Les valves d'une coquille bivalve, en s'appliquant l'une contre l'autre, se touchent assez souvent par tous les points de leur circonférence : c'est alors ce qu'on désigne par la dénomination de coquille close, *clausa;* au contraire du nom de baillante, *hians*, que l'on donne à celle dont une partie de la circonférence est plus ou moins échancrée.

Dans le premier cas, la clôture ou fermeture peut être simple, ou par simple approximation, ou bien se faire par une pénétration réciproque de dentelures et de sillons dont le bord interne est pourvu.

Dans les coquilles bâillantes, le bâillement peut être plus ou moins grand et exister dans différens endroits de la circonférence. Le plus souvent il est postérieur seulement, ou postérieur et antérieur à la fois, comme dans les solens, les pholades et presque toutes les coquilles pyloridées. Quelquefois il est inférieur et plus ou moins antérieur ou médian, comme dans la plupart des genres de la famille des subostracés, dans les moules et même dans les arches ; enfin il est quelquefois antérieur et supérieur, comme dans les tridacnes jeunes.

Un point de vue encore plus important que tous ceux qui

précèdent, sous lequel il nous reste à étudier les deux valves d'une coquille bivalve, est celui de leurs moyens d'union.

Ces moyens sont de trois sortes. L'un appartient essentiellement à l'animal ; c'est celui qui a lieu à l'aide de muscles ou de faisceaux de fibres musculaires ou élastiques, qui se portent plus ou moins transversalement d'une valve à l'autre ; ces muscles, de la nature desquels il a été traité plus haut à l'article de l'appareil locomoteur, laissent, à la face interne des valves, des impressions dont il vient d'être parlé.

Le second moyen d'union appartient encore assez à l'animal même, quoique beaucoup moins que le précédent ; mais il laisse également des indices ou des traces aisées à apercevoir dans les excavations de différentes formes dans lesquelles il étoit attaché : c'est ce qu'on nomme LIGAMENT, *ligamentum*, *hymen*, Linn., dont la structure et le mécanisme ont également été exposés avec détail à l'article d'organisation des malacozoaires ; il suffit de dire que c'est un amas plus ou moins considérable de fibres cornées, épidermiques, élastiques, qui se portent transversalement d'une valve à l'autre.

On trouve d'abord quelques coquilles bivalves qui sont entièrement sans ligament proprement dit, comme les orbicules, les pholades, et d'autres dans lesquelles il n'est nullement distinct de l'épiderme général, comme les jambonneaux ; mais beaucoup plus généralement il y en a.

Quant au nombre, il peut être

SIMPLE, *simplex*, quand il n'y en a qu'un, comme dans les vénus et la plupart des coquilles.

DOUBLE, *duplex*, lorsqu'il y en a deux, l'un antérieur et l'autre postérieur, comme dans certaines tellines, ce qui leur a valu le nom d'amphidesmes, ou bien quand il y en a à la fois un externe et l'autre interne, comme dans les mactres.

MULTIPLE, *multiplex*, quand il y en a une série plus ou moins considérable, comme dans les pernes, et peut-être même, avec une disposition inverse, dans les arches.

Sa position, par rapport aux sommets, explique ce qu'on entend par ligament.

Antérieur, *anterius*, c'est celui qui se trouve en avant d'eux, comme dans les donaces.

Médian, *medium*, celui qui est immédiatement sous les crochets.

Postérieur, *posterius*, c'est le cas le plus commun, lorsqu'il est en arrière du sommet.

Antéro-postérieur, *antero-posterius*, c'est le ligament qui est à la fois antérieur et postérieur, et qui occupe par conséquent un espace fort étendu, comme dans les arches et genres voisins.

La position du ligament, selon qu'il est visible ou non à l'extérieur, sert à le distinguer en

Externe, *externum*, lorsqu'il est visible, comme dans la plupart des coquilles bivalves.

Profond, *profundum*, lorsqu'il est tellement enfoncé dans la suture, qu'on l'aperçoit difficilement, comme dans la vénus zigzag.

Interne, *internum*, lorsqu'il est réellement tout-à-fait intérieur, comme dans les mactres, crassatelles, et même jusqu'à un certain point dans les huîtres.

Quant à sa forme *aplatie*, *bombée*, *courte*, *alongée*, *tronquée*, les mots qui la désignent s'expliquent d'eux-mêmes.

Enfin, le dernier moyen de rapport des deux valves d'une coquille bivalve, est ce qu'on nomme la charnière proprement dite (*cardo*, lat.; *the inge*, angl.; *das schloss*, *der angel*, allem.; *la cerniera*, ital.), et qu'on peut définir une disposition particulière d'éminences et de cavités sur chaque valve, se pénétrant réciproquement. Les auteurs la définissent la partie la plus épaisse de la circonférence des valves, qui offre le plus souvent à l'intérieur des dents et des cavités de formes différentes, servant à fixer les valves. C'est le Bord cardinal, *margo cardinalis*. La Lame cardinale, *dissepimentum cardinis*, est la partie du bord qui porte les dents.

Considérée sous ce rapport, une valve ou une coquille est dite ACARDE, *acardis*, quand il n'y a aucune trace de cet appareil de dents et de cavités, non plus que de ligament; il n'est pas encore certain qu'il en existe d'autres que la lingule.

Lorsqu'il n'y a à l'endroit de la charnière qu'une seule protubérance, plus ou moins alongée et irrégulière, on dit qu'elle est CALLEUSE, *callosa*.

Lorsque la lame cardinale, au lieu de rester verticale, ce qu'elle est le plus ordinairement, s'élargit horizontalement en une apophyse qui se loge dans une cavité correspondante, qui se place sous le sommet de l'autre valve, ou sous une apophyse semblable, Linnæus a appelé cela *dens vacuus*, ou *depressus*, mais à tort selon nous; ce n'est pas là une véritable dent; en effet elle sert d'insertion au ligament.

Dans toutes les autres coquilles qui sont pourvues d'une véritable charnière, on doit chercher si elle est semblable sur les deux valves; dans le premier cas, je la nomme SIMILAIRE, *similis*, et dans le deuxième, DISSIMILAIRE, *dissimilis*.

La position de la charnière considérée en général, doit aussi nécessiter quelques dénominations particulières, qui seront à peu près les mêmes que pour les sommets; ainsi elle peut être

ORALE, *oralis*, lorsqu'elle est à l'extrémité où se trouve la bouche de l'animal; c'est le *cardo terminalis* de Linnæus et de Bruguière : les ostracés et subostracés.

DORSALE, *dorsalis*, lorsqu'au contraire elle est sur le dos; et, dans ce cas, sa position, par rapport au sommet, la fera distinguer en PRÆAPICIALE ou POSTAPICIALE, c'est-à-dire en antérieure ou postérieure au sommet. C'est le *cardo lateralis* de Linnæus; ainsi qu'en LONGITUDINALE, *longitudinalis*, lorsqu'elle est très-étendue, et presque autant avant qu'après le sommet.

ANALE, *analis*, quand elle est à l'extrémité postérieure, comme dans les palliobranches, térébratules, lingules, etc.

La forme de la charnière, envisagée également en totalité, a fourni les noms de

Longitudinale, *longitudinalis*, quand elle occupe tout le dos de la coquille : les arches véritables.

Droite, *rectus*, lorsqu'elle est dans une seule ligne droite, comme dans ces mêmes arches.

Courbe, *incurvatus*, quand elle se fait suivant une ligne courbe : les pétoncles.

Brisée, *angulatus*, quand la ligne qu'elle forme est anguleuse : les nucules. •

Considérée dans les parties qui la composent, la charnière complète est formée d'éminences et de cavités. Les éminences se nomment Dents, *dentes*, en latin. *tooth* ou *teeth*, en anglois, *zahn*, *zähne* en allemand, *dente*, en italien. Les cavités sont appelées Fossettes, *fossulæ* en latin, *grübe* ou *grübchen* en allemand, lorsqu'elles sont remplies par une dent ; dans le cas contraire, comme dans les myes, c'est ce que Linnæus nomme Sinus, *sinus* ou *scrobiculus*.

En envisageant d'abord la position de ces éminences ou de ces cavités par rapport au sommet, on arrive à peu près aux mêmes dénominations que pour la charnière en totalité.

Les dents cardinales (*dentes·primarii seu cardinales*, en latin ; *mittelzähne*, en allemand) sont celles qui se trouvent immédiatement sous les sommets, et qui sont ordinairement les principales.

Les dents latérales, *dentes laterales*, *seiten zhäne*, allem., sont au contraire celles qui, moins importantes, sont plus ou moins écartées en avant ou en arrière du sommet : celle-là, *dens posticus* de Linnæus, je la désigne sous le nom de præapiciale, *anticus* ou *præapicialis*, c'est la plus voisine de la lunule ; et celle-ci, *dens anticus*, Linn., est pour moi la dent postapiciale, *posticus* ou *postapicialis*, c'est celle qui est du côté du ligament ou de l'écusson. Elles peuvent être ensuite plus ou moins écartées, *remoti*.

Leur direction les fait aussi distinguer en VERTICALES, *verticales*, OBLIQUES, *obliqui*, et en LONGITUDINALES, *longitudinales*, et en DIVERGENTES ou CONVERGENTES, *convergentes*. Elles sont presque verticales dans les cyrènes, obliques dans les vénus, longitudinales dans les cardites, divergentes ou convergentes, suivant qu'on les considère en partant du sommet, ou en s'y dirigeant, dans les mactres.

Leur mode de jonction établit ce qu'on entend par dent INTRANTE, *intrans*, c'est celle qui pénètre entre deux autres ; ALTERNE, *alternus*, celle qui en croise une autre obliquement, comme dans les bucardes ; ARTICULÉE, *insertus*, lorsque la charnière qui en résulte est produite par une disposition réciproque et inverse dans chaque valve, comme dans la plupart des bivalves.

La forme de ces dents détermine les noms de LAMELLEUSE, *lamellosa* ou *longitudinalis*, quand elles sont très-longues, très-comprimées ou déprimées ; de COURTES, d'ÉPAISSES, quand elles ont une forme opposée ; de DROITES ou de COURBES, d'ENTIÈRES ou de BIFIDES, de LISSES ou de STRIÉES, dénominations qui n'ont besoin d'aucune explication, parce qu'elles s'entendent d'elles-mêmes, et de COMPOSÉES OU PLIÉES EN GOUTTIÈRE, *complicati*, quand, fort minces, elles semblent pliées en gouttière, étudiées, la coquille posée sur les sommets, ou en toit dans le cas contraire, comme dans les mactres.

Enfin, le nombre des dents de la charnière est aussi quelquefois désigné : d'où les noms de dents *nombreuses*, ce qui est indiqué autrement par celui de coquilles *multiarticulées*, ce sont les dents ENGRENÉES, *masticantes*, de Linnæus, de même que les coquilles acardes sont aussi quelquefois désignées par le mot d'*inarticulées*, celui d'*articulées* étant réservé aux coquilles ordinaires.

§. 6. *Des différences des coquilles bivalves.*

Les différences individuelles d'une même espèce de coquille bivalve, ont peut-être encore moins été étudiées que dans les univalves, quoiqu'il y ait dans ce groupe une source de différences de moins, à cause de la ressemblance de tous les individus sous le rapport de l'appareil générateur.

Les différences d'âge consistent aussi dans une moindre grandeur en général, et dans moins d'épaisseur des valves; mais il m'a semblé que le système d'engrenage est constamment le même ; il m'a paru au contraire que l'épaisseur totale est moindre, et qu'il y a aussi un peu moins de longueur dans le diamètre antéro-postérieur ; les bâillemens sont aussi en général moins évidens, au point qu'avec l'âge il s'en produit quelquefois qui n'existoient pas d'abord, comme dans certaines espèces de moules; les tridacnes sont donc dans le cas contraire , car l'excavation de la lunule se ferme évidemment avec l'âge.

Un assez grand nombre de coquilles bivalves présentent quelques différences dans la forme des sommets qui s'accroissent évidemment avec l'âge, et qui probablement alors sont abandonnés par l'animal; c'est ce que l'on voit dans les huîtres et les spondyles où il produit ce qu'on nomme talon. Ce qu'il y a de remarquable, c'est qu'il n'y a que la valve la plus bombée qui présente ce caractère.

Dans les cames , et surtout dans certaines espèces, l'augmentation des sommets a lieu sur les deux valves, et alors ils s'enroulent en spirale, un peu comme dans les univalves. Les dicérates en offrent un exemple frappant.

Dans un petit nombre de bivalves, le sommet de la coquille étant abandonné, il se produit dans la cavité des cloisons plus ou moins nombreuses, un peu comme dans les univalves ; on en trouve des exemples dans quelques espèces de moules et de cardites.

Les différences d'âge dans les bivalves portent aussi sur la profondeur des stries, des sillons, des cannelures, des rayons, ainsi que sur la grandeur des tubercules ou des épines qui en hérissent la surface. La profondeur des stries, l'élévation des rayons s'augmentent, ainsi que les tubercules, les épines et les écailles : en est-il de même du nombre des sillons et des rayons? c'est-à-dire le nombre de ces parties peut-il être pris en considération pour la distinction des espèces ? c'est ce qui ne me paroît pas encore hors de doute, à moins que de se tenir dans des limites assez peu restreintes.

Les couleurs des coquilles bivalves diffèrent-elles aussi suivant l'âge ? cela est assez peu probable ; mais la science possède encore si peu d'observations sur ce sujet, qu'il est bien difficile de décider la question.

Les observations sur les influences de circonstances locales pour déterminer des changemens dans les individus d'une même espèce de coquille bivalve, étant encore moins nombreuses, on ne peut encore établir de principes qui en résulteroient. On sait cependant que dans les espèces fixées, la forme du corps sur lequel elles le sont, a une certaine influence pour modifier celle de la valve immédiatement appliquée, et même la supérieure, comme M. Defrance l'a observé pour les anomies. On conçoit très-bien qu'il en soit de même pour les valves en totalité, lorsque la coquille a été placée dans une circonstance qui a empêché son développement normal ; ainsi nous avons vu qu'une coralliophage a pris la forme d'une lithodome dans laquelle elle s'étoit trouvée placée. C'est ce qui détermine aussi l'irrégularité des vénérupes et des saxicaves.

Quant aux résultats des influences de la température générale, de l'action solaire, de la continuité du repos, du renouvellement modéré des eaux convenables, ce qui constitue

les influences inappréciables des localités, nous ne les connoissons guère plus que pour les univalves, et cette connoissance seroit cependant fort importante pour déterminer dans
quelles limites une coquille peut varier pour appartenir à
la même espèce, ou n'être qu'une variété, **ou** enfin constituer une espèce nouvelle.

Art. 4. DES COQUILLES MULTIVALVES.

Sous ce nom, défini plus haut, je n'entends pas, comme
Linnæus, Bruguière, les espèces de tubes, plus ou moins
complets, qui peuvent accompagner, ou même entièrement
envelopper les deux valves d'une coquille bivalve, et que
l'on nomme quelquefois pièces ACCESSOIRES, *succincturiatæ*, mais
seulement celles qui sont complètement à découvert.

Les coquilles multivalves proviennent constamment d'animaux pour ainsi dire intermédiaires aux malacozoaires et aux
entomozoaires, tandis que celles des pholades, tarets, etc.,
appartiennent à de véritables malacozoaires.

Elles sont du reste si peu nombreuses, qu'il a été à peu
près inutile d'établir des termes particuliers pour indiquer
chacune de leurs parties, ou que du moins ils rentrent, pour
la plupart, dans ceux que nous avons indiqués pour les coquilles bivalves.

On peut, comme je l'ai dit plus haut, les diviser en trois
sections.

1.° Les SÉRIALES, *seriales*, ou ARTICULÉES, *articulatæ*, que
je désigne ainsi, parce qu'elles sont placées, à la suite les
unes des autres, d'une manière symétrique, dans la ligne
moyenne et dorsale de l'animal. Linnæus donne aux différentes pièces qui composent cette espèce de coquille, le nom
de DORSALE, *dorsata*, à cause de l'angle obtus du milieu de
leur dos. Dans un assez grand nombre de cas elles se touchent,
et même s'imbriquent plus ou moins les unes les autres: ce

qu'il est assez aisé de reconnoître, parce que leur bord antérieur est aminci aux dépens de la page supérieure, et le postérieur au contraire, excepté la première et la dernière, qui sont arrondies l'une en avant et l'autre en arrière; du reste, leur surface extérieure peut être lisse ou rugueuse, etc, Dans un certain nombre d'espèces, les pièces sont extrêmement petites et ne se touchent plus; alors on pourroit assez aisément les prendre pour des coquilles imparfaites d'univalves, surtout la première et la dernière de la série.

2.° Les *latérales*, lorsqu'elles sont, en plus ou moins grand nombre, placées d'une manière symétrique de chaque côté de l'enveloppe de l'animal, une seule occupant la ligne dorsale : elles peuvent se toucher ou n'exister que rudimentairement, mais jamais elles ne s'articulent, et elles sont toujours fort minces sur leurs bords; elles peuvent aussi considérablement varier de forme et de grandeur, être plus ou moins lisses ou striées.

On peut partager les valves qui composent ce genre de coquilles en principales et en accessoires.

Parmi les premières, je nommerai valve ou pièce DORSALE, *dorsalis*, celle qui occupe le dos de la coquille; VENTRALE, *ventralis*, celle qui beaucoup plus rarement occupe son bord ventral; ANTÉLATÉRALE, *prœlateralis*, la paire qui est à l'extrémité orale ou la plus renflée, et POSTLATÉRALE ou *postlateralis*, celle qui est à l'extrémité anale ou postérieure. Quant aux valves accessoires, il sera possible d'établir les mêmes subdivisions, s'il en est besoin.

Ces deux groupes de coquilles multivalves ont été nommés *dissivalves* par Denys de Montfort.

3.° Les *coronales* ou *subcoronales*, comme l'a établi le premier M. de Lamarck, lorsque, étant disposées d'une manière plus ou moins régulière autour d'un axe commun, elles sont solidement engrenées entre elles par les bords, de manière à former une cavité complète, close ou ouverte inférieure-

ment, et fermée supérieurement par un petit nombre de
pièces de forme un peu variable, dont l'ensemble est appelé
opercule.

La forme, le nombre des pièces principales, ainsi que de
celles de l'opercule , varient assez, pour que les différences
qu'elles présentent aient besoin de termes particuliers pour
être désignées.

La partie basilaire ou SUPPORT, *basis,*, est toujours monotome, et peut être simplement membraneuse , irrégulière ou
patelloïde : dans ce dernier cas, on pourroit la confondre
avec la coquille d'un cabochon.

La partie terminale ou operculaire est au moins ditome,
parce qu'elle est toujours paire ou symétrique; mais ensuite
chaque pièce latérale est le plus souvent partagée en deux
valves, l'une dorsale et l'autre ventrale , suivant qu'elle correspond aux pièces coronales analogues.

Cet opercule est dit ARTICULÉ, *articulatum*, lorsqu'il touche
évidemment la partie coronaire; il est INARTICULÉ , *inarticula-
tum*, lorsqu'il est entièrement entouré par la partie membraneuse de l'ouverture.

La partie principale de ce genre de coquilles est celle qui
leur a valu le nom de coronales, parce qu'elle forme une sorte
de couronne autour du corps de l'animal , ce qui les fait désigner aussi par la dénomination de périsomales.

Dans son état normal , elle est polytome et formée, 1° d'une
pièce médiane supérieure ou DORSALE; 2° d'une pièce médiane
inférieure ou VENTRALE; 3° d'une paire de pièces LATÉRO-SUPÈRES;
4° d'une paire de pièces LATÉRAL-INFÈRES, ce qui constitue
six pièces. Les deux premières sont toujours aisées à reconnoître , parce que la partie de l'ouverture qu'elles forment
est plus ou moins excavée dans la ligne médiane par une espèce d'échancrure, plus anguleuse pour la supérieure.

La proportion de ces six pièces varie beaucoup, au point
qu'une paire de latérales peut entièrement disparoître, et

alors il n'en reste que quatre. S'il étoit certain que la couronne d'une espèce de balane n'eût que trois valves, il faudroit admettre qu'outre une paire de latérales, une des médianes disparoîtroit.

Dans l'état le plus ordinaire de ces valves, chacune d'elles est partagée à sa surface en deux aires triangulaires : l'une en relief, et l'autre en creux.

Enfin à l'intérieur de ces mêmes valves, on trouve qu'elles sont doublées dans leur moitié supérieure ou anale par une lame verticale que M. Ranzani a nommée Cloison, *dissepimentum*, et dont l'étendue et la forme ne sont pas sans importance pour la distinction de ces singulières coquilles.

CHAPITRE II·

HISTOIRE DE LA CONCHYLIOLOGIE.

Quoique, dans un ouvrage de la nature de celui-ci, nous ne puissions pas accorder autant de développement à la partie historique de la conchyliologie, que dans un traité *ex professo*, nous croyons cependant devoir en donner un abrégé suffisant pour faire connoître ce que nous devons aux meilleurs auteurs dans cette partie, et les principaux ouvrages auxquels les personnes qui désireroient s'occuper de cette espèce d'art, doivent avoir recours.

Aristote, le premier dans cette partie des sciences, comme dans tant d'autres, nous offre, sinon une disposition systématique des coquilles, qui n'étoit pas son but, au moins la base de plusieurs divisions qui ont été établies par la suite. Ainsi l'on trouve, dans son Traité des Animaux, qu'il a envisagé les coquilles sous les principaux rapports que nous étudions maintenant : en effet, sous celui du nombre des pièces de la coquille, il les divise en *monothyra* ou univalves, et en *dithyra* ou bivalves; il prend ensuite parmi les premières en considération leur forme turbinée ou non turbinée, leur séjour sur la terre ou dans l'eau; il envisage aussi leurs habitudes sur les bords des rivages ou dans la profondeur de la mer, et même leur immobilité ou leur mobilité, ce qui fait les *cinetica* et les *acineta*.

Pline, Oppien, etc., n'ajoutèrent rien ou presque rien à ce qu'Aristote avoit consigné dans ses écrits, même sous le rapport des simples faits, et à plus forte raison sous celui de leur distribution. Il faut donc de suite passer aux auteurs de la renaissance des lettres.

Le premier auteur qui se soit réellement occupé de la distribution des coquilles, ou d'établir un véritable système conchyliologique, est évidemment, comme tout le monde en convient, Daniel Major, dans une sorte d'appendice qu'il mit à la suite d'une édition allemande du Traité de la Pourpre, de F. Columna, sous le titre de *Ostracologia in ordinem redacta*, imprimé à Kiel en 1675; ce sont des tables synoptiques, qui conduisent à des genres assez naturels, mais peu nombreux, et établis seulement sur les espèces observées par Columna. C'est à lui que nous devons la division des univalves et des multivalves, parmi lesquelles il place les bivalves.

En 1681, Grew, dans son *Musæum regium*, ou Description du cabinet de la Société royale, dont il étoit secrétaire, a publié une table systématique et synoptique des genres des coquilles, dans laquelle il renferme tous les têts ou enveloppes testacées, et où, sans employer les termes actuellement reçus, il établit les divisions des coquilles en simples, doubles et multiples, ce qui correspond à nos univalves, bivalves et multivalves. Parmi les premières il sépare celles qui ne sont pas enroulées, de celles qui le sont, et dans celles-ci les espèces dont les tours de spire sont apparens, de celles chez lesquelles ils ne le sont pas, comme les nautiles et les cyprées. S'il nous eût été possible de donner cette table synoptique, on auroit vu que Grew arrive à la plupart des genres admis aujourd'hui, et que beaucoup d'auteurs ont pu puiser dans son ouvrage d'excellentes indications.

Sibbald, en 1684, dans sa *Scotia illustrata*, revint à peu près à la division d'Aristote, c'est-à-dire qu'il prit en première considération le séjour, d'où il tira la division des coquilles en terrestres et en aquatiques, et de celles-ci en fluviatiles et en marines.

C'est aussi ce que fit Lister, qui, arrivé à une époque où le commerce avoit apporté un bien plus grand nombre de co-

quilles en Angleterre, publia un traité nécessairement beaucoup plus complet, sous le titre de *Historiæ sive Synopsis methodicæ conchyliorum libri quatuor*, etc., par livraisons, de 1685
à 1688. Nous trouvons dans cet ouvrage, outre de très-excel-
lentes figures dessinées et gravées par ses filles, et des caractères un peu plus nettement circonscrits, l'introduction de
la distinction des coquilles d'après l'égalité ou l'inégalité des
valves; Lister commence en outre à faire une assez grande
attention à la charnière des bivalves.

Notre célèbre botaniste Tournefort, mort en 1708, voulut
aussi tâcher de faciliter l'étude des coquilles, qu'il désigna
sous le nom général de *testacea*, et qu'il définit les enveloppes
de certains animaux qui ont la dureté d'une tuile ou d'un
vaisseau de terre cuite; mais sa méthode ne fut connue, pour
la première fois, que par l'ouvrage de Gualtieri, en 1748. Ce
savant botaniste substitua les noms de *monotoma*, *ditoma* et
de *polytoma* à ceux d'univalves, de bivalves et de multivalves.
Parmi les monotomes, il établit la distinction des univalves
proprement dites, des spirivalves et des fistulivalves; et dans
les caractères génériques il fait assez attention à la forme de
l'ouverture. Dans la classe des ditomes, il me paroît être le
premier qui ait établi la division des bivalves closes, *clausæ*,
et bâillantes, *hiantes*. En outre, il a égard à la position de la
charnière.

Quant à ses *polytoma* ou multivalves, il y met à la fois les
oursins et les balanes.

En 1711, Rumph fit connoître une assez grande quantité de
coquilles de la mer des Indes; mais il n'ajouta pas grand'chose
à la conchyliologie proprement dite; il ne sépara même
plus les bivalves des multivalves; du reste, les univalves sont
simples ou turbinées, comme dans Aristote. Il ne faut cependant pas cacher qu'il indique quelques coupes génériques assez bonnes, comme celles des strombes, des porcelaines, des volutes, etc.

Un peu plus tard, en 1722, Lang proposa une nouvelle distribution conchyliologique, mais partielle, c'est-à-dire, ne traitant que des testacés marins, dans un ouvrage in-4°, publié à Lucerne, sous le titre de *Methodus nova et facilis testacea marina pleraque, quæ hucusque nobis nota sunt, in suas debitas et distinctas classes, genera et species distribuendi, nominibusque suis propriis, structuræ potissimùm accommodatis, nuncupandi, etc.* Mais il est certain que malgré cette annonce fastueuse, il n'ajouta aucunes considérations bien nouvelles à celles employées par Lister, si ce n'est peut-être celle tirée de l'égalité ou de l'inégalité de chaque valve, ou de la position relative du sommet. Il fit également un peu plus d'attention encore à la forme de l'ouverture des univalves, et au sommet dans les bivalves. Il établit en outre, parmi ces dernières, une division d'espèces anomales.

C'est à J. Philippe Breyn, en 1730, que nous devons l'emploi d'un nouveau caractère jusque-là tout-à-fait inaperçu, c'est-à-dire, de celui tiré du nombre des loges des coquilles univalves, d'où les noms de polythalames, et par conséquent de monothalames; c'est ce qu'il fit dans un ouvrage in-4°, publié à Dantzick, sous le titre de *J. P. Breynii Dissertatio de Polythalamiis, novâ testaceorum classe, cui quædam præmittuntur de methodo testacea in classes genera distribuendi : huic adjicitur commentatiuncula de Belemnitis prussicis, tandemque schediasma echinis methodicè disponendis.*

Un peu avant lui, c'est-à-dire, en 1728, J. Ernest Hebenstreit publia à Leipsick une Dissertation in-4°, intitulée *De ordinibus conchyliorum methodicâ ratione instituendis*, dans laquelle on trouve peu d'innovations importantes : il fit cependant, parmi les univalves, attention à la spire, plus qu'on ne l'avoit peut-être fait avant lui; et dans les bivalves, sa première division est tirée de l'absence ou de la présence de la charnière.

En 1742, Gualtieri, auteur italien, dont l'ouvrage est encore assez cité pour la grande quantité de figures médiocres qu'il contient, publia une Méthode dans laquelle il a employé toutes les combinaisons de ses prédécesseurs, sans introduire rien de bien nouveau. Ainsi sa première division porte également sur le séjour des coquilles ; il nomme *exothalassibiæ* celles qui ne sont pas marines, et du reste les divise, comme à l'ordinaire, en fluviatiles et terrestres; quant aux marines ou *thalassibiæ*, elles sont turbinées ou non, et celles-ci sont vasculeuses ou tubuleuses; du reste, il admet les polythalames, il fait attention à l'égalité ou l'inégalité des valves et de leurs côtés ; enfin, il considère la présence ou l'absence de la charnière. En général, quoique dans cet ouvrage on trouve un assez grand nombre de coupes génériques indiquées, elles ne sont pas solidement établies.

Dans la même année fut publiée en France la première édition d'un ouvrage qui a joui long-temps d'un succès assez peu mérité; c'est celui de d'Argenville, intitulé : *l'Histoire naturelle éclaircie dans deux de ses parties principales, la Lithologie et la Conchyliologie*, in-4°. Quoique cet ouvrage ait eu beaucoup de succès, surtout en France, à cause des figures qu'il contient, il faut convenir qu'il ne le méritoit guère. En effet, l'auteur n'a introduit absolument aucune considération nouvelle dans la manière d'envisager les coquilles, qu'il subdivise encore, d'après l'habitation, en coquilles marines et fluviatiles, quoique cependant il mette les hélices parmi celles-ci. Du reste, chaque section ou subdivision est partagée, d'après le nombre de pièces en univalves, bivalves et multivalves pour la première, et en univalves et bivalves seulement pour la seconde. On doit même faire l'observation que la classe des multivalves, qui contient jusqu'aux tuyaux de mer, est encore bien plus mauvaise que dans aucun autre système. Quant aux genres, ceux des univalves, quoique très-peu nombreux, sont assez bien caractérisés par la forme de l'ouverture; mais il n'en est pas de même de ceux des bivalves, dans lesquels il n'est nullement question de la charnière. Ainsi on peut dire que d'Argenville a presque toujours suivi Lister, qu'il a gâté quand il ne l'a pas fait, et que cependant il a toujours fortement critiqué, mais bien à tort.

Je placerai, immédiatement après d'Argenville, un autre auteur entièrement systématique, qui n'a pas l'avantage de donner de bonnes figures : c'est Klein, qui s'est presque toujours attaché à changer ce que Linnæus essayoit d'établir. Il publia en effet, en 1753, un nouveau Système de Conchyliologie, sous le titre de *Tentamen methodi ostracologicæ, sive dispositio naturalis cochlidum et concharum in suas classes, genera et species, iconibus singulorum generum æri incisis illustrata.* Il comprend tous les têts, qu'il divise en *cochlides*, *conchæ*, *niduli testacei*, *echinodermata*, et enfin en *tubuli* ou tuyaux marins. Sous le nom de *cochlides* il entend les coquilles turbinées, qu'il partage en deux sections : les cochlides simples, qu'il définit un canal spiral résultant d'une seule circonvolution de la coquille; et les cochlides composées, qui sont celles dans lesquelles les circonvolutions du têt lui paroissent doubles, de sorte que le têt semble formé de deux cochlides. Quoique ces définitions soient assez mauvaises, on voit cependant que la première section comprend les coquilles spirivalves qui n'ont pas leur ouverture terminée par un siphon, ou mieux, dont le dernier tour n'est pas terminé en pointe, à peu près comme la spire, et qu'il entend, au contraire, par ses cochlides composées celles qui sont appointies en avant comme en arrière. Quoique cette considération soit évidemment nouvelle, il est certain qu'elle ne menoit guère à une bonne division. Une autre innovation de Klein, c'est d'avoir séparé, on ne sait trop pourquoi, les conques, *conchæ*, en monoconques, qui sont les patelles et genres voisins, et en diconques, *diconchæ*, qui sont les bivalves ordinaires : innovation qui a été jusqu'à un certain point adoptée par quelques auteurs de ces derniers temps. Du reste, n'admettant pas de multivalves, il place les anatifes parmi les conques, sous le nom de poly-

conques, tandis que les balanes forment une division sous le
nom de *niduli testacei*. Les bivalves sont ensuite divisées d'après
la considération de la ressemblance ou dissemblance des valves, et de leur fermeture plus ou moins complète. Il a, en
outre, proposé plutôt qu'établi un grand nombre de genres
qui ont été adoptés depuis; mais les caractères qu'il leur as-
signe sont si vagues et si mal circonscrits, qu'il n'est pas étonnant que cet auteur soit resté dans une sorte d'oubli.

Nous placerons encore avant Linnæus, quoique les premières éditions du *Systema Naturæ* eussent déjà paru, le célèbre Adanson, parce qu'il me paroît à peu près indubitable
que c'est dans le Voyage au Sénégal de celui-ci, publié
en 1757, que Linnæus a pris la très-grande partie de ses principes fixes généraux de conchyliologie. Adanson, dont nous
avons eu occasion de parler avec plus de détails dans la première section, parce qu'il envisage à la fois l'animal et la coquille, a cependant apporté quelques innovations à la conchyliologie proprement dite : ainsi, outre l'étude approfondie
de chacune des parties des coquilles, et l'exposition des caractères qu'on en peut tirer, il a, pour ainsi dire, établi sur
chacune d'elles un système particulier; il a, entre autres, divisé les coquilles bivalves d'après le nombre des muscles ou
de leurs attaches, et surtout il a introduit la considération
des opercules qui avoient été presque négligés jusqu'alors,
ou seulement envisagés à part sous le nom d'ombilics marins,
sans aucun rapport avec les coquilles auxquelles ils avoient
appartenu. C'est d'après cela qu'il établit dans la famille des
limaçons deux sections : la première, les limaçons univalves,
et la seconde, les limaçons operculés, qu'il regarde comme
faisant le passage aux conques ou bivalves, mais bien à tort.
Nous devons aussi faire l'observation que c'est lui qui le premier, à ce qu'il nous semble, a rangé avec les patelles les oscabrions, la section de ses conques multivalves ne contenant
que les pholades et les tarets.

Linnæus, qui, dans la première édition de son *Systema Naturæ*, n'avoit pas montré qu'il fût réellement au niveau de cette partie des sciences naturelles, fit voir dans celle qui suivit la publication de l'ouvrage d'Adanson, qu'on pouvoit y appliquer les mêmes principes qu'il avoit imaginés et employés avec tant d'avantages en botanique. Il ne créa cependant aucune considération bien nouvelle dans les coupes primaires, ni même dans les secondaires, puisqu'il divise les têts en multivalves par lesquels il commence et dans lesquels il range les oscabrions, en bivalves et en univalves, qu'il subdivise ensuite en turbinés et en non turbinés ; mais il fit entrer dans l'exposition des caractères, dans leur circonscription, et dans la création du langage conchyliologique, cette netteté, cette clarté qui le feront toujours regarder comme le modèle et le maître de tous les naturalistes systématiques. On trouvera l'exposition détaillée de sa méthode conchyliologique, dans une thèse ou dissertation qu'il fit soutenir, sous sa présidence, par J. Murray, et qui est insérée dans le tome huitième des Aménités académiques.

C'est à peu près à cette époque que commença à être publié, en 1769, le grand ouvrage de Martini, continué et terminé par Chemnitz en 1788. Comme nous le regardons plutôt comme un recueil de figures de coquilles, que comme un véritable système de conchyliologie, nous nous contenterons de dire que l'ordre qui a été adopté par ce dernier tient à la fois de celui de Gesner et de Lister, sous le rapport des divisions premières, tirées encore du séjour des animaux; du reste, il suit Linnæus à peu près, et l'on peut dire que ses coupes sont assez simples et rompent assez peu de rapports naturels.

En 1776, Da Costa donna en anglois de véritables élémens de conchyliologie, sous le titre de *Elements of Conchology*. Son système diffère évidemment assez peu de celui de Linnæus; cependant il me paroit encore avoir insisté davantage sur la prédominance des caractères tirés de la forme de l'ouverture dans les univalves turbinées, et de la charnière dans les bivalves. C'est lui qui le premier, ce nous semble, a proposé de changer les termes réellement un peu obscènes, surtout quand on les traduit en langue vulgaire, imaginés par Linnæus pour désigner certaines parties des coquilles bivalves; il a en outre assez augmenté le nombre des genres du naturaliste suédois, et a joint constamment une figure assez passable d'une espèce de chacun. En général son ouvrage est fort instructif, quoiqu'il n'ait introduit dans la conchyliologie aucune considération bien nouvelle.

Nous passerons sous silence un assez grand nombre d'auteurs, comme Muller, de Born, etc., qui n'ont presque rien ajouté à l'art conchyliologique que des considérations sur l'animal et de nouvelles espéces, pour arriver aux auteurs françois, que l'on peut dire avoir transporté chez nous le centre de cet art; je veux parler de Bruguière et de M. de Lamarck.

Bruguière, en 1792, a suivi presque entièrement Linnæus; mais il faut lui rendre la justice de dire qu'il a encore beaucoup plus nettement circonscrit et caractérisé les genres, ce qui a nécessité qu'il en augmentât considérablement le nombre. Les descriptions des espéces, dans le petit nombre de genres qu'il a pu traiter, la mort l'ayant ravi bien avant qu'il eût terminé son ouvrage, sont bien faites, entières, et, ce qui est très-important, parfaitement comparables; en un mot, il nous semble qu'il doit être regardé comme le conchyliologiste qui a commencé à introduire dans la conchyliologie cette exactitude et ces détails qui ont permis de s'en servir dans la palæozoologie, ou dans la comparaison des fossiles. Nous devons cependant faire observer qu'il n'a introduit aucune considération nouvelle.

M. de Lamarck perfectionna encore beaucoup la méthode ou la manière de voir de Bruguière, son ami : non seulement en ne se bornant pas à la considération de la coquille,

et en l'envisageant comme faisant partie d'un animal, c'est-
à - dire, en suivant les principes admis avant et depuis
lui par Guettard, Adanson, Geoffroy, Muller, MM. Poli,
Cuvier, d'Audebard de Férussac père, de Blainville, de
Férussac fils, etc., comme nous l'avons vu plus haut,
mais encore dans la conchyliologie proprement dite, par
le grand nombre de coupes génériques nouvelles, par l'emploi d'une terminologie encore plus rigoureuse; enfin par
l'introduction, comme base d'une division principale des
coquilles bivalves, du nombre des impressions musculaires,
en 1807, ce qui a été adopté en 1810 par M. Ocken. Il crut
cependant devoir placer les oscabrions avec les patelles,
contre l'heureuse inspiration de Linnæus. En général, comme
on pourra s'en convaincre dans l'exposition complète de son
nouveau système, dont nous donnerons une table synoptique
plus loin, on verra qu'il abandonne entièrement la division
de la plupart des conchyliologistes ses prédécesseurs, établie
d'après le nombre des pièces dont se compose le têt, et que
c'est plutôt la forme générale des coquilles qu'il envisage,
pour établir ses quatre premières divisions en subspirales,
cardinifères, subcoronales et vermiculaires; et, en effet, il
ne pouvoit plus admettre les univalves, bivalves et multivalves, puisqu'il place les oscabrions parmi les subspirales,
ce que certainement ne pourra supposer celui qui voudra
ranger une collection de coquilles. En général il me semble
que M. de Lamarck, dans cette disposition systématique des
coquilles, a trop voulu la mettre en rapport avec celle de
leurs animaux, ce qui pourra la rendre plus difficile, mais
peut-être aussi plus intéressante sous le rapport de la véritable science.

Depuis et pendant la publication de la méthode successivement perfectionnée de M. de Lamarck, d'autres conchyliologistes s'en tenoient presque rigoureusement au système
de Linnæus, étendu par Bruguière, comme M. Bosc et plu-

sieurs auteurs étrangers, tels que Donovan, Montagu, etc.,
ou portoient à l'excès les coupes ou subdivisions génériques,
comme Denys de Montfort, dans sa Conchyliologie systématique, imprimée en 1808, mais qui ne contient que les coquilles univalves. Cet auteur, ne faisant absolument attention
qu'au têt, a nécessairement multiplié considérablement les
genres, en voulant trop spécialiser ou rendre rigoureux leurs
caractères; mais il ne faut pas cacher qu'un assez grand nombre
devront être et sont même déjà adoptés, et qu'il a le premier
appelé l'attention des conchyliologistes sur les coquilles extrêmement petites, dites microscopiques, et que, quoique
cette partie de son travail doive surtout être considérablement modifiée, la conchyliologie ne lui doit pas moins en
cela un véritable service : il a aussi séparé des multivalves
les coquilles ou têts des anatifes, sous le nom de fissivalves.

Peu d'années après, M. Megerle proposa une nouvelle distribution des coquilles; mais je n'en connois de publié que
la partie qui traite des bivalves dans le Magasin de Berlin,
pour 1811; et quoiqu'il l'ait intitulée Nouveau Système de
Conchyliologie, il est évident qu'il suit presque scrupuleu-
sement Linnæus, avec cette différence qu'il a établi un assez
grand nombre de nouveaux genres, qui depuis ont été également proposés parmi nous.

Enfin, dans un Mémoire lu à la Société philomathique en
1812, et inséré par extrait dans son Bulletin, quoique ma
classification ait essentiellement trait aux animaux, et non à
leurs simples dépouilles, j'ai, peut être, fait entrer dans la
conchyliologie quelques considérations nouvelles, en montrant que la coquille, surtout dans les univalves, est essentiellement le corps protecteur des organes de la respiration,
dont elle suit, jusqu'à un certain point, la forme générale
et la position, et par conséquent en régularisant, pour ainsi
dire, le double emploi de la coquille et de l'animal, de
manière à pouvoir, assez aisément, passer de l'une à l'au-

tre; en appelant l'attention sur l'emploi d'un caractère nouveau, tiré de la symétrie ou de la non-symétrie des coquilles univalves, en rapport avec les organes de la respiration; en replaçant parmi les multivalves les oscabrions. Voyez les développemens de notre système dans la seconde table synoptique ci-jointe, la première exposant celui de M. de Lamarck.

J'aurois pu considérablement alonger cette analyse critique des ouvrages des auteurs qui ont écrit sur la conchyliologie proprement dite; mais j'ai cru ne devoir pas parler de ceux qui n'ont rien ou presque rien ajouté à l'art de classer les coquilles, quoiqu'ils aient été souvent beaucoup plus utiles à la véritable science, en faisant connoître un grand nombre d'espèces nouvelles. J'ai surtout entièrement passé sous silence les zoologistes qui ont considéré les coquilles comme faisant actuellement partie des animaux, et qui en général ont plutôt diminué le nombre des genres de coquilles qu'ils ne l'ont augmenté, parce que, comme je l'ai déjà dit plus haut, j'en ai parlé avec détails en traitant de la MALACOLOGIE, où j'ai exposé l'art de disposer les animaux mollusques de manière à faire connoître leurs mœurs et leurs habitudes, ce qu'on ne peut demander rigoureusement dans la conchyliologie proprement dite.

Pour rendre cette section encore plus complète, et surtout pour faciliter l'explication des abréviations des noms d'ouvrages et d'auteurs que nous serons obligés de citer souvent dans le cours du *Genera*, nous croyons devoir donner un catalogue raisonné des principaux auteurs de conchyliologie proprement dite, et de leurs ouvrages, en avertissant que, pour l'avoir complet, il faudra y joindre celui des auteurs qui, ayant considéré les coquilles comme faisant partie des animaux, ont dû être rapportés dans le chapitre X de la première section de ce Manuel, et enfin celui des auteurs généraux de zoologie.

L'ordre que nous allons suivre dans l'énumération des auteurs et de leurs ouvrages, est le suivant :

I. *Auteurs généraux*, c'est-à-dire ceux qui ont traité de toutes les sortes de coquilles sous les trois rapports de famille, de séjour, de grosseur.

Art. 1. Dans des traités spéciaux :

§. 1. Systématiques ;

2. Systématiques et iconographes ;

3. Musæographiques ;

4. Iconographiques.

Art. 2. Dans des dictionnaires plus ou moins spéciaux.

Art. 3. Dans des journaux plus ou moins spéciaux.

II. *Auteurs partiels.*

Art. 1. D'après le groupe ou la famille à laquelle elles appartiennent :

§. 1. Univalves ;

2. Bivalves ;

3. Multivalves.

Art. 2. D'après leur patrie :

§. 1. Europe ;

2. Asie ;

3. Afrique ;

4. Amérique.

Art. 3. D'après leur habitation :

§. 1. Fluviatiles et terrestres ;

2. Fluviatiles ;

3. Terrestres.

Art. 4. D'après leur grandeur :

Microscopiques.

Art. 5. D'après leur état vivant ou non :

Fossiles.

CHAPITRE III.

BIBLIOGRAPHIE CONCHYLIOLOGIQUE.

SECTION Ire.

AUTEURS GÉNÉRAUX.

Art. Ier. DANS DES TRAITÉS SPÉCIAUX.

§. 1er. *Systématiques.*

MAJOR (Daniel). *Ostracologia in ordinem redacta.* Kiel, 1675, à la suite de son édition du traité de la Pourpre de Fabricius Columna.

WALENBROCK (V. A.). *Cochlearia curiosa. Leipsich*, 1674 , in-8°. C'est un véritable traité de Conchyliologie.

LANG (Charles-Nicolas). *Methodus nova et facilis testacea marina, in suas debitas classes, genera et species distribuendi, etc.* Lucerne, 1722. Un petit vol. in-4°, de 95 p. sans fig.

KLEIN (Jacq.-Théod.)? *Tentamen methodi ostracologicæ*, etc. Leyde, 1753. In-4° de près de 200 pages, avec une dissertation sur la structure des coquilles, et douze planches assez mauvaises toutes copiées.

BERGEN (Carol. August. de). *Classes Conchyliorum. Noriemb.* 1760. In-4°.

CHEMNITZ. (Jean-Jérôme). *Neues system Conchilien-Kabinet fortsetzung.* Nuremb. 1780.

HEBENSTREIT. *Dissert. physica de ordinibus Conchyliorum methodicâ rationo instituendis. Leipsick*, 1728. In-4°.

HELBLING. *Beytrage der Kentniss, neuer und seltener Conchylien, aus einigen Weiner Sammlungen. Prag. abh. vol. in-4°.*

MURRAY (Adolph.). *Fundamenta testaceologiæ, præside Carolo a Linné. Auctor. And. Murray.* Upsal, 1771. In-8.° avec figures. *Amœnit.*

Acad. Tom. 8. Traduit dans le Manuel d'Histoire naturelle de Forster, par Léveillé. Paris, an VII, et antérieurement par Bruguière, dans un petit vol. in-12 de 59 pages.

La première édition de cet ouvrage, qui n'est qu'une thèse, est in-4.° de 45 pages, avec deux planches gravées, publiée en 1771 à Upsal.

SCHROTER (John-Samuel). *Einleitung in die Conchylien-Kentniss nach Linné*, c'est-à-dire, Introduction à la Conchyliologie de Linnæus. Trois vol. in-8°. Halle, 1783 à 1786. Avec 9 planches.

DA COSTA (Emmanuel Mendès). *Elements of Conchology, or an Introduction to the knowledge of Shells;* c'est-à-dire, Elémens de Conchyliologie, ou Introduction à la connoissance des Coquilles. Londres, 1776. In-8° avec les figures de chaque genre. C'est un volume grand in-8° de 318 pages, dont 10 de préface, avec 7 planches gravées, assez bonnes.

SPALOWSKY (Jos.). *Prodroma in Systema historiæ testaceorum.* Vienne, 1795. In-fol.

WOOD (W.). *General Conchology.* Londres, 1815. In-8°. Vol. 1. Il n'a encore paru qu'un seul volume de cet ouvrage.

BROWN (Thomas). *The Elémens of Conchology ;* c'est-à-dire, Elémens de Conchyliologie, ou Histoire Naturelle des Coquilles, d'après le système de Linnæus, avec des observations sur les classifications modernes. Londres, 1817. Un vol. in-8°, avec 9 planches en noir.

BURROWS (E. S.). *The Elements of Conchology*, ou Elémens de Conchyliologie, suivant le système de Linnæus, avec 28 planches d'après nature, au trait seulement. Un vol. in-8°. Londres, 1815.

BROOKES (Samuel). *An introduction to the study of Conchology, including observations on the Linnoean genera, and on the arrangement of M. Lamarck, a glossary, and a table of english names,* ou Introduction à l'étude de la Conchologie, avec des observations sur les genres de Linnæus, sur la méthode de M. de Lamarck, une explication des termes et une table des noms anglois.

Londres, 1815. Un vol. in-4° de 160 pages, avec 14 planches, dont 9 coloriées.

Cet ouvrage, outre ce qu'indique son titre, renferme la description et les figures de quelques espèces de coquilles nouvelles,

WOOD (William). *Général Conchology, or a description of shells, arranged according to the Linnoean system and illustrated with plates drawns and coloured from nature. London,* 1 vol. in-8°, 1815.

Ouvrage qui paroit par livraisons.

— *Index testacæologicus, or a catalogue of shells, British and foreign, arranged according to the Linnoean system. Lond.* 1818. In-8º de 188 p.

Ce n'est en effet qu'un simple catalogue des noms latins et anglois, mais assez complet.

DILLWYN (Lewis Weston). *A Descriptive catalogue of recent shells, arranged according to the Linnoean method, with particular attention to the synonymy. Lond.* 1817. Deux vol. in-8º de 580 pag. chacun.

Ouvrage dans lequel l'auteur suit exactement le système de Gmelin, dans sa XIIIᵉ édition du *Systema Naturæ* de Linné.

MAWE (Jean). *The Linnæan System of Conchology*, ou Système de Conchyliologie systématique d'après Linné, avec la description des ordres, genres et espèces de coquilles arrangées par divisions et familles, dans le but de faciliter l'étude de cette science. Londres, 1 vol. in-8º de 207 pages, avec 36 planches lithographiées et coloriées.

SOWERBY (Georg. B.). *The genera of recent and fossils shells*, etc., ou genres de coquilles vivantes et fossiles à l'usage des personnes qui s'adonnent à la géologie. Londres, in-8º avec fig.

Ouvrage qui paroit par livraisons.

§. 2. *Systématiques et iconographes.*

LISTER (Martin). *Historiæ sive synopsis methodicæ Conchyliorum, libri quatuor, continentes mille quinquaginta et septem figuras æri nitidissimè insculptas, à Suzannâ et Annâ Lister depictas. Londini*, 1685 à 1692. In-folº mince.

Cet ouvrage, remarquable par la grande exactitude et la netteté des figures, et qui, sous ce rapport, n'a peut-être pas encore été surpassé, est fort difficile à trouver complet, parce que son auteur, faisant graver chaque coquille sur une planche séparée, corrigeoit, déplaçoit, augmentoit ou diminuoit celles qu'il avoit déjà publiées, à mesure qu'il lui en arrivoit de nouvelles. Une autre raison de ces variations, c'est que le Dᵣ Lister, ayant traité des coquilles de l'Angleterre dans son Histoire des animaux de ce pays, ne devoit parler que des exotiques dans son grand ouvrage : aussi y a-t-il quelques exemplaires de plusieurs planches qui portent le titre d'*exotica*. Mais, ensuite, ayant changé d'avis, il fit graver chaque coquille à mesure qu'elle lui arrivoit, se proposant de leur donner une disposition systématique lorsqu'il en auroit un assez grand nombre. Cependant, quelques figures ne lui ayant pas semblé bien faites, ou d'après d'assez beaux individus, il en fit regraver d'autres : d'où il résulte qu'il y a des exemplaires où l'on trouve ces deux figures, et quelquefois seulement la première ou la seconde.

Da Costa pense en outre que Lister lui-même en a publié deux éditions : l'une en pièces détachées, depuis 1685 à 1692, et une seconde tout à la fois après l'épuisement de la première.

Il paroît que l'exemplaire le plus complet est celui qui existe à la Bibliothèque du Roi de France, et qui lui a été donné par l'auteur. On en trouve une bonne description dans la Bibliographie de M. de Bure, qui a été copiée par Davila, dans le tome troisième de son Catalogue.

Du reste, cet ouvrage ne contient pas de descriptions, mais presque toujours une synonymie exacte ; souvent même les coquilles n'ont pas de nom, et leur patrie n'est pas indiquée.

On reconnoît les deux éditions de Lister aux caractères suivans : 1.º la deuxième a soixante-quinze coquilles de plus que la première ; 2.º dans la préface, p. *h.*, le troisième paragraphe commence par les mots *septuaginta autem*, etc. ; et, dans la dernière, par *centum autem*, etc. ; 3.º dans la planche 7, qui spécifie les lieux où les coquilles ont été trouvées, la première édition n'a qu'une seule colonne de noms, tandis que la deuxième a un nom, c'est-à-dire *Fret. Magell*, dans une deuxième colonne ; 4.º le titre et toutes les têtes des planches de la première, comme 1, 2, 3, 100, 106, 139, 140, etc. sont imprimés en partie en lettres noires et en partie en rouges, tandis que, dans la deuxième, le titre seulement et la tête de la planche première sont en lettres rouges et noires ; toutes les autres sont en noir.

Il a été publié, en 1770, à Oxford, une nouvelle édition sous le titre de M. LISTER, *Medicinæ doctoris, historia sive synopsis methodica Conchyliorum et tabularum anatomicarum, editio altera ; recensuit et iconibus auxit Gullielmus Huddesford, s. to. coll. SS. Trinitatis socius et Musei Askeolcani custos. Oxonn.*, 1770. *Cum tabulis* 438. Cette édition, qui diffère de la précédente, surtout en ce que l'on a fait entrer dans la même planche un assez grand nombre de celles de l'édition originale, offre, à ce qu'il paroît, beaucoup d'erreurs et d'inexactitudes dans les additions qu'on y a faites.

GUALTIERI. *Index testarum Conchyliorum.* Un gros vol. in-fol. en latin. Florence, 1742.

Cet ouvrage, dont les planches sont souvent citées, quoique assez médiocres, surtout pour les bivalves, est presque entièrement nul sous le rapport des descriptions et de la synonymie.

D'ARGENVILLE (DESALLIER). L'Histoire naturelle éclaircie dans deux de ses parties principales, la Lithologie et la Conchyliologie ; par M***. In-4.°, Paris, 1742 et 1757, ne contenant que la Conchyliologie et la Zoomorphose.

Cet ouvrage, dont les figures gravées sur cuivre aux frais de différentes personnes riches, dont le nom est au bas de chaque planche, sont assez inexactes, forme un vol. grand in-4.° de 450 pages.

Il est divisé en trois parties.

Il renferme 28 planches de coquilles vivantes, une de coquilles fossiles, et 9 d'animaux mollusques.

Il a joui d'un très-grand succès. MM. de Favannes en ont donné, en 1780, une troisième édition incomplète, 2 vol. in-4.°, 1771 à 1780, Paris, augmentée d'un assez grand nombre de figures intercalées dans les planches de la deuxième, ce qui les rend moins agréables à l'œil.

Il en existe une traduction allemande, faite à Vienne en 1772.

MARTINI (Fréd.-Henr.-Will.) et CHEMNITZ (Jean-Jér.). *Neues systematisches Conchylien Kabinet, geordnet und beschrieben von Martini, fortgesezt von Chemnitz und Schroter;* c'est-à-dire, Nouveau Cabinet systématique de Coquilles, mis en ordre et décrit par Martini, et continué par Chemnitz et Schröter. Onze vol. in-4°. Nuremberg. 1769 à 1793.

Cet ouvrage, le plus complet qui ait encore paru sur la conchyliologie, est entièrement en allemand. Les trois premières parties sont de Martini ; les sept suivantes, de Chemnitz ; et enfin la onzième, qui comprend une nomenclature systématique, est de Schröter.

Il paroît qu'il y a eu un douzième volume imprimé en 1795, et qui forme la 12ᵉ partie.

Ce qui fait en tout 12 vol. petit in-fol.

Le nombre total des planches est de 403 coloriées, contenant 4122 figures.

La partie descriptive est assez bonne, ainsi que la synonymie, qui est très-correcte. Quant aux figures, qui sont souvent coloriées, il y en a un assez grand nombre de très-inexactes, et surtout sous le rapport des couleurs.

Anonyme (DA COSTA). Six numéros d'une Conchyliologie, ou Histoire naturelle des Coquillages, contenant les figures des coquilles, trèscorrectement gravées, et accompagnées de leur description en anglois et en françois. In-fol. Londres, 1770.

Ces numéros devoient faire partie d'une Histoire naturelle des Coquilles, qui n'a pas été continuée : ils ne représentent que les espèces de patelles, d'oreilles de mer et de tuyaux marins.

MARTYN (Thom.). *The universal Conchologist :* c'est-à-dire, le Conchyliologiste universel, donnant la figure de toutes les coquilles aujourd'hui connues, soigneusement dessinées et peintes d'après nature: le tout arrangé d'après le système de l'auteur. Quatre vol. in-fol., texte anglois et françois. Londres, 1784.

Cet ouvrage, le plus beau qui ait encore été fait sur cette matière, est vraiment remarquable par l'exactitude des figures, et surtout par la manière parfaite dont elles sont enluminées, ou mieux, peintes.

Il a d'abord paru en deux volumes contenant 80 planches, sous le titre de Figures de Coquilles non décrites, et recueillies dans différens voyages faits dans la mer du Sud, depuis l'année 1764.

PERRY. *Conchology or natural History of the shells, containing a new arrangement of the genera and species , illustrated by coloured engravings executed from natural specimens , and including the latest discoveries ;* c'est-à-dire, Conchyliologie, ou Histoire naturelle des Coquilles, contenant une nouvelle disposition des genres et espèces; ornée de gravures coloriées faites d'après nature, et contenant les plus nouvelles découvertes. In-fol., contenant 400 figures, en 61 planches, 54 d'univalves et 7 de bivalves. Londres, 1811.

Cet ouvrage, remarquable par la beauté de l'enluminure, renferme beaucoup des noms de genres établis par Bruguière et par M de Lamarck.

SWAINSON (Guillaume). *Exotic Conchology*, etc., c'est-à-dire Conchyliologie exotique ou descriptions et figures de coquilles rares, belles ou non décrites. Londres, in-8°, avec planches lithographiées et coloriées.

Cet ouvrage se publie par livraisons de 8 planches.

ANONYME. Les genres de coquilles de M. de Lamarck. Journal de l'Institution royale, n.ᵒˢ 27-31.

C'est une simple traduction des caractères des genres donnés par M. de Lamarck, avec une étymologie des noms et une figure de l'espèce principale.

§. 3. *Muséographes.*

GREW (Nehemias). *Musæum natur. Soc. reg. Angl.* Londres, 1681.
Musæum Kircherianum, par Bonanni. Un vol. in-fol. en latin. Rome,
1709.

La dernière classe de cet ouvrage est entièrement consacrée aux
coquilles, à leur figure et à leur description, qui se montent à près de
six cents espèces. Il est assez généralement estimé.

SEBA. *Locupletissimi rerum naturalium thesauri accurata Descriptio*,
cum iconibus. In-fol., latin et françois. Amsterd. 1758.

Le troisième volume de cet ouvrage, plus généralement connu par
la beauté de ses figures que par la bonté de ses descriptions, est pour
la plus grande partie consacré aux coquilles, puisqu'il y a cinquante
planches remplies de figures, assez souvent, il est vrai, répétées par
symétrie pour la même espèce.

BORN (Ign.-Edl.). *Testacea Musæi Cæsarei Vindobonensis.* In-fol.
Vienne, 1780.

Ouvrage contenant d'assez bonnes figures de plusieurs espèces nouvelles.

SCHROTER (J.-S.). *Musei Gottwaldiani testaceorum, Stellarum ma-
rinarum et Coralliorum quæ supersunt tabulæ. Nuremb.* 1782. In-fol.,
avec un grand nombre de planches.

On peut encore placer dans cette section les auteurs de catalogues
estimés, et dans lesquels on trouve souvent d'assez bonnes figures ou
des dispositions systématiques un peu nouvelles; nous nous bornerons
à citer :

DUGUAST. Catalogue de Davila, dont le premier volume est entièrement consacré à la conchyliologie, et qui contient vingt planches des
espèces les plus remarquables. Cette partie est certainement due à
l'abbé Duguast.

KŒMMERERS (............). *Die Conchylien in Cabinette des herrn Erbprinzen von Schwartzbourg*, c'est-à-dire sur les coquilles conservées
dans le cabinet du prince héréditaire de Schwartzbourg. Rudlos-
tadt, 1787. 4.ᵉ, un volume in-8° avec 12 planches coloriées.

L'ordre qu'a suivi l'auteur, est celui de Martini; mais il a ajouté des
observations sur la structure des coquillages et l'accroissement des coquilles.

§. 4. *Iconographes.*

Bonanni. *Recreatio mentis et oculi in observatione animalium testaceorum*, avec des figures gravées en cuivre et à gauche, mais assez bonnes. In-4°. *Romæ*, 1681 en italien, et 1684 en latin.

C'est un petit volume in-4.° de 270 pages, contenant 158 planches gravées sur cuivre, et généralement assez bonnes.

Geve (Georges). Le Plaisir mensuel des Coquilles et des Productions de la mer, avec des figures enluminées. In-4°. Hambourg, 1755.

Cet ouvrage, entrepris par un peintre assez célèbre, n'a pas été continué; il ne contient que 24 planches avec 265 figures de nautiles, patelles, etc. ; mais il n'y a de descriptions que pour 175 figures.

Regenfusen (Franç.-Mich,). Choix de Coquillages et de Crustacés, peints d'après nature, gravés en taille-douce, et enluminés de leurs vraies couleurs. Un vol. grand in-fol. en allemand et en françois. Copenhague, 1758.

Cet ouvrage, qui contient une introduction par Cramer, est remarquable par la beauté des figures, qui , malheureusement, ne sont pas nombreuses ; il ne contient en effet que 12 planches.

Knorr (Georges Wolfgang). *Vergnugen der Augen und des Gemuths, in der Vorstellung einer allgemeinen Sammluug von Schnecken und Muscheln;* c'est-à-dire, les Délices des yeux et de l'esprit, ou Collection générale des différentes espèces de Coquilles que la mer renferme. Six part. in-4°. Nuremberg. 1764 à 1772, avec des figures nombreuses enluminées en près de 200 planches.

C'est un ouvrage sans aucun ordre, sans aucun système, en allemand et en françois, mais dont les figures sont généralement fort bonnes.

Art. 2. DANS DES DICTIONNAIRES.

Favart d'Herbigny. Dictionnaire d'Histoire naturelle qui concerne les Testacés ou les Coquillages de mer, de terre et d'eau douce. Trois vol. in-12. Paris, 1775.

Compilation assez complète de tout ce qu'on savoit à cette époque, et tirée surtout d'Adanson, Rumph et d'Argenville.

Bruguière, Dictionnaire des Vers testacés, dans l'Encyclopédie, par ordre de matières, a traité spécialement de la conchyliologie avec beaucoup de soins et de détails.

C'est certainement un modèle de description; mais il faudroit un grand nombre de volumes pour contenir celles de toutes les coquilles vivantes et fossiles, actuellement connues, si l'on suivoit le même plan.

Il n'a paru encore que deux volumes de texte; mais toutes les planches sont publiées, et l'ouvrage devoit être terminé par M. de Lamarck.

Art. 3. DANS DES JOURNAUX.

Schroter (J.-S.). *Journal fur die Liebhaber des Steinreichs und der Conchyliologie*; c'est-à-dire, Journal pour les Amateurs du Règne minéral et de Conchyliologie.

Il a paru six volumes in-8.° de cet ouvrage, depuis 1774 jusqu'a 1780, à Weimar. Il contient un grand nombre de dissertations particulières, et entre autres une bibliographie raisonnée et détaillée des auteurs de conchyliologie.

————— *Neue Litteratur und Beytrage zur Kentniss der Naturgeschichte, sonderlich der Conchylien und der Steine*; c'est-à-dire, Nouveaux Matériaux pour l'Histoire naturelle, et spécialement pour la Conchyliologie et la Minéralogie. Deux volumes in-8°. Leipsick, 1784 à 1785.

Schröter est bien certainement l'auteur qui s'est le plus spécialement occupé de l'étude des coquilles; mais toujours dans le système de Linnæus. Aussi a-t-il publié un très-grand nombre d'ouvrages sur cette matière, dont nous avons cité les principaux; malheureusement ils sont assez peu connus en France. On trouve beaucoup de ses mémoires dans le *Naturforscher* et autres journaux allemands.

————— *Conchyliologische Rapsodien*, dans le *Naturforscher*, tom. 26, p. 154.

Les journaux non spéciaux qui contiennent le plus de dissertations sur les coquilles, sont :

1.° Le *Naturforscher*;

2.° Les Mémoires de la Société des Amis de l'Histoire naturelle, de Berlin, qui ont paru en allemand sous différens titres, d'abord in-8.º et ensuite in-4.º ;

3.º Ceux de la Société Linnéenne de Londres ;

4.º Les Annales des Professeurs du Muséum d'Histoire naturelle de Paris, spécialement pour les nombreux Mémoires de M. de Lamarck.

5.º Les Mémoires de la Société d'Histoire naturelle de Philadelphie, par un assez grand nombre de Mémoires de M. Thomas Say.

6.º Les Mélanges de Zoologie de M. le docteur Léach. (Will. Ellord) en 3 vol.

SECTION II.

AUTEURS PARTIELS.

Art. 1ᵉʳ. D'APRÈS LE GROUPE OU LA FAMILLE.

§. 1ᵉʳ. *Univalves.*

DENYS DE MONTFORT. Conchyliologie systématique, ou Classification méthodique des Coquilles. Deux vol. in-8°. Paris, 1810.

Cet ouvrage, qui n'est réellement qu'une espèce de *genera*, n'a point été terminé : il ne contient que les coquilles univalves cloisonnées et non cloisonnées, les caractères de chaque genre, des figures en bois, assez grossières, de l'espèce qui a servi à son établissement, avec une synonymie étendue. C'est le premier auteur qui ait essayé de faire entrer dans les systèmes les corps crétacés microscopiques.

Je ne connois jusqu'ici, en outre, aucun auteur qui se soit spécialement occupé des coquilles univalves en totalité ; mais on trouvera plusieurs monographies, par M. de Lamarck, dans les Annales du Muséum de Paris, et entre autres celles du genre Cône.

DESMAREST (Anselme). Mémoires sur deux genres de coquilles cloisonnées et à siphon. Journ. de Physiq., juillet 1817, avec fig.

Il est question dans ce Mémoire des genres Ichthyosarcolite et Baculite.

————— Description des coquilles univalves du genre Rissoaire créé par M. de Freminville. Nouv. Bull. Soc. phil., 1814, n.° 76.

————— Note sur les ancyles ou patelles d'eau douce, et particulièrement sur deux espèces non décrites, l'une vivante et l'autre fossile. *Ibid.* 1814, p. 76.

ANONYME. Note sur une spiroline à l'état frais, *spirolina striata.* Bull univers. des Scienc., 11, p. 210.

DE LA MÉTHRIE (Jean-Claude). Sur la sphérulite. Journ. de Phys., tom. 61, pag. 396, avec une très-mauvaise figure.

DESHAYES (G. P.). Note sur un nouveau genre de la famille des néritacées. Ann. des Sc. nat., fév. 1824, p. 187, avec une planche.

C'est du genre Piléole de Sowerby, dont il est question dans cette note.

—— Sur un nouveau genre de coquilles univalves (Triphore). Mémoire lu à la Soc. d'Hist. natur. de Paris, mais non publié.

FÉRUSSAC (D'AUDEBARD DE). Note sur le genre Septaire (Navicelle, Lamarck). Bull. univ. des Sc., n.° 5, p. 989.

DEFRANCE (........). Rectification du genre Bellerophe établi dans la Conchyliologie de Denys de Montfort. Ann. des Sc. nat., mars 1824, p. 264.

————— Sur des coquilles turriculées fossiles de terrains antérieurs à la craie. Bull. des Scienc., 13, p. 284.

GRAY (J. E.). Monographie du genre Hélicine. *Zoological Journal*, mars 1824, p. 62, avec figure.

————— Description de 2 nouvelles espèces d'hélicine. *Ibid.*, p. 250.

————— Sur la structure de la *Melania setosa. Ibid.*, p. 253, avec figure.

SWAINSON (W.). Caractères de plusieurs nouvelles espèces de coquilles du genre Voluta de Linné avec des observations sur l'état actuel de la Conchyliologie. *Journ. of Scienc.*, avril 1824, p. 28.

————— Description de deux coquilles fluviatiles nouvelles et remarquables, *Melania setosa* et *Unio gigas. Ibid.*, avril 1824, p. 13.

————— Caractères spécifiques de plusieurs coquilles rares et non décrites. *Phil. Mag.* Décembre 1823, p. 375 et 401.

SOWERBY (G. B.). Descriptions accompagnées de figures de quelques espèces de coquilles. *Zoolog. Journ.*, p. 53.

§. 2. *Bivalves.*

MEGERLE (von Mühlfeld , Johann-Karle). *Entwurf eines neuen System's der Schalthiergehausen ; erste Abtheilung, die Muscheln ;* c'est-à-dire, Essai d'un nouveau Système de Conchyliologie , première partie, des bivalves, dans le Magasin de Berlin pour les nouvelles découvertes en histoire naturelle. Premier trimestre 1811.

Je ne connois de cet ouvrage que cette première partie ; mais il n'est guère douteux que l'autre n'ait paru depuis.

FÉRUSSAC (D'AUDEBARD DE). Notice sur un nouveau genre de la famille des huîtres, qui paroît véritablement vivre dans l'eau douce. Mém. de la Soc. d'Hist. nat., tom. 1 , part. 2, p. 266.

SOWERBY (G. B.). Observations sur les nayades de M. de Lamarck, et sur la nécessité de les réunir toutes sous un même nom générique. *Zoolog. Journ.*, p. 53.

DROUET (............). Sur un nouveau genre de coquilles de la famille des arcacées , et description d'une nouvelle espèce de modiole fossile. Soc. Linn. de Paris, 1824, 183.

DES LONCHAMPS (.........). Sur les coquilles du genre Gervilie. Mém. de la Soc. Linn. du Calvados , tom. 1er , 1824.

MATON (VV. G.). Sur une espèce de Telline , non décrite par Linnæus. Trans. Linn. Lond. , t. 3, p. 44.

MENARD DE LA GROYE (Franç.). Sur un nouveau genre de coquilles bivalves de la famille des solénoïdes. Ann. du Mus., tom. 9, p. 131, avec figures, et Journ. de Phys., t. 65, p. 101.

§. 3. *Multivalves.*

LEACH (VVill.-Elford). Nouvelle distribution des Cirrhipèdes, *Journ. de Phys.*, 1817, 2.

BOSC (Louis). Observation et description d'une nouvelle espèce de balane qui se fixe dans les madrépores. Bulletin Soc. Philom., p. 46, avec figure.

RANZANI (Camille). Sur une nouvelle distribution systématique des balanes. *Oposc. Scient.*, Bologne.

CHEMNITZ (Joh.-Hyeron.). *Von einem Geschlechte vielschalichter Conchylien mit sichtbaren Gelenken*, *welche beym Linné Chitons heissen ;* c'est-à-dire , sur un genre de Coquilles multivalves , évidemment articulées, appelé Chiton par Linnæus. In-4.º avec figures. Nuremberg, 1784.

Art. 2. D'APRÈS LA PATRIE.

LISTER (Martin). *Historiæ animalium Angliæ tres tractatus : unus de araneis; alter de cochleis tum terrestribus tum fluviatilibus ; tertius de cochleis marinis.* In-8º. Londres, 1678.

Cet ouvrage forme un volume grand in-4.º, composé de 20 feuilles d'impression, et de 17 planches enluminées.

Appendix ad historiam animalium Angliæ. Eboræ (Yorck), 1681, in-4.º avec fig.

DA COSTA (Emmanuel Mendès). *Historia naturalis Testaceorum Britanniæ*, ou Conchyliologie britannique, avec figures en taille-douce ; le texte en françois et en anglois. Un vol. in-4º. Londres, 1778, et 1780 in-8º.

PENNANT, dans sa Zoologie britannique, a aussi traité, quoique assez incomplètement, des coquilles de l'Angleterre.

DONOVAN (Edward). *British shells or natural History of British shells ;* c'est-à-dire, Histoire naturelle des Coquilles britanniques. Londres, 1799–1802. Cinq vol. in-8º, avec figures coloriées.

MONTAGU (Georg.). *Testacea britannica or natural History of Shells marin, land and fresh water;* c'est-à-dire, Histoire naturelle des Coquilles marines, terrestres et fluviatiles d'Angleterre. Deux vol. in-4º, 1803, et un troisième vol. de supplément, 1808, avec des figures coloriées, assez bonnes.

SHEPPARD (Revelt). Description de sept nouveaux coquillages terrestres et fluviatiles d'Angleterre, avec des observations sur plusieurs autres espèces et une liste de ceux qui ont été trouvés dans le comté de Suffolk. Transact. Linn. Lond., vol. XIV, part. 1, p. 148.

LIGHTFOOT (J.). *An account of some British shells*, etc., c'est-à-dire descriptions de quelques coquilles d'Angleterre, mal observées ou totalement oubliées jusqu'ici. *Philosoph. Trans.*, vol. 76, p. 160–170, avec figures.

Maton (W. G.) et Racket (Thom.). *A descriptive catalogue of the British testacea*, c'est-à-dire Catalogue descriptif des testacés d'Angleterre. Trans. Linn. Lond., vol. VIII, p. 17.

Turton (William). *Conchological Dictionnary of the British islands*, ou Dictionnaire Conchyliologique pour les îles britanniques. Londres, 1819. In-8º, avec figures.

———— *A new and classical arrangement of the bivalves shells, of the British islands*, c'est-à-dire disposition méthodique et nouvelle des coquilles bivalves des îles britanniques. Un petit vol. in-4º de 279 pages, avec 20 pl. coloriées.

Wood (W.). *Observations on the hinge of British bivalve shells*, ou Observations sur la charnière des Coquilles bivalves d'Angleterre. Trans. Linn. Soc. 6. p. 84. Avec fig.

Ginanni (il comte Giuseppe). *Opere postume nel quale si contengono testacei marini paludosi e terrestri della Adriatica et dello territorio de Ravenna da lui osservati et descritti*. Venise, 1751–1757. Deux vol. in-fol., contenant, sur ce sujet, 72 pages de texte, sans la dédicace et la préface, et 31 planches.

C'est un ouvrage qui jouit d'une grande estime, mais qui paroît fort rare à Paris.

Olivi (Joseph). *Zoologia adriatica ossia Catalogo ragionato degli animali del golfo e delle lagune di Venezia*. In-4º, avec 9 planches. Bassano, 1792.

Excellent ouvrage, qui contient beaucoup d'observations tout-à-fait neuves, et entre autres plusieurs bonnes choses sur les coquilles de l'Adriatique, disposées rigoureusement d'après le système de Linnæus.

Renieri. *Tavola alphabetica delle Conchiglie adriatiche*. Un vol. extrêmement mince, in-fol. avec figures, sans nom d'imprimeur ni de ville, et même sans date, dans l'exemplaire que j'ai vu.

Rumph (Georg.-Eberhard). *D'Amboinsche rariteit-Kamer, etc.*; c'est-à-dire, Cabinet des Curiosités d'Amboine. contenant l'histoire des crustacés, coquilles, qui se trouvent à Amboine. Un vol in-fol., imprimé d'abord en allemand, à Amsterdam, en 1705, puis en 1711, et enfin en 1745, en hollandois, avec le texte de Rumph et les commentaires de Halma.

Ce même ouvrage a été traduit en allemand par Ph. Ludwig Statien Muller, sous le titre d'Histoire naturelle des Animaux testacés d'Am-

boine, avec un Supplément sur les meilleurs écrivains de Conchyliologie, par Jérôme Chemnitz, et une Préface par J. A. Carmer.
Vienne, 1766.

Cet ouvrage contient des choses encore tout-à-fait nouvelles aujourd'hui.

Brown. *The Civil and nat. Hist. of Jamaica. London*, 1756. In-fol.

Valentyn (François). *Verhandling der zee-horenkens, en zee ge·
wassen in en omtrent Amboyna en de nabygelegene eilanden, door
Fr. Valentyn;* c'est-à-dire, Histoire des Coquilles et des Productions
de la mer, dans les eaux d'Amboine et îles environnantes, servant de
supplément à l'ouvrage de Rumph. Un grand vol. in-fol., avec 18
planches, publié à Amsterdam, en 1754.

Cet ouvrage, dans lequel son auteur suit pied à pied Rumph, qu'il
étend ou rectifie, a été également traduit en allemand par P. L. S.
Muller et publié à Vienne en 1773.

Bowdich (T. E.). Description de plusieurs hélices découvertes à Porto-
Santo. *Zoolog. Journ.*, n.° 1, mars, p. 56, avec figures.

Adanson (Michel). Histoire naturelle des Coquillages du Sénégal,
faisant suite à son Voyage en ce pays. Un vol in-4°. Paris, 1757.

Cet ouvrage, dont nous avons eu occasion de parler à l'article Malacologie, est remarquable par de bonnes descriptions des espèces, des
mœurs de leurs animaux, et par un grand nombre de figures assez
bonnes, au moins pour les univalves. Aussi est-il regardé comme
classique.

Frid. Heinrich. Will. Martini en a donné une traduction allemande,
imprimée à Nuremberg, en 1767.

Férussac (d'Audebard de). Note sur les éthéries trouvées dans le
Nil par M. Caillaud, et sur quelques autres coquilles recueillies en
Nubie et en Ethiopie. Mém. de la Soc. d'Hist. nat., t. 1, part. 2, p. 353.

Rafinesque (Schmaltz). Monographie des bivalves de l'Ohio.

De Blainville (Henri-Marie Ducrotay). Histoire naturelle générale
et particulière des mollusques de France dans la Faune françoise. Paris,
in-8°, 1817.

Il n'a encore paru de cette partie de la Faune que douze planches
soigneusement gravées et coloriées.

Art. 3. D'APRÈS LE SÉJOUR.

§. 1.er *Fluviatiles et Terrestres.*

GEOFFROY. Traité sommaire des Coquilles, tant fluviatiles que terrestres, qui se trouvent aux environs de Paris. Paris, 1767. C'est un très-petit vol. in-12 de 143 pages sans figures. F. H. W. Martini en a donné une traduction allemande imprimée à Nuremberg en 1767.

———— Recueil des Coquilles fluviatiles et terrestres, qui se trouvent aux environs de Paris, dessinées, gravées et enluminées d'après nature, par Duchesne, peintre d'histoire naturelle, et disposées d'après l'ordre de M. Geoffroy. In-4°, 3 planches enluminées. Paris, sans date.

POIRET (J. L.). Coquilles fluviatiles et terrestres observées dans le département de l'Aisne et aux environs de Paris. Paris, Théoph. Barrois, an IX (1801). Ce n'est qu'un petit prodrome de 119 pages in-12, mais assez bien fait.

BRARD. Histoire naturelle des Coquilles terrestres et fluviatiles, qui vivent aux environs de Paris. Un vol. in-12, avec figures coloriées. Chez J. J. Paschoud.

DRAPARNAUD (Sag. Philip. Raymond). Histoire naturelle des Mollusques terrestres et fluviatiles de la France. Un vol. in-4°, avec 13 planches. Paris, an XIII.

Draparnaud avoit publié en l'an XI, à Montpellier, un prodrome de cet ouvrage, sous le titre de Tableau des Mollusques terrestres et fluviatiles. Il contient un grand nombre d'espèces nouvelles et de bonnes figures. Les descriptions sont bonnes, et la synonymie ordinairement exacte ; il s'y est cependant glissé quelques erreurs, que M. de Férussac a relevées dans son Essai.

D'AUDEBART DE FÉRUSSAC (père et fils). Essai d'une Méthode conchyliologique appliquée aux Mollusques terrestres et fluviatiles, d'après la considération de l'animal et de son têt. In-8°. Paris, 1807.

Cet ouvrage, dont nous avons déjà eu occasion de parler dans la section de la MALACOLOGIE, ainsi que du précédent, avoit paru pour la première fois dans le quatrième tome des Mémoires de la Société d'Emulation de Paris. Nous le citons ici, parce qu'il contient un grand nombre d'observations nouvelles, une synonymie critique, et une table de concordance systématique des espèces de coquilles qui ont été décrites par Geoffroy, Poiret et Draparnaud, avec Muller et Linnæus.

———— Histoire générale et particulière des mollusques terrestres et fluviatiles. (Voyez Bibliogr. Malacolog.)

SAY (Thomas). Histoire naturelle des Coquilles terrestres et fluviatiles de l'Amérique septentrionale, à l'article *Conchology*, de l'édition américaine de l'Encyclopédie méthodique de Nicholson. New-Yorck, 1817.

DE LA BÈCHE (..............). Catalogue des mollusques terrestres et fluviatiles des environs de Genève. *Zoolog. Journ*, n.º 1, mars 1824, p. 89.

HARTMANN (VV.). Système des coquillages terrestres et fluviatiles de la Suisse, avec une énumération comparative de toutes les espèces qui se trouvent dans tous les pays voisins de l'Allemagne, de la France et de l'Italie. *Neue Alpina*, vol. 1, p. 194.

ALTEN(J. VV. Von). *Systematiche abhandlung uber die Erd und futz conchylien um Augsbourg;* c'est-à-dire, Traité systématique sur les coquilles terrestres et fluviatiles des environs d'Augsbourg. Augsb. 1812, 1 vol. in-8°, avec planches coloriées.

GÆRTNER (Godefroy). *Versuch einer systematischen beschreibung der in der Wetterau bisher entdeckten conchylien*; c'est-à-dire Essai de description systématique des coquilles découvertes jusqu'ici dans la Wetteravie. Hanov. 1813, 4°.

PFEIFFER (Charles). Sur les coquilles terrestres et fluviatiles de l'Allemagne. (Voyez Bibliogr. Malacolog.)

§. 2. *Fluviatiles.*

SCHROTER (J. S.). *Die geschichte der fluss-Conchylien mit vorzüglicher rücksicht auf diejenigen, welche in den Thuringischen wassern leben;* c'est-à-dire, Histoire des Coquilles fluviatiles, et spécialement de celles qui vivent dans les eaux de la Thuringe. Un vol. in-8.º, avec 11 planches, dōnt 7 enluminées. Halle, 1779.

C'est un ouvrage dont les figures sont mauvaises, et les descriptions au moins bien confuses.

§. 3. *Terrestres.*

SCHROTER (Johan. Samuel). *Versuch einer systematichen abhandlung uber die Erdconchylien, sonderlich derer, welche um Thangelstedt gefunden werden, nebst einer nachlese uber die Erdschnecken uberhaupt;* c'est-à-dire, Essai d'un Traité systématique sur les Coquilles terrestres, et spécialement sur celles qui ont été trouvées aux environs de Thangelssledt, avec un supplément sur les limaçons. Berlin, 1771.

C'est un volume in-8.º de 240 pages, dont 8 de table, avec 2 planches gravées en cuivre.

Il paroît que c'est un ouvrage considéré comme très-utile.

Le même Traité avoit eu une première édition, avec de mauvaises figures en bois, imprimée à Berlin en 1770.

SCHIRACS (Adam-Gottlob). *Natürliche Geschiechte der Erd, Feld oder Acker-Schnecken;* c'est-à-dire, Histoire naturelle des Coquilles terrestres. In-8°. Leipsick, 1772.

Il paroît qu'il n'a paru de cet ouvrage qu'un premier recueil.

Il est composé de 154 pages dont 39 de dédicace, préface et table, et de 2 planches en cuivre.

SCHROTER (J. S.). *Verzeichniss der in der gegend um Weimar befindlichen Erdschnecken;* c'est-à-dire, Catalogue des Coquilles terrestres, trouvées dans la contrée de Weimar. *Berlin*, Samm., tom. 2, p. 229; et *Naturforscher*, tom. 4, p. 179; tom. 9, p. 295; et tom. 11, p. 170.

Art. 4. D'APRÈS LA GRANDEUR.

MICROSCOPIQUES.

JANUS PLANCUS (Bianchi), *Ariminensis, de conchis minùs notis, Liber. Venetiis,* 1739. In-4.º, avec figures gravées sur cuivre, assez généralement bonnes. Deuxième édition en 1748, et troisième en 1760 : l'une et l'autre à Rome. La dernière, de 136 pages, avec 24 planches.

SOLDANI (Ambrogio). *Testaceographiæ et Zoophytographiæ parvæ et minutæ del Padre don Ambrogio Soldani Ab. Camald.* In-fol., avec un très-grand nombre de figures. *Sienne,* 1789 à 1791.

———— *Saggio orittografico ovverro Osservazioni sopra le terre nau-tiliche*, *etc.* Un vol. in-4.°. Sienne, 1780.

Boys (William). *A Collection of the minute and rare shells lately discovered in the sand of the seashore near Sandwich*, *by William Boys Esq. F. S. A. considerably augmented and all their figures accurately drawn and magnified with the microscop.*, *by Georg. Walker Bookseller to feversham.* In-4°. Londres, avec figures.

Fischtel (Leopold von), et Moll (Jos. Carol. von). *Testacea microscopia aliaque minuta ex generibus argonautæ et nautili ad natu-ram delineatæ et descriptæ a L. Von Fischtel et J. C. Von Moll cum viginta quatuor tabulis æri incisis.* In-4°. Vindobonæ, 1803.

Spengler (Lorenz), *Inspectoris musæi rerum naturæ et artis regis Dan. Havn. tres tabulæ ænææ*, *cum iconibus testaceorum partim rarissi-morum.* In-fol.

Batsch (A. S. G. G.). *Sechs kupfertafeln mit Conchylien des See-sandes*, *gezeichnet und gestochen;* c'est-à-dire, six planches contenant des coquilles de sable de mer (microscopiques), découvertes et gravées par Batsch. In-4°. Jena, 1794.

Beccari (........). *De Bononiensi arená quádam. Act. Bonon.* Vol. 1

Walker. *Testacea minuta rariora nuperrime detecta in arená littoris Sandwicensis. Lond.*, 1784. In-4°.

Art. 5. d'après leur état.

FOSSILES.

Wolfang Wedel. *De conchis saxatilibus.* Ephém. Cur. nat., 1672. C'est à ce qu'il paroît le premier auteur qui ait dit positivement que les coquilles fossiles proviennent de coquilles autrefois vivantes.

Schiriæus (Thomas).*De causis probabilibus lapidum in macrocosmo.* Hambourg, 1675, 8°.

Stenon (Nicolas). *De solido intra solidum contento.* Un très-petit vo-lume in-4°. Florence, 1669, et in-12, Leyde, 1679, traduit dans la Collec-tion Académique.

Scheuchzer (Jean-Jacques). *De generatione conchitarum,* Ephém. Germ. Dec. III, A. App., p. 151.

Kalm (Pierre). *Dissertatio de petrefactorum ortu. Aboæ* (Abo), 1754, in-4°.

Barrère (Pierre). Observations sur l'origine et la formation des pierres figurées. Un petit vol. in-8.° de 67 pag., avec deux planches.

Lang (Charl.-Nicol.). *Tractatus de origine lapidum figuratorum, diluvii in terrâ effectuum descriptio et dissertatio de generatione viventium testaceorum præcipuè.* Lucerne, 1709. Un vol. in-4.° de 80 pag.

Scaramuchi (Jean-Baptiste). *Meditationes familiares et ubi quoque testaceorum petrificationes defenduntur, etc.* Urbin , 1697. Brochure in-12 de 31 p.

Hollmann (Samuel-Christ). *De corporum marinorum, aliorumque peregrinorum, in terrâ continente origine.* Mémoire de 88 p., avec 3 pl. grav. *Comment. Soc. reg. Scient.* Gotting, t. III. 1753.

Gesner (Jean). *Dissertatio de petrificatorum differentiis et varià origine. Tiguris* (Zurich), 1752.

——— *Tractatus physicus de petrificatis in duas partes distinctus.* Leyde. 1758. Un petit vol. in-12 de 136 p.

Martin (Guillaume). *Outline of the Knowledge of extraneous fossils.*

Phillips (Jean). *Stratigraphical system of organised fossils,* 1817.

Bourguet (Louis). Traité des pétrifications. Paris 1742. Un vol. in-4.° de 91 pages et de 60 planches assez grossièrement gravées à l'eau forte, dont 35 vol. seulement représentent des coquilles.

Une autre édition de cet ouvrage a été imprimée à La Haye, dans la même année 1742.

De Haller fils nous apprend que cet ouvrage a été fait par une société de gens de lettres, et que L. Bourguet et Pierre Cartier y eurent le plus de part. Presque tous les objets qui y sont figurés ont été trouvés en Suisse et surtout dans le comté de Neufchâtel.

Guettard (Jean-Etienne). Sur les accidens des coquilles fossiles, comparés à ceux qui arrivent aux coquilles qu'on trouve actuellement dans la mer. Académ. des Sc. par., 1759.

Knorr (Georges Wolfang) et

Walch (Jean-Ernest-Emmanuel). *Lapides ex celeberrimorum viro-*

rum sententiâ diluvii universalis testes, quos in ordines ac species distri-
buit, suis coloribus exprimit, ærique incisos in lucem mittit et alia naturæ
miranda addidit G. W. Knorr, *Norimbergensis.* Nuremberg, 1755-
1773, in-folio.

Cet ouvrage, le plus riche encore aujourd'hui en figures en général
excellentes et soigneusement coloriées de corps organisés fosssiles, de
toutes les classes et de tous les genres, se compose de cinq parties, dont
le texte est de Walch et les figures de Knorr, peintre de Nuremberg.

La première, avec une préface de Walch et une courte explication
des figures, par Knorr, contient 56 planches gravées, et en outre,
mais à part, une histoire naturelle des fossiles extrêmement intéressante
et complète pour l'époque, par Walch. On y a déjà puisé beaucoup,
et l'on gagnera encore beaucoup à la lire. Elle est de 1773, de 194 pages.

La seconde est également divisée en 2 tomes : l'un de 184 pag. et 81
planches en 1768, et l'autre de 507 pag. et de 50 pl. en 1769.

La troisième ne forme qu'un tome de 240 pag. et 84 pl. gravées,
dont 28 sont de supplément. 1771.

Enfin, la quatrième ne renferme que les tableaux de classification et
la table générale, en tout 128 p. Elle est de 1773.

Breynius (J. P.). *Dissertatio physica de polythalamiis. Gedani*
(Dantzick), 1724, in-4°.
Ouvrage original et important dans l'histoire de la science. Il paroît
qu'il y en a eu une autre édition en 1732.

Boccone (Paul). Recherches et observations naturelles. Un petit
vol. in-12 de 328 pages avec quelques figures, composé de lettres sur
différens sujets, dont une sur les cornes d'Ammon. Amsterd., 1674.

Reiskius (M. Jean). *Exercitatio historico-physica de cornu Hammo-*
nis. Miscell. cur. 1688.

Reinhard (........). *De Orthoceratibus galopolitanis. Act. Acad.*
Mogunt. t. I, p. 118.

Picot de la Peyrouse (Philippe.). Description de plusieurs espèces nouvelles d'orthocératites et d'ostracites, en latin et en françois.
Erlang, 1781. Un vol. in-folio de 45 pages, avec 13 pl. enluminées.

Erhardt (Balthazar). *De belemnitis Suevicis dissertatio, quâ im-*
primis in obscuri hactenùs fossilis naturam inquiritur. Leyde, 1724,
in-4°, et 1727, in-4°, 65 pages avec une planche.

C'est dans cet ouvrage que paroit avoir été émise, pour la première fois, l'opinion que les bélemnites sont des coquilles voisines des nautiles et des ammonites.

Rosinus (Michel-Rhein.). *De belemnitis et eorum alveolis.* Francfort, 1798 , 4°.

Brander (Gustave). *Dissertatio on the belemnite.* Act. angl. vol. 48, 1754.

Il admet l'opinion d'Erhardt sur les bélemnites, comme sur les orthocératites.

Costa (Mendos a). *A letter on the fossile figured stone called belemnite.* Act. angl. t. 44, ann. 1747.

Bourguet (Louis). Sur les bélemnites, avec fig., dans ses lettres philosophiques. Un petit vol. in-12 de 220 pages.

Klein (Jac. Théod.). *Descriptiones tubulorum marinorum. Gedan.* (Dantzick) , 1751. Un vol. in-4°. Dans cet ouvrage, Klein comprend les bélemnites et les orthocératites.

Gmelin (..........,.....). *De controversiá Kleinianá et Breynianá.* Broch. in-4° sans date ni lieu d'impression.

Bruckmann (Franç. Ern.). *Specimen physicum exhibens historiam oolithi et concharum in saxa mutatarum.* Un vol. in-4° de 28 pages, Helmstadt, 1721.

———— *Specimen physicum sistens hist. nat. lapidis numismalis Transylvaniæ.* Wolfenbutel, 1727, in-4°.

Baker (David Ern.). Considérations sur deux bélemnites extraordinaires. Trans. phil., t. 45, ann. 1748.

Platt (Josuha.). Sur la formation des bélemnites. Trans. phil., t. 54, ann. 1764.

Walsh (J. E. Eman.). Sur les bélemnites. Knorr, Petrifications, t. 11, p. 211. On trouve dans ce chapitre une érudition immense sur ce sujet et des idées fort justes.

De Luc (Jean-Andr.). Mémoire sur la bélemnite. Journ. de Physiq., ann. 1799, t. 48.

———— Observations sur la bélemnite. Journ. de Phys., 1801, 1 vol., t. 52, et 1802, t. 54.

Sage (Balthaz.-Georges). Recherches sur les bélemnites. Journ. de Phys., 1800, t. 51.

——— Recherches sur l'origine et la formation des bélemnites. Journ. de Phys., 1802, t. 53.

Sur la lenticulaire des rochers de la pente du Rhône, et sur la lenticulaire numismale. J. de Phys., 1799, t. 48.

ALLAN (Thomas). Sur la structure des bélemnites de la formation des bancs de craie. Trans. roy. d'Edimb., t. IX, p. 393.

FAURE BIGUET (.........). Dissertation sur les bélemnites. Une brochure de quelques pages in-8°.

DICQUEMARE (Jacq.-Franç.). Observations sur les cornes d'Ammon, et en général sur les coquilles fossiles. Journ. de Phys., tom. 5, p. 435, et t. 7, p. 38.

Observations sur les doubles siphons des cornes d'Ammon. J. de Phys., t. 58, p. 135.

Observations sur un siphon particulier à un Nautile pétrifié. Journ. de Physiq., t. 58, p. 135.

CUVIER (Georges). Sur les animaux auxquels appartenoient les pierres dites numismales ou lenticulaires, et sur ceux des cornes d'Ammon. Bull. Soc. Philom, n.° 91, 237.

FORTIS (J. B Albert). Lettre sur quelques nouvelles espèces de discolithes, camérines, lenticulaires, hélicites, numismales, etc. Journ. de Phys., 1801, t. 52, et sur les Discolithes. Mém. pour servir à l'Hist. nat. d'Italie. Paris, 1822. t. 1. p. 1.

BAKER (Henri). Sur des vertèbres d'ammonites ou cornes d'Ammon. Trans. phil., t. 46, ann. 1749.

——— Sur quelques fossiles. *Ibid.* t. 48, 1753.

WRIGHT (Edouard). Sur les orthocératites. Trans. phil., t. 49, 2.ᵉ part., ann. 1756.

MONTFORT (DENYS DE). Mémoire sur une nouvelle espèce de cornes d'Ammon. Journ. de Phys., ann. 1799, t. 49.

SAGE (Balth.-Georges). Sur les deux siphons des cornes d'Ammon. J. de Phys., ann. 1800, t. 51.

THOMSON (............). Sur un nouveau fossile appelé *cornucopia*. Journ. de phys., 1802, t. 54.

FAUJAS DE SAINT-FOND (Barthélemi). Essai de géologie ou Mémoires pour servir à l'histoire naturelle du globe. Paris, 1803, 2 volumes in-8°. Le premier renferme des considérations intéressantes sur les coquilles fossiles en général, et de bonnes figures de celles qu'il regardoit comme identiques.

Bertrand (Elie). Dictionnaire des fossiles propres et des fossiles accidentels. La Haye, 1763, 2 vol. in-8°. Il est question dans cet ouvrage plus des fossiles de la Suisse que de ceux des autres pays.

De Férussac (d'Audebard). Mémoire sur les terrains d'eau douce. Brochure in-4° sans figures.

Nous citons ce mémoire à cause des idées fort justes qu'il renferme sur la distinction des espèces fossiles et vivantes.

Farey (M. J.). Sur l'importance de bien connoître et décrire les coquilles fossiles, comme un moyen de spécifier les couches des formations avec une liste de 279 espèces ou variétés dont le gissement et la localité sont bien connus. *Philosoph. Magasine*, fév. 1819.

Beudant (F. S.). Mémoire sur les parties solides des mollusques, des radiaires et des zoophytes. Ann. du Mus., tom. 16.

Quoique ce mémoire soit essentiellement destiné à la minéralogie, à la géologie, il peut aussi être regardé comme éclaircissant un point intéressant de l'organisation des coquilles.

—— Sur les bélemnites à la suite du mémoire précédent, avec figures. Pl. III.

Wiston Dillwyn (Louis). Sur les coquilles fossiles, dans une lettre adressée à M. H. Davy. Phil. Trans., 1823, 2ᵉ part., p. 393.

Prevost (Constant). De l'importance de l'étude des corps organisés vivans pour la géologie positive, et Description d'une nouvelle espèce de mélanopside. Mém. de la Soc. d'Hist. nat., t. 1, part. 3, p. 359.

Schlotheim (J. F. de). *Nachtrage zur Petrefacten Kunde*. Gotten, 1820, grand in-8°, avec 16 pl. gravées.

Schroter (Jean-Samuel). *Einleitung in die kentniss und geschichte der steine und versteinerungen*. Altemb., 1774-1784.

Parkinson (Jacques). *The organic remains of a former World, containing a full examination of the mineralized remains of the vegetables and Animals of the antediluvian World, generally termed extraneous fossils.* Londres, 1804-1808-1811, 3 volumes in-4°, avec un grand nombre de figures pour la plupart copiées.

Bronn (Heinrich G.). *System der urweltlichen Konchilien durch diagnose, analyse und abildung der geschlechtes er lautert zum gebrauche*

bey vorle sungen uber petrefactenkunde und zur erleichterung des selbstu-
diums derselben nur sieben steindrucktafeln.

Heidelberg, 1824. Un petit vol. in-folio, en latin et en allemand, de
48 pages, avec 7 planches lithographiées, contenant la figure passable,
mais copiée d'une espèce fossile de chaque genre, dans le système rigoureux de M. de Lamarck.

DANS TOUTES LES PARTIES DU MONDE.

Woodward (J. J.). *A Catalogue of the foreign fossils in the collection*, ou Catalogue des fossiles étrangers de la collection de J. W,
provenant des différentes parties de l'Asie, de l'Afrique et de l'Amérique.

Scheuchzer (Jean-Jacob). *Museum Diluvianum quod possidet* J. J.
Scheuchzer. Zurich, 1716. Un petit vol. in–12 de 107 pages.

C'est un catalogue assez bien fait pour le temps, de tous les corps
organisés fossiles helvétiques ou exotiques, qui composoient son cabinet, en tout 1513 pièces, dont 528 de Suisse et 985 des pays étrangers.
On voit qu'il étoit surtout extrêmement riche en ammonites (129),
dont il donne une table synoptique.

———— *Sciagraphia lithologica curiosa sive lapidum figuratorum nomen-
clator olim à celebri* J. J. Scheuchzer *conscriptus, postmodum auctus et
illustratus à* J. N. Klein. *Gedanæ* (Dantzick). 1740.

EUROPE.

ESPAGNE.

Torrubias (Fr.-Joseph). *Apparato para la historia natural espa-
gnola.* Madrid, 1754. Un vol. in-folio contenant 204 pages et 14 planches gravées.

Cet ouvrage qui paroît n'avoir pas été continué, a été traduit en
allemand (Halle, 1773) par Crist. Théoph. von Mur.

Anonyme. *Introductio ad oryctographiam et zoologia Aragoniæ.*
1784, in-8°.

ITALIE et SICILE.

Fallopio (Gabriel). *De fossilibus.*

Mercati (Michel). *Metallotheca Vaticana.* Rome, 1717, 1 v. in-fol., publié par Lancisi.

Quoique cet ouvrage ait été publié si tard, on sait qu'il étoit terminé en 1574. Il contient des figures de plusieurs coquilles fossiles.

Calceolari (Franç.). *De reconditis et præcipuis collectaneis à Fr. Calceolario. Veron. in museo adservatis J. B. Olivi testificatio.* Vérone, 1584, et Venise, 1593.

Cesalpino (André). *De metallicis libri tres.* Rome, 1593, 1 vol. in-4° de 222 pag. Une nouvelle édition a été donnée en Allemagne à Nuremberg, par Conr. Agricola, en 1602.

Imperati (Francesco). *De fossilibus.* 1610.

Imperato (Ferrante). *Dell' historia naturale Libri XXVIII.* Naples, 1590. Un vol. , petit in-folio de 791 pages , avec figures.

Il y est peu question de véritables fossiles.

Calceolari (François). *Museum luculenter descriptum a* Bened. Cerutti et And. Chiocci. Verone , 1622. Un vol. in-fol. de 746 pages et de 44 planches gravées.

Columna (Fabricius). *Aqualilium et terrestrium aliquot animalium aliarumque naturalium rerum observationes.* Rome , 1606, un vol. in-4°. Il y est question de quelques coquilles fossiles.

Aldrovandi (Ulysse). *Musæum metallicum , in libros 4 distributum. Ambrosinus (Bartholom.) composuit.* 1648. In-fol.

Synopsis mus. Aldrov. Leips. , 1701. In-12.

Moscardo (Louis). *Note o vero memorie del museo del comte Moscardo.* Prem. éd. 1556, et seconde, Vérone, 1572. In-fol. de 979 pag.

Settalio (Manfredi). *Museum Septalianum industrioso labore constructum R. Terzago (Paulo-Maria) descriptum. Tortonæ ,* 1664. In-4°.

Buonamici (François). *Dissertatione sulle glossopetre , gli occhi di serpe i aculei di Echino ed altre pietre figurate dell' isola di Malta e di Gozzo ,* 1668. *Oposcol. Sicil.* t. XII.

Mémoire fort curieux, d'après l'analyse qu'en a donnée M. Brocchi.

Cupani (François). *Panphyton siculum, sive de animalibus, stirpibus,* *fossilibus quæ in Siciliá vel in circuitu ejus inveniuntur, opus posthumum cum imaginibus æneis circiter 700, e vero tractis.* Palerme, 1713. Deux volumes.

Cet ouvrage, moins étendu, n'avoit d'abord traité que des plantes et des fossiles, sous le titre d'*Hortus catholicus. Napl.* 1696.

BONANNI (P. Philipp.). *Musæum Kirkerianum.* Rome, 1709, in-fol. de 522 pages, et 172 planches gravées.

SCILLA (Augustin). *Vana speculazione disingannata del senso.* Un vol. in-4°. Naples, 1670, ou Lettre sur les corps marins qui se trouvent pétrifiés dans différens lieux de la terre.

Une édition plus complète, ou mieux une traduction de la première, en latin, a été donnée à Rome, en 1752. Elle forme un petit volume de 82 pages et de 28 planches gravées, fort bonnes, les mêmes que dans l'édition originale.

C'est le seul auteur qui ait donné quelque chose sur les fossiles de la Calabre. ·

QUIRINI (Jean) et GRANDI (Jacques). *De testaceis fossilibus Musei Septaliani.* Venise, 1676. In-4°.

LEGATI (Laurent). *Museo Copiano annesso a quello del famoso Ulisso Aldrovandi.* Deux vol. in-fol. de 532 pages. Bologne, 1677.

BAGLIVI (Georges). *De Vegetatione lapidum.* Lyon, 1704, 4°.

GHEDINI (................). Sur les Bélemnites des environs de Bologne. *Comment. Bononn.* Vol. 1, p. 71. Ann. 1705.

VALISNIERI (Antoine). *Osservazioni dei corpi marini che su monti si trovano delle loro origine.* Venise, 1721. In-4°.

ZANICHELLI (Jean-Jérôme). *Apparatus rerum naturalium quæ in Musæo Zanichelliano asservantur.* Venise, 1720. Petit in-12. Et *Enumeratio rerum naturalium, et de lithographiá duorum montium Veronensium*, in-4°, 1736.

MONTI (Joseph). *De testaceis quibusdam fossilibus de achato plenis, de ostreá fossili, de balanibus fossilibus, de quádam balanorum congerie. Acta Bononn.* Vol. 2-3.

——— *Dissertatio de Monumento diluviano.* Bologne, 1719. Un vol. in-8° de 56 pag., avec une planche.

SPADA (Jean-Jacq.). *Dissertazione ove si prova che i corpi marini pietrificati non sono diluviani.* Vérone, 1737.

———— *Catalogus lapidum Veronensium idiomorphorum qui apud J. J. Spadam asservantur.* Vérone, 1739, 31 p. in-4°.

———— *Corporum lapidefactorum agri Veronensis Catalogus, etc. Editio multò auctior.* Vérone, 1744. Grand in-4°, 80 pages, 10 planches gravées.

Il suit la méthode systématique de Lang, définit chaque espèce, et indique la nature du sol où elle a été trouvée ; en sorte que cet auteur a fait faire un pas évident à la science.

BIANCHI (Jean), plus connu sous le nom de *Janus Plancus.* Il en a été parlé à l'article des Coquilles vivantes microscopiques.

BECCARI (................). Sur une espèce de sable du territoire de Boulogne. *Comment. Bonon.*, t. I, p. 62. Collect. académ., t. X, p. 90.

MATANI (Antoine). *Delle produzioni naturali del territorio Pistojese.* Pistoie, 1747. In-4°, 204 p., avec une carte et 2 pl. gravées.

SCHIAVO. *Dei produzioni naturali della Sicilia.* Dans le *Nuova raccolta Calogeriana.* Tom. II.

BALDASSARI (Jean-Venturi). *Osservazioni sopra il sale della crete sanese, con un saggio di produzioui naturali dello stato sanese,* avec un Catalogue du Museum Gallerani. Sienne, 1750. Un vol. in-8° de 608 pages. C'est lui qui le premier a observé au sommet des montagnes de Sienne des couches de calcaire percées par des mollusques lithophages.

PASSERI (Jean-Bapt.). *Dissertatio de petrifactis agri Veronensis; nuova raccolta del Calogera.* Venise, 1753. In-12, et beaucoup plus étendu en 1775, in-4°, sous le titre de *Della storia dei fossili del Pesarese.* Parmi le grand nombre de moules et d'impressions d'ammonites trouvées dans les parties les plus élevées des Apennins, il en trouva deux assez petites, il est vrai, qui étoient entières et non pétrifiées.

TARGIONI TOZZETTI (Jean). *Relazioni d'alcuni viaggi fatti in diverse parti della Toscana,* etc. Florence, 1768-1777. Onze vol. in-8°, avec planches.

ALLIONI (Charles). *Oryctographiæ pedemontanæ specimen exhibens corpora fossilia terræ adventitia.* Paris, 1757. Un petit vol. in-8° de 82 pages.

Comme Baldassari, il définit les espèces en citant une figure de Gualtieri, de Bonanni ou de d'Argenville, mais souvent à tort. C'est cependant encore un pas de plus.

GENERELLI (Cyrille). *De' Crostacei ed altre produzioni marini che sono ne' monti.* Brochure publiée en 1757, à Milan.

ODOARDI (Jacob). *Memoria sui corpi marini del Feltrino*, 1761. M. Brocchi fait un grand cas de ces deux dissertations.

ZAMPI. *Catalogo del Museo Ginanni.* 1762. Ouvrage très-bien fait, suivant le même M. Brocchi.

VITO AMICI. *Sui testacei della Sicilia*, dans le 8ᵉ vol. des *Oposcoli Siciliani.*

FORTIS (Albert). *Storia delle fossili di Pesaro. Memoria orittografica sulla valle de Roma*, 1778. Les coquilles décrites dans ce Mémoire sont nombreuses ; malheureusement Fortis n'avoit pas encore adopté la nomenclature linnéenne.

Viaggi in Dalmazia. Venise, 1774. Deux vol. in-4°, avec figures.

HAQUET (..............). Observations sur les Coquilles fossiles de la vallée de Rome, faisant suite au Traité de Fortis ; traduites et annotées par Jean Samuel Schröter. Weimar, 1780. Un vol. in-8° de 61 pag. avec 2 planches gravées.

ARDUINI (Jean). *Racolta d'oposcoli filologici.* Padoue. *Giornale d'Italia spettante alla scienza naturale;* par Griselin (François). In-4°. Venise.

CALURI (..............). Sur une espèce de coquille fossile inconnue. *Crepidula parasitica (Patella crepidula*, Linn.). Actes de Sienne, t. III, p. 262, 1765.

ZANNONI. *Sulla Marna.*

BASTIANI (....................) a consacré un chapitre tout entier à la Conchyliologie fossile, dans son écrit *delle acque minerali, di S. Casciano ai Bagni.* 1770.

BARTALINI (Biagio). *Catalogo de' corpi marini fossili de' contorni di Sienna*, à la suite de son Catalogue des plantes autour de la même ville. 1776, in-4°. Brochure de 144 pages sans figures.

C'est le premier auteur qui, en Italie, employa la nomenclature linnéenne pour la distinction des coquilles fossiles.

SPALLANZANI. (Lazard). Sur différens objets fossiles, ou relatifs à l'histoirenaturelle des montagnes. Soc. ital. t. II et Journ. de Ph. 1786, t. III.

——— Voyage dans les Deux-Siciles et dans quelques parties des Apennins, traduit de l'italien par G. Toscan, avec des notes de Barth. Faujas de Saint-Fond. Paris an VIII (1800), 6 vol. in-8° , fig.

On trouve dans cet ouvrage un assez grand nombre d'observations sur les coquilles fossiles, non seulement de la Sicile, mais d'autres lieux de l'Italie.

GUALANDRIS (Angelo). *Lettere odeporiche.* Venise, 1780, grand in-8° de 373 pages et 2 planches gravées.

D'après ce qu'en rapporte M. Brocchi, c'est cet auteur qui le premier fit l'observation qu'à Chantilly près Paris, les coquilles marines alternent avec des coquilles fluviatiles.

SCHILLING (Pierre), RICOMANI (Louis) et BEGUINI (Calliste). *Catalogo de' fossili del monte Mario presso Roma.* D'après la méthode et la nomenclature de Linnæus.

VOLTA (............ ...).;*Relazione di un viaggio do Firenzuole a Velleia. Oposcol interes.* Vol. VIII, pag. 140.

VOLTA (Séraphin). *Prospetto del Museo Bellisonia* , 1787.

SOLDANI. *Voyez* Coq. microscopiques.

C'est à lui que Brocchi attribue la distinction des terrains, d'après leur formation dans l'eau douce et dans l'eau salée.

Il fait aussi remarquer que Soldani, indigné de l'espèce d'indifférence avec laquelle ses compatriotes avoient reçu le premier volume de son grand ouvrage qui lui avoit demandé trente ans de travaux, se décida, dans un moment de mauvaise humeur, à livrer aux flammes une grande partie des feuilles qui devoient composer le second, et vendit à un chaudronnier toutes les planches de l'ouvrage ; perte sans presque aucun doute irréparable.

BREÏSLACK (Scipion). *Viaggi titologici nella Campania, Firenze,* 1798. Traduits en françois. Paris, 1821, 2 vol. in-8°.

BORSONI (..............). Mémoire pour servir d'appendice à *l'Oric-tographia pedemontana d'Allioni.*

SANTI (...........). *Viaggi al Montamiata.*

Maironi (................). *Osservazioni sopra alcune particolari pietrificazioni del monte Misma.* Bergame, 1812.

Elles ont trait à des bélemnites et à des cornes d'Ammon.

Brocchi (G.). *Conchiologia fossile sub Apennina con osservazioni geologiche sugli Apennini et sul suole adjacento.* Milan, 1814. Deux vol. in-4°; le premier contient 56 p. de préface, 80 pour un discours très-intéressant sur les progrès de la Conchyliologie fossile en Italie, et 240 d'observations géologiques sur les Apennins et le sol adjacent.

Le second est entièrement consacré à la description des coquilles fossiles. Il contient 712 pages et 16 planches gravées en cuivre.

Cet ouvrage est certainement ce que la science possède de plus complet, ou de plus convenablement traité et de mieux exécuté sous tous les rapports, sur les coquilles fossiles d'un pays. Les figures sont d'une netteté et d'une exactitude qui pourront difficilement être surpassées. L'auteur, dans la distinction des espèces, suit le système de Linnæus, mais avec une concordance avec celui de M. de Lamarck.

Brun-Neergard (.............). Sur les ossemens et les coquilles fossiles des environs de Plaisance. Journ. de Physique, tom. 77, p. 88.

Menard de la Groye (François). Sur des coquilles fossiles d'Italie, et sur un nouveau genre (Panopée) de la famille des solénoïdes. Ann. du Mus., tom. 9, p. 131.

Brongniart (Alexandre). Mémoire sur les terrains de sédiment supérieurs calcaréo-trappéens du Vicentin, et sur quelques terrains d'Italie, de France, d'Allemagne, qui peuvent se rapporter à la même époque. Un vol. 4°, de 86 p., avec 6 pl. lithographiées.

Nous citons ici ce travail géologique à cause des excellentes figures de coquilles fossiles qu'il renferme.

FRANCE.

Palissy (Maître Bernard). Recepte véritable par laquelle tous les hommes de la France pourront apprendre à multiplier et augmenter leurs trésors, etc. La Rochelle, 1564. Un vol. petit in-4° de 128 pag. non numérotées.

Quand on parle de coquilles fossiles, on est toujours obligé de citer cet ouvrage tout-à-fait original, à cause de ce qui est dit feuilles E iii, de la première édition.

MARTEL (DE). Sur des coquilles fossiles entre Béziers et Narbonne. Trans. phil., 1670.

ASTRUC (Jean). Mémoire sur les pétrifications de Boutonnet, près Montpellier. Journal de Trévoux, 1708, p. 512.

DE RÉAUMUR (René-Ant. FERCHAUT). Remarques sur les coquilles fossiles de la Touraine. Académ. des Sc. Par., 1720, p. 400.

DE JUSSIEU (Antoine). Recherches physiques sur les pétrifications qui se trouvent en France, de diverses parties de plantes et d'animaux étrangers. Académ. des Sc., 1721,

CASTEL (............). Dissertation sur les pierres figurées de Saint-Chaumon dans le Lyonnois, et mille autres endroits de la terre, aussi bien que sur les coquilles et les autres vestiges de la mer. Mém. de Trévoux, juin, 1722.

CAPPERON (.............). Remarques sur l'histoire naturelle du comté d'Eu. Mercure, juillet, 1730. Il y est question d'une montagne renfermant une très-grande quantité de coquilles fossiles.

ANONYME. Extrait d'une lettre à M. *** sur des coquilles fossiles qui se voient dans les environs de Beauvais. Mercure, juin, 1748.

———— Lettre sur les coquilles fossiles. *Ibid.*, juin, p. 60-67.

DE ROBIN (..............:...). Dissertation sur la formation des pierres figurées qui se trouvent dans la Bretagne, à la suite d'un ouvrage intitulé : Nouvelles idées sur la formation des fossiles. Paris, 1751. 12.

DU BOCCAGE DE BLÉVILLE. (..............). Observations d'histoire naturelle sur quelques particularités des environs du Havre, dans ses mémoires sur cette ville. Le Havre, 1753.

D'ARGENVILLE (Desallier). *Enumeratio fossilium, quæ in omnibus Galliæ provinciis reperiuntur tentamina.* Paris, 1751. Un petit volume in-8° de 130 pages.
Ouvrage tout-à-fait insignifiant, dans lequel, sous le nom de fossiles, sont compris les minéraux et les corps organisés fossiles.

———— L'histoire naturelle éclaircie dans une de ses parties principales, l'Oryctologie, qui traite des terres, des pierres, des minéraux et autres fossiles. Paris, 1755. Un vol. in-4° de 456 pages avec 26 pl. assez bien gravées.
Ouvrage assez insignifiant, dans lequel on trouve cependant quelques

assez bonnes figures, et le même catalogue des fossiles de la France, traduit en françois et un peu augmenté.

Anonyme. Mémoire sur les coquilles trouvées dans les carrières de MM. Médine et d'Abadie, dans la paroisse de Léognan, à deux lieues de Bordeaux, pendant les années 1759, 1740. Un vol. in-4°, mss. qui étoit conservé à Bordeaux avec la collection des coquilles.

De Baritault (.............). Observations sur les coquilles fossiles qu'on a trouvées près le château de Saucat dans les Landes, à 3 lieues de Bordeaux, mss. in-4°, dans les archives de l'Académie.

Musard (François). Lettres sur les fossiles. Mercure, 29 mars, 1753, et Mél. d'hist. nat. d'Alléon Dulac, t. 1, p. 233.

C'est de cet auteur l'observation que non seulement les coquilles fossiles sont remplies d'autres petites coquilles, mais qu'il en est de même de ce qui les entoure, ce qui forme, par agglutination, la pierre à bâtir de Paris. Il cite les localités célèbres depuis de Courtagnon, Grignon, Chaumont, Liancourt, Villarseau, Marri. Il avoit fait une belle collection à Passy, où il demeuroit.

———— Sur la couleur blanche des coquilles fossiles. *Ibid.*, tom. 1, pag. 287 et 288.

Boulanger (Nicol. Ant.). Lettre sur les fossiles, adressée à M. Musard, dans laquelle il donne la description de ce qu'il avoit observé en Champagne en 1745, 1746. Mél. d'hist. nat. d'All. Dulac, t. 1, p. 241. Il réclame comme ayant fait le premier l'observation que les calcaires tertiaires, ceux même où l'on ne voit plus de coquilles ont une odeur désagréable et fétide, provenant de la substance animale dont ils sont formées.

De Tressan (. ....). Observations d'hist. nat. au sujet du catalogue de la collection de Geoffroy. Mél. d'hist. nat. d'Alléon Dulac, t. 1, p. 266. Il y parle convenablement des bélemnites et des ammonites.

Vialet. Sur une bélemnite à deux pointes. All. Dulac. Mél. d'hist. nat., t. 3, p. 134.

De la Sauvagère (..........). Mémoire sur une pétrification mêlée de coquilles qui se voient dans une petite pièce d'eau du château des Places, près Chinon en Touraine.

Ce mémoire, de 40 pages, avec 3 planches gravées représentant des coquilles fossiles de Touraine et d'Anjou, avoit été d'abord imprimé dans le journal de Verdun, oct. 1763; il est reproduit dans un recueil de dissertations du même auteur. Paris, 1776, 1 vol. in-8º.

C'est cet auteur qui, quoique ingénieur, a assuré que les coquilles fossiles végétoient dans un vivier du château des Places, opinion qu'a adoptée Voltaire dans ses Singularités de la Nature, chap. XIV.

RAULIN (Joseph). Examen des coquilles et du tuf de la Touraine, considérés comme engrais des terres. Paris, 1776. Un petit vol. in-12, de 75 pages.

Il est digne de remarque qu'on trouve encore dans cet ouvrage assez insignifiant du reste, l'absurde hypothèse abandonnée alors par tout le monde, que les coquilles fossiles naissent dans la terre qui en est la véritable matrice : aussi cite-t-il le fait observé par M. de la Sauvagère, etc.

PRÉVOST (Constant) et

DESMAREST (Anselme). Sur des empreintes de corps marins trouvés à Montmartre, dans plusieurs couches de la masse inférieure de la formation gypseuse. Journ. des Mines, mars, 1809.

FAUJAS DE SAINT-FOND (Barthélemi). Sur un nouveau genre de coquilles fossiles (CLOTHO). Ann. du Mus., t. II. pl. 4.

———— Sur un nouveau genre de coquilles fossiles AMPULLINE. Ann. du Mus., t. 4., pl. 19.

VEAU DE LAUNAY (..........). Note sur les falunières de la Touraine. Journ. de Phys., tom. 60, p. 404. C'est bien peu de chose.

DE LAMARCK (Jean Baptiste). Histoire des coquilles fossiles des environs de Paris dans les Annales du Mus.

HERISSIER DE GERVILLE (...........). Sur les coquilles fossiles du département de la Manche. Journ. de Physiq., t. 78, p. 16, et t. 84, p. 197.

FLEURIAU DE BELLEVUE (...........). Observations géologiques sur les côtes de la Charente. Journ. de Ph., t. 79, p. 401.

DESHAYES (G. P.). Description des coquilles fossiles des environs de Paris. In-4.º avec figures lithographiées.

Ouvrage commencé l'année dernière, paroissant par livraisons, et dont les descriptions sont faites avec soin. Les figures n'étoient peut-être pas d'abord aussi bonnes ; mais elles sont maintenant à la hauteur du texte, et celles qui étoient mauvaises ont été remplacées.

———— Sur les fossiles de Valmondois, et principalement sur les coquilles fossiles perforantes , découvertes dans le grès marin inférieur. Mém. de la Soc. d'Hist. nat. de Paris, t. 1 , p. 2 , p. 241 , avec une planche.

BRONGNIART (Alexandre) et

CUVIER (Georges). Description géologique et minéralogique des environs de Paris. Un vol. in-4° de 428 p., avec 2 pl. lithographiées.

Cet ouvrage important et classique avoit été précédé sous le rapport qui nous occupe par un mémoire de M. Brongniart , sur les terrains qui paroissent avoir été formés dans l'eau douce. Ann. du Mus. et Journ. de Physiq. , t. 72 , p. 409.

BRARD (............). Mémoires sur des coquilles fossiles des environs de Paris. Ann. du Mus., tom. 10, p. 156, et Journ. de Phys. , tom. 72 , p. 448 , et 74, p. 247.

MENARD DE LA GROYE (Franç.). Note sur une petite coquille de la Méditerranée analogue à des fossiles des environs de Paris et de Bordeaux. Journ de Ph. , t. 73 , p. 202.

SUISSE.

GESNER (Conrard). *De omni rerum fossilium genere, gemmis, lapidibus, metallis*, etc. Zurich, 1565. Un vol. in-8°.

SCHEUCHZER (Jean-Jacob). *Specimen lithographiæ helveticæ curiosæ, quo lapides ex figuratis helveticis selectissimi æri incisi sistuntur et describuntur.* Un vol. in-8° de 77 pag., avec 7 pl. gravées. Zurich, 1702.

———— Histoire naturelle de la Suisse. Zurich , 1706-1718, 6 vol. in-4° en allemand, avec fig.

———— *Muscum Diluvianum.* Un petit vol. in-12 de 107 pages. Zurich , 1716 (voyez plus haut).

LANG (Charles-Nicolas). *Historia lapidum figuratorum Helvetiæ ejusque viciniæ.* Venise, 1708. Un vol. in-4° de 165 pages et de 53 pl. gravées, et *Appendix*, etc. Einsidel, 4°, 1735.

C'est cet auteur qui a commencé à donner une phrase descriptive de chaque fossile, quelquefois même avec un peu de synonymie : aussi son ouvrage est-il encore bon à consulter.

MURALT (Jean). Dissertations sur les pierres figurées. Zurich, 1711. Un vol. in-4°, et dans les Mémoires des Curieux de la nature.

ANDREA (..............). *Briefe aus der Schweitz*, etc., c'est-à-dire, Lettres écrites de Hanovre sur la Suisse dans l'année 1763. Zurich, et Winterthur, 1776, 2 vol. in-4°, avec 17 pl. gravées.

Cet ouvrage, qui avoit d'abord paru dans un ouvrage périodique intitulé : *Hannoversche anzeigen*, renferme un grand nombre d'indications et de figures de fossiles curieux, que l'auteur avoit observés dans les nombreuses collections d'histoire naturelle, et surtout de fossiles qui existoient de son temps en Suisse, et entre autres dans celles d'Amman, Lavater, Scheuchzer, d'Annone, Bruckner, Diénart, de Luc.

BAVIER (.............), ZWINGER (Frédéric) et

BRUCKNER (..............). Essai d'une description des Curiosités historiques et naturelles du canton de Bâle.

Cet ouvrage a paru par cahiers, de 1748 à 1763.

DE LUC (Jean-André). Description des monts Voirons près Genève, et de deux fossiles qu'on y trouve. Journ. de Phys., 1800, t. 50.

————— Mémoire sur une vis pétrifiée du mont Salève et sur la contrée où on l'a trouvée. Journ. de Phys., 1799, t. 49, p. 317.

————— Sur le vallon de Moneti et sur les pétrifications qu'on y trouve. Journ. de Phys., 1801, t. 52, p. 267.

————— Description de deux coquilles bivalves singulières du Mont-Salève près Genève, dans la description géologique de cette montagne, donnée par Saussure, tom. 1, p 277, in-8°, de ses Voyages dans les Alpes.

D'ANNONE (Jean-Jacq.). *De balanis fossilibus, præsertim agri basilensis. Acta Helvetica.* t. II.

————— *De petrefactis quibusdam minùs cognitis. Ibid.*, t. IV.

ZWINGER (Frédéric). *Observata nonnulla lithologica. Ibid.*, t. III.

SCHLAPFEN (..........). Sur les pétrifications des environs de Saint-Gall. *Neue Alpina.* vol. 1, p. 268.

PAYS-BAS.

BURTIN (M. Fr. Xavier). Oryctographie de Bruxelles ou Description des fossiles tant naturels qu'accidentels, découverts jusqu'à ce jour dans les environs de cette ville. Bruxelles, 1784. Un vol. petit in-folio de 152 pag., avec 32 planches coloriées, en général assez bonnes : malheureusement les descriptions ne le sont pas autant et sont même souvent presque nulles.

De Launay (............). Recherches sur l'origine des fossiles accidentels du Brabant. Journ de Ph., tom. 6, p. 113.

Faujas de Saint - Fond (Barthélemi). Histoire naturelle de la montagne de Saint-Pierre de Mastreicht. Paris, 1800. Un vol. in-4° avec 60 pl. gravées.

Ouvrage dont les figures de coquilles fossiles sont assez bonnes, mais sans descriptions et sans critique.

ANGLETERRE.

Lawrance (Thomas). *Mercurialis centralis* ou histoire des coquilles souterraines trouvées dans le comté de Norfolk, 1664.

Merret (Christophe). *Pinax rerum naturalium Britannicarum.* Lond. 1667. Un petit vol. in-8°.

Brever (Jean). Sur des coquilles fossiles du Berkshire. Trans. phil. , 1667.

Il est question dans ce mémoire d'un lit d'huîtres fossiles de 5 à 6 acres de surface.

Hatley (Griff.). *Fossils shells in Kent.* Trans. phil., n.° 155.

Childrey (............). Histoire des singularités naturelles d'Angleterre, etc. Paris, 1670.

Lister (Martin). Coquilles fossiles en différens endroits de l'Angleterre. Trans. phil., 1671.

———— Description des Trochites et des Entroques. *Ibid.*, 1673.

———— Des pierres judaïques (bélemnites). *Ibid.*, 1674.

———— *Historiæ animalium Angliæ tres tractatus quibus adjectus est quartus, de lapidibus ejusdem insulæ ad cochlearum quamdam imaginem figuratis.* Londres, 1678, 1 vol. in-4°.

Grew (Nehemias). *Musæum regalis Societatis or a catalogue and description of the natural and artificial rarities belonging to the royal Society and preserved at Gresham colledge.* Londres, 1681. Un petit vol. in-fol., de 386 pag. et 31 pl. gravées, dont 1 ou 2 de coquilles fossiles.

PLOT (Robert). *Natural history of Oxfordshire*, 1677.

———— *Natural history of Staffordshire*, 1686.

———— *Fossilia Cantiniana* ou Catalogue des fossiles trouvés dans le comté de Kent. Mém des Curieux de la nat., juin 1709.

PRYME (Arbr. DE LA). Sur des coquilles et des poissons fossiles du Lincolnshire. Trans. phil., 1700.

LLUYD (1) (Edouard). *Lithophilacis britannica iconographia, sive lapidum aliorumque fossilium britannicorum singulari figurá insignium distributio classica cum locis singulorum natalibus exhibens, additis rariorum aliquot figuris ære incisis*, etc. Un vol. in-8° de 185 pag. avec 17 pl. gravées. Londres, 1699.

———— *Editio altera novis quorumdam speciminum aucta, Gul. Huddesford auctore*. Oxford, 1760. Un vol. grand in-8° de 175 pages, avec 25 planches.

La première édition de cet ouvrage est fort rare, n'ayant été tirée qu'à 120 exemplaires. L'auteur y avance que certaines coquilles sont particulières à certaines couches.

———— Remarques sur les fossiles. Trans. phil., 1704, n.° 291.

PLOT (Robert). *Natural history of Oxfordshire*, 1686.

PETIVER (J.). Catalogue de fossiles, pétrifications. Trans. phil., 1704.

DALE (Samuel). Sur les montagnes de Harwich et ses fossiles. Trans. phil., n.° 291 : c'est un mémoire intéressant.

MORTON (Jean). *An account of land and river Shells found under Ground*. Trans. phil., 1705.

C'est encore un mémoire fort bien fait, avec la synonymie de Lister.

———— Histoire de Northampton.

LEIGH (.............). *Natural history of Cheshire, Lancashire, and of the Peak of Derbishire,* parle aussi des coquilles fossiles de ces provinces d'Angleterre.

WOODWARD (Jean). *An attempt towards a natural history of the fossils of England*, etc. Deux tomes divisés en deux parties chacun,

---

(1) On trouve le nom de cet auteur écrit très-différemment : Llwyd, Luid ou Lhwyd.

l'une pour les fossiles réels, minéraux, l'autre pour les fossiles adventifs. Londres, 1728-1729.

Cet ouvrage renferme un grand nombre de choses encore utiles aujourd'hui ; c'est un catalogue, fort bien fait pour le temps, de tous les corps organisés fossiles, qui avoient été envoyés à l'auteur, de presque toutes les parties du monde. Scheuchzer lui en avoit sans doute donné l'idée, mais celui de Woodward est beaucoup plus ample. Cet auteur attachoit tant d'importance à l'étude des fossiles, qu'en léguant son cabinet à l'université de Cambridge, où il existe encore dans un bel état de conservation, il a fondé une chaire de géologie, dont une des leçons doit être expressément employée à prouver que ce sont bien des productions animales.

WALCOTT (Jean). *Descriptions and figures of petrifications, found in the quarries, gravelpite*, etc., *near Bath, collected and figured by J. Walcott*. Un vol. grand in-8°, sans date, de 31 pag., avec 16 planches gravées.

ARDERON (Guill.). Sur des lits de coquilles et autres fossiles dans le comté de Norfolk. Trans. phil., 1746.

HATLEY (Griff.). Sur des coquilles fossiles dans le comté de Kent.

PARSONS (Jean). Des fruits et autres fossiles de l'île Schepey. Trans. phil., t. 50, ann. 1757.

SOLANDER (Daniel). *Fossilia Hantoniensia collecta et in musœo Britannico deposita à Gustavo Brander*. Londres, 1766. Un volume grand in-8° de 43 pag., avec 9 pl. gravées.

Cet ouvrage, fort bon sous tous les rapports, et très-rare en Angleterre, est au nombre des livres classiques. C'est le premier où les espèces aient été disposées et décrites dans le système de Linnæus.

HILL (Jean). *History of fossils*. Londres, 1748, 1 vol. in-fol.

CHARLETON (........). Sur les coquilles des mers d'Angleterre. Il y traite également des fossiles.

URE (David).

SMITH (William). 1792.

MARTIN (Guillaume). *Petrificata derbiensia*. 1794-1809. Ouvrage qui n'a pas été terminé, à cause de la mort de l'auteur.

MANTELL (Gédéon). *The fossils of the South downs, or illustrations of the geology of Sussex*. Un vol. in-4°, avec 42 planches gravées et coloriées.

De la Bêche (H. F.). Sur les roches, et les fossiles d'un e partie des côtes de Devonshire. *Ann. of Phil.*, 1819.

Dillwyn (L. W.). *On fossils shells.* Philosoph. Trans. pour l'année 1822, part. 2.

———— *Some additions*, *ibid.* 1824.

Sowerby (Jean). *Mineral conchology of the great Brittain*, c'est-à-dire, Conchyliologie fossile de la Grande-Bretagne ou figures coloriées, et descriptions de toutes les coquilles et restes d'animaux testacés qui ont été conservés à différentes époques et profondeurs de la terre. Londres, 1812-1825, in-8°.

Cet ouvrage dont les figures et surtout les descrip ti ons sont générale‐ ment mauvaises ou incomplètes, est cependant d'une véritable utilité; il paroît par livraisons.

ALLEMAGNE.

Kentmann (Jean). Fossiles de Misnie. In-8°, 1565.

Schevenkfeld (Gaspard). Sur les fossiles de Silésie. 1601 , 4°.

Cordus (Valerius). Recueil sur les fossiles d'Allemag ne. In-8°, 1651, en latin.

Brunner (Amand). Des fossiles de Mansfeld. In-4°, 1675.

Hermann (Léonard-David). Curiosités naturelles de Messel en Silésie. 1711 , in-4°.

Behrens (Georg.-Hennings). *Hercinia curiosa.* Nordhausen, 1712, 1 vol. in-4°.

Lachmund (Fred.). *Oryctographia Hildesheimensis, sive fossilium descriptio.* Hildesheim , 1669. Un vol. in-4° de 80 p., avec figures.

Geier (Jean-Dan.). *De montibus conchiferis ac glossopetris Mzeiensi‐ bus* (Alzey). Francfort, 1687, in-4°.

Bauhin (Jean). *Historia novi et admirabilis fontis balneique Bollen‐ sis in ducatu Wirtembergico*, etc. Montbeillard, 1612-1698, 1 v. in-4°.

Mylius (God. Fred.). *Memorabilia Saxoniæ subterraneæ.* Leipsick, 1709-1718.

Ouvrage formé de deux parties : la première de 80 pag. et de 13 pl., la seconde de 89 pag. et de 31 pl.

———— Catalogue des fossiles. 1716 , 8°.

Buttner (M. D. S.). *Rudera diluvii testis* , etc. Leipsick, 1710. Un vol. in-4° de 314 pag., avec 30 pl. gravées.

Helwing (Georg. Andr.). *Lithographia Angerburgica*, etc. , Kœnisberg, 1717, et Leipsick, 1720.

C'est dans cet auteur que l'on trouve la singulière idée que les bélemnites sont des plantes marines, probablement des coraux. Son ouvrage est formé de deux parties; la première (1717), de 122 pag. et de 11 pl. , la seconde (1720), de 132 pag. et de 6 pl.

Wolfarts (Pierre). *Historiæ naturalis Hassiæ inferioris pars prima.* Cassel, 1719. Un vol. in-fol. de 52 pag., avec 25 pl. gravées.

———— Sur les fossiles de Hanovre. 1707.

Schutte (Jean-Henri). *Oryctographia Jenensis , sive fossilium et mineralium in agro jenensi brevissima descriptio.* Leipsick, 1720, in-8°.

Une nouvelle édition de cet ouvrage revu et augmenté par Chr. Valentin Merckelius , a été donnée à Jena en 1761, en 1 vol. in-8° de 149 pages.

Wolkmann (Georg. Ant.). *Silesia subterranea* , etc. Leipsick, 1720, en allemand , 1 vol. in-4° de 362 pag. avec 52 pl.

Melle (Jacob de). *De lapidibus figuratis agri littorisque Lubecensis commentatio epistolica.* Lubeck, 1720. Un vol. in-4° de 44 pages, et 4 pl. gravées.

Hueber (G. Lud.), et

Béringer (Jean Bartholom. Adam). *Lithographia Wirceburgensis*, etc. Wirceb., 1726. Un vol. in-fol. de 96 p., avec 10 pl. gravées. Francfort et Leipsick, 1767.

Ouvrage de mémoire condamnable à cause des impostures qu'il renferme. Voyez la notice de M. P. X. Leschevin à son sujet dans le Magas. Encycl. Ann. 1808.

Liébkneckt(Jean Georg.). *Hassiæ subterraneæ specimen clarissima testimonia diluvii universalis ex triplici regno petita exhibens.* Francfort, 1730. Un vol. in-4° de 426 pag., avec 3 ou 4 pl. gravées, fort mauvaises.

Ouvrage insignifiant.

Lerch (Jean Jacq.). *Dissertatio sistens oryctographiam Halensem.* Halæ Magd., 1730.

Bruckmann (Fr. Ern.). *Thesaurus subterraneus ducatús Brunswigii.* Luneb., 1728, in-4°.

Lesser (Fred. Chrét.). *De lapidibus curiosis circa Nordhusam.* 1731, in-4°.

Sivers (Henri Jacob). *Curiosorum Nieudorpiensium specimen.* Lubeck, 1732, in-8°.

Le troisième *specimen* renferme la description des bélemnites.

Ritter (Albert). *Epistola historico-physica oryctographiæ Goslariensis.* Helmenstadt, 1733, 1 vol. in-4°.

———— *Commentatio epistolaris de fossilibus et naturæ mirabilibus Osterodanis. Sondershufæ*, 1734, 1 vol. 4°.

Fuchs (Georg. Christ.). *Historia terræ et maris ex historiá Thuringiæ per montium descriptionem erecta : ex Academ. Mogunt.*, t. 2, avec une planche d'ammonites.

Frisch (Jodel. Léopold). *Musæi Hoffmanniani petrificata et lapides.* Hale, 1741, in-4°.

Léibnitz (God. Guill.). *Protogea sive de primá facie telluris et antiquissimæ historiæ vestigiis in ipsis naturæ monumentis dissertatio.* Gœttingue, 1749. Un vol. in-4.° de 86 pag., avec 12 pl. dont 5 ou 6 de coquilles fossiles.

Ouvrage original que l'on peut encore consulter avec avantage.

Hebenstreit (Jean-Emman.). *De lapidibus figuratis agri Lipsiensis. Act. phys. med.*, vol. 4, observ. 143, p. 513.

Baier (Jean-Jacques). *Oryctographia Norica, sive rerum fossilium et ad regnum minerale pertinentium territorii Norimbergensis cum ferè 200 figuris.* Nuremberg, 1740, une prem. édit., 1708, 4°.

———— *Monumenta rerum petrificatarum præcipuè oryctographiæ noricæ supplemento loco jungenda, interprete filio Baiero* (Ferdin. Jacob). Un vol. in-4° de 90 pag.. avec 15 pl. Nuremberg, 1757.

Cartheuser (Fred. Aug.), *Rudimenta oryctographiæ Viadrino-Francofurtanæ.* Francfort sur l'Oder, 1775, 1 vol. in-8° de 94 pag.

Vogel (Rud. Augustin). *De incrustato agri Gottingensis, commentatio physico-chimica.* Gotting., 1756, 1 vol. in-8°.

Schroter (Jean Samuel). Description lithographique des environs de Thangelstedt et Rettewick, dans le pays de Weimar. Jena, 1768, 1 vol. in-8° de 126 pag.

KLEIN (Jacq. Théod.). *Specimen descriptionis petrefactorum Gedanensium.* Nuremberg, 1770. C'est un vol. in-fol. en latin et en allemand, de 43 pag. avec 24 pl. gravées, quelquefois coloriées.

HUPSCH (S. G. C. A. DE). Nouvelles découvertes de quelques testacés pétrifiés rares et inconnus, pour servir à l'histoire naturelle de la basse Allemagne, traduit de l'allemand. Leipsick, 1771, 1 volume in-8° de 147 pages avec figures.

BAUDER (Jean-Frédér.). Relation des fossiles découverts depuis quelques années dans les environs d'Aldorf, en allemand et en françois. Aldorf, 1772. Un vol. in-8° de quelques pages.

COLLINI (............). Journal d'un voyage qui contient différentes observations minéralogiques, en françois. Manheim, 1776, 1 vol. in-12 de 384 pages.

Cet ouvrage renferme quelques observations sur les coquilles fossiles avec figures, et entre autres sur celles du bailliage d'Alzey dans le palatinat du Rhin.

ANONYME. *Oryctographia Carnolica.* Leipsick, 1778-1784, 4 vol. in-4°, en allemand.

BLUMENBACH (Jean-Frédér.). *Specimen archæologiæ telluris, terrarumque imprimis Hannoveranarum.* Gœtt. 1803, un vol. in-8°.

PRÉVOST (Constant). Mémoire sur la constitution géologique des environs de Vienne. Journal de Phys., t. 91, p. 347 et 460.

DANEMARCK, NORWÉGE, SUÈDE.

BROMEL (Magn.). *Specimina litholographiæ suecanæ.* Act. litt. Upsal. Vol. 2-3.

————*Mineralogia et lithographica suecana.* Stockholm et Leipsick, 1740, 1 petit volume in-12 de 148 pages, en allemand, avec des figures en bois assez nombreuses.

HIMSEL (Nicol. DE). Sur une espèce d'orthocératite rare trouvée en Suède. Trans. phil., tom. 50, seconde partie, 1758.

SCHACHT (Mathias-Henri). Des pierres figurées du Nord.

SWEDENBORG (Emmanuel). *Miscellanea observata circa res naturales, et præsertim circa mineralia, ignem et montium strata.* Leips. 1722, 1 vol. in-8° de 173 pages avec 4 planches.

LINNÉ (Charles). *Musæum Tessinianum.* Stockholm, 1753, 1 vol. in-fol. de 123 pages et de 12 planches dont deux pour les coquilles fossiles.

STOBŒUS (Kilian). *Opuscula in quibus petrefactorum historia illustratur in unum volumen collecta, cum multis figuris.* Dantzick, 1752, 1 vol. in-4° de 182 pages.

ZIERVOYEL (Frédéric).

GYLLENHAL (Jean-Abrah.).

STRALHENBERG (Georges). Sur les corps pétrifiés de la Suède. Journ. de Physiq., tom. 91, p. 94 et 186, traduit du mémoire original, publié à Upsal en 1728, dans l'ouvrage périodique, intitulé *Svia*.

POLOGNE ET RUSSIE.

LEHMANN (Jean-Théoph.). *Specimen orictographiæ stara russiensis et lacus Ilmen.* Nov. Act. Petrep. Vol. XV.

GUETTARD (Jean-Etienne). Mémoire sur la nature du terrain de Pologne et des minéraux qu'il renferme. Mém. de l'Académ. des Sc. Par., ann. 1763.

ERNDTEL (Christ. Henri). *Warsovia physicè illustrata.* Dresdæ, 1730, 1 vol. in-4° de 247 pag. avec 3 planches gravées.

RAZCZYNSKI (Gabriel). *Historia naturalis curiosa regni Poloniæ, magni ducatús Lituaniæ annexarumque provinciarum,* etc. Sandomir, 1721, 1 vol. in-4° de 456 pages.

———— *Auctuarium hist. nat. curiosæ regni Polon.* Dantzick, 1745.

KRAFF (Georg.-Wolfg). *De duobus lapidibus figuratis. Act. Petrop.,* Vol. 6, p. 271, avec 3 planches gravées.

ASIE.

CAMELLI (Georg.-Joseph). Sur les fossiles des îles Philippines. Trans. phil. de Londres.

KŒMPFER (Engelb). *Amœnitatum exoticarum politico-physico-medicarum fasciculi quinque.* Lemgoviæ, 1712, 1 vol. in-4° de 912 pages, avec 90 pl. gravées.

RUMPH (Everhard). *Amboinsche rariteitkamer.* Amsterdam, 1705 et

1741, 1 volume in-folio de 340 p. et 60 pl. enluminées, ou un petit volume avec les planches seulement et un catalogue.

AFRIQUE.

Olaus Borrichius (............). Bourguet dit qu'il parle des fossiles d'Egypte, mais j'ignore dans quel ouvrage.

Forskaëll (Pierre). *Descriptiones animalium quæ in itinere orientali observavit.* Copen. 1775, 1 vol in-4° de 164 pages.

Il est question dans cet ouvrage, que nous avons déjà eu l'occasion de citer, de quelques coquilles fossiles du Kaire, mais surtout de Malte.

AMÉRIQUE.

Laet (Jean de). *Novus orbis , seu descriptionis Indiæ occidentalis libri XVIII.* Leyde , 1633, 1 vol. in-fol.

——— Des pierres précieuses et des fossiles d'Amérique particulièrement. Leyde, 1647, 1 vol. in-8° en latin.

Nicolson (Pierre). Essai sur l'histoire naturelle de Saint-Domingue. Paris , 1770, 1 vol. in-8°.

On trouve, p. 322 de cet ouvrage, quelques détails sur les coquilles fossiles de Saint-Domingue.

SECTION TROISIÈME.

———

SYSTÈME GÉNÉRAL

DE MALACOLOGIE.

———

TYPE.

MALACOZOAIRES. (MALACOZOA.)

ANIMAUX pairs, symétriques, dont le corps, à peine distinct de la tête, et sans aucune autre trace d'articulations ni d'appendices locomoteurs ou membres, est recouvert par une peau molle, contractile dans tous ses points, à laquelle on donne le nom de *manteau*, quelquefois soutenue et défendue par une partie solide plus ou moins calcaire (*coquille* ou *corps protecteur*), développée dans son intérieur ou presque à sa surface.

Système nerveux de la locomotion, formé par un seul ganglion latéral ou sublatéral au canal intestinal.

Canal intestinal à deux ouvertures.

Appareil de la respiration spécialisé et essentiellement aquatique, rarement aérien.

Circulation complète : un système veineux ; un cœur aortique à la base du système artériel ou centrifuge.

Génération ovipare, dioïque, monoïque ou hermaphrodite.

Observation. Tous les animaux de ce type sont essentiellem ent aquatiques, un petit nombre seulement sont terrestres.

CLASSE PREMIÈRE.

CÉPHALOPHORES. CEPHALOPHORA.

Tête bien distincte du reste du corps, et pourvue de tous les organes des sens spéciaux, et entre autres d'yeux très-grands.

Corps ovale, subcylindrique ou conique, nu ou caché en partie dans une coquille univalve, constamment inoperculée et polythalame.

Bouche antérieure terminale, armée d'une paire de dents cornées, agissant verticalement l'une sur l'autre, et entourée d'appendices tentaculaires nombreux, de forme un peu variable.

Anus médian et antérieur.

Organes de la respiration branchiaux, pairs, symétriques, constamment? cachés.

Sexes séparés sur des individus différens.

Observation. Cette classe de mollusques, du moins d'après ceux que nous connoissons, renferme les espèces de ce type les plus élevées dans toutes les parties de l'organisation, et qui en effet jouissent de toutes les facultés animales, de bien voir, d'entendre, de se mouvoir avec rapidité, de poursuivre et de saisir leur proie, etc.

ORDRE PREMIER. — CRYPTODIBRANCHES. (1)
CRYPTODIBRANCHIATA.

(Genre SEPIA, Linn.)

Corps enveloppé et en partie libre dans un manteau fort épais, en forme de sac, largement ouvert à son bord antérieur, sans aucune trace de disque musculaire abdominal ou de pied; nu et pouvant contenir ou non dans sa partie dorsale un corps protecteur de nature et de forme un peu variables.

Tête très-grosse, pourvue de quatre ou cinq paires de longs

______

(1) Ou *Brachiocéphalés*, ou *Céphalopodes.*

appendices tentaculaires coniques , attachés par leur base à une sorte de crâne qui enveloppe le cerveau , garnis de suçoirs, et servant à la préhension.

Bouche tout-à-fait antérieure, armée d'une paire de grosses dents, cornées , en forme de bec de perroquet , et jouant verticalement l'une sur l'autre.

Anus inférieur, médian, antérieur et caché.

Organes de la respiration , formés par deux grandes branchies symétriques , latérales et cachées également dans le sac.

Terminaison des organes de la génération , s'ouvrant dans la même partie.

Une sorte d'entonnoir sous le cou , ouvert en avant, communiquant en arrière avec le sac , et servant de canal éjaculateur à tous les organes qui s'y terminent.

FAMILLE I. — *OCTOCÈRES*. OCTOCERA.

Appendices tentaculaires au nombre de huit ou de quatre paires seulement , dont le bord des ventouses est musculaire.

POULPE. *Octopus.*

Corps plus ou moins globuleux , sans expansion natatoire du manteau , ni corps protecteur dorsal.

A. Espèces dont les tentacules sont fort longs, réunis à la base par une membrane, et garnis de ventouses dans toute leur longueur sur un double rang.

Ex. Le Poulpe commun. *Octopus vulgaris*. Pl. II , fig. 1. et Enc. méth., pl. 76, f. 1-2.

B. Espèces dont les tentacules à peu près conformés comme dans la section précédente, ne sont garnis que d'un seul rang de ventouses.
(G. ELEDONE, Leach.)

Ex. Le P. musqué. *O. moschatus*. Pl. II , fig. 2, et de Lamck., Mém de la Soc. d'hist. nat., pl. 2.

C. Espèces dont les tentacules, généralement plus courts, sont libres à la base, et dont la paire supérieure est bordée vers son extrémité par une sorte de membrane.
(G. OCYTHOÉ, Rafin.)

Ex. Le P. de l'Argonaute. *O. Argonautæ.* Pl. I , fig. 1 , et J. de
Ph. Juin 1818. Fig. 1 (1).

Observation. Les espèces de ce genre paroissent être assez nombreuses ; mais jusqu'à présent on n'en a caractérisé que cinq à six.
Il en existe dans toutes les mers.

Fam. II. — *DECACÈRES.* Decacera.

Appendices tentaculaires au nombre de dix ou de cinq paires ,
dont quatre à peu près disposées comme dans la famille précédente , quoique plus courtes , et la cinquième hors de rang entre
la bouche et la racine des troisième et quatrième paires externes,
beaucoup plus longue , pédonculée et garnie de ventouses , seulement sur une portion élargie et terminale ; ventouses armées de
parties cornées sur leur bord.

Corps de forme variable , mais toujours pourvu de quelques expansions latérales natatoires, et d'une pièce solide dans le dos.

Calmar, *Loligo.*

Corps ordinairement alongé , cylindrique, mais quelquefois
subglobuleux , les nageoires n'occupant que très-rarement toute
la longueur de ce corps ou du sac , et le plus souvent bornées à
une petite partie de cette longueur. La pièce solide dorsale de
forme un peu variable , mais toujours flexible et cornée.

A. Espèces dont le corps est globuleux , déprimé ; le bord supérieur
du sac non distinct ; les nageoires circulaires, petites, comme pédonculées , distantes et latérales ; la pièce dorsale extrêmement grêle.
(Les Sépioles , G. *Sepiola,* Leach.)

Ex. Le Calmar Sépiole. *Loligo Sepiola.* Pl. II , f. 3 ; et Enc.
m., pl. 77 , f. 93.

B. Espèces dont le corps est plus alongé, sacciforme, avec le bord
dorsal du sac non distinct ; les nageoires circulaires, encore plus petites ,
pédiculées , se touchant presque à leur origine sur le dos ; la pièce dorsale inconnue.   (G. Cranchia , Leach.)

---

(1) Nous n'admettons pas la manière de voir des naturalistes qui
pensent que le poulpe qu'on trouve souvent dans la coquille de l'Argonaute en soit le constructeur.

Ex. Le C. de Cranch. *Loligo Cranchii.* Pl. II, f. 4 ; et J. de
Ph. Mai 1818. Fig. 2.

C. Espèces dont le corps est plus alongé, subcylindrique ; le bord
dorsal du sac bien séparé et presque droit ; les nageoires grandes,
triangulaires, terminales, latérales, et formant à elles deux un grand
triangle rectangle dont la base est en avant ; la pièce dorsale étroite et en
forme d'épée à trois tranchans ; les appendices tentaculaires assez longs ;
les appendices brachiaux fort longuement pédonculés et armés de ventouses dont le bord corné est en forme de griffe alongée.
           (Les C. a GRIFFES. G. *Onychoteuthis*, Lichtenst.)

Ex. Le C. de Banks. *L Branksii.* Pl. III, fig. 1 ; et J. de Phys.
Ibid. Fig. 5.

D. Espèces dont le corps est à peu près de la même forme, ainsi que
les nageoires, mais dont la pièce dorsale est plus plate et généralement
plus large en avant qu'en arrière, où elle se termine par une petite
pointe excavée ; les appendices tentaculaires et brachiaux en général
plus courts ; les ventouses garnies quelquefois de dents ou de crochets
dans une partie plus ou moins considérable de leur bord, mais jamais
de véritables griffes.   (Les C. FLÈCHES.)

Ex. Le C. Flèche. *L. Sagitta.* Pl. I, fig. 3 ; et Enc. mét.,
pl. 7, fig. 1 , 2.

E. Espèces dont le corps, à peu près de même forme, a ses nageoires
moins terminales, triangulaires, mais disposées de manière que les
deux réunies forment un rhombe ; le bord libre du manteau fort prolongé en pointe dans la ligne médiane supérieure, par la saillie de la
pièce dorsale, qui est toujours plus étroite en avant et élargie en arrière en forme de plume ; les appendices tentaculaires et brachiaux à
peu près comme dans la section D ; mais les ventouses moins souvent à
crochets.   (Les C. PLUMES. G. *Pteroteuthis*. Nob.)

Ex. Le C. commun. *L. vulgaris.* Pl. III, f. 2 ; et Lister,
Anat., t. IX, f. 1.

F. Espèces dont le corps ovale, déprimé, est pourvu de nageoires
étroites dans toute la longueur du corps, comme dans les sèches, mais
dont la pièce dorsale est comme dans les calmars plumes, quoique
beaucoup plus large.   (Les C. SÈCHES. G. *Sepioteuthis*. Nob.)

Ex. le C. Sèche. *L. sepiacea.* Pl. III, f. 3 (1).

---

(1) Nous n'avons pas osé faire entrer d'une manière définitive dans ce
système les genres *Loligopsis* et *Leachia*, établis, l'un par M. de Lamarck,

Observ. Depuis le mémoire de M. Lesueur et le mien, sur les espèces de ce genre, le nombre de celles qui sont connues aujourd'hui se monte à près de trente. Il s'en trouve dans toutes les mers, mais surtout dans celles des pays chauds.

SÈCHE, *Sepia*.

Corps ovale, déprimé, bordé de chaque côté, dans toute sa longueur, par une nageoire étroite, tout-à-fait latérale, et soutenue dans le dos par une pièce calcaire, ovale, épaisse, lamelleuse, bombée dans les deux sens, et terminée postérieurement par une portion un peu excavée avec une pointe ou sommet médian; les appendices comme dans le genre précédent, mais plus épais; les ventouses à bords cornés non dentés.

Ex. La Sèche officinale. *Sepia officinalis*, E. m., pl. 76, f. 5, 6, 7; et la S. tuberculeuse. *S. tuberculata*. Pl. I, f. 2.

Observ. Les espèces de ce genre ont été assez incomplètement étudiées jusqu'ici : aussi n'en trouve-t-on de caractérisées dans les auteurs qu'un très-petit nombre. Il paroît cependant qu'il en existe dans toutes les mers.

On trouve à l'état fossile l'extrémité postérieure d'un os de sèche qui devoit être d'une très-grande taille.

ORDRE SECOND. — CELLULACÉS.
CELLULACEA.

Corps inconnu, contenant complètement caché dans son intérieur un têt de forme très-variable, composé d'un très-grand nombre de cellules, quelquefois ouvertes sur le bord d'accroissement.

Observ. Comme il m'a toujours semblé que c'étoit par une analogie trop forcée que l'on plaçoit les corps organisés qui constituent cet ordre parmi les polythalames véritables; je me suis décidé à les en séparer : en effet il est fort probable que les ani-

---

et l'autre par M. Lesueur, pour des espèces de cette famille, qui, avec quatre paires seulement d'appendices tentaculaires, auroient des nageoires à leur sac comme les calmars, parce que cette combinaison nous paroît douteuse, et surtout parce que ces espèces ne sont connues que sur des figures et des observations incomplètes.

maux qui les forment sont tout différens de celui des spirules et
des argonautes.

Fam. I. — *SPHÉRULACÉS.* Spherulacea.

Animal entièrement inconnu, contenant, probablement dans sa
partie dorsale, un corps calcaire plus ou moins sphéroïdal.

Miliole. *Miliola.*

Coquille ovale globuleuse, ou même quelquefois assez alongée,
à loges transversales, entourant l'axe et se recouvrant alternativement les unes les autres. Ouverture très-petite, orbiculaire,
à l'extrémité du dernier tour.

A. Espèces subglobuleuses.

Ex. La Miliole trigonule. *Miliola trigonula.* Pl. IV, fig. 3 ,
sous le nom de M. Cœur-de-Serpent ; et Enc. m. , pl. 469, f. 2,
a b c.

B. Espèces déprimées et transverses.   (G. Pollontes. D. M.)

Ex. La M. des pierres. *M. saxorum.* Pl. VII, fig. 1 ; et Enc.
m., pl. 466, fig. 3 , *a b c.*

Observ. On ne connoît dans ce genre que deux espèces, et toutes
deux à l'état fossile.

Mélonie. *Melonia.*

Coquille presque microscopique, subglobuleuse, cellulée, à
spire centrale, et à tours de spire très-serrés, s'enveloppant de
manière qu'il n'y a pour ouverture qu'une série transverse de pores ; les cloisons nombreuses non perforées.

A. Espèces dont les pores des cellules terminales sont visibles.

Ex. La Mélonie sphérique. *Melonia spherica.* Pl. VII , fig. 2 ;
et Enc. m. , pl. 459, f. *a b c d e f* (1).

---

(1) M. de Lamarck place encore dans cette famille le genre des *Gyro-*
nites ; mais il est généralement admis aujourd'hui, d'après la remarque
de M. Léman, que ces petits globules qu'on trouve dans les terrains
d'eau douce ne sont que des moules de graines de Chara.

B. Espèces dont l'ouverture des cellules terminales est cachée.
(G. Borélie. D. M.)

Ex. La M. sphéroïde. *M. spheroidea*. Pl. VII, fig. 3 ; et Enc.
m., pl. 469 , f. *g h*.

Observ. Ce genre n'est, comme le précédent, formé que de deux
espèces, l'une et l'autre fossiles et microscopiques.

SARACENAIRE. *Saracenaria*.

Coquille presque microscopique, ovale, cellulée, avec une sorte
de carène sinueuse dans son milieu, d'où partent des stries obliques , indices des cloisons intérieures, peu nombreuses, qui en
divisent la cavité en deux rangs de loges ; aucune trace d'ouverture extérieure.

Ex. La Saracenaire d'Italie. *Saracenaria italica*. Defr., pl. V,
fig. 6.

Observ. Ce genre vient d'être établi par M. Defrance pour un
petit corps crétacé fossile en Italie, dont les rapports naturels
sont assez difficiles à établir.

TEXTULAIRE. *Textularia*.

Coquille submicroscopique, pyramidale, avec le sommet pointu
et la base arrondie, offrant à l'extérieur de chaque côté une ligne
anguloso-sinueuse, étendue du sommet à la base, vers laquelle
tombent un peu obliquement des sillons, indices des cloisons qui
partagent la cavité en loges assez nombreuses, empilées sur deux
rangs , les unes au-dessus des autres ; aucune trace d'ouverture
extérieure.

Ex. La Textulaire Sagittule. *Textularia Sagittula*. Defr.,
pl. V, fig. 6.

Observ. Ce genre, fort voisin du précédent, ne renferme encore
qu'une seule espèce, également fossile en Italie.

FAM. II. — *PLANULACÉS*. PLANULACEA.

Animal entièrement inconnu, même par analogie.
Coquille très-déprimée, non spirale, cloisonnée, celluleuse,

ayant les cloisons visibles à l'extérieur par des sillons qui augmentent de longueur du sommet à la base; des cellulosités marginales.

RÉNULINE. *Renulina.*

Coquille très-aplatie, semi-discoïde, operculiforme, équilatérale, sillonnée des deux côtés par une série de cannelures concentriques sur le même plan, augmentant de la première, qui entoure un sommet mamelonné, à la dernière, formant le bord libre, percé d'autant de pores qu'il y a de cannelures.

A. Espèces dont le bord terminal est arrondi; celui du sommet plus ou moins excavé.

Ex. La Rénuline operculaire. *Renulina opercularia.* Lamck.. Pl. VI, fig. 3; et Enc. mét., pl. 465, fig. 8.

B. Espèces dont le bord terminal est plus ou moins anguleux, et le sommet non enfoncé et saillant.   (G. FRONDICULAIRE, Defrance.)

Ex. La R. aplatie. *R. complanata.* Defr., pl. VI, fig. 2.

Observ. Ce genre ne contient encore que trois espèces, toutes les trois fossiles, l'une de la première section, et les deux autres de la seconde. Je les ai examinées dans la collection de M. Defrance.

PÉNÉROPLE. *Peneroplis.*

Coquille très-aplatie, un peu courbée dans sa longueur, ou même subspirée au sommet, sillonnée transversalement des deux côtés par des stries, indices des cloisons, augmentant rapidement de la première à la dernière, qui est marginale et percée d'une rangée longitudinale de trous ou de pores.

A. Espèces triangulaires, presque droites, ou à peine courbées dans leur longueur.   (G. PLANULAIRE, Defrance.)

Ex. La Pénérople Oreille. *Peneroplis Auris.* Defr., pl. VI, fig. 1.

B. Espèces spirées au sommet.

Ex. La P. dilatée. ***P. dilatata***. D. M., Von Ficht., tab. 16, f. *d. f.*, 2ᵉ var.

Observ. Ce genre ne renferme que trois espèces : nous avons vu celle de la première section dans la collection de M. Defrance, elle est fossile. Les deux de la seconde, figurées par Von Fichtel, ont été rapportées par M. de Lamarck, à son genre Cristellaire.

Fam. III. *NUMMULACÉS*. Nummulacea.

Animal entièrement inconnu, contenant probablement dans sa partie dorsale et verticalement placée, une coquille ou corps crétacé, discoïde ou lenticulaire, ne laissant voir à l'extérieur aucune trace des tours de la spire entièrement intérieure et partagée en un grand nombre de petites loges ou cellules séparées par des cloisons sans siphon.

Nummulite. *Nummulites.*

Coquille lenticulaire, bombée sur les deux faces, amincie sur les bords, et n'offrant à l'extérieur aucune trace de spire, ni même d'ouverture.

A. Espèces lisses.

Ex. La Nummulite lisse. *Nummulites lævigata*. Pl. IV, fig. 2.

B. Espèces tuberculées.   (G. Licophre. D. M.)

Ex. La N. Lentille. *N. Lenticulus*. Ficht., tab. 17, fig. *a b*.

Observ. M. Defrance fait de l'espèce de la seconde section un genre de polypiers. Toutes les espèces de nummulites sont fossiles. M. Defrance en compte vingt.

Hélicite. *Hélicites.*

Coquille discoïde, tranchante sur les bords, convexe sur les deux faces, du centre desquelles partent à l'extérieur des stries rayonnantes jusqu'à la circonférence, sans trace de spire extérieure ni d'ouverture.

A. Espèces seulement striées. (G. Rotalite. D. M.)

Ex. L'Hélicite rayonnée. *Helicites radiatus*. Ficht. , tab. 7, f. 9.

B. Espèces striées et tuberculeuses. (G. Égéone. D. M.)

Ex. L'H. perforée. *H. perforatus*. Ficht. , tab. 7, fig. *h*.

Observ. M. de Lamarck paroît regarder les corps crétacés de ce genre comme des espèces de nummulites. Ses rotalites paroissent différer notablement du genre que Denys de Montfort a nommé de même.

SIDÉROLITE. *Siderolites*.

Coquille discoïde subrégulière , bombée et finement tuberculeuse sur les deux faces, amincie et lobée irrégulièrement sur les deux bords , n'offrant à l'extérieur aucune trace de spire , et rarement une ouverture sublatérale et assez irrégulière.

A. Espèces lobées à leur circonférence d'une manière irrégulière.
(G. Tinopore. D. M.)

Ex. La Sidérolite de Spengler. *Siderolites Spengleri*. Ficht. , tab. 15 , fig. *i k*.

B. Esp. lobées d'une manière presque régulière. (G. Sidérolite. D. M.)

Ex. La S. calcitrapoïde. *S. calcitrapoïdes*. Pl. V, fig. 7 ; et E. m., pl. 470 , fig. 4 , *a k*.

On connoît deux espèces vivantes et un fossile subanalogue , suivant M. Defrance , dans ce genre singulier.

ORBICULINE. *Orbiculina*.

Coquille discoïde ou subdiscoïde , lenticulaire , à sommet excentrique , tranchante sur les bords ; la spire un peu visible ; le dernier tour enveloppant et cachant tous les autres ; son bord , libre ou terminal , percé d'un grand nombre de pores.

A. Espèces à sommet mamelonné. (G. Ilote. D. M.)

Ex. L'Orbiculine numismale. *Orbiculina numismalis*. Pl. VII, fig. 4 ; et Enc. m. , pl. 468 , fig. 1 , *a b c d*.

B. Espèces à sommet non mamelonné et non ombiliquées.
(G. Hélénide. D. M.)

Ex. L'O. uncinée. *O. adunca*. Enc. m., pl. *id.*, f. 2, *a b c*.

C. Espèces à sommet ombiliqué.　　　(G. Archidie. D. M.)

Ex. l'O. anguleuse. *O. angulata*. Enc. m., pl. 468, f. 3, *a b c*.

Observ. Ce genre ne contient encore que trois espèces vivantes.

Placentule. *Placentula*.

Coquille discoïde, sublenticulaire, également convexe sur les deux côtés, à cloisons visibles à la surface, et rayonnante du centre à la circonférence; ayant une ouverture visible, linéaire; rayonnante sur l'un seulement, ou sur les deux côtés.

A. Espèces dont l'ouverture n'existe que sur un des côtés, et dont le sommet est central.　　　(G. Éponide. D. M.)

Ex. La Placentule pulvinée. *Placentula pulvinata*. Pl. VII, fig. 5; et Enc. m., pl. 466, f. 9, *a b c d*.

B. Espèces dont l'enroulement spiral est apparent, et l'ouverture sur les deux côtés.　　　(G. Florilie. D. M.)

Ex. La P. rayonnante. *P. asterisans*. E. m., pl. 405, f. 10, *a b c*.

Observ. M. de Lamarck a aussi nommé ce genre *Pulvinule* dans les planches de l'Encyclopédie méthodique. Il ne renferme encore que deux espèces vivantes.

Vorticiale. *Vorticialis*.

Coquille discoïde, lenticulaire, ou renflée, et plus ou moins mamelonnée sur chaque centre; la circonférence carénée; spire non visible, le dernier tour enveloppant tous les autres, mais débordant un peu l'avant-dernier, de manière à former une ouverture fort étroite; cloisons nombreuses, cellulées.

A. Espèces à centres très-mamelonnés; l'ouverture linéaire.
(G. Cellulie. D. M.)

Ex. La Vorticiale craticulée. *Vorticialis cratieulata*. Pl. VII,
fig. 6 ; et Enc. m., pl. 470, f. 1 , *a b c*.

B. Espèces à centres très-mamelonnés ; l'ouverture linéaire percée
d'un grand nombre de pores. (G. Théméone. D. M.)

Ex. La V. crépue. *V. crispa*. Ficht., tab. 4 , fig. *D E F*.

C. Espèces à centres moins mamelonnés ; la carène denticulée ; l'ouverture un peu plus grande. (G. Sporulie. D. M.)

Ex. La V. marginée. *V. marginata*. Enc. m., pl. 470 , fig. 3 ,
a b.

D. Espèces à centres subombiliqués ; l'ouverture encore plus grande.
(G. Andromède. D. M.)

Ex. La V. strigilée. *V. strigilata*. Enc. m., pl. 470 , f. 2 ,
a b.

Observ. C'est un genre de coquilles microscopiques , formé de
quatre espèces vivantes.

ORDRE TROISIÈME. — POLYTHALAMACÉS.
Polythalamacea.

Corps contenu en plus ou moins grande partie dans la première
loge d'une coquille polythalame , ou la renfermant tout entière.
Coquille droite , ou plus ou moins enroulée dans le même plan,
partagée en un nombre assez peu considérable de loges , dont la
première est la plus grande , par des cloisons percées par un ou
plusieurs siphons.

Observ. Cet ordre est véritablement établi sur la connoissance
incomplète que nous avons de l'animal du nautile et de la spirule ; mais l'analogie rationnelle en rapproche évidemment les bélemnites, les orthocères , les ammonites et quelques genres voisins ; il n'en est pas de même des hamites , des scaphites ; car
nous ne savons guère ce que c'est. Nous rangeons les genres de
coquilles qui constituent cet ordre d'après le degré d'enroulement
du cône spiral , d'abord droit, et finissant par être tel qu'on n'en
aperçoit plus de trace à l'extérieur.

FAM. 1. — ORTHOCÉRÉS. ORTHOCERATA.

Animal tout-à-fait inconnu.

Coquille conique ou un peu comprimée, droite ou un peu arquée, sans autre indice d'enroulement ; les cloisons sinueuses ou simples percées d'un siphon.

Tous les genres de cette famille ne contiennent que des espèces fossiles, ne sont que des moules plus ou moins incomplets, aussi sont-ils en général assez mal établis.

* *A cloisons simples.*

BÉLEMNITE. *Belemnites.*

Coquille conique ou un peu comprimée, droite ou à peine courbée dans toute sa longueur ou à l'extrémité ; creusée à sa base seulement par une petite cavité conique, dans laquelle sont empilées des cloisons simples, concaves, percées par un siphon marginal dont l'ensemble constitue l'*alvéole*. (G. CALLIRHOÉ. D. M.)

A. Espèces droites, subtriquètres ; sans cavité, ni entailles, ni cannelure.

Ex. La Bélemnite pleine. *Belemnites plenus*. Pl. XI *bis*, fig. 3.

B. Espèces droites, subtriquètres ; la cavité très-petite et une fissure sur son bord, sans cloisons.

Ex. La B. de Scanie. *B. Scaniæ*. Pl. XI, fig. 6.

C. Espèces droites, à cavité assez grande, fissurée sur ses bords ; sans cloisons.

Ex. La B. mucronée. *B. mucronatus*. Pl. XI, fig. 5.

D. Espèces droites, à cavité assez grande, un canal basilaire fort long ; des cloisons.

a. Coniques.

Ex. La B. aiguë. *B. acutus*. Pl. XI *bis*, fig. 4.

b. Renflées et déprimées.

Ex. La B. hastée. *B. hastatus*. Pl. XI *bis*, fig. 5.
  (G. Hibolithe et Porodrague. D. M.)

E. Espèces droites à cavité assez grande, sans fissures, ni cannelures
à la base ; deux sillons au sommet.

 Ex. La B. bicanaliculée. *B. bicanaliculatus*. Pl. XI *bis*, fig. 6.

F. Espèces droites à cavité assez grande, sans fissure, ni cannelure à
la base ni au sommet.

 a. Sans plis au sommet.

 Ex. La B. gigantesque. *B. gigas*. Pl. XI *bis*. fig. 7.

 b. Avec plis au sommet.   (G. Cetocine. D. M.)

 Ex. La B. penicillée. *B. penicillatus*. Pl. XI, fig. 8.

G. Espèces à cavité très-grande proportionnellement.

 Ex. La B. obtuse. *B. obtusus*. Knorr, Petref. Supplém. pl. 4.

H. Espèces droites, coniques, terminées au sommet par un pore
étoilé, entouré d'un cercle de petits tubercules. (G. Acame. D. M.)

 Ex. La B. multiforée. *B. multiforatus*. Knorr, *loc. cit.* fig. 1-2-3.

I. Espèces un peu courbes vers l'extrémité, terminées par un pore
au sommet et une ouverture étroite alongée au dessous.
    (G. Paclite. D. M.)

 Ex. La B. biforée. *B. biforatus*. Knorr, *loc. cit.* fig. 7.

Observ. Les espèces de ce genre toutes fossiles ont jusqu'ici été
fort mal caractérisées ; celles qui constituent les deux dernières
divisions paroissent avoir été altérées, et les caractères sont tirés
de ces altérations. M. Defrance annonce vingt-quatre espèces dans
ce genre ; j'en caractérise à peu près trente-six dans un travail
non publié sur ce genre.

Conulaire. *Conularia*.

Coquille épaisse, striée finement en travers, de forme conique,
droite ou presque droite, à sommet obtus, solide dans la plus
grande partie de sa base, creusée et partagée en un assez petit
nombre de loges par des cloisons simples dans le reste de sa longueur ; siphon inconnu.

Ex. La Conulaire de Sowerby. *Conularia Sowerbii*. Defr., pl. XIV, fig. 2.

Observ. C'est un genre bien singulier, mal connu, et sans presqu'aucun doute mal placé ici : il ne renferme qu'une espèce fossile.

CONILITE. *Conilites.*

Coquille droite ou légèrement arquée, à parois fort minces ; la cavité remplie dans toute son étendue par une succession de cloisons simples, augmentant de la première à la dernière, qui est à une assez grande distance de l'ouverture ; siphon central ou marginal.

A. Espèces dont le noyau ou l'alvéole est subséparable.

Ex. Le Conilite pyramidal. *Conilites pyramidalis* , Lamck. (Non fig.)

B. Espèces droites, coniques, dont les cloisons paroissent adhérentes. (G. ACHÉLOÏTE. D. M.)

Ex. Le C. acheloïte. *C. achelois*. Knorr, Suppl. , t. IV, f. 1.

C. Espèces un peu courbées en corne.   (G. AMIMOME. D. M.)

Ex. Le C. onguliforme. *C. ungulatus*. Knorr, Suppl., t. IV, f. 1.

D. Espèces de même forme, mais comme cariées à la superficie. (G. THALAMULE. D. M.)

Ex. Le C. polimite. *C. polimitus*. Knorr, Suppl. , t. IV, fig. 8-9.

Observ. Peut-être faut-il encore rapprocher de ce groupe, ou considérer comme une série de cloisons d'une espèce du genre suivant, le fossile dont Denys de Montfort a fait son genre *Raphanistre?* malheureusement il paroît n'avoir été encore vu que par ce naturaliste.

Son thalamule polimite paroît n'être autre chose que le conilite onguliforme altéré, et son acheloïte une alvéole de bélemnite.

ORTHOCÈRE. *Orthoceras.*

Coquille droite ou à peine courbée, conique, partagée en un assez petit nombre de loges renflées ou non par des cloisons transverses plus étroites et percées par un siphon central ou marginal.

A. Espèces lisses, à siphon marginal ou submarginal.

Ex. L'Orthocère régulière. *Orthoceras regularis.* Pl. XI, f.

B. Espèces striées, annelées, à siphon central.

Ex L'O. annelé. *O. annelatus.* Pl. XIV, fig. 1.

C. Espèces striées longitudinalement, à loges peu renflées; siphon central.

Ex. L'O. Rave. *O. Raphanus.* Enc. m., pl. 465, fig. 2, *a b c.*

D. Espèces non striées et à loges très-renflées.
(G. NODOSAIRE. Lamck.)

Ex. L'O. Radicule. *O. Radicula.* Enc. m., pl. 465, fig. 4.

E. Espèces coniques, courbées dans plusieurs sens, et dont les loges polygones sont presque articulées par le siphon.
(G. RÉOPHAGE. D. M.)

Ex. L'O. queue de scorpion. *O. scorpiurus.* Sold., Test., p. 162. *k.*

F. Espèces sub-cylindriques dont les cloisons ou loges sont renflées en forme de barillet, séparées par un siphon. (G. MOLOSSE. D. M.)

Ex. L'O. grêle. *O. gracilis.* Blum. *Archæol.*, tab. 2, fig. 6.

Observ. C'est encore un genre mal connu qui auroit besoin d'être étudié avec soin. Il renferme un assez petit nombre d'espèces, les unes vivantes, les autres fossiles. Les premières pourroient bien être pour la plupart des baguettes d'oursins; quant aux secondes, M. Defrance en indique onze; mais il convient qu'il est douteux qu'elles appartiennent au même genre. Faut-il en rapprocher le corps organisé fossile, dont M. Sowerby a fait son genre *Amplexus*, et qui se compose d'une série d'articulations courtes, dentelées régulièrement sur leurs bords, dont l'ensemble ressemble tellement à quelques coraux que M. Sowerby l'a nommé A. Coralloïde, *A. coralloides?* il est figuré pl. XIII, fig. 2.

** *A cloisons sinueuses.*

BACULITE. *Baculites.*

Coquille droite, plus ou moins comprimée, conique, très-alongée ; à cloisons irrégulièrement espacées, sinueuses, et percées par un siphon marginal.

A. Espèces dont l'ouverture est ronde?

Ex. La Baculite vertébrale. *Baculites vertebralis.* Pl. XII,

B. Espèces dont l'ouverture est ovale.   (G. Tiranite. D. M.)

Ex. La B. de Knorr. *B. Knorrii.* Knorr, Suppl., pl. 12. f. 1-5.

C'est un genre composé d'une seule espèce fossile.

Fam. II. — *LITUACÉS.* Lituacea.

Animal à peu près inconnu, si ce n'est dans la spirule.

Coquille polythalame ou cloisonnée, symétrique, enroulée dans une plus ou moins grande partie de son étendue, mais constamment droite vers sa partie terminale, de manière que l'ouverture n'est jamais modifiée par l'avant-dernier tour. Les cloisons simples ou sinueuses, percées par un siphon.

* *A cloisons simples.*

ICHTHYOSARCOLITHE. *Ichthyosarcolithes.*

Coquille enroulée circulairement, comprimée ou à coupe ovale, à cloisons simples, obliques, en forme de deux cônes ou cornets, laissant un moule composé d'articulations inégales, ovales, aplaties, imbriquées comme les muscles épais et triangulaires du corps des poissons; siphon marginal indiqué par un sinus latéral du moule.

Ex. L'Ichthyosarcolithe triangulaire. *Ichthyosarcolithes triangularis.* Desmarest, pl. XI, fig. 2, et Journ. de Phys., juillet 1817.

Observ. Ce genre paroît ne renfermer encore que l'espèce qui lui
a servi de type. Elle est fossile.

LITUOLE. *Lituola*.

Coquille subsymétrique, partiellement en spirale ; la partie
spirée à tours contigus ; la partie terminale ou droite fermée par un
diaphragme percé de plusieurs trous.

Ex. La Lituole nautiloïde. *Lituola nautiloides*. Pl. II, fig. 3 ;
et E. m., pl. 465, fig. 6.

Observ. On ne connoît encore que deux espèces de Lituole,
toutes deux fossiles.

SPIRULE. *Spirula*.

Animal ayant le corps alongé, cylindrique, terminé en arrière
par deux lobes latéraux qui cachent en partie la coquille ; tête
pourvue de cinq paires d'appendices tentaculaires, dont deux plus
longs, à peu près comme dans les sépiacés (1).

Coquille bien symétrique, longitudinalement enroulée dans
presque toute sa longueur ; le cône spiral conique, régulier, circulaire ; les tours de spire bien évidens ; les cloisons simples, concaves, percées par un seul siphon.

A. Espèces dont les tours de spire ne se touchent pas, et dont le
siphon est inférieur.

Ex. La Spirule de Péron. *Spirula Peronii*. Pl. IV., fig. 1, sous
le nom de Spirule australe, et E. m., pl. 465, f. 5, *a b*.

B. Espèces dont les tours de spire ne se touchent pas ; le dernier
droit et très-long ; le siphon médian.   (G. HORTOLE. D. M.)

Ex. La S. Crosse. *S. convolvans*. D. M., t. 1, p. 282.

---

(1) D'après une lettre écrite dernièrement par M. de Fréminville à
M. Brongniart, il paroitroit que l'animal de la spirule seroit tout différent
de cette description, que nous devons à Péron. Cependant M. de Roissy
qui a vu l'individu rapporté par celui-ci, nous a confirmé la caractéristique que nous venons de donner.

C. Espèces dont les tours de spire sont contigus; le siphon médian.
(G. SPIROLINE de Lamck. LITUITE. D. M.)

Ex. La Sp. cylindracée. *Sp. cylindracea*. Pl. V, fig. 1. Enc.
m. , pl. 466, fig. 2, *a b*.

On ne connoît à l'état vivant, dans ce genre, que la Spirule de
Péron. Cette coquille me paroît devoir être tout-à-fait intérieure;
son commencement est formé par des espèces de nodosités.

** *A cloisons sinueuses.*

HAMITE. *Hamites*.

Coquille fort alongée, longuement conique, à coupe circulaire,
droite ou recourbée dans une partie variable de sa longueur; le
bord des cloisons sinueux; siphon margino-dorsal.

A. Espèces dont le bord des cloisons n'est pas sinueux.

Ex. L'Hamite comprimée. *Hamites adpressus*. Sow., Min.
Conch, , pl. 61.

B. Espèces dont le bord des cloisons est sinueux.

Ex. L'H. cylindrique. *H. cylindricus*. Def. Pl. XIII, fig. 1.

Observ. C'est un genre d'ammonites qui n'est connu que par des
moules incomplets, que l'on rencontre assez fréquemment dans les
couches anciennes à bélemnites et à ammonocératites. M. Sowerby
en figure une douzaine d'espèces, et M. Defrance en cite quinze.

AMMONOCÉRATITE. *Ammonoceratita*.

Coquille conique, arquée, formant à peine un demi-tour; les
cloisons sinueuses; un seul siphon marginal ne perçant pas les
cloisons.

Ex. L'Ammonocératite glossoïde. *Ammonoceratita glossoidea*.
Pl. XI, fig. 1.

Fam. III. — *CRISTACÉS*. Cristacea.

Animal entièrement inconnu.

Coquille ordinairement fort aplatie; symétrique; si ce n'est peut-être au sommet, qui est excentrique et spiré; le dernier tour presque droit, beaucoup plus grand que les autres, qui sont très-peu nombreux; l'ouverture variable, mais non modifiée; les cloisons toujours visibles à l'extérieur.

Crépiduline. *Crepidulina.*

Coquille ovale, alongée, à sommet spiré fort petit; le dernier tour très-grand, ovale; presque droit dans toute son étendue, l'ouverture très-ample, ovale, fermée par un diaphragme de même forme.

A. Espèces dont la cloison terminale est percée en avant par un siphon étoilé.   (G. Astacole. D. M.)

Ex. La Crépiduline Astacole. *Crepidulina Astacolus.* Pl. X, fig. 8, et Ficht., pl. 19, f. *g h i.*

B. Espèces dont la cloison terminale est fendue dans son milieu, et dont le dos n'est pas caréné.   (G. Cancride. D. M.)

Ex. La C. Auricule. *C. Auricula.* Ficht., pl. 2. fig, *d e f.*

C. Espèces dont la cloison terminale est entière et le dos caréné.
                                   (G. Périple. D. M.)

Ex. La C. alongée. *C. elongata.* Soldan., Test., var. 190, *bb* 4.

Observ. Les trois dernières divisions génériques, qui me paroissent susceptibles d'être adoptées, sont réunies dans un seul genre (*cristellaire*) par M. de Lamarck. M. Defrance en compte sept fossiles et sept vivantes.

Oréade. *Oreas.*

Coquille peu comprimée, semi-discoïde, subcarénée; l'ouverture grande, ovale, fermée par la dernière cloison marginale, bombée et sans siphon ni rimule.

Ex. L'Oréade auriculaire. *Oreas auricularis.* Pl. X, fig. 4; et E. m., pl. 467, f. 7, *a b e.*

LINTHURIE. *Linthuris.*

Coquille assez comprimée, à dos caréné, et dont le bord terminal présente une ouverture fort étroite, fort longue, avec une rimule étoilée à sa partie antérieure.

Ex. Le Linthurie Casque. *Linthuris Cassis.* Pl. X, fig. 5; et Enc. m., pl. 467, f. 5, *a b c d.*

FAM. IV. — *AMMONACÉS.* AMMONACEA.

Animal complètement inconnu.

Coquille à parois extrêmement minces, cloisonnée, discoïde, et plus ordinairement comprimée, non carénée, à spire enroulée complètement du sommet à la base dans une direction verticale et d'arrière en avant, de manière que tous les tours sont visibles; le dernier beaucoup plus grand que tous les autres, mais ne modifiant que fort peu l'ouverture ; un ou plusieurs siphons.

DISCORBITE. *Discorbites.*

Coquille discoïde, en spirale, dont tous les tours sont visibles, contigus, peu serrés, au point que l'ouverture est à peine modifiée ; les cloisons assez nombreuses, visibles à l'extérieur, et les loges renflées.

Ex. La Discorbite vésiculaire. *Discorbites vesicularis.* Pl. V, fig. 5. ; et E. m., pl. 466, f. 7, *a b e.*

Observ. M. Defrance compte huit espèces dans ce genre, et toutes fossiles.

SCAPHITE. *Scaphites.*

Coquille à parois très-épaisses, ovale, naviforme, enroulée et finement striée dans presque toute sa longueur, ouverture et cavité très-étroites, circulaires : les cloisons fort petites et très-reculées

Ex. La Scaphite égale. *Scaphites æqualis*. Sowerby. Pl. XIII,
fig. 3.

Observ. Ce genre n'est encore connu qu'à l'état fossile. Il est à
peine distinct de certaines ammonites. Il ne contient que deux
espèces, suivant M. Defrance.

Ammonite. *Ammonites*.

Coquille discoïde plus ou moins comprimée ; les tours de spire
plus ou moins évidens ; l'ouverture à bords un peu évasés ; les cloisons constamment sinueuses ; un siphon dorsal.

Ex. L'Ammonite colubrine. *Ammonites colubrina*. Pl. IV,
fig. 7, sous le nom de Simplegade colubrine.

Observ. Les espèces de ce genre ne sont encore connues qu'à
l'état fossile, et même presque toujours à l'état de moule. D'où
il résulte qu'elles ne sont représentées que par des assemblages
libres ou non de noyaux moulés dans les concamérations qui ne
donnent aucun des caractères extérieurs.

La disposition de ces espèces, qui sont très-nombreuses, est
donc extrêmement difficile ; elle ne peut porter ou que sur la gradation de complication de la sinuosité des cloisons, ou mieux encore sur la progression croissante de l'apparence des tours de spire
qui commencent par n'être aperçus que dans une sorte de grand
ombilic, pour se montrer de plus en plus, au point qu'ils finissent par paroître passer aux spirules, dans lesquelles ils ne se
touchent plus, ou enfin sur l'existence et la forme de la carène
simple, double, quadruple, tuberculeuse ou non.

Nous avons fait ici un renversement dans les dénominations
imaginées par Denys de Montfort pour distinguer les ammonacés à
cloisons sinueuses et ceux à cloisons simples ; en effet il a employé
celle de simplegade pour les premiers, et celle d'ammonie pour
les seconds ; mais comme le nom d'ammonite est généralement
employé pour les cornes d'Ammon, nous avons cru ne pas devoir
suivre rigoureusement ce conchyliologiste.

Simplegade. *Simplegas*,

Coquille discoïde, comme dans les véritables ammonites, mais
dont les cloisons sont simples et non sinueuses.

A. Espèces renflées vers l'ouverture, qui est très-grande, et à dos arrondi.					(G. Ammonie. D. M.)

Ex. Le Simplegade flambé. *Simplegas virgatus*. D. M. , t. 1, p. 75.

B. Espèces très-aplaties ; le dos arrondi ; l'ouverture petite.					(G. Planulite. D. M.)

Ex. Le S. gauffré. *S. undulosus*. D. M. , t. 1 , p. 82.

C. Espèces très-aplaties ; le dos arrondi ; mais de forme générale ovale.					(G. Ellipsolite)

Ex. Le S. cordonné. *S funatus*. D. M. , t. 1 , p. 86.

D. Espèces très-aplaties, à dos caréné ; l'ouverture anguleuse.					(G. Amalté. D. M.)

Ex. Le S. perlé. *S. margaritaceus*. D. M. , t. 1 , p. 90.

Ce genre des ammonites n'a été jusqu'ici que très-incomplètement étudié : espérons que M. de Roissy, qui s'en occupe depuis long-temps, trouvera de bons caractères pour distinguer les espèces, ce qui seroit d'une grande utilité à la géologie. Dans l'état actuel de la science, M. Defrance compte cent vingt espèces, et avoue qu'il n'y eu a pas davantage · mais sur quoi repose son assertion ? toutes sont fossiles.

L'espèce sur laquelle repose la première division paroît n'être qu'un nautile dont les tours de spire sont visibles, pour les personnes qui s'attachent davantage à la forme des cloisons qu'à celle de la spire, pour séparer les nautiles des ammonites.

Fam. V. — *NAUTILACÉS*. Nautilacea.

Animal incomplètement connu d'après celui du nautile.

Coquille plus ou moins discoïde, comprimée, enroulée verticalement et bien symétriquement dans le même plan ; le dernier tour beaucoup plus grand que les autres, qu'il cache entièrement, et dépassant l'avant-dernier de manière à pouvoir former constamment une ouverture grande, ovale, toujours modifiée cependant par le retour de la spire.

Les cloisons unies dans le plus grand nombre des cas, percées d'un ou plusieurs trous.

ORBULITE. *Orbulites.*

Coquille absolument de même forme que celle des nautiles véritables, mais ayant des cloisons sinueuses et percées d'un seul siphon marginal.

A. Espèces non ombiliquées, à cloisons peu sinueuses.
(G. AGANIDE. D. M.)

Ex. L'Orbulite encapuchonné. *Orbulites cucullata.* D. M. , t. 1, p. 31. Le nautile zig-zag de Sowerby et de M. Defrance est de cette section.

B. Espèces ombiliquées à cloisons beaucoup plus tourmentées; le siphon marginal.
(G. PÉLAGUSE. D. M.)

Ex. L'O. épaisse. *O. crassa.* Pl. VIII, fig. 4.; et D. M., t. 1, p. 62.

Observ. Ce genre ne contient encore que des coquilles fossiles. M. Defrance porte à douze le nombre des espèces connues.

NAUTILE. *Nautilus.*

Animal ayant le corps arrondi et terminé en arrière par un filet tendineux ou musculaire qui s'attache dans le siphon dont les cloisons de la coquille sont percées ; le manteau ouvert obliquement et se prolongeant en une sorte de capuchon au-dessus de la tête pourvue d'appendices tentaculaires, comme digités et entourant l'ouverture de la bouche.

Coquille discoïde assez peu comprimée, à dos arrondi ou subcaréné, ombiliquée ou non, mais jamais mamelonnée; les cloisons simples, non visibles à l'extérieur ; la dernière profondément enfoncée et percée d'un ou deux siphons.

A. Espèces non ombiliquées; le dos arrondi ; l'ouverture ronde; un seul siphon subcentral.

Ex. Le Nautile flambé. *Nautilus Pompilius.* Pl. IV, fig. 8 ; et Enc. mét. , pl. 471 , f. 3 , *a b.*

B. Espèces non ombiliquées, à dos caréné et l'ouverture anguleuse.
(G. ANGULITHE. D. M.)

Ex. Le N. triangulaire. *N. triangularis.* Pl. VIII , fig. 1 ; et D. M. , t. 1 , p. 6.

C. Espèces ombiliquécs, à dos arrondi ; un seul siphon.
                                    (G. Océanie. D. M.)

Ex. Le N. ombiliqué. *N. umbilicatus.* Pl. VIII , fig. 2 ; et Favan , pl. 7, lit. *D I.*

D. Espèccs ombiliquécs, à dos arrondi , à deux siphons.
                                    (G. Bisiphite. D. M.)

Ex. Le N. à deux siphons. *N. bisiphites.* Pl. VIII , fig. 3 ; et D. M. , t. 1 , p. 54.

Observ. Ce genre , qui ne renferme que deux ou trois espèces vivantes , en contient quinze fossiles , suivant M. Defrance. Il paroît douteux qu'il y ait réellement des nautiles à deux siphons. Ce qu'on a pris pour le second n'est qu'un enfoncement des cloisons. Celles-ci sont quelquefois un peu sinueuses.

POLYSTOMELLE. *Polystomella.*

Coquille discoïde, subcarénée , mais non armée ; les centres ordinairement ombiliqués ou subombiliqués , les cloisons simples , assez nombreuses , formant à l'extérieur des stries rayonnantes du centre à la circonférence ; la dernière plus ou moins enfoncée et percée d'un nombre variable de trous ou de crénelures.

A. Espèccs qui ont la dernière cloison marginale percée de six trous dans la ligne médiane.   (G. Géopone. D. M.)

Ex. La Polystomelle planulée. *Polystomella planulata.* Pl. VIII , fig. 8. Ficht. , t. 10 ; f. *e f g.*

B. Espèces dont la dernière cloison est percée de trois paires de trous latéraux , renfermant entre eux trois stigmates en triangle et dentelée en scie contre le retour de la spire.   (G. Pélore. D. M.)

Ex. La P. ambiguë. *P. ambigua.* Ficht. , t. 9 , f. *d e f.*

C. Espèces dont les cloisons sont percées par un seul trou presque dorsal.   (G. Elphide. D. M.)

Ex. La P. soufflée. *P. macellus.* Ficht. , t. 10 , f. *h i k.*

D. Espèces très-aplaties , tranchantes à la circonférence ; l'ouverture bordée par une lame étroite ; un seul siphon dorsal. (G. Phonème. D. M.)

Ex. La P. tranchante. ***P. Vortex***. Ficht. , vol. 11 , f. *d i*.

E. Espèces dont la dernière cloison est pleine et seulement crénelée vers le retour de la spire.   (G. Chrysole. D. M.)

Ex. La P. perlée. ***P. margaritacea***. Ficht., pl. 19, f. *g h j*.

F. Espèces ombiliquées dont la dernière cloison est percée d'une fente semilunaire contre le retour de la spire.   (G. Mélonie. D. M.)

Ex. La P. étrusque. ***P. etrusca***. Ficht. , pl. 2 , f. *a b c*.

Observ. Toutes les coquilles de ce genre sont microscopiques et à l'état vivant.

Lenticuline. *Lenticulina.*

Coquille lenticulaire subdiscoïde, comprimée ; le centre lisse , ou le plus souvent mamelonné ; les cloisons peu nombreuses ; visibles à l'extérieur et rayonnantes du centre à la circonférence.

A. Espèces à dos non caréné, sans mamelon ni ombilic.

Ex. La Lenticuline rotulée. ***Lenticulina rotulata***. Pl. VII, f. 7. Ann. du Mus. , v. 8 , pl. 62 , fig. 11.

B. Espèces à dos non caréné ; les centres mamelonnés ; les cloisons simples avec un siphon étoilé à la dernière.   (G. Patrocle. D. M.)

Ex. La L. dissidente. *L. querelans*. Ficht. , t. 12 , fig. *g h*.

C. Espèces à dos non caréné ; les cloisons simples , la dernière ouverte en croissant contre le retour de la spire. (G. Nonione. D. M.)

Ex. La L. soufflée. ***L. incrassata***. Ficht., tab. 4 , fig. *a b c*.

D. Espèces à dos non caréné ; la dernière cloison entière et ovale. (G. Macrodite. D. M.)

Ex. La L. cucullée. ***L. cucullata***. D. M. , t. 1 , pag. 238.

E. Espèces à dos caréné armé ; les centres mamelonnés ; les cloisons simples ; la dernière triangulaire , percée à l'angle dorsal d'une ouverture pyriforme.   (G. Robule. D. M.)

Ex. La L. tranchante. *L. cultrata.* N. Calcar. Ficht., t. 13, fig. *e f g.*

F. Espèces à dos caréné; la dernière cloison ovale, alongée, percée par une fente dans toute sa longueur.   (G. Lampadie. D. M.)

Ex. La L. Trithème. *L. Trithemus.* N. Calcar. Ficht., t. 12, fig. *d e f.*

G. Espèces à dos caréné armé; la dernière cloison percée d'un trou subdorsal.   (G. Pharame. D. M.)

Ex. La L. perlée. *L. margaritacea.* N. Calcar. Ficht., t. 11, f. *i k.*

H. Espèces à dos caréné; les centres ombiliqués; la dernière cloison enfoncée et percée par un siphon.   (G. Anténore. D. M.)

Ex. La L. diaphane. *L. diaphanea.* D. M., t. 1, p. 70.

I. Espèces à dos caréné; les centres mamelonnés; la dernière cloison enfoncée, percée par un siphon.   (G. Clisiphonte. D. M.)

Ex. La L. Molette. *L. Calcar.* Buff. Sonnini, pl. 47, fig. 4.

K. Espèces carénées; les centres mamelonnés; la dernière cloison percée en avant par une rimule étoilée.   (G. Rhinocure. D. M.)

Ex. La L. Araignée. *L. aranrosa.* D. M., t. 1, p. 234.

L. Espèces carénées, armées; la dernière cloison triangulaire et percée par une rimule étoilée.   (G. Hérione. D. M.)

Ex. La L. rostrée. *L. rostrata.* Ficht., t. 12, f. *a b c.*

M. Espèces carénées, armées; la dernière cloison presque marginale et percée de trois trous en avant d'une rimule au centre.

                             (G. Sphinctérule. D. M.)

Ex. La L. membrée. *L. costata.* Ficht., t. 13, f. *g h i.*

Observ. Ce genre renferme six espèces fossiles et un assez grand nombre de vivantes, toutes microscopiques.

Fam. VI. — *TURBINACÉS.* Turbinacea.

Animal inconnu.

Coquille plus ou moins turbinée, non symétrique ou enroulée de manière à ce qu'un côté forme une base aplatie, et que l'autre

est plus ou moins relevé au sommet ; ouverture non symétrique ;
les cloisons simples et entières.

CIBICIDE. *Cibicides.*

Coquille trochoïde, très-aplatie, et ombiliquée avec les cloisons
visibles et rayonnantes du centre à la circonférence d'un côté,
conique, mais non spirée de l'autre ; l'ouverture linéaire de toute
la hauteur de ce côté.

Ex. Le Cibicide glacé. *Cibicides refulgens.* Pl. X, fig. 2, et
Sold., Test., pl. 46, f. 170.

Observ. On ne connoît encore qu'une espèce dans ce genre.

ROTALITE. *Rotalites.*

Coquille orbiculaire, conoïde ou turbinée d'un côté, aplatie,
rayonnée en dessous par l'apparence des cloisons de l'autre ; l'ouverture marginale trigone et renversée.

A. Espèces dont le sommet est petit et simple.

Ex. La Rotalite trochidiforme. *Rotalites trochidiformis.* Pl. X,
fig. 1 ; et E. m., pl. 466, f. *a b.*

B. Espèces dont le sommet est gros et mamelonné ; l'ouverture lancéolée.   (G. STORILLE. D. M.)

Ex. La R. Storille. *R. Storillus.* D. M., t. 1, pag. 131.

C. Espèces enroulées en forme de turban, à bords arrondis ; les cloisons
très-obliques.   (G. CIDAROLLE. D. M.)

Ex. La R. Cidarolle. *R. Cidarollus.* Sold., Polyth., t. 36,
v. 168.

D. Espèces dont les tours de spire, et par conséquent la base, sont
carénés, et l'ouverture triangulaire, régulièrement modifiée par le retour de la spire.   (G. CORTALE. D. M.)

Ex. La R. Cortale. *R. Cortalis.* Soldan., t. 86, var. 162, v.

Observ. Ce genre ne renferme que cinq espèces, toutes fossiles,
suivant M. Defrance.

Fam. VII. — *TURRICULACÉS*. Turriculacea.

Animal complètement inconnu.

Coquille mince, cloisonnée, laissant un moule composé d'un grand nombre d'articulations , s'enroulant en spire turriculée , dont tous les tours sont bien visibles ; l'ouverture arrondie , non modifiée ; un siphon subcentral.

Turrilite. *Turrilites.*

Coquille turriculée ; à sommet pointu ; l'ouverture arrondie ; les articulations réunies entre elles par des surfaces sinueuses.

Ex. La Turrilite costulée. *Turrilites costulata.* Pl. IV, fig. 6 ; et D. M. , t. 1 , p. 118.

Observ. C'est un genre qui n'est connu qu'à l'état fossile, et qui ne renferme qu'une ou deux espèces.

CLASSE DEUXIÈME.

PARACÉPHALOPHORES. Paracephalophora.

Tête souvent assez peu distincte du reste du corps , mais toujours pourvue de quelques organes des sens.

Corps de forme très-variable, nu ou protégé par une coquille univalve ou subbivalve , c'est-à-dire inoperculée ou operculée , et toujours monothalame.

Bouche presque toujours armée de dents labiales ou linguales.

Anus rarement médian et postérieur , le plus souvent plus ou moins antérieur sur le côté droit.

Organes de la respiration variables pour la position , ainsi que pour la forme générale , et même pour la structure.

Appareil de la génération formé de deux sexes distincts sur deux individus , réunis sur un seul , ou ne consistant que dans le sexe femelle , ce qui constitue des mollusques dioïques , monoïques ou hermaphrodites.

SOUS-CLASSE I.

PARACÉPHALOPHORES DIOIQUES, Paracephalophora dioica.

Sexes séparés sur des individus différens, ou l'espèce étant composée de mâles et de femelles.

Observ. Aucun mollusque de cette sous-classe n'est sans coquille; tous sont aquatiques, mais peuvent très-bien vivre quelque temps hors de l'eau.

Ils ne sont pas absolument tous operculés, mais il n'y a d'opercule que dans cette sous-classe.

La coquille de l'individu femelle est constamment plus grosse, plus renflée, moins pointue à la spire que celle de l'individu mâle.

SECTION I. — *Organes de la respiration, et corps protecteur ou coquille non symétrique, et presque constamment contournée en spirale de gauche à droite.*

ORDRE PREMIER. — SIPHONOBRANCHES.
SIPHONOBRANCHIATA.

Organes de la respiration constamment formés par une ou deux branchies pectiniformes, situées obliquement sur la partie antérieure du dos, et contenues dans une cavité dont la parois supérieure est pourvue d'un canal tubiforme plus ou moins alongé et attaché à la columelle.

FAM. I. — *SIPHONOSTOMES.* SIPHONOSTOMATA.

(Genre MUREX, Linn.)

Coquille de forme variable; l'ouverture constamment prolongée en avant par un tube (1) plus ou moins long, ou échancrée.

---

(1) Nous ferons observer ici une fois pour toutes que dans la détermination des parties de la coquille, nous la supposons toujours dans sa position naturelle sur l'animal marchant devant l'observateur la tète en avant.

Corps ovale, spiral en dessus, enveloppé dans un manteau dont le bord droit est garni de lobes ou laciniures en nombre et de forme variables, pourvu en dessous d'un pied ovale, assez court, et sous-trachélien.

Tête avec les yeux situés en général à la base externe de tentacules longs, coniques, contractiles et rapprochés.

Bouche pourvue d'une longue trompe extensible, armée de denticules crochus en place de langue, mais sans dent supérieure.

Anus au côté droit dans la cavité branchiale.

Organes de la respiration formés par deux peignes branchiaux inégaux.

Terminaison de l'oviducte dans les femelles au côté droit, à l'entrée de la cavité branchiale. Celle du canal déférent à l'extrémité d'un appendice excitateur long, aplati, contractile, situé au côté droit du cou.

Coquille ordinairement ovale, à spire variable ; l'ouverture petite, prolongée en avant par un canal plus ou moins long, très-peu ou point échancré.

Un opercule corné à élémens lamelleux et comme imbriqués commençant à une extrémité.

Observ. Tous les animaux de cette famille connus jusqu'ici sont carnassiers et marins.

Les divisions génériques ou subgénériques qu'on y a établies le sont beaucoup plus sur la coquille que sur l'animal, aussi sont-elles pour la plupart artificielles, et en général fort difficiles à caractériser d'une manière qui ne laisse aucun doute.

Nous suivrons en général dans leur disposition la dégradation du canal de la coquille.

★ Pas de bourrelet persistant au bord droit.

Pleurotome. *Pleurotoma.*

Animal du Rocher. D'Argenv., Zoomorph., pl. 4, fig. *B.* (Voyez les caractères de la famille.)

Coquille fusiforme, un peu rugueuse, à spire turriculée ; ouverture ovalaire, petite, terminée par un canal droit plus ou moins long ; avec le bord droit tranchant et plus ou moins entaillé.

Opercule corné.

A. Espèces sur lesquelles l'entaille est un peu en arrière du milieu du bord et dont le tube est plus long.

Ex. Le Pleurotome Tour-de-Babel. *Pleurotoma babylonia.* Pl. XV, f. 3; et E. m., pl. 439, f. 1, *a b.*

B. Espèces sur lesquelles l'entaille est tout-à-fait contre la spire et dont le tube est court.   (G. Clavatule. Lamck.)

Ex. Le P. auriculifère. *P. auriculifera.* Pl. XV, f. 4; et E. m., pl. 439, f. 10, *a b.*

Observ. M. de Lamarck caractérise vingt-trois espèces vivantes dans ce genre. On n'en connoît pas encore dans nos mers, et cependant il y en a déjà plus de trente espèces fossiles décrites. M. Defrance en porte le nombre à 95.

Rostellaire. *Rostellaria.*

Animal entièrement inconnu.

Coquille subdéprimée, turriculée, à spire élancée, pointue; ouverture ovale par l'excavation assez grande du bord columellaire; le bord droit se dilatant avec l'âge, et ayant un sinus contigu au canal pointu qui termine la coquille.

Opercule ?

A. Espèces dont le bord droit est digité.

Ex. La Rostellaire Bec-arqué. *Rostellaria curvirostris.* Pl. XVI, f. 1, et E. m., pl. 411, f. 1, *a b.*

B. Espèces dont le bord droit dilaté n'est pas denté.
                    (G. Hippocrène. D. M).

Ex. La R. macroptère. *R. macroptera.* Pl. XVI, f. 3, et Brand., Foss. Hampt., pl. 6, f. 76.

Observ. M. de Lamarck place ce genre auprès des strombes. Il y désigne six espèces, dont une seule est d'Europe, et dont trois sont fossiles. M. Defrance en indique quinze, dont une identique du Plaisantin, et une espèce analogue à Grignon.

Fuseau. *Fusus.*

Animal tout-à-fait inconnu.

Coquille épidermée, rugueuse, fusiforme ou renflée au milieu, prolongée en arrière par la spire, et surtout en avant par le canal; ouverture ovale, à bord columellaire droit ou presque droit; l'extérieur tranchant.

Opercule ovalaire corné à élémens subconcentriques et sommet latéral.

A. Espèces turriculées ou subturriculées, non ombiliquées.

Ex. Le Fuseau Quenouille. *Fusus. Colus* Enc. mét., pl. 423, f. 2.

B. Espèces subturriculées et ombiliquées.　　　(G. Latire. D. M.)

Ex. Le F. aurore. *F. filosus*. Enc. mét., pl. 429, f. 5.

C. Espèces subturriculées et à tube échancré notablement à l'extrémité.

Ex. Le F. articulé. *F. articulatus*. Enc. m., pl. 416, f. 1, *a b*.

D. Espèces à tours de spire arrondis, renflés.

Ex. Le F. d'Islande. *F. islandicus*. Enc. mét., pl. 129, f. 2.

E. Espèces muricoïdes.

Ex. Le F. muricien. *F. muriceus*. Enc. m., pl. 428, f. 3, *a b*.

F. Espèces buccinoïdes.

Ex. Le F. buccinien. *F. buccineus*. Enc. m., pl. 427, f. 3, *a b*.

Observ. Ce genre, évidemment artificiel, contient dans M. de Lamarck trente-sept espèces vivantes, dont trois ou quatre seulement sont des mers du Nord, la plupart des autres étant de celles des Grandes-Indes, et trente-sept fossiles, presque toutes de France. M. Defrance porte le nombre de ces dernières à soixante-dix, dont quatre analogues du Plaisantin et une de Grignon.

PYRULE. *Pyrula*.

Animal entièrement inconnu.

Coquille pyriforme par l'abaissement de la spire; le canal conique fort long ou médiocre, quelquefois un peu échancré; ouverture ovale, assez grande; le bord columellaire assez excavé, entier et tranchant.

Opercule ?

A. Espèces subfusiformes, la spire étant un peu élevée.

Ex. La Pyrule carnaire. *Pyrula carnaria*. Enc. m., pl. 434, fig. 3, *a b*.

B. Espèces à tube long et assez étroit ; la spire très-courte.

Ex. La P. Tête-plate. *P. Spirillus*. Enc. m., pl. 437, f. 4, *a b*.

C. Espèces à tube long et assez étroit, mais gauches et avec l'indice d'un pli à la columelle. (G. Carreau. D. M.)

Ex. La P. sinistrale. *P. perversa*. Enc. mét., pl. 433, f. 4, *a b*.

D. Espèces plus ventrues et plus minces.

Ex. La P. Figue. *P. Ficus*. Enc. mét., pl. 432, fig. 1.

E. Espèces ventrues, à tube court ; ouverture fort grande et évasée, sensiblement échancrée. (Les P. pourpres.)

Ex. La Mélongène. *P. Melongena*. Pl. XVII, fig. 3, et Enc. m., pl. 435, f. *a b c d e*.

F. Espèces encore plus courtes ; l'ouverture très-évasée ; le bord droit subailé. (Les P. néritoïdes.)

Ex. La P. raccourcie. *P. abbreviata*. E. m., pl. 436, f. 2, *a b*.

Observ. Vingt-huit espèces vivantes, dont une seule des mers du Nord, et six fossiles, composent ce genre. M. Defrance en indique douze fossiles, dont trois analogues du Plaisantin, et trois autres, également analogues, des environs de Bordeaux.

'Fasciolaire. *Fasciolaria*.

Animal entièrement inconnu.

Coquille fusiforme ou subfusiforme ; à spire médiocre ; ouverture ovale, alongée, presque symétrique, terminée par un tube droit, assez long ; le bord externe tranchant ; le bord columellaire avec deux ou trois plis obliques.

A. Espèces fusiformes non tuberculeuses.

Ex. La Fasciolaire Tulipe. *Fasciolaria Tulipa*. Pl. XVII, fig. 2, et Enc. mét., pl. 431, fig. 2.

B. Espèces fusiformes tuberculeuses.

Ex. La F. Robe-de-Perse. *F. Trapezium*. E. m., pl. 431, fig. 3, *a b*.

C. Espèces turriculées tuberculeuses.

Ex. La F. filamenteuse. *F. filamentosa*. E. m., pl. 424, fig. 5.

Observ. Des huit espèces vivantes caractérisées par M. de Lamarck une seule est de la Méditerranée, les autres sont pour la plupart de l'Océan indien. On n'en connoît encore que sept espèces fossiles.

TURBINELLE. *Turbinella*.

Animal incomplètement connu d'après le Labarin d'Adanson et d'Argenv., Zoomorph., pl. 3, fig. *E*.

Coquille le plus ordinairement turbinée, mais aussi quelquefois turriculée, rugueuse, épaisse ; la spire de forme un peu variable ; ouverture alongée, terminée par un canal droit, souvent assez court ; le bord gauche presque droit et formé par une callosité qui cache la columelle ; celle-ci ayant deux ou trois plis inégaux presque transverses ; le bord droit entier et tranchant.

A. Espèces fusiformes et presque lisses.

Ex. La Turbinelle Rape. *Turbinella Rapa*. E. m., pl. 431 *bis*, fig. 1.

B. Espèces turbinacées et hérissées.

Ex. La T. Scolyme. *T. Scolymus*. Pl. XVII, fig. 1.

C. Espèces turriculées subfusiformes.

Ex. La T. étroite. *T. Infundibulum*. Enc. mét., pl. 424, fig. 2.

Observ. Des vingt-trois espèces caractérisées par M. de Lamarck toutes celles dont on connoît la patrie sont des mers équatoriales ou australes. On n'en a pas encore trouvé de fossiles.

⋆⋆ *Un bourrelet persistant au bord droit*.

COLOMBELLE. *Columbella*.

Animal incomplètement connu, d'après le Siger d'Adanson ; les yeux placés beaucoup au-dessous du milieu des tentacules.

Coquille épaisse, turbinée, à spire courte, obtuse ; ouverture
étroite, alongée, terminée par un canal très-court, subéchancré,
rétrécie par un renflement au côté interne du bord droit et par
quelques plis à la columelle.
Un opercule corné fort petit.

Ex. La Colombelle commune. *Columbella mercatoria.* Enc.
mét., pl. 375, fig. 4, *a b*, et la C. strombiforme. *C. strombifor-
mis*, pl. XXVIII *bis.*

Observ. Ce genre, qui renferme dix-huit espèces dans M. de
Lamarck, toutes des mers des pays chauds, seroit peut-être mieux
placé parmi les angyostomes operculés.
J'ai vu dans la collection de M. Bertrand-Geslin la C. étoilée.
C. rustica. Lamarck. *Vol. rustica* de Linnæus rapportée de l'A-
driatique.
M. Defrance n'en cite qu'une espèce fossile.
M. Say en cite une espèce vivante de l'Amérique septentrionale.
sous le nom de *C. avara;* mais elle n'a pas le caractère de l'épais-
sissement du bord droit.

TRITON. *Triton.*

Animal bien connu. (Voyez les caractères de la famille.)
Coquille ovale à spire et canal droit, médiocre, plus ordinairement rugueuse, garnie de bourrelets rares, épars et conservés en
rangées longitudinales ; ouverture subovale, alongée, terminée
par un canal court, ouvert ; le bord columellaire moins excavé
que le droit, et couvert par une callosité.
Opercule corné, ovale, arrondi et assez grand.

A. Espèces les plus lisses, à cordons peu ou point marqués, outre celui du bord droit.

Ex. Le Triton émaillé. *Triton variegatum.* Pl. XVIII, fig. 5 ;
et Enc. m., pl. 401, fig. 2, *a b.*

B. Espèces plus hérissées, dont l'ouverture est plus évasée et terminée par un canal plus ou moins ascendant.   (G. BAIGNOIRE. D. M.)

Ex. Le T. Baignoire. *T. lotorium.* Pl. XIX, fig. 2, et Enc.
m., pl. 415, fig. 3.

C. Espèces à spire plus courte, toujours très-tuberculeuses, le plus

souvent ombiliquées; un sinus à la jonction postérieure des deux bords.
(G. Aquille. D. M.)

Ex. Le T. cutacé. *T. cutaceum.* Pl. XIX, fig. 3, et le T. tuberculeux, *T. Lampas.* Pl. XVIII, fig. 1.

D. Espèces semblables à celles de la section *C,* mais dont l'ouverture
est fortement rétrécie par une callosité et des dents irrégulières.
(G. Masque. D. M.)

Ex. Le T. grimaçant. *T. anus.* Enc. m., pl. 415, fig. 3, *a b.*

E. Espèces dont l'ouverture est évasée, calleuse, non dentée; le
canal court, droit; le bord droit seul garni d'un bourrelet.
(G. Struthiolaire. Lamck.)

Ex. Le T. noduleux. *T. nodulosus.* Pl. XVII, fig. 1.

Observ. Sur trente et une espèces vivantes une ou deux au plus
sont de nos mers, et sur trois fossiles, une a son analogue reconnu. M. Defrance dit cinquante et une vivantes, dix fossiles et
une analogue du Plaisantin, d'après Brocchi.

Ranelle. *Ranella.*

Animal inconnu.
Coquille ovale, comme déprimée par la conservation de chaque
côté d'un bourrelet longitudinal; ouverture ovale, presque symétrique par l'excavation du bord columellaire, terminée en avant
par un canal court, souvent un peu échancré; un sinus à la réunion postérieure des deux bords.

A. Espèces non ombiliquées. (G. Crapaud. D. M.)

Ex. La Ranelle granuleuse. *Ranella granulata.* Pl. XVIII,
fig. 2, et E. m., pl. 413, fig. 13, *a b.*

B. Espèces ombiliquées. (G. Apolle. D. M.)

Ex. La R. Grenouillette. *R. Ranina.* Pl. XIX, fig. 1, et E.
m., pl. 412, fig. 2, *a b.*

Observ. On connoît quatorze espèces vivantes de ce genre, dont
deux de nos mers, et une seule fossile. M. Defrance en admet
cinq fossiles, dont trois identiques d'Italie.

ROCHER. *Murex.*

Animal bien connu. (Voy. les caractères de la famille.)

Coquille ordinairement ovale; la spire constamment assez peu élevée, hérissée de bourrelets longitudinaux, transversaux, ou de varices; ouverture petite, bien ovale, et symétrique par l'excavation du bord gauche formé par une lame appliquée sur la columelle, terminée en avant par un canal médiocre, quelquefois très-long et fermé; le bord droit plus ou moins garni de varices.

Opercule corné, complet, ovale, presque circulaire, à cloisons subconcentriques; sommet terminal.

A. Espèces à tube fort long et épineux. (Les BÉCASSES ÉPINEUSES.)

Ex. Le Rocher Forte-épine. *Murex Crassispina*. Pl. XVII *bis*, f. 2, et Mart. 3, t. 113, fig. 1052-1054.

B. Espèces à tube fort long et sans épines.   (G. BRONTE. D. M.)

Ex. Le R. Tête de bécasse. *M. Haustellum*. Pl. XIX, fig. 5.

C. Espèces à trois varices.   (Les R. TRIPTÈRES.)

Ex. Le R. acanthoptère. *M. acanthopterus.* E. m., pl. 417, fig. 2, *a b*.

D. Espèces à trois varices ramifiées.   (G. CHICORACÉ. D. M.)

Ex. Le R. Chicorée brûlée. *M. adustus*. Pl. XIX, fig. 4

E. Espèces qui ont un plus grand nombre de varices ou de bourrelets; le tube presque fermé.

Ex. Le R. échidné. *M. melanomathos*. E. m., pl. 415, f. 2, *a b*.

F. Espèces subturriculées.

Ex. Le R. turriculé. *M. lyratus*. E. m., pl. 438, fig. 4, *a b*.

G. Espèces subturriculées; le tube fermé; un tube percé vers l'extrémité postérieure du côté droit et persistant sur les tours de spire.
                                (G. TYPHIS. D. M.)

Ex. Le R. tubifère. *M. pungens*. Pl. XVII *bis*, fig. 3, et Brug., J. d'H. N. 2, pl. 11, fig. 3.

26

H. Espèces plus globuleuses ; la spire et le canal plus courts, très-ouverts ; l'ouverture subévasée.   (Les R. buccinoïdes.)

Ex. Le R. Rape. *M. vitulinus.* E. m., pl. 419, fig. 1, *a b.*

I. Especes qui ont un pli oblique très-antérieur à la columelle, et un ombilic.   (G. Phos. D. M.)

Ex. Le R. Lime. *M. senticosus.* E. m., pl. 419, fig. 3, *a b.*

Observ. Parmi les soixante-six espèces vivantes caractérisées par M. de Lamarck, et dont on connoisse la patrie, il y en a de toutes les mers : seize de l'Océan indien, cinq d'Amérique méridionale, deux d'Afrique, et cinq ou six des mers d'Europe. Parmi les quinze espèces fossiles de France, il n'y a pas de véritable analogue ; mais M. Defrance, qui admet cinquante espèces fossiles, en compte trente espèces analogues, du Plaisantin, d'après Brocchi.

Fam. II. — *ENTOMOSTOMES.* Entomostomata.

(Genre Buccinum. Linn.)

Animal spiral dont le pied, plus court que la coquille, est arrondi en avant ; le manteau sans lanières, et pourvu en avant de la cavité respiratrice d'un long canal toujours à découvert, dont il se sert comme d'une sorte d'organe de préhension.

Tête pourvue d'une seule paire de tentacules noirâtres portant les yeux sur un renflement de la moitié de leur base.

Bouche armée d'une trompe, comme dans la famille précédente, sans dent labiale.

Organes de la respiration, de la génération, comme dans cette même famille.

Coquille de forme très-variable, dont l'ouverture très-grande ou très-petite est sans canal évident, ou avec un canal très-court, brusquement recourbé en dessus, mais toujours plus ou moins profondément échancré en avant.

Un petit opercule corné onguiforme, ovale, à élémens subconcentriques ; le sommet peu marqué et marginal.

Observ. Cette famille diffère évidemment fort peu de celle des siphonostomes, tant pour l'animal que pour la coquille.

Les espèces qu'elle renferme ne sont pas absolument toutes marines; un très-grand nombre cependant le sont; quelques unes vivent à l'embouchure des fleuves, et un très-petit nombre sont tout-à-fait fluviatiles. Aucune n'est lacustre.

Les sections subgénériques que les conchyliologues y établissent d'après la considération seule de la coquille, sont disposées d'après le plus grand rapprochement des siphonostomes; c'est-à-dire du plus grand alongement du tube de la coquille, et ne sont guère plus nettement circonscrites que dans la famille précédente.

Nous les disposerons aussi en petits groupes d'après la forme générale de la coquille, en allant de la plus turriculée à la plus patelloïde.

* *Les E. turriculés.*

CÉRITE. *Cerithium.*

Animal très-alongé, le manteau prolongé en canal à son côté gauche, mais sans tube distinct; le pied court, ovale, avec un sillon marginal antérieur; la tête terminée par un mufle proboscidiforme, déprimé; tentacules très-distans, grossièrement anne_lés, renflés dans la moitié inférieure de leur longueur et portant les yeux au sommet de ce renflement; bouche terminale en fente verticale, sans dent labiale, et avec une langue fort petite; une seule branchie longue et étroite.

Coquille plus ou moins turriculée, tuberculeuse; ouverture petite, ovale, oblique; le bord columellaire fort excavé, calleux; le bord droit tranchant, et se dilatant un peu avec l'âge.

Opercule corné, ovale, arrondi, subspiral et strié à sa face externe, enfoncé et rebordé à l'interne.

A. Espèces qui ont évidemment un petit canal fort court et recourbé obliquement vers le dos.

Ex. La Cérite Buire. *Cerithium Vertagus.* Pl. XX, fig. 1.

B. Espèces qui ont encore un plus petit canal, mais tout droit, et un sinus bien formé à la réunion postérieure des deux bords.

(Les C. CHENILLES.)

Ex. La C. Chenille. *C. Aluco.* Pl. XX, fig. 2.

C. Espèces dont l'ouverture est divisée en trois par la fermeture du tube court antérieur , et celle du sinus postérieur.

(G. Triphore ou Tristome , Deshayes.)

Ex. La C. Tristome, *C. Tristoma.* Pl. XX, fig. 3.

D. Espèces qui ont encore un petit canal droit, dont les tours de spire sont plats et rubannés, avec un ombilic profond ; deux plis dé-currens à la columelle, et un au bord droit. (G. Nériné. Defr.)

Ex. La C. Nérinée. *C. Nerinea.* Pl. XXI *bis*, fig. 3.

E. Espèces qui n'ont pas de canal, mais une simple échancrure, et dont le bord droit se dilate fortement avec l'âge.

(G. Potamide. Brong. Pyraze. D. M.)

Ex. La C. Cuiller. *C. palustre.* Pl. XX, fig. 4.

F. Espèces dont l'ouverture sans canal est peu échancrée en avant comme en arrière, l'échancrure étant remplacée par un sinus ; le bord columellaire courbé dans son milieu ; le bord droit ne se dilatant pas.

(G. Pyrène. Lamck.)

Ex. La C. de Madagascar. *C. Madagascariense.* Pl. XXI , fig. 2, et E. m. , pl. 458, fig. 2, *a b.*

Observ. Ce genre contient cinquante-six espèces vivantes, ca-ractérisées par M. de Lamarck. La plupart sont marines, plu-sieurs autres sont de l'embouchure des fleuves, et quelques unes sont tout-à-fait lacustres. On n'en compte qu'une dans nos mers , tandis qu'on en trouve plus de cent fossiles en France et en Italie. Le genre Nériné de M. Defrance pourroit bien être mieux placé auprès des pyramidelles ; il contient cinq espèces fossiles, dans des terrains postérieurs à la craie. J'ai observé l'animal des cérites noduleuse, raboteuse et ratissoire.

MÉLANOPSIDE. *Melanopsis.*

Animal bien connu, moins spiral que dans les cérites ; le canal du manteau plus court, mais du reste peu différent.

Coquille ovale ou à peine subturriculée ; l'ouverture ovale, sans trace de tube, mais échancrée antérieurement, sans sinus posté-rieur ; le bord columellaire calleux, et assez profondément excavé.

Opercule corné, assez complet, subspiré.

A. Espèces subturriculées.

Ex. La Mélanopside à côtes. *Melanopsis costata.* De Fér.,
Monogr., pl. 1 , fig. 14 et 15, et la M. lisse. *M. lœvis.* Pl. XXI,
fig. 1.

B. Espèces ovales.

Ex. La M. buccinoïde. *M. buccinoidea. Ibid.* , pl. 1 , fig. 1-11 ,
et Pl. XVI, fig. 5.

C. Espèces renflées.

Ex. La M. de Boué. *M. Bouei. Ibid.* , pl. 2 , fig. 9-10.

Observ. Les espèces vivantes de ce genre, que M. de Lamarck
place près des mélanies, paroissent être plutôt fluviatiles que marines, au contraire des cérites. On en distingue aussi plus de fossiles que de vivantes. M. Defrance porte le nombre des premières
à dix, dont trois espèces identiques et une analogue, d'après
M. de Férussac.

Planaxe. *Planaxis.*

Animal entièrement inconnu.
Coquille solide, ovale-conique, sillonnée transversalement ;
ouverture ovale , oblongue , un peu échancrée en avant ; columelle
aplatie et tronquée antérieurement ; bord droit sillonné ou rayé
en dedans et épaissi par une callosité décurrente à son origine.

Opercule ovale, mince, corné, subspiral.

Ex. La Planaxe sillonnée. *Planaxis sulcata.* Lamck., Pl. XVI ,
fig. 4.

Observ. Ce genre, dont je ne connois pas l'animal, ne contient
dans M. de Lamarck que deux espèces vivantes, l'une de l'Inde,
l'autre de l'Amérique méridionale.

Alène. *Subula.*

Animal spiral très-élevé ; le pied très-court, rond ; la tête avec
des tentacules extrêmement petits, triangulaires, portant les yeux
au sommet ; une longue trompe labiale sans crochets. au fond de
laquelle est la bouche, également inerme.

Coquille non épidermée, turriculée, à spire pointue ; les tours de spire lisses, rubannés, bifidés ; ouverture ovale, petite, largement échancrée en avant ; le bord externe mince, tranchant ; l'interne ou columellaire chargé d'un bourrelet oblique à son extrémité.

Un opercule ovale, corné, à élémens lamelleux, comme imbriqués.

Ex. L'Alène maculée. *Subula maculata.* Pl. XVI, fig. 2, et Enc. m., pl. 402, fig. 1, *a b*, pour la coquille, et Atlas du Voyage du capitaine Freycinet, pour l'animal.

Observ. La considération de l'animal rapporté par MM. Quoy et Gaimard m'a forcé d'établir ce genre, dont la coquille avoit été jusqu'ici confondue avec les vis ; j'y range toutes les espèces dont la coquille est très-élevée, la spire très-pointue, les tours rubannés, et par conséquent le plus grand nombre des vingt-quatre espèces vivantes caractérisées par M. de Lamarck, et qui presque toutes appartiennent aux mers de l'Inde et de l'Australasie. M. Defrance porte le nombre des espèces fossiles de ce genre et du suivant à dix-sept, dont cinq identiques, trois d'Italie, une de Grignon et une de Bordeaux.

** *Les E. turbinacés*, ou *dont la spire est médiocrement alongée, rarement subturriculée.*

Vis. *Terebra.*

Animal spiral assez élevé ; le pied ovale avec un sillon transverse antérieur, et deux auricules latérales ; la tête bordée d'une petite frange ; tentacules cylindriques terminés en pointe, et fort distans ; yeux peu apparens à l'origine et au côté externe des tentacules ; bouche sans trompe ; le tube de la cavité respiratrice très-long.

Coquille non épidermée, ovalaire, à spire aiguë, assez peu élevée, ou subturriculée ; ouverture large, ovale, fortement échancrée en avant ; la columelle chargée d'un bourrelet oblique à son extrémité.

Opercule nul.

Ex. La Vis Miran. *Terebra buccinoidea.* Pl. XVI, fig. 3, et Adans, Sénég., pl. 4.

Observ. Nous ne laissons dans ce genre, qui devroit peut-être
passer dans la famille des entomostomes non operculés, que les
espèces de vis de M. de Lamarck, qui, par leur forme générale,
ont quelque ressemblance avec les buccins, comme sa vis bucci-
née, parce que nous supposons que l'animal ressemble à celui du
miran d'Adanson, qui en est le type, et qui diffère beaucoup de
celui des vis subulées, dont nous proposons de faire le genre
Alène.

Les espèces de ce genre paroissent aussi n'appartenir qu'aux
mers des pays chauds ; on doit y rapporter la vis scalarine fossile
de Parnes.

ÉBURNE. *Eburna.*

Animal entièrement inconnu.

Coquille ovale ou alongée, lisse ; la spire aiguë, ses tours comme
fondus, adoucis ; ouverture ovalaire, alongée, plus évasée, et
largement échancrée en avant ; le bord droit entier ; la columelle
calleuse postérieurement, ombiliquée, subcanaliculée à sa partie
externe ou gauche.

Opercule ?

Ex. L'Éburne alongée. *Eburna glabrata.* E. m., pl. 401, f. 1,
a b, et l'E. de Ceylan. *E. Ceylanica.* Pl. XXVIII, f. 1.

Observ. Ce genre, qui a évidemment des rapports avec certaines
espèces de buccins, ne renferme encore que cinq espèces vivantes
des mers de l'Inde ; une seule est de l'Amérique méridionale.

On n'en connoît pas encore de fossile.

BUCCIN. *Buccinum.*

Animal bien connu. (Voyez les caractères de la famille.)

Coquille à peine épidermée, ovale, alongée ; la spire médiocrement élevée ; ouverture oblongue, ovale, échancrée, et quelquefois subcanaliculée antérieurement ; le bord droit épais, non
rebordé ; la columelle simple, et presque à découvert.

Un opercule corné complet, ovale, à élémens subconcentriques ;
le sommet peu marqué et marginal.

A. Espèces lisses, à spire assez élevée ; l'ouverture plus large en avant.

(Les B. ÉBURNÉS.)

Ex. Le Buccin Agathe, *Buccinum Achatinum*. E. m., pl. 4,
f. *a b*.

B. Espèces plus ou moins tuberculeuses, dont les bords de l'ouverture sont séparés en arrière par un sinus étroit assez profond ; le droit
denté en avant.   (G. ALECTRION. D. M.)

Ex. Le B. tuberculeux. *B.papillosum*. Pl. XVII *bis*, fig. 4, et E.
m. pl. 4oo, f. 5, *a b*.

C. Espèces ovales, un peu renflées et subcarénées sur les tours de
spire.

Ex. Le B. glacial. *B. glaciale*. E. m., pl. 599, f. 5, *a b*, et
le B. ondé. *B. undatum*. Pl. XXII, f. 4.

D. Espèces courtes, renflées, subglobuleuses.   (Les B. NASSOÏDES.)

Ex. Le B. réticulé. *B. reticulatum*. Pl. XXIV, f. 2.

E. Espèces à peu près de même forme, avec une large callosité au
bord interne.   (G. NASSE. Lamck.)

Ex. Le B. Casquillon. *B. arcularia*. Pl. XVII*bis*, fig. 5, et E. m.,
pl. 594, f. 1, *a b*.

F. Espèces anomales.   (G. CYCLOPE. D. M.)

Ex. Le B. néritoïde. *B. neriteum*. Pl. XXIV, f. 4.

Observ. On trouve des buccins dans toutes les mers ; parmi les
cinquante-huit espèces caractérisées par M. de Lamarck, il y en a
en effet sept ou huit des nôtres, et deux nasses.

Les espèces fossiles ne sont encore qu'au nombre de quatorze,
dont une ou deux avec analogue. M. Defrance en porte le nombre
à trente-six dont une identique du Plaisantin, et trois analogues.

*** *Les E. ampullacés, ou dont la coquille est en général
globuleuse.*

HARPE. *Harpa*.

Animal inconnu.

Coquille ovale, bombée, assez mince, garnie de côtes longitudinales parallèles, et formées par la conservation du bourrelet du
bord droit ; la spire très-courte, pointue ; le dernier tour beaucoup plus grand que tous les autres ensemble ; ouverture grande,
ovalaire, largement échancrée en avant ; le bord droit très-excavé,

et épaissi par un bourrelet extérieur ; la columelle lisse , et terminée en pointe antérieurement.

Opercule?

Ex. La Harpe ventrue. ***Harpa ventricosa***. Enc. m. , pl. 404 , fig. 1 , ***a b***, et la H. noble. ***H. nobilis***. Pl. XXIII , f. 3.

Observ. Les huit espèces de coquilles que M. de Lamarck distingue dans ce genre, paroissent venir toutes des mers de l'Océan indien. On en connoît deux fossiles dans nos pays , dont une analogue.

Tonne. *Dolium.*

Animal de la pourpre, d'après Adanson.

Coquille subglobuleuse très-ventrue , mince , cerclée par des cannelures décurrentes ; la spire fort courte ; le dernier tour beaucoup plus grand que tous les autres ensemble ; ouverture oblongue, très-ample par la grande excavation du bord droit, qui est crénelé dans toute sa longueur ; columelle torse.

Opercule inconnu.

A. Espèces non ombiliquées.

Ex. La Tonne cannelée. *T. **Galea**.* Pl. XXIII, f. 4.

B. Espèces subombiliquées.   (G. Perdrix. D. M.)

Ex. La T. Perdrix. ***D. Perdix***. Pl. XXIII, fig. 5.

Observ. Quoique la plus grande partie des sept espèces de coquilles de ce genre, suivant M. de Lamarck, soient des mers équatoriales et de l'Inde , il en existe une dans la Méditerranée. On n'en connoît encore que quatre fossiles , dont deux analogues d'Italie, suivant Brocchi.

Cassidaire. *Cassidaria.*

Animal des buccins et des pourpres, d'après Adanson.

Coquille subglobuleuse, ventrue, tuberculeuse ou cannelée, à spire courte et pointue ; ouverture longue, ovalaire, subcanaliculée en avant ; le bord droit, s'évasant en dehors et rebordé ; la columelle recouverte par une large callosité lisse , se réunissant en arrière au bord droit.

Opercule corné.

Ex. Le Cassidaire échinophore. *Cassidaria echinophora.*
Pl. XXIII, f. 2.

Observ. Sept espèces de toutes les mers, sauf de celle du Nord ;
sept fossiles, dont deux analogues du Plaisantin, et une identique
de Grignon, suivant M. Defrance.

CASQUE. *Cassis.*

Animal des buccins.
Coquille ovalaire bombée, subinvolvée, à spire très-peu saillante ; ouverture longue, ovale, quelquefois fort étroite, terminée
en avant par un canal très court, échancré et recourbé obliquement vers le dos ; le bord droit plus ou moins concave, rebordé
en dehors, et souvent denté en dedans ; la columelle couverte par
une large callosité, dentelée dans toute sa longueur.
Opercule corné.

A. Espèces dont l'ouverture est longue et le bord externe presque
droit.

Ex. Le Casque triangulaire. *Cassis tuberosa.* Pl. XXIII, f. 1.

B. Espèces dont l'ouverture est subovale et le bord externe excavé.

Ex. Le C. flambé. *C. flammea.* Enc. m., pl. 406, f. 3.

Observ. Des vingt-cinq espèces établies par M. de Lamarck, deux
ou trois au plus sont de la Méditerranée : toutes les autres habitent
les mers équatoriales, et surtout les mers de l'Inde. On n'en a
encore trouvé que huit fossiles, dont quatre espèces analogues du
Plaisantin, et une identique près Bordeaux.

RICINULE. *Ricinula.*

Animal presque tout-à-fait semblable à celui des buccins et des
pourpres (d'après la ricinule horrible que nous avons observée) ;
le manteau pourvu d'un véritable tube ; pied beaucoup plus large
et comme auriculé en avant, la tête semi-lunaire, avec des tentacules coniques, portant les yeux au milieu de leur côté externe ;
organe excitateur mâle très-grand, recourbé dans la cavité branchiale.

Coquille ovale ou subglobuleuse, épaisse, hérissée de pointes ou de tubercules, à spire écrasée; ouverture étroite, alongée, échancrée, et quelquefois subcanaliculée antérieurement; le bord droit tranchant, souvent denté intérieurement, et digité à son côté externe; le bord gauche plus ou moins calleux, et quelquefois denté.

Opercule corné, ovale, transverse, à élémens peu imbriqués.

A. Espèces à canal évident en avant et en arrière de l'ouverture.

Ex. La Ricinule digitée. *Ricinula digitata*. E. m., pl. 395, fig. 7, *a b*.

B. Espèces sans canal et hérissées d'épines.

Ex. La R. muriquée. *R. horrida*. Pl. XXII, f. 2.

C. Espèces sans canal et tuberculeuses. (G. Sistre. D. M.)

Ex. La R. Mûre. *R. Morus*. E. m., pl. 395, f. 6, *a b*.

Observ. Ce genre est évidemment artificiel; ainsi, il renferme une espèce qui est un véritable rocher; d'autres sont fort rapprochées de certaines espèces de turbinelles; en effet, elles ont deux ou trois plis transverses à la columelle; enfin, il en est qui ne diffèrent guère des véritables pourpres.

Des neuf espèces de ce genre, toutes celles dont on connoît la patrie, viennent des mers de l'Inde. On n'en a pas encore découvert de fossiles.

Cancellaire. *Cancellaria*.

Animal des pourpres, d'après Adanson.

Coquille ovale ou globuleuse assez bombée, rugueuse; la spire médiocre, aiguë; ouverture ovalaire, élargie, échancrée, et quelquefois subcanaliculée antérieurement; le bord droit évasé, concave, tranchant; le bord gauche ou columellaire presque droit, et marqué dans son milieu de deux ou trois plis.

Opercule corné.

Ex. La Cancellaire réticulée. *Cancellaria reticulata*. Pl. XXII, f. 1.

Observ. Ce genre n'est pas tout-à-fait ici ce qu'il est selon M. de Lamarck; nous en retirons les espèces dont l'ouverture est évidemment canaliculée, comme la C. lime, qui nous paroît devoir rester parmi les rochers ou les turbinelles turriculées.

Des douze espèces de coquilles vivantes de ce genre, celles dont on connoît la patrie sont des mers de l'Inde et du Sénégal.

On en distingue vingt espèces fossiles, suivant M. Defrance, dont deux espèces identiques, une d'Italie, l'autre de Grignon et une analogue d'Italie.

Pourpre. *Purpura.*

Animal peu alongé, élargi en avant; le manteau à bords simples, et pourvu d'un tube distinct; le pied fort large, elliptique, très-avancé, subbilobé en avant, et portant à la face dorsale de sa partie postérieure un large opercule; tête large, peu distincte; tentacules antérieurs, très-rapprochés à la base, subcylindriques, et portant les yeux aux deux tiers de leur longueur, beaucoup plus renflés que le reste; bouche inférieure cachée par la grande avance du pied; deux branchies pectiniformes presque parallèles, la droite bien plus grande que la gauche. Le reste semblable aux buccins.

Coquille ovale, épaisse, le plus souvent tuberculeuse; spire courte; le dernier tour beaucoup plus grand que tous les autres réunis; ouverture ovale très-évasée; terminée en avant par un canal court, oblique, et échancré à son extrémité; le bord columellaire presque droit, et chargé d'une callosité pointue en avant.

Opercule corné, plat, presque semicirculaire, à stries peu marquées, et transverses; le sommet en arrière.

A. Espèces dont le bord droit, tout près de l'échancrure, est armé d'une corne conique, aiguë, plus ou moins recourbée.

(G. Licorne, Monoceros. D. M.)

    Ex. La Pourpre tuilée. *Purpura imbricata.* Pl. XXII. f. 3.

B. Espèces dont le bord droit est sans corne, et dont l'ouverture est médiocrement évasée.   (Les P. buccinoïdes.)

    Ex. La P. à teinture. *P. Lapillus.* Penn., Zool. Br., 4, pl. 72, f. 89.

C. Espèces sans corne, et dont l'ouverture est très-évasée.

(Les P. patulées.)

    Ex. La P. persique. *P. persica.* Pl. XXIV. f. 3.

D. Espèces ventrues, tuberculeuses.

Ex. La P. néritoïde. *P. neritoides.* Martini, Conch., 3, t. 100. f. 959-962.

Observ. Les cinq espèces de pourpres licornes paroissent être de l'Amérique méridionale. On n'en connoît pas de fossiles.

Des cinquante espèces de pourpres ordinaires vivantes, il n'y en a que quatre de nos mers ; neuf sont connues à l'état fossile, dont une est l'analogue du *P. Lapillus*, si commun sur nos côtes.

**** *Les E. patelloïdes ; c'est-à-dire dont la coquille est en totalité fort large, fort plate, à spire peu marquée, sans columelle.*

CONCHOLÉPAS. *Concholepas.*

Animal entièrement inconnu.

Coquille large, rude, ovalaire, à spire fort petite, non saillante, en forme de crochet marginal ; ouverture très-grande, ovale, évasée, échancrée antérieurement ; les bords réunis ; le droit ou externe assez épais, garni de dents, dont les deux qui limitent l'échancrure sont un peu plus grandes que les autres ; impression musculaire visible et presque en fer à cheval.

Opercule corné, rudimentaire.

Ex. Le Concholépas du Pérou. *Concholepas peruvianus.* Pl. XXIV, fig. 1.

Observ. Ce genre singulier n'est composé que d'une seule espèce de l'Amérique méridionale.

FAM. III. — *ANGYOSTOMES.* ANGYOSTOMATA.

Animal peu différent de celui des familles précédentes ; le pied fort grand, sousventral, et se ployant longitudinalement pour rentrer.

Coquille dont l'ouverture plus ou moins échancrée antérieurement, est en général fort étroite, mais toujours beaucoup plus longue que large ; le bord columellaire droit, ou presque droit.

Opercule rudimentaire dans un certain nombre de genres, et entièrement nul dans d'autres.

* *Un opercule.*

Strombe. *Strombus.*

Animal spiral. Le pied assez large en avant, comprimé en arrière ; le manteau mince, formant un pli prolongé en avant, d'où résulte une sorte de canal ; tête bien distincte ; bouche en fente verticale à l'extrémité d'une trompe, pourvue dans la ligne médiane inférieure d'un ruban lingual garni d'aiguillons recourbés en arrière, un peu comme dans les buccins ; les appendices tentaculaires, cylindriques, gros et longs, portant à leur extrémité épaissie les yeux, et en dedans les véritables tentacules cylindriques, obtus, et plus petits que les pédoncules oculaires.

Anus et oviducte se terminant fort en arrière.

Coquille épaisse, subinvolvée, diconique ou renflée au milieu, et terminée en cône en avant comme en arrière ; ouverture fort longue, étroite, terminée en avant par un canal plus ou moins alongé, recourbé ; les bords parallèles ; l'externe se dilatant avec l'âge, offrant en arrière une gouttière au point de son attache à la spire, et en avant un sinus plus postérieur que le canal, par où passe la tête de l'animal.

Opercule corné, long et étroit, à élémens comme imbriqués ; le sommet terminal.

A. Espèces dont le bord externe se dilate beaucoup avec l'âge, et offre des digitations en nombre variable.   (G. Ptérocère. Lamck.)

Ex. Le Strombe Scorpion. *Strombus Scorpio.* Pl. XXV, f. 2 , pour la coquille ; et Quoy et Gaimard, pour l'animal. Atlas du Voy. de l'Uranie.

B. Espèces dont le bord droit se dilate beaucoup sans se digiter.

Ex. La S. aile-cornue. *S. tricornis.* Pl. XXV, f. 1.

C. Espèces dont le bord externe est épais et peu ou point dilaté.

Ex. Le S. Oreille-de-Diane. *S. Auris Dianœ.* E. m., pl. 409 fig. 3, *a b.*

D. Espèces dont le bord droit n'est pas dilaté et est fort mince, ce qui les fait beaucoup ressembler aux cônes.

(Les Strombes non adultes.)

Observ. Toutes les espèces de la première section, au nombre de sept, suivant M. de Lamarck, viennent de l'Océan indien. On n'en connoît pas de fossiles.

Celles de la seconde (52) viennent aussi, pour la plupart, de la mer des Indes. Quelques unes sont des mers équatoriales.

On n'a encore découvert que cinq espèces fossiles de véritables strombes, dont une analogue du Plaisantin, d'après Brocchi.

CÔNE. *Conus.*

Animal alongé, fort comprimé, involvé; le manteau mince, ne débordant pas le pied assez petit, ovale, alongé, plus large en avant, où il est bordé par un sillon transverse; tête assez distincte; tentacules cylindriques, portant les yeux près de leur sommet, qui est sétacé; la bouche au fond d'une assez longue trompe labiale, faisant l'office de ventouse; une langue assez courte, quoique saillante dans la cavité viscérale, et hérissée de longs crochets styliformes sur deux rangs.

Coquille couverte d'un périoste membraneux, épaisse, solide, involvée, de forme conique; le sommet du cône en avant, la spire peu ou point saillante; ouverture longitudinale fort étroite, versante à son extrémité antérieure; le bord externe droit, tranchant; l'interne également droit, avec des plis obliques à sa partie antérieure.

Opercule très-petit et corné, subspiré, à sommet terminal.

A. Espèces coniques, à spire saillante, non couronnée de tubercules.

Ex. Le Cône flamboyant. *Conus generalis.* Pl. XXVI, f. 1.

B. Espèces coniques, à spire couronnée, saillante ou aplatie.
(G. RHOMBE. D. M.)

Ex. Le C. impérial. *C. imperialis.* Pl. XXVI, f. 5.

C. Espèces un peu alongées, ovalaires; la spire assez saillante, pointue, non couronnée. (G. CYLINDRE. D. M.)

Ex. Le C. Drap d'or. *C. textile.* Pl. XXVI, f. 4.

D. Espèces subcylindriques, la spire apparente et couronnée.
(G. ROULEAU. D. M.)

Ex. Le C. Brocard. *C. Geographus.* E. m., pl. 322, fig. 12.

E. Espèces alongées, cylindriques; la spire saillante; l'ouverture comme dans le genre Térébelle, c'est-à-dire anguleuse en arrière.

(G. Hermès. D. M.)

Ex. Le C. Nussatelle. *C. Nussatella*. E. m., pl. 342, fig. 8 et 9, et le C. mitré. *C. mitratus*. Pl. XXVI, f. 3.

Observ. Ce genre, dans lequel M. de Lamarck définit cent quatre-vingt-une espèces vivantes, est un exemple remarquable de la variété des couleurs, ainsi que des formes dans la même. Aussi ces prétendues espèces sont-elles plutôt de cabinet que réelles, comme l'a dit Adanson. Quoi qu'il en soit, extrêmement multipliées dans les mers australes, elles diminuent peu à peu à mesure qu'on s'approche des nôtres, au point qu'il n'y en a plus que trois ou quatre dans la Méditerranée, et aucune dans les mers du Nord. On en trouve cependant trente-trois fossiles dans nos pays.

** *Point d'opercule.*

TARIÈRE. *Terebellum.*

Animal tout-à-fait inconnu.

Coquille mince, luisante, subcylindrique, involvée, pointue en arrière, comme tronquée en avant; ouverture longitudinale, triangulaire, à bords entiers, la columelle tronquée et prolongée au-delà de l'ouverture.

A. Espèces dont la spire est visible et l'ouverture plus courte que la coquille.   (Les TARIÈRES.)

Ex. La Tarière subulée. *Terebellum subulatum*. Pl. XXVII, f. 1.

B. Espèces dont la spire est presque entièrement cachée par l'enroulement des tours de spire, et dont l'ouverture est presque aussi longue que la coquille.   (Les OUBLIES. G. SERAPHE. D. M.)

Ex. La T. Oublie. *T. convolutum*. Pl. XXVII, f. 2.

Observ. Ce genre ne contient que trois espèces, dont une seule vivante, de l'Inde, et deux fossiles.

Olive. *Oliva.*

Animal ovale, involvé; le manteau assez mince sur ses bords et prolongé aux deux angles de l'ouverture branchiale en une ligule tentaculaire, et en avant par un long tube branchial; pied fort grand, ovale, subauriculé et fendu transversalement en avant; tête petite, avec une trompe labiale; tentacules rapprochés et élargis à la base, renflés dans leur tiers médian, et subulés dans le reste de leur étendue; yeux très-petits, externes, sur le sommet du renflement; branchie unique, pectiniforme; anus sans tube terminal; organe excitateur mâle fort gros et exserte.

Coquille épaisse, solide, lisse, ovale, alongée, subcylindrique, les tours de la spire très-petits, séparés par un canal; ouverture longue, étroite; le bord columellaire renflé antérieurement par un bourrelet, et strié obliquement dans toute sa longueur.

Opercule corné, fort petit, d'après d'Argenville, nul d'après ce que nous avons vu sur un petit individu.

A. Espèces ovales, à spire à peine saillante.

Ex. L'Olive ondée. *Oliva undata.* Pl. XXVIII *bis*, f. 4.

B. Espèces un peu plus alongées, à spire plus saillante.

Ex. L'O. littérée. *O. litterata.* Pl. XXVIII *bis*, f. 5.

C. Espèces plus élancées, à spire fort saillante.

Ex. L'O. subulée. *O. subulata.* Pl. XXVIII *bis*, f. 6.

Observ. Les espèces de ce genre sont sans doute dans le cas de celles du genre Cône, beaucoup trop multipliées; M. de Lamarck en caractérise soixante-deux vivantes, dont une seule paroît être de la Méditerranée. Toutes les autres viennent des mers australes et équatoriales. M. Defrance annonce six espèces fossiles et une analogue du Plaisantin.

M. Say en décrit une espèce des mers de l'Amérique septentrionale, sous le nom d'*O. mutica*, qu'il dit voisine de l'*O. zonalis* de M. de Lamarck.

Ancillaire. *Ancillaria.*

Animal tout-à-fait inconnu.

Coquille lisse, ovale, oblongue, pointue en arrière, élargie et

comme tronquée en avant; ouverture ovale, assez alongée, anguleuse en arrière; peu profondément, mais largement échancrée en
avant; la columelle chargée antérieurement d'un bourrelet calleux
et oblique; la lèvre droite obtuse.

A. Espèces à spire assez élevée, et bucciniformes.

Ex. L'Ancillaire buccinoïde. *Ancillaria buccinoides*. E. m.,
pl. 393, fig. 1, *a b*.

B. Espèces à spire presque nulle.

Ex. L'A. Cannelle. *A. cinnamomœa*. Pl. XXVIII, f. 2.

Observ. Ce genre pourroit devoir être rapproché des éburnes.
M. de Lamarck en compte quatre espèces vivantes, probablement
des mers australes, et cinq fossiles.

Mitre. *Mitra*.

Animal entièrement inconnu.
Coquille turriculée, subfusiforme et ovale; la spire constamment
pointue au sommet; l'ouverture petite, triangulaire, plus large
et fortement échancrée en avant; le bord externe tranchant, presque droit, toujours plus long que le columellaire, qui est formé
par une callosité fort mince, et marqué de plis obliques parallèles, dont les antérieurs sont les plus courts.
Opercule nul?

A. Espèces élancées, turriculées, côtelées; l'ouverture très-étroite,
longue, subcanaliculée, avec un pli.   (G. Minaret. D. M.)

Ex. La Mitre rubanée. *Mitra tœniata*. Pl. XXVIII, f. 3.

B. Espèces turriculées, à tours de spire larges, adoucis; l'ouverture
évasée en avant.   (Les M. tarières.)

Ex. La M. épiscopale. *M. episcopalis*. Pl. XXVIII *bis*, f. 1.

C. Espèces subovalaires, à spire plus courte, ordinairement tuberculeuse.

Ex. La M. à petites zones. *M. microzonias*. Pl. XXVIII *bis*, f. 2.

D. Espèces ovales, à spire très-courte, et ordinairement treillisées.
(Les M. olivaires.)

Ex. La M. Dactyle. *M. Dactylus.* Pl. XXVIII *bis*,, f. 3.

Observ. Il se pourroit que les espèces de la section première dussent passer près des pleurotomes.

Des quatre-vingts espèces vivantes signalées par M. de Lamarck, près des trois quarts sont des mers australes; une seule est de la Méditerranée, une seule des mers du Nord.

On en connoît déjà trente fossiles dans nos pays, dont deux espèces analogues du Plaisantin, suivant Brocchi.

Volute. *Voluta.*

Animal ovale, involvé, pourvu d'un pied fort large, débordant de toutes parts la coquille, et se ployant longitudinalement pour y rentrer; tête bien distincte; tentacules assez courts, et triangulaires; les yeux grands, tout-à-fait sessiles, et situés un peu en arrière; une trompe épaisse, garnie de dents en crochets à son extrémité; deux branchies pectiniformes; anus sessile.

Coquille ovale, plus ou moins ventrue; les premiers tours de la spire arrondis en mamelon; ouverture en général beaucoup plus longue que large, fortement et obliquement échancrée en avant; le bord droit un peu courbe en dehors, entier et mousse; le bord columellaire également excavé, et garni de grands plis plus ou moins obliques, et un peu variables en nombre avec l'âge.

A. Espèces alongées et subturriculées.

Ex. La Volute magellanique. *Voluta magellanica.* E. m., pl. 385, fig. 1, *a b*.

B. Espèces ovales et plus ou moins tuberculeuses.
(Les V. muricinées. G. *Turbinellus.* Oken.)

Ex. La V. impériale. *V. imperialis.* E. m., pl. 382. fig. 1.

C. Espèces ovales et couronnées ou non.

Ex. La V. fauve. *V. fulva.* E. m., pl. 182, fig. 3. *a b*, et la V. neigeuse. *V. Nivosa.* Pl. XXIX. f. 1.

D. Espèces ovales, bombées, ventrues.
(Les Gondolières, G. *Cymbium.* D. M.)

Ex. La V. éthiopienne. *V. ethiopica.* Pl. XXIX, f. 2-2 *a*.

Observ. Nous avons caractérisé l'animal de ce genre d'après une volute éthiopienne conservée dans l'alcool ; mais nous ne voudrions pas assurer qu'il ne différât pas dans les autres sections.

Toutes les espèces vivantes de ce genre, qui sont au nombre de quarante-cinq à peu près, appartiennent aux mers de l'hémisphère austral et de la zone torride ; on en connoît cependant déjà quarante espèces fossiles dans nos pays.

MARGINELLE. *Marginella.*

Animal comme dans le genre précédent, et encore mieux comme dans le suivant, d'après Adanson.

Coquille lisse, polie, ovale-oblongue, un peu conique ; à spire courte et mamelonnée ; ouverture assez étroite, un peu ovalaire, par une légère courbure du bord droit, qui est renflé ou rebordé en dehors, à peine échancrée en avant ; le bord columellaire marqué de trois plis bien espacés et obliques.

A. Espèces à ouverture moins longue que la coquille, et à spire apparente. (G. MARGINELLE. Lamck.)

Ex. La Marginelle Féverolle. *Marginella Faba*. Pl. XXX, f. 5-5, *a*.

B. Espèces à ouverture aussi longue que la coquille, à spire nulle et quelquefois enfoncée ou ombiliquée.

Ex. La M. Bobi. *M. lineata*. Pl. XXX, f. 6-6, *u*.

C. Espèces qui sont encore plus involvées ; l'ouverture encore plus étroite et plus longue ; des plis à la partie antérieure du bord columellaire ; le bord externe mince. (G. VOLVAIRE. Lamck.)

Ex. La M. à collier. *M. monilis*. Pl. XXVII, f. 3.

Observ. M. de Lamarck caractérise dans ces deux genres vingt-sept espèces vivantes, et quatre fossiles ; les premières viennent principalement des mers du Sénégal, et de l'Océan indien.

M. Defrance dit qu'il y a neuf espèces fossiles, dont quatre analogues, trois de Grignon et une du Plaisantin.

PÉRIBOLE. *Peribolus.*

Animal ovale, involvé ; le pied elliptique, très-grand, plus large en avant, où son bord offre un sillon transverse ; le manteau débordant à droite et à gauche la coquille, sur les côtés de laquelle il peut se recourber, et ne formant qu'un canal respiratoire très-court; tête petite, distincte, portant deux tentacules assez longs. très-aigus, et les yeux à la partie externe de leur base; la bouche pourvue d'une trompe.

Coquille fort mince, involvée, ovale; la spire extrêmement petite; ouverture ovale, alongée; le bord droit tranchant; le bord columellaire avec une sorte de long pli vers son milieu.

Ex. Le Péribole Potan. *Peribolus Adansonii.* Adanson, Sénég., pl. 5, copiée pl. XXX, f. 3, *a*.

Observ. Bruguière, et par suite tous les conchyliologistes, ont regardé ce genre comme établi sur de jeunes individus de cyprées; mais Adanson dit positivement qu'il a vu des jeunes et des adultes de son potan.

PORCELAINE. *Cypræa.*

Animal ovale, alongé, involvé, gastéropode, ayant de chaque côté un large lobe appendiculaire un peu inégal du manteau, garni en dedans d'une bande de cirrhes tentaculaires, et pouvant se recourber sur la coquille et la cacher; la tête pourvue de deux tentacules coniques fort longs; les yeux à l'extrémité d'un renflement qui en fait partie; le canal respiratoire du manteau fort court, ou mieux nul et formé par le rapprochement de l'extrémité antérieure de ses deux lobes; orifice buccal transverse, à l'extrémité d'une espèce de cavité, dans le fond de laquelle est la véritable bouche entre deux lèvres verticales et épaisses; un ruban lingual hérissé de denticules et prolongé dans l'abdomen. Anus à l'extrémité d'un petit tube tout-à-fait en arrière de la cavité branchiale; organe excitateur mâle linguiforme, communiquant par un sillon avec l'orifice du canal déférent.

Coquille ovale, convexe, fort lisse, involvée; la spire tout-à-fait postérieure, très-petite, souvent cachée par une couche calcaire déposée par les lobes du manteau; ouverture longitudinale très-étroite, un peu arquée, aussi longue que la coquille, à bords intérieurement dentés ou non dans toute leur étendue, et échancrée à chaque extrémité.

A. Espèces dont les deux bords de l'ouverture sont dentés.

Ex. La Porcelaine Exanthême. *Cypræa Exanthema.* Pl. XXX, f. 1-2.

B. Espèces dont la coquille est fort mince, et les bords de l'ouverture non dentés.   (Les C. NON ADULTES.)

Observ. Les espèces de ce genre, déterminées seulement par la coquille, paroissent extrêmement nombreuses, puisque M. de Lamarck en caractérise soixante-huit vivantes. Mais il faut observer qu'il est probable que si l'on pouvoit le faire d'après l'animal, le nombre en seroit considérablement diminué.

Il faut aussi faire l'observation que ces coquilles diffèrent souvent beaucoup avec l'âge, d'abord en épaisseur, puis en ce que les bords sont minces, tranchans, à peine dentés, si ce n'est l'interne, et enfin quelquefois en contour; cela tient à ce que les lobes du manteau, en se recourbant sur la coquille primitive pendant la reptation de l'animal, déposent de nouvelle matière calcaire. Il ne faut cependant pas admettre l'hypothèse de Bruguière, que ces animaux peuvent abandonner complètement leur coquille pour en former une nouvelle.

Des soixante-huit espèces que M. de Lamarck établit dans ce genre, il n'y en a que trois qui soient de nos mers, dont une seule de la Manche; toutes les autres sont de l'Inde et de la zone torride, tandis qu'il en décrit déjà dix-huit fossiles.

Il en existe, dans la mer Adriatique, une belle espèce dont n'a parlé ni Gmelin ni M. de Lamarck; elle a été appelée *C. cinnamomea.* Je l'ai vue dans la collection de M. Bertrand-Geslin.

M. Defrance dit dix-neuf fossiles, dont une identique de la Touraine et du Plaisantin, et une analogue du Plaisantin.

Nous avons caractérisé l'animal de ce genre sur des individus de la cyprée tigre rapportés par MM. Quoy et Gaimard, de l'expédition du capitaine Freycinet. Il est figuré avec soin dans leur Atlas, d'après nos dessins.

OVULE. Ovula.

Animal presque en tout semblable à celui des cyprées.

Coquille de la même forme que dans les cyprées; les deux extrémités de l'ouverture subéchancrées, et plus ou moins prolongées en tube.

A. Espèces qui ont le bord droit denté avec une échancrure et un bouton au-dessus à chaque extrémité.   (G. CALPURNE. D. M.)

Ex. L'Ovule à verrues. *Ovula verrucosa.* Pl. XXXI, f. 4-4, *a.*

B. Espèces qui ont le bord droit denté ; le tube de chaque extrémité bien évident.

Ex. L'O. oviforme. *O. oviformis*. Pl. XXXI, fig. 1.

C. Espèces qui n'ont aucun bord denté, dont les tubes sont peu marqués, et dont le corps de la coquille est cerclé par une carène mousse.
(G. Ultime. D. M.)

Ex. L'O. gibbeuse. *O. gibbosa*. Pl. XXXI, fig. 2.

D. Espèces dont le bord droit n'est pas épaissi ni denté, et dont chaque extrémité est prolongée en un long tube droit qui s'accroît avec l'âge.
(G. Navette. D. M.)

Ex. L'O. Navette. *O. Volva*. Pl. XXXI, fig. 3.

Observ. Les espèces de ce genre, au nombre de douze, sont encore, à l'exception de deux, des mers de la zone torride et de l'Inde. On n'en connoît encore que deux fossiles, dont deux analogues, suivant M. Defrance. M. Duclos en a découvert nouvellement une troisième très-belle et très-grosse aux environs de Laon. Nous avons observé l'animal de l'ovule oviforme, rapporté par MM. Quoy et Gaimard. Il est figuré dans leur Atlas.

ORDRE SECOND. — ASIPHONOBRANCHES.
Asiphonobranchiata.

Les organes de la respiration constamment formés par une ou deux branchies pectiniformes, situées obliquement sur la partie antérieure du dos, et contenues dans une cavité dont la paroi supérieure ne se prolonge pas en tube, mais qui offre quelquefois un appendice ou lobe inférieur qui en remplit l'office.

Coquille de forme extrêmement variable ; ouverture constamment entière, et toujours complètement operculée, c'est-à-dire fermée par un opercule corné, et le plus souvent calcaire, proportionnel à cette ouverture.

Fam. I. — *GONIOSTOMES*. Goniostomata.

(Genre Trochus. Linn.)

Animal spiral, ayant les côtés du corps souvent ornés d'appendices digités ou lobés, et pourvu d'un pied court, arrondi à ses

deux extrémités; la tête munie de deux tentacules plus ou moins
alongés, portant les yeux sur un renflement de leur base externe,
et souvent assez distincts pour rendre l'œil subpédonculé;
bouche sans dent supérieure, mais pourvue d'un ruban lingual
en spirale; l'anus à droite dans la cavité branchiale qui renferme
une ou deux branchies inégales en forme de peigne; les organes
de la génération se terminant sur l'individu femelle à droite,
dans la cavité branchiale, et sur l'individu mâle par une sorte de
languette triangulaire soutenue par un petit osselet.

Coquille subplanorbique ou trochiforme; la spire élevée, quelquefois surbaissée, et plus ou moins carénée à son dernier tour, ce
qui forme une base plate, circulaire; ouverture médiocre, déprimée, souvent presque quadrangulaire, à bord externe ou droit
tranchant, anguleux, ou plié dans son milieu.

Opercule corné, circulaire, à sommet submédian, enroulé régulièrement en spirale; les tours de spire étroits et nombreux.

Observ. Toutes les espèces de cette famille sont phytophages,
marines, et vivent sur les rochers à découvert sur les bords de la
mer.

CADRAN. *Solarium.*

Animal inconnu.

Coquille orbiculaire, enroulée presque dans le même plan ou
planorbique; la spire du côté droit très-surbaissée; un grand
ombilic conique, et à bords denticulés ou non à l'entrée; ouverture non modifiée par le dernier tour de spire, qui est tout-à-fait
plat; point de columelle.

Opercule inconnu.

A. Espèces très-carénées dans leur circonférence et dont l'ouverture
est bien carrée.

Ex. Le Cadran strié. *Solarium perspectivum.* E. m., pl. 446,
f. 1, *a b*, et pl. XXXII, fig. 2-2, *a.*

B. Espèces subcarénées ou à carène double; l'ouverture subarrondie.

Ex. Le C. bigarré. *S. variegatum.* E. m., pl. 446, f. 6, *a b.*

C. Espèces tout-à-fait planes du côté du sommet; l'ombilic non crénelé à sa circonférence.   (G. MACLURITE. Lesueur.)

Ex. Le C. géant. *S. magnum.* Lesueur, Journ. des scienc. nat.
Philad., t. 1, p. 312, pl. 13, f. 2-3, et pl. XXXII *bis*, fig. 7.

D. Espèces à sommet un peu conique ; l'ombilic non crénelé.
(G. Euomphale. Sowerby.)

Ex. Le C. ancien. *S. antiquum*. Sowerby, Min. Conch., pl. 45, et Pl. XXXII *bis*, fig. 8.

Observ. Ce genre, dans l'ouvrage de M. de Lamarck, renferme sept espèces vivantes, la plupart des mers australes, dont une se trouve aussi dans la Méditerranée, et huit espèces fossiles. M. Defrance en porte le nombre à dix-sept, dont quelques espèces subanalogues du calcaire grossier. Le C. géant est également fossile dans l'Amérique septentrionale. M. Defrance compte en outre huit euomphales tous fossiles.

TOUPIE. *Trochus*.

Animal bien connu, tel qu'il est caractérisé pour la famille.

Coquille épaisse, ordinairement nacrée, trochoïde, à spire quelquefois surbaissée, d'autres fois assez élancée, et pointue au sommet, tranchante ou carénée à sa circonférence, ombiliquée ou non : ouverture déprimée, anguleuse ou subanguleuse, à bords désunis, le droit tranchant ; la columelle arquée, torse, et souvent saillante en avant.

Opercule corné, mince, à tours de spire nombreux, étroits, croissans un peu du centre à la circonférence.

A. Espèces tout-à-fait calyptriformes par la grande saillie de la carène ou de la circonférence, son excavation et la petitesse de la cavité spirale formée par une lame septiforme. (G. Entonnoir. D. M.)

Ex. La Toupie concave. *Trochus concavus*. Pl. XXXII *bis*, f. 1, et Chemn., Conch., f. 1620 et 1621.

B. Espèces ombiliquées, à spire fort déprimée, agglutinante ; la base fort élargie et comme excavée par la grande saillie de l'angle du bord droit qui s'avance bien au-delà du bord columellaire arrondi.
(G. Fripière. D. M.)

Ex. La T. agglutinante. *T. agglutinans*. Pl. XXXII, f. 4, et Chemn., Conch., 5, t. 172, f. 1688 et 1690.

C. Espèces ombiliquées, à spire très-déprimée, tranchantes et radiées à leur circonférence par la conservation d'un canal anguleux du milieu du bord droit. (G. Eperon. D. M.)

Ex. La T. impériale. *T. imperialis*. Pl. XXXIII, f. 2 ; Chemn., Conch. 5, t. 173, f. 1714.

D. Espèces orbiculaires, déprimées, luisantes, subcarénées ; l'ouverture subdéprimée et demi-ronde, avec une large callosité sur l'ombilic.
(G. ROULETTE. Lamck.)

Ex. La T. rose. *T. roseus*. Pl. XXXII *bis*, fig. 6, Chemn.,
Conch., 5, t. 166, f. 1601, *h*.

E. Espèces non ombiliquées, coniques, à base plate et circulaire; la
columelle tordue ; l'ouverture très-anguleuse.

Ex. La T. nilotique. *T. niloticus*. Pl. XXXII, f. 1 ; et E. m.,
pl. 444, f. 1 , *a b*.

F. Espèces non ombiliquées, coniques, élevées, à base plate et circulaire; la terminaison de la columelle fortement tordue, mais dépas-
sée par le bord, paroissant échancrée par l'avance d'un pli interne de-
current.   (G. TECTAIRE. D. M.)

Ex. La T. Obélisque. *T. Obeliscus*. Pl. XXXII *bis*, f. 3, et
Chemn., Conch., 5, t. 160, f. 1511-1512.

G. Espèces non ombiliquées, non nacrées, coniques, très-élevées ;
les tours de spire nombreux, à stries décurrentes; l'extrémité de la
columelle fortement tordue et dépassant l'origine du bord.
(G. TÉLESCOPE. D. M.)

Ex. La T. Télescope. *T. Telescopium*. Pl. XXXII *bis*, f. 2,
et Chemn., Conch., 5, t. 160, f. 1507-1508.

H. Espèces non ombiliquées, coniques, à base oblique; l'ouverture
grande, peu anguleuse; la columelle tordue et formant une espèce de
dent à sa terminaison.   (G. CANTHARIDE. D. M.)

Ex. La T. Iris. *T. Iris*. Pl. XXXII *bis*, f. 4, Chemn., Conch., 5,
t. 161, f. 1522 et 1525.

Observ. Ce genre renferme un grand nombre d'espèces (soixante-
neuf dans les *Anim. sans vert.*), répandues dans toutes les mers ;
mais cependant toujours beaucoup plus grosses et plus nombreuses
dans celles des Indes et de la zone torride que dans les nôtres.

Le nombre des espèces fossiles est de neuf d'après M. de Lamarck, et de cinquante-six d'après M. Defrance, dont onze espèces
analogues, six d'Italie, une d'Anjou et trente-huit de Grignon.

Fam. II. — *CRICOSTOMES*. Cricostomata.

(Genre TURBO. Linn.)

Animal un peu variable, plutôt cependant sous le rapport de la forme et de la proportion de quelques parties extérieures, que sous celui de l'ensemble de l'organisation, semblable en général à celle des toupies.

Coquille également variable dans sa forme générale, mais dont l'ouverture, toujours à peu près circulaire, est complètement fermée par un opercule calcaire ou corné, à tours de spire peu nombreux, et à sommet sublatéral.

Observ. Cette famille est réellement à peine distincte de la précédente ; et en effet le genre *Trochus* de Linnæus se fond par des nuances insensibles dans son genre *Turbo* ; aussi n'est-ce que dans le but de faire concorder le système conchyliologique linnéen avec celui des auteurs modernes, que nous avons cru devoir l'établir.

Les animaux de cette famille paroissent être tous phytophages ; un petit nombre respire l'air en nature, et la plupart des espèces aquatiques sont marines.

SABOT. *Turbo*.

Animal presque en tout semblable à celui des toupies ; les côtés du corps pouvant être ornés d'appendices tentaculaires, différens de nombre et de forme ; tête proboscidiforme ; tentacules grêles. sétacés ; yeux souvent subpédonculés ; bouche sans dent labiale, mais pourvue d'un ruban lingual fort long, enroulé en spirale, et contenu dans la cavité abdominale ; un sillon transversal au bord antérieur du pied ; deux peignes branchiaux.

Coquille épaisse, nacrée à l'intérieur, déprimée, conique, ou subturriculée, ombiliquée ou non, peu ou point carénée à sa circonférence ; ouverture ronde ou peu déprimée ; le milieu du bord externe non coudé, mais quelquefois échancré dans quelque point de son étendue ; les bords rarement réunis par une callosité ; la columelle arquée, rarement tordue, et quelquefois terminée par une forte dent à son point de jonction avec la continuation du bord columellaire.

Opercule calcaire ou corné ; la spire visible du côté externe dans ceux-ci , et du côté interne dans ceux-là , l'externe souvent épaissi et guilloché.

A. Espèces subturriculées, à ouverture oblique ; columelle excavée , sans dents ; opercule corné.

Ex. Le Sabot blanchâtre. *Turbo albescens*. Nouvelle espèce figurée pl. XXXII *bis*, f. 5.

B. Espèces subtrochoïdes, à spire assez basse ; les bords évidemment désunis ; la columelle tordue, terminée par un grand pli oblique, denti-forme ; un large ombilic. (G. Bouton. D. M.)

Ex. Le S. de Pharaon. *T. Pharaonis*. Pl. XXXVI, f. 5, et E. m., pl. 447, f. 5.

C. Espèces moins trochoïdes, subglobuleuses, ombiliquées ou non , à tours de spire arrondis ; la columelle terminée par une dent. (G. Monodonte. Lamck. Labio. Oken.)

Ex. Le S. double Bouche. *T. Labio*. Pl. XXXIII, f. 4 , et E. m., pl. 447, f. 1, *a b*.

D. Espèces plus ou moins globuleuses, dont la columelle presque droite offre seulement un petit arrêt à sa jonction avec le bord.

Ex. Le S. Fraise. *T. fragarioides*. Chemn., Conch., 5 , t. 166, f. 1584.

E. Espèces dans lesquelles l'ouverture est oblique , la columelle se fondant tout-à-fait dans sa continuation avec le bord, et qui ne sont pas ombiliquées.

Ex. Le S. rugueux. *T. rugosus*. Chemn., Conch., 5 , t. 180, f. 1781-1785.

F. Espèces qui, avec les mêmes caractères, ont l'ombilic toujours à découvert. (G. Méléagre. D. M.)

Ex. Le S. Pie. *T. Pica*. Pl. XXXIII, f. 1 , et Chemn., Conch., 5, pl. 176 , f. 1750 et 1751.

G. Espèces dans lesquelles le bord columellaire assez droit termine la coquille en avant.

Ex. Le S. Bouche-d'argent. *T. argyrostomus*. Chemn., Conch., 5, t. 177, f. 1758-1759.

H. Espèces dont le bord columellaire forme une avance encore plus grande, et dont la spire est tout-à-fait plate.

Ex. Le S. couronné. *T. coronatus*. E. m., pl. 448, f. 2, *a b*.

I. Espèces dont l'ouverture est parfaitement ronde dans la direction de l'axe; l'opercule corné.　　　　(G. LITTORINE. De Férussac.)

Ex. Le S. littoral. *T. littoralis*. Chemn., Conch., 5, t. 185, f. 1852, n°s 1-18.

J. Espèces dont l'ouverture est un peu hemicirculaire et la spire latérale, aplatie; l'opercule corné.

Ex. Le S. néritoïde. *T. neritoides*. Chemn., *ibid*., f. 1854, n°s 1-11.

Observ. M. de Lamarck caractérise vingt-trois espèces vivantes de monodontes; point de fossiles; trente-quatre espèces vivantes de sabots, et quatre fossiles. Il y a des espèces dans toutes les mers. Il y en a dix ou douze des nôtres, dont un seul monodonte.

M. Defrance annonce cinq monodontes fossiles et vingt-huit sabots, dont trois identiques, deux dans le Plaisantin, et un en Angleterre.

Le caractère tiré de l'opecrule pourra servir à confirmer les sections de ce genre. Les monodontes pourroient bien appartenir à la famille précédente; en effet, l'espèce de nos mers a un opercule multispiré.

PLEUROTOMAIRE. *Pleurotomarium*.

Animal entièrement inconnu.

Coquille subdiscoïde, subcarénée, à spire peu convexe; excavée en dessous par un assez grand ombilic; ouverture à peu près ronde avec une profonde entaille vers le milieu du bord droit.

Ex. Le Pleurotomaire tuberculeux. *Pleurotomarium tuberculosum*. Defrance, Fossil., pl. LXI, fig. 3.

Observ. Ce genre, établi par M. Defrance, ne renferme encore que trois espèces fossiles.

DAUPHINULE. *Delphinula*.

Animal inconnu.

Coquille épaisse, nacrée à l'intérieur, subdiscoïde ou conique;

les tours de spire arrondis, hérissés, ne se touchant quelquefois
pas dans le sens longitudinal, d'où résulte un grand ombilic;
ouverture ronde ou subtrigone, non modifiée, à bords complètement
réunis, et souvent évasés.

Opercule paucispiré, calcaire, tuberculeux extérieurement.

Ex. La Dauphinule laciniée. *Delphinula laciniata.* Pl. XXIII,
f. 3, et E. m., pl. 451, f. 1. *a b.*

Observ. Ce genre ne renferme dans l'ouvrage de M. de Lamarck
que quatre espèces vivantes, toutes de l'Océan indien, et sept espèces fossiles de France. M. Defrance en porte le nombre à trente
dans des terrains postérieurs à la craie, et dont une seule est
analogue.

TURRITELLE. *Turritella.*

Animal spiral; le pied découpé à sa circonférence, et bordé eu
avant par un bourrelet ridé transversalement; tentacules longs,
très-fins vers leur extrémité, assez gros à la base, et portant les
yeux sur un renflement; la tête bordée d'un voile ou frange,
garnie de filets; une trompe à la bouche. (*D'après d'Argenville.*)

Coquille turriculée, non nacrée, assez mince, striée suivant
la décurrence de la spire, très-pointue, et à tours nombreux;
ouverture arrondie; les bords désunis en arrière; le droit extrêmement mince, et légèrement sinueux vers son milieu.

Opercule corné.

Ex. La Turritelle Tarière. *Turritella Terebra.* E. m., pl. 449,
f. 5, *a b,* pour la coquille, et d'Argenv., Zoomorph., pl. 4, f. F,
pour l'animal.

La T. bicerclée. *T. biangulata.* Pl. XXI, f. 3.

Observ. Les treize espèces vivantes caractérisées par M. de Lamarck, sont des mers de l'Inde, des côtes de Guinée, ou de celles
de l'Amérique; une seule a été remarquée dans nos mers. On
en trouve cependant douze fossiles dans notre France seulement.
M. Defrance en porte le nombre à trente-sept, dans des couches
antérieures et postérieures à la craie, dont cinq espèces analogues
en Italie, d'après Brocchi, une en Touraine, et une identique en
Angleterre.

Faut-il rapporter aux turritelles des moules intérieurs dont

Sowerby a fait son genre *Cirrus ?* C'est ce qu'il est assez difficile de déterminer.

PROTO. *Proto.*

Animal inconnu.

Coquille turriculée, alongée, à tours de spire nombreux, renflés ou gibbeux, avec une bande décurrente à la suture, comme dans les alênes; ouverture oblique, ronde, évasée, à bords désunis; le droit tranchant, commençant en arrière bien plus tôt que le gauche, qui est très-évasé.

Opercule ?

Ex. Le Proto Alêne. *Proto terebralis.* Defrance, pl. XXI *bis,* f. 1.

Observ. Ce genre établi par M. Defrance dans sa collection, paroît ne contenir encore qu'une espèce vivante. Quant à son P. térébral fossile, il me semble que c'est plutôt une espèce de potamide ou de pyrène.

SCALAIRE. *Scalaria.*

Animal spiral; le pied court, ovale, inséré sous le cou; deux tentacules terminés par un filet, et portant les yeux à l'extrémité de la partie renflée; une trompe? l'organe excitateur mâle très-grêle.

Coquille subturriculée, les tours de spire plus ou moins serrés, et garnis de côtes longitudinales interrompues, formées par la conservation successive du bourrelet de l'ouverture, qui est petite, parfaitement ronde, et à bords réunis.

Opercule corné, mince, grossier, et paucispiré.

A. Espèces dont les tours de spire sont contigus.

Ex. La Scalaire commune. *Scalaria communis.* Pl. XXXIV, f. 2, et E. m., pl. 451, f. 3, *a b,* pour la coquille, et Plancus, Conch., t. 5, f. 7-8, pour l'animal.

B. Espèces dont les tours de spire ne se touchent dans aucun sens, ou qui sont disjoints. (G. ACYONÉE. Leach.)

Ex. La S. précieuse. *S. pretiosa.* Pl. XXXIV, f. 5, et E. m., pl. 451, f. 1, *a b.*

Observ. Des sept espèces vivantes que caractérise M. de La-marck, une seule est de nos mers, où elle est fort commune. Il en définit cinq fossiles, et M. Defrance en annonce douze, dont une analogue dans le Plaisantin, d'après Brocchi.

VERMET. *Vermetus.*

Animal vermiforme, conique, subspiral; le manteau bordé par un bourrelet circulaire à l'endroit où sort la partie postérieure du corps ; pied cylindrique avec deux longs filets tentaculaires à sa racine antérieure, et un opercule rond, corné à son extrémité ; tête peu distincte ; deux petits tentacules triangulaires, aplatis, portant les yeux au côté externe de leur base ; une petite trompe exsertile et garnie à son extrémité de plusieus rangs de crochets ; orifice de l'organe respiratoire en forme de trou, percé au côté droit du bourrelet du manteau, d'après Adanson.

Coquille conique, mince, enroulée en spirale d'une manière plus ou moins serrée, à tours presque complètement désunis, libre ou adhérente par entrelacement; ouverture droite, circulaire, à péristome complet et tranchant; quelques cloisons non perforées vers le sommet.

Opercule corné et complet.

Ex. Le Vermet lombrical. *Vermetus lumbricalis.* Pl. XXXIV, f. 1, et Adans., Sénég., t. 11, f. 1, pour la coquille et l'animal.

Observ. Adanson décrit encore des espèces qui appartiennent évidemment à ce genre; quant à celles dont parle additionnelle-ment Daudin, ce sont, sans doute, des tubes de nématopodes, puisqu'ils sont fixés à plat, et qu'ils sont ouverts au sommet, comme le sont constamment les tubes de ce groupe d'animaux.

M. Defrance en admet deux espèces fossiles; l'une douteuse, dans un terrain postérieur à la craie, et l'autre dans un antérieur.

SILIQUAIRE. *Siliquaria.*

Animal complètement inconnu.

Coquille fort mince, conique, à coupe complètement circulaire, enroulée en spirale lâche et irrégulière, si ce n'est au sommet, souvent assez régulièrement spiré et cloisonné; ouverture

ronde, circulaire, à bords tranchans, interrompus dans la ligne
médiane par une échancrure prolongée en fissure dans presque
toute la coquille, et arrêté brusquement à quelque distance du
sommet.

Opercule?

Ex. La Siliquaire anguine. *S. anguina* de Lamarck. Pl. de
caract. Conchyl. A., fig. 14.

Observ. La grande ressemblance qui existe entre cette coquille
tubuleuse et celle du vermet, et par contre sa différence avec tous
les tubes de véritables chétopodes que je connois, sa minceur,
son mode d'enroulement, sa non-adhérence, sa terminaison complètement close, et souvent par des cloisons imperforées, m'ont déterminé à placer ce genre parmi les malacozoaires, contre l'opinion
des autres zoologistes. La position médiane de la fissure pourroit
même faire soupçonner dans l'animal quelque chose d'analogue à
ce qui se voit dans les fissurelles.

M. de Lamarck caractérise sept espèces de siliquaires, dont
quatre vivantes, toutes de l'Inde, et trois fossiles. M. Defrance
porte le nombre de celles-ci à sept, dont une analogue en Italie,
d'après Brocchi.

MAGILE. *Magilus.*

Animal complètement inconnu.

Coquille d'abord fort mince, puis plus ou moins épaisse, à coupe
circulaire subcarénée, enroulée particllement; la spire courte,
serrée, héliciforme et prolongée dans le reste de son étendue en
ligne droite, ou à peine flexueuse; ouverture entière, ovale, avec
une sorte de sinus ou de gouttière dans la ligne médiane, produisant la carène de la coquille.

Ex. Le Magile antique. *M. antiquus.* D. de Monf. Campulote.
Guettard, Mém., t. III., pl. 71, fig. 6.

Observ. Ce genre dont Guettard avoit fort bien senti les rapports
avec le vermet, puisqu'il y plaçoit celui-ci, doit suivre la siliquaire; car il n'en diffère que parce que la fissure de celle-ci n'est
qu'une carène dans le magile. Cette coquille n'est pas plus adhérente que la siliquaire et le vermet; elle est seulement saisie par
l'accroissement du madrépore dans l'anfractuosité duquel elle

avoit été placée à l'origine. De même que dans ces deux genres
de coquilles, l'animal abandonne la partie spirée de la sienne, à
mesure qu'il grossit, en augmentant la partie tubuleuse; mais au
lieu de former des cloisons comme dans le premier, il la remplit
complètement de matière calcaire, ce qui prouve qu'il s'avance
peu à peu, et non par sauts.

Ce genre ne renferme, à ce qu'il paroît, qu'une espèce de la mer
des Indes.

Valvée. *Valvata.*

Animal spiral; le pied trachélien, bilobé en avant; la tête bien
distincte, prolongée en une sorte de trompe; les tentacules fort
longs, cylindracés, obtus, très-rapprochés; les yeux sessiles au
côté postérieur de leur base; branchie unique, longue, pectiniforme, plus ou moins exsertile hors de la cavité, largement ouverte, et pourvue à droite de son bord inférieur d'un long appendice simulant une troisième tentacule.

Coquille subdiscoïde ou conoïde, ombiliquée, à tours de spire
arrondis; le sommet mamelonné; ouverture ronde, ou à peine
anguleuse, non modifiée par le dernier tour; les bords complètement réunis, tranchans; le commencement du gauche plus mince,
plus adhérent que dans les paludines.

Opercule complet, corné, à élémens concentriques et circulaires.

Ex. La Valvée piscinale. *Valvata piscinalis.* Pl. XXXIV, f. 4;
Drap., Moll., pl. 1, f. 14.

Observ. Draparnaud caractérise quatre espèces vivantes dans ce
genre; M. de Férussac en annonce dix, toutes d'Europe; aucun
auteur n'en mentionne d'autres pays, ni de fossiles.

Cyclostome. *Cyclostoma.*

Animal spiral, trachélipode; la tête proboscidiforme, portant
deux tentacules cylindriques, mousses et renflés à l'extrémité,
grossièrement contractiles; les yeux sessiles au côté externe de
leur base; la bouche à l'extrémité d'une sorte de mufle; les organes de la respiration formés par un réseau vasculaire tapissant
la partie supérieure de la cavité cervico-dorsale, et communiquant
à l'extérieur par une large fente; terminaison de l'appareil mâle
par un appendice fort gros simulant un troisième tentacule.

Coquille plus ou moins élevée, à tours de spire arrondis; le sommet mamelonné; l'ouverture ronde ou presque ronde; les bords réunis circulairement et réfléchis; le gauche ayant son origine bien détachée dé la spire.

Opercule calcaire complet, non spiral; le sommet subcentral.

A. Espèces dont la spire est médiocrement élevée.

Ex. Le Cyclostome élégant. *Cyclostoma elegans.* Pl. XXXIV, f. 7.

B. Espèces dont la spire est très-élevée et puppiforme.

Ex. Le C. fascié. *C. fasciata.* E. m., pl. 461, f. 7.

C. Espèces trochoïdes et ombiliquées.　　　(G. CYCLOPHORE. D. M.)

Ex. Le C. trochiforme. *C. Volvulus.* E. m., pl. 461, f. 5, *a b.*

D. Espèces très-déprimées et planorbiques.

Ex. Le C. planorbule. *C. planorbula.* E. m., pl. 461, f. 3, *a b.*

Observ. Des vingt-cinq espèces caractérisées dans ce genre par M. de Lamarck, il n'y en a que deux d'Europe; les autres dont la patrie est connue, sont de l'Archipel américain, des Indes et de l'Afrique.

On en distingue six espèces fossiles, d'après M. de Lamarck; et dix-sept, dont deux analogues dans le Plaisantin, d'après M. Defrance.

Les *C. patulum* et *truncatum* nous paroissent n'être que des espèces de rissoaires.

PALUDINE. *Paludina.*

Animal spiral; le pied trachélien, ovale, avec un sillon marginal antérieur; tête proboscidiforme; tentacules coniques, obtus, contractiles, dont le droit est plus renflé dans le mâle, et percé d'un trou pour la sortie de l'organe excitateur; les yeux portés sur un renflement formé par le tiers basilaire des tentacules; bouche sans dent, mais pourvue d'une petite masse linguale hérissée; anus à l'extrémité d'un petit tube au plancher de la cavité respiratrice; organes de la respiration, formés par trois rangées de filamens branchiaux; la cavité largement ouverte avec un appendice au-

riforme inférieur à droite et à gauche ; l'organe mâle de la génération cylindrique, très-gros, renflant, quand il est rentré,
le tentacule droit et sortant par un orifice situé à sa base.

Coquille épidermée conoïde, à tours de spire arrondis; le sommet mamelonné; ouverture médiocre, ordinairement un peu plus
longue que large, à bords réunis, toujours tranchans; le commencement du bord gauche immédiatement collé contre le dernier
tour de spire.

Opercule corné, complet ou marginal, non spiral, à élémens
concentriques.

A. Espèces à ouverture à peu près ronde.

Ex. La Paludine vivipare. ***Paludina vivipara***. Pl. XXXIV,
fig. 6 ; Drap., Moll., pl. 1, f. 16.

B. Espèces à ouverture plus ou moins ovale.   ,

Ex. La P. coupée. ***P. decisa***. Say, Encycl. am. art. concholog.,
pl. 2, f. 6.

Observ. Ce genre ne contient encore que sept espèces définies,
dont cinq sont de France; mais il en existe plusieurs autres de
l'Amérique septentrionale. On en connoît une de l'Inde et une
d'Afrique.

Les espèces à ouverture ovale subturriculée, comme la paludine de Virginie de M. Say, font évidemment le passage aux mélanies.

M. Defrance en compte cinq fossiles dans son tableau.

Fam. III. — *ELLIPSOSTOMES*. Ellipsostomata.

Coquille de forme variable, le plus ordinairement lisse; l'ouverture ovale longitudinalement et quelquefois transversalement,
fermée complètement par un opercule calcaire ou corné.

Mélanie. *Melania*.

Animal spiral; le pied sous-trachélien, ovale, frangé dans sa
circonférence; deux tentacules filiformes; les yeux à la partie
externe de leur base, d'après Bruguière; le reste inconnu.

Coquille épidermée, ovale, oblongue, à spire assez pointue,
souvent subturriculée; ouverture ovale, à péristome discontinu; le

bord externe tranchant et s'évasant en avant par la fusion de la columelle dans le bord columellaire.

Operculecorné, mince et complet, subspiral, à élémens subradiés en dehors, rebordé en dedans.

A. Espèces de forme subturriculée.

Ex. La Mélanie Thiare. *Melania amarula*. Pl. XXXV, f. 7, et E. m., pl.458, f. 6, *a b*.

B. Espèces turriculées.

Ex. La M. étranglée. *M. coarctata*. E. m., *ib*., f. 5, *a b*, et la M. Spire aiguë. *M. spiracuta*. Pl. XXXVII, f. 4.

Observ. Ce genre ne renferme encore que des espèces fluviatiles. M. de Lamarck n'en caractérise que seize; mais M. de Férussac en annonce plus de vingt : il paroît qu'elles viennent de l'Inde, des deux Amériques et d'Afrique. On n'en connoît pas encore d'Europe, et cependant on en distingue déjà douze espèces fossiles; il est vrai qu'il est fort douteux que ce soient de véritables mélanies. M. Defrance en porte le nombre à trente-six, dont une, identique de Grignon et de l'Anjou, vit, dit-il, sur les côtes d'Angleterre. Je suppose que c'est une rissoaire.

Rissoaire. *Rissoa*.

Animal spiral; le pied trachélien, court, rond; tentacules coniques, latéraux et distans, portant les yeux au côté externe de la base; un mufle proboscidiforme.

Coquille oblongue ou turriculée, non ombiliquée, le plus souvent garnie de côtes longitudinales; ouverture entière, ovale, oblique, évasée, sans canal, ni dents, ni plis; les deux bords réunis ou presque réunis; le droit renflé et non réfléchi.

Opercule calcaire ou corné, rentrant profondément, unispiré, à spire latérale.

A. Espèces turriculées et côtelées.

Ex. La Rissoaire aiguë. *Rissoa acuta*. Fréminville, Monog., Nouv. Bull. Soc. ph., tom. 4, n.º 76, pl. 1, fig. 4, et pl. XXXV, f. 6.

B. Espèces subturriculées et côtelées.

Ex. La R. à côtes. *R. costata*. *Id*., *ib*., fig. 1.

C. Espèces subturriculées, parfaitement lisses.

Ex. La R. hyaline. *R. hyalina. Id.*, *ib.*, fig. 6.

D. Espèces subglobuleuses.

Ex. La R. cancellée. *R. cancellata. Id.*, *ib.*, fig. 5.

Observ. Ce genre, évidemment assez artificiel, devra cependant être adopté provisoirement pour y placer un assez grand nombre de coquilles marines dont l'ouverture ovale est bien rigoureusement entière, élargie en avant, rétrécie en arrière, et qui sont le plus souvent garnies de côtes longitudinales. Nous avons caractérisé l'animal d'après un individu envoyé par miss Warn à M. Defrance, et qui nous semble devoir former une nouvelle espèce de ce genre, intermédiaire aux sabots à opercule corné et aux paludines.

M. Defrance rapporte à ce genre six espèces fossiles, dont une identique de Grignon, quatre analogues de Grignon et de Hauteville.

Phasianelle. *Phasianella.*

Animal spiral; le pied ovale trachélien, un appendice orné de filamens sur chaque flanc; tête bordée en avant par une espèce de voile formé par une double lèvre bifide et frangée; deux tentacules alongés, coniques; les yeux portés sur des pédoncules plus courts, et situés à la partie externe de leur base; bouche entre deux lèvres verticales, subcornées; un ruban lingual hérissé et prolongé en spirale dans la cavité abdominale; anus tubuleux au bord antérieur et droit de la cloison branchiale; branchies formées par deux peignes placés un au-dessus, l'autre au-dessous d'une cloison qui partage la cavité branchiale en deux. (*D'après M. G. Cuvier.*)

Coquille assez épaisse, ovale, lisse, sans épiderme, à spire pointue; ouverture ovale, plus large en avant qu'en arrière, à bords désunis; le droit tranchant; la columelle se fondant un peu avec le bord gauche, et offrant intérieurement une callosité longitudinale.

Opercule calcaire, ovale, oblong, subspiré, le sommet à l'une de ses extrémités.

A. Espèces ovales , striées transversalement.

Ex. La Phasianelle angulifère. ***Phasianella angulifera***. Lister , Conch. , t. 583 , f. 37 et 38.

B. Espèces ovales , lisses.

Ex. La P. peinte. ***P. picta***. Pl. XXXVII , f. 5.

C. Espèces turriculées, lisses, à spire courbée.

Ex. La P. infléchie. ***P. inflexa***. Pl. XXXV, f. 5.

Observ. Des dix espèces vivantes que M. de Lamarck signale dans ce genre, il n'y en a aucune de nos côtes; elles viennent des mers de la Nouvelle Hollande et de l'Amérique méridionale. L'espèce qui constitue la division C vient des mers de l'Ile-de-France, et nous a été donnée par M. le colonel Mathieu. On en connoît déjà sept espèces fossiles, dont une analogue, suivant M. Defrance.

AMPULLAIRE. *Ampullaria*.

Animal renflé, globuleux, spiral; le pied ovale, court, avec un sillon transverse à son bord antérieur; la tête large ; tentacules supérieurs fort longs, coniques, très-pointus; les yeux situés à leur base externe, et portés sur un pédoncule très-sensible; bouche verticale située entre deux lèvres disposées en fer à cheval, et formant une espèce de mufle; point de dent supérieure ; un ruban lingual hérissé, mais non prolongé dans la cavité abdominale ; la cavité respiratrice fort grande , partagée en deux par une cloison horizontale incomplète.

Coquille mince , globuleuse, ventrue, ombiliquée; la spire très-courte; le dernier tour beaucoup plus grand que tous les autres ensemble; ouverture ovalaire plus longue que large , à bords réunis; la lèvre extérieure tranchante, sans callosité.

Opercule corné , rarement calcaire, mince, ovalaire, non spiré, à élémens concentriques, à sommet submarginal inférieur, dé-passant obliquement le bord droit de l'ouverture, mais collé contre le gauche.

A. Espèces normales ou dextres.

Ex. L'Ampullaire Idole. ***Ampullaria rugosa***. Pl. XXXV, f. 1, et E. m. , pl. 457 , f. 2.

B. Espèces sénestres.

Ex. L'A. olivacée. *A. guinaica*. E. m., pl. 457, f. 1, *a b*.

C. Espèces sénestres, dont l'ombilic très-grand est caréné en spirale. (G. LANISTE. D. M.)

Ex. L'A. carénée. *A. carinata*. Oliv., Voyag., pl. 31, f. 7, *a b*, et Pl. XXXIV, f. 3.

Observ. Ce genre est évidemment intermédiaire aux paludines et aux natices. Les espèces vivantes qu'on y range, probablement toutes fluviatiles, sont au nombre de onze dans l'ouvrage de M. de Lamarck ; toutes celles dont on connoît la patrie viennent des rivières d'Afrique, de l'Inde et de l'Amérique méridionale. On n'en connoît pas encore en Europe ni dans l'Amérique septentrionale.

Des douze espèces fossiles indiquées par M. de Lamarck comme dépendantes de ce genre, un petit nombre lui appartient réellement, ou au moins peut lui être rapporté plutôt qu'aux natices ; à plus forte raison des dix-sept espèces de M. Defrance.

M. Deshaies distingue les ampullaires des natices par la direction de l'ouverture par rapport à l'axe, oblique dans les premières et parallèle dans les secondes.

Faut-il aussi rapprocher de ce genre ou des paludines, celui que M. Faujas a nommé Ampulline., Ann. du Mus., t. 4, pl. 19, d'après une coquille fossile trouvée à Saint-Paulin, département du Gard ?

HÉLICINE. *Helicina*.

Animal globuleux, subspiral ; le pied simple avec un sillon marginal antérieur ; tête proboscidiforme ; le mufle bilabié au sommet, et plus court que les tentacules, qui sont filiformes et qui portent les yeux à la partie externe de leur base, sur un tubercule ; les organes de la respiration comme dans les cyclostomes terrestres ; la cavité branchiale communiquant avec l'extérieur par une large fente.

Coquille subglobuleuse ou conoïde, à spire basse, un peu déprimée ; ouverture demi-ovale, modifiée par le dernier tour de spire ; le péristome tranchant ou un peu réfléchi en bourrelet, le bord gauche élargi à sa base en une large callosité qui recouvre

entièrement l'ombilic, et se joignant obliquement avec la columelle, qui est torse et un peu saillante.

Opercule corné, complet, à élémens concentriques, quelquefois
calcaire en dehors.

A. Espèces dont la coquille est globuleuse, le bord droit tranchant,
mais renversé; la callosité ombilicale peu épaisse; l'opercule en porte
de four, calcaire et solidifié par un bourrelet marginal et une traverse
verticale.   (G. AMPULLINE. De Bv.)

    Ex. L'Hélicine striée. ***Helicina striata.*** Pl. XXXV, f. 4.

B. Espèces à coquille finement striée, dont le bord droit est renversé en
bourrelet.   (G. OLYGIRA. Say.)

    Ex. L'H. Néritelle. *H. Neritella.* Pl. XXXIX, f. 2, et
Lister, Conch., t. 61, f. 59.

Observ. Nous avions d'abord formé un genre distinct de l'espèce qui constitue la première section, à cause de la forme singulière de son opercule; mais en l'envisageant par sa face interne,
la seule importante, il est aisé de voir qu'il ne diffère pas géné-
riquement de celui des autres hélicines. Cette belle espèce, de la
grosseur d'une petite hélice némorale, ressemble réellement un
peu au premier aspect aux espèces de cette section du genre Hélice.
Elle est toute blanche et fortement striée. Nous l'avons observée
dans la collection du Muséum, où l'on croit qu'elle provient du
cabinet du stathouder.

Nous avions aussi supposé que l'on devoit peut-être rapporter
à ce genre plusieurs espèces de coquilles fossiles de Grignon, dont
M. de Lamarck a fait des ampullaires.

M. Defrance indique trois espèces d'hélicines fossiles, mais avec
doute.

              PLEUROCÈRE. *Pleurocerus.*

Animal incomplètement connu, ayant la tête proboscidiforme :
deux tentacules latéraux, subulés, aigus; les yeux à leur base
externe.

Coquille ovale ou pyramidale; ouverture oblongue; la lèvre
extérieure mince; l'interne collée contre la columelle, qui est lisse
et torse, sans ombilic.

Opercule corné, ou membraneux.

A. Espèces dont l'ouverture est seulement oblongue.

Ex. Le Pleurocère oblong. *Pleurocerus oblongus.*

B. Espèces dont l'ouverture est aiguë aux deux extrémités, et dont l'antérieure se prolonge en une longue pointe aiguë.

(G. Oxytrème. Rafin.)

Ex. Le Pl. aigu. *P. acutus.*

Observ. Nons n'avons vu ni l'animal, ni la coquille de ce genre, proposé par M. Rafinesque; peut-être n'est-ce que la paludine coupée de M. Say?

Fam. IV. — *HÉMICYCLOSTOMES*. Hemicyclostoma.

(Genre Nerita. Linn.)

Animal presque globuleux, subspiral; le pied épais, très-grand, presque circulaire; le manteau mince entier, ou crénelé sur ses bords, formant un grande cavité branchiale; tête aplatie, semilunaire, échancrée en avant; tentacules coniques, longs; les yeux portés sur de courts pédoncules à leur base externe, ou sessiles.

Coquille plus ou moins globuleuse, épaisse, aplatie en dessous; la spire très-courte; ouverture grande, semilunaire, bien entière; le bord externe très-excavé; l'interne ou le columellaire droit, tranchant et septiforme.

Opercule corné ou calcaire subspiré; le sommet tout-à-fait à l'une des extrémités, implanté par des dents plus ou moins marquées, quelquefois dans un lobe particulier du pied, et enfoncé jusqu'au bord columellaire, sur lequel il semble articulé.

Natice. *Natica.*

Animal ovale, subenroulé; pied profondément et transversalement bilobé en avant, et portant en arrière sur un lobe appendiculaire un opercule corné ou calcaire; tête pourvue de longs tentacules sétacés, aplatis et auriculés à la base; yeux sessiles au côté externe de la racine des tentacules; bouche armée d'une dent labiale, sans langue spirale.

Coquille lisse et non épidermée, ampullacée, assez mince; la spire évidente quoique basse, ombiliquée; le bord columellaire non denté, et plus ou moins calleux ; le bord droit mince et non denté à l'intérieur.

Opercule calcaire ou corné, semispiré, à sommet latéral, sans apophyse à sa base.

A. Espèces dont l'ombilic est bordé antérieurement par une sorte de colonne calleuse ; l'opercule calcaire.

Ex. La Natice flammulée. *Natica Canrena*. E. m., pl. 453, f. 1, *ab*; et la N. zonaire. *N. zonaria*. Pl. XXXVI, f. 3.

B. Espèces dont l'ombilic est bien à découvert, et l'opercule corné.

Ex. La N. Marron. *N. castanea*. Pl. XXXVI *bis*, f. 4.

C. Espèces dont l'ombilic est entièrement recouvert par une large callosité et la spire mamelonnée ; l'opercule corné. (G. Polinice. D. M.)

Ex. La N. Mamelle. *N. Mamilla*. Pl. XXXVI *bis*, f. 5, et E. m., pl. 453, f. 5, *a b*.

Observ. Toutes les espèces de natices véritables, connues jusqu'ici, sont marines ; elles sont presque toutes des mers équatoriales et australes. On en trouve cependant une communément dans nos mers, et même dans la Manche, et deux ou trois dans la Méditerranée. M. de Lamarck n'en caractérise que trente-une espèces ; mais il paroît qu'il en existe davantage dans les cabinets.

On n'en connoît encore que trois espèces fossiles, du moins dans les environs de Paris.

M. Defrance en annonce huit, dont une identique du Plaisantin, trois analogues, et une subanalogue.

C'est une espèce de natice qui, par la disposition de ses œufs dans le sable, forme la prétendue flustre arénacée.

NÉRITE. *Nerita.*

Animal globuleux ; pied circulaire, épais, sans sillon en avant ni lobe pour l'opercule en arrière, avec un muscle columellaire bipartite ; tentacules coniques ; yeux subpédonculés à leur côté externe ; bouche sans dent labiale, mais avec une langue denticulée, prolongée dans la cavité viscérale ; une seule et unique grande branchie pectiniforme ; l'organe excitateur mâle auriforme, au côté droit, en avant du tentacule de ce côté.

Coquille épaisse, semiglobuleuse, à spire peu ou point saillante, non ombiliquée; ouverture semilunaire; le bord droit denté ou non denté à l'intérieur; le gauche tranchant oblique, denté ou non denté; impression musculaire double, en fer à cheval incomplet.

Opercule constamment calcaire subspiral; le sommet tout-à-fait marginal à son extrémité gauche; une ou deux apophyses d'adhérence musculaire à son bord postérieur.

* *Le bord droit denté.* (G. Nérite. Lamck.)

A. Espèces avec une seule dent médiane au bord gauche.
(G. Peloronta. Oken.)

Ex. La Nérite saignante. ***Nerita Peloronta.*** Pl. XXXVI *bis*, f. 6, et Enc. mét., pl. 454, f. 2, *a b*.

B. Espèces avec deux dents.

Ex. La N. Grive. *N. exuvia.* E. m., pl. 454, fig. 1, *a b*.

C. Espèces avec trois ou quatre dents.

Ex. La N. fines-côtes. *N. lineata.* Pl. XXXVI, f. 1.

** *Le bord droit non denté.* (G. Néritine. Lamck.)

D. Espèces moins épaisses, à bord droit tranchant, l'opercule très oblique.   (G. Néritine. Lamck.)

Ex. La N. parée. N. *fluviatilis.* Drap., Moll., pl. 1, f. 3, 4; et la N. Zèbre. *N. Zebra.* Pl. XXXVI, f. 2.

E. Espèces dont le bord columellaire est denté, et qui sont pourvues d'épines.

Ex. La N. Longue-Epine. *N. Corona.* Pl. XXXVI, f. 4, et Chemn., Conch., 9, t. 124, f. 1083-1084.

F. Espèces à bord columellaire denté; les deux extrémités du bord droit se prolongeant beaucoup au-delà de l'ouverture, et formant avec la callosité qui recouvre le bord columellaire des sortes d'auricules produites par le lobe tentaculaire de l'animal.

Ex. La N. auriculée. *N. auriculata.* Pl. XXXVI *bis*, f. 7, et E. m., pl. 455, f. 6, *a b*.

G. Espèces calyptroïdes, à sommet supérieur vertical, spiré; le dernier tour formant toute la base de la coquille, et occupé en dessous par une large callosité qui recouvre quelquefois toute la spire.

(G. Velate. D. M.)

Ex. La N. perverse. *N. perversa.* Pl. XXXVI *bis*, f. 5 ; et Chemn., Conch., 9, t. 114, f. 975-976.

H. Espèces patelloïdes, alongées, non symétriques, à sommet dorsal et non spiré. (G. Pileolus. Sowerby.)

Ex. La N. de Hauteville. *N. altavillensis.* Pl. XXXVI *bis*, f. 2.

Observ. Ce genre est formé d'espèces marines et d'espèces fluviatiles, ce qui a porté M. de Lamarck à le subdiviser en deux, d'après la considération de l'épaisseur de la coquille, plus grande dans les premières, et des denticules du bord droit tout-à-fait nuls dans les secondes.

Nous avons fait l'observation que les espèces sont encore plus aisées à distinguer par le guillochis de la face externe de l'opercule que par tout autre caractère. Nous avons observé nous-mêmes une espèce de ce genre, la N. noirâtre, rapportée par MM. Quoy et Gaimard, et figurée dans l'Atlas zoologique du Voyage de l'Uranie, pl. 75, fig. 6 et 7.

M. de Lamarck compte dix-sept espèces de nérites marines, qui sont toutes des mers équatoriales et australes, et vingt-une nérites fluviatiles ou néritines, dont deux seulement sont d'Europe et les autres d'Amérique et d'Asie.

On ne connoît que deux nérites fossiles et deux piléoles. M. Defrance dit cinq espèces de nérites fossiles, dont deux analogues d'Italie, d'après Brocchi ; cinq espèces de néritines, dont deux également du même pays, et quatre piléoles.

NAVICELLE. *Septaria.*

Animal ovale, non spiral, tout-à-fait gastéropode ; pied elliptique, fort grand, à bord mince, subpapillaire, assez avancé antérieurement, sans sillon marginal, réellement trachélien, mais attaché de chaque côté dans toute sa partie postérieure à la masse viscérale, de manière à former entre elle et lui une sorte de cavité ouverte transversalement en arrière ; tête fort large, semilunaire ; tentacules coniques, contractiles, très-distans ; yeux subpédon-

culés à la racine externe de ces tentacules ; bouche longitudinale, grande, sans dent supérieure ; une langue à crochet
prolongée postérieurement dans la cavité viscérale, et fendue à
son origine antérieure, simulant ainsi deux lèvres ou mâchoires
longitudinales ; anus à l'extrémité d'un tube flottant à droite au
plafond de la cavité branchiale ; une seule grande branchie pectiniforme oblique ; l'orifice de l'oviducte dans la cavité branchiale ;
celui du canal déférent à la racine, et en dessous de l'organe excitateur situé en avant du tentacule droit.

Coquille épidermée, patelloïde, à sommet non spiré, presque
médian ou symétrique, abaissé plus ou moins obliquement sur
le bord postérieur ; point de columelle ; le bord columellaire remplacé par une sorte de petite cloison tranchante, avec un sinus à
son extrémité gauche.

Impression musculaire formant une sorte de fer à cheval ouvert
en avant et interrompu en arrière.

Opercule calcaire mince, quadrilatère, avec une dent subulée
et latérale au bord postérieur adhérent, tranchant sur les autres
bords, appliqué à la face dorsale du pied, et caché dans la cavité
que celui-ci forme avec la masse viscérale.   .

Ex. La Navicelle elliptique. *Septaria elliptica.* Pl. XXXVI
bis, f. 1, et pl XLVIII, f. 5, sous le nom de Septaire de l'île
de Bourbon, E. m., pl. 456, f. 1, *a b c d.*

Observ. Ce genre ne renferme que trois espèces fluviatiles des
îles de l'Archipel indien. Nous avons observé soigneusement l'animal d'après deux individus rapportés par MM. Quoy et Gaimard
qui l'ont figuré, d'après nos dessins, dans l'Atlas zoologique du
Voyage de l'Uranie, pl. 75.

Fam. V. — *OXYSTOMES.* Oxystoma.

Les bords de la coquille très-tranchans et la columelle pointue.

Janthine. *Janthina.*

Animal de forme ovale, spiral, pourvu d'un pied circulaire
concave, en forme de ventouse, accompagné d'une masse vésiculaire, subcartilagineuse, et de chaque côté d'espèces d'appendices
natatoires ; tête fort grosse ; tentacules subulés, peu contractiles ;

les yeux portés au-dessous de l'extrémité d'assez longs pédoncules situés au côté externe des tentacules, et paroissant en faire partie; bouche à l'extrémité d'un mufle fort gros, proboscidiforme, entre deux lèvres verticales, subcartilagineuses, garnies d'aiguillons qui se continuent jusqu'à la base d'un petit renflement lingual; organes de la respiration formés par deux peignes branchiaux; l'ovaire se terminant dans la cavité respiratoire; l'organe excitateur mâle assez petit et non rétractile.

Coquille subglobuleuse, fort mince, bombée; la spire basse, latérale, pointue, à tours subcarénés; ouverture grande, subanguleuse, fortement modifiée par le dernier tour de spire, à bords désunis; le gauche entièrement formé par la columelle qui termine la coquille en avant; le bord droit tranchant, souvent échancré dans son milieu.

Opercule anomal formé par une masse vésiculaire attachée sous le pied?

A. Espèces dont le bord droit est très-échancré.

Ex. La Janthine petite. *Janthina exigua.* E. m., pl. 456, f. 2, *a b.*

B. Espèces dont le bord droit est peu ou point échancré.

Ex. La J. fragile. *J. fragilis.* Pl. XXXVII *bis*, fig. 1 ; et Enc. mét., pl. 456, fig. 1, *a b*, pour la coquille, et Ann. du Mus., vol. XI, pag. 123, pour l'animal.

Observat. Il se pourroit que l'échancrure du bord droit ne se trouvât que dans la coquille des individus femelles.

On ne connoît que trois ou quatre espèces dans ce genre, toutes des mers des pays chauds; la plus commune se trouve cependant jusque dans la Manche. On a dit à M. Desmarest que la masse vésiculaire n'est qu'un sac contenant les œufs, ce qui est plus que douteux, car tous les individus en sont pourvus, et sir Everard Home les a vus entourant la coquille.

SOUS-CLASSE II.

PARACÉPHALOPHORES MONOIQUES, Paracephalophora monoica.

Les deux sexes distincts, mais portés sur les mêmes individus, nécessitant un véritable accouplement, d'où résulte la similitude de tous les individus de la même espèce.

Bouche armée d'une dent supérieure, avec une petite masse linguale peu ou point hérissée.

Coquille à ouverture constamment entière et sans opercule.

SECTION I. — *Organes de la respiration et corps protecteur, quand il existe, non symétriques.*

ORDRE PREMIER. — PULMOBRANCHES. PULMOBRANCHIATA.

Organes de la respiration rétiformes où aériens, tapissant le plafond de la cavité située obliquement de gauche à droite, sur l'origine du dos de l'animal, et communiquant avec le fluide ambiant par un petit orifice arrondi, percé au côté droit du bord renflé du manteau.

Tous ces animaux sont plus ou moins disposés à respirer l'air en nature; la plupart sont terrestres; quelques uns vivent sur le bord des eaux douces, et quelquefois sur le rivage des mers; aucun ne s'enfonce dans la vase, si ce ne sont les limnacés pendant la saison rigoureuse; tous sont phytophages. On en connoît dans toutes les parties de la terre.

FAM. I. — *LIMNACÉS.* LIMNACEA.

Corps de forme très-variable; deux tentacules éminemment contractiles, portant des yeux sessiles au côté interne de leur base.

Coquille mince, à bord externe constamment tranchant.

Observ. Les animaux de cette famille se trouvent toujours dans les eaux douces stagnantes ou courantes, souvent à leur surface, et quelquefois dans leur profondeur.

La coquille présente des formes extrêmement variables.

LIMNÉE. *Limnæa.*

Animal ovale, plus ou moins spiral; les bords du manteau épaissis sur le cou; le pied grand, ovale; la tête pourvue de deux tentacules triangulaires, aplatis, auriformes; les yeux sessiles au côté interne de ces tentacules; bouche avec deux appendices latéraux considérables, et armée d'une dent supérieure; l'orifice de la cavité pulmonaire en forme de sillon, percé au côté droit, et bordé inférieurement par une sorte d'appendice auriforme pouvant se plier en gouttière; orifices des organes de la génération distans, celui de l'oviducte à l'entrée de la cavité pulmonaire; celui de l'organe mâle sous le tentacule droit.

Coquille ovale, turriculée ou conique, mince, lisse, à spire pointue; ouverture ovale d'avant en arrière, à bords désunis, le droit tranchant, le gauche avec un pli très-oblique au point de jonction de la columelle avec le reste du bord.

A. Espèces subturriculées, à bord droit épaissi.

Ex. La Limnée leucostome. *Limnæa leucostoma.* Drap., Moll., pl. 3, fig. 3-4.

B. Espèces ovales.

Ex. La L. stagnale. *L. stagnalis.* Pl. XXXVII, fig. 1; Drap., Moll., pl. 2, f. 38-39.

C. Espèces dont la spire est courte, l'ouverture très-évasée et les tentacules plus larges que longs. (G. RADIS. D. M.)

Ex. La L. auriculaire. *L. auricularia.* Pl. XXXVII *bis*, f. 2; Drap., Moll., pl. 2, fig. 28-29.

D. Espèces dans lesquelles il se fait un dépôt détaché de la columelle avec un ombilic oblique entre deux. (G. OMPHISCOLE. Rafin.)

Ex. Plusieurs espèces fluviatiles et lacustres.

Observ. Les espèces de ce genre sont fort difficiles à distinguer : on en indique au moins quinze ou seize vivantes, essentiellement d'Europe et de l'Amérique septentrionale (1); deux seules sont de l'Inde. On n'en connoît pas encore d'Afrique ni de l'Amérique méridionale. la *L. columna*, Lamck., étant une espèce d'agathine.

S'il étoit constant que les espèces de ce genre établies par les géologues, et entre autres par MM. de Lamarck, Brard, Brongniart, Sowerby et de Férussac, fussent véritables, on en comp-

---

(1) Nous n'avons pu faire entrer dans ce *Genera* les genres *Leptoxis*, *Espiphylla*, *Cyclemis*, *Lomastoma*, proposés ou très imparfaitement caractérisés par M. Rafinesque dans le Journal de Physique, parce qu'il nous a été impossible de nous en faire une idée suffisante; il paroît cependant que ce sont des espèces de limnacés.

Icroit au moins vingt fossiles seulement en France; mais **M.** Defrance n'en porte le nombre qu'à dix, dont deux espèces analogues du Plaisantin, d'après Brocchi.

Physe. *Physa.*

Animal presque en tout semblable aux limnées; les tentacules subconiques ou sétacés, élargis à la base; le manteau digité ou simple sur ses bords, et pouvant se recourber et recouvrir presque entièrement la coquille.

Coquille souvent sénestre, ovale, oblongue ou globuleuse, parfaitement lisse; ouverture ovale, rétrécie postérieurement; le bord droit tranchant avancé au-dessous du plan du bord gauche; la columelle se tordant obliquement et s'élargissant pour se joindre à la partie antérieure du bord columellaire.

A. Espèces subturriculées, sans pli à la columelle.

Ex. La Physe des mousses. *Physa hypnorum.* Drap., Moll., pl. 5, fig. 12-13.

B. Espèces ventrues.

Ex. La P. des fontaines. *P. fontinalis.* Drap., *ibid.*, f. 8-9; et la P. de la Nouvelle-Hollande. *P. Novæ-Hollandiæ.* Pl. XXXVII, fig. 3.

Observ. Ce genre ne renferme encore que six espèces dans les ouvrages des conchyliologues les plus récens; mais il en contient plusieurs autres de l'Amérique septentrionale, et même d'Afrique, car le Bulin d'Adanson en est une espèce. M. de Férussac en cite en effet deux nouvelles, une d'Amérique et une autre de France et d'Angleterre.

Il paroît qu'on n'en a pas encore trouvé de fossiles.

Planorbe. *Planorbis.*

Animal comprimé, fortement enroulé; le manteau simple, le pied ovale; tentacules filiformes, sétacés, fort longs; bouche armée supérieurement d'une dent en croissant, et inférieurement d'une plaque linguale presque exsertile, et garnie de petits crochets.

Coquille mince, souvent sénestre, discoïde, ou enroulée presque

dans le même plan vertical; la spire nullement saillante et tout-à-
fait latérale, en sorte que la coquille est creuse ou enfoncée de
chaque côté; ouverture petite, transverse, à bords tranchans non
réfléchis, désunis par le dernier tour de spire qui la modifie.

A. Espèces non carénées.

Ex. Le Planorbe corné. *Planorbis corneus.* Pl. XXXVII *bis*,
fig. 3, et E. m., pl. 46o, f. 1, *a b*.

B. Espèces carénées.

Ex. Le P. caréné. *P. carinatus.* E. m., pl. 46o, f. 2. *a b*.

Observ. Ce genre contient environ vingt espèces, dont onze
de France; il y en a aussi en Afrique, dans les deux Amériques;
on n'en connoît pas encore de l'Inde.

On en a nommé quatre ou cinq fossiles. M. Defrance, qui en
porte le nombre à dix huit, convient que l'état fossile de quel-
ques-unes est douteux : il en admet quatre analogues d'après
M. Brongniart.

Fam. II.— *AURICULACÉS.* Auriculacea.

(Genre Voluta. (*Pars.*) Linn.)

Animal spiral, à tentacules subcylindriques, renflés au sommet,
grossièrement contractiles, ayant les yeux placés à leur base interne; une dent supérieure opposée à une langue à crochets.

Coquille épaisse, solide; ouverture plus ou moins ovalaire,
toujours plus large, arrondie en avant, et rétrécie par quelques
dents ou au moins par quelques gros plis columellaires.

Observ. Les animaux de cette famille sont phytophages, et
habitent constamment les rivages de la mer; quelquefois même
ils sont recouverts momentanément par les eaux.

Piétin. *Pedipes.*

Animal connu d'après Adanson. Corps ovalaire, subspiral; le
pied partagé en deux talons par un large sillon transversal; tête
pourvue de deux tentacules cylindriques verticaux, ayant les yeux

sessiles placés à leur côté interne; l'armature de la bouche comme dans les planorbes.

Coquille épaisse, ovoïde, subinvolvée; la spire très-courte; le dernier tour beaucoup plus grand que les autres réunis; ouverture longue, ovale ou linéaire; les bords non réunis; l'externe mince, tranchant, denticulé intérieurement; un ou deux gros plis décurrens à la columelle, dont l'un sert à séparer les deux parties du pied.

A. Espèces dont la spire pointue a un seul pli columellaire.

(G. TORNATELLE. Lamck.)

Ex. Le Piétin fascié. *Pedipes tornatilis*. Pl. XXXVIII, fig. 5, sous le nom de Tornatelle fasciée, et E. m., pl. 452, f. 5, *a b*.

B. Espèces dont la spire est pointue avec deux plis à la columelle.

Ex. Le P. d'Adanson. *P. Adansonii*. Adans., Sénég., t. 1, f. 4.

C. Espèces conoïdes, la spire tout-à-fait plate.

(G. CONOVULE. Lamck.)

Ex. Le P. coniforme. *P. coniformis*. Pl. XXXVII *bis*, fig. 4; E. m., pl. 459, f. 2, *a b*.

Observ. En réunissant ici toutes les espèces d'auricules à bord externe tranchant, on peut en porter le nombre au moins à dix vivantes, dont six tornatelles et quatre auricules pour M. de Lamarck.

M. Defrance compte cinq tornatelles fossiles dont une subanalogue d'Angleterre.

AURICULE. *Auricula*.

Animal dont le pied est indivis.

Coquille épaisse, solide, plus ou moins lisse, ovale, oblongue, à spire courte et obtuse; ouverture entière, oblongue, élargie et arrondie en avant, se rétrécissant beaucoup en arrière; les bords désunis; le droit constamment épaissi et rebordé en dehors; le gauche ou columellaire offrant presque constamment une ou plusieurs dents ou gros plis décurrens sur la columelle

A. Espèces dont le bord columellaire offre trois gros plis, et dont le côté interne du bord droit est denticulé dans toute sa longueur.

(G. Scarabé. D. M.)

Ex. L'Auricule Aveline. *Auricula Scarabœus.* Pl. XXXVII *bis*, fig. 5, et Chemn., Conch., 9, t. 156, f. 1249-1253.

B. Espèces dont la columelle a deux plis décurrens et une dent en arrière. (G. Carychium. Mull. Phitia. Gray.)

Ex. L'A. Pygmée. *A. Myosotis.* Pl. XXXVII *bis*, fig. 6 ; Drap., Moll., pl. 5, f. 16-17.

C. Espèces qui n'ont que deux plis décurrens à la columelle.

Ex. L'A. de Judas. *A. Judœ.* Pl. XXXVIII, fig. 1.

D. Espèces dont la columelle n'a qu'un seul pli.

Ex. L'A. de Silène. *A. Sileni.* E. m., pl. 460, f. 4, *a b.*

E. Espèces dont les bords sont sans plis ni dents.

Ex. L'A. burinée. *A. lineata.* Drap., Moll., pl. 5, f. 20-21.

Observ. Nous avons observé l'animal de l'auricule aveline et de l'auricule pygmée.

Le nombre des espèces vivantes de ce genre, ainsi circonscrit, est de onze ou douze, dont trois fort petites d'Europe ; les autres sont des rivages, et surtout des îles des Archipels indien et américain.

M. de Lamarck en caractérise sept fossiles, et M. Defrance neuf ; mais il en est qui sont de véritables piétins ; les espèces turriculées ne sont certainement pas de ce genre.

Pyramidelle. *Pyramidella.*

Animal inconnu.

Coquille lisse, non épidermée, conique, alongée ou subturriculée ; ouverture ovale d'arrière en avant ; le bord externe tranchant, denté intérieurement ; l'interne entièrement formé par la columelle saillante antérieurement, plissée, élargie sur l'ombilic, qu'elle laisse plus ou moins à découvert.

Ex. La Pyramidelle dentée. *Pyramidella dolabrata.* Pl. XXI, fig. 4, et Enc. m., pl. 452, fig. 2, *a b.*

Observ. Ce genre, dont on ne connoît pas malheureusement l'animal, ne renferme encore que cinq espèces vivantes des mers de l'Inde et de l'Amérique. On en connoît sept espèces fossiles, d'après M. Defrance, toutes dans des terrains postérieurs à la craie.

Le genre Neriné ou du moins quelques espèces doivent peut-être être placés ici.

Fam. III. — *LIMACINÉS*. Limacinea.

(Genre Helix. Linn.)

Animal de forme très-variable; la tête pourvue de deux paires de tentacules complètement rétractiles à l'intérieur; la postérieure plus longue, portant les yeux à son extrémité; une dent à la lèvre supérieure; la masse linguale petite et couverte d'une peau hérissée de dents microscopiques.

Coquille de forme aussi variable que le corps de l'animal, rarement subampullacée, souvent normale, ovale ou globuleuse, quelquefois turriculée, puppacée ou discoïde, presque constamment sans épiderme, rarement velue, à sommet toujours mousse; ouverture ronde, semilunaire, ovale ou anguleuse, mais jamais échancrée.

Observ. Tous les animaux de cette famille sont terrestres.
Tous se nourrissent de substances végétales.

* *Le bord antérieur du manteau renflé en bourrelet et non en bouclier; une coquille.*

Ambrette. *Succinea.*

Animal bien connu, tout semblable à celui de l'hélice, mais pouvant à peine être contenu dans sa coquille.

Coquille fort mince, translucide, ovale oblongue, à spire conique, aiguë; formée d'un très-petit nombre de tours; ouverture très-grande, ovale, oblique; les bords désunis; le droit constamment tranchant; le gauche également tranchant, arqué dans toute son étendue, et formé par la columelle.

A. Espèces à ouverture très-grande.   (G. Amphibulime. Lamck.)

Ex. L'Ambrette Capuchon. *Succinea cucullata*. Pl. XXXVII, fig. 2, et de Fér., Moll., pl. 11, fig. 14-15.

B. Espèces plus alongées, à ouverture beaucoup moins grande.

Ex. L'A. amphibie. *S. amphibia*. Pl. XXXVIII, fig. 4, et de Fér., *loc. cit., ibid.*, fig. 4-10.

Observ. Les animaux de ce genre ne vivent pas dans l'eau, mais en habitent constamment les bords humides. On n'en connoît encore que trois espèces vivantes, dont deux de nos pays, et l'autre de l'Amérique méridionale.

BULIME. *Bulimus*.

Animal bien connu, et tout-à-fait semblable à celui de l'hélice.

Coquille ovale, oblongue, quelquefois subturriculée ; le sommet de la spire obtus, et le dernier tour beaucoup plus grand que tous les autres pris ensemble ; ouverture ovale oblongue, les bords désunis ; le droit rebordé en dehors dans les adultes ; le columellaire lisse, avec une inflexion dans son milieu, c'est-à-dire au point de jonction de la columelle avec la partie du péristome qui le forme.

A. Espèces ovales, ou de forme ordinaire.

Ex. Le Bulime hémastome. *Bulimus hæmastomus*. Chemn., Conch., 9, t. 119, fig. 1022-1023.

B. Espèces ventrues.

Ex. Le B. ventru. *B. ventricosus*. Drap., Moll., pl. 4, f. 31-32.

C. Espèces turriculées.

Ex. Le B. calcaire. *B. calcareus*. Chemn., Conch., 9, t. 135, fig. 1226, et le B. radié. *B. radiatus*. Pl. XXXVIII, fig. 5.

D. Espèces sénestres.

Ex. Le B. Citron. *B. Citrinus*. Chemn., Conch., 9, t. 111, fig. 228-231.

E. Espèces qui sont un peu ombiliquées. (G. Bulimule. Leach.)

Ex. Le B. trifascié. *B. trifasciatus*. Leach, Miscell., 1, pl. 41.

Observ. C'est un des genres le plus généralement répandus ; on en connoît, en effet, des espèces dans toutes les parties du monde, dans les pays chauds comme dans les pays froids. Celles des premiers sont toujours plus grosses ; elles sont en général plus communes dans les îles et sur les rives de la mer que dans l'intérieur des terres.

M. de Lamarck en compte cinquante-quatre espèces vivantes, dont il faut retrancher le bulime de Lyonet, qui est évidemment une espèce de maillot, et quinze fossiles ; mais, parmi celles-ci, n'y a-t-il pas plusieurs mélanies ou rissoaires ? Cela nous paroît fort probable.

M. Defrance indique trente-sept espèces de bulimes fossiles dont une analogue à Grignon, et une du même endroit, identique avec une du Plaisantin.

AGATHINE. *Achatina.*

Animal certainement semblable à celui de l'hélice.

Coquille de forme assez variable, mais en général subturriculée ; le sommet mamelonné ; ouverture un peu variable, à bord droit constamment tranchant ; le bord columellaire assez fortement excavé, entièrement formé par la columelle, dont l'extrémité antérieure est constamment ouverte et tronquée.

A. Espèces ovales, subventrues.

Ex. L'Agathine Zèbre. *Achatina Zebra.* Pl. XL, fig. 1, et Chemn., Conch., 9, t. 118, f. 1014.

B. Espèces conoïdes, dont l'ouverture est presque ronde, assez courte, avec un cal transversal dans son intérieur.

(G. RUBAN. *Liguus.* D. M.)

Ex. L'A. Ruban. *A. Virginiæ.* Pl. XXXVIII, fig. 2, et de Fér., Moll., pl. 118, f. 3-4.

C. Espèces subturriculées, et dont le dernier tour s'atténue en avant.

(G. POLYPHÈME. D. M.)

Ex. L'A. Gland. *A . Glans.* Pl. XL, fig. 2, et Chemn., Conch., 9, tom. 117, fig. 1009-1010.

D. Espèces évidemment turriculées.   (Les AIGUILLES.)

Ex. L'A. colomnaire. *A. columnaris.* Pl. XL, fig. 3, et E. m., pl. 459, f. 5, *a b.*

Observ. M. de Lamarck compte dix-neuf espèces dans ce genre, dont deux fort petites sont d'Europe; les autres appartiennent aux contrées chaudes des deux continens.

Il paroît qu'on n'en a pas encore trouvé de fossiles. M. Defrance en cite cependant une trouvée dans un dépôt marin.

Nous connoissons l'animal de plusieurs espèces de forme ordinaire. M. Say nous a donné la description de l'agathine gland, d'après laquelle il paroît que ses tentacules sont fléchis subitement à l'extrémité, et que les appendices labiaux sont très-grands. Nous avons observé dans l'animal de l'agathine zèbre, une sorte d'interruption du collier, au point de jonction du côté droit et du côté gauche, ainsi qu'une saillie du muscle columellaire qui détermine la troncature de la columelle de la coquille. Cet animal a été rapporté par MM. Quoy et Gaimard.

Clausilie. *Clausilia.*

Animal comme dans les hélices, mais dont la première paire de tentacules est fort courte.

Coquille cylindracée, alongée, un peu renflée au milieu; à sommet mousse; le dernier tour plus petit que le précédent; ouverture petite, ovale, à péristome continu et rebordé; au moins un pli postérieur à la columelle, s'augmentant avec l'âge assez pour se séparer, et formant à l'angle postérieur de l'ouverture un sinus arrondi pour la place de l'orifice pulmonaire.

Ex. La Clausilie ridée. *Clausilia rugosa.* Drap., Moll., pl. 4, fig. 12-20, et la C. lisse. *C. lœvis.* Pl. XXXIX, fig. 6.

Observ. Ce genre ne contient encore que douze espèces vivantes, dont la plupart sont d'Europe, et surtout des bords de la Méditerranée. On en connoît cependant déjà plusieurs de l'Archipel américain.

Maillot. *Puppa.*

Animal tout-à-fait comme dans les clausilies, et dont la première paire de tentacules est encore plus courte.

Coquille cylindracée, alongée ou subglobuleuse, ordinairement renflée au milieu; le sommet obtus; les tours de spire nombreux, presque égaux; le dernier plus petit que le pénultième; ouverture ronde ou ovale, à bords presque égaux, évasés, rebordés; un ou deux plis au bord columellaire, et des dents en nombre variable au bord droit.

A. Espèces cylindracées.

Ex. Le Maillot Momie. *Puppa Mumia*. Pl. XXXIX, fig. 5, et Mart., Conch., 4, t. 153, f. 1439, *a b*.

B. Espèces ovales ou presque sphériques.　　(G. Grenaille. Cuv.)

Ex. Le M. Baril. *P. Dolium*. Drap., Moll., pl. 3, f. 43.

C. Espèces cylindracées, dont le dernier tour, dans son état adulte, fait subitement à gauche une inflexion gibbeuse. (G. Gibbe. D. M.)

Ex. Le M. bossu. *P. lyonelianus*. Pl. XL, fig. 4, et Chemn., Conch., 5, t. 160, f. 1513, *a b*.

D. Espèces ovales ou plus ou moins sphériques; l'ouverture grande; les tentacules véritables ponctiformes.　　(G. Vertigo. Mull.)

Ex. Le M. Mousseron. *P. muscorum*. Drap., Moll., pl. 3, f. 26-27.

E. Espèces de même forme, mais qui produisent leurs petits vivans.
(G. Partule. De Fér.)

Ex. Le M. Partule. *P. Partula*.

Observ. Les espèces de ce genre sont assez nombreuses; M. de Lamarck en caractérise vingt-sept, sans y comprendre le maillot bossu, dont il fait un bulime, ainsi que la plupart des vertigos et les partules; elles sont en général peu grosses, et souvent très-petites.

La plupart sont d'Europe; quelques unes viennent de l'Amérique. On n'en a pas encore caractérisé de l'Inde ni d'Afrique; il y en a cependant; car nous en avons reçu de M. Mathieu, de l'Ile-de-France.

On n'en a pas encore découvert de fossiles. M. Defrance en cite cependant une espèce.

TOMOGÈRE. *Tomogerus*.

Animal non observé, mais probablement peu différent de celui des hélices.

Coquille subglobuleuse, un peu déprimée, et subcarénée dans sa circonférence, non ombiliquée; ouverture arrondie, à péristome continu par une callosité, rebordée, dentée, et retournée vers le dos de la coquille.

Ex. Le Tomogère déprimé. *Tomogerus depressus.* Pl. XXXIX. fig. 4, et Chemn., Conch., 9, t. 109, f. 919-920.

Observ. Ce genre a été établi par Denys de Monfort. M. de Lamarck, qui le nomme Anostome (*Anostoma*), en décrit deux espèces, l'une et l'autre très-probablement des Grandes-Indes.

Hélice. *Helix.*

Animal de forme un peu variable; le manteau formant à son bord libre une espèce d'anneau ou de collier épais, surtout en avant, et partagé peu profondément en deux lèvres; pied ovale, plane, lisse en dessous, bombé et granuleux en dessus, joint à la masse viscérale par un pédicule souvent étroit; tête assez distincte; les tentacules antérieurs bien évidens et renflés au sommet; les postérieurs fort longs; bouche en fente verticale pourvue de deux lobes labiaux, d'une sorte de dent marginale et d'une masse linguale ovale et assez petite; anus sessile au bord de l'orifice pulmonaire; cavité respiratrice très-grande, oblique, s'ouvrant par un orifice arrondi, percé dans le collier vers l'angle postérieur de jonction de ses deux moitiés; l'orifice commun des organes de la génération au côté droit et plus ou moins en arrière du tentacule olfactif de ce côté.

Coquille de forme extrêmement variable, ordinairement globuleuse, quelquefois ventrue, conoïde, assez souvent planorbique, mais jamais turriculée; sommet constamment mousse et arrondi; ouverture oblique, ordinairement médiocre, mais quelquefois fort grande ou très-petite, toujours modifiée par le retour de la spire, ovale, semilunaire, plus large que longue; les bords désunis en arrière, souvent presque égaux; la columelle n'entrant que fort peu dans la formation de l'interne.

† *La circonférence de la coquille constamment carénée ou subcarénée à tout âge.* (G. CAROCOLLE. Lamck.)

A. Espèces discoïdes ou planorbiques, ombiliquées, avec l'ouverture dentée.

Ex. L'Hélice Labyrinthe. *Helix Labyrinthus*. Chemn., Conch., 11, t. 208, f. 2048.

B. Espèces discoïdes, subombiliquées, à bords tranchans, plus convexes en dessous qu'en dessus.   (G. Ibère. D. M.)

Ex. L'H. scabre. *H. gualteriana*. De Fér., Moll. terr., pl. 67, fig. 1.

C. Espèces discoïdes, très-ombiliquées, à bords épaissis, mais non dentés

Ex. L'H. de Madagascar. *H. madagascariensis. Id., ib.*, pl. 25, fig. 5-6, et l'H. à bandes. *H. fasciata*. Pl. XXXIX, fig. 3.

D. Espèces discoïdes, non ombiliquées; l'ouverture simple.
       (G. Carocolle. D. M.)

Ex. L'H. lèvre blanche. *H. albilabris. Id., ibid.*, pl. 43, f. 1-2.

E. Espèces conoïdales, c'est-à-dire à spire conique assez élevée, la base plate; l'ouverture carrée, à bords tranchans.

Ex. L'H. élégante. *H. elegans*. Drap., Moll., pl. 5, f. 1-2.

†† *La circonference de la coquille non carénée, si ce n'est quelquefois dans leur jeune âge.*

F. Espèces conoïdales; les tours de spire arrondis.

Ex. L'H. conoïde. *H. conoidea*. Pl. XL, fig. 5, et Drap., Moll., pl. 5, f. 7-8.

G. Espèces ventrues.

Ex. L'H. naticoïde. *H. naticoides*. Pl. XL, f. 6, et Drap., *ibid.*, pl. 5, f. 26-27.

H. Espèces subglobuleuses, non ombiliquées; le péristome épaissi.

Ex. L'H. vigneronne. *H. Pomatia. Id., ibid.*, pl. 5, f. 20.

I. Espèces semi-globuleuses, non ombiliquées, avec une légère inflexion à l'endroit de la jonction de la columelle avec le péristome.
       (G. Acave. D. M.)

Ex. L'H. némorale. *H. nemoralis. Id., ibid.*, pl. 6, f. 3-5, et l'H. plissée. *H. plicatula*. Pl. XXXIX, fig. 1.

K. Espèces subdéprimées, subombiliquées, à bord tranchant, épaissi en dedans par un bourrelet.

Ex. L'H. chartreuse. *H. carthusiana*. *Id.*, *ibid.*, pl. 6, f. 55.

L. Espèces plus ou moins déprimées, planorbiques ; les bords de l'ouverture épaissis, calleux et même dentés. (G. Hélicelle. Lamck.)

Ex. L'H. Planorbe. *H. obvoluta*. Pl. XL, fig. 7, et Drap., *ibid.*, pl. 7, f. 27-29.

M. Espèces déprimées, planorbiques, rudes ou velues, plus ou moins largement ombiliquées, à péristome tranchant. (G Zonite. D. M.)

Ex. L'H. Peson. *H. Algira*. Pl. XL, fig. 8, et Drap., *ibid.*, pl. 7, f. 38-39.

N. Espèces déprimées, planorbiques, plus ou moins largement ombiliquées ; les bords tranchans, mais toujours minces et luisans.

Ex. L'H. luisante. *H. nitida*. *Id.*, *ibid.*, pl. 8, f. 23-25.

Observ. Les espèces de ce genre sont excessivement nombreuses : M. de Lamarck en caractérise cent vingt-cinq en tout ; c'est-à-dire cent sept hélices et dix-huit carocolles ; mais il est certain que le nombre en est bien plus considérable. Tous les conchyliologues se sont efforcés d'établir quelques coupes pour faciliter la connoissance des espèces, mais aucun n'est parvenu à quelque chose de satisfaisant. Denys de Monfort a commencé par en faire huit ou dix genres ; M. Oken en a proposé aussi quelques uns ; M. Rafinesque nous paroît n'avoir guère fait que changer les noms de ceux de Denys de Monfort ; mais c'est M. de Férussac qui s'est le plus complètement occupé de ce groupe d'animaux et de leurs coquilles. Dans le but que nous nous étions proposé de rassembler dans ce *Genera* tous les genres de mollusques ou de coquilles établis à tort ou à raison par les auteurs précédens, nous avons essayé de faire concorder tous les noms de ces genres ; mais il nous a été impossible d'y réussir. Nous nous sommes donc bornés à établir des coupes comme indication des formes les plus tranchées, et nous y avons rapporté les genres des conchyliologues quand nous l'avons pu.

On trouve des hélices dans toutes les parties de la terre, dans les lieux les plus secs comme sur le bord des eaux.

On n'a encore décrit que deux ou trois espèces fossiles analogues. M. Defrance en cite huit, dont deux espèces analogues et une carocolle, mais avec doute.

** *Le bord antérieur du manteau élargi en une espèce de bouclier; coquille nulle ou presque membraneuse.*

VITRINE. *Helicolimax.*

Animal tout-à-fait gastéropode; les tentacules véritables fort courts: la partie antérieure du manteau élargie en bouclier, avancée jusqu'aux tentacules, et pourvue à droite d'un appendice spatuliforme trilobé, qui peut recouvrir la plus grande partie de la coquille; un lobe spatuliforme à la partie postérieure du manteau.

Coquille proportionnellement fort petite, extrêmement mince, pellucide, presque membraneuse, ovale ou subglobuleuse, à spire très-courte, dont le dernier tour est énorme; ouverture très-grande, semilunaire; les bords tranchans, désunis; le gauche très-excavé, et se prolongeant intérieurement jusqu'au sommet.

A. Espèces dont le pied n'est pas tronqué en arrière.

Ex. La Vitrine transparente. *Helicolimax pellucida.* Pl. XLI, fig. 1, et Drap., Moll., pl. 8, f. 34-37.

B. Espèces dont le pied est tronqué en arrière, avec un sinus profond.
(G. HÉLICARION. De Férussac.)

Ex. La V. d'Australasie. *V. australasiæ. Helicarion Freycineti.* Quoy et Gaimard, Voy. de l'Uranie, Atlas zoologique, pl. 67, fig. 1, d'après notre dessin.

Observ. Ce genre ne renferme que trois ou quatre espèces, qui n'ont encore été observées qu'en Europe, et une bien plus grande du port Jackson.

TESTACELLE. *Testacella.*

Animal ellipsoïde, alongé, gastéropode; le pied non distinct, couvert dans toute son étendue par un derme épais, si ce n'est à sa partie postérieure, où il est protégé par une très-petite coquille extérieure auriforme, très-déprimée, à sommet incliné en arrière, non spiré; ouverture ovale, fort grande; le bord gauche tranchant, un peu roulé en dedans, surtout en arrière.

L'orifice pulmonaire arrondi, tout-à-fait postérieur, et situé sur le côté droit du sommet de la coquille; l'anus tout près de cet orifice.

Ex. La Testacelle Ormier. *Testacella haliotidea.* Pl. XLI, fig. 2, et Cuv., Ann. du Mus., 5, pl. 29, f. 6-7.

Observ. Ce genre paroît ne contenir encore qu'une seule espèce assez commune dans toute l'Europe. M. de Férussac en cite une nouvelle de l'île de Ténériffe.

Parmacelle. *Parmacella.*

Animal ovalaire, déprimé; assez peu bombé en dessus; largement gastéropode; couvert d'une peau épaisse formant, dans le tiers moyen du dos, un disque charnu ovale, à bords libres en avant, dont la partie postérieure contient une coquille fort petite, très-plane, en écusson; orifice pulmonaire au bord droit et postérieur du disque; l'anus du même côté, sous le bord libre de la même partie; orifice de la génération unique, en arrière du tentacule droit.

A. Espèces dont la queue n'est pas carénée et dont la coquille est subspirale.

Ex. La Parmacelle de Taunay. *Parmacella Taunaisi*, et *Parmacella Palliolum.* De Fér., Moll. terr., pl. 7, f. 1-3.

B. Espèces beaucoup plus déprimées; la queue carénée; la coquille scutiforme.

Ex. La P. d'Olivier. *P. Olivieri.* Pl. XLI, fig. 3, et Cuv., Ann. du Mus., 5, pl. 29, f. 12-13.

Observ. On ne connoît encore que deux espèces dans ce genre, l'une de l'Amérique méridionale, et l'autre de la Perse.

Limacelle. *Limacella.*

Corps alongé, subcylindrique, pourvu d'un pied aussi long et aussi large que lui, dont il n'est séparé que par un sillon; enveloppé dans une peau épaisse formant à la partie antérieure du dos une sorte de bouclier protecteur de la cavité pulmonaire, dont l'orifice est à son bord droit; les orifices de l'appareil générateur distans; celui de l'oviducte à la partie postérieure du côté droit, et communiquant par un sillon avec la terminaison de l'organe mâle située à la racine du tentacule droit.

Ex. La Limacelle d'Elfort. *Limacella elfortiana.* Pl. XLI, fig. 4.

Observ. Cette combinaison de caractères nous paroît si anomale, que nous doutons réellement que nous ayons bien observé le mollusque sur lequel nous avons établi ce genre.

LIMACE. *Limax.*

Corps ovale-oblong, complètement gastéropode ; la peau partout fort épaisse, mais surtout à la partie antérieure du dos, où elle forme un écusson plus ou moins circonscrit, ou bouclier coriace, contenant dans son épaisseur un rudiment de coquille plus ou moins évident ; cavité pulmonaire située au-dessous de l'écusson, et ayant son orifice plus ou moins avancé sur le bord droit ; anus au bord postérieur de cet orifice ; terminaison des organes de la génération par une ouverture commune située à la racine du tentacule antérieur droit.

A. Espèces chez lesquelles l'orifice pulmonaire est très-antérieur ; la queue carénée, et le rudiment de coquille plus évident.
(Les L. GRISES.)

Ex. La Limace grise. *Limax cinereus.* Pl. XLI, fig. 5, et de Fér., Moll. terr., pl. 4, pl. 8 A, fig. 1, et pl. 8 D, fig. 5.

B. Espèces dont l'orifice pulmonaire est plus postérieur ; la queue non carénée, creusée à son extrémité d'un sinus aveugle, et le rudiment de coquille granuleux.   (Les L. ROUGES. G. ARION. De Fér.)

Ex. La L. rouge. *L. rufus.* Pl. XLI, fig. 6, et de Fér., *ibid.*, pl. 1-3.

C. Espèces dont le bouclier n'est pas distinct, et dont les tentacules oculaires sont en massue, les autres latéraux et oblongs.
(G. PHILOMIQUE. Raf.)

Ex. La L. oxyure. *L. oxyurus.* (Non figurée.)

D. Espèces dont le bouclier n'est pas distinct, et dont les deux paires de tentacules sont cylindriques, presque sur le même rang, les plus petits entre les grands.   (G. EUMÈLE. Rafin.)

Ex. La L. nébuleuse. *L. nebulosus.* (Non figurée.)

Observ. On ne connoît encore qu'un assez petit nombre d'espèces de véritables limaces, et elles sont toutes répandues dans l'hémisphère septentrional des deux continens. Il en existe cependant aux deux extrémités de l'Afrique, et MM. Quoy et Gaimard en décrivent dans la Zoologie du Voyage de l'Uranie, qui proviennent de la Nouvelle-Hollande.

Les phylomiques et les eumèles de M. Rafinesque ne sont peut-être que des onchidies, cependant la disposition des couleurs et la forme carénée de la partie postérieure du corps des premiers pourroient faire soupçonner que ce sont des limaces grises.

ONCHIDIE. *Onchidium*.

Corps alongé, très-étroit et très-extensible; le manteau débordant le pied de toutes parts, et formant une sorte de capuchon au-dessus du cou et de la tête; quatre tentacules contractiles seulement; les plus longs, supérieurs et postérieurs, oculifères au sommet; les plus courts, antérieurs et inférieurs, aplatis et comme bifurqués à l'extrémité; la bouche très-grande, armée supérieurement d'une grande dent demi-circulaire; anus caché, et s'ouvrant dans un long canal de la cavité respiratrice, dont l'orifice arrondi est au côté droit et tout-à-fait postérieur du corps; terminaisons des organes de la génération à droite, et fort distantes l'une de l'autre; celle de l'oviducte vers le milieu du rebord inférieur du manteau, et celle de l'appareil mâle à la racine du tentacule droit.

A. Espèces tout-à-fait lisses. (G. VÉRONICELLE. Blainv.)

Ex. L'Onchidie lisse. *Onchidium lœve*. Blainv., pl. XLI, f. 7; et la Vaginule de Taunay. De Fér., Moll. terr., pl. 8 A, fig. 7.

B. Espèces tuberculeuses.

Ex. L'O. du Typha. *O. Typhæ*. Buchan., Soc. linn., t. 5, p. 132.

Observ. Décidément, nous rapportons à ce genre le mollusque dont nous avions fait le genre Véronicelle, et à plus forte raison celui que M. de Férussac a nommé Vaginule, parce qu'il nous semble impossible d'admettre ce que dit Buchanan que son onchidie du Typha a les sexes séparés, et parce que le rudiment de coquille que nous avons cru voir dans notre véronicelle lisse n'étoit peut-être qu'une simple apparence.

On ne connoît encore dans ce genre que trois ou quatre espèces qui sont à demi aquatiques, et d'eau douce; toutes des parties chaudes des deux continens.

Quant aux espèces marines que M. Cuvier y a rapportées, elles constituent notre genre Péronie, de l'ordre des cyclobranches.

ORDRE SECOND.—CHISMOBRANCHES. Chismobranchiata.

Organes de la respiration aquatiques, branchiaux ou pectinés, situés à la partie antérieure du dos, dans une grande cavité communiquant avec le fluide ambiant par une large fente oblique et antérieure.

Bouche sans dent. mais pourvue inférieurement d'un long ruban lingual.

Coquille nulle, intérieure ou extérieure, très-déprimée; à ouverture très-grande, entière, sans columelle.

Observ. Cet ordre n'est composé que d'un petit nombre de genres tous marins, et probablement herbivores.

CORIOCELLE. *Coriocella.*

Corps elliptique fort déprimé, ayant les bords du manteau très-minces, échancrés en avant, débordant largement de toutes parts; le pied ovale, très-petit. et la tête peu distincte; deux tentacules cachés sous le bouclier, assez gros, courts, contractiles; les yeux à la base externe de ces tentacules; le dos peu bombé, sans trace de coquille extérieure ni intérieure.

Ex. La Coriocelle noire. *Coriocella nigra.* Blainv., pl. XLII, fig. 1.

Observ. Ce genre nouveau ne contient encore qu'une espèce des mers de l'Ile-de-France. Elle est de notre collection.

SIGARET. *Sigaretus.*

Corps ovale, plane en dessous, largement gastéropode; les bords du manteau verticaux, minces, dépassant le corps de toutes parts, échancrés en avant; le manteau assez bombé en dessus, et solidifié par une coquille plus ou moins épaisse, interne, incolore, très-déprimée, à spire courte, peu élevée, latérale; ouverture très-évasée, entière, le bord gauche replié et tranchant; deux impressions musculaires latérales très-loin de se réunir.

A. Espèces dont la coquille est fort mince et lisse.

Ex. Le Sigaret convexe. *Sigaretus convexus*. Blainv., pl. XLII, fig. 2.

B. Espèces dont la coquille est épaisse, solide, spirale.

Ex. Le S. déprimé. *S. haliotideus*. Martini, Conch., 1, t. 16, f. 151-154.

Observ. On ne connoît encore qu'un petit nombre d'espèces vivantes de ce genre, à peu près de toutes les mers. M. Defrance en indique trois fossiles dont une identique du Plaisantin et deux analogues, l'une de Grignon, l'autre des environs de Bordeaux.

CRYPTOSTOME. *Cryptostoma*.

Corps glossoïde, formé en très-grande partie par un pied fort long, très-épais, plus étroit en avant, canaliculé de chaque côté, et débordant beaucoup de toutes parts la masse tortillée des viscères, qui est fort petite, peu convexe en dessus, et recouverte dans son tiers médian par une coquille intérieure, en tout semblable à celle des sigarets proprement dits; bouche très-petite, cachée sous le rebord antérieur et supérieur du pied, vers laquelle convergent ses quatre sillons; deux tentacules comprimés et appendiculés à leur base; yeux? un seul grand peigne branchial; anus au coté droit du bord libre du manteau.

Ex. Le Cryptostome de Leach. *Cryptostoma Leachii*. Blainv., pl. XLII, fig. 3.

Observ. Nous connoissons deux espèces de ce genre, toutes deux de l'Inde; peut-être quelques espèces de sigarets de M. de Lamarck lui appartiennent-elles?

OXYNOÉ. *Oxinoe*.

Corps gastéropode à grande coquille dorsale, antérieure, bulliforme, à spire simple; ventre ou pied étroit, à branchies margi-

nales, striées transversalement ; manteau élargi en deux ailes latérales ; deux tentacules non rétractiles.

Ex. l'Oxinoé olivâtre. *Oxinoe olivacea.* Rafin., Journal de
Physique, tom. 89, p. 152.

Observ. Nous ne connoissons ce genre que par le peu qu'en dit M. Rafinesque, et nous ne le plaçons ici que parce que ce naturaliste assure
qu'il ne diffère du sigaret que parce que la coquille est extérieure.
Cependant si les branchies sont disposées comme il le dit (ce qui
est un peu douteux), la différence seroit beaucoup plus grande.

STOMATELLE. *Stomatella.*

Animal inconnu.
Coquille très-déprimée, orbiculaire ou oblongue, extérieure,
nacrée intérieurement ; ouverture très-grande, ovale, plus longue
que large ; le bord droit évasé, dilaté, ouvert.

A. Espèces presque orbiculaires.

Ex. La Stomatelle imbriquée. *Stomatella imbricata.* Pl. XLIX
bis, fig. 5, et Enc. mét., pl. 450, f. 2, *a b.*

B. Espèces ovales, alongées.

Ex. La S. Auricule. *S. Auricula.* Pl. XLII, fig. 5, et E. m.,
pl. 450, f. 1, *a b.*

Observ. En ne laissant dans ce genre que les stomatelles imbriquée et sillonnée de M. de Lamarck, il est évident qu'il ne pourroit être séparé des sigarets que par la nacre de l'intérieur de la
coquille. Quant aux deux autres espèces, sont-elles aussi de ce
même genre?

VELUTINE. *Velutina.*

Animal ovale, assez bombé, à peine spiral ; le bord du manteau simple en avant et double dans toute sa circonférence ; la
lèvre interne plus épaisse et tentaculaire ; pied petit, ovale, avec
un sillon marginal antérieur ; tête épaisse ; tentacules gros, obco-
niques, distans, avec un petit voile frontal entre eux ; yeux noirs,
sessiles au côté externe de la base de ces tentacules ; bouche grande, à
l'extrémité d'une sorte de mufle ; la cavité respiratrice grande,

sans trace de tube, et contenant deux peignes branchiaux inégaux, obliques, attachés au plancher ; orifice de l'ovaire à la base de l'organe excitateur mâle, situé à la racine du tentacule droit ; attache musculaire en fer à cheval, fort mince en arrière, ouverte en avant.

Coquille extérieure épidermée, patelliforme, à spire petite, latérale, sans columelle ; ouverture grande, à bords presque réunis, l'un et l'autre tranchans ; le droit se réunissant au gauche par un dépôt calcaire lamelleux.

Ex. La Velutine capuloïde. *Velutina capuloidea. Helix lævigata.* Linn., pl. XLII, fig. 4, et Mull., Z. D., 3, t. 101, f. 1-4.

Observ. Nous avons établi ce genre sur un individu pourvu de sa coquille, que nous devons à la générosité de M. Defrance.

Nous n'en connoissons encore qu'une espèce des côtes d'Angleterre, et qui est très-probablement la même que celle dont parle Muller sous le nom de *Bulla velutina*, et que M. de Lamarck a regardée à tort comme analogue de son sigaret déprimé.

M. Gray a aussi proposé ce genre sous le même nom.

Peut-être certains cabochons lui appartiennent-ils?

ORDRE TROISIÈME. — MONOPLEUROBRANCHES.
MONOPLEUROBRANCHIATA.

Organes de la respiration branchiaux, situés au côté droit du corps, et mis à couvert plus ou moins complètement par une partie du manteau operculiforme, dans laquelle se développe souvent une coquille plane ou plus ou moins involvée, à ouverture très-grande et constamment entière ; tentacules nuls, rudimentaires ou auriculiformes.

FAM. I. — *SUBAPLYSIENS.* SUBAPLYSIACEA.

Deux ou quatre appendices tentaculaires à la tête.

Les orifices des organes de la génération peu ou point distans entre eux, et sans sillon extérieur intermédiaire.

BERTHELLE. *Berthella.*

Corps ovale, assez bombé en dessus, les bords du manteau le dépassant de toutes parts, et se recourbant en bas dans le repos, de manière à cacher complètement la tête et le pied; celui-ci large et ovale, mais beaucoup moins que le manteau; une espèce de voile au bord antérieur de la tête, prolongé de chaque côté en une sorte d'appendice fendu latéralement; les deux auricules tentaculiformes occipitales fendues et striées intérieurement à leur terminaison et fort rapprochées à leur base amincie; yeux sessiles, placés sur la racine postérieure des tentacules; une seule branchie pectiniforme latérale, attachée en avant, et en grande partie libre en arrière; la terminaison des organes de la génération dans un gros tubercule unique situé avant la racine de la branchie.

Ex. La Berthelle poreuse. *Berthella porosa.* Blainv., pl. XLIII, fig. 1.

Observ. Nous avons établi ce genre pour un joli mollusque des côtes d'Angleterre que nous devons à l'amitié de M. le Dr Leach, et dont Donovan faisoit une espèce de bulle, *Bulla plumula.*

PLEUROBRANCHE. *Pleurobranchus.*

Corps ovale ou subcirculaire très-mince, très-déprimé, comme formé de deux disques appliqués l'un sur l'autre; l'inférieur ou pied beaucoup plus large, et débordant de toutes parts le supérieur, échancré en avant comme en arrière, et contenant dans son milieu une coquille fort mince; la tête entre les deux disques, et à moitié cachée par le supérieur; deux paires d'appendices tentaculaires; les antérieurs à chaque angle de la tête; les postérieurs unis à leur racine, plats et fendus; les yeux sessiles au côté externe de la base des antérieurs; bouche cachée, transverse; une seule grande branchie latérale profondément cachée, et adhérente dans toute sa longueur; la terminaison de l'oviducte à la racine postérieure de l'organe excitateur mâle, qui est long et filiforme; l'anus tout-à-fait en arrière de la branchie, à l'extrémité d'un assez long appendice flottant.

Coquille grande, bien formée, à bords membraneux, ovale, concave inférieurement, convexe en dessus; les bords tranchans réunis; le sommet subspiré tout-à-fait postérieur.

Ex. Le Pleurobranche de Péron. *Pleurobranchus Peronii.* Cuv., Ann. du Mus., tom. 5, pl. 18. f. 1-2, et le P. Lesueur. *P. Lesueur.* Pl XLIII, fig. 2.

Observ. Quoique nous citions comme type de ce genre l'animal ob-

serve par M. Cuvier, nous l'avons cependant caractérisé d'après un
mollusque de notre collection, qui est probablement une espèce
distincte.

PLEUROBRANCHIDIE. *Pleurobranchidium.*

Corps assez épais, ovale alongé, plat, et formé en dessous par
un large disque musculaire plus étendu en arrière qu'en avant,
bombé en dessus, sans autre indice d'opercule ou de manteau
qu'une petite bande étroite au milieu du côté droit ; tête très-grosse,
peu séparée du corps ; deux paires de tentacules auriformes ; les
antérieurs à l'extrémité d'un bandeau musculaire transverse, frontal ; les postérieurs un peu plus en arrière, et fort séparés l'un de
l'autre ; orifice buccal à l'extrémité d'une sorte de masse probosci-
dale et entre deux lèvres verticales ; une seule branchie médiocre,
latérale, adhérente dans toute sa longueur, et parfaitement à
découvert ; la terminaison des organes de la génération dans un
tubercule commun ; l'orifice de l'appareil dépurateur à la racine
antérieure de la branchie ; anus au milieu de la longueur de
celle-ci.

Aucune trace de coquille.

Ex. Le Pleurobranchidie de Meckel. *Pleurobranchidium Meckeli.* Pl. XLIII, fig. 3, et Meckel, Fragm. d'Anat. comp., tom. 1,
pl. 5, fig. 33-40.

Observ. Nous avons nous-mêmes caractérisé ce genre sur deux
individus envoyés par M. Meckel : ce mollusque nous paroît être le
pleurobranche baléarique de Delaroche et le type du genre Cya-
nogaster de M. Rudolphi.

FAM. II. — *APLYSIENS.* APLYSIACEA.

Corps non divisé, ou formant une seule masse molle, charnue ; quatre appendices tentaculaires constamment bien distincts,
aplatis, auriformes ; bouche en fente verticale, avec deux plaques
labiales latérales subcornées et une langue cordiforme hérissée de
denticules ; yeux sessiles entre les deux paires de tentacules ; les
branchies couvertes par une sorte d'opercule ; les orifices de l'appareil générateur plus ou moins distans, et réunis entre eux par
un sillon extérieur.

Coquille nulle ou incomplète, constamment interne.

A PLYSIE. *Aplysia.*

Corps épais, charnu, ovale, pourvu en dessous d'un pied assez mince, de chaque côté d'un appendice natatoire, en dessus et en arrière d'une sorte de bouclier operculaire, solidifié à l'intérieur par un rudiment de coquille plus ou moins calcaire et régulière, recouvrant la cavité de la branchie; deux paires d'auricules tentaculaires fendues, l'une labiale, et l'autre occipitale ; les yeux très-petits, sessiles entre elles deux.

A. Espèces dont les appendices latéraux sont fort larges , divisés en arrière et abaissés.

Ex. L'Aplysie dépilante. *Aplysia depilans*. Pl. XLIII. fig. 4, et Blainv., Monog., Journ. de Phys., tom. 96, juin 1823, fig. 1.

B. Espèces dont les appendices plus étroits sont réunis et relevés en arrière.

Ex. L'A. vulgaire. *A. vulgaris. Id*., *ibid*., fig. 8.

C. Espèces dont les appendices sont fort larges, et qui n'ont que deux tentacules, en arrière desquels sont les yeux.   (G. ACTÉON. Oken.)

Ex. L'A. verte. *A. viridis.* Bosc, Vers, t. 1, pl. 2, f. 4.

D. Espèces alongées, à queue subulée; les quatre tentacules longs et grêles ; la cavité branchiale subdorsale, sans opercule ou coquille.

Ex. L'A. de Brongniart. *A. Brongniartii.* Blainv., *ibid*, fig. 12.

Observ. Ce genre ne renferme encore qu'un assez petit nombre d'espèces, presque toutes de nos mers. Celle de la troisième section est de l'Amérique septentrionale; elle est bien mal connue. MM. Quoy et Gaimard en ont rapporté plusieurs des mers de l'hémisphère austral.

DOLABELLE. *Dolabella.*

Corps mou, charnu, alongé, subcylindrique, renflé et aplati en arrière par la réunion des appendices natatoires qui sont fort courts ;

le pied plus distinct et plus épais que dans les aplysies ; les organes
de la respiration contenus dans une sorte de cavité dorsale à ouverture supérieure ovale, presque symétrique, et formée par la réunion des lobes du manteau.

Coquille rudimentaire tout-à-fait plate, subspirale. élargie en
forme de doloire, à sommet calleux et très-épais.

Ex. La Dolabelle calleuse. *Dolabella Rumphii.* Cuv.. Ann.
du Mus., 5, pag. 437, pl. 29. f. 1-4, et pl. XLIII, fig. 5.

Observ. Ce genre, extrêmement voisin du précédent, ne contient
que deux espèces, dont une est établie sur la coquille seulement.
Toutes deux sont des mers de l'Inde.

BURSATELLE. *Bursatella.*

Corps subglobuleux, offrant inférieurement un espace ovalaire
circonscrit par des lèvres épaisses indiquant le pied, supérieurement une fente ovalaire à bords épais, symétrique, formée
par la réunion complète des appendices natatoires du manteau,
et communiquant dans une cavité où se trouvent une très-grande
branchie libre et l'anus; quatre tentacules fendus, ramifiés, outre
deux appendices buccaux.
Aucune trace de coquille.

Ex. La Bursatelle de Leach. *Bursatella Leachii.* Blainv.,
pl. XLIII, fig. 6.

Observ. Nous ne connoissons encore qu'une espèce de ce genre;
elle est fort grosse et des mers de l'Inde.

NOTARCHE. *Notarchus.*

Corps globuleux; le pied comme dans le genre précédent; quatre
tentacules fendus dans une partie de leur longueur, sans appendices
labiaux prolongés; une très-petite branchie latéro-supérieure,
presque externe, ou seulement protégée par un petit repli du
manteau, sans coquille intérieure.

Ex. Le Notarche de Cuvier. *Notarchus Cuvieri.* Pl. XLIII,
fig. 7. et G. Cuvier, Règn. anim., pl. XI, f. 1.

Observ. Ce genre, extrêmement voisin du précédent, ne contient aussi qu'une seule espèce de l'Ile-de-France.

Elysie. *Elysia.*

Corps très-mou, déprimé, rhomboïdal, avec des lobes natatoires latéraux; pied alongé, terminé à son extrémité par un tubercule creux; tentacules auriformes, le droit plus gros que le gauche, et d'où sort l'organe mâle sous la forme d'un filet très-fin; yeux sessiles situés au-dessous des tentacules; bouche fendue longitudinalement, et pourvue de deux paires de filets tentaculaires; l'anus percé dans le tubercule creux qui termine le pied; branchies situées à l'origine du dos, et formées par de petites lames disposées en fer à cheval.

Ex. L'Elysie timide. *Elysia timida.* Risso, Journ. de Phys., t. 87, p. 376.

Observ. Ce genre ne renferme encore qu'une espèce observée dans la Méditerranée par M. Risso, et qu'il rapporte au genre Notarche de M. Cuvier, mais évidemment à tort, si la description qu'il en donne est exacte. Il est vrai qu'il est permis de douter un peu de la singulière terminaison de l'anus et de celle de l'organe mâle.

Fam. lil. — *PATELLOIDES.* Patelloidea.

Corps déprimé, aplati, couvert par une large coquille extérieure, non symétrique et patelloïde.

Ombrelle. *Ombrella.*

Corps ovalaire, très-déprimé, pourvu inférieurement d'un pied fort épais et très-large, coupé obliquement en dessus, dépassant beaucoup les bords à peine marqués du manteau, et dont l'extrémité antérieure offre une ouverture en forme d'entonnoir, au fond de laquelle sont deux tentacules foliacés et la bouche; les autres tentacules supérieurs et enroulés en cornet lamelleux à l'intérieur; les branchies formées de folioles assez nombreuses, disposées en un cordon qui occupe la partie antérieure et droite

du sillon du pied ; l'anus à la partie postérieure de la branchie ; les
orifices des organes de la génération très-rapprochés.

Coquille extrêmement déprimée ou tout-à-fait plate, subcirculaire, non symétrique, à bord irrégulier et à sommet à peine
marqué.

Ex. L'Ombrelle de l'Inde. *Ombrella indica.* Lamck..
pl. XLIV, fig. 1, et Chemn.. Conch., 10. t. 169, f. 1645-1646.

Observ. C'est le genre que nous avons désigné dans le Dictionnaire
des Sciences naturelles sous le nom de *Gastroplax*, parce que le
seul individu que nous avons vu avoit sa coquille, probablement
par artifice, collée ou attachée sous le pied. M. de Lamarck caractérise deux espèces d'ombrelles, l'une de l'Inde et l'autre de la
Méditerranée.

SIPHONAIRE. *Siphonaria.*

Corps ovale, subdéprimé ; la tête subdivisée en deux lobes
égaux, sans tentacules ni yeux évidens ; les bords du manteau
crénelés ; une branchie en forme de membrane carrée dans le
sinus formé à droite entre le pied et le manteau.

Coquille patelloïde, elliptique, à sommet bien marqué, un peu
gauche et postérieur ; une espèce de canal ou de gouttière sur le
côté droit ; impression musculaire en fer à cheval ; le lobe droit
partagé en deux par le canal.

Ex. La Siphonaire Mouret. *Siphonaria Mouretus.* Adans.,
Sénégal, t. 2, et pl. XLIV, fig. 2.

Observ. Quoique Adanson ait placé cet animal parmi les patelles
(*Lepas*), il est évident que ce doit être un genre de l'ordre des
monopleurobranches ; les divisions de la tête étant sans doute les
auricules tentaculaires. Nous le rapprochons sans aucun doute des
espèces de patelles dont M. Sowerby a fait dernièrement son genre
Siphonaria, et dont nous connoissons déjà trois à quatre espèces.

TYLODINE. *Tylodina.*

Corps gastéropode, à petite coquille dorsale extérieure, membraneuse, ovale, patelliforme, sans spire, à sommet calleux ;
quatre tentacules, dont les deux postérieurs éloignés des antérieurs

et plus grands qu'eux; branchie dorsale sous la coquille à droite;
anus à la droite du cou.

Ex. La Tylodine pointillée. *Tylodina punctulata*. Rafinesque,
Journal de Physique, tom. 89, p. 152.

Observ. Nous ne connoissons ce genre que d'après le peu qu'en
dit M. Rafinesque; mais il nous paroît probable qu'il appartient
à cette famille.

Fam. IV.— *ACÈRES*. Akera.

Corps plus ou moins globuleux, gastéropode, divisé en deux
parties, dont l'antérieure est souvent pourvue de lobes latéraux;
la tête peu distincte, sans tentacules, ou à tentacules rudimentaires.
Coquille nulle, interne ou externe.

Bulle. *Bulla*.

Corps ovale oblong, épais, obtus aux deux extrémités, formé
de deux parties; la postérieure entièrement recouverte par la
coquille, avec les bords du manteau épaissis en avant, mais surtout
en arrière au côté gauche, où il forme un lobe bordant son ouverture; l'antérieure plus considérable, pourvue à droite et à gauche
d'un élargissement natatoire du pied, pouvant se recourber et envelopper tout le corps; tête peu distincte, avec des appendices
labiaux peu considérables; deux yeux sessiles bien distincts, et en
arrière d'eux une paire de tentacules en forme de bride extrêmement basse, se prolongeant sur les parties latérales du cou.
Coquille interne ou externe, ovalaire, involvée, à ouverture
très-grande, à sommet ombiliqué.

Ex. La Bulle Hydatide. *Bulla Hydatis*. Pl. XLV, fig. 1, et
Enc. mét., pl. 361, fig. 1, *a b*.

Observ. Nous avons caractérisé ce genre sur plusieurs individus
qui nous ont été envoyés du Havre encore vivans par M. le D\u02b3 Sur-
riray, et qui pourroient bien appartenir à l'espèce que M. de Lamarck a nommée bulle cornée. Nous y rapportons, quoique avec
doute, les espèces vivantes que M. de Lamarck caractérise dans ce
genre, et qui proviennent de toutes les mers, ainsi que les quatre
fossiles de Grignon.

M. Defrance admet deux espèces de bullées fossiles, dont une analogue en Italie, d'après Brocchi, et une identique de Grignon; dix espèces de bulles dont cinq analogues du Plaisantin, d'après Brocchi, et une espèce subanalogue de Grignon.

BELLEROPHE. *Bellerophus.*

Animal entièrement inconnu.

Coquille ovale, oblongue, fortement involvée, en forme de navette déprimée; le dernier tour de spire entourant et cachant tous les autres; ouverture ovale, assez étroite, auriculée à son extrémité; le bord gauche entièrement formé par le retour de la spire, le droit tranchant.

Ex. Le Bellerophe vasulite. *Bellerophus vasulites.* Denys de Monfort, Systèm. de Conchyl., t. 1, p. 51.

Observ. C'est à M. Defrance que la science doit la rectification des caractères de ce genre établi par Denys de Monfort, et qu'il place parmi les polythalames. En sciant la coquille même qui avoit appartenu à ce conchyliologiste, M. Defrance s'est assuré qu'elle n'est nullement cloisonnée. Ce genre au reste n'est connu qu'à l'état fossile : il contient deux ou trois espèces. Ne seroit-il pas mieux placé dans les angyostomes qu'ici ?

BULLÉE. *Bullea.*

Corps ovale, oblong, subinvolvé, obtus aux deux extrémités; la partie postérieure et le bord gauche du manteau épaissis et formant une sorte de second pied qui se place dans l'ouverture de la coquille; une espèce de bouclier tentaculaire rugueux sur la tête, avec deux lobes latéraux plus ou moins longs en arrière; le pied épais sans appendices latéraux natatoires.

Coquille interne ou externe, ovale, involvée plus ou moins complètement, ce qui rend l'ouverture ou très-large ou plus ou moins étroite.

A. Espèces dont la coquille est intérieure et fort incomplètement involvée, sans spire ni columelle.

Ex. La Bullée plancienne. *Bullea aperta.* Pl. XLV, fig. 2, et Mull., Zool. Dan., 3, pl. 101, f. 1-5.

B. Espèces dont la coquille est intérieure et fort incomplètement involvée, avec une columelle à spire rentrée.

Ex. La B. Ampoule. *B. Ampulla*. E. m., pl. 358, f. 3, *a b*.

C. Espèces dont la coquille est intérieure; les lobes latéraux cirrheux plus développés.

Ex. La B. de Férussac. *B. Ferussac*. Quoy et Gaimard, Voyage de l'Uranie, Atlas zoologique, pl. 66, f. 10-12.

Observ. Nous caractérisons ce genre un peu différemment que M. de Lamarck, qui l'a établi, et qui n'y place que les acères, dont la coquille est intérieure. Comme nous prenons en première considération l'animal, nous distinguons sous le nom de bullées les espèces qui, avec une coquille extérieure ou intérieure, ont le pied plus épais, non dilaté en appendices natatoires, et qui ont en effet d'autres mœurs que les bulles qui nagent fort bien et rampent fort mal. Nous avons observé les trois espèces conservées dans l'alcool.

LOBAIRE. *Lobaria.*

Corps moins déprimé; ovale, subglobuleux, paroissant divisé en quatre parties, une antérieure pour la tête et le thorax, une de chaque côté pour les appendices natatoires, recourbés et adhérens, et une postérieure pour les viscères.

Point de coquille, même rudimentaire, à la face supérieure de la partie postérieure du corps.

Ex. La Lobaire charnue. *Lobaria carnosa*. Pl. XLV, fig. 3, et Cuv., Ann. du Mus., 16, pl. 1, f. 15-16.

Observ. Ce genre ne renferme encore qu'une espèce de nos mers, peut-être en faudra-t-il rapprocher le petit mollusque incomplètement connu dont MM. Quoy et Gaimard ont fait leur genre TRIPTÈRE, et qui est figuré dans l'Atlas zoologique du Voyage de l'Uranie, pl. 66, f. 6.

SORMET. *Sormetus.*

Corps alongé, semicylindrique, largement gastéropode, sans traces de tentacules; bouche ronde, marginale; l'appareil de la respiration communiquant avec le fluide ambiant par un petit orifice arrondi, situé au côté droit et protégé par une petite coquille ovale, déprimée, subsymétrique, à sommet à peine indiqué, et à bords repliés en dedans.

Ex. Le Sormet d'Adanson. *Sormetus Adansonii.* Pl. XLV, fig. 4, et Sénég., pl. 1.

Observ. Ce genre est établi sur un animal assez incomplètement connu d'après une figure et une description d'Adanson.

GASTÉROPTÈRE. *Gasteroptera.*

Corps divisé en deux parties ; la postérieure globuleuse, ne tenant presque que par un pédoncule à l'antérieure; celle-ci fort petite, élargie de chaque côté en une grande expansion musculaire ovale transversalement, un peu échancrée en avant et en arrière, ce qui la rend comme bilobée et remplaçant le pied, servant à la natation ; la branchie latérale tout-à-fait à découvert.

Ex. Le Gastéroptère de Meckel. *Gasteroptera Meckeli.* Pl. XLV, fig. 5.

Observ. Ce genre est établi sur un joli mollusque des mers de Sicile; aussi est-il probable que c'est le même que celui qui a été proposé par M. Rafinesque sous la dénomination de *Sarcoptère.*

ATLAS. *Atlas.*

Corps partagé en deux parties réunies par une sorte de pédoncule, à peu près comme dans le genre précédent ; la postérieure ovalaire; l'antérieure dilatée circulairement, et ciliée sur ses bords, mais pourvue d'un très-petit pied distinct en dessous, et d'une paire de très-petits tentacules auriformes en dessus; l'anus au milieu du côté droit de la masse postérieure ; les organes de la respiration inconnus, ainsi que la terminaison de ceux de la génération.

Ex. L'Atlas de Péron. *Atlas Peronii.* Pl. XLV, fig. 6, et Lesueur, Journ. de Phys., vol. 85, pl. 2, fig. 2.

Observ. Ce genre, dont nous devons l'établissement à M. Lesueur. n'est pas entièrement connu ; il nous semble cependant qu'il doit appartenir à la même famille que le gastéroptère ; car la terminaison de l'anus nous porte à croire que la branchie doit en être voisine, et non pas formée par les cils qui bordent le disque, comme le croit M. Lesueur.

SECTION II. — *Organes de la respiration, et le corps protecteur, quand il existe (ce qui est assez rare), symétriques.*

ORDRE PREMIER. — APOROBRANCHES.
APOROBRANCHIATA.

Corps de forme un peu variable, mais constamment pourvu d'appendices natatoires pairs et latéraux, sans pied proprement dit : organes de la respiration souvent peu évidens.

FAM. I. — *THÈCOSOMES.* THECOSOMATA.

HYALE. *Hyalœa.*

Corps subglobuleux, formé de deux parties distinctes ; la postérieure ou abdominale large, déprimée, bordée de chaque côté d'une double lèvre du manteau, quelquefois prolongée, contenue dans une coquille ; l'antérieure céphalo-thoracique, dilatée de chaque côté en aile ou nageoire arrondie ; tête non distincte, pourvue de deux tentacules contenus dans une gaîne cylindrique ; ouverture buccale, avec deux appendices labiaux décurrens sous le pied ; anus à la partie postérieure de la double lèvre du manteau au côté droit ; branchie en forme de peigne, sur le même côté ; terminaison de l'oviducte à l'endroit de séparation des deux parties du corps ; celle de l'organe mâle tout-à-fait antérieure, en dedans et en avant du tentacule droit.

Coquille extérieure fort mince, transparente, symétrique, bombée en dessous, plane en dessus, fendue sur les côtés pour le passage des lobes du manteau, ouverte en fente en avant pour celui du céphalo-thorax, et tronquée au sommet.

Ex. L'Hyale tridentée. *Hyalœa tridentata.* Pl. XLVI, fig. 2, et Cuv., Ann. du Mus.. 4, p. 22, fig. 59.

Observ. Ce genre, dont nous avons publié une monographie dans le

Journal de Physique et dans le Dictionnaire des Sciences naturelles, renferme déjà cinq à six espèces; toutes paroissent être des
pays chauds.

Le genre Glandiole de Denys de Montfort paroît appartenir à
ce genre, d'après la juste observation de M. Defrance.

CLÉODORE. *Cleodora.*

Corps alongé, conique, plus ou moins déprimé; partagé en
deux parties, comme dans l'hyale; deux tentacules, deux yeux et
deux ailes natatoires à l'antérieure; la postérieure conique, contenue et adhérente dans une sorte d'étui gélatineux à ouverture
antérieure fort grande, et non échancrée latéralement.

A. Espèces déprimées.

Ex. La Cléodore de Brown. *Cleodora Brownii.* Pl. XLVI *bis*,
fig. 1, et Pér. et Lesueur, Ptérop., Ann. du Mus., vol. 15, pl. 3,
fig. 14.

B. Espèces coniques, non déprimées.   (G. VAGINELLE. Daud.)

Ex. La C. de Bordeaux. Vaginelle déprimée, *Vaginella depressa.* Daud., pl. XLVI *bis*, fig. 2 ; Bullet. des Sc. par la Soc.
phil., n.° 43, fig. 1, et Bosc, Hist. nat. des vers, t. 1, p. 195,
pl. 7, fig. 7.

Observ. Nous avons observé une espèce vivante de cléodore,
l'animal et la coquille. C'est un genre peu distinct de l'hyale.
L'espèce de la deuxième division est fossile.

CYMBULIE. *Cymbulia.*

Corps alongé, subcylindrique, pourvu en arrière d'un filament
d'attache, et de chaque côté d'une large expansion natatoire;
deux yeux, une trompe?

Coquille ou étui cartilagineux, transparent, conique dans sa
partie postérieure où adhère l'animal, et se prolongeant en dessus
en un long demi-cylindre creux, sous lequel l'animal peut se mettre
à l'abri.

Ex. La Cymbulie de Péron. *Cymbulia Peronii.* Lamck.,
pl. XLVI *bis*, fig. 3, et Pér. et Lesueur, Ann. du Mus., 15,
pl. 3, fig. 9, 10, 11.

Observ. La définition que nous donnons de ce genre est toute différente de celle de Péron et Lesueur ; mais nous avons vu l'animal sur lequel il est établi, et l'autopsie comme l'analogie ne nous permettent pas de douter qu'ils ne se soient trompés dans la description et la figure de ce mollusque, ainsi que dans ses rapports avec sa coquille.

Pyrgo. *Pyrgo.*

Animal entièrement inconnu.

Coquille presque microscopique, sphéroïdale, régulière, formée de deux pièces ou valves presque séparables, égales, se joignant dans toute leur circonférence, si ce n'est en avant, où est une petite ouverture étroite, transversale.

Ex. La Pyrgo lisse. *Pyrgo lœvis.* Pl. LXII *bis*, fig. 2.

Observ. Ce genre, établi par M. Defrance, qui le range parmi les sphérulacés, ne contient encore qu'une seule espèce fossile.

Fam. II. — *GYMNOSOMES.* Gymnosomata.

Corps de forme alongée, subconique, complètement nu ; deux faisceaux de suçoirs tentaculaires à la bouche ; point de dent à la lèvre supérieure ; une petite plaque linguale hérissée de denticules.

Clio. *Clio.*

Corps libre, nu, plus ou moins alongé, un peu déprimé, aminci en arrière, sans autres nageoires que les appendices latéraux ; tête bien distincte, pourvue de six tentacules longs, coniques, rétractiles, séparés en deux groupes de trois chacun, et pouvant entièrement être cachés dans une espèce de prépuce portant lui-même un petit tentacule à son côté externe ; bouche tout-à-fait terminale et verticale ; yeux sessiles, presque supères ; une sorte de ventouse ou de rudiment de pied sous le cou, entre la racine des nageoires ; anus et terminaison des deux parties de l'appareil générateur dans un tubercule unique, situé au côté droit, à la jonction de la nageoire au tronc ; organes de la respiration ?

A. Espèces dont les tentacules sont bien connus.

Ex. Le Clio boréal. *Clio borealis.* Pall., Spicil. zool., 10, t. 1, fig. 18, 19, et pl. XLVI, fig. 1.

B. Espèces sans tentacules ? et dont le renflement céphalique est séparé du tronc par une sorte de thorax plus étroit, bien distinct.

(G. CLIODITE. Quoy et Gaimard.)

Ex. Le C. Caducée. *C. Caduceus.* Voyage de l'Uranie, Atlas zoolog., pl. 66, fig. 1.

Observ. Nous avons caractérisé ce genre d'après nos propres observations. La figure de Pallas que nous citons est la moins mauvaise de toutes celles qu'on a données du clio boréal ; mais elle est encore fort inexacte.

Quant à l'espèce qui forme la seconde section de ce genre, elle est trop incomplètement connue pour qu'on puisse assurer ce que c'est. Il en est peut-être de même du clio austral de Bruguière.

PNEUMODERME. *Pneumoderma.*

Corps libre, subcylindrique, un peu aminci en arrière, renflé en avant, et divisé en deux parties : l'une postérieure ou abdominale plus grosse, ovale et étroite en arrière ; l'autre antérieure ou céphalo-thorax bien plus petite, formée par un petit appendice ou pied médian, accompagnée à droite et à gauche par un appendice natatoire ; bouche à l'extrémité d'une sorte de trompe rétractile, ayant à sa base un faisceau de suçoirs tentaculaires, et pouvant se cacher dans une espèce de prépuce qui porte en dehors deux petits tentacules ; anus à droite et un peu avant les branchies extérieures en forme d'H, placées à la partie postérieure du corps ; orifice des organes de la génération dans un tubercule commun situé à la racine de la nageoire du côté droit.

Ex. Le Pneumoderme de Péron. *Pneumoderma Peronii.* Lamck., pl. XLVI *bis*, fig. 4, et Cuv., Ann. du Mus., 4, p. 228, pl. 59.

Observ. Nous avons caractérisé ce genre, dont la découverte est due à Péron, sur plusieurs individus bien conservés, rapportés par MM. Quoy et Gaimard de l'expédition du capitaine Freycinet. Il ne contient qu'une espèce de l'Australasie.

Fam. III. — *PSILOSOMES*. Psilosomata.

Corps très-comprimé latéralement, et en forme de lame.

Phylliroé. *Phylliroe*.

Corps libre, nu, très-comprimé ou beaucoup plus haut qu'épais, terminé en arrière par une sorte de nageoire verticale; céphalo-thorax petit, et pourvu d'une paire d'appendices natatoires, triangulaires, comprimés, et simulant des espèces de longs tentacules ou de branchies; bouche subterminale, en fer à cheval, avec une trompe courte rétractile; anus au côté droit du corps; orifice des organes de la génération unique du même côté, et plus antérieur que l'anus; organes de la respiration?

Ex. Le Phylliroé Bucéphale. *Phylliroe Bucephalum*. Pl. XLVI, fig. 5; et Péron et Lesueur, Ann. du Mus., pl. 1, f. 1-3.

Observ. Nous avons observé cet animal sur l'individu de notre collection, qui a été découvert dans la Méditerranée par MM. Péron et Lesueur; nous n'avons pu trouver les branchies, et cependant nous ne croyons pas que les appendices locomoteurs en servent.

ORDRE SECOND. — POLYBRANCHES.
Polybranchiata.

Organes de la respiration branchiaux, en forme de lanières ou d'arbuscules nombreux, disposés symétriquement, et à l'extérieur de chaque côté du corps.
Corps toujours nu.

Fam. I. — *TÉTRACÈRES*. Tetracerata.

Deux paires de tentacules, l'une frontale et l'autre occipitale; yeux sessiles en arrière de celle-ci; la peau lisse; les branchies en forme de lanières ou de cirrhes.

Glaucus. *Glaucus.*

Corps lacertiforme, alongé, conique, avec un rudiment de pied à sa face inférieure, se prolongeant en arrière en une sorte de queue, et des espèces d'appendices digités, disposés par paires sur les côtés et servant à la natation ; tête assez grosse, quoique peu distincte ; deux paires de tentacules extrêmement courtes ; bouche subterminale ; anus au tiers postérieur du côté droit ; la terminaison des organes de la génération dans un tubercule commun, au tiers antérieur du même côté.

Ex. Le Glaucus de Forster. *Glaucus Forsteri.* Pl. XLVI, fig. 4, et Péron et Lesueur, Ann. du Mus., 15, pl. 3, f. 9.

Observ. On ne connoît encore qu'une espèce bien distincte dans ce genre, et presque de toutes les mers ; elle a toujours été assez incomplètement figurée et décrite à l'envers, le pied en haut.

Laniogère. *Laniogerus.*

Corps à peu près de même forme que dans le genre précédent, épais et plus large en avant, plus étroit et plus mince en arrière, gastéropode, pourvu de chaque côté d'une série de lames molles, finement pectinées, divisée en deux parties ; bouche et tentacules comme dans les glaucus, ainsi que la terminaison des appareils de la digestion et de la génération.

Ex. Le Laniogère d'Elfort. *Laniogerus Elfortii.* Blainv. ' pl. XLVI, fig. 4.

Observ. Nous avons établi ce genre d'après un individu de la collection du Muséum britannique.

Tergipède. *Tergipes.*

Corps conique, claviforme, avec un pied encore assez peu sensible, comme dans les genres précédens, pourvu en dessus d'espèces de branchies tentaculiformes en petit nombre, et disposées sur deux rangs ; les deux paires de véritables tentacules de longueur un peu variable.

A. Espèces dont les deux paires de tentacules sont fort courtes.

Ex. Le Tergipède lacinulé. *Tergipes lacinulatus*. Pl. XLVI *bis*, fig. 6, et Enc. méth., pl. 82, f. 5-6.

B. Espèces qui les ont plus longues.

Ex. Le T. de Tilésius. *T. Tilesii*. Voyage de Krusenstern, fig. 29-30.

Observ. Nous ne connoissons cet animal que par analogie et par ce qu'en a dit Forskal.

CAVOLINE. *Cavolina*.

Corps alongé, limaciforme, avec un pied épais et propre à ramper; tête bien distincte; deux paires de tentacules fort alongés, outre deux appendices labiaux; organes de la respiration formés par un grand nombre de cirrhes coniques disposées par anneaux ou par bandes dans toute la longueur du dos.

Ex. La Cavoline Pèlerine. *Cavolina Peregrina*. Brug., pl. XLVI *bis*, fig. 7, et E. m., pl. 85, f. 4.

Observ. Nous en avons observé une très-petite espèce rapportée par MM. Quoy et Gaimard du voyage de l'Uranie.

EOLIDE. *Eolida*.

Corps ovale, oblong, limaciforme, gastéropode; tête distincte; quatre ou deux tentacules supérieurs, outre deux labiaux; branchies formées par un très-grand nombre de petites écailles molles, flexibles, imbriquées de chaque côté du dos; l'anus et la terminaison des organes de la génération à peu près comme dans les genres précédens, mais beaucoup plus rapprochés, et entre les deux paires de tentacules.

Ex. L'Eolide de Cuvier. *Eolida Cuvierii*. Pl. XLVI *bis*, fig. 8, et E. m., pl. 82, f. 12.

Observ. Ce genre est évidemment fort voisin du précédent, et pourroit sans inconvénient lui être réuni. Nous en avons examiné plusieurs espèces. Il y en a dans toutes les mers.

FAM. II. — *DICÈRES*. DICERATA.

Deux tentacules supérieurs rétractiles dans une sorte de gaîne située à leur base ; un voile membraneux plus ou moins étendu au-dessus de la bouche ; organes de la génération et anus distans au côté droit ; organes de la respiration en forme d'arbuscules extérieurs.

SCYLLÉE. *Scyllæa.*

Corps alongé, très-comprimé, convexe à son côté supérieur, et pourvu d'un pied étroit et canaliculé à l'inférieur ; tête distincte, avec deux grands tentacules auriformes fendus au côté externe ; bouche en fente entre deux lèvres longitudinales, et armée d'une paire de dents latérales semilunaires fort grandes ; organes de la respiration en forme de petites houppes répandues irrégulièrement sur des appendices pairs de la peau.

Ex. La Scyllée pélagienne. *Scyllæa pelagica.* Cuv., Ann. du Mus., 6, pl. 61, f. 1-3-4, et pl. XLVI, fig. 3.

Observ. On ne connoît encore qu'une espèce de ce genre, fort commune dans l'Océan atlantique. MM. Quoy et Gaimard (Atl. zoolog. du Voyage de l'Uranie, pl. 66, fig. 13) en ont fait figurer une nouvelle des mers de l'Australasie, sous le nom de Scyllée fauve.

TRITONIE. *Tritonia.*

Corps limaciforme, bombé dans les deux sens en dessus, plane et pourvu d'un large disque musculaire propre à ramper en dessous ; deux tentacules supérieurs rétractiles dans une sorte d'étui ; une grande lèvre ou voile circulaire frontal ; bouche armée d'une paire de grandes dents latérales, tranchantes et denticulées sur les bords ; branchies en forme de panaches ou d'arbuscules rangés symétriquement de chaque côté du corps.

Ex. La Tritonie de Homberg. *Tritonia Hombergii.* Cuv., pl. XLVI, fig. 6, et Ann. du Mus., 1, pl. 31, f. 1-2.

Observ. C'est un genre bien rapproché des scyllées, et qui renferme quatre ou cinq espèces de nos mers, mais assez mal connues.

Théthys. *Thethys.*

Corps ovale, déprimé, bombé en dessus, plane en dessous, et
pourvu d'un large pied dépassant de toutes parts le dos étroit et
sans rebord ; deux tentacules supérieurs fort longs, à la partie
antérieure desquels est un tube contractile ; bouche à l'extrémité
d'un petit tube sans dents ni langue hérissée ? au milieu d'un
large voile frontal frangé dans tout son bord ; branchies alternativement inégales, et disposées sur une seule ligne de chaque côté
du dos.

Ex. La Théthys léporine. *Thethys leporina.* Cuv., pl. XLVI
bis, fig. 9, et Ann. du Mus., 12, pl. 24.

Observ. Ce genre ne contient encore qu'une ou deux espèces de
la Méditerranée.

ORDRE TROISIÈME — CYCLOBRANCHES.
Cyclobranchiata.

Organes de la respiration branchiaux, en forme d'arbuscules
plus ou moins développés, rassemblés symétriquement auprès de
l'anus, qui est situé dans la ligne médiane de la partie postérieure
du corps ; la peau nue, et plus ou moins tuberculeuse.

Doris. *Doris.*

Corps ovale plus ou moins déprimé ; le pied et la tête dépassés
de tous côtés par les bords du manteau ; quatre tentacules, dont deux
supérieurs, contractiles dans une cavité, et deux inférieurs sous le
rebord du manteau ; bouche à l'extrémité d'un petit tube charnu
sans dents, mais avec une masse linguale hérissée de denticules
considérables ; les branchies en forme d'arbuscules saillans disposés en cercle plus ou moins complet, au-devant de l'anus médian
et supérieur ; organes de la génération se terminant au tiers antérieur du côté droit, dans un tubercule commun.

A. Espèces dont le bord antérieur du manteau est divisé en plusieurs
lanières symétriquement disposées.   (G. Polycère. Cuv.)

Ex. La Doris cornue. *Doris cornuta.* Pl. XLVI *bis*, fig. 10,
et Mull., Zool. Dan., 1, pl. 145, 1-2-3.

B. Espèces dont le bord antérieur du manteau est indivis.

1.º Le corps prismatique.

Ex. La D. lacérée. *D. lacera.* Cuv., Ann. du Mus., 4, pl. 1, fig. 1, et pl. XLVI *bis*, fig. 11.

2.º Le corps très-bombé en dessus.

Ex. La D. verruqueuse. *D. verrucosa. Ib.*, *idem*, pl. 1, f. 4-5-6.

3.º Le corps extrêmement déprimé.

Ex. La D. Semelle. *D. Solea.* Cuv., Ann. du Mus., 4, pl. 2, f. 1-2, et pl. XLVI *bis*, fig. 12.

Observ. Ce genre dont M. Cuvier a donné dans les Annales du Muséum une monographie que nous avons complétée dans le Dict. des Sc. nat., renferme déjà vingt espèces assez bien connues et répandues dans toutes les mers où elles vivent sur les rochers.

ONCHIDORE. *Onchidoris.*

Corps ovalaire, bombé en dessus; le pied ovale, épais, dépassé dans toute sa circonférence par les bords du manteau; quatre tentacules comme dans les doris, outre deux appendices labiaux; organes de la respiration formés par des arbuscules très-petits, disposés circulairement, et contenus dans une cavité située à la partie postérieure et médiane du dos; anus également médian à la partie inférieure et postérieure du rebord du manteau; les orifices des organes de la génération très-distans et réunis entre eux par un sillon extérieur occupant toute la longueur du côté droit.

Ex. L'Onchidore de Leach. *Onchidoris Leachii.* Blainv., pl. XLVI, fig. 8.

Observ. Nous avons établi ce genre sur un mollusque de la collection du Muséum britannique, dont on ignoroit la patrie.

PÉRONIE. *Peronia.*

Corps elliptique, bombé en dessus; le pied ovale, épais, dépassé dans toute sa circonférence par les bords du manteau; deux tentacules inférieurs seulement, déprimés, peu contractiles, et deux appendices labiaux ; organe respiratoire presque rétiforme ou pulmonaire, dans une cavité située à la région postérieure du dos, et s'ouvrant à l'extérieur par un orifice arrondi, médian, percé à la partie inférieure et postérieure du rebord du manteau ; anus médian situé au-devant de l'orifice pulmonaire ; orifices des organes de la génération très-distans, celui de l'ovaire tout-à-fait à l'extrémité postérieure du côté droit, se continuant par un sillon jusqu'à la racine de l'appendice labial de ce côté, celui de l'organe excitateur fort grand, presque médian, à la partie antérieure de la racine du tentacule du même côté.

Ex. La Péronie de l'Ile-de-France. *Peronia mauritiana.* Blainv., pl. XLVI, fig. 7, et Cuv., Ann. du Mus., 5, pl. 6.

Observ. Ce genre renferme les onchidies marines de M. Cuvier ; nous en connoissons déjà quatre ou cinq espèces, toutes de l'hémisphère austral.

ORDRE QUATRIÈME. — INFÉROBRANCHES.
INFEROBRANCHIATA.

Organes de la respiration branchiaux, et disposés en forme de lamelles sous le rebord saillant du manteau ; corps toujours nu, ovale, et plus ou moins tuberculeux.

PHYLLIDIE. *Phyllidia.*

Corps ovale, oblong, assez bombé ; tête cachée comme le pied, par le bord du manteau ; quatre tentacules, les deux supérieurs rétractiles dans une cavité qui est à leur base ; les deux inférieurs buccaux ; bouche sans dent supérieure ; une masse linguale denticulée ; lames branchiales tout autour du rebord inférieur du manteau, si ce n'est en avant ; anus à la partie postérieure et médiane du dos ; orifices des organes de la génération dans un tubercule commun au quart antérieur du côté droit.

Ex. La Phyllidie pustuleuse. *Phyllidia pustulosa.* Cuv., Ann. du Mus., t. 5, pl. 18, f. 1, et pl. XLVII, fig. 1.

Observ. Les espèces de ce genre paroissent n'avoir encore été trouvées que dans la mer des Indes.

LINGUELLE. *Linguella.*

Corps ovale, très-déprimé; le manteau débordant le pied de toutes parts, si ce n'est en avant; tête découverte.

Lamelles branchiales obliques, et n'occupant que les deux tiers postérieurs du rebord inférieur du manteau.

Anus inférieur situé au tiers postérieur du côté droit; les orifices des organes de la génération dans le même tubercule, au tiers antérieur du même côté.

Ex. La Linguelle d'Elfort. *Linguella Elfortii.* Blainville, pl. XLVII, fig. 2.

Observ. Nous avons établi ce genre sur un mollusque bien conservé de la collection du Muséum britannique, dont on ignoroit la patrie. Nous supposons que c'est le même que le genre Diphyllidie de M. Cuvier.

Il est aussi probable que le genre établi par M. Rafinesque sous le nom d'*Armina*, et qu'il caractérise ainsi: *Corps oblong, déprimé; bouche nue, rétractile; les flancs lamelleux; l'anus à droite,* ne diffère pas beaucoup de notre linguelle, puisque M. Rafinesque lui-même le rapproche des phyllidies; mais c'est ce qu'il est impossible d'assurer.

ORDRE CINQUIÈME. — NUCLÉOBRANCHES.
NUCLEOBRANCHIATA.

Organes de la respiration en forme de lanières symétriques groupées avec les organes digestifs, dans une petite masse (*nucleus*) située à la partie supérieure et ordinairement postérieure du dos; la peau nue, épaisse, comme gélatineuse.

Coquille symétrique plus ou moins enroulée longitudinalement ou d'arrière en avant, et fort mince.

FAM. I. — *NECTOPODES.* NECTOPODA.

Un pied abdominal, comprimé en nageoire arrondie.

FIROLE. *Pterotrachea.*

Corps fort alongé, plus ou moins fusiforme, hyalin, et comme gélatineux; tentacules rudimentaires remplacés par des espèces d'épines cartilagineuses ; yeux sessiles , grands , derrière une cornée transparente bombée de la peau ; la bouche à lèvres verticales à l'extrémité d'une longue trompe , et armée à l'intérieur de deux rangées latérales de longs crochets recourbés , cornés , serrés de manière à simuler une paire de mâchoires latérales par leur réunion ; le nucléus tout-à-fait à découvert , et enveloppé par une membrane gélatineuse ; la terminaison du canal intestinal et des organes de la génération dans un tubercule à gauche, vers le nucléus.

A. Espèces dont le corps se prolonge bien au-delà du nucléus et se termine par une petite nageoire horizontale, bifurquée. (G. Firole.)

Ex. La Firole couronnée. *Pterotrachea coronata*. Enc. mét., pl. 81, f. 1 , et la F. de Frédéric. *F. Frederici*. Pl. XLVII , fig. 4.

B. Espèces dont le corps se termine presque brusquement en arrière du nucléus par une sorte de queue très-courte non bifurquée.
(G. Firoloïde. Lesueur.)

Ex La F. de Desmarest. *F. desmarestiana*. Lesueur , Journ. de l'Acad. des Sc. nat. de Philad. , t. 1, pl. 11, f. 1.

C. Espèces dont le corps est fort alongé, aminci aux deux extrémités.
(G. Sagitelle. Lesueur.)

Observ. Ce genre ne contient encore que des animaux marins et carnassiers, essentiellement des mers des pays chauds. M. Lesueur, qui les a le plus étudiés , compte six espèces de firoles , trois de firoloïdes, et une de sagitelle ; mais il est probable qu'elles sont trop multipliées.

Il faut sans doute rapporter à ce genre celui que M. Rafinesque a nommé *Hyptère*. Peut-être cependant devra-t-il être conservé comme une sous-division pour les espèces qui , outre la nageoire comprimée sous le ventre , ont en avant deux appendices sous la poitrine , comme la firole de Forskal.

CARINAIRE. *Carinaria*.

Corps alongé, prolongé en arrière du nucléus en une véritable queue bordée à son extrémité par une nageoire verticale ; tête assez distincte ; deux tentacules longs et coniques ; deux yeux sessiles ; les organes de la respiration et le nucléus entièrement enveloppés par un manteau à bords lobés et tapissant une coquille symétrique fort mince, un peu comprimée, sans spire, mais dont le sommet est un peu recourbé en arrière; ouverture ovale et bien entière; l'anus sous le bord du manteau.

Ex. La Carinaire de la Méditerranée. *Carinaria mediterranea.* Pér. et Lesueur, pl. XLVII, fig. 3, et Ann. du Mus., t. 15, pl. 2, f. 15.

Observ. Nous avons caractérisé ce genre d'après l'individu qui a servi aux observations de MM. Péron et Lesueur; on n'en connoît encore que trois espèces, dont une des mers d'Afrique et de la Méditerranée, et une troisième beaucoup plus grande de l'Océan austral.

Fam. II. — *PTÉROPODES*. Pteropoda.

Un appendice aliforme de chaque côté du corps, et servant à la natation.

Coquille symétrique, très-mince, transparente, enroulée longitudinalement ou d'arrière en avant.

Atlante. *Atlanta.*

Corps conchylifère comprimé, spiral en arrière, pourvu en avant d'une paire d'appendices ou de nageoires foliacées assez grandes; tête peu distincte; deux tentacules en avant d'yeux fort gros, comme pédiculés et situés à leur base; bouche à l'extrémité d'une longue trompe; anus à l'extrémité d'un tube très-grand, dirigé en avant; les organes de la génération et de la respiration incomplètement connus.

Coquille très-mince, diaphane, fortement carénée, à ouverture largement échancrée supérieurement, et à bords tranchans.

Ex. L'Atlante de Péron. *Atlanta Peronii.* Pl. XLVIII *bis*, et Lesueur, Journ. de Physique, t. 85, pl. 2, f. 1.

Observ. Nous ne connoissons ce genre que d'après la description et l'excellente figure données par M. Lesueur dans le recueil cité. Il ne renferme encore que l'espèce qui lui sert de type, et qui a été trouvée dans la mer Atlantique.

SPIRATELLE. *Spiratella.*

Corps conique, alongé, mais enroulé longitudinalement, élargi en avant, et pourvu de chaque côté d'un appendice aliforme subtriangulaire, arqué; bouche à l'extrémité de l'angle formé par deux lèvres inférieures; branchies en forme de plis, à l'origine du dos; anus et organes de la génération inconnus.

Coquille papyracée, très-fragile, planorbique, subcarénée, enroulée un peu obliquement, de manière à être profondément et largement ombiliquée d'un côté; spire un peu saillante. et pointue de l'autre; ouverture grande, entière, non modifiée, élargie à droite et à gauche; le péristome tranchant.

Ex. La Spiratelle limacine. *Spiratella limacina.* Pl. XLVIII *bis*, fig. 5, et Scoresby, Pêche de la baleine, t. 2, pl. 5, f. 7.

Observ. Nous avons tiré les caractères de ce genre surtout de l'ouvrage de M. Scoresby. Il est établi sur un animal presque microscopique des mers arctiques, dont M. Cuvier a fait son genre *Limacine*, adopté par M. de Lamarck.

ARGONAUTE. *Argonauta.*

Animal tout-à-fait inconnu.

Coquille naviculaire, symétrique, fort mince, comprimée, à carène double ou carrée, subenroulée longitudinalement dans le même plan, ou mieux simplement recourbée et recouvrante; ouverture très-grande, entière, symétrique, carrée en avant, un peu modifiée en arrière par le retour du sommet, et pourvue de chaque côté d'une espèce d'auricule à bords épais et lisses; les lèvres tranchantes.

Ex. L'Argonaute papyracée. *Argonauta Argo.* Pl. XLVII, fig. 5, et Martini, Conch., 1, t. 17, f. 157.

Observ. La considération de cette coquille, sa comparaison avec celle des genres précédens, la forme du corps des poulpes comparée avec celle de sa cavité, ne permettent pas d'admettre que les espèces de ce genre de mollusques qu'on y trouve en soient les constructeurs, et portent au contraire à penser que son animal est voisin des spiratelles et des atlantes. MM. Cuvier et de Lamarck sont cependant d'une opinion contraire.

M. Oken, dans les notes qu'il a publiées dans *l'Isis* (n.° 9, 1823), p. 459, pl. 16, f. 1-2, donne la description et la figure, il est vrai, très-incomplètes de l'animal de l'argonaute, qui, dit-il, a été rapporté du port Jackson par l'expédition du capitaine Freycinet. On y voit que ce mollusque seroit pourvu de deux paires d'appendices foliacés, une antérieure et une postérieure, et que ce seroit au milieu de la racine de cette dernière que seroit une bouche grande, ronde et tout-à-fait inférieure. Quoique M. Oken pense que cet animal est de la famille des sépiacés, il nous semble que l'on pourroit mieux voir dans la première paire d'appendices, des tentacules, et dans la seconde, des organes de natation un peu, comme cela a lieu dans l'atlante de Péron; mais il est encore plus certain que cet animal n'est autre chose qu'un petit poulpe du genre Ocythoé, mal conservé et surtout très-mal vu par M. Oken, sans doute à travers les parois d'un bocal. Nous nous sommes positivement assurés de ce fait.

M. de Lamarck distingue trois espèces de coquilles de ce genre, dont une de la Méditerranée, et les deux autres de l'Océan des Grandes-Indes.

SOUS-CLASSE III.

PARACÉPHALOPHORES HERMAPHRODITES. Paracephalophora hermaphrodita.

(Genre Patella. Linn.)

Appareil de la génération formé par un seul sexe distinct (le sexe femelle); tous les individus semblables, et se suffisant à eux-mêmes dans la reproduction.

Coquille toujours simple, recouvrante, très-rarement un peu enroulée, symétrique ou non; constamment sans traces d'opercule.

Section I. — *Les organes de la respiration et la coquille symétriques.*

ORDRE PREMIER. — CIRRHOBRANCHES.
Cirrhobranchiata.

Organes de la respiration en forme de longs filamens nombreux, portés par deux lobes radicaux au-dessus du cou.

Coquille subtubuleuse, un peu conique dans toute sa longueur et ouverte aux deux extrémités.

Genre DENTALE. *Dentalium.*

Corps alongé, conique, subvermiforme, enveloppé dans un manteau fistuleux dans le tiers antérieur, et terminé en un bourrelet percé dans son milieu par un orifice à bords frangés; pied tout-à-fait antérieur, proboscidiforme, terminé par un appendice conique, reçu dans une sorte de calice à bords festonnés; tête distincte, ovale, à bouche terminale au milieu d'une lèvre digitée; une paire de mâchoires latérales et formées chacune de deux petites coques ovales garnies de pointes; anus terminal et percé dans une espèce de pavillon pouvant sortir de la coquille; organes de la génération?

Coquille régulière, symétrique, subfistuleuse, légèrement courbée dans le plan longitudinal, conique, s'atténuant insensiblement en arrière, et ouverte à chaque extrémité par un orifice arrondi.

A. Espèces dont le tube est strié ou côtelé longitudinalement.

Ex. La Dentale éléphantine. *Dentalium elephantinum.* D'Argenville, Conch., t. 3, f. H, et Zoomorph., t. 1, f. H.

B. Espèces dont le tube n'offre que des stries d'accroissement.

Ex. La D. lisse. *D. Entalis.* D'Argenville, Conch., tom. 3, fig. KK, et pl. XLVIII *bis*, fig. 4.

Observ. La seule forme régulière, symétrique, de la coquille de ce genre, suffisoit réellement pour montrer qu'il ne pouvoit être placé parmi les chétopodes, quoiqu'elle fût percée aux deux extrémités, comme dans tous les tubes des animaux de ce groupe; mais il étoit absolument nécessaire de recourir à l'animal qui l'habite pour décider quels étoient ses rapports naturels. C'est M. Déshayes qui nous paroît avoir observé le premier celui de la dentale lisse, et c'est sur des individus qui ont servi à ses observations que nous avons pris les caractères exposés ci-dessus, qui nous font penser que les dentales doivent former un ordre distinct dans le type des mollusques paracéphalophores. L'animal est en effet pourvu d'un manteau avec un collier ouvert pour le passage du pied et de la tête; son corps entièrement mou n'offre aucune trace d'articulations et encore moins de crochets ou faisceaux de soies qui se remarquent dans tous les

chétopodes, depuis les aphrodites jusqu'aux lombrics ; sa tête est
bien distincte, quoiqu'elle n'ait pas de tentacules proprement dits ;
le bord labial est digité dans sa circonférence d'une manière fort
régulière ; la bouche est armée, à l'intérieur, de plaques dentaires
vraiment fort singulières ; l'estomac est aussi pourvu de crochets
cornés bruns, disposés comme ceux du renflement lingual de beaucoup de mollusques. Le pied , qu'on pourroit au premier
abord croire être l'analogue de l'espèce de tentacule proboscidiforme qui ferme le tube des serpules, n'occupe pas la même place,
puisque dans les dentales il est réellement inférieur, symétrique,
quoiqu'il se prolonge en avant, de manière à beaucoup dépasser la
tête, tandis que l'organe proboscidiforme des serpules n'est qu'un
véritable tentacule, quelquefois recouvert d'une pièce calcaire, et
qui s'est beaucoup développé, son congénère étant resté rudimentaire : aussi est-ce un organe pair inséré sur le côté dorsal de l'a-
nimal. La structure de ces deux organes est également toute différente : le pied des dentales est entièrement musculeux, et nullement creux, comme s'en est assuré M. Deshayes ; il offre même
des muscles rétracteurs bien distincts qui vont s'attacher tout-à-fait
en arrière à l'extrémité postérieure de la coquille, disposition qui ne
se remarque pas dans le tentacule des spirorbes. Les branchies situées
au-dessus du cou de l'animal, dans le fond de la cavité formée par le
manteau, sont bien paires et symétriques. Leur composition, et
même un peu leur disposition, ont plus évidemment quelques rapports avec ces organes dans les amphitrites ; mais ces rapports sont
encore plus apparens que réels, comme M. Deshayes pourra sans
doute s'en convaincre par un examen ultérieur plus complet ; et
d'ailleurs on ne peut nier que ces branchies ne ressemblent beaucoup à celles des mollusques nucléobranches et des cervicobranches
symétriques. Quant à la terminaison du canal intestinal par un
anus médian et tout-à-fait postérieur, correspondant à l'orifice
terminal de la coquille, il est évident qu'aucun mollusque connu
jusqu'ici n'offre ce caractère (car à l'orifice dont le sommet des
fissurelles est percé, correspond une ouverture du manteau et non
l'anus véritable), tandis que tous les chétopodes le présentent
constamment d'une manière plus ou moins manifeste. Malheureusement les organes de la circulation et ceux de la génération des
dentales ne sont pas suffisamment connus. M. Deshayes ayant remarqué que des individus ont l'extrémité postérieure du corps
terminée par un empâtement, tandis que d'autres ne l'ont pas, a
pu être porté à croire que ce seroit quelque différence de sexes ;

mais cela n'est pas probable, d'autant plus que, dans les uns comme dans les autres, la partie postérieure du corps étoit remplie de corps granuleux qui ressembloient beaucoup à des œufs. Espérons que les nouvelles observations de M. Deshayes le mettront à même de confirmer ou de détruire le rapprochement que nous faisons des dentales avec les carinaires et les patelles, rapprochement déjà fait par le génie incommensurable de Linnæus.

ORDRE SECOND. — CERVICOBRANCHES. Cervicobranchiata.

Organes de la respiration dans une grande cavité située au-dessus du cou, et s'ouvrant largement en avant; tête assez distincte, avec deux tentacules coniques, contractiles; yeux sessiles à leur base externe.

Fam. I. — *RÉTIFÈRES*. Retifera.

Organes de la respiration en forme de réseau, au plafond de la cavité branchiale.

Patelle. *Patella*.

Corps plus ou moins circulaire, conique en dessus, plane en dessous, et pourvu d'un large pied ovale ou rond, épais, dépassé dans toute sa circonférence par les bords du manteau, qui sont plus ou moins frangés; une série complète de plis membraneux, verticaux, dans la ligne de jonction du manteau avec le pied.

Coquille ovale ou circulaire, à sommet droit ou plus ou moins recourbé en avant; la cavité simple, plus ou moins profonde; le bord bien complet, et tout-à-fait horizontal; une empreinte musculaire étroite, formant un fer à cheval ouvert en avant.

A. Espèces dont le sommet est obtus, vertical, presque médian, et qui sont coniques.

Ex. La Patelle commune. *Patella vulgata*. Pl. XLIX, fig. 1, et Martin., Conch.; 1, t. 5, f. 38.

B. Espèces un peu moins coniques et dont le sommet est un peu plus antérieur, avec une légère inclinaison en avant.

Ex. La P. rouge-dorée. *P. deaurata*. Chemn., Conch., 10, t. 168, f. 1616, *a b*.

C. Espèces ovales, alongées, comprimées sur les côtés, ayant le sommet subantérieur bien marqué et crochu.

Ex. La P. en bateau. *P. compressa.* Pl. XLIX, fig. 2, et Martin., Conch., 1, t. 12, f. 106.

D. Espèces dont le sommet subantérieur est très-peu marqué, et qui sont tout-à-fait plates ou déprimées.

Ex. La P. scutellaire. *P. scutellaris.* Pl. XLIX, fig. 3.

E. Espèces déprimées, dont le sommet est à peine indiqué, et beaucoup plus étroites en avant qu'en arrière.

Ex. La P. en cuiller. *P. cochlearia.* Pl. XLIX, fig. 4, et Fav., Conch., t. 79, f. B.

F. Espèces ovales, à sommet bien marqué, évidemment incliné en avant et submarginal ; le bord un peu convexe au milieu.

(G. Helcion. D. M.)

Ex. La P. pectinée. *P. pectinata.* Pl. XLIX, fig. 5, et Born, Mus., t. 18, f. 7.

G. Espèces ovales, minces, nacrées, à bord festonné ; le sommet encore plus marginal, évident et collé sur le disque.

Ex. La P. cymbulaire. *P. cymbularia.* Pl. XLIX, fig. 6.

Observ. Ce genre est extrêmement nombreux en espèces répandues dans toutes les mers, mais bien plus dans celles des pays chauds, où elles sont aussi beaucoup plus grandes. M. de Lamarck n'en caractérise que quarante-cinq ; mais il convient qu'il en existe un bien plus grand nombre ; et en effet Gmelin en indique déjà deux cent trente-six, en comprenant, il est vrai, les crépidules, les calyptrées, les cabochons, les fissurelles, les émarginules, les ancyles, les stomatelles, les lingules, les argonautes, l'orbicule, et même le concholepas, qu'on a successivement séparés de ce genre. On connoît malheureusement un assez petit nombre d'espèces d'une manière complète, c'est-à-dire avec l'animal.

Il y a quelques espèces fossiles, d'après M. Defrance, dont une identique dans le Plaisantin.

Fam. II. — *BRANCHIFÈRES.* Branchifera.

Les organes de la respiration formés par deux grands peignes branchiaux égaux.

FISSURELLE. *Fissurella.*

Corps ovalaire ou subcirculaire, conique en dessus, avec un pied large, épais, dépassé dans toute sa circonférence par les bords épaissis et frangés d'un manteau percé à sa partie supérieure par un orifice ovale, communiquant dans la cavité branchiale ; tête, yeux et tentacules comme dans les patelles.

Coquille simple, conique, recouvrante, percée dans le sommet vertical un peu antérieur, ou plus ou moins avant lui par un orifice en rapport avec celui du manteau ; empreinte musculaire en fer à cheval ouvert en avant.

A. Espèces dont la partie moyenne des bords de l'ouverture est plus excavée, de manière à ce que, mises sur un plan, elles ne le touchent que par les extrémités.   (Les F. en bateau.)

Ex. La Fissurelle en bateau. *Fissurella nimbosa*. Martini, Conch., 1, t. 11, f. 91-92.

B. Espèces plus déprimées, comme ployées dans la longueur, de manière à ce que, mises du côté de l'ouverture sur un plan, ce sont les extrémités qui se relèvent en formant une espèce de canal.

(Les F. en chapeau.)

Ex. La F. rose. *F. rosea*. Martini, Conch., 1, t. 12, f. 105.

C. Espèces coniques, à bords horizontaux.

Ex. La F. cancellée. *F. græca. Idem, ibid.*, fig. 98-100, et pl. XLVIII, fig. 5.

Observ. M. de Lamarck ne caractérise que dix-neuf espèces dans ce genre, dont une seule fossile ; mais il est certain qu'il en existe beaucoup d'autres dans les collections. Le plus grand nombre vient de l'Océan des Indes et de celui des Antilles ; deux sont de la Méditerranée. M. Defrance annonce déjà six fissurelles fossiles, dont une espèce analogue de Grignon et une autre du Plaisantin.

On pourra peut-être distribuer les espèces de ce genre d'après la forme de la pièce operculaire soudée, dans laquelle le trou est percé, et d'après la forme et la position de ce trou.

ÉMARGINULE. *Emarginula.*

Corps ovale, gastéropode ; le manteau garni de tentacules très-fins dans la circonférence, et fendu plus ou moins profondément

en avant, pour la communication avec une cavité branchiale
fort grande, et dont les branchies sont bien distinctes.

Coquille conique recouvrante, à sommet entier, surbaissé en
arrière, fendue, ou plus ou moins échancrée à son bord antérieur ou même à son dos; empreinte musculaire en fer à cheval,
ouverte en arrière, et plus épaisse à son origine.

A. Espèces dont l'entaille est au milieu du dos de la coquille, et bien
loin d'atteindre le bord.　　　　　(G. RIMULE ou RIMULAIRE. Defr.)

Ex. L'Émarginule de Blainville. *Emarginula Blainvillii*. Defrance, pl. XLVIII *bis*, fig. 1.

B. Espèces comprimées, dont le bord antérieur est profondément
fendu et le sommet très-marqué.　　　　　(Les ENTAILLES.)

Ex. L'É. treillisée. *E. Fissura*. Mull., Zool. Dan., tab. 24, f. 7-9.

C. Espèces plus comprimées, dont le bord antérieur est seulement
plié en gouttière, et le sommet encore bien évident.
　　　　　　　　　　　　　　　(Les SUBÉMARGINULES.)

Ex. L'É. échancrée. *E. emarginata*. Pl. LXVIII *bis*, fig. 3.

D. Espèces très-déprimées; le sommet peu marqué, prémédian, avec
une petite échancrure.

Ex. L'É. déprimée. *E. depressa*. Pl. XLVIII *bis*, fig. 2.

Observ. Ce genre ne contient dans l'ouvrage de M. de Lamarck
que deux espèces, une vivante dans nos mers, et l'autre fossile ;
mais il en existe davantage dans les cabinets, surtout en y faisant
entrer les espèces seulement échancrées, et les rimules dont il
existe une ou deux espèces vivantes sur les côtes d'Angleterre.
L'une d'elles nous paroît être la *Patella apertura* de Montagu, dont
M. Gray fait son genre *Diodora*. M. Defrance distingue douze
espèces d'émarginules fossiles, dont une espèce analogue des environs de Paris.

PARMOPHORE. *Parmaphorus*.

Corps épais, ovale alongé, peu bombé en dessus, et couvert
dans une plus ou moins grande partie du dos, par une coquille à
bords cachés par un repli de la peau; le manteau dépassant tout

le corps; tentacules épais, coniques, avec les yeux saillans à leur base externe.

Coquille alongée, très-déprimée; le sommet bien postmédial, peu marqué, et évidemment incliné en arrière; ouverture aussi grande que la coquille; les bords latéraux droits et parallèles, le postérieur arrondi, l'antérieur tranchant et subéchancré au milieu; empreinte musculaire large, en ovale très-alongé, à peine ouverte en avant.

Ex. Le Parmophore alongé. *Parmophorus elongatus.* Pl. XLVIII, fig. 2, et Chemn., Conch., 11, t. 719, f. 1918.

Observ. Ce genre, que nous avons le premier caractérisé nettement, ne contient encore que deux espèces vivantes, toutes deux des mers de la Nouvelle-Hollande, et deux fossiles de nos environs. M. Defrance dit trois.

Section II. — *Organes de la respiration et coquille non symétriques.*

ORDRE TROISIÈME. — SCUTIBRANCHES. Scutibranchiata.

Organes de la respiration constamment aquatiques, et recouverts par une coquille subspirée, ou simplement recouvrante.

Fam. I. — *OTIDÉS.* Otidea.

Organes de la respiration situés sur la gauche de l'animal.

Haliotide. *Haliotis.*

Corps ovalaire très-déprimé, à peine spiral en arrière, pourvu d'un large pied doublement frangé dans sa circonférence; tête déprimée; tentacules un peu aplatis, connés à la base; yeux portés au sommet de pédoncules prismatiques situés au côté externe des tentacules; manteau fort mince, profondément fendu au côté gauche; les deux lobes pointus, formant par leur réunion une sorte de canal pour conduire l'eau dans la cavité branchiale située à gauche, et renfermant deux très-longs peignes branchiaux inégaux.

Coquille nacrée, recouvrante, très-déprimée, plus ou moins ovale, à spire très-petite, fort basse, presque postérieure et latérale ; ouverture aussi grande que la coquille, à bords continus ; le droit mince, tranchant ; le gauche aplati, élargi et tranchant ; une série de trous complets ou incomplets. parallèles au bord gauche, servant au passage des deux lobes pointus du manteau ; une seule large impression musculaire médiane et ovale.

A. Espèces dont le disque est arrondi en avant et percé d'une série de trous.

Ex. L'Haliotide commune. *Haliotis tuberculata*. Adans., Sénég., pl. 2, f. 1 (la coquille et l'animal) , et l'H. à côtes. *H. costata*. Pl. XLIX *bis*, fig. 7.

B. Espèces dont le disque, outre la série de trous, est relevé par une grosse côte parallèle, creusée intérieurement, et dont le bord antérieur est plus ou moins irrégulier. (G. Padolle. Leach.)

Ex. L'H. canaliculée. *H. canaliculata*. Pl. XLVIII *bis*, fig. 6, et Martini, Conch., 1, t. 14, f. 140.

C. Espèces dont le disque n'est pas percé, mais creusé dans sa longueur d'un canal décurrent.

Ex. L'H. douteuse. *H. dubia*. Lamck. (Non figurée.)

D. Espèces dont le disque n'est pas percé, et qui offrent les deux gouttières à la fois, mais assez rapprochées, de manière à laisser en dehors une côte décurrente entre elles. (G. Stomate. Lamck.)

Ex. L'H. argentine. *H. Phymotis*. Pl. XLIX *bis*, fig. 4, et E. m., pl. 45o, f. 5, *a b*.

Observ. Il existe des espèces d'haliotides dans toutes les mers. M. de Lamarck en caractérise quinze des trois premières sections et deux de la quatrième. Il paroît qu'on n'en connoît point de fossiles.

Ancyle. *Ancylus*.

Corps ovale, conique, presque droit, un peu courbé en arrière, avec un pied ovale assez grand ; manteau à bords minces, non tentaculaires, ne dépassant pas la tête, qui est à découvert et fort grosse ; deux tentacules gros, cylindriques, grossièrement contractiles, et ayant à leur côté externe un appendice foliacé ; bouche tout-à-fait inférieure, et percée au milieu d'une masse buccale considérable, prolongée de chaque côté en une sorte d'appendice ; anus au côté gauche ; branchies latérales dans une sorte de cavité située au milieu du côté gauche de l'animal, entre le pied et le manteau, et fermée par un appendice operculaire.

Coquille ovale, recouvrante, simple, presque symétrique ; sommet pointu, comprimé, bien distinct, courbé en arrière et un peu à droite, mais non marginal ; les bords de l'ouverture entiers et évasés.

Ex. L'Ancyle fluviatile. *Ancylus fluviatilis.* Pl. XLVIII, fig. 6 ; et Draparn., Moll., pl. 2, f. 25-27.

Observ. Nous ne connoissons pas encore suffisamment l'organisation des ancyles pour assurer positivement leur place ; et nous ne les rapprochons des haliotides que par la similitude dans la position des branchies.

Ce sont des animaux d'eau douce ; il paroît qu'on n'en a encore observé que dans nos pays. M. Desmarest en a décrit une espèce fossile dans le nouveau Bulletin de la Société philomathique, t. IV, p. 10.

Fam. II. — *CALYPTRACIENS.* Calyptracea.

Les branchies de forme un peu variable, mais toujours situées au-dessus de l'origine du dos.

Coquille plus ou moins conique, peu ou point spirée, à bords complètement réunis.

Crépidule. *Crepidula.*

Corps plus ou moins déprimé, ovale, à peine spiral dans la partie postérieure de la masse des viscères ; manteau fort mince, sans tentacules marginaux ; pied peu épais, surtout en arrière, trachélien ou se portant fortement en avant par une partie distincte auriculée de chaque côté ; tête bombée, bordée antérieurement par une lèvre bifide, de chaque bifurcation de laquelle part une petite membrane décurrente allant se terminer au point de jonction du corps et du pied ; deux tentacules presque cylindriques, gros, obtus, peu contractiles, portant les yeux à leur tiers inférieur ; cavité branchiale fort grande, oblique de gauche à droite, s'ouvrant largement et contenant une petite branchie pectinée à gauche, et à droite un faisceau de longs filamens branchiaux.

Coquille irrégulière, de forme très-variable, déprimée ou comprimée, à sommet bien marqué, presque droit ou contourné, mais toujours abaissé sur le bord postérieur ; cavité très-grande, partagée en deux parties par une cloison horizontale qui se place entre la masse des viscères et la partie postérieure du pied ; bords irréguliers ; impression musculaire en fer à cheval.

A. Espèces à coquille épaisse, toute plate, à sommet non spiré.

Ex. La Crépidule porcellane. *Crepidula porcellana*. Pl. XLIX *bis*, fig. 3.

B. Espèces à peu près de même forme, mais très-minces et épidermées.

Ex. La C. Garnot. *C. Garnotus*. Adans., Sénég., pl. 2.

C. Espèces presque rondes, à sommet subspiré.

Ex. La C. subspirée. *C. subspirata*. Pl. XLVIII *bis*. fig. 7.

Observ. On ne peut pas nier que quelques espèces de coquilles de la famille des hémicyclostomes n'aient beaucoup de rapports avec les espèces de la première section de ce genre ; mais il suffira, pour les distinguer, de faire observer que dans celles-ci il y a une véritable cloison ou diaphragme au-dessus du bord, tandis que dans les navicelles c'est le bord columellaire lui-même qui est un peu élargi et tranchant, outre qu'il est toujours un peu échancré à son extrémité droite.

On compte dans ce genre six espèces vivantes suivant M. de Lamarck, six fossiles suivant M. Defrance, dont une espèce identique du Plaisantin, et une analogue.

M. Say, *Journ. de Phil.*, 2, p. 225, en décrit six autres espèces vivantes sur les côtes de l'Amérique septentrionale.

Calyptrée. *Calyptræa.*

Corps ovale ou suborbiculaire, plus ou moins déprimé, non spiral ; manteau fort mince, sans tentacules ou cirrhes marginaux ; pied subcirculaire, très-peu épais, surtout en avant, où il dépasse davantage son pédoncule ; tête bien découverte, large, déprimée, bifurquée en avant avec une bande marginale de chaque côté du cou ; tentacules latéraux distans, très-grands, triangulaires, fort minces, pointus à l'extrémité, et portant les yeux sur un léger renflement du milieu de leur bord externe ou postérieur ;

cavité branchiale fort grande, oblique de gauche à droite, s'ouvrant largement en avant, et contenant une branchie décomposée
formée de longs filamens roides et exsertiles; anus à l'extrémité
d'un petit tube flottant dans la cavité branchiale; un seul muscle
d'insertion subcentral.

Coquille subrégulière, conique; le sommet vertical plus ou
moins postérieur; ouverture subcirculaire, à bords irréguliers;
cavité profonde, contenant vers le sommet une languette verticale en fer à cheval, ou roulée en cornet plus ou moins spiral;
impression musculaire de forme variable sur la languette.

A. Espèces dont la languette est en fer à cheval, ouvert en avant.

Ex. La Calyptrée équestre. *Calyptræa equestris*. Pl. XLIX *bis*,
fig. 2; et Martini, Conch., 1, t. 13, f. 117-118.

B. Espèces dont la languette est en cornet.

Ex. La C. Éteignoir. *C. Extinctorium*. Pl. XLVIII *bis*, fig. 8.

Observ. Ce genre ne contient encore que quatre espèces vivantes
bien définies dans l'ouvrage de M. de Lamarck, quoique le nombre
en soit plus considérable. L'une est de la Méditerranée, et les autres
des mers de l'Inde. Nous avons caractérisé l'animal de ce genre d'a-
près une espèce de la Manche que M. Deshayes a bien voulu sou-
mettre à notre observation. On en connoît déjà quatorze espèces
fossiles, dont deux espèces analogues dans le Plaisantin d'après
Brocchi, une à Grignon, et une identique près Bordeaux.

CABOCHON. *Capulus*.

Animal conique, quelquefois subspiral; les tentacules, le pied
et les branchies comme dans les crépidules.

Coquille épidermée, irrégulière, conique, à sommet plus ou
moins incliné, et tordu en arrière vers le bord postérieur; ouverture arrondie, à bords irréguliers; cavité profonde, conique, avec
une empreinte musculaire en fer à cheval ouvert en avant, et à
branches un peu inégales.

A. Espèces à sommet peu marqué et non incliné.

Ex. Le Cabochon conique. *Capulus conicus*.

B. Espèces à sommet bien marqué et un peu tortillé.

Ex. Le C. Bonnet-Chinois. *C. hungaricus*. Martini, Conch., 1,
t. 12, f. 107-108.

C. Espèces subspirales.

Ex. Le C. tortillé. *C. intorta*. Pl. XLIX *bis*, fig. 1.

Observ. Les espèces de ce genre, que M. de Lamarck nomme *Pileopsis*, ont été assez peu étudiées, et il se pourroit même que quelques unes dont on n'a observé que la coquille ne lui appartìnssent pas. On en distingue quatre espèces vivantes et autant de fossiles (six suivant M. Defrance, dont une identique du Plaisantin). Les premières viennent des mers des pays chauds.

HIPPONYCE. *Hipponyx*.

Animal ovale ou subcirculaire, conique ou déprimé ; le pied fort mince, un peu épaissi vers ses bords, qui s'amincissent et s'élargissent à la manière de ceux du manteau, auxquels ils ressemblent complètement ; tête globuleuse portée à l'extrémité d'une espèce de cou, de chaque côté duquel est un tentacule renflé à la base, et terminé par une petite pointe conique ; yeux sur le renflement tentaculaire ; bouche avec deux petits tentacules labiaux ; anus au côté droit de la cavité cervicale ; oviducte terminé dans un gros tubercule à la racine du tentacule droit ; le muscle d'attache en fer à cheval, et aussi marqué en dessus qu'en dessous.

Coquille conoïde ou déprimée, à sommet conique ou peu marqué ; ouverture à bords irréguliers ; une empreinte musculaire en fer à cheval à la coquille ; une empreinte de même forme sur le corps qui lui sert de support, et quelquefois à la surface d'un support lamelleux distinct du *substratum*.

A. Espèces déprimées, à sommet peu marqué, sans support distinct.

Ex. l'Hipponyce radiée. *Hipponyx radiata*. Quoy et Gaimard, Voyage de l'Uranie, Atlas zoologique, pl. 69, fig. 1-5.

B. Espèces coniques, à sommet bien marqué et avec un support distinct.

Ex. L'H. Corne-d'abondance. *H. Cornucopia*. Defr., pl. L, fig. 1-3.

Observ. Ce genre, dans lequel nous rattachons aux coquilles fossiles observées par M. Defrance une coquille vivante avec son animal rapportée par MM. Quoy et Gaimard, renferme les derniers des mollusques subcéphalés, qui en effet finissent par se fixer

sur la pierre où ils sont tombés à l'état de germe. Le support nous
paroît donc une conséquence de l'âge ou d'un degré plus avancé
de cette fixation. M. Defrance, dans son tableau, indique cinq
espèces fossiles, dont une espèce analogue aux environs de
Paris.

Notrème. *Notrema.*

Animal mutique, se fixant comme les patelles; tête alongée,
tronquée; yeux sessiles.

Coquille formée de trois valves inégales : la première plus
grande, ovale, patelliforme, arrondie, convexe et perforée au
sommet; la seconde petite, latérale, inférieure, et servant de
support; la troisième operculiforme, et servant à fermer la perforation de la première.

Ex. Le Notrème patelloïde. *Notrema patelloides.* Rafin.

Observ. Nous ne connoissons ni l'animal ni la coquille en nature
ou figurés sur lesquels ce genre singulier est établi par M. Rafinesque. Il nous semble seulement qu'on peut s'en faire une idée,
en supposant une hipponyce à support distinct, et dont le sommet
seroit fermé par une sorte d'opercule analogue peut-être à la pièce
qui forme l'ouverture des fissurelles. Ne seroit-ce pas plutôt
une balanide mal observée?

CLASSE TROISIÈME.

ACÉPHALOPHORES. Acephalophora.

Tête non distincte du reste du corps, et dépourvue de tout appareil de sensations spéciales.

Corps de forme peu variable, le plus ordinairement comprimé;
et enveloppé dans un manteau plus ou moins partagé en deux
lobes; assez rarement nu, le plus souvent compris entre les deux
pièces d'une coquille bivalve.

Bouche grande, constamment cachée, sans aucune trace d'organe de mastication ou de dents.

Organes de la respiration toujours branchiaux ou aquatiques,
et cachés.

Appareil de la génération formé par le sexe femelle seulement. ou hermaphrodisme suffisant. d'où résulte la similitude de tous les individus d'une même espèce.

Observ. Tous les animaux de cette classe sont essentiellement aquatiques.

Un très-grand nombre sont marins, peu sont lacustres et fluviatiles.

Tous se nourrissent d'animaux microscopiques ou de substances animales, à l'état presque moléculaire.

ORDRE PREMIER. — PALLIOBRANCHES (1). Palliobranchiata.

Branchies appliquées à la face interne des lobes du manteau.

Bouche pourvue d'une paire de longs appendices ciliés, extensibles au dehors des bords du manteau, et simulant des espèces de bras; la terminaison du canal intestinal antérieure.

Corps plus ou moins comprimé, compris entre les deux pièces d'une coquille bivalve, l'une supérieure, et l'autre inférieure. s'ouvrant en avant et s'articulant en arrière.

Section I. — *Coquille symétrique.*

Lingule. *Lingula.*

Animal déprimé, ovale, un peu alongé, compris entre les deux lobes d'un manteau fendu dans toute sa moitié antérieure ou céphalique, et portant des branchies pectinées adhérentes à la face interne; bouche simple, ayant de chaque côté un long appendice tentaculaire cilié dans tout son bord externe, et se rétractant en spirale dans la coquille.

Coquille épidermée, subéquivalve, équilatérale, déprimée. alongée, tronquée en avant, le sommet étant médian et postérieur; sans trace de ligament, mais portée à l'extrémité d'un long pédoncule fibro-gélatineux, qui la fixe verticalement aux corps sousmarins; impression musculaire multiple.

Ex. La Lingule anatine. *Lingula anatina.* Pl. LI, fig. 3; et E. m., pl. 250, f. 1, *a b c.*

---

(1) Ou Brachiopodes.

Observ. On ne connoît encore qu'une espèce de ce genre ; elle vient de l'Océan des Moluques. Nous l'avons observée dans la collection du Muséum britannique.

M. Defrance dit qu'il y a deux espèces fossiles de ce genre.

TÉRÉBRATULE. *Terebratula.*

Animal déprimé, circulaire ou ovale, plus ou moins alongé, avec deux longs tentacules labiaux pectinés, comme dans le genre précédent.

Coquille mince, équilatérale, subtriangulaire, inéquivalve ; l'une des valves plus grande, plus bombée que l'autre, prolongée en arrière par une sorte de talon quelquefois recourbé en crochet, et percé par un trou rond à son extrémité, plus souvent encore échancré plus ou moins largement par une fente de forme variable ; la valve opposée ordinairement plus petite, plus plate, quelquefois operculiforme, portant à l'intérieur un système de support variable par sa forme et sa complication dans chaque véritable espèce ; mais toujours composé au moins d'une partie médiane dont la base est aux condyles articulaires, l'extrémité plus ou moins libre, simple ou bifurquée, et souvent en outre de de deux branches latérales grêles qui réunissent la branche de la partie médiane avec sa base.

Charnière bornée, condyloïde, en ligne droite, et formée par deux surfaces articulaires obliques d'une valve placée entre des saillies correspondantes de l'autre.

Une sorte de ligament tendineux sortant par l'échancrure de la coquille, et la fixant aux corps marins.

A. Le sommet de la grande valve percé d'un trou rond, bien circonscrit.

1. Les valves triangulaires à bord antérieur droit.

Ex. La Térébratule digone. *Terebratula digona.* Pl. LII, fig. 1 ; et Enc. méth., pl. 240, f. 3, *a b.*

2. Les valves arrondies à leur bord antérieur.

Ex. La T. globuleuse. *T. globosa.* Pl. LII, fig. 2.

3. Les valves relevées ou comme échancrées dans la ligne moyenne.

Ex. La T. sanguine. *T. sanguinea.* Leach, Zool. Miscell., 1, p. 33 ; et la T. dorsale. *T. dorsalis.* Pl. LI, fig. 1.

4. Espèces comme bilobées, striées du sommet à la circonférence, et difformes dans la jonction du bord des valves.

Ex. La T. difforme. ***T. difformis***. Pl. LII, fig. 3.

5. Les valves comme trilobées par la saillie de la partie moyenne.

Ex. La T. ailée. ***T. alata***. Pl. LII , fig. 4.

B. Le sommet ou le talon de la grande valve profondément échancré jusqu'au bord de l'articulation; l'échancrure arrondie.

1. Les valves arrondies à leur bord antérieur.

Ex. La T. rouge. ***T. rubra***. Pl. LII , fig. 5; et Pall., Miscell., pl. 14.

2. Les valves subbilobées par l'échancrure apparente du bord antérieur.

Ex. La T. Tête-de-Serpent. ***T. Caput Serpentis***. Pl. LII, fig. 6; et E. m., pl. 246, f. 7, *a f*.

C. L'échancrure du talon de la grande valve marginale, triangulaire, et alongée d'avant en arrière, ou du sommet à l'articulation.

1. Les valves arrondies.

Ex. La T. Lyre. ***T. Lyra***. Pl. LII , fig. 7.

2. Les valves subbilobées.

Ex. La T. à gouttière. ***T. canalifera***. Pl. LII , fig. 8.

3. Les valves arrondies; une cloison médiane de la grande valve, se plaçant entre deux de la petite, ce qui, dans le moule en relief, produit cinq pièces distinctes, trois pour une valve et deux pour l'autre.
(G. PENTASTÈRE. Sowerby.)

Ex. La T. Pentastère. ***T. Pentastera***. Sowerby, Min. Conch.

D. L'échancrure du talon marginale, triangulaire, mais bien plus large transversalement que d'avant en arrière; la ligne d'articulation tout-à-fait droite.

1. La petite valve pourvue dans sa partie médiane d'un support droit aplati, bifurqué à son extrémité libre; une cloison de l'autre valve pénétrant dans cette bifurcation. (G. STRYGOCÉPHALE. Defr.)

Ex. La T. de Burtin. ***T. Burtini***. Defr., Pl. LIII, fig. 1.

2. Les parties latérales du support formées par un filament très-fin contourné en spirale, de manière à constituer deux masses creuses, coniques, qui remplissent presque toute la coquille.

(G. Spirifère. Sowerby.)

Ex. La T. spirifère. *T. spirifera.* Pl. LIV, fig. 2.

E La valve supérieure operculiforme ou très-plate, le système de support tendant à disparoître.

1. La valve supérieure très-plate.   (G. Magas.)

Ex. La T. petite. *T. Magas.* Pl. LIII, fig. 1.

2. La valve supérieure très-excavée en dessus ; le sommet de l'inférieure non percé et divisé en deux parties similaires, par un sillon médian bien prononcé.   (G. Productus. Sowerby.)

Ex. La T. géante *T. gigantea.* Sowerby, Min. Conch., pl. 320.

Observ. Le peu de connoissance que l'on a de ces animaux et de leur coquille à l'état vivant, et encore plus de celles fossiles, n'a pas permis de partager ce genre nombreux en sections certainement naturelles. On a cru devoir, pour y parvenir, se servir de la forme de l'ouverture dont est percée la grande valve, plutôt que celle des parties du support, parce qu'il est certain qu'il n'y a pas une espèce vivante connue qui n'offre dans ces parties une forme différente, et que la considération du mode d'adhérence conduit peu à peu aux palliobranches irréguliers.

M. de Lamarck caractérise quarante-neuf espèces de térébratules, dont douze vivantes et trente-sept fossiles ; mais il convient qu'il y en a un bien plus grand nombre.

Il paroît qu'il en existe actuellement dans toutes les mers, à de grandes profondeurs ; mais les espèces fossiles dans nos pays sont bien plus nombreuses.

M. Defrance annonce dans son tableau :

Cent quatre-vingts espèces de térébratules proprement dites, dont une espèce identique de la craie, et une ou deux analogues des couches anciennes ;

Dix spirifères ;

Un magas ;

Quatorze productus.

THÉCIDÉE. *Thecidea.*

Animal entièrement inconnu, mais très-probablement peu différent de celui de l'orbicule.

Coquille symétrique, équilatérale, régulière, très-inéquivalve, et assez semblable aux térébratules des dernières sections; une valve creuse, à crochet recourbé, entier, sans échancrure, et adhérente; l'autre plate, operculiforme, sans trace de support.

Charnière longitudinale; articulation par deux condyles écartés, comme dans les térébratules.

Ex. La Thécidée rayonnée. *Thecidea radiata.* Defrance, pl. LVI, fig. ı.

Observ. Ce genre, établi par M. Defrance, renferme une espèce vivante de la Méditerranée et quatre espèces fossiles, dont une subanalogue, d'après lui.

STROPHOMÈNE. *Strophomena.*

Animal tout-à-fait inconnu.

Coquille régulière symétrique, équilatérale, subéquivalve; une valve plate et l'autre un peu excavée; articulation droite, transverse, offrant à droite et à gauche d'une subéchancrure médiane, un bourrelet peu considérable, crénelé ou dentelé transversalement; aucun indice de support.

Ex. La Strophomène rugueuse. *Strophomena rugosa.* Rafin., pl. LIII, fig. 2.

Observ. Ce genre, proposé par M. Rafinesque, ne contient encore que des espèces fossiles, au nombre de trois, suivant M. Defrance.

PLAGIOSTOME. *Plagiostoma.*

Animal tout-à-fait inconnu.

Coquille assez épaisse, régulière, libre, subéquivalve, subauriculée, les deux valves presque également bombées, l'une et l'autre pourvues d'un sommet distinct recourbé au milieu d'une surface plane, avec une grande échancrure triangulaire au milieu ; articulation transverse, droite, par deux condyles latéraux et distans.

Ex. Le Plagiostome épineux. *Plagiostoma spinosa.* Pl. LV, fig. 2 ; et Brong., Géogn. Par., pl. 4, fig. 2 , *a b c.*

Observ. Ce genre nous paroît composé d'espèces hétérogènes, dont les unes sont de la famille des térébratules, et les autres, comme le plagiostome de Mantell, sont toutes différentes. Aussi nous paroît-il probable que ces derniers devront former un genre distinct de la famille des subostracés. Elles ne sont connues qu'à l'état fossile. M. Defrance en compte trois.

DIANCHORE. *Dianchora.*

Animal entièrement inconnu.

Coquille mince, adhérente, régulière, symétrique, équilatérale, subauriculée, inéquivalve ; une valve creuse en dedans, bombée en dehors, l'autre plate ; articulation par deux condyles bien distans.

Ex. La Dianchore striée. *Dianchora striata.* Pl. LV, fig. 1 ; et Sow., Min. Conch., pl. 80.

Observ. C'est encore un genre qui n'est connu qu'à l'état fossile, et composé de trois espèces, suivant M. Defrance.

PODOPSIDE. *Podopsis.*

Animal entièrement inconnu.

Coquille assez épaisse, régulière, symétrique, équilatérale, inéquivalve, adhérente immédiatement par l'extrémité de la valve la plus courte ; l'autre terminée par un sommet pointu un peu recourbé et médian ; articulation très-angulaire, au moyen de deux condyles très-écartés.

Ex. La Podopside tronquée. *Podopsis truncata.* Pl. LV, fig. 3 ; et Brongn., Géogn. Par., pl. 5, fig. 2 , *a b c.*

Observ. C'est un genre composé d'espèces fossiles, au nombre de deux, et que M. Defrance dit devoir être rangées parmi les huîtres.

Section II. — *Coquille non symétrique, irrégulière, constamment adhérente.*

Orbicule. *Orbicula.*

Corps très-comprimé, arrondi; le manteau ouvert dans toute sa circonférence; deux appendices tentaculaires ciliés, comme dans les lingules et les térébratules.

Coquille orbiculaire, très-comprimée, inéquilatérale, très-inéquivalve; la valve inférieure très-mince, adhérente, imperforée; la supérieure patelloïde, à sommet plus ou moins incliné vers le côté postérieur.

A. Espèces dont la valve adhérente n'est nullement percée.

Ex. L'Orbicule lisse. *Orbicula lœvis.* Pl. LV, fig. 4; et Sowerby, Trans. Soc. Linn., t. i3, pl. 26, f. 1, *a b c d.*

B. Espèces dont la valve adhérente est réellement percée et pourvue d'une apophyse médiane et comprimée.   (G. Discine. Lamck.)

Ex. L'O. de Norwége. *O. norwegica.* Pl. LV, fig. 5; et Sowerby, Trans. Linn., t. i3, pl. 26, f. 2. *a b c d c f.*

Observ. Ce genre paroît ne contenir que deux à trois espèces vivantes de nos mers. M. Defrance en admet deux fossiles.

Cranie. *Crania.*

Animal à peu près inconnu, mais pourvu de deux appendices tentaculaires ciliés, comme les orbicules.

Coquille irrégulière, orbiculaire, inéquivalve; la valve inférieure presque plane, et marquée à l'intérieur de quatre impressions musculaires souvent très-profondes, et dont les deux subcentrales sont assez rapprochées pour paroître n'en former qu'une; la valve supérieure patelliforme, plus ou moins bombée, avec les quatre impressions musculaires assez distantes.

Ex. La Cranie masquée. *Crania personata.* Sowerby, Trans. Linn., t. i3, pl. 26, f. 3, *a b c d*; et la C. antique. *C. antiqua.* Pl. LIX, fig. 1.

Observ. On connoît une espèce vivante dans ce genre, qui paroît être de toutes les mers, et trois ou quatre fossiles. Celle de la craie, d'après un individu que j'ai vu dans la collection de M. Michelin, a un support formé de deux branches fort grêles, à la valve supérieure.

ORDRE SECOND. — RUDISTES. Rudista.

Animal complètement inconnu.

Coquille épaisse, grossière, extérieurement irrégulière, formée de deux valves très-inégales, sans charnière, ni ligament, ni impression musculaire.

Sphérulite. *Spherulites.*

Animal?

Coquille orbiculaire, inéquilatérale, inéquivalve, irrégulièrement foliacée à l'extérieur; la valve inférieure agariciforme, hémisphérique, déprimée, avec un sommet médian percé d'un trou en dessous; la supérieure presque tout-à-fait plane, operculaire; charnière? non marginale, formée sur la valve inférieure par quatre cavités non symétriques, deux internes rapprochées et sillonnées, deux externes fort larges et profondes, correspondantes à quatre éminences ou dents extrêmement fortes, linguiformes, de la valve supérieure; une crête médiane s'avançant du bord antérieur de chaque valve vers les deux parties médianes de la charnière.

Ex. La Sphérulite agariciforme. *Spherulites agariciformis.* Delameth., J. de Phys., t. 61, pl. 396, et pl. LVII, fig. 1-2.

Observ. On ne connoît encore qu'une espèce de ce genre à l'état fossile, commune à l'île d'Aix. Il est très-probable que cette coquille étoit fixée par un ligament tendineux inséré dans le trou du sommet de la grande valve.

Hippurite. *Hippurites.*

Animal entièrement inconnu.

Coquille grossière, irrégulière, épaisse, adhérente; la valve inférieure de forme conique, plus ou moins alongée, paroissant

quelquefois partagée dans une certaine partie de son étendue en
plusieurs loges par autant de cloisons transverses ; et pourvue d'une
gouttière latérale formée par deux arêtes longitudinales obtuses et
à peu près parallèles ; la valve supérieure operculiforme et fermant l'ouverture de l'autre.

Ex. L'Hippurite corne d'abondance. ***H. cornucopia.*** Pl. LVIII
bis, fig. 1.

Observ. Il est assez difficile de déterminer la place naturelle
de ces singuliers produits de corps organisés que l'on ne connoît
encore qu'à l'état fossile. Aussi M. de Lamarck en fait un genre
de polythalamacés. Il nous semble cependant qu'ils sont mieux
auprès des radiolites, sans pouvoir dire davantage ce que c'est.
M. Defrance annonce dix espèces d'hippurites fossiles.

RADIOLITE. *Radiolites.*

Animal ?
Coquille irrégulière, striée du sommet à la circonférence, inéquivalve ; la valve inférieure turbinée, conique, beaucoup plus
grande que la supérieure, qui est plate, ou convexe, ou conique
et operculiforme ; intérieur inconnu.

Ex. La Radiolite rotulaire. ***Radiolites rotularis.*** E. m., pl. 172,
f. 1 ; et la R. turbinée. ***R. turbinata.*** Pl. LVIII, fig. 1.

Observ. Les radiolites, dont on distingue trois espèces, ne sont
connues qu'à l'état fossile, aussi le sont-elles très-incomplètement.

BIROSTRITE. *Birostrites.*

Animal ?
Coquille épaisse, ostracée, inéquivalve ; les valves coniques,
élevées, presque droites ou courbées en forme de cornes, mais
inégales, l'inférieure étant beaucoup plus longue que la supérieure, et s'inclinant en sens inverse.

A. Espèces dont l'une des valves enveloppe l'autre par sa base.

Ex. La Birostrite inéquilobe. ***Birostrites inæquiloba.*** Pl. LVIII,
fig. 1 ?

B. Espèces dont les deux valves sont de circonférence égale et courbées en sens inverse.   (G. Iodamie. Defr.)

Ex. La B. Duchatel. *B. Duchateli.* Defr., pl. LVIII, fig. 2.

Observ. C'est encore un genre qui n'est connu qu'à l'état fossile,
et même le plus souvent par des moules. Aussi de nouvelles observations ont-elles fait penser à M. Fleuriau de Bellevue que ce sont
des moules de sphérulites. Ce seroit donc un genre à supprimer.
M. Defrance qui l'a établi et qui en compte trois espèces dans
la craie inférieure, ne paroît cependant pas encore de cet avis.

CALCÉOLE. *Calceola.*

Animal?
Coquille épaisse, solide, symétrique ou équilatérale, très-inéquivalve; valve inférieure beaucoup plus grande, triangulaire,
plate d'un côté, convexe de l'autre, creusée assez peu profondément; ouverture oblique, à bords tranchans, l'un droit subdenté,
l'autre arqué; valve supérieure semiorbiculaire, en forme d'opercule, ayant à son bord droit articulaire un tubercule de chaque
côté d'une fossette médiane.

A. Espèces à bords droits et non plissés.

Ex. La Calcéole sandaline. *Calceola sandalina.* Pl. LII, fig. 9,
et Knorr, Petrif., 3, Suppl., t. IX, *d f*, 5-6.

B. Espèces à bords plissés.

Ex. La C. hétéroclite. *C. heteroclita.* Defr., pl. LVI, fig. 2.

Observ. Les deux espèces qui constituent ce genre ne sont connues qu'à l'état fossile.

ORDRE TROISIÈME. — LAMELLIBRANCHES. LAMELLIBRAN-
CHIATA.

Branchies en forme de grandes lames semicirculaires, disposées
symétriquement, au nombre de deux paires, de chaque côté du
corps, entre l'abdomen et le manteau; bouche grande, transverse,
entre deux lèvres, terminées par des appendices subbranchiaux;
anus médian et postérieur.
Coquille constamment formée de deux pièces ou valves placées

de chaque côté du corps, et jouant plus ou moins l'une sur l'autre,
au moyen d'un ligament et de muscles adducteurs.

Fam. I. — *OSTRACÉS*. Ostracea.

(Genre Ostrea. Linn.)

Lobes du manteau entièrement séparés et libres dans presque
toute leur circonférence, si ce n'est vers le dos; abdomen caché
par la réunion des lames branchiales dans toute la ligne médiane,
et sans prolongement musculaire ou pied.

Coquille plus ou moins grossièrement lamelleuse, irrégulière,
inéquivalve, inéquilatérale, sans appareil régulier d'articulation,
et avec une seule empreinte musculaire subcentrale.

Anomie. *Anomia.*

Animal très-comprimé; les bords du manteau très-minces, non
adhérens, et garnis en dehors d'une rangée de filamens tentaculaires; le muscle adducteur épais, divisé en trois portions, dont
la plus grande passe en partie à travers une échancrure de la valve
inférieure, et contient souvent une pièce calcaire ou osselet adhérent aux corps marins.

Coquille adhérente, irrégulière, inéquivalve, inéquilatérale,
ostracée; valve inférieure un peu plus plate que la supérieure,
divisée au sommet en deux branches échancrées, dont le rapprochement forme un grand trou ovale, et dont l'une, épaisse, élargie,
donne attache au ligament; valve supérieure plus grande, plus
bombée, avec une excavation ovale sous le sommet pour l'autre
attache d'un ligament court et épais; une impression musculaire
subcentrale divisée en trois.

A. Espèces qui sont pourvues d'un osselet.

Ex. L'Anomie Pelure-d'ognon. *Anomia Ephippium*. Pl. LXI,
fig. 2, et E. m., pl. 170, f. 6-7.

B. Espèces sans osselet et fixées par la valve elle-même.

Ex. L'A. Écaille. *A. squamata.*

Observ. Les espèces de ce genre, fort difficiles à caractériser,

ne sont qu'au nombre de neuf dans l'ouvrage de M. de Lamarck;
mais il paroît qu'il en existe davantage. On ne connoît encore bien
que celles de nos mers. La minceur des coquilles et leur application immédiate sur le corps auquel elles adhèrent, leur en donnent
souvent la forme, comme l'a observé le premier M. Defrance.
C'est peut-être ce qui fait les anomies radiées. M. Defrance admet dix espèces d'anomies fossiles, dont cinq analogues dans le
Plaisantin, d'après Brocchi.

Placune. *Placuna.*

Animal entièrement inconnu.

Coquille libre, subirrégulière, fort mince, presque entièrement
translucide, plate, subéquivalve, subéquilatérale, un peu auriculée; charnière orale tout-à-fait interne, formée sur la valve supérieure, la plus petite, par deux crêtes alongées, inégales, obliques, convergentes au sommet, au côté interne desquelles s'attache
un ligament en V, allant se fixer dans deux fossettes peu profondes,
également convergentes de la valve inférieure, qui est plus bombée; une seule impression musculaire subcentrale assez petite.

Ex. La Placune vitrée. *Placuna Placenta.* Pl. LX, fig. 3; et
E. m., pl. 175, f. 1-2.

Observ. Les trois espèces vivantes que l'on connoît dans ce genre
viennent des mers de l'Inde. M. Defrance annonce cependant qu'il
y a en deux espèces fossiles en France dont une analogue en
Égypte.

Harpace. *Harpax.*

Animal entièrement inconnu.

Coquille adhérente assez irrégulière, subtriangulaire, oblongue,
inéquivalve, inéquilatérale; une valve plate et l'autre concave;
charnière formée par deux dents longues, crénelées, divergentes
du sommet sur une valve, et se plaçant entre deux paires de dents
de même forme que l'autre; impression musculaire et ligament
inconnus.

Ex. L'Harpace de Parkinson. *Harpax Parkinsonii.* Bronn,
tab. 6, f. 16.

Observ. Ce genre établi sur une coquille fossile que je n'ai pas vue; ne seroit-il pas mieux placé auprès des trigonies?

Huître. *Ostrea.*

Corps comprimé, plus ou moins orbiculaire; les bords du manteau épais, non adhérens ou rétractiles, et pourvus d'une double rangée de filamens tentaculaires courts et nombreux; les deux paires d'appendices labiaux triangulaires et alongés; un muscle subcentral bipartite.

Coquille irrégulière, inéquivalve, inéquilatérale, grossièrement feuilletée; la valve gauche ou inférieure adhérente, plus grande, plus profonde; son sommet se prolongeant avec l'âge, en une sorte de talon; la valve droite ou supérieure plus petite, plus ou moins operculiforme; charnière orale, édentule; ligament subintérieur, court, inséré dans une fossette cardinale, oblongue, croissant avec le sommet; impression musculaire unique et subcentrale.

A. Espèces rondes et non plissées.

Ex. L'Huître comestible. *Ostrea edulis*. Pl. LX, fig. 1, et E. m., pl. 184, f. 7-8.

B. Espèces longues et non plissées.

Ex. L'H. étroite. *O. virginica*. E. m., pl. 179, f. 1-5; et l'H. nacrée. *O. margaritacea*. Pl. LIX, fig. 4.

C. Espèces rondes et plissées.

Ex. L'H. imbriquée. *O. imbricata*. E. m., pl. 186, f. 2.

D. Espèces longues et fortement plissées.

Ex. L'H. Crête-de-coq. *O. Crista galli*. Pl. LX, fig. 2, et E. m., pl. 186, f. 2-3.

Observ. Les espèces de ce genre sont très-difficiles à distinguer, et surtout à caractériser; M. de Lamarck en désigne quarante-huit vivantes et trente-trois fossiles; mais il dit lui-même qu'il y en a bien davantage, et en effet parmi ces dernières, M. Defrance en compte déjà cent-vingt dont sept analogues dans le Plaisantin, d'après Brocchi.

On trouve des huîtres dans toutes les mers, à peu de distance des rivages, adhérentes à plat sur des corps étrangers, ou les unes sur les autres. On n'en connoît pas encore de véritablement fluviatiles ou lacustres; mais il y en a qui se trouvent assez haut dans l'embouchure des fleuves.

GRYPHÉE. *Gryphæa.*

Animal entièrement inconnu.

Coquille plus finement lamelleuse que celle des huîtres, libre ou peu adhérente, subéquilatérale, très-inéquivalve; la valve inférieure très-concave, à sommet plus ou moins recourbé en crochet; la supérieure operculiforme, et beaucoup plus petite; charnière édentule; ligament inséré dans une fossette alongée et arquée; une seule impression musculaire, comme dans les huîtres.

A. Espèces dont le sommet de la valve inférieure est subvoluté.

Ex. La Gryphée Gondole. *Gryphæa Cymbium.* E. m., pl. 189, f. 1-2, et la G. arquée. *G. arcuata.* Pl. LIX, fig. 3.

B. Espèces dont le sommet de la valve inférieure n'est pas voluté.
(G. Pachyte, Defr.)

Ex. La G. podopsidée. *G. podopsidea.*

Observ. On ne connoît encore qu'une espèce vivante dans la première division de ce genre. M. Defrance en compte vingt espèces fossiles et paroît beaucoup douter de l'existence de l'espèce vivante. Quant à la seconde, nous y plaçons les espèces de plagiostomes non symétriques, dont M. Defrance a fait son genre *Pachyte,* et qui sont au nombre de quinze.

FAM. II. — *SUBOSTRACÉS.* SUBOSTRACEA.

(Genre OSTREA. Linn.)

Le manteau ouvert dans presque toute sa circonférence, rétractile dans tous ses points, et non adhérent; les branchies non réunies dans toute la ligne médiane, de manière à laisser visible l'abdomen, qui est pourvu d'un rudiment de pied souvent canaliculé, avec le rudiment d'un byssus.

Coquille d'un tissu serré, subsymétrique, toujours plus ou moins auriculée, à charnière subcompliquée; une seule impression musculaire subcentrale, sans trace de ligule palléale.

SPONDYLE. *Spondylus.*

Corps médiocrement comprimé, pourvu inférieurement d'un rudiment de pied sans byssus ; manteau ouvert dans toute sa partie inférieure et supérieure; bouche entourée de lèvres très-épaisses et frangées.

Coquille solide, adhérente, assez régulière, plus ou moins hérissée, subauriculée, inéquivalve; la valve droite ou inférieure, fixée, beaucoup plus excavée que l'autre, et ayant en arrière, au sommet, une facette triangulaire qui s'agrandit et s'alonge avec l'âge; charnière céphalique longitudinale, pourvue sur chaque valve de deux fortes dents intrantes dans des fossettes correspondantes ; ligament court, à peu près médian, en grande partie extérieur, et s'enfonçant dans le talon de la valve inférieure ; impression musculaire unique et subdorsale.

Ex. Le Spondyle Pied-d'âne. *Spondylus gæderopus.* Pl. LXII, fig. 1 ; et E. m., pl. 190, f. 1, *a b.*

Observ. On trouve des espèces de ce genre dans toutes les mers des pays chauds, et même dans la Méditerranée, mais surtout dans celle des Indes. On en connoît quatre ou cinq espèces fossiles dans nos pays, et une dans l'Amérique méridionale. Il y a une espèce analogue dans le Plaisantin, d'après Brocchi.

PLICATULE. *Plicatula.*

Animal inconnu.

Coquille solide, adhérente, subirrégulière, inauriculée, inéquivalve, pointue au sommet, arrondie et subplissée en arrière ; la valve inférieure sans talon ; charnière des spondyles; ligament tout-à-fait intérieur, inséré dans une fossette médiane.

Ex. La Plicatule rameuse. *Plicatula ramosa.* Pl. LXII, fig. 2.

Observ. Ce genre, fort peu différent des spondyles, renferme cinq espèces vivantes des mers d'Amérique et de l'Inde, et dix espèces fossiles, d'après M. Defrance.

Hinnite. *Hinnites.*

Animal entièrement inconnu.

Coquille épaisse, solide, subrégulière, auriculée, subéquilatérale, inéquivalve; la valve inférieure très-excavée, avec une espèce
de talon; la supérieure plate; charnière complètement édentule;
ligament inséré dans une fossette en partie intérieure et en partie
extérieure; une seule impression musculaire.

Ex. L'Hinnite de Cortesi. *Hinnites Cortesii.* Defrance, pl. LXI,
fig. 1.

Observ. C'est un genre qui ne renferme que deux espèces fossiles
du Plaisantin.

Peigne. *Pecten.*

Corps plus ou moins comprimé, orbiculaire; le manteau garni
d'un seul cordon de papilles tentaculaires, et de petits disques
oculiformes, perlés, pédonculés, régulièrement espacés entre eux;
un rudiment de pied canaliculé et un byssus; bouche entourée
d'appendices charnus, irrégulièrement ramifiés.

Coquille libre, régulière, mince, solide, équivalve, équilatérale,
auriculée, à bord oral droit; les sommets contigus; charnière
sans dents; une membrane ligamenteuse dans toute la longueur
de la charnière, outre un ligament court, épais, presque tout-à-fait
interne, qui remplit une fossette triangulaire sous le sommet;
une seule impression musculaire subcentrale.

A. Espèces très-inéquivalves; la valve gauche étant très-plate.

(Les Pèlerines.)

Ex. Le Peigne de Saint-Jacques. *Pecten Jacobæus.* Pl. LX,
fig. 4; et E. m., pl. 209, f. 2, *a b.*

B. Espèces équivalves, non bâillantes.   (Les Soles.)

Ex. Le P. Sole. *P. Pleuronectes.* Pl. LX, fig. 5; et E. m.,
pl. 208, f. 3.

C. Espèces dont les deux valves sont presque également bombées, la
droite un peu moins et ayant son oreille inférieure moins large que la

gauche, de manière à produire une sorte d'échancrure, pour le passage
du byssus.

Ex. Le P. Cerise. *P. gibbus.* E. m., pl. 210, f. 5; et le P. glabre.
P. glaber. Pl. LXII, fig 4.

D. Espèces qui sont striées parallèlement à leur bord.

Ex. Le P. orbiculaire. *P. orbicularis.* Sowerby, Conch. Min. ,
pl. 186.

Observ. Ce genre contient des espèces dans toutes les mers du
pôle boréal au pôle austral, à peu près comme celui des huîtres ;
de même que dans ce dernier genre on en connoît aussi beaucoup
de fossiles. M. de Lamarck en caractérise vingt-six et cinquante-
neuf vivantes

M. Defrance porte le nombre des espèces fossiles à quatre-
vingt-dix-huit, dont quatre espèces identiques et trois analogues
en Italie, d'après Brocchi.

L'observation que j'ai faite que tantôt c'est la valve droite ou
inférieure, et tantôt la valve gauche ou supérieure qui est la plus
bombée, peut aider à confirmer la subdivision que j'établis dans
ce genre, et qui se trouve, je crois, en rapport avec la présence
ou l'absence du byssus.

HOULETTE. *Pedum.*

Animal inconnu, mais probablement byssifère.

Coquille subtriangulaire, inéquilatérale, inéquivalve, à sommets arrondis, peu marqués, inégaux, écartés; la valve droite
plus bombée, élargie à son bord inférieur et postérieur, échancrée
en avant et subauriculée, la gauche ne l'étant pas ; charnière sans
dents, antérieure ou buccale; ligament inséré dans une fossette
oblique se prolongeant en dehors jusqu'aux sommets, et porté en
dedans sur une sorte de cuilleron.

Ex. La Houlette spondyloïde. *Pedum spondyloideum.* Pl. LXII,
fig. 6; et E. m., pl. 178, f. 1-4.

Observ. On ne connoît encore qu'une seule espèce de ce genre :
elle vient des mers de l'Inde.

Lime. *Lima.*

Corps médiocrement comprimé; un appendice abdominal byssifère; les bords du manteau garnis de cirrhes tentaculaires sur plusieurs rangs; bouche entourée d'une lèvre fort épaisse et frangée.

Coquille ovale, plus ou moins oblique, presque équivalve, subauriculée, régulièrement bâillante à la partie antérieure du bord inférieur; les sommets antérieurs et écartés; charnière buccale longitudinale, sans dents; ligament arrondi, presque extérieur, inséré dans une excavation de chaque valve; impression musculaire centrale partagée en trois parties bien distinctes.

Ex. La Lime commune. *Lima squamosa.* Pl. LXII, fig. 3; et Enc. m., pl. 206, fig. 3.

Observ. Des six espèces que M. de Lamarck caractérise dans ce genre, il y en a au moins une de la Méditerranée; les autres viennent de l'Inde, d'Amérique, et de l'Australasie; on en connoît déjà onze fossiles, suivant M. Defrance, dont deux espèces analogues en Italie, d'après Brocchi, et deux à Grignon; le genre des espèces des anciennes couches étant douteux.

Fam. III. — *MARGARITACÉS.* Margaritacea.

Le manteau ouvert dans toute sa circonférence, non adhérent, mince sur ses bords, et se prolongeant en lobes assez irréguliers, surtout en arrière; le corps très-comprimé; un pied canaliculé et souvent un byssus peu développé; un seul muscle adducteur subcentral, outre les muscles rétracteurs du pied.

Coquille irrégulière, inéquivalve, inéquilatérale, noire ou cornée; charnière orale, presque nulle ou sans dents; le ligament variable; une grande impression musculaire subcentrale.

Vulselle. *Vulsella.*

Corps alongé, comprimé; le manteau très-prolongé en arrière et bordé de deux rangs de tubercules papillaires très-serrés; un

pied abdominal médiocre, proboscidiforme. canaliculé, sans byssus ; bouche transversale très-grande, avec des appendices labiaux
triangulaires, très-développés ; les branchies étroites, très-longues,
réunies dans presque toute leur étendue.

Coquille subnacrée, irrégulière, aplatie, alongée, subéquivalve,
inéquilatérale, à sommets antérieurs, distans, recourbés en en
bas; charnière orale, édentule; ligament indivis, épais, inséré
dans une excavation arrondie, creusée dans une apophyse assez
saillante de chaque valve; impression musculaire subcentrale
assez grande, et deux très-petites tout-à-fait en avant.

Ex. La Vulselle lingulée. *Vulsella lingulata.* Pl. LXII, fig. 5.

Observ. M. de Lamarck cite six espèces vivantes de ce genre,
toutes de l'Océan indien ou de l'Australasie, et une fossile à
Grignon. Nous avons observé l'animal de l'espèce citée.

Marteau. *Malleus.*

Animal à peu près inconnu, mais probablement fort voisin de
celui des vulselles, et certainement byssifère, avec un seul muscle
adducteur.

Coquille subnacrée, irrégulière, subéquivalve, inéquilatérale,
le plus souvent très-auriculée en avant, et prolongée en arrière
dans son corps, de manière à offrir un peu la forme d'un marteau; sommets tout-à-fait antérieurs ou buccaux assez inférieurs; entre eux et l'auricule inférieure, une échancrure oblique
pour le passage du byssus; charnière linéaire fort longue, buccale, édentule; ligament simple, triangulaire, inséré dans une
fossette conique, oblique, en partie extérieure; une impression
musculaire subcentrale assez grande.

A. Espèces à peine auriculées.

Ex. Le Marteau vulsellé. *Malleus vulsellatus.* E. m., pl. 177,
f. 15, et pl. LXV *bis*, fig. 4.

B. Espèces uniauriculées.

Ex. Le M. normal. *M. normalis.* E. m., pl. 177, f. 16, *a b*?

C. Espèces biauriculées.

Ex. Le M. vulgaire. *M. vulgaris.* Pl. LXIII, fig. 4.

Observ. Les six espèces que M. de Lamarck caractérise dans ce
genre, appartiennent aux mers de l'Inde et de l'Australasie; il paroît qu'on n'en connoît pas dans celles du nouveau continent, et
encore moins dans celles d'Europe. On n'en a pas non plus découvert de fossiles.

PERNE. *Perna.*

Corps très-comprimé; le manteau prolongé en arrière en une
sorte de lobe, et frangé à son bord inférieur seulement; un appendice abdominal ? un byssus; un seul muscle adducteur.

Coquille irrégulière, très-comprimée, subéquivalve, de forme
assez variable, bâillante à la partie antérieure de son bord inférieur; le sommet très-petit; charnière droite, verticale, buccale, édentule; ligament multiple, et inséré dans une série de
sillons longitudinaux et parallèles; une impression musculaire
subcentrale.

A Espèces alongées et auriculées.

Ex. La Perne fémorale. *Perna femoralis.* Pl. LXIII, fig. 1.

B. Espèces alongées, subauriculées ou inauriculées.

Ex. La P. Vulselle. *P. Vulsella.* Enc. mét., pl.175, f. 1.

C. Espèces rondes, peu ou point auriculées, très-nacrées.

Ex. La P. sellaire. *P. Ephippium.* Enc. mét., pl. 176, f. 2.

Observ. Les dix espèces vivantes que M. de Lamarck distingue,
paroissent ne se trouver que dans les mêmes mers que les marteaux. Il y a cependant quelques raisons de croire qu'il en existe
aussi dans les mers d'Amérique. On en trouve une espèce fossile
en France, dans des terrains assez anciens, et une en Virginie.
M. Defrance en cite cinq, dont une subanalogue en Egypte.

CRÉNATULE. *Crenatula.*

Animal inconnu, mais probablement fort peu différent de celui
des pernes.

Coquille irrégulière, très-aplatie, subrhomboïdale, subéquivalve, bâillante en arrière, à sommet antérieur; charnière lon-

:itudinale, dorsale, édentule; ligament submultiple, ou renflé
d'espace en espace, et inséré dans une série de fossettes arrondies
correspondantes du bord dorsal; impression musculaire unique,
subcentrale.

Ex. La Crénatule aviculaire. *Crenatula avicularia.* Pl. LXIII,
fig. 2, et Ann. du Mus., vol. 5, pl. 2, f. 3-4.

Observ. Parmi les six ou sept espèces reconnues de ce genre, il
y en a des mers de tous les pays chauds, mais surtout encore de
l'Australasie.

INOCÉRAME. Inoceramus.

Animal entièrement inconnu.
Coquille épaisse, subrégulière, subéquivalve, subéquilatérale,
triangulaire, pointue aux sommets, qui sont plus ou moins recourbés obliquement l'un contre l'autre, élargie et arrondie en arrière;
charnière latérale formée par une série de fossettes oblongues,
servant sans doute à l'attache d'un ligament multiple; impression musculaire inconnue.

Ex. L'Inocérame concentrique. *Inoceramus concentricus.*
Brongn., Géogn. Par., pl. 6, f. 2, *a b*; et pl. LXV *bis*, fig. 5.

Observ. C'est un genre que l'on ne connoît encore qu'à l'état
fossile, et qui n'est que très-incomplètement établi; son *facies* le
rapproche des ostracés, et surtout des gryphées, dont la charnière
l'éloigne. M. Defrance en compte trois espèces.

CATILLE. Catillus.

Animal entièrement inconnu.
Coquille fibreuse, assez plate, ou peu profonde, fort mince,
arrondie, subéquivalve, subéquilatérale, à sommets subspirés;
charnière buccale, droite, formée par un grand nombre de petites
cavités pour l'attache du ligament qui a dû être multiple; impression musculaire inconnue.

Ex. Le Catille de Cuvier. *Catillus Cuvieri.* Brong., Géogn.
Paris., 2ᵉ édit., pl. IV, f. 10, et mieux le Catille de Lamarck,
pl. LXI *bis*, fig. 2.

34

Observ. C'est un genre qui est établi par M. Brongniart (*loc. cit.*) d'une manière incomplète sur des coquilles fossiles que l'on avoit confondues à tort avec celles qui constituent le genre précédent.

Pulvinite. *Pulvinites.*

Animal entièrement inconnu.

Coquille mince, ovale, équivalve, subéquilatérale, à sommets bien marqués et à peine inclinés en avant ; charnière composée par huit ou dix dents un peu divergentes du sommet et séparées par autant de fossettes pour les ligamens ; impressions musculaires inconnues.

Ex. La Pulvinite d'Adanson. *Pulvinites Adansonii.* Defr., pl. LXII *bis*, fig. 3.

Observ. C'est encore un genre qui n'est connu qu'à l'état fossile, et qui a été établi par M. Defrance. Il ne contient qu'une seule espèce de la craie inférieure.

Gervillie. *Gervillia.*

Animal entièrement inconnu.

Coquille plus ou moins alongée, quelquefois très-étroite, solénoïde, subéquivalve, très-inéquilatérale, bâillante en avant, peut-être pour le passage d'un byssus ; le sommet antéro-dorsal peu marqué ; charnière anomale, formée de plusieurs dents, dont les postérieures sont longitudinales ; ligament multiple inséré dans plusieurs fosses coniques formant un rang en dehors de la charnière ; une seule impression abdominale assez antérieure.

Ex. La Gervillie solénoïde. *Gervillia solenoidea.* Defrance, pl. LXI, fig. 4.

Observ. Ce genre, établi par M. Defrance, contient plusieurs espèces toutes fossiles, trouvées dans le département de la Manche.

Avicule. *Avicula.*

Corps très-comprimé ; manteau fendu dans toute sa circonférence, si ce n'est le long du dos, et garni à son bord libre d'un double rang de cirrhes tentaculaires très-courts; pied assez petit, canaliculé; un byssus; bouche entourée de lèvres frangées outre ses deux paires d'appendices labiaux; un gros muscle adducteur presque postérieur, et deux paires de petits muscles rétracteurs du pied.

Coquille feuilletée ou non, toujours nacrée, subéquivalve, de forme subrégulière, mais assez variable, à sommets antérieurs, surbaissés, avec une petite échancrure en avant, quelquefois inégalement et obliquement auriculée; charnière bucco-dorsale, édentule ou avec une ou deux petites dents rudimentaires; ligament plus ou moins extérieur et contenu dans un sillon, quelquefois élargi vers le sommet; une impression musculaire postérieure fort grande, et une antérieure extrêmement petite.

A. Espèces peu obliques, presque rondes, nacrées, très-épaisses, avec les auricules presque égales, fort peu saillantes, sans dents à la charnière   (G. Margarita. Leach. Pintadine. Lamck.)

Ex. l'Avicule Mère-Perle. *Avicula margaritifera.* Enc. mét., pl. 177, f. 1-4; et pl. LXV *bis*, fig. 7.

B. Espèces ovales, obliques, et dont les auricules sont très-développées, surtout la supérieure; une dent à la charnière.

Ex. L'A. macroptère. *A. macroptera.* Gualt., t. 94, f. *A*; et pl. LXIII, fig. 3 (jeune).

Observ. Les espèces de la première subdivision, qui sont au nombre de deux, sont des mers de l'Inde et de l'Amérique méridionale; des treize vivantes de la seconde, il n'y en a qu'une de la Méditerranée, les autres sont des mers des pays chauds dans les deux continens. On en connoît deux ou trois espèces fossiles en France. M. Defrance en compte douze d'avicules proprement dites, et trois de pintadines ou d'un genre voisin.

Fam. IV. — *MYTILACÉS.* Mytilacea.

Manteau adhérent vers les bords, fendu dans toute sa partie inférieure, avec un orifice distinct pour l'anus, et une indication de l'orifice branchial par l'épaississement plus considérable des bords postérieurs du manteau; un pied linguiforme canaliculé, avec un byssus en arrière à sa base; deux muscles adducteurs, dont l'antérieur très-petit, outre les deux paires de muscles rétracteurs du pied.

Coquille régulière, équivalve, souvent épidermée ou cornée, à charnière édentule et ligament dorsal linéaire.

Moule. *Mytilus*.

Corps ovale, assez bombé; le manteau ouvert dans sa moitié inférieure seulement, et dans sa partie postérieure terminé par une fente ovale à bords frangés; appendice abdominal linguiforme, canaliculé, avec un byssus en arrière à sa base et plusieurs paires de muscles rétracteurs; bouche à lèvres simples; deux muscles adducteurs, dont l'antérieur très-petit.

Coquille d'un tissu serré, alongée, plus ou moins ovalaire, quelquefois subtriangulaire, équivalve, à sommets antérieurs plus ou moins courbes, un peu échancrée inférieurement; charnière entièrement édentule, ou avec deux très-petites dents rudimentaires; ligament dorsal, linéaire, subintérieur, inséré dans un sillon étroit et fort long; deux impressions musculaires, dont l'antérieure fort petite, outre celles des muscles rétracteurs.

A. Espèces dont le sommet n'est pas tout-à-fait à l'extrémité antérieure de la coquille, et qui sont plus ou moins triangulaires; le byssus toujours très-développé.   (G. Modiole.)

* Lisses.

Ex. La Moule des Papous. *Mytilus papuana*. Pl. LXIV, fig. 2. et E. m., pl. 319. f. 2.

** Striées longitudinalement.

Ex. La M. sillonnée. *M. sulcata*. E. m.. pl. 220, f. 2.

*** Striées aux deux extrémités seulement.

Ex. La M. discordante. *M. discors*. E. m., pl. 204, f. 5, *a b*.

B. Especes dont le sommet n'est pas tout-à-fait antérieur, et dont la forme est presque complètement cylindrique et arrondie aux deux extrémités; le byssus nul dans l'âge adulte.   (G. Lithodome. Cuv.)

Ex. La M. lithophage. *M. lithophagus*. Pl. LXIV, fig. 4, et E. m., pl. 221, f. 6-7.

C. Espèces dont le sommet est tout-à-fait terminal, antérieur, et

qui sont plus ou moins comprimées et subtriangulaires ; le byssus grossier et très-développé.

* Lisses.

Ex. La M. comestible. *M. edulis.* E. m., pl. 218, f. 2 ; et la M.
de Magellan. Pl. LXIV, fig. 5.

** Radiées ou striées.

Ex. La M. crénelée. *M. crenatus.* E. m., pl. 217, f. 5.

Observ. Ce genre renferme un assez grand nombre d'espèces de
toutes les mers ; M. de Lamarck caractérise vingt-trois modioles
vivantes et cinq fossiles, trente-cinq moules vivantes et deux fossiles ; mais il est indubitable qu'il en existe un bien plus grand
nombre même dans les collections.

Les moules et les modioles vivent toujours à découvert, attachées par les filamens de leur byssus aux corps sous-marins ; les
lithodomes s'enfoncent dans les pierres calcaires, dans les coquilles
et dans les madrépores.

Quoique la plupart des espèces de moules et de modioles n'existent que dans les eaux de la mer, il est certain qu'il y en a quelques unes d'eau douce.

M. Brongniart a distingué dans sa Géognosie des environs de
Paris une coquille fossile sous le nom de *mytiloides gabiatus*, à
cause de sa forme extérieure, qui a quelque chose de celle des
moules, figurée pl. 3, f. 4 de cet ouvrage ; mais c'est un genre non
caractérisé, et qui, d'après les observations de M. Sowerby, est
établi sur une espèce de catille.

M. Defrance indique vingt modioles fossiles dont une analogue
en Italie d'après Brocchi et une de Grignon ; onze moules, dont
une analogue en Italie, d'après Brocchi, et une subanalogue dans
le grès supérieur de Lonjumeau, et enfin une lithodome.

JAMBONNEAU. *Pinna.*

Corps ovale alongé, assez épais, enveloppé dans un manteau
fermé en dessus, ouvert en dessous, et surtout en arrière, où il
forme quelquefois une sorte de tube garni de cirrhes tentaculaires ;
un appendice abdominal flabelliforme, subsillonné, et un byssus
très-considérable ; bouche pourvue de lèvres doubles outre les

deux paires d'appendices labiaux; un seul gros muscle adducteur évident.

Coquille subcornée, fibreuse, cassante, régulière, équivalve, longitudinale, triangulaire, pointue antérieurement où est le sommet qui est droit, élargie et souvent comme tronquée en arrière; charnière dorsale, longitudinale, linéaire, édentule; ligament marginal occupant presque tout le bord dorsal de la coquille; une seule impression musculaire très-large en arrière; un indice de l'antérieure dans le sommet de la coquille.

A. Espèces bien closes et arrondies à l'extrémité postérieure.

Ex. Le Jambonneau écailleux. *Pinna squamosa*. E. m., pl. 200, f. 2; et le J. hérissé. *P. nobilis*. Pl. LXIV, fig. 1.

B. Espèces bâillantes à l'extrémité postérieure qui est comme tronquée.

Ex. Le J. Éventail. *P. Flabellum*. Enc. mét., pl. 199, f. 4?

Observ. Les espèces de ce genre ne sont encore qu'au nombre de quinze vivantes, et de six fossiles suivant M. Defrance, dont une analogue en Italie. d'après Brocchi; il y en a dans toutes les mers, mais surtout dans celles des pays chauds. Elles vivent dans les enfoncemens vaseux des rivages de la mer, fixées ou non au moyen de leur byssus.

FAM. V. — *POLYODONTES* ou *ARCACÉS*. Polyodonta.

(Genre Arca, Linn.)

Manteau entièrement ouvert dans toute sa circonférence, si ce n'est vers le dos, sans aucune trace de modifications pour former des orifices particuliers, mais adhérent dans tout l'intervalle compris entre les muscles adducteurs, et plus ou moins prolongé en arrière; abdomen pourvu d'un pied de forme un peu variable, mais toujours très-considérable.

Coquille épaisse, régulière, équivalve; charnière anomale, dorsale, similaire, et formée sur chaque valve par une série præ et post apiciale de petites dents plus ou moins lamelleuses, plus ou moins verticales et engrenantes; deux impressions musculaires bien distinctes et réunies par une ligule palléale fort étroite, parallèle au bord de la coquille.

Observ. Tous les animaux de cette famille vivent dans la mer à peu de distance des rivages.

ARCHE. *Arca.*

Corps épais, de forme un peu variable; abdomen pourvu d'un pied pédonculé, comprimé, propre à adhérer, et fendu dans sa longueur ; manteau garni d'un simple rang de cirrhes et un peu prolongé en arrière ; les tentacules buccaux fort petits et très-grêles.

Coquille un peu diversiforme , mais le plus ordinairement alongée , et plus ou moins oblique à l'extrémité postérieure, très-souvent fort inéquilatérale ; les sommets plus ou moins distans et un peu recourbés en avant ; charnière anomale droite, ou un peu courbée, longue et formée par une ligne de dents courtes, verticales, décroissantes des extrémités au centre ; ligament extérieur, large , presque autant avant qu'après le sommet ; deux impressions musculaires réunies par une ligule ou impression palléale, peu marquée.

A. Espces naviculaires ; la charnière complètement droite ; le pied tendineux et adhérent.   (Les NAVICULES.)

Ex. L'Arche de Noé. *Arca Noœ.* Pl. LXV , fig. 2.

B. Espèces bistournées, closes ; la charnière complètement droite.
                              (Les BISTOURNÉES. G. TRISIS, Oken.)

Ex. L'A. bistournée. *A. tortuosa.* Pl. LXV *bis*, fig. 1.

C. Espèces naviculaires ; la charnière complètement droite, les dents terminales beaucoup plus longues et plus obliques que les autres.
                              (G. CUCULLÉE. Lamck.)

Ex. L'A. auriculifère. *A. auriculifera.* Pl. LXV , fig. 4.

D. Espèces à charnière droite, non échancrées ou non bâillantes inférieurement, et dont le muscle n'est pas adhérent.

Ex. L'A. barbue. *A. barbata.* Pl. LXV, fig. 1.

E. Espèces bien closes, de forme moins alongée, plus pectinoïdes ; la charnière droite.   (Les RHOMBOÏDES.)

Ex. L'A. rhomboïde. *A. rhombea.* E. m., pl. 307, f. 3, *a b.*

F. Espèces ovales, alongées, un peu arquées dans leur longueur, un peu bâillantes inférieurement, à sommets peu distans ; le ligament presque intérieur ; la ligne dentaire un peu arquée.

Ex. L'A. mytíloïde. *A. mytiloidea.* Pl. LXV *bis*, fig. 2.

Observ. M. de Lamarck distingue trente-sept espèces vivantes
et neuf fossiles dans ce genre, outre trois espèces également fossiles de cucullées. Parmi les premières il y en a de toutes les mers.

M. Defrance dit vingt-cinq espèces d'arches de la craie inférieure, dont quatre identiques du Plaisantin, une de l'Anjou et
deux analogues des environs de Paris, outre les trois espèces de
cucullées.

PÉTONCLE. *Pectunculus*.

Corps arrondi, plus ou moins comprimé; le manteau sans cirrhes
ni tubes; le pied sécuriforme et fendu à son bord inférieur et antérieur; les appendices buccaux linéaires.

Coquille orbiculaire, équivalve, subéquilatérale; les sommets
presque verticaux et plus ou moins distans; charnière formée sur
chaque valve d'une série assez nombreuse de petites dents disposées en une ligne courbe interrompue quelquefois sous le sommet;
ligament comme dans les arches, mais ordinairement beaucoup
moins large.

A. Espèces renflées, plus ou moins lisses et velues.

Ex. Le Pétoncle flammulé. *Pectunculus pilosus*. Pl. LXV *bis*.
fig. 3; et E. m., pl. 310, f. 1, *a b c?*

B. Espèces lenticulaires, plus comprimées, pectinées et plus ou moins
rugueuses.

Ex. Le P. pectiniforme. *P. pectiniformis*. Pl. LXV, fig. 3.

Observ. Ce genre renferme dans l'ouvrage de M. de Lamarck
vingt-neuf espèces vivantes de toutes les mers, et douze environ
de fossiles.

M. Defrance porte le nombre de celles-ci à trente-quatre dans
la craie inférieure, dont trois espèces analogues en Italie, suivant Brocchi; une autre auprès de Versailles et une troisième
dans la Caroline du Nord.

NUCULE. *Nucula*.

Corps subtriquètre; manteau ouvert dans sa moitié inférieure
seulement, à bords entiers, denticulés dans toute la longueur du

dos, sans prolongemens postérieurs; le pied fort grand, mince à
sa racine, élargi en un grand disque ovale, dont les bords sont
garnis de digitations tentaculaires; les appendices buccaux antérieurs assez longs, pointus, roides et appliqués l'un contre l'autre
comme des espèces de mâchoires : les postérieurs également roides
et verticaux.

Coquille plus ou moins épaisse, subtriquètre, équivalve, inéquilatérale, à sommets contigus et tournés en avant; charnière
similaire formée par une série nombreuse de dents très-aiguës,
pectinées, disposées en une ligne brisée sous le sommet; ligament
interne, court, inséré dans une petite fossette oblique de chaque
valve; deux impressions musculaires.

A. Espèces dont le bord est entier.

   Ex. La Nucule rostrée. *Nucula rostrata*. E. m., pl. 309, f. 3. *a b*.

B. Espèces dont le bord est crénelé.

   Ex. La N. nacrée. *N. margaritacea*. Pl. LXV, fig. 5.

Observ. M. de Lamarck caractérise six espèces vivantes, et quatre
fossiles dans ce genre; des premières, trois sont de nos mers, et les
autres des mers australes.

Nous avons observé l'animal de la nucule nacrée.

M. Defrance en annonce douze fossiles de la craie inférieure,
dont deux analogues d'Italie, d'après Brocchi, quatre aux environs de Paris, et une identique à Grignon.

Fam. VI. — *SUBMYTILACÉS*. Submytilacea.

Le manteau presque comme dans les mytilacés, c'est-à-dire adhérent et fendu dans toute sa partie inférieure, avec un orifice distinct
pour l'anus, et un commencement de tube pour la respiration, par
une disposition particulière de son extrémité postérieure, qui est
garnie de papilles tentaculaires; une large masse charnue abdominale pour la locomotion. sans byssus à sa base; deux impressions
musculaires distinctes.

Coquille libre, subnacrée, régulière, équivalve; charnière dorsale,
lamelleuse; ligament externe; deux impressions musculaires avec
l'impression palléale qui les réunit. non excavée en arrière.

Observ. Les animaux de cette famille sont plus ou moins lutricoles et erratiques au moyen de leur pied.

* *Espèces épidermées , nacrées* (toutes étant d'eau douce).
(Les LIMNOCONQUES. G. LIMNODERME. Poli.)

ANODONTE. *Anodonta.*

Corps large, peu comprimé ou assez épais, **plus ou moins ova**laire; le manteau à bords épais, simples ou frangés, ouvert
dans toute sa circonférence, si ce n'est vers le dos; un orifice
ovalaire distinct pour l'anus; une espèce de petit tube incomplet
et garni de deux rangées de cirrhes assez alongés pour la cavité
respiratrice; pied lamelliforme et tranchant.

Coquille ordinairement assez mince, régulière, close, équivalve,
inéquilatérale; sommet antérodorsal; charnière complètement
édentule avec une lame postapicale; ligament externe, dorsal et
postapical; deux impressions musculaires bien marquées, outre
celles des muscles rétracteurs.

A. Espèces minces, ovales, très-alongées, inauriculées; la charnière
fort longue, linéaire, crénelée dans toute sa longueur.
(G. IRIDINE. Lamck.)

Ex. L'Anodonte exotique. *Anodonta exotica.* Pl. LXVI,
fig. 2; et E. m., pl. 204 *bis*, f. 1 , *a b.*

B. Espèces ovales , à charnière arquée, sans trace d'auricule.

Ex. L'A. rougeâtre. *A. rubens.* E. m., pl. 201, f. 1, *a b.*

C. Espèces ovales, alongées, à charnière droite, et auriculées en arrière seulement.

Ex. L'A. des Cygnes. *A. cygnea.* Pl. LXVI, fig. 1.

D. Espèces ovales ou arrondies, auriculées en avant comme en arrière du sommet.

Ex. L'A. trapéziale. *A. trapezialis.* E. m., pl. 205, f. 1, *a b.*

E. Espèces beaucoup plus auriculées avec une lame alongée, bien
plus saillante à la charnière.   (G. DIPSAS. Leach.)

Ex. L'A. Dipsade. *A. Dipsas.* Pl. LXVI, fig. 3.

Observ. Le nombre des espèces de ce genre est de quinze
dans l'ouvrage de M. de Lamarck; mais il est certain qu'il en existe

davantage. On en connoît dans les eaux douces de tous les pays, surtout dans l'Amérique septentrionale. Nous en possédons au moins trois espèces.

MULETTE. *Unio.*

Animal entièrement semblable à celui des anodontes.

Coquille ordinairement fort épaisse, nacrée intérieurement, épidermée, rongée aux sommets, qui sont dorsaux et subantérieurs ; charnière dorsale formée, outre une longue dent lamelleuse sous le ligament, d'une double dent præcardinale plus ou moins comprimée et dentelée irrégulièrementsur la valve gauche, simple sur la valve droite ; ligament et impression musculaire comme dans les anodontes.

A. Espèces obliques, dont le corselet est dilaté et relevé en crête saillante, ce qui les rend comme auriculées ou aviculaires,

(G. HYRIE. Lamck.)

Ex. La Mulette ridée. *Unio corrugata.* Pl. LXVII, fig. 1 ; et Enc. mét., pl. 247, f. 2, *a b.*

B. Espèces ovales, peu ou point auriculées.

1. Ovales, subauriculées.

Ex. La M. sinuée. *U. sinuata.* Pl. LXVII, fig. 5.

2. Ovales, non auriculées.

Ex. La M. des Peintres. *U. Pictorum.* Pl. LXVII, fig. 2.

3. Rondes ou presque rondes.

Ex. La M. suborbiculée. *U. suborbiculata.*

C. Espèces courtes, subtriquètres, dont les dents lamelleuses et præapiciales sont plus prononcées, plus régulières et toutes striées perpendiculairement à leur longueur. (G. CASTALIE. Lamck.)

Ex. La M. ambiguë. *U. ambigua.* Pl. LXVII, fig. 4.

Observ. Les espèces de ce genre deviennent tous les jours plus nombreuses : en effet on en trouve dans tous les pays, mais surtout dans l'Amérique septentrionale. M. de Lamarck en caractérise plus de cinquante, mais il convient qu'elles sont en général fort difficiles à distinguer; à plus forte raison, les subdivisions génériques qu'on a voulu établir dans ce genre, d'après la forme générale de la coquille et celle des dents præapiciales, comme l'a fait M. Rafinesque. On passe en effet par des nuances presque insensibles des espèces dont les dents sont à peine apparentes, jusqu'à celles où elles deviennent presque régulières comme dans la mulette ambiguë, que nous croyons avoir été les premiers à rapprocher de ce genre. contradictoirement avec M. de Lamarck qui alors en faisoit une trigonie.

Nous pensons même que par la suite on découvrira des espèces qui établiront le passage entre les anodontes et les mulettes, en sorte que ces deux genres devront être réunis.

M. Defrance dit qu'il y a huit espèces de mulettes fossiles, mais dont le genre est douteux dans les anciennes couches.

** *Espèces sans épiderme évident, non nacrées et plus ou moins pectinées.* (Toutes sont marines.)

CARDITE. *Cardita.*

Animal semblable à celui des limnoconques, d'après Poli.

Coquille épaisse, solide, équivalve, plus ou moins inéquilatérale; sommet dorsal, toujours très-recourbé en avant; charnière similaire, formée par deux dents obliques, une courte cardinale ou apiciale, et l'autre postapiciale, longue, lamelleuse et arquée; ligament alongé, subextérieur et enfoncé; deux impressions musculaires bien distinctes, réunies par une ligule palléale. étroite, semicirculaire.

A. Espèces alongées, un peu échancrées ou bâillantes au bord inférieur; le sommet presque céphalique; le ligament caché.
(Les MYTILICARDES.)

Ex. La Cardite Grosse-côte. *Cardita crassicosta.* Adans., Sénég., pl. 15, f. 8; et la C. mouchetée. *C. calyculata.* Pl. LXIX, fig. 1.

B. Espèces ovales, à bord inférieur presque droit ou un peu bombé, crénelé et complètement fermé.   (Les CARDIOCARDITES.)

Ex. La C. Ajar. *C. Ajar.* Adans., Sénég.. pl. 16. f. 2.

C. Espèces presque rondes ou suborbiculaires, à bord inférieur ar-

rondi, denticulé, de plus en plus équilatérales; les deux dents plus
courtes et plus obliques.   (G. Vénéricarde. Lamck.)

Ex. La V. imbriquée. *V. imbricata.* Pl. LXVIII. fig. 5.

D. Espèces alongées, très-inéquilatérales; le sommet presque céphalique et recourbé en avant; deux dents cardinales courtes, divergentes, outre la dent lamelleuse; ligament très-long, peu ou point saillant; impression abdominale quelquefois un peu rentrée en arrière.

(G. Cypricarde. Lamck.)

Ex. La C. de Guinée. *C. guinaica.* Pl. LXV, fig. 6.

Observ. D'après l'exemple de Poli. il est évident que ce genre, et ses subdivisions, doivent être rapprochés de celui des mulettes, dont cet auteur ne fait même qu'un seul et unique genre; il n'est cependant pas certain que parmi les cypricardes, il n'y ait pas quelques espèces qui dussent passer parmi les vénus lithodomes, car l'impression abdominale est quelquefois excavée en arrière? Quoi qu'il en soit, M. de Lamarck définit vingt-cinq espèces de cardites, dont une seule fossile, onze vénéricardes. toutes fossiles, à l'exception d'une seule, et sept cypricardes dont quatre vivantes des mers des pays chauds, et trois fossiles de France.

Les espèces de ce genre vivent, à ce qu'il paroît, à découvert sur les rochers.

M. Defrance compte dix cardites fossiles, dont une identique, et une analogue dans le Plaisantin et une analogue en Anjou; vingt-cinq vénéricardes, dont une identique à Chaumont, et trois cypricardes.

Fam. VII. — *CAMACÉS.* Camacea.

Manteau ouvert à sa partie inférieure médiane seulement, pour le passage d'un pied de forme variable, mais toujours comprimé à sa base; les bords du manteau adhérens et finement frangés, réunis en arrière par une bande transverse, percée de deux orifices distincts, garnis de tentacules rayonnés.

Coquille de forme variable, régulière ou irrégulière, libre ou adhérente, à deux empreintes musculaires, réunies par une ligule peu marquée, sans échancrure postérieure; charnière anomale.

* *Coquille irrégulière.*

CAME. *Chama.*

Corps suborbiculaire, terminé supérieurement par une sorte de crochet; manteau fort peu ouvert; pied terminé à son extrémité par une partie beaucoup plus étroite que la base; lobes supérieurs des branchies fort courts.

Coquille irrégulière, adhérente, inéquivalve, inéquilatérale, à sommets plus ou moins contournés en spirale, surtout pour la valve adhérente; charnière dissemblable, grossière, formée par une seule dent lamelleuse, arquée, subcrénelée, postcardinale, s'articulant dans un sillon de même forme; ligament extérieur, postapicial, un peu enfoncé; deux impressions musculaires, grandes et assez distantes.

A. Espèces dont les sommets tournent de gauche à droite.

Ex. La Came gryphoïde. *Chama gryphoides*. Pl. LXX, fig. 2.

B. Espèces dont les sommets tournent de droite à gauche.

Ex. La C. Arcinelle. *C. Arcinella*. E. m., pl. 197, f. 4, *a b*.

Observ. Parmi les dix-sept espèces vivantes que M. de Lamarck caractérise dans ce genre, il y en a de toutes les mers, si ce n'est de celle du Nord; mais elles sont beaucoup plus nombreuses dans l'Océan austral.

On en connoît déjà huit espèces fossiles dans la France et l'Italie. M. Defrance dit dix espèces, dont trois analogues en Italie.

DICÉRATE. *Diceras.*

Animal complètement inconnu.

Coquille irrégulière, inéquivalve, inéquilatérale, à sommets très-saillans, presque régulièrement contournés en spirale; charnière dissemblable, formée par une grande dent épaisse, concave sur la plus grande valve; ligament inconnu.

Ex. La Dicérate ariétine. *Diceras arietina*. Pl. LXX, fig. 4; et Favanne, Conchyl., pl. 80, f. S.

Observ. Ce genre, assez incomplètement connu, ne renferme que l'espèce fossile qui lui a servi de type.

M. Defrance en distingue cependant cinq espèces.

ETHÉRIE. *Etheria.*

Animal inconnu.

Coquille adhérente, irrégulière, épaisse, très-nacrée, inéquivalve, inéquilatérale; les sommets subcéphaliques, épais, peu évidens, dans une espèce de talon, se prolongeant avec l'âge; charnière édentule, calleuse, irrégulière, épaisse; ligament longitudinal subdorsal, en partie extérieur et se prolongeant en pointe dans l'intérieur de la coquille; deux impressions musculaires oblongues, irrégulières, l'une supérieure et subpostérieure, l'autre inférieure et antérieure, avec une impression palléale marginale.

A. Espèces qui ont une callosité oblongue à la partie antérieure de la coquille.

Ex. L'Ethérie elliptique. *Etheria elliptica.* Pl. LXX *bis*, fig. 2; et Lamck., Ann. du Mus., 10, pl. 29 et 31, fig. 1.

B. Espèces sans callosité.

Ex. L'E. semilunaire. *E. semilunata.* Lamarck, Ann. du Mus., pl. 32, fig. 1-2.

Observ. Quoique la coquille de ce genre ait bien évidemment deux impressions musculaires, nous croyons cependant qu'il devoit plutôt être placé dans la famille des margaritacés que dans celle des camacés, comme le fait M. de Lamarck, à cause de la structure extérieure et intérieure; mais, d'après ce que nous a dit M. Deshayes, l'impression palléale indiquant la disposition des lobes du manteau, il ne peut plus y avoir de doute. Quoi qu'il en soit, ce genre n'est encore composé que de quatre espèces vivantes, deux de chaque section; les premières sont certainement fluviatiles, d'après la découverte de M. Caillaud, et les deux autres marines.

** *Coquille régulière.*

TRIDACNE. *Tridacna.*

Corps assez épais; les bords renflés et lobés du manteau adhérens et réunis dans presque toute la circonférence, de manière à n'offrir que trois ouvertures; la première en bas et en avant pour la sortie du pied; la seconde en haut et en arrière pour la cavité branchiale; la troisième beaucoup plus petite au milieu du bord dorsal. ou supérieur pour l'anus; deux paires d'appendices labiaux extrêmement grêles et presque filiformes au milieu desquels est un orifice buccal fort petit; branchies alongées, étroites. la supérieure beaucoup plus que l'inférieure, réunies entre elles dans presque toute leur longueur; un très-gros muscle adducteur médian et presque dorsal, analogue du postérieur des autres bivalves, et réuni avec un muscle rétracteur du pied encore plus considérable; le muscle adducteur antérieur nul ou rudimentaire : masse musculaire abdominale considérable. donnant issue comme d'un calice, à un gros faisceau de fibres musculaires byssoïdes.

Coquille épaisse. solide. assez grossière, régulière, triangulaire, plus ou moins inéquilatérale et placée sur les côtés de l'animal. de manière que le dos de celui-ci corresponde au bord ventral de celle-là. et *vice versâ*, et que l'extrémité buccale soit du côté du ligament, et *vice versâ;* les sommets inclinés en arrière; charnière dissemblable tout-à-fait en avant d'eux; une dent lamelleuse præcardinale et deux dents latérales écartées sur la valve gauche, correspondantes à deux dents lamelleuses præcardinales, et à une latérale écartée de la valve droite; ligament antérieur, alongé; une grande impression musculaire submédiane bifide, presque marginale et souvent peu sensible; une autre antérieure beaucoup plus petite, moins marquée et peu distincte de l'impression palléale.

A. Espèces dont la coquille est plus alongée, plus inéquilatérale; le côté antérieur étant plus long que le postérieur; la lunule largement ouverte dans le jeune âge pour le passage d'un pied adhérent?

Ex. La Tridacne Bénitier. *Tridacna Gigas.* Pl. LXVIII, f. 1.

B. Espèces plus équilatérales; le coté antérieur plus court que le postérieur, et formant une vaste lunule tout-à-fait pleine; les sommets recourbés en avant, et la dent postcardinale unique sur les deux valves.
(G. Hippope. Lamck.)

Ex. La T. Hippope *T. Hippopus.* Pl. LXVIII, fig. 2.

Observ. L'observation que nous avons faite que les tridacnes adultes ont la lunule complètement fermée, ne nous permet d'abord guère de conserver le genre Hippope, et ensuite nous porte à croire que ces animaux que nous avons observés sur deux individus rapportés par MM. Quoy et Gaimard. n'adhèrent pas toujours. Nous regardons l'espèce de byssus, par lequel ils le font, comme une dépendance du pied, ce qui a lieu aussi dans certaines arches; et alors l'animal des tridacnes ne diffère de celui des cames que par un singulier retour-

nement dans sa coquille, qui même peut être dû à sa suspension ;
le muscle unique, en apparence, est l'analogue du postérieur ; l'anus
passant certainement au-dessus ; il se trouve près de l'extrémité antérieure une petite impression qui représente l'antérieur. Quoi qu'il
en soit, toutes les espèces vivantes de ce genre, qui sont au
nombre de sept dans l'ouvrage de M. de Lamarck, sont de l'Océan
indien. L'espèce citée comme fossile en Normandie est certainement un productus ; aussi faut-il beaucoup douter de sa localité
suivant M. de Roissy.

Isocarde. *Isocardium.*

Corps fort épais ; les bords du manteau finement papillaires ,
séparés dans la partie inférieure moyenne seulement, et réunis en
arrière par une bande transverse, percée de deux orifices, en-
tourés de papilles radiaires ; pied petit, comprimé, tranchant ; les
appendices buccaux ligulés.

Coquille libre, régulière, très-bombée, équivalve, très-inéquilatérale, à sommets divergens, fortement recourbée en avant et
en dehors, en spirale commençante ; charnière dorsale, longue,
similaire, formée de deux dents cardinales aplaties et d'une
autre lamelleuse, écartée en arrière du ligament ; ligament dorsal extérieur, divergent vers les sommets en avant ; impressions
musculaires très-distantes et assez petites.

Ex. L'Isocarde globuleuse. *Isocardium Cor.* Pl. LXIX, fig. 2 ;
et E. m., pl. 232, f. 1 , *a b c d.*

Observ. L'espèce qui sert de type à ce genre est vivante dans nos
mers ; deux autres viennent des mers de l'Inde.

M. Defrance en indique six fossiles, dont une analogue du
Plaisantin.

Trigonie. *Trigonia.*

Animal entièrement inconnu.

Coquille subtrigone ou suborbiculaire, épaisse, régulière, équivalve, inéquilatérale, à sommets peu proéminens, peu recourbés, antérodorsaux ; charnière complexe, dorsale, dissemblable ; deux grosses dents oblongues jointes anguleusement sous

le sommet, fortement sillonnées sur la valve droite, pénétrant dans deux excavations de même forme, également sillonnées, de la valve gauche; ligament postapicial; deux impressions musculaires distinctes, et non réunies par une ligule.

A. Espèces trigones.

Ex. La Trigonie noduleuse. *Trigonia nodulosa*. Enc. m., pl. 237, f. 2, *a b*.

B. Espèces suborbiculaires ou radiées.

Ex. La T. pectinée. *T. pectinata*. Pl. LXX, fig. 1, sous le nom de T. nacrée.

C. Espèces à sommet subspiré, avec une grosse dent striée à la charnière. (G. Opis. Defr.)

Ex. La T. cardissoïde. *T. cardissoides*. Pl. LXIV, fig. 3.

Observ. Parmi les seize espèces que M. de Lamarck définit dans ce genre, il n'y en a qu'une seule vivante; toutes les autres sont fossiles et communes dans les terrains d'ancienne formation.

M. Defrance en compte vingt et une de la craie inférieure.

Fam. VIII. — *CONCHACÉS*. Conchacea.

Manteau fermé en avant, en dessus et en arrière où il est pro-
longé par deux tubes plus ou moins longs, extensibles, séparés ou réunis; abdomen constamment pourvu d'un pied de forme un peu variable, servant à la locomotion.

Coquille presque toujours régulière, entièrement close, équivalve; les sommets recourbés en avant; charnière dorsale com-
plète, c'est-à-dire, avec engrenage et ligament; celui-ci extérieur ou intérieur, court et bombé; deux impressions musculaires distinctes, réunies inférieurement par une ligule plus ou moins large, et très-
souvent infléchie ou rentrée en arrière.

Observ. Tous les animaux de cette famille vivent enfoncés plus ou moins profondément dans le sable ou dans la vase, mais ils peuvent encore en sortir quelquefois.

SECTION I. — *Les conchacés régulières à dents latérales écartées.*

BUCARDE. *Cardium.*

Corps assez bombé ; le manteau bordé de cirrhes tentaculaires dans toute sa partie inférieure, et plus ou moins cannelé en dehors ; les tubes réunis, médiocres et pourvus de cirrhes à l'extrémité ; bouche transverse, très-large, à appendices labiaux médiocres ; pied très-grand, cylindrique, coudé, se portant assez en avant ; branchies épaisses, assez petites, surtout les lames externes ; les internes réunies dans toute leur longueur.

Coquille bombée, équivalve, subcordiforme (lorsqu'elle est vue antérieurement), ordinairement côtelée du sommet à la circonférence ; les sommets bien évidens, à peine recourbés en avant ; charnière complexe, similaire, formée de deux dents cardinales, obliques, coniques, et de deux dents latérales écartées sur chaque valve ; ligament dorsal, postérieur et très-court.

A. Espèces plus ou moins bâillantes en arrière et à côtes aussi larges que les cannelures.

Ex. La Bucarde exotique. *Cardium exoticum.* E. m., pl. 292, f. 1, *a b c.*

B. Espèces non bâillantes et dont les côtes sont aussi larges que les cannelures.

Ex. La B. tuberculée. *C. tuberculatum.* E. m., pl. 300, f. 1.

C. Espèces non bâillantes, à côtes beaucoup plus larges que les cannelures.

Ex. La B. Sourdon. *C. edule.* Pl. LXX *bis,* fig. 3 ; et E. m. pl. 312, f. 2.

D. Espèces lisses ou presque lisses.

Ex. La B. lisse. *C. lævigatum.* E. m., pl. 300, f. 2.

E. Espèces dont le côté antérieur est très-court et presque tout-à-fait plat. (G. HÉMICARDE. Cuv.)

Ex. La B. Soufflet. *C. Hemicardium.* Pl. LXX *bis,* fig. 4 ; et E. m., pl. 295, f. 2, *a b c.*

Observ. Les animaux de ce genre vivent enfoncés assez peu profondément dans le sable, sur les rivages de la mer : on n'en connoît pas encore d'eau douce. Parmi les quarante-huit espèces que M. de Lamarck définit, il y en a de toutes les mers ; on n'a cependant pas encore observé d'espèces vivantes de la dernière forme dans celles d'Europe. Les espèces fossiles sont aussi assez nombreuses, quoique M. de Lamarck n'en définisse que quatorze.

En effet M. Defrance dit qu'il y en a quarante, dont deux identiques en Italie, quatre analogues dans le même pays, et une analogue à Grignon.

DONACE. *Donax.*

Corps assez comprimé, triangulaire ; le bord libre du manteau garni d'un rang de tentacules plus gros et plus longs en arrière ; pied très-large, comprimé et pointu en avant ; appendices buccaux, presque aussi grands que les lames branchiales, dont la paire externe est beaucoup plus petite que l'interne ; le muscle adducteur antérieur, plus grand que l'autre ; les tubes bien distincts.

Coquille subtrigone, plus longue que haute, équivalve, très-inéquilatérale ; le côté postérieur étant beaucoup plus court que l'antérieur ; les sommets presque verticaux ; charnière complexe, similaire ; deux dents cardinales sur les deux valves ou sur une seulement ; une ou deux dents latérales écartées sur chaque valve ; ligament postérieur, court et bombé ; deux impressions musculaires, arrondies, réunies par une ligule palléale étroite, et fortement excavée en arrière.

A. Espèces ovales, dont le côté postérieur est subtronqué, et le corselet plus ou moins caréné.

Ex. La Donace Bec de flûte. *Donax scortum.* Pl. LXXI, fig. 1.

B. Espèces dont le côté postérieur est tronqué, et qui sont sillonnées du sommet à la base.

Ex. La D. denticulée. *D. denticulata.* E. m., pl. 262, f. 7, *a b c.*

C. Espèces plus ovales, à corselet moins caréné et de couleur radiée.

Ex. La D. tronquée. *D. truncata. D. truncatus.* Chemn., Conch., 6. t. 26, f. 253-254.

D. Espèces plus alongées, subépidermées ; la dent latérale antérieure subeffacée.

Ex. La D. des Canards. ***D. anaticum.*** Pl. LXXI, fig. 2.

E. Espèces de même forme à peu près, épidermées ; les dents latérales presque complètement effacées ; les cardinales réduites à une grosse dent subbifide à droite, se plaçant entre deux fort minces à gauche.

(G. CAPSE. Lamck.)

Ex. La D. du Brésil. ***D. brasiliensis.*** Pl. LXXI, fig. 3.

Observ. Les donaces vivent comme les bucardes, enfoncées peu profondément dans le sable, le côté court en haut : on en connoît dans toutes les parties du monde. M. de Lamarck en caractérise vingt-sept espèces vivantes.

Il n'y a peut être pas deux véritables espèces qui aient absolument la même charnière.

M. Defrance dit qu'il y en a dix-sept fossiles dont trois analogues, une analogue à Loignan, près Bordeaux, une en Italie, et la troisième des environs de Paris.

TELLINE. *Tellina.*

Animal entièrement semblable à celui des donaces, mais plus comprimé, et en général plus alongé, et à tubes beaucoup plus longs.

Coquille de forme un peu variable, le plus souvent striée longitudinalement et très-comprimée, équivalve, plus ou moins inéquilatérale ; le côté antérieur presque toujours plus long et plus arrondi que le postérieur, qui offre constamment un pli flexueux, au moins à son bord inférieur ; les sommets peu marqués ; charnière similaire ; une ou deux dents cardinales ; deux dents latérales écartées avec une fossette à leur base dans chaque valve ; ligament postérieur, bombé, assez grand, outre un præapicial fort petit ; impressions musculaires arrondies ; la ligule palléale fort étroite et très-profondément rentrée en arrière.

A. Espèces subtriquètres.

Ex. La Telline bimaculée. ***Tellina bimaculata.*** E. m., pl. 290, f. 9.

B. Espèces alongées, mais dont le côté postérieur est plus court et plus étroit que l'antérieur.

Ex . La T. Soleil-levant. *T. radiata.* Pl. LXXI, fig. 4; et E. m., pl. 289, f. 2.

C. Espèces ovales ou suborbiculaires, et presque équilatérales.

Ex. La T. Râpe. *T. scobinata.* E. m., pl. 291, f. 4, *a b c d.*

D. Espèces équilatérales, assez alongées, presque sans pli flexueux; deux dents cardinales, divergentes, et deux dents latérales écartées dont l'antérieure peu éloignée du sommet.   (G. Telliniide. Lamck.)

Ex. La T. de Timor. *T. timorensis.* Pl. LXXII, fig. 2.

Observ. Les tellines, qui diffèrent si peu des donaces, vivent comme elles enfoncées dans le sable, mais plus profondément. Les espèces sont nombreuses, surtout dans les mers des pays chauds; on en trouve cependant au moins dix espèces dans celles d'Europe, sur cinquante-quatre vivantes caractérisées par M. de Lamarck. Le nombre des fossiles déjà connues est de vingt-trois dont quatre analogues dans le Plaisantin, d'après Brocchi, et trois identiques à Grignon, d'après M. Defrance.

Lucine. *Lucina.*

Animal à peu près inconnu, ou seulement d'après le loripède de Poli.

Coquille comprimée, régulière, orbiculaire, subéquilatérale, à sommets assez saillans, dirigés en avant; la lunule et le corselet indiqués, et souvent relevés en crête; charnière similaire, mais variable; deux dents cardinales divergentes, peu marquées, et quelquefois tout-à-fait effacées; deux dents latérales écartées avec une fossette à la base, mais aussi quelquefois tout-à-fait nulles; ligament postérieur plus ou moins enfoncé; deux impressions musculaires, dont l'antérieure étroite et longue, réunies par une ligule palléale souvent fort large, sans échancrure ou excavation postérieure.

A. Espèces lenticulaires, striées concentriquement; la lunule et le corselet indiqués en relief; les dents de la charnière variables et quelquefois nulles.   (Les L. Phacoïdes.)

Ex. La Lucine de la Jamaïque. *Lucina jamaicensis.* E. m., pl. 284, f. 2, *a b c.*

B. Espèces de même forme; la lunule et le corselet non saillans.

(G. LORIPÈDE. Poli.)

Ex. La L. lactée. *L. lactea*. Pl. LXXII, fig. 1.

C. Espèces lenticulaires, pectinées ou rayonnées du sommet à la base.

Ex. La L. rude. *L. scabra*. E. m., pl. 285, f. 5, *a b c*.

D. Espèces lenticulaires ou ovalaires, avec indice ou non de la lunule, et dont le ligament oblique est entièrement caché.

(G. AMPHIDESME. Lamck.)

Ex. La L. pellucide. *L. pellucida*. E. m., pl. 286, f. 1, *a b c*; et la L. glabrelle. *L. glabrella*. Pl. LXXVIII, fig. 6.

E. Espèces assez épaisses, ovales, un peu alongées, presque équilatérales, sans pli indicateur du corselet; les dents cardinales et latérales bien marquées; l'empreinte musculaire antérieure, arrondie.

(G. FIMBRIA. Megerle; CORBEILLE. Cuv.)

Ex. La L. renflée. *L. fimbriata*. Pl. LXXII, fig. 4.

Observ. Ce genre est plus aisé à caractériser par la forme générale de la coquille orbiculaire, comprimée, que par le système dentaire qui s'efface quelquefois entièrement. Il comprend dans l'ouvrage de M. de Lamarck vingt espèces de lucines, seize espèces d'amphidesmes et trois espèces de corbeilles.

M. Defrance annonce trente-cinq espèces de lucines fossiles, dont une analogue en Italie, une identique en Touraine, cinq analogues aux environs de Paris, et deux espèces de corbeilles.

CYCLADE. *Cyclas*.

Corps ovale, épais; les bords du manteau simples; les tubes courts et réunis; le pied large, comprimé à sa base, et terminé par une sorte de jambe ou d'appendice.

Coquille épidermée, ovale ou suborbiculaire, régulière, équivalve, inéquilatérale; les sommets obtus, contigus ou tournés en avant; charnière similaire, complexe, formée par un nombre un peu variable de dents cardinales, et par deux dents latérales écartées, avec une fossette à la base; ligament extérieur, postérieur et bombé; deux impressions musculaires, distantes, réunies par une ligule abdominale peu marquée, et sans excavation postérieure.

A. Espèces suborbiculaires; les dents cardinales un peu variables, toujours fort petites et quelquefois nulles; les sommets non écorchés.
(G. Cornea, et Pisum. Megerle.)

Ex. La Cyclade des rivières. *Cyclas rivicola*. E. m., pl. 302, f. 5, *a b c*; et la C. cornée. *C. cornea*. Pl. LXXIII, fig. 1.

B. Espèces subtrigones, ou ovales alongées; les sommets écorchés, plus antérieurs; trois dents cardinales dont les deux postérieures sont bifides.   (G. Cyrène. Lamck.)

* *Dents latérales dentelées*. (G. Corbicula. Megerl.)

Ex. La C. cerclée. *C. fluminea*. Chemn., Conch., 6, t. 30, f. 302-303.

** *Dents latérales entières*.

Ex. La C. de Ceylan. *C. zeylanica*. Pl. LXXIII, fig. 2.

C. Espèces subtrigones; deux dents cardinales sillonnées sur une valve, trois sur l'autre, celle du milieu plus grosse et calleuse.
(G. Galathée. Lamck.)

Ex. La C. à rayons. *C. radiata*. Pl. LXXIII, fig. 3.

Observ. Toutes les espèces de ce genre vivent dans les eaux douces, enfoncées dans la vase. On n'en connoît pas encore des deux dernières sections en Europe, la plupart venant de l'Inde; mais toutes les parties du monde en renferment de la première. M. de Lamarck compte onze espèces de la première section, onze de la seconde, dont une fossile, et une seule de la troisième.

M. Defrance compte deux cyclades fossiles, dont une analogue du Plaisantin, d'après Brocchi, et neuf cyrènes dont une analogue du calcaire grossier.

CYPRINE. *Cyprina*.

Animal épais, ovale; pied comprimé, falciforme, géniculé; la partie coudée tranchante et denticulée; le manteau fermé en arrière, et percé de deux ouvertures ovales à bords cirrheux, sans véritables tubes. (*D'après Othon Fabricius*.)

Coquille épidermée, épaisse, régulière, substriée longitudinalement, subcordiforme, équivalve, inéquilatérale, à sommets très-fortement recourbés en avant et souvent contigus; charnière épaisse.

subsimilaire, formée par trois dents cardinales peu convergentes, et par une dent latérale écartée, postérieure, quelquefois obsolète; ligament fort épais, bombé, porté par des callosités nymphales grandes, arquées, précédées par une fossette plus ou moins profonde, creusée immédiatement en arrière des sommets; impressions musculaires subcirculaires, bien distantes, réunies par une ligule étroite, marginale, peu ou point sinueuse en arrière; l'impression du muscle rétracteur antérieur du pied, grande et réunie avec celle de l'adducteur.

Ex. La Cyprine d'Islande. *Cyprina islandica*. Pl. LXX *bis*, fig. 5; et E. m., pl. 3o1, f. 1, *a b*.

Observ. Ce genre, pour ainsi dire, intermédiaire aux cyclades et aux vénus, ne renferme encore qu'une espèce vivante parmi les huit que M. de Lamarck caractérise.

Des sept espèces fossiles, M. Defrance en admet deux identiques en Italie, aux environs de Bordeaux et en Angleterre.

MACTRE. *Mactra*.

Corps ovale, assez épais; les bords du manteau épaissis, lisses ou sans papilles tentaculaires, augmentés en arrière de deux tubes peu distincts, assez longs; bouche petite, ovale; appendices labiaux médiocres, étroits; lames branchiales très-petites et réunies dans leur longueur entre elles et avec celles du côté opposé; pied ovale, tranchant, très-long, en soc de charrue.

Coquille souvent assez mince et épidermée, de forme triangulaire, quelquefois un peu bâillante en arrière, équivalve, inéquilatérale; les sommets protubérans et à peine courbés en avant; charnière complexe et subsimilaire; une dent cardinale pliée en gouttière, en avant d'une fossette arrondie sur chaque valve; dents latérales, peu écartées, minces, lamelleuses et intrantes; ligament extérieur, petit; un ligament tout-à-fait intérieur dans la fossette; deux impressions musculaires réunies par une ligule marginale, étroite, assez peu rentrée en arrière.

A. Espèces dont les dents cardinales sont presque nulles par l'agrandissement de la fossette du ligament.

Ex. La Mactre géante. *Mactra gigantea*. E. m., pl. 259, f. 1.

B. Espèces dont toutes les dents sont fort grandes, lamelleus et non striées.

Ex. La M. Lisor. *M. stultorum*. Pl. LXXIII, fig. 5.

C. Espèces épaisses, solides, sans épiderme ; les dents latérales finement striées ; le manteau percé de deux ouvertures presque sans tubes.

Ex. La M. solide. *M. solida*. E. m., pl. 358, f. 1.

D. Espèces dont les dents latérales sont presque nulles.

Ex. La M. trigonelle. *M. trigonella*. E. m., pl. 259, f. 2, *a b c?*

E. Espèces très-épaisses, solides, striées longitudinalement ; les dents cardinales nulles ou presque nulles ; les latérales fort épaisses, très-rapprochées, relevées ; un ligament externe outre l'interne.

Ex. La M. épaisse. *M. crassa*. Nouv. esp. du Brésil, rapportée par MM. Quoy et Gaimard.

Observ. Les mactres vivent enfoncées dans le sable, à une petite distance des rivages de toutes les mers. M. de Lamarck en caractérise déjà trente-trois espèces vivantes, dont une seule a son analogue fossile. Parmi les vingt-sept espèces que Gmelin met dans ce genre, il y en a quatre qui appartiennent au genre Lutraire.

M. Defrance dit huit espèces fossiles, dont une identique, une analogue dans le Plaisantin, et une analogue dans la Caroline du Nord.

ERYCINE. *Erycina*.

Animal inconnu.

Coquille un peu plus longue que haute, subtrigone, régulière, équivalve, inéquilatérale, peu ou point bâillante ; les sommets bien marqués et un peu inclinés en avant ; charnière subsimilaire ; deux dents cardinales inégales, convergentes au sommet, et laissant une fossette entre elles ; deux dents latérales peu écartées, lamelleuses et intrantes ; ligament intérieur dans la fossette ; deux impressions musculaires arrondies.

Ex. L'Erycine cardioïde. *Erycina cardioides*. De Lamarck, pl. LXXIII, f. 7.

Observ. Ce genre ne renferme encore qu'une espèce vivante, trouvée sur le sable, à la Nouvelle-Hollande ; il y en a plusieurs fossiles en France, mais elles me paroissent bien hétérogènes.

M. Defrance en compte douze fossiles, dont trois analogues dans le Plaisantin, d'après Brocchi, mais dont une n'appartient pas à ce genre, suivant le premier. M. Deshayes a figuré les espèces de France dans la seconde livraison de ses coquilles fossiles des environs de Paris.

SECTION. II. — *C. régulières , sans dents latérales écartées.*

CRASSATELLE. *Crassatella.*

Animal inconnu.
Coquille ordinairement épaisse, striée longitudinalement, den-ticulée, régulière, subtrigone, équivalve, inéquilatérale, à som-mets bien marqués et évidemment tournés en avant; lunule et corselet bien distincts; charnière fort large, subsimilaire, formée par deux dents cardinales, divergentes, séparées par une large fossette; ligament presque tout-à-fait intérieur, et inséré dans cette fossette; deux impressions musculaires, arrondies, distantes, réunies par une ligule marginale, sans trace de sinuosité posté-rieure; l'impression du muscle rétracteur distincte.

Ex. La Crassatelle sillonnée. *Crassatella sulcata.* Pl. LXXIII, fig. 4; et E. m., pl. 257, fig. 5.

Observ. Ce genre offre cela de remarquable, que toutes les es-pèces vivantes qu'il contient, et qui sont déjà au nombre de onze, n'existent que dans les mers de l'Australasie, tandis que nous en possédons au moins sept à l'état fossile en France. M. Defrance dit même vingt de la craie inférieure, avec quelque doute.

VÉNUS. *Venus.*

Animal ovale ou arrondi, ordinairement assez peu comprimé; les bords du manteau onduleux et garnis de cirrhes tentaculaires sur un seul rang; pied considérable, comprimé, tranchant, du reste diversiforme; les tubes médiocrement alongés et presque constamment réunis; bouche petite, semilunaire; les appendices labiaux assez petits; les branchies larges, courtes, libres ou non réunies, ni entre elles, ni avec celles du côté opposé.
Coquille solide, épaisse, régulière, parfaitement équivalve et close, plus ou moins inéquilatérale; les sommets bien marqués, s'inclinant en avant; charnière subsimilaire, deux, trois ou même quatre dents cardinales, plus ou moins rapprochées, et conver-gentes vers le sommet; ligament épais, souvent arqué, bombé, et extérieur; deux impressions musculaires, distantes, réunies par

une ligule étroite, excavée plus ou moins profondément en arrière, ou plus ou moins large et arrondie postérieurement ; une troisième petite en avant de l'antérieur pour le muscle rétracteur antérieur du pied.

    * *La dent médiane profondement divisée en deux, l'antérieure plus avancée.*   (G. Cythérée. Lamck.)

    A. Espèces minces, triangulaires, bombées, à sommets très-marqués ; les bords tranchans, sans lunule distincte.   (Les V. mactroïdes.)

    Ex. La Vénus tumescente. *Venus læta.* Pl. LXXIV, fig. 1.

    B. Espèces épaisses, subtrigones ; les bords du corselet carénés, sans lunule distincte.

    Ex. La V. pétéchiale. *V. petechialis.* E. m., pl. 268, f. 5, *a b,* et f. 6.

    C. Espèces lenticulaires, à stries concentriques, sans dent antérieure sous la lunule qui est très-enfoncée ; la ligule palléale profondément et anguleusement excavée en arrière ; le pied de l'animal semilunaire.
                            (G. Arthemis. Poli.)

    Ex. La V. exolète. *V. exoleta.* Pl. LXXIV, fig. 2.

    D. Espèces lenticulaires, radiées ou subpectinées, sans dent latérale postérieure ; la lunule et le ligament très-enfoncés ; l'empreinte musculaire antérieure, étroite et descendante ; la ligule marginale peu marquée et non rentrée postérieurement.   (Les V. lucinoïdes.)

    Ex. La V. tigerrine. *V. tigerrina.* Pl. LXXIV, fig. 3.

    E. Espèces épaisses, solides, plus ou moins comprimées, ovales, côtelées, pectinées sur les bords ; les impressions musculaires réunies par une large ligule non sinueuse.

    Ex. La V. pectinée. *V. pectinata.* Pl. LXXIV, fig. 4.

    F. Espèces épaisses, solides, subtrigones, striées longitudinalement ; les empreintes réunies par une ligule étroite non sinueuse.

    Ex. La V. épaisse. *V. crassa.* E. m., pl. 271, f. 6, *a b.*

    G. Espèces épaisses, solides, à peu près lisses, ou ovales-alongées, de couleur radiée ou litturée ; l'impression abdominale formant en arrière une excavation assez profonde.   (Les Mérétrices.)

    Ex. La V. fauve. *V. chione.* Pl. LXXIV, fig. 5.

** *La dent médiane bifide, ou trois dents cardinales seulement.*
                                        (G. Vénus. Lamck.)

H. Espèces de forme alongée, subrhomboïdales, striées, à bord non denticulé ; les trois dents de la charnière très-rapprochées et très-foibles.

   Ex. La V. croisée. *V. decussata.* Pl. LXXV, fig. 1.

I. Espèces subrhomboïdales, profondément treillisées ; les dents très-épaisses, le ligament entièrement caché ; les crochets très-marqués ; le bord denticulé.

   Ex. La V. Corbeille. *V. Corbis.* Pl. LXXV, fig. 2.

K. Espèces épaisses, solides, orbiculaires ou suborbiculaires avec des stries ou mieux des lames concentriques ; les dents fort épaisses ; le bord denticulé.

   Ex. La V. bombée. *V. puerpera.* Pl. LXXV, fig. 3.

L. Espèces cardioïdes ou radiées du sommet à la base, épaisses, solides.

   Ex. La V. rudérale. *V. granulata.* Pl. LXXV, fig. 4.

M. Espèces triquètres, cunéiformes, épaisses, solides, striées longitudinalement, denticulées ; les bords du corselet carénés ; deux grosses dents obliques à la charnière ; les tubes de l'animal fort courts et distincts.   (G. Triquètre. Blainv.)

   Ex. La V. crénulaire. *V. flexuosa.* Pl. LXXV, fig. 5.

N. Espèces solides, cordiformes, comprimées, à sillons longitudinaux ; bords denticulés ; dents épaisses, fort peu saillantes ; le corselet long et étroit.

   Ex. La V. Chambrière. *V. Casina.* Pl. LXXV, fig. 6 ; et Chemn., Conch., 6, t. 29, f. 301.

O. Espèces solides, épaisses, suborbiculaires, subéquilatérales ; deux très-grosses dents divergentes sur une valve et deux très-inégales sur l'autre ; les impressions musculaires réunies par une ligule sans sinuosité postérieure.   (G. Crassine. Lamck. Astarte. Sowerb.)

   Ex. La V. crassatellée. *V. dammoniensis.* Montagu, pl. LXXV, fig. 7.

P. Espèces épidermées, striées, comprimées, ovales ; les sommets

peu proéminens; deux dents bifides sur la valve droite, et une seule
entière sur la gauche.   (G. MACOMA. Leach.)

Ex. La V. fragile. *V. tenuis.*

Q. Espèces orbiculo-triangulaires, à sommets saillans; une forte dent
bifide à la valve droite, intrante entre deux divergentes entières de la
gauche.   (G. NICANIA. Leach.)

Ex. La V. de Banks. *V. Banksii.*

Observ. Ce genre, circonscrit par Linnæus, est tellement nombreux en espèces, que la plupart des conchyliologues se sont efforcés d'y établir des coupes secondaires; mais il faut convenir qu'en
n'ayant égard rigoureusement qu'à la charnière, ils sont encore
bien loin d'avoir réussi à en faciliter la connoissance. Nous ne pré-
tendons pas avoir beaucoup mieux fait; cependant nous avons
tâché d'indiquer les différentes formes types que l'on peut ren-
contrer parmi les vénus, et nous les avons caractérisées par la considération de plusieurs parties de la coquille et des animaux. Pour
ceux-ci, nous n'avons malheureusement pas vu celui de chaque
forme distincte; mais il paroît fort probable qu'il n'y a entre eux
que d'assez foibles différences. Nous savons cependant déjà que les
tubes très-souvent réunis, sont aussi quelquefois séparés, comme
dans la V. Méroé, et dans la V. flexueuse, et nous savons aussi
que le pied, le plus ordinairement triangulaire, tranchant, sillonné
inférieurement, est quelquefois semilunaire, sans sillon; quant
aux coquilles, on a pu voir que, dans la division des vénus proprement dites, l'impression palléale a toujours une excavation
postérieure, médiocrement profonde, tandis que dans celle des cythérées, quelquefois elle est excessivement profonde, comme dans
les arthémides de Poli, et quelquefois il n'y en a pas de traces,
comme dans les sections E. et F., et même dans la section des
vénus lucinoïdes; et cependant celles-là ont tout-à-fait la charnière
des cythérées. Nous ne connoissons pas les coquilles qui ont servi
à l'établissement des deux derniers genres de M. Leach.

M. de Lamarck définit soixante-dix-huit espèces vivantes de cythérées, quatre-vingt-huit espèces de vénus, et deux de crassines.

M. Defrance annonce trente-deux espèces fossiles du premier
genre, dont une espèce identique en Italie, une près Bordeaux,
et une à Grignon, six analogues en Italie; quarante du second,
dont six analogues en Italie et à Grignon; enfin dix-huit du troisième, dont une espèce analogue en Angleterre, et une subanalogue à Anvers.

SECTION III. — *C. irrégulières.*

Animal comme dans les sections précédentes.

Coquille plus ou moins irrégulière, quelquefois inéquivalve; le plus souvent vivant dans les pierres.

Observ. Cette section est évidemment artificielle, du moins pour l'enveloppe coquillière, car il n'est pas probable que les animaux diffèrent beaucoup. Ce sont toujours d'assez petites coquilles plus ou moins irrégulières, sans doute à cause des lieux où elles vivent habituellement.

VÉNÉRUPE. Venerupis.

Animal inconnu, mais très - probablement fort rapproché de celui des vénus.

Coquille plus ou moins irrégulière, subtrigone, striée ou rayonnée, équivalve, très-inéquilatérale; le côté antérieur plus court et arrondi; le postérieur subtronqué; les sommets bien marqués; charnière assez régulière, plus ou moins dissemblable, formée par des dents cardinales, grêles, étroites, un peu variables en nombre sur chaque valve; ligament très-foible, extérieur; deux impressions musculaires bien distinctes, ovales, réunies par une impression palléale étroite, et très-profondément sinueuse en arrière; l'impression du muscle rétracteur antérieur, comme dans les vénus.

A. Espèces striées longitudinalement; dents cardinales au nombre de deux, quelquefois de trois à droite et de trois à gauche.

Ex. La Vénérupe lamelleuse. *Venerupis Irus.* Pl. LXXVI, fig. 1; et E. m., pl. 262, f. 4.

B. Espèces ovales, trigones, rayonnées, ou striées du sommet à la circonférence; deux dents cardinales sur chaque valve dont une au moins est bifide.   (G. RUPERELLE. Fl. de Bell.)

Ex. La V. Ruperelle. *V. Ruperella.* (Non fig.)

C. Espèces ovales, trigones, rayonnées; deux dents sur une valve et une sur l'autre.   (G. PÉTRICOLE. Lamck.)

Ex. La V. lamelleuse. *V. lamellosa.* Pl. LXXVI, fig. 2.

Observ. Si l'on avoit rigoureusement égard au système d'engrenage des espèces de vénus térébrantes, on seroit forcé d'en faire autant de genres qu'il y a d'espèces. Des dénominations proposées pour quelques uns de ces genres, nous avons choisi celle de vénérupe pour les réunir, parce qu'elle indique très-bien que ce sont des vénus de rocher. On en connoît de vivantes de toutes les mers, et quelques unes fossiles.

Cinq vénérupes et deux pétricoles, dont une analogue dans le Plaisantin, d'après Brocchi, et une autre à Grignon, suivant M. Defrance.

CORALLIOPHAGE. *Coralliophaga.*

Animal inconnu.

Coquille ovale, alongée, finement radiée du sommet à la base, cylindrique, équivalve, très-inéquilatérale; les sommets dorsaux très-antérieurs et peu marqués; charnière subsimilaire; deux petites dents cardinales, dont une est subbifide, au-devant d'une sorte de dent lamelleuse, sous un ligament extérieur assez foible; deux impressions musculaires, petites, arrondies, distantes, réunies par une impression palléale étroite, et assez excavée en arrière.

Ex. La Coralliophage carditoïde. *Coralliophaga carditoidea.* Pl. LXXVI, fig. 3; et Enc. méth., pl. 234, f. 5, *a b*.

Observ. Nous établissons ce genre avec quelques espèces de coquilles vivantes que M. de Lamarck place parmi ses cypricardes, et qui nous paroissent être rapprochées des vénus. M. Deshayes nous a fait remarquer des coquilles de l'espèce que nous citons comme type, et qui avoient modifié leur forme, de manière à ressembler à une modiole lithodome, dans laquelle elles avoient vécu.

CLOTHO. *Clotho.*

Animal inconnu.

Coquille ovale, subrégulière, striée longitudinalement, équivalve, subéquilatérale; charnière formée par une dent bifide, recourbée en crochet, un peu plus grande sur une valve que sur l'autre; ligament externe.

Ex. La Clotho de Faujas. *Clotho Faujasii.* Ann. du Mus., tom. 9, pl. 17, fig. 4-6.

Observ. Ce genre a été établi sur une coquille fossile trouvée par M. Faujas, dans des coquilles de cypricardes, encore dans la pierre où elles ont vécu. Nous ne l'avons pas observée nous-mêmes.

CORBULE. *Corbula.*

Animal inconnu.

Coquille assez solide, un peu irrégulière et trigone, inéquivalve, plus ou moins inéquilatérale, arrondie et élargie en avant, amincie et prolongée en arrière; les sommets très-marqués; charnière anomale, formée par une grosse dent cardinale conique, recourbée, avec une fossette à sa base, pour la place de la dent de l'autre valve; ligament fort petit; deux impressions musculaires assez peu distantes, avec une impression palléale assez peu rentrée en arrière, mais indiquant que l'animal doit être pourvu de tubes.

A. Espèces régulières.

Ex. La Corbule gauloise. *Corbula gallica.* Pl. LXX, fig. 3.

B. Espèces irrégulières et lithodomes.

Ex. La C. australe. *C. australis.* Pl. LXXVIII, fig. 5.

Observ. Ce genre paroît être intermédiaire aux vénus du sous-genre Triquètre, aux crassatelles et aux myes. Les espèces qu'il renferme, médiocres ou petites, sont aujourd'hui au nombre de treize, dont neuf, toutes vivantes dans les mers australes, à l'exception d'une des mers d'Angleterre; et trente fossiles, dont une analogue en Italie, d'après Brocchi, et une autre à Grignon, suivant M. Defrance. La C. australe, d'après ce que nous a fait observer M. Deshayes, est une vénérupe.

SPHÈNE. *Sphæna.*

Animal inconnu.

Coquille mince, subrégulière, alongée, subrostrée, comprimée, inéquivalve, très-inéquilatérale ; les sommets peu marqués ; charnière formée sur la valve gauche d'une sorte de dent late, élargie, horizontale, se plaçant dans une excavation correspondante de la valve droite, et qui échancre évidemment son rebord ; deux impressions musculaires assez peu distantes ; impression palléale arrondie en arrière ; ligament ?

Ex. La Sphènè de Birgham. *Sphœna Birghami*. Pl. LXXVI, fig. 5.

Observ. Nous avons trouvé ce genre indiqué dans la collection de M. Defrance pour une petite coquille vivante, qui semble intermédiaire aux corbules et aux pandores : peut-être seroit-il mieux placé auprès de ces dernières, Le même conchyliologiste en indique une fossile.

Onguline. *Ungulina.*

Animal inconnu.

Coquille verticale ou sublongitudinale, un peu irrégulière, non bâillante, équivalve, subéquilatérale, à sommets un peu marqués et écorchés ; charnière dorsale, formée par une dent cardinale, courte et subbifide, au-devant d'une fossette oblongue, divisée en deux par un étranglement, dans laquelle s'insère un ligament subintérieur ; deux impressions musculaires alongées ; impression palléale inconnue.

Ex. L'Onguline transverse. *Ungulina transversa.* Pl. LXXIII, fig. 6.

Observ. C'est un genre que nous connoissons beaucoup trop incomplètement pour assurer ses véritables rapports : il ne contient encore que deux espèces dont on ignore la patrie.

Fam. IX. — *PYLORIDÉS.* Pyloridea.

Corps comprimé, de plus en plus cylindrique, le manteau de plus en plus fermé et prolongé en arrière par deux longs tubes ordinairement distincts, avec une ouverture antérieure et inférieure pour le passage d'un pied fort petit et ordinairement conique ; branchies étroites, libres et prolongées dans le tube.

Coquille régulière, rarement irrégulière, presque toujours équivalve, bâillante aux deux extrémités ; charnière incomplète ;

les dents s'effaçant peu à peu ; ligament interne ou externe ; deux
impressions musculaires distinctes , réunies par une impression
palléale très-flexueuse en arrière.

Observ. Tous les animaux de cette famille vivent enfermés
presque sans jamais changer de place, dans la vase, le sable, la
pierre calcaire,.toujours dans une position verticale, la bouche
en bas et l'anus en haut.

Toutes leurs coquilles, ordinairement blanches et épidermées,
n'offrent presque jamais de stries du sommet à la base , mais seulement des stries d'accroissement.

La division principale que nous y établissons, pour faciliter la
connoissance des espèces, est, jusqu'à un certain point, artificielle, du moins pour le rapprochement des genres ; cependant
on ne peut pas dire qu'elle rompe de véritables rapports naturels.

La tendance à disparoître du système d'engrenage fait qu'en
s'en tenant rigoureusement à sa considération, on pourroit faire
autant de genres que d'espèces.

SECTION I. *Ligament interne.*

PANDORE. *Pandora.*

Corps très-comprimé, assez alongé, en forme de fourreau par
la réunion des bords du manteau et sa continuation avec les tubes
réunis et assez courts ; pied petit, plus épais en avant, et sortant
par une fente encore assez grande du manteau ; branchies pointues en arrière et prolongées dans le tube.

Coquille régulière, alongée, très-comprimée, inéquivalve, inéquilatérale ; la valve droite tout-à-fait plate, avec un pli, indice
du corselet ; sommets très-peu marqués ; charnière anomale, formée par une dent transverse, cardinale sur la valve droite ,
intrante, dans une cavité correspondante de la gauche ; ligament
interne, oblique, triangulaire, inséré dans une fosse peu profonde,
à bords un peu saillans sur chaque valve ; deux impressions musculaires arrondies, sans trace d'impression palléale.

Ex. La Pandore rostrée. *Pandora rostrata.* Pl. LXXVIII,
fig. 5 ; et E. m., pl. 230, fig. 1, *a b c.*

Observ. On ne connoît encore que deux espèces vivantes dans
ce genre ; elles sont toutes deux des mers d'Europe, et deux fos-

siles d'après **M.** Defrance. L'animal ressemble assez à celui des
solens, pour que Poli les ait mises dans le même genre Hypogée.

Anatine. *Anatina.*

Animal inconnu.

Coquille fort mince, translucide, fragile, ovale-alongée, très-
bâillante, équivalve, très-inéquilatérale; le côté antérieur arrondi, beaucoup plus long que le postérieur; les sommets assez
reculés; charnière édentule; ligament interne attaché dans chaque valve sur une apophyse en cuilleron, horizontale, excavée,
et soutenue par une lame oblique et décurrente dans l'intérieur
de la coquille.

A. Espèces inéquivalves.

   Ex. L'Anatine myale. *Anatina myalis.* (Non figurée.)

B. Espèces équivalves, régulières.

   Ex. L'A. subrostrée. *A. subrostrata.* Pl. LXXVI, fig. 6.

C. Espèces équivalves, térébrantes.   (G. Rupicole. Fl. de Bell.)

   Ex. L'A. rupicole. *A. rupicola.* (Non fig.)

Observ. Ce genre, dont malheureusement nous ne connoissons
pas l'animal, ne contient encore que dix espèces à l'état vivant,
et de toutes les mers; trois sont de celles d'Europe : elles vivent
dans le sable. M. Defrance parle d'une espèce fossile dont le gissement est douteux. M. Deshayes nous a fait faire l'observation que
l'anatine trapézoïdale a une dent mobile sur la valve droite, et se
logeant dans l'angle formé par le cuilleron.

Thracie. *Thracia.*

Animal inconnu.

Coquille mince, bombée, ovale, peu alongée, inéquivalve, la
valve droite plus bombée que la gauche, inéquilatérale, à sommets bien marqués, un peu recourbés en avant; charnière dissemblable; une échancrure anguleuse un peu profonde, et en avant
une callosité nymphale étroite pour un ligament externe sur la
valve droite correspondante à un cuilleron ou avance plus prononcée, et deux plis obliques de la valve gauche; deux impres-

sions musculaires petites, distantes ; l'antérieure très-abaissée et réunie à la postérieure par une ligule palléale assez rentrée en arrière.

A. Espèces qui n'ont qu'un cuilleron sur une valve.

Ex. La Thracie corbuloïde. *Thracia corbuloidea*. Pl. LXXVI, fig. 7.

B. Espèces qui ont un cuilleron sur chaque valve.

Ex. La T. pubescente. *T. pubescens*. Leach. *Mya pubescens*. Linn.

Observ. Nous avons caractérisé ce genre d'après une coquille de la collection de M. Deshayes, dont il nous a dit que M. Leach faisoit son genre Thracie. Il est évident qu'il est intermédiaire aux corbules, aux anatines et aux myes.

MYE. *Mya*.

Animal subcylindrique, enveloppé dans un manteau percé seulement d'un trou antérieur et inférieur pour le passage d'un pied fort petit et conique ; les tubes très-considérables, et complètement réunis ; bouche médiocre, ovale, à lèvres simples ; les appendices labiaux très-petits ; lames branchiales également fort peu considérables ; l'externe très-courte, l'interne réunie à celle du côté opposé.

Coquille entourée d'un épiderme épais qui se prolonge sur les tubes et les bords du manteau de l'animal, du reste médiocrement solide, à bords minces, tranchans ; les sommets très-peu marqués ; charnière dissemblable ; un ou deux plis cardinaux obliques, divergens, en arrière d'un cuilleron horizontal, sur la valve gauche, correspondant à une fossette également horizontale et cardinale de la valve droite ; ligament interne entre la fossette et le cuilleron ; deux impressions musculaires distantes, l'antérieure longue, étroite, se continuant avec celle du muscle rétracteur antérieur ; la postérieure arrondie ; l'impression palléale étroite et fortement excavée en arrière.

A. Espèces régulières.

Ex. La Mye des sables. *Mya arenaria*. Pl. LXXVII, fig. 1 ; et E. m., pl. 229, f. 1, *a b*.

B. Espèces irrégulières, dans lesquelles la fossette de la valve droite est bordée de saillies assez fortes.   (G. Erodone. Daudin.)

Ex. La M. Erodone. *M. Erodona*. Bosc , Hist. des Coq., vol. 2, pl. 6, f. 1.

Observ. Ce genre ne contient qu'un assez petit nombre d'espèces (quatre), dont deux de nos mers. Ce sont des animaux qui vivent profondément enfoncés dans le sable. M. Defrance dit qu'il y a onze espèces de ce genre à l'état fossile, mais dont plusieurs sont douteuses.

Lutricole. *Lutricola*.

Corps ovale , très-comprimé ou subcylindrique , le manteau fermé dans la moitié seulement de son bord inférieur ; pied petit, peu saillant au-delà de la masse abdominale ; les tubes longs , distincts ou réunis.

Coquille ovale ou alongée, régulière, équivalve, plus ou moins inéquilatérale , quelquefois à peine bâillante, à bords constamment simples et tranchans ; les sommets peu marqués ; charnière subsimilaire, formée par deux très-petites dents cardinales divergentes , quelquefois effacées au-devant d'une large fosse triangulaire ; ligament double, l'externe postérieur assez petit, l'interne beaucoup plus épais , et inséré dans les fossettes ; deux impressions musculaires bien distinctes , et réunies par une impression palléale très-profondément sinueuse en arrière.

A. Espèces ovales ou orbiculaires, presque équilatérales, très-comprimées , peu bâillantes ; charnière similaire ; le ligament interne inséré dans la fossette d'un cuilleron vertical ; deux tubes distincts.
          (G. Ligule. Leach.)

* Sans stries longitudinales.

Ex. La Lutricole comprimée. *Lutricola compressa*. Pl. LXXVII, fig. 2 ; et E. m., pl. 13, f. 1.

** Des stries du sommet à la base.

Ex. La L. rugueuse. *L. rugosa*. E. m., pl. 234, f. 2, *a b*.

B. Espèces oblongues , subcylindriques, très-bâillantes ; deux dents cardinales très-fortes ; le cuilleron du ligament vertical.
          (G. Lutraire. Lamck.)

Ex. La L. solénoïde. *L. solenoides*. Pl. LXXVII, fig. 3.

Observ. Les espèces de ce genre sont pour la plupart de nos mers ; en effet, sur onze vivantes, trois seulement sont de l'Océan indien. Il y en a une fossile dans les faluns de la Touraine.

M. Defrance en cite trois lutraires fossiles, mais d'un genre douteux, dans les anciennes couches et la craie.

SECTION II. — *Ligament externe et bombé.*

PSAMMOCOLE. *Psammocola.*

Animal inconnu.

Coquille ovale-alongée, régulière, peu bâillante, équivalve, subinéquilatérale ; les sommets bien indiqués et un peu inclinés en avant ; un angle souvent peu marqué sur le côté postérieur ou le plus long ; charnière à engrenage assez incomplet ; une ou deux petites dents cardinales sur chaque valve ; ligament extérieur très-bombé, à cause de la grande saillie des callosités nymphales ; deux impressions musculaires bien distinctes, réunies par une impression palléale étroite, profondément excavée en arrière, et prolongée assez fortement au-delà.

A. Espèces à peine bâillantes, striées du sommet à la base, avec deux dents intrantes, obliques, divergentes sur chaque valve, mais plus grosses à gauche.   (Les P. CAPSOÏDES.)

Ex. La Psammocole vespertinale. *Psammocola vespertinalis.* Pl. LXXVII, fig. 4 ; et E. m., pl. 231, f. 3, *a b c.*

B. Espèces plus bâillantes, striées longitudinalement ; les dents de la charnière beaucoup plus effacées.   (G. PSAMMOBIE. Lamck.)

Ex. La P. vergettée. *P. virgata.* Pl. LXXVIII, fig. 1.

C. Espèces de même forme ; une seule dent cardinale sur chaque valve ou sur une seule.   (G. PSAMOTÉE, Lamck.)

Ex. La P. violette. *P. violacea.* Pl. LXXVIII, fig. 3.

Observ. Ce genre que nous proposons renferme, dans l'ouvrage de M. de Lamarck, dix-huit espèces dans la première section, et huit dans la seconde. Il y en a dans toutes les mers. Il est pour ainsi dire intermédiaire aux tellines et à certaines espèces de solens.

SOLÉTELLINE. *Soletellina.*

Animal inconnu.

Coquille ovale-oblongue, comprimée, à bords tranchans, l'un et l'autre courbes, équivalve, subéquilatérale, beaucoup plus large et arrondie à l'extrémité céphalique qu'à l'autre qui est plus ou moins atténuée et subcarénée; les sommets submédians, assez peu saillans; charnière formée par une ou deux très-petites dents cardinales; ligament épais, bombé et porté sur des callosités nymphales très-relevées; deux impressions musculaires, arrondies, distantes; impression palléale très-sinueuse en arrière.

Ex. La Solételline rostrée. *Soletellina radiata.* Pl. LXXVII, fig. 5.

Observ. Ce genre de coquilles, établi pour placer convenablement quatre ou cinq espèces de solens de M. de Lamarck, ne diffère que fort peu des psammocoles.

SANGUINOLAIRE. *Sanguinolaria.*

Animal inconnu.

Coquille ovale, un peu alongée, très-comprimée, à peine bâillante, équivalve, subéquilatérale, également arrondie aux deux extrémités, sans indice de carène postérieure; les sommets un peu indiqués; charnière formée par une ou deux dents cardinales rapprochées sur chaque valve; ligament saillant, bombé; deux impressions musculaires arrondies, distantes, réunies par une impression palléale étroite et fortement sinueuse en arrière.

Ex. La Sanguinolaire Soleil-couchant. *Sanguinolaria occidens.* Pl. LXXVIII, fig. 4; et E. m., pl. 226, f. 2, *a b.*

Observ. Ce genre, assez peu distinct des précédens, ne contient qu'un petit nombre d'espèces. M. de Lamarck n'en caractérise que quatre qui viennent des mers des pays chauds et de l'Australasie.

SOLÉCURTE. *Solecurtus.*

Animal inconnu.

Coquille ovale, alongée, équivalve, subéquilatérale, à bords presque droits et parallèles ; les extrémités également arrondies et comme tronquées ; les sommets très-peu marqués ; charnière édentule ou formée par quelques petites dents cardinales, rudimentaires ; ligament saillant, bombé, porté sur des callosités nymphales épaisses ; deux impressions musculaires distantes, arrondies ; l'impression palléale étroite, profondément sinueuse en arrière, et se prolongeant bien au-delà de la sinuosité.

A. Espèces plates, minces, avec une barre intérieure, décurrente obliquement du sommet au bord abdominal.

Ex. Le Solécurte radié. *Solecurtus radiatus*. E. m., pl. 225, f. 2.

B. Espèces plus cylindriques, sans barre intérieure.

Ex. Le S. rose. *S. strigilatus*. Pl. LXXIX, fig. 4.

C. Espèces encore plus alongées et subcylindriques.

Ex. Le S. Gousse. *S. Legumen*. Pl. LXXX, fig. 1.

Observ. Quoique ce genre de coquilles passe évidemment aux solens véritables, il nous semble cependant que les espèces qui s'y rangent offrent un *facies* assez particulier, et même des caractères assez tranchés, surtout dans la position de la charnière et dans la forme des impressions musculaires et du manteau, pour mériter d'être distinguées. Il contient dix à douze espèces réparties à peu près dans toutes les mers.

Solen. *Solen.*

Corps cylindroïde, fort alongé, le manteau en forme de canal ouvert aux deux extrémités, clos dans le reste de son étendue par un épiderme épais qui l'entoure ; pied cylindroïde, antérieur.

Coquille équivalve, extrêmement inéquilatérale ; les sommets étant tout-à-fait au commencement de la ligne dorsale et à peine indiqués ; une ou deux dents à la charnière ; ligament bombé assez long ; deux impressions musculaires fort éloignées ; l'antérieure très-longue et étroite ; la postérieure subanguleuse ; l'impression palléale droite, fort longue, et terminée en arrière par une courte bifurcation.

A. Espèces un peu courbes dans leur longueur ; le sommet non ter-minal.

Ex. Le Solen Coutelet. *Solen Cultellus*. Pl. LXXIX, fig. 3 ; et E. m., pl. 223, f. 4, *a b*.

B. Espèces droites ou à peine courbes ; le sommet terminal.

Ex. Le S. Gaîne. *S. Vagina*. Pl. LXXIX, fig. 2.

Observ. Nous ne conservons plus dans ce genre ainsi défini que les espèces que M. de Lamarck a placées dans ses deux premières sections des solens. Elles sont au nombre de neuf vivantes, et il y en a dans toutes les mers. Son *Solen pigmœus*, dont M. Leach se proposoit de former un genre sous le nom de *Biapholius*, nous paroît n'être autre chose que la *Mya arctica* de Gmelin, espèce du genre Hiatelle.

On connoît déjà cinq espèces de solécurtes et un véritable solen à l'état fossile ; M. de Lamarck considère ce dernier comme une simple variété de son *Solen Vagina*. M. Defrance compte neuf espèces fossiles dans ce genre, dont trois identiques dans le Plaisantin, et une analogue à Grignon.

SOLÉMYE. *Solemya*.

Animal inconnu.

Coquille couverte d'un épiderme épais qui la clôt de toutes parts si ce n'est aux extrémités, régulière, assez épaisse, ovale, alongée, à bords droits et parallèles, également arrondie à ses deux bouts ; les valves égales, très-inéquilatérales ; le côté antérieur beaucoup plus long que le postérieur ; les sommets peu marqués et très-postérieurs ; charnière subsimilaire, formée par une dent cardinale, dilatée, comprimée et un peu recourbée en dessus ; ligament subextérieur inséré sur la dent et presque à l'extrémité postérieure de la coquille ; deux impressions musculaires petites, arrondies, écartées, sans impression abdominale visible.

Ex. La Solémye australe. *Solemya australis*. Pl. LXXIX, f. 1.

Observ. Ce genre . qui paroît au premier aspect fort rapproché des solens, en diffère surtout par la singulière disposition du ligament placé sur le côté court de la coquille, et ne contient encore que deux espèces vivantes, l'une de nos mers et l'autre de l'Australasie.

Panopée. *Panopœa.*

Animal inconnu.

Coquille régulière, ovale, alongée, bâillante aux deux extrémités, équivalve, inéquilatérale ; le sommet peu marqué et antéro-
dorsal ; charnière assez complète, similaire, formée par une dent
cardinale conique en avant d'une callosité courte, comprimée,
ascendante ; ligament extérieur attaché sur la callosité ; deux
impressions musculaires réunies par une impression palléale
profondément sinueuse en arrière.

Ex. La Panopée d'Aldrovande. *Panopœa Aldrovandi.*
Pl. LXXX, fig. 2 ; et Chemn., Conch., 6, t. 3, f. 25.

Observ. Ce genre ne contient encore que deux espèces, l'une
vivante et l'autre fossile analogue en Italie. Nous avons vu la fossile, et il n'y a qu'une dent sur la valve droite, pénétrant dans
une excavation de la gauche. C'est une coquille qui a beaucoup
de l'aspect d'une mye.

Glycimère. *Glycimera.*

Animal inconnu.

Coquille épidermée, un peu irrégulière, alongée, bâillante aux
deux extrémités, équivalve, très-inéquilatérale ; les sommets peu
marqués ; charnière édentule ; une callosité longitudinale ; ligament extérieur porté par des nymphes fort saillantes ; deux impressions musculaires assez distinctes ; impression abdominale ?

Ex. La Glycimère épaisse. *Glycimera incrassata.* Pl. LXXX,
fig. 3, et Chemn., Conch., 11, t. 198, f. 1934.

Observ. Ce genre, que Daudin a nommé *Cyrtodère*, contient
des coquilles dont on ignore complètement l'origine et la patrie.
Il se pourroit même, comme le fait observer M. de Roissy, qu'on
y plaçât des espèces fluviatiles, peut-être du genre Anodonte. M. de
Lamarck ne caractérise que deux espèces vivantes de glycimères des
mers du Nord, et une fossile dont la couche est inconnue, suivant
M. Defrance, mais Daudin compte six espèces de cyrtodères.

Saxicave. *Saxicava.*

Animal alongé, subcylindrique ; le manteau fermé de toutes

parts, prolongé en arrière par deux tubes longs, épais, à peine séparés à l'extérieur, et percé inférieurement et en avant par un orifice arrondi pour le passage d'un pied très-petit et canaliculé; bouche très-grande; appendices labiaux petits; lames branchiales libres; la paire externe beaucoup plus courte que l'interne.

Coquille épaisse, épidermée, un peu irrégulière, alongée, cylindroïde, obtuse aux deux extrémités; les sommets peu marqués; charnière édentule ou avec une très-petite dent rudimentaire; ligament extérieur assez bombé; deux impressions arrondies assez peu éloignées pour les muscles adducteurs; deux ou trois autres irrégulières pour les muscles rétracteurs du tube, sans trace d'impression abdominale.

Ex. La Saxicave australe. *Saxicava australis.* Pl. LXXX, fig. 4.

Observ. Ce genre, qui diffère réellement fort peu du précédent, est caractérisé d'après l'animal et la coquille, que nous devons à MM. Quoy et Gaimard, de l'expédition du capitaine Freycinet. Il ne renferme que des espèces lithodomes de nos mers et de l'Australasie.

BYSSOMYE. *Byssomya.*

Animal plus ou moins alongé, subcylindrique, prolongé en arrière par un long tube bifurqué seulement à son extrémité; un trou à la partie inférieure et antérieure du manteau, pour le passage d'un petit pied conique, canaliculé, et d'un byssus situé à sa base postérieure; deux forts muscles adducteurs.

Coquille souvent irrégulière, fortement épidermée, oblongue, grossièrement striée en long, équivalve, très-inéquilatérale, obtuse, et plus large en avant, comme rostrée en arrière; les sommets très-peu marqués; charnière édentule ou avec un rudiment de dent sous le corselet; ligament extérieur assez long; deux impressions musculaires distantes et arrondies.

Ex. La Byssomye pholadine. *Byssomya pholadis.* Mull. Zool. Dan., 5, pl. 87, f. 1-5.

Observ. Ce genre, très-distinct en considérant l'animal, comme M. G. Cuvier l'a bien senti en l'établissant, ne diffère cependant que fort peu, pour la coquille, des saxicaves. Aussi M. de Lamarck en fait-il une espèce de ce genre; elle vit en effet dans les fissures de rochers, avec les moules, et attachée par son byssus;

mais quelquefois elle s'enfonce dans le sable, les petites pierres, les racines de fucus, et même dans le millepore polymorphe; alors elle n'a plus de byssus, suivant l'observation d'O. Fabricius.

RHOMBOÏDE. *Rhomboides.*

Corps rhomboïdal, alongé, assez comprimé; deux tubes distincts en arrière; une fente assez large à la partie antérieure et inférieure du manteau, pour la sortie d'un petit pied conique et d'un byssus dont les filets sont élargis à l'extrémité.

Coquille rhomboïdale, un peu irrégulière, striée en longueur, équivalve, très-inéquilatérale; les sommets très-distincts et très-antérodorsaux; charnière formée par deux petites dents cardinales; ligament externe, postérieur, assez saillant; deux impressions musculaires arrondies.

Ex. Le Rhomboïde rugueux. *Rhomboides rugosus.* Pl. LXXX, fig. 6; Poli, t. 2, p. 21, tab. xv, f. 13.

Observ. Nous établissons ce genre pour un petit mollusque bivalve de la Méditerranée, que Poli a décrit et figuré sous le nom l'*hypogœa barbata*, et qu'il rapporte au *mytilus rugosus* de Gmelin. L'animal est assez semblable à la byssomye; mais la coquille est toute différente, et seroit du genre Pétricole de M. de Lamarck; elle n'est cependant pas térébrante, l'animal vivant fixé par son byssus aux rochers. Ce genre seroit peut-être mieux parmi les vénus irrégulières.

HIATELLE. *Hiatella.*

Animal inconnu.

Coquille mince, alongée, subrhomboïdale, équivalve, très-inéquilatérale, bâillante à son bord inférieur et à son extrémité postérieure; le sommet très-antérieur et recourbé en avant; charnière dorsale formée d'une seule dent sur une valve correspondante à une échancrure de la valve opposée, ou d'une petite dent avec une fossette cardinale sur chaque valve; ligament probablement extérieur et dorsal; impressions musculaires et palléale inconnues.

A. Espèces qui n'ont de dent que sur une valve.

Ex. L'Hiatelle à deux fentes. *Hiatella biaperta.* Pl. LXVIII, fig. 4.

B. Espèces qui ont une petite dent sur chaque valve.

(G. Biapholius, Leach.)

Ex. L'H. arctique. *H. arctica. Mya arctica.* Oth. Fabr., Faun. Groënl., pag. 407.

Observ. Ce genre, établi par Daudin, est assez mal connu ; il ne contient que trois espèces vivantes, deux de l'Inde et l'autre des mers du Nord.

Gastrochène. *Gastrochœna.*

Coquille ovale ; les bords du manteau fermés de toutes parts, et réunis sous l'abdomen par une large plaque ovale, à l'extrémité antérieure de laquelle est une petite masse arrondie, dont la partie médiane forme le pied ; tubes longs et réunis dans toute leur longueur.

Coquille fort mince, oblique, ovale, cunéiforme, équivalve, très-inéquilatérale, extrêmement bâillante dans toute sa partie inférieure et antérieure, et sans doute n'enveloppant que très-incomplètement l'animal ; les sommets tout-à-fait en avant de la ligne dorsale, et assez marqués ; charnière édentule ; contact articulaire droit, linéaire ; ligament externe longitudinal ; deux impressions musculaires distantes, avec une impression palléale peu marquée, mais assez sinueuse en arrière.

Un tube ou enveloppe calcaire générale dans quelques circonstances.

A. Espèces dont la coquille est lisse et sans tube distinct.

Ex. Le Gastrochène cunéiforme. *Gastrochœna cuneiformis.* Pl. LXXIX, fig. 5.

B. Espèces dont la coquille est plus alongée, striée du sommet à la base et contenue dans un tube extérieur fort long et distinct.

Ex. Le G. Massue. *G. Clava.* Pl. LXXXI, fig. 1, sous le nom de Fistulane Massue.

Observ. L'animal du gastrochène a évidemment les plus grands rapports avec celui des saxicaves ; mais comme il n'est pas entièrement contenu dans sa coquille, il y supplée souvent en se formant un tube artificiel collé contre les parois de la cavité qu'il habite dans les pierres calcaires. Ce tube n'offre donc qu'un caractère accidentel, et alors feroit des espèces ou même des individus qui en sont pourvus, des fistulanes dans la définition qu'en a donnée M. de Lamarck; aussi M. Deshayes a-t-il proposé de supprimer le genre Gastrochène; nous croirions plutôt convenable de ne pas admettre le genre Fistulane, d'abord parce qu'il est fondé sur la présence d'un tube, et ensuite parce qu'il a été établi bien postérieurement au genre Gastrochène de Spengler, mais nous préférons le restreindre, comme on le verra plus loin. En réunissant ainsi les espèces caractérisées d'après la véritable coquille, qu'il y ait un tube extérieur ou non, il existe déjà plusieurs espèces de gastrochènes connues, soit à l'état vivant dans les mers des pays chauds, soit à l'état fossile dans nos pays. M. Defrance ne cite cependant qu'une espèce fossile dans ce genre à Grignon et une analogue. Peut-être le gastrochène massue, mieux connu, devra-t-il former un petit genre distinct.

CLAVAGELLE. *Clavagella.*

Animal entièrement inconnu.

Coquille ovale, assez peu alongée, striée longitudinalement, un peu irrégulière, fortement bâillante en avant, mais surtout en arrière, et n'enveloppant l'animal que très-incomplètement; du reste équivalve et inéquilatérale; les sommets bien marqués, antérodorsaux; charnière un peu variable; ligament extérieur; deux impressions musculaires bien marquées, distantes; impression palléale assez fortement sinueuse en arrière.

Un tube calcaire subcylindrique, entourant plus ou moins complètement la coquille, et terminé en arrière par un seul orifice.

A. Espèces dont le tube laisse à découvert les deux valves dans toute leur partie antérieure.

Ex. La Clavagelle tibiale. *Clavagella tibialis.* Pl. LXXXI, fig. 1; et Ann. du Mus., vol. 12, pl. 43, f. 8.

B. Espèces dont le tube saisit une des valves et laisse l'autre entièrement libre dans son intérieur.

Ex. La C. hérissée. *C. echinata. Ibid.*, f. 9.

Observ. Nous ne connoissons malheureusement ce genre que d'une manière très-incomplète, les descriptions et les figures données par les auteurs ne portant guère que sur le tube et sur la manière dont il enveloppe la véritable coquille; cependant, d'après les observations de Brocchi, et surtout d'après l'inspection d'un moule de la clavagelle tibiale de la collection de **M. Deshayes**, il se pourroit que ce genre fût tout-à-fait artificiel, et qu'il dût être reporté parmi les vénus irrégulières. Il est du moins certain que les caractères de ce genre, tels que M. de Lamarck les établit, ne conviennent rigoureusement qu'à sa clavagelle hérissée.

M. Defrance indique quatre espèces de ce genre, **et toutes** fossiles.

Arrosoir. *Aspergillum.*

Animal entièrement inconnu.

Coquille ovale. peu alongée, striée longitudinalement, équivalve, subéquilatérale, fortement bâillante dans tout son contour, ne pouvant recouvrir qu'une petite partie du dos de l'animal, sur lequel elle est sans doute appliquée ; entièrement adhérente, et plus ou moins confondue avec les parois d'un tube calcaire assez épais, conique, claviforme, ouvert à son extrémité amincie, et terminé à l'autre par un disque convexe percé par un grand nombre de trous arrondis subtubuleux, et par une rimule au centre.

A. Espèces dont la circonférence du disque du tube est bordée par une fraise.

Ex. L'Arrosoir de Java. *Aspergillum javanum.* Pl. LXXXI, fig. 2 ; et Martin. , Conch., 1, t. 1, f. 7.

B. Espèces dont la circonférence du disque est sans fraise.

Ex. L'A. de la Nouvelle-Zélande. *A. Novæ Zelandiæ.* Favann. , Conch., pl. 79, f. F.

Observ. Quoiqu'on aperçoive plusieurs rapports entre ce genre et l'espèce hérissée du genre précédent, il faut cependant convenir qu'il est assez difficile de se faire une idée de l'animal de l'arrosoir, et surtout des organes qui sortent et forment les épines tubuleuses du disque, à moins que de supposer que ce seroient les filamens d'une espèce de byssus ou du pied lui-même qui serviroient à attacher le mollusque aux corps sous-marins ; alors on pourroit admettre qu'il se tient dans le sable, attaché à un grand nombre de ses grains, dans une situation plus ou moins verticale, la petite extrémité de son tube en haut et la tête en bas.

M. Defrance en compte deux fossiles.

Fam. X. — *ADESMACÉS*. Adesmacea.

Corps ovale, alongé, subcylindrique ou vermiforme; le manteau complètement fermé et tubuleux, ouvert en avant pour le passage d'un petit pied court, très-peu saillant à la surface de la masse abdominale, et terminé en arrière par deux siphons souvent fort courts, mais toujours réunis en un seul tube; bouche médiocre, à lèvres simples, et appendices labiaux peu considérables; branchies lamelleuses, longues, aiguës, se prolongeant dans le tube, et libres à leur extrémité.

Coquille ordinairement ovale oblongue, quelquefois comme tronquée, constamment blanche, non ou très-rarement épidermée, équivalve, inéquilatérale, ne pouvant jamais recouvrir tout le corps de l'animal, tant elle est bâillante à ses deux extrémités; charnière sans engrenage ni véritable ligament corné; une impression musculaire unique, quelquefois avec une impression palléale fortement sinueuse en arrière.

Quelques parties calcaires accessoires, servant à augmenter l'étendue de la coquille.

Pholade. *Pholas.*

Corps épais, assez peu alongé, subcylindrique ou conique; le manteau ouvert à sa partie inférieure et antérieure (pour le passage d'un pied court, large, aplati à sa base) et formant en dessus un lobe qui déborde les sommets.

Coquille mince, subtransparente, finement striée, ovale alongée, équivalve, inéquilatérale; les valves ne se touchant qu'au milieu de leurs bords; les sommets peu marqués et cachés par une callosité produite par l'expansion des lobes dorsaux du manteau; charnière édentule; une sorte d'appendice comprimé, recourbé, ou de cuilleron en dedans du sommet de chaque valve; ligament nul, remplacé par le repli du manteau qui déborde les sommets. et à la surface duquel se développent souvent une ou plusieurs pièces calcaires accessoires; un seul muscle adducteur plus ou moins postérieur, avec une impression palléale profondément sinueuse en arrière, et conduisant à la partie antérieure de la coquille.

A. Espèces alongées, cunéiformes; l'empreinte musculaire presque médiane; trois pièces accessoires dorsales.

Ex. La Pholade grande-taille. *Pholas costata.* Pl. LXXIX, fig. 6.

37

B. Espèces de même forme ; le cuilleron très-étroit ; une sorte de dent oblique partant du sommet ; point de pièces accessoires.

Ex. La P. scabrelle. *P. candida.* E. m., pl. 168, f. 11.

C. Espèces beaucoup plus courtes, tronquées en arrière et comme divisées en deux par un cordon oblique du sommet à la base ; l'empreinte musculaire marginale.

Ex. La P. crépue. *P. crispa.* Pl. LXXIX, fig. 7.

D. Espèces courtes, cunéiformes, peu bâillantes, avec plusieurs pièces accessoires, l'une médio-dorsale, et deux marginales inférieures.

Ex. La P. en massue. *P. clavata.* E. m., pl. 169, f. 8-10.

E. Espèces épidermées, ovales ; la callosité dorsale laissant le sommet libre, et s'avançant vers l'extrémité antérieure et inférieure, de manière à ce que chaque valve semble être formée de trois parties, à cause d'un sillon oblique du sommet au bord ; une dent décurrente oblique en dedans du sommet, outre le cuilleron ; une paire de pièces accessoires à l'extrémité postérieure de la coquille.   (G. Pholadidoïde. Angl.)

Ex. La P. striée. *P. striata.* Pl. LXXX, fig. 7.

Observ. Ce genre, jusqu'ici assez incomplètement étudié à cause du défaut des pièces accessoires dans les collections, paroît renfermer un assez grand nombre d'espèces de toutes les mers. M. de Lamarck n'en caractérise que neuf, mais les seules figures copiées dans l'Encyclopédie montrent qu'il en existe bien davantage. On en connoît peu de fossiles.

M. Defrance n'en cite en effet que trois, dont une analogue en Italie.

Ces animaux vivent dans la vase, l'argile, les pierres calcaires, et même dans le bois.

Qu'est-ce que le genre Pholadomie de quelques auteurs anglois ? C'est ce que nous ignorons ; il paroît qu'il est établi avec une coquille fossile cunéiforme, très-large et très-bâillante en avant.

TÉRÉDINE. Teredina.

Animal inconnu.

Coquille épaisse, ovale, courte, très-bâillante en arrière, équivalve, inéquilatérale ; les sommets bien prononcés ; un cuilleron épais sur chaque valve.

Une pièce médio-dorsale ovale en bouclier, sur les sommets de la coquille, et se prolongeant en arrière en un tube complet à orifice terminal unique?

Ex. La Térédine masquée. *Teredina personata.* Lamck., pl. LXXXI, fig. 5; et Ann. du Mus., 12, pl. 43, f. 6-7.

Observ. Nous avons pu caractériser ce genre autrement que ne l'a fait M. de Lamarck, sur un bel exemplaire de la collection de M. Deshayes, et qu'il a adroitement ouvert. Il ne contient que deux espèces, l'une et l'autre fossiles de notre Europe.

M. Defrance en compte cependant quatre.

TARET. *Teredo.*

Corps très-alongé, vermiforme; le manteau fort mince, tubuleux, ouvert seulement en avant et à sa partie inférieure pour la sortie d'un pied en forme de mamelon; les tubes distincts très-courts, l'inférieur ou respiratoire un peu plus grand que le supérieur, et cirrheux; bouche petite; appendices labiaux courts et striés; anus à l'extrémité d'un petit tube flottant et ouvert dans la cavité du manteau, assez avant l'origine des tubes; branchies fort longues, fort étroites, rubanées, réunies dans toute leur longueur et librement prolongées dans toute l'étendue de la cavité tubuleuse du manteau; un seul gros muscle adducteur entre les valves; un anneau musculaire au point de jonction du manteau et des tubes, dans lequel est implantée une paire d'appendices ou palmules cornéo-calcaires, pédiculés, jouant latéralement l'un vers l'autre.

Coquille épaisse, solide, très-courte ou annulaire, ouverte en avant comme en arrière; les valves égales, équilatérales, anguleuses et tranchantes en avant, ne se touchant que par les bords opposés extrêmement courts; charnière nulle; un cuilleron interne considérable; une seule impression musculaire fort peu sensible.

Tube plus ou moins distinct de la substance dans laquelle vit l'animal, cylindrique, droit ou flexueux, fermé avec l'âge à l'extrémité buccale, de manière à envelopper l'animal et sa coquille, toujours ouvert par l'autre et divisé intérieurement en deux siphons par une cloison médiane.

A. Espèces dont les palmules sont simples.

Ex. Le Taret commun. *Teredo navalis.* Pl. LXXXI, fig. 6.

B. Espèces dont les palmules sont divisées et comme articulées.

Ex. Le T. bipalmulé. *T. bipalmulatus*. Adans., Ac. Sc., 1759, pl. 9, f. 12.

Observ. Nous avons caractérisé ce genre d'après un individu d'une belle et grosse espèce nouvelle que miss Warn a envoyé à M. Defrance, et que celui-ci a bien voulu nous donner. D'après l'observation d'Adanson, que le tube des tarets se ferme avec l'âge du côté de la bouche, il est réellement assez difficile de distinguer de ce genre les véritables fistulanes. Quoi qu'il en soit, on trouve des tarets dans toutes les mers, et même quelquefois dans l'eau douce, à l'embouchure des rivières. Ils vivent enfoncés plus ou moins verticalement, mais toujours la tête plus basse que l'anus, dans le bois mort ou vivant, au milieu duquel ils pénètrent en suivant la direction des fibres. M. de Lamarck ne caractérise que deux espèces dans ce genre, mais nous en connoissons déjà au moins le double.

M. Defrance dit qu'il y en a trois fossiles, toutes en Italie.

Fistulane. *Fistulana*.

Animal à peu près semblable à celui des tarets, mais en général moins alongé, plus claviforme, pourvu de palmules disposées de la même manière.

Coquille annulaire ou très-courte, non tranchante ni anguleuse en avant, mais du reste fort semblable à celle des tarets, et également pourvue d'un cuilleron considérable.

Tube en général moins long, plus claviforme, plus épais, plus solide que celui du taret, constamment et à tout âge entièrement clos par son extrémité antérieure, de manière à contenir et à cacher entièrement la coquille; l'extrémité postérieure ouverte et partagée intérieurement en deux siphons par une cloison.

Ex. La Fistulane corniforme. *Fistulana corniformis*. Pl. LXXXI, fig. 4.

Observ. C'est un genre si voisin de celui des tarets, qu'on pourroit le supprimer sans inconvénient; cependant en faisant l'observation que le tube est toujours beaucoup plus épais, plus constamment fermé, et par conséquent plus indépendant, on seroit en droit de croire que ces animaux ne tarodent pas le bois à la manière des tarets, ce que pourroit confirmer le fait que les valves de la coquille ne paroissent pas tranchantes ni anguleuses. S'il étoit certain, comme le dit M. de Lamarck, qu'outre les palmules il y ait aussi à la fois des palettes comme dans les tarets, ce genre seroit tout-à-fait distinct; mais l'analogie peut faire douter de ce fait, et encore plus que ce soient des espèces de branchies, comme le veut encore le savant conchyliologiste françois.

Des six espèces que M. de Lamarck rapporte à ce genre, nous n'en avons conservé certainement que quatre, la fistulane massue et la fistulane ampullaire nous paroissant être plutôt des gastrochènes à tube que de véritables adesmacés.

M. Defrance compte deux espèces fossiles de fistulane, dont une analogue en Italie d'après Brocchi.

CLOISONNAIRE. *Septaria.*

Corps très-alongé, subcylindrique, du reste complètement inconnu, ainsi que sa coquille.

Tube calcaire, épais, en cône fort alongé, plus ou moins flexueux, comme composé de pièces placées les unes au bout des autres, ou comme articulé avec un anneau ou ressaut plus ou moins marqué à l'endroit des joints, mais sans traces de cloisons; terminé d'un côté par un renflement souvent avec quelques cloisons intérieures, et de l'autre par deux tubes grêles, distincts et également subarticulés.

Ex. La Cloisonnaire des sables. *Septaria arenaria.* Rumph, Mus., tab. 41, f. B E.

Observ. Ce genre, extrêmement voisin du précédent, puisque Rumph dit positivement que la bouche (extrémité orale) du mollusque qui habite le tube, est garnie en avant de deux osselets qui se joignent en manière de mitre, et qui ne sont pas adhérens à la coquille, mais à l'animal, en diffère cependant notablement, 1°. parce qu'il est impossible qu'il y ait des calamules comme dans les tarets et les fistulanes; 2°. parce que le tube est chambré par des cloisons fermées, dit Rumph. Ce dernier fait paroît réellement à peu près impossible, et l'observation que certaines fistulanes en offrent aussi, ne l'éclaircit pas, parce que dans celles-ci ce ne sont que de petites calottes percées, enfilées les unes dans les autres, et qui n'occupent que l'extrémité tout-à-fait antérieure du tube. Quoi qu'il en soit, Rumph nous apprend que ce mollusque vit enfoncé dans le gravier ou dans le sable, et entre les racines des mangliers.

Depuis la première édition de ce *genera*, j'ai observé avec soin une partie de tube de cloisonnaire, et il m'a paru évident que c'est une espèce de taret extérieur ou de fistulane. Il n'offroit certainement aucune trace de cloison à l'endroit des fausses articulations, et cependant ce morceau étoit terminé par deux trous auxquels étoient sans doute attachés les deux tubes terminaux.

ORDRE QUATRIÈME. — HÉTÉROBRANCHES.
Heterobranchiata.

Branchies de forme assez variable, mais toujours contenues dans le tube qui de la partie postérieure du corps conduit à la bouche.

Corps de forme anomale, ordinairement cylindroïde, enveloppé dans un manteau fermé de toutes parts, percé de deux orifices, et ne contenant aucune trace de coquille ou de partie calcaire externe ou interne; la bouche profondément cachée, sans appendices labiaux; anus également intérieur.

Fam. I. — *ASCIDIENS.* Ascidiacea.

(Genre Ascidia. Linn.)

Corps diversiforme, enveloppé d'une peau épaisse plus ou moins rugueuse, contractile, adhérent ou fixé par l'extrémité buccale renversée, libre et terminé à l'autre par deux tubes peu distincts, mamelonnés, percés chacun d'un orifice, souvent papillaires, plus ou moins rapprochés, conduisant, le plus grand et le plus élevé, dans la cavité branchiale au fond de laquelle est la bouche, et l'autre dans le tube commun à la terminaison du canal intestinal et à celle de l'appareil générateur; les branchies en réseau tapissant la cavité branchiale.

Observ. Pour sentir les rapports qui existent entre les animaux de cette famille et les acéphalophores lamellibranches, il suffit réellement de les comparer avec les derniers genres de cet ordre, qui sont constamment dans une position verticale, l'extrémité buccale en bas, et l'anale en haut; l'enveloppe dure et coriace des ascidies a son analogue dans celle qui enveloppe le corps, et surtout les tubes de la mye tronquée, par exemple. Les deux tubes courts qui le terminent, et même les papilles plus ou moins

radiaires et intérieures qu'on y remarque quelquefois, se retrou
vent aussi dans la petite bifurcation de l'extrémité des siphons
réunis d'une mye ou de quelque genre voisin ; la partie musculaire de la masse abdominale a disparu, comme ne pouvant plus
être d'aucun usage ; la bouche est à la même place, mais sans
appendices labiaux ; les branchies sont aussi réellement au même
endroit que dans les derniers lamellibranches, c'est-à-dire, dans
le tube même ; mais leur forme est toute différente. Quant à
l'estomac, au foie, au rectum, à l'anus, au cœur, et même aux
organes de la génération, il est évident qu'il y a la plus grande
analogie de structure et de position.

TRIBU I. — *Les Ascidiens simples.*

ASCIDIE. *Ascidia.*

Corps ovale, conique ou cylindroïde, quelquefois claviforme,
contenu dans une enveloppe extérieure plus ou moins coriace, ou
subgélatineuse, fixée par sa base élargie ou pédiculée, et terminée
postérieurement par deux siphons courts, peu distincts, inégaux,
dont les orifices sont garnis intérieurement de tentacules rayonnés
fort peu saillans.

A. Espèces informes, rugueuses, coriaces et peu ou point extensibles.

Ex. L'Ascidie Petit-Monde. *Ascidia microscomus.* Pl. LXXXII,
fig. 1, et G. Cuv., Mém. du Mus., t. 2, pl. 1, f. 1-6.

B. Espèces à peau molle, flexible et plus ou moins extensible.

Ex. L'A. intestinale. *A. intestinalis.* Pl. LXXXII, fig. 2.

C. Espèces ovales, régulières et plus ou moins longuement pédonculées.

Ex. L'A. en massue. *A. clavata.* Pl. LXXXII, fig. 3.

Observ. Les espèces de ce genre, au nombre de trente-trois
selon Gmelin, et seulement de vingt-deux suivant M. de Lamarck,
paroissent être répandues dans toutes les mers, mais surtout dans
celles de l'Océan boréal, où elles vivent fixées sur les corps sous-
marins, souvent même à une grande profondeur. Leur distinction
est assez difficile.

Bipapillaire. *Bipapillaria.*

Corps ovale, globuleux, terminé d'un côté par une sorte de pédoncule, et de l'autre par un renflement percé à l'extrémité de papilles coniques, par deux orifices garnis chacun de trois tentacules roides, sétacés.

Ex. La Bipapillaire australe. *Bipapillaria australis.* (Non fig.)

Observ. Ce genre, établi par M. de Lamarck sur des notes de Péron, est trop incomplètement connu pour qu'on puisse être certain qu'il diffère des ascidies. M. de Lamarck dit que la seule espèce qui le constitue, et qui vit dans les mers de l'Australasie, paroît libre ; ce qui n'a lieu pour aucune espèce d'ascidiens.

Fodie. *Fodia.*

Corps ovale, mamelonné, partagé dans toute sa longueur par une cloison verticale qui contient l'estomac en deux tubes inégaux ouverts à chaque extrémité par un orifice, le supérieur un peu enfoncé et irrégulièrement denté ; l'inférieur bordé d'un bourrelet circulaire formant ventouse et servant à fixer l'animal.

Ex. La Fodie rougeâtre. *Fodia rubescens.* Bosc, Vers, t. I, pl. 4, f. 2, 3, 4.

Observ. C'est encore un genre qui auroit besoin de nouvelles observations ; il ne contient qu'une seule espèce, qui vit tout-à-fait à la manière des ascidies, sur les rivages de l'Amérique septentrionale.

Tribu II. — *Les Ascidiens aggrégés.*

Un plus ou moins grand nombre d'individus adhèrent non seulement aux corps marins, mais encore entre eux, au moyen de leur enveloppe gélatineuse, de manière à constituer des masses de formes diverses.

Pyure. *Pyura.*

Corps pyriforme, avec deux petites trompes courtes, contenu dans une loge particulière formée par son enveloppe extérieure ,

et constituant, par sa réunion avec dix ou douze individus semblables, une espèce de ruche coriace diversiforme, sans aucune
ouverture extérieure.

Ex. Le Pyure de Molina. *Pyura Molinæ.* (Non figuré.)

Observ. Cette division générique fait évidemment le passage des
ascidies simples, dont quelques espèces se réunissent seulement
à la base, aux ascidies aggrégées. Quant à ce que dit Molina, que
la ruche ou corps commun est sans aucune ouverture extérieure,
cela est absolument impossible; il faudroit donc admettre qu'il y
en a une commune à toutes les ascidies, un peu comme dans les
synoïques de la dernière section, ou bien qu'il y en a une pour
chaque individu.

DISTOME. *Distoma.*

Corps tuberculeux, mamelonné ou conique, à deux orifices
rapprochés bien évidens, et garnis chacun de six dents ou tentacules rayonnés, réuni avec un plus ou moins grand nombre d'individus semblables, et formant des assemblages de forme un peu
différente.

A. Espèces dont la réunion forme un corps gélatineux, alongé, conique et subpédiculé.   (G. SIGILLINE. Savigny.)

Ex. Le Distome austral. *Distoma australis.*

B. Espèces dont la réunion constitue des plaques ou des croûtes qui
recouvrent les corps sous-marins.

Ex. Le D. violé. *D. variolatus.* Gærtner *apud Pall. Spic.
Zool.*, 10, t. 4, f. 7, *a* A., et pl. LXXXII, fig. 4.

Observ. Ce genre n'est encore composé que de deux espèces,
l'une des mers de l'Australasie, et l'autre de celles d'Angleterre.

BOTRYLLE. *Botryllus.*

Corps ovale, plus ou moins aplati, adhérent, par sa face dorsale, aux corps sous-marins, et par les côtés avec d'autres individus de la même espèce, en plus ou moins grand nombre, de
manière à simuler un animal complexe, ou un tout de forme un
peu variable; les deux ouvertures bien évidentes aux deux extré-

mités du corps, l'une externe, pourvue de six papilles tentaculaires, l'autre interne subtubuleuse et plus petite.

A. Espèces se groupant en cercles concentriques, de manière à constituer une masse orbiculaire, presque en forme de soucoupe.

(G. Diazoma. Savigny.)

Ex. Le Botrylle de la Méditerranée. *Botryllus mediterraneus*.

B. Espèces se disposant circulairement ou en rayonnant, souvent assez régulièrement autour d'un centre, de manière à former un ou plusieurs systèmes stelliformes enfoncés dans une masse gélatineuse horizontale.

1. Le corps comme divisé en trois loges. (G. Polycline. Savigny.)

Ex. Le B. violet. *B. violaceus*.

2. Le corps indivis; disposition en plusieurs cercles concentriques.

(G. Polycycle. Lamck.)

Ex. Le B. de Renier. *B. Renierii*. Ren., Lett. à Olivi, t. 1, f. 1-12.

3. Le corps indivis; disposition rayonnée; huit tentacules, dont quatre plus petits à l'orifice externe.   (G. Botrylle. Lamck.)

Ex. Le B. étoilé. *B. stellatus*. Desmarest et Lesueur, Bullet. Soc. ph., 1815, pl. 1, f. 14-19; et pl. LXXXII, fig. 5.

Observ. Ce genre, quoiqu'on ait proposé de le partager en quatre d'après des considérations évidemment si peu importantes, que nous n'avons à peine pas trouvé de caractères propres à distinguer les polycycles de M. de Lamarck de ses botrylles, ne renferme encore que cinq espèces, toutes des mers d'Europe.

Synoïque. *Synoicum*.

Corps plus ou moins cylindriques, verticaux ou horizontaux; adhérens par l'extrémité céphalique, et réunis entre eux par les côtés de leur enveloppe extérieure, de manière à constituer une masse commune un peu diversiforme et fixée; les deux ouvertures de chaque animal composant, cachées au fond d'une cavité plus ou moins profonde, et n'ayant qu'un seul orifice extérieur, garni ordinairement de six papilles tentaculiformes.

A. Espèces réunies en une masse convexe, arrondie.
(Les S. ALCYONAIRES. G. PULMONELLE. Lamck. APLIDIUM. Sav.)

Ex. Le Synoïque sublobé. *Synoicum Ficus*. Ellis, Corall.,
t. 17, f. 6, *b d*, et pl. LXXXII, fig. 6.

B. Espèces dont les corps horizontaux se réunissent en croûte mamelonnée.   (G. EUCÆLIUM. Savigny.)

Ex. Le S. subgélatineux. *S. subgelatinosum*.

C. Espèces dont les corps verticaux se réunissent aussi en croûte.
(G. DIDERMUM. Savigny.)

Ex. Le S. fongueux. *S. fungosum*.

D. Espèces dont les corps fort longs, verticaux, se réunissent en
espèce de cylindre, n'ayant qu'un seul orifice extérieur commun pour
tous les individus.

Ex. Le S. simple. *S. turgens*. Lesueur et Desmarest; Phipps,
Voyage au Pôle bor., t. 12, f. 3; et pl. LXXXII, fig. 7.

Observ. Ce genre, quoique fort rapproché du précédent, en est
réellement bien distinct, par la manière dont les deux ouvertures
de chaque animal composant aboutissent dans une cavité commune, avec un seul orifice extérieur. Il ne contient pas plus d'espèces que de genres proposés, et ces espèces paroissent être toutes
de nos mers.

FAM. II. — *SALPIENS*. SALPACEA.

Corps libre ou non adhérent, plus ou moins cylindracé, à enveloppe extérieure épaisse, subcartilagineuse, transparente, percée de deux ouvertures ordinairement fort grandes et très-distantes,
presque terminales, l'une incrémentitielle, et l'autre excrémen-
tielle; les branchies en forme de bande étroite, traversant obliquement la cavité respiratrice de l'orifice incrémentitiel à l'ouverture de la bouche.

Observ. On peut aisément sentir les rapports de cette famille
avec les autres acéphalophores, en supposant une ascidie qui seroit
fendue entre les deux tubes qui la terminent, et ensuite étendue
suivant sa longueur. Il est aisé alors de déterminer l'analogie des

ouvertures, dont ni l'une ni l'autre ne sont pas plus la bouche et l'anus que dans les ascidies, mais bien l'une, la plus large, la plus grande, la plus éloignée de la bouche, est l'entrée du tube incrétoire ou respiratoire, et l'autre celle de l'excrétoire.

Les espèces de cette famille sont, comme celles de la précédente, susceptibles de vivre solitaires ou aggrégées d'une manière fixe, ce qui paroît en faire des animaux composés; mais il n'en est jamais ainsi.

TRIBU I. — *Les Salpiens simples.*

BIPHORE. *Salpa.*

Corps oblong, cylindracé, tronqué aux deux extrémités, quelquefois à une seule; et d'autres fois plus ou moins prolongé à l'une ou à toutes deux par une pointe conique, rarement caudiforme; les ouvertures terminales ou non, l'une toujours plus grande, transverse, avec une sorte de lèvre mobile operculaire, et l'autre plus ou moins tubiforme, quelquefois fort petite, béante; l'enveloppe extérieure molle ou subcartilagineuse, toujours hyaline, pourvue d'espèces de tubercules creux, faisant l'office de ventouses, en nombre et en disposition variables, au moyen desquels les individus adhèrent entre eux d'une manière déterminée pour chaque espèce.

* *Le corps comme tronqué sans prolongement dépassant les ouvertures.*

A. Espèces recourbées; les deux orifices terminaux très-rapprochés; aggrégation ?

Ex. Le Biphore polymorphe. *Salpa polymorpha.* Quoy et Gaimard, pl. LXXXIII, fig. 1.

B. Espèces droites; les orifices distans et terminaux; l'enveloppe cartilagineuse de trois pièces; aggrégation linéaire, oblique, deux à deux.

Ex. Le B. en fourreau. *S. vaginata.* Chamisso, *De Salp.*, f. 7, A-F.

C. Espèces droites; les orifices distans; enveloppe d'une seule pièce; aggrégation circulaire.

Ex. Le B. pinné. *S. pinnata. Id.*, *ibid.*, f. 1, A-I.

** *Le corps pointu à l'une ou à ses deux extrémités, à cause d'un pro-longement dépassant plus ou moins les ouvertures.*

D. Un prolongement à l'extrémité anale seulement ; l'ouverture de ce côté fort petite ; aggrégation ?   (G. MONOPHORE. Quoy et Gaim.)

Ex. Le B. conique. *S. conica.* Quoy et Gaim. , Voyage de l'U-ranie , f. 4-5.

E. Un prolongement à peu près de même grandeur à chaque extré-mité ; mode d'aggrégation linéaire , oblique , deux par deux ou trois par trois.

1. Le prolongement à gauche.

Ex. Le B. fusiforme. *S. fusiformis.* Pl. LXXXIII , fig. 2.

2. Le prolongement à droite.

Ex. Le B. zonaire. *S. zonaria.* Pl. LXXXIII , fig. 3.

F. Un prolongement à chaque extrémité ; l'antérieur beaucoup plus long , caudiforme ; aggrégation ?   (G. TIMORIENNE. Quoy et Gaim.)

Ex. Le B. firoloïde. *S. firoloidea.* Pl. LXXXIII , fig. 4.

G. Deux prolongemens en forme de cornes à l'extrémité postérieure seulement ; aggrégation ?

Ex. Le B. bicorne. *S. bicornis.* Chamisso , pl. LXXXIII , f. 5.

H. Trois prolongemens à l'extrémité postérieure ; aggrégation ?

Ex. Le B. tricuspide. *S. tricuspidata.* Quoy et Gaim., *loc., cit.,* pl. 75, f. 6.

Observ. Ce genre, d'abord étudié par Forskal, et successive-ment par MM. G. Cuvier, de Chamisso, Quoy et Gaimard, ren-ferme un assez grand nombre d'espèces, pour la plupart des mers des pays chauds, et surtout de celles australes, où elles vivent à de grandes distances des rivages. Un fait curieux, c'est qu'elles peuvent vivre solitairement, ou s'associer sous des formes cons-tantes, déterminées par leur position dans l'ovaire, et particulières, sinon pour chaque espèce, peut-être pour chaque petite famille. L'observation de M. de Chamisso, que certaines espèces ont leur enveloppe cartilagineuse peu ou point adhérente au reste du corps, susceptible de s'en détacher et de se diviser en trois pièces, dont une pour le nucléus, nous explique peut-être l'origine de certains corps cartilagineux bien transparens, de forme différente, qu'on rencontre souvent en pleine mer, et dont plusieurs ont été vus par MM. Lesueur et Cranch.

Les espèces de biphores sont, à ce qu'il paroît, fort difficiles à caractériser, surtout si elles diffèrent sensiblement à l'état libre et à l'état aggrégé, comme M. de Chamisso le fait observer.

Quoique nous ayons rapporté, presque sans aucun doute, à ce groupe les animaux que nous avons nommés biphores conique et firoloïde, nous ne devons cependant pas cacher que MM. Quoy et Gaimard, qui nous en ont donné la connoissance, pensent, même après nos observations, qu'elles doivent former deux genres distincts, dont l'un seroit voisin des firoles, et qu'ils ont sur nous l'avantage de l'observation directe; malheureusement ils n'ont pas rapporté les animaux eux-mêmes, et ce n'est que sur des figures et des notes peut-être incomplètes que ces deux genres sont établis.

TRIBU II. — *Les S. aggrégés.*

PYROSOME. *Pyrosoma.*

Corps alongé, fusiforme, terminé en pointe d'un côté, et obtus de l'autre, réuni dans la circonférence de sa partie moyenne et par la greffe de l'enveloppe extérieure avec celui d'autres individus en anneaux plus ou moins nombreux, plus ou moins réguliers, de manière à former un long cylindre, libre, hérissé de pointes à l'extérieur, creux et mamelonné à l'intérieur, ouvert à l'une de ses extrémités seulement; des deux ouvertures de chaque animal composant, l'une externe supérieure, non terminale, l'autre interne et terminale.

Ex. Le Pyrosome Géant. *Pyrosoma giganteum.* Lesueur. Nouv. Bull. des Sc., vol. 3, pag. 282, et pl. LXXXIII, fig. 6.

Observ. On connoît déjà trois espèces de ce genre singulier d'animaux, qui ne diffèrent des autres biphores monocuspidés que par le mode et la fixité de l'aggrégation. Leur découverte est due à M. Lesueur, dans la Méditerranée et la mer Atlantique.

SOUS-TYPE.

MALENTOZOAIRES. Malentozoaria (1).

Corps de forme très-différente dans les deux classes qui constituent ce sous-type, mais toujours évidemment articulé dans le tronc ou dans ses appendices, et recouvert par une coquille de forme également variable, constamment composée de plusieurs pièces ou valves libres ou réunies, disposées les unes à la suite des autres, dans une direction circulaire ou longitudinale.

Observ. Ce groupe, qui correspond à la division des vers mollusques multivalves de Linnæus et des auteurs qui ont suivi son système, en en retranchant les pholades et les tarets, qui sont de véritables mollusques lamellibranches, renferme deux classes bien distinctes, dont toutes les espèces existent dans les eaux de la mer, libres ou fixées.

La première de ces classes a évidemment des rapports avec les mollusques bivalves par l'enveloppe calcaire, dans laquelle on peut quelquefois reconnoître les pièces de la coquille des pholades, et même l'analogue du tube des genres voisins, ainsi que par la position recourbée, fixée la tête en bas, de l'animal ; mais elle en a aussi de nombreux avec certains animaux du type des entomozoaires, par l'existence d'appendices locomoteurs articulés, cornés, branchiaux au moins à la racine, devenant vers la bouche de véritables mâchoires cornées, denticulées.

La seconde classe du sous-type dont il est ici question, celle des polyplaxiphores, a des rapports avec les mollusques céphalés ; en effet, le corps est libre, rampant, comme chez eux ; quoiqu'il n'y ait pas d'appareil des sens spéciaux, la forme du corps est cependant fort analogue à celle des phyllidies, par exemple, il y a un appareil de mastication qui offre aussi quelque rapport avec celui des patelles ; mais on trouve des différences importantes dans la disposition articulée du dos, du corps protecteur, et des

---

(1) Ou Molluscarticulés. *Molluscarticulata.*

faisceaux de poils dont il est quelquefois pourvu, dans la terminaison médiane du canal intestinal, ce qui rapproche ces animaux de certains chétopodes du type des entomozoaires, et entre autres, des aphrodites.

Ainsi, le passage des malacozoaires aux entomozoaires, se fait dans deux lignes, des malaoozoaires acéphalés aux entomozoaires hétéropodes, par les nématopodes, et des malacozoaires céphalés aux entomozoaires chétopodes, par les polyplaxiphores; en sorte que les deux classes que nous réunissons dans notre sous-type des malentozoaires, sont nécessairement fort différentes.

CLASSE PREMIÈRE.

NÉMATOPODES. Nematopoda (1).

(Genre Lepas, Linn.)

Corps conique ou subcylindrique, recourbé et renflé à l'extrémité buccale (ici inférieure, à cause de la position constante de l'animal), atténué par l'autre, et terminé par une sorte de queue subarticulée, pourvue de chaque côté d'appendices locomoteurs en forme de doubles cirrhes très-longs, cornés, articulés, ciliés; rudimens de membres; tête non distincte, sans yeux ni tentacules; bouche supérieure (à cause de la position de l'animal) au milieu d'une masse distincte, pourvue de trois paires d'espèces de mâchoires ou d'appendices articulés, cornés, dentés ou ciliés; anus médian, terminal, à la base d'un long tube extensible excréteur de l'appareil de la génération; les organes de la respiration branchiaux, pairs, latéraux, à la racine des premières paires d'appendices locomoteurs; contenu dans un manteau ou enveloppe charnue en forme de sac, ouvert à l'extrémité anale et solidifié dans l'état normal, par une coquille formée d'un nombre fixe de valves réunies, en se touchant ou non, de manière un peu différente, mais plus ou moins circulairement, et adhérente immédiatement ou médiatement aux corps sous-marins.

---

(1) Cirrhipodes. Lamck., G. Cuvier, etc

Fam. I. — *LÉPADIENS* (1). Lepadicea.

(Genre Lepas. Bruguière.)

Corps ovale, plus ou moins comprimé ; le manteau fendu dans sa partie postérieure et inférieure (supérieure et antérieure dans la position fixée de l'animal), et prolongé de l'autre côté par un pédicule charnu plus ou moins contractile, adhérent aux corps sous-marins ; un muscle adducteur transversal.

Coquille formée de cinq valves principales, squameuses, se touchant ou s'imbriquant plus ou moins sur les bords, une dorsale médiane, deux latérales antérieures et deux latérales postérieures, quelquefois presque nulles, et souvent en outre de beaucoup de petites pièces accessoires placées à la base, et même sur le pédicule.

Observ. Ces animaux vivent fixés dans des directions très-différentes à des corps marins flottans ou non, morts ou vivans, mais toujours à d'assez petites profondeurs. Ils sont essentiellement carnassiers, et saisissent leur proie au moyen des appendices articulés dont l'extrémité postérieure de leur corps est pourvue, et qu'ils agitent sans cesse ; la force de leurs mâchoires dentées porte à croire que leur nourriture consiste principalement en crustacés. Il paroît qu'ils placent leurs œufs dans des lieux déterminés, à l'aide de l'espèce de longue trompe qui termine leur ovaire.

La disposition des différens genres que nous adoptons est, d'après la longueur du pédoncule qui, fort long dans les premiers, se raccourcit de plus en plus, ce qui établit le passage aux balanides.

Gymnolépe. *Gymnolepas.*

Corps assez peu comprimé, enveloppé dans un manteau presque complètement nu, ou dont les valves principales de la coquille sont si petites qu'elles sont fort loin de se toucher, et porté à l'extrémité d'un long pédoncule très-épais, également nu.

A. Espèces dont l'extrémité postérieure (ici supérieure) du manteau

---

(1) Ou Anatifes.

est prolongée par deux tubes charnus en forme d'oreilles, l'un des deux ayant une ouverture latérale. (G. Otion. Leach. Aurifère. Blainv. Dict.)

Ex. Le Gymnolèpe de Cuvier. ***Gymnolepas Cuvierii***. Leach, pl. LXXXIV, fig. 1.

B. Espèces plus claviformes, sans prolongemens tubuleux.
(G. Cineras. Leach.)

Ex. Le G. de Cranch. ***G. Cranchii***. Pl. LXXXIV, fig. 2.

Observ. Ce genre ne contient encore que trois ou quatre espèces des mers du Nord et d'Afrique. Malgré la presque nudité du manteau, l'animal ne diffère presque en rien des anatifes ordinaires.

Pentalèpe. *Pentalepas.*

Corps plus comprimé, porté sur un pédicule plus court que dans le genre précédent; le manteau entièrement recouvert par les cinq valves principales de la coquille s'imbriquant plus ou moins sur les bords.

A. Espèces qui n'ont rigoureusement que les cinq valves principales, et dont le pédoncule alongé est nu.   (G. Pentalasmis. Leach.)

Ex. Le Pentalèpe lisse. ***Pentalepas lœvis***. Pl. LXXXIV, fig. 5.

B. Espèces qui, outre les cinq valves principales, en ont encore beaucoup de petites à leur base; le pédicule ordinairement plus court et écailleux.   (G. Pollicipède. Leach.)

Ex. Le P. groupé. ***P. Pollicipes***. E. m., pl. 166, fig. 10-11.

Observ. Ce genre ne renferme encore qu'un assez petit nombre d'espèces de toutes les mers, mais il a été peu étudié.

Polylèpe. *Polylepas.*

Corps à peu près de même forme que dans le genre précédent, enveloppé dans un manteau entièrement couvert par treize pièces ou valves, dont six principales, une dorsale, une ventrale, et deux paires de latérales; le pédoncule plus ou moins alongé et également squameux.

A. Espèces dont les valves sont inégales et non terminales.

(G. Scalpellum. Leach.)

Ex. Le Polylèpe vulgaire. ***Polylepas vulgaris.*** Pl. LXXXIV, fig. 4, et E. m., pl. 166, fig. 7-8.

B. Espèces dont les valves principales sont presque semblables, pointues, et s'ouvrent un peu à la manière des tulipes.

Ex. Le P. couronné. *P. mitella.* Pl. LXXXIV, fig. 5.

Observ. Ce genre passe évidemment au précédent, et n'en diffère guère que parce que les pièces accessoires de la base prennent plus d'accroissement au contraire des cinq autres. On n'en connoît encore que trois ou quatre espèces.

LITHOLÈPE. *Litholepas.*

Animal comprimé.

Coquille irrégulièrement subpyramidale, comprimée, portée à l'extrémité d'un pédicule tubuleux, tendineux, ayant à sa base un appendice testacé ressemblant à une patelle renversée, formée de huit valves contiguës, inégales; six latérales, dont les inférieures très-petites; une dorsale, grande, ligulée, et une ventrale également très-petite.

Ex. Le Litholèpe de Mont-Serrat.

Observ. Ce genre, nouvellement établi par M. Sowerby dans son *Genera* de coquilles, n.ºs 7-8, ne contient encore que l'espèce qui lui sert de type; et dont l'animal intermédiaire, à ce qu'il dit, aux lépas et aux balanes, habite les excavations des rochers qu'il forme. Nous ne l'avons vu ni sa coquille.

FAM. II. — *BALANIDES.* BALANIDEA.

(Genre BALANE. Brug.)

Corps plus ou moins conique, souvent même déprimé, du reste conformé comme dans la famille précédente.

Coquille épaisse, solide, adhérente, un peu diversiforme, mais ordinairement cylindracée, conique ou déprimée, composée d'une partie coronaire, monotome ou polytome, et dans ce cas, de six,

quatre et même trois pièces articulées ou engrenées circulairement, ouverte aux deux extrémités ; l'ouverture buccale (ici inférieure) close par une simple membrane ou quelquefois par une
pièce calcaire, patelliforme, nommée *support*, servant à l'adhérence ; l'ouverture anale (ici supérieure) fermée par une membrane et par un assemblage (*opercule*) de deux paires de petites
valves articulées ou non, entre lesquelles peut passer la partie
postérieure de l'animal.

Observ. Tous les animaux de cette famille vivent constamment
et immédiatement fixés aux corps sous-marins solides de quelque
nature qu'ils soient, mais en général à peu de distance des rivages, dans toutes les mers, entassés les uns à côté des autres, de
manière à déformer plus ou moins leur coquille.

L'établissement des genres, et l'ordre dans lequel nous les
rangeons, sont déterminés par la considération du support, de
l'opercule, et du nombre des pièces de la partie coronaire, de la
disposition d'une lame interne qui les double en descendant plus
ou moins bas, et enfin de la séparation ou non de leur surface
externe en deux aires triangulaires, l'une excavée, et l'autre
saillante.

    * *L'opercule articulé et plus ou moins vertical.*

BALANE. *Balanus.*

Coquille conique ; la partie coronaire formée de six valves bien
distinctes, une dorsale, une ventrale et deux paires de latérales,
avec un support calcaire bien évident ou sans support ; opercule de
quatre pièces articulées et formant une sorte de pyramide dans
l'ouverture supérieure du tube.

A. Espèces dont le support est nul ou membraneux.

Ex. Le Balane épineux. *Balanus spinosus.* Pl. LXXXV,
fig. 1.

B. Espèces dont le support est assez irrégulier, mais ordinairement
fort considérable.

Ex. Le B. Géant. *B. Gigas.* Pl. LXXXV, fig. 2.

C. Espèces dont le support est conique, creux, presque régulier, patelliforme, et qui s'enfoncent dans les éponges. (G. **Acasta**. Leach.)

Ex. Le B. des Éponges. *B. spongites*. Pl. LXXXV, fig. 3.

Observ. Ce genre ainsi circonscrit renferme encore un assez grand nombre d'espèces de toutes les mers. M. de Lamarck en caractérise vingt-neuf des deux premières sections, dont trois ou quatre fossiles, et quatre de la seconde. M. Defrance dit seize espèces fossiles, dont trois analogues en Italie d'après Brocchi, et une identique, d'après M. de Lamarck.

On pourra encore trouver à grouper les espèces de balanes en d'autres sections, d'après la considération de la proportion des six valves et de la disposition de la lame interne qui les double.

Ochthosie. *Ochthosia*.

Coquille subconique, verruqueuse ; là partie coronaire formée de trois valves seulement, dont les sutures sont visibles à l'extérieur ; trois aires déprimées, chacune avec une suture au milieu ; trois aires saillantes, dont une plus petite avec une suture moyenne dans celle-ci ; lame interne quadripartite, dont trois portions viennent des trois sutures antérieures du tube, et divisent la cavité en trois loges ; le support membraneux ; ouverture trigone, oblongue, fermée par un opercule pyramidal articulé, bivalve, c'est-à-dire dont les deux pièces de chaque côté sont soudées entre elles.

Ex. L'Ochthosie de Stroëm. *Ochthosia Stroemii*. Ranzani ; Muller, Zool. Dan., 3, tab. 91, fig. 1-4, et pl. LXXXV, fig. 4.

Observ. Nous avons pris les caractères de ce genre dans le Mémoire de M. Ranzani qui l'a établi. Il nous paroît douteux qu'il n'y ait que trois valves à la partie coronaire de la coquille. Il nous semble beaucoup plus probable qu'il y en a quatre. Nous avons en effet trouvé, sur un eschare bouffant des mers du Nord, une espèce de balanide qui doit être fort rapprochée de celle sur laquelle ce genre est établi, et qui est en effet formée de quatre valves inégales, une dorsale, la plus petite ; une ventrale, la plus grande, deux latérales semblables, et de deux pièces seulement à l'opercule. Nous supposerions volontiers que c'est le même animal que celui de Stroëm.

CONIE. *Conia.*

Animal comme dans les balanes ordinaires.

Coquille conique, déprimée; la partie coronaire formée de quatre pièces seulement plus ou moins distinctes, presque égales et ordinairement striées de la base au sommet, avec ou sans aires distinctes; support plat, fort mince ou membraneux; opercule articulé, pyramidal, composé, comme dans les balanes, de deux pièces de chaque côté, mobiles ou soudées l'une à l'autre.

A. Espèces dont les valves sont pectinides; les aires et les divisions bien distinctes.

Ex. La Conie radiée. *Conia radiata.* Pl. LXXXV, fig. 5.

B. Espèces dont les valves sont peu ou point distinctes, sans traces d'aires.　　　　　　　　　　　　　(G. ASEMUS. Ranz.)

Ex. La C. stalactifère. *C. stalactifera.* E. m., pl. 165, f. 9-10.

Observ. Ce genre, offrant une combinaison particulière dans le nombre des pièces du tube, mérite d'être conservé; il ne renferme cependant encore qu'un assez petit nombre d'espèces. Nous en connoissons déjà trois de la première section.

CREUSIE. *Creusia.*

Animal.

Coquille patelliforme, monotome, mince; ouverture ovale, assez grande, fermée par un opercule bivalve ou quadrivalve, grand et subpyramidal; un support calcaire considérable, infundibuliforme, et pénétrant dans les corps sur lesquels l'animal est attaché.

A. Espèces très-déprimées, striées, quelquefois avec des indices de la division en quatre pièces; opercule bivalve.

Ex. La Creusie spinuleuse. *Creusia spinulosa.* Leach, pl. LXXXV, fig. 6.

B. Espèces coniques, ovales, lisses, sans traces de divisions; l'opercule bivalve.

Ex. La C. lisse. *C. lœvis.* (Non fig.)

C. Espèces de même forme; l'opercule quadrivalve.

Ex. La C. de Bosc. *C. Boscii*. Bosc, Bullet. Philom., n° 57.

D. Espèces épaisses, coniques, patelliformes, rayonnées du sommet à la base; l'ouverture extrêmement petite, fermée par un opercule, dont les deux pièces sont longues et étroites de chaque côté.

(G. Pyrgoma. Savigny.)

Ex. La C. rayonnante. *C. cancellata*. Leach, pl. LXXXV, fig. 7.

Observ. Ce genre ne renferme encore qu'un assez petit nombre d'espèces, qui vivent constamment enfoncées dans la substance des polypiers de différens genres, et provenant des mers des pays chauds.

Chthamale. *Chthamalus*.

Coquille extrêmement déprimée; la partie coronaire à parois beaucoup plus épaisses à sa base, et formée de six pièces, comme dans les balanes; aires proéminentes presque égales; la lame interne courte; support membraneux; ouverture tétragone, à côtés presque égaux, bordée par une membrane à laquelle est attaché horizontalement un opercule de quatre pièces, à peine pyramidal.

Ex. Le Chthamale étoilé. *Chthamalus stellatus*. Poli, Moll., 2, tab. 5, f. 12-17, et pl. LXXXV, fig. 8.

Observ. Nous ne connoissons pas les balanides sur lesquelles ce genre est établi par M. Ranzani. Elles sont au nombre de deux, et de la mer Méditerranée. D'après la figure que ce zoologiste en donne dans son Mémoire, cela nous paroît un genre intermédiaire aux balanides à opercule pyramidal, et à celles qui l'ont horizontal.

** *L'opercule non articulé et plus ou moins horizontal.*

Coronule. *Coronula*.

Animal comme dans la famille.
Coquille de forme un peu variable et sans trace de support; la

partie coronaire formée de six pièces, comme dans les balanes
proprement dits, mais plus régulièrement disposées, de manière
à imiter une sorte de couronne ou de tube; aires alternativement
creusées et saillantes; opercule non articulé, composé de deux
paires de petites valves plates, minces, jointes à l'ouverture du
tube par une partie membraneuse considérable, et laissant passer
entre elles les appendices cirrheux de l'animal.

A. Espèces très-déprimées, circulaires, striées concentriquement;
chaque valve bilobée par un sillon presque aussi marqué que les aires
enfoncées fort étroites, et pourvue en dessous d'un fort crochet d'attache;
ouverture pentagonale; opercule très-petit.

Ex. La Coronule douze - lobes. *Coronula bisexlobata.*
Pl. LXXXVI, fig. 1.

B. Espèces de même forme, comme radiées par la disposition des
aires creuses, striées transversalement, formant six rayons divergens du
centre à la circonférence; ouverture ovale, hexagonale.

(G. CHELONOBIE. Leach.)

Ex La C. des Tortues. *C. testudinaria.* Pl. LXXXVI, fig. 2,
et Enc. méth., pl. 165, f. 15-16.

C. Espèces un peu plus élevées; les aires proéminentes, égales entre
elles, beaucoup plus larges que les excavées; l'ouverture subcirculaire;
l'opercule de quatre valves presque égales, n'occupant qu'un petit
espace de la partie membraneuse qui forme entre elles une sorte de
tube.   (G. CETOPIRE. Ranzani.)

Ex. La C. rayonnée. *C. balanarum.* Pl. LXXXVI, fig. 3.

D. Espèces plus élevées, subhexagones; les aires presque égales, les
excavées plus larges que les saillantes; ouverture supérieure très-grande,
hexagone; l'inférieure beaucoup plus petite, de même forme et communiquant dans une excavation basilaire, ronde, à lames radiées;
opercule bivalve?   (G. DIADÈME. Ranz.)

Ex. La C. Diadème. *C. Diadema.* Pl LXXXVI, fig. 4.

E. Espèces beaucoup plus élevées, subcylindriques, à parois plus
minces et crénelées; les aires presque quadrilatères; les inférieures
beaucoup plus étroites que les autres; ouvertures arrondies, rondes,
égales; la membrane qui ferme la supérieure formant un tube entre les
quatre valves de l'opercule presque égales. (G. TUBICINELLE. Lamck.)

Ex. La C. Tubicinelle. *C. Tubicinella.* Lamck., Ann. du Mus.,
vol. I, pl. 30., f. 1; et pl. LXXXVI, fig. 5.

Observ. Ce genre, dans lequel on a pu faire autant de coupes génériques qu'il y a d'espèces, n'en renferme encore qu'un assez petit nombre de toutes les mers. Elles vivent fixées sur la peau d'animaux vertébrés, dans laquelle elles semblent quelquefois s'enfoncer plus ou moins profondément.

La *Coronula patula* de M. Ranzani n'appartient probablement pas à ce genre. Voyez son Mémoire dans la premiere décade de ses *Memorie di storia naturale*, imprimée à Bologne.

CLASSE SECONDE.

POLYPLAXIPHORES. Polyplaxiphora.

(Genre Chiton. Linn.)

Corps plus ou moins alongé, déprimé, ou subcylindrique, obtus également aux deux extrémités; abdomen pourvu d'un disque musculaire ou pied propre à ramper, surtout à adhérer; dos sub-articulé; les bords du manteau dépassant plus ou moins complètement le pied dans toute sa circonférence et recouvert par une série longitudinale de huit pièces calcaires ou valves imbriquées ou non et demi-circulaires; bouche antérieure et inférieure au milieu d'une masse considérable; point d'yeux ni de tentacules, ni de mâchoires; une sorte de langue étroite, hérissée de denticules dans la cavité buccale; anus tout-à-fait postérieur et médian; les organes de la respiration branchiaux et formés par un cordon de petites branchies situées sous le rebord du manteau, surtout en arrière; les organes de la génération femelles seulement, et ayant une terminaison double de chaque côté entre les peignes branchiaux.

Observ. Cette classe, fort distincte de tout le reste de la série animale, et qui semble faire la transition des mollusques céphalés aux chétopodes du type des entomozoaires, renferme un assez petit nombre d'animaux construits réellement sur un plan particulier, quoiqu'Adanson ait cru devoir les rapprocher des patelles, ce qu'ont fait également MM. G. Cuvier et de Lamarck; le milieu de leur dos est protégé par une série longitudinale de huit pièces calcaires bien symétriques, plus ou moins courbées, ayant un sommet plus ou moins marqué, médian, postérieur et marginal; quand elles s'imbriquent les unes les autres, c'est toujours d'avant en

arrière ; leur coupe dénote la forme de leurs bords ; l'antérieur
étant toujours aminci aux dépens de la lame externe, l'interne
s'avançant en espèces d'ailes ou d'apophyses, au contraire du postérieur ; les extrémités des valves intermédiaires présentant un
nombre d'entailles variable pour chaque espèce ; quant aux terminales, elles sont toujours plus ou moins sémi-circulaires ; l'antérieure se distingue en ce que son bord antérieur seul est adhérent et plus ou moins crénelé ; tandis que la postérieure adhère
dans toute sa circonférence antérieurement par des apophyses,
comme dans les valves intermédiaires, et postérieurement par un
bord souvent crénelé, en sorte que le sommet n'est jamais terminal ; la surface externe de ces valves, outre les stries d'accroissement, offre souvent une granulation simple, ou bien une division
en trois aires triangulaires, une médiane et deux latérales, dont
les granulations sont toutes différentes de celles de la médiane, et
vont dans un autre sens ; enfin nous avons encore besoin de
faire observer que le reste de la peau qui forme le manteau, et
qui déborde la série des valves dans toute sa circonférence, peut
être lisse, villeux, tuberculeux, et que quelquefois il offre en
outre, des faisceaux de soies ou de poils disposés par paires de
chaque côté du dos en aussi grand nombre qu'il y a d'articulations.

OSCABRION. *Chiton.*

Ses caractères sont ceux de la classe des polyplaxiphores. (*Voyez*
plus haut.)

A. Espèces déprimées ; les valves larges, carénées, bien imbriquées ;
les intermédiaires offrant des aires latérales bien marquées ; le limbe du
manteau régulièrement écailleux, sans poils ni soies.

Ex. L'Oscabrion écailleux. *Chiton squamosus*. E. m., pl. 162,
f. 5-6; et Pl. LXXXVII, fig. 1.

B. Espèces subdéprimées ; les valves non carénées, bien imbriquées,
sans aires marquées ; les parties latérales du manteau couvertes d'espèces
de poils ou de tubercules calcaires.

Ex. L'O. marbré. *C. marmoratus*. Chemn., Chit., t. 1, f. 5;
et pl. LXXXVII, fig. 2.

C. Espèces de même forme ; les valves en général plus petites, sur-

tout les terminales, bien imbriquées, sans aires marquées ; les parties
latérales du manteau tout-à-fait nues et comme coriacées?

Ex. L'O. brun. *C. piceus. Id.*, *ibid.*, tab. 2, f. 6, *a b c;* et
pl. LXXXVII, fig. 3.

D. Espèces plus ou moins cylindriques, vermiformes, presque nues ,
le pied fort étroit, comme articulé ; les branchies dans la moitié postérieure
du corps seulement ; les valves très-petites, souvent distantes ou non
imbriquées, et toujours découvertes.   (G. Oscabrelle. Lamck.)

Ex. L'O. lisse. *C. lœvis.* Pl. LXXXVII, fig. 5.

E. Espèces à valves plus étroites, imbriquées, sans aires distinctes ;
les parties latérales de la peau nues ou velues, mais toujours pourvues
de faisceaux de soies ou de poils disposés par paires.

Ex. L'O. fasciculaire. *C. fascicularis.* Pl. LXXXVII, fig. 4.

F. Espèces plus ou moins cylindriques, vermiformes, presque nues ;
les valves de la coquille très-petites, presqu'entièrement cachées sous la
peau ; des faisceaux comme dans la section précédente.
                    (G. Chitonelle, Blainv.)

Ex. L'O. larviforme. *C. larvæformis.* Pl. LXXXVII, fig. 6.

Observ. Ce genre, jusqu'ici fort incomplètement étudié, et
presque seulement sur la coquille, contient, selon Gmelin, vingt-
huit espèces, auxquelles on peut en ajouter déjà plusieurs venues
de l'Australasie. Elles proviennent de toutes les mers ; les plus
grosses sont toujours des pays chauds. Celles de la dernière section n'ont encore été observées que dans l'Australasie.

Leur séparation en petits groupes naturels est assez difficile ; nous
ne doutons cependant pas qu'on y parvienne, si l'on peut réussir
à étudier à la fois, et complètement, les animaux et les coquilles.

FIN.

ADDITIONS ET CORRECTIONS.

Pendant l'impression de la seconde édition de cet ouvrage,
il est arrivé à notre connoissance quelques ouvrages nouveaux
ou que nous n'avions pas vus, ainsi que plusieurs faits qui ont
nécessité que nous fissions quelques additions et corrections plus
ou moins inportantes. Nous allons les exposer dans l'ordre suivi
dans le corps de l'ouvrage lui-même.

HISTOIRE DE LA MALACOLOGIE. Chap. V, p. 10. Ce chapitre doit être terminé par l'extrait de deux ouvrages sur ce
sujet, l'un que nous n'avions pu voir à temps, et l'autre qui a
été publié depuis le nôtre.

Le premier est dû à un zoologiste danois, M. Schumacher,
et ne traite réellement que de la distribution méthodique des coquilles.

M. Schumacher, en établissant un système purement conchyliologique, a cru devoir y comprendre non seulement les têts
d'oursins, comme on le faisoit assez généralement avant Bruguière, mais encore tous les polypiers crétacés, ou les madrépores. Cependant, pour éliminer ceux-ci dont il ne devoit pas
s'occuper, sa première division porte sur ce que les corps crétacés ont contenu ou non plusieurs individus, d'où ses sections
des monothalames et des polythalames. Sous ce dernier nom il
entend les polypiers dont il ne parle du reste plus; et sous le premier il comprend tous les testacés de Linnæus, c'est-à-dire aussi
bien les têts d'oursins que ceux des serpules et genres voisins.

Cette section est d'abord partagée en quatre sous-sections, à peu près comme dans Linnæus, avec cette différence que les multivalves ne renferment pas les échinodermes qui constituent la première sous-section. Les multivalves, les bivalves et les univalves forment les trois autres.

La forme générale de la coquille des multivalves sert à les partager en quatre divisions : les Marmites, *Ollata*, pour le genre Balane, et ses subdivisions ; Diadème (*Lep. Diadema*, Linn.), Tétraclite (Conie, Leach), Verrue, *Verruca* (Conie, Leach); les Armures, *Loricata*, pour les Oscabrions ; les Enfermés, *Inclusa* (A), à quatre valves, pour les Tarets (B), à deux valves, pour les Fistulanes, *Chœna*, Retz. (*Gastrochœna*, Cuv.); les Conqueformes, *Conchœformia* (A), à fossette, pour les Pholades (B) pédicellées, pour le genre Anatife et ses subdivisions , Ramphidione (*L. Pollicipes*), Senoclite (*Cineras*, Leach), Malacotte (Otion, Leach).

Les divisions primaires , secondaires et même tertiaires dans la sous-section des Bivalves, reposent presque exclusivement sur les appareils ligamenteux et d'engrenage , considérés minutieusement.

La première division à mode d'union interne ne contient que le genre Cranie.

La seconde, infiniment plus nombreuse , à ligament externe ou marginal , est partagée en trois subdivisions , suivant que le ligament est sans dents , avec de fausses dents , ou avec de véritables dents à la charnière.

La première subdivision est elle-même partagée en quatre , suivant que la fossette cardinale est (A) oblique , Anomie ; (B) linéaire, Pinne, Lingule, Glycimère (Byssomye , Cuv.), Moule (Anodonte , Modiole , Lithodome), Crétaire, *Cristaria*, pour une nouvelle espèce d'Anodonte , Mère-Perle , *Perla-Mater*, (Pintadine , Lamck.), Lime ; (C) cardinale et conique, Huître, Marteau, nommé Himantopode, Vulselle , Lime ; (D) multiple , Meline ou Perne.

La seconde est partagée en cinq d'après la forme des dents de la charnière : (A) en saillie anguleuse, Placune, nommé Placente avec Retzius, Pandore ; (B) excavées, Anatine ou

Auriscalpe, Periplome (*Anatin. trapezoïdes*); (C) horizontales, Mye ; (D) calleuse, linéaire, avec une fossette intermédiaire, Peigne, Amussium (*Pect. japonicus*), et Janire (*Pect. maximus*); (E) avec des plis cardinaux, Pallium (*Pect. pallium*), et Perne (Moule).

La troisième sous-section est aussi divisée en cinq, suivant qu'il y a des dents, (A) cardinales seulement, Lobaire (Sanguinolaire), Came, Margaritaire (*Un. margaritifera*), Solen, Didonta (Hiatelle), Anatine, Léguminaire (*Sol. radiatus*), Lutraire, Scrobiculaire (*Lut. compressa*), Omale (*Tellin. planata*), Siliquaire (*Sol. gibbus*), Couteau (*Solen lacteus*), Capsule (*Ven. deflorata*), Gari (*Tellina gari*), Gastrane (*Tellin. sp.*), Térébratule, Spondyle, Anomalocarde (*Ven. flexuosa*), Mercenaire (*Ven. mercenaria*), Tapis (*Ven. decussata*); (B) cardinales et hyménales, Avicule, Unio, Prisodon, Paxiodon (Hyrie), Hippope, Tridacne, Cardite, Arcinelle, Sabre (*Sol. ensis*), Boucarde (Isocarde), Donace, Arctique (Cyprine); (C) cardinales et anales, Crassine, Lentillaire (*Ven. punctata*), Phyllode (*Tellin. foliacea*), Meroë (*Don. Meroe*), Cythérée (*Ven. meretrix*, Vénus (*Cyth. dione*), Circé (*Ven. scripta*), Trigonie (*Ven. mactroides*), Antigone (*Ven. cancellata*); (D) cardinales, hyménales et anales, Iphigénie (*Cyth. lœvigata*), Latone (*Donax cuneata*), Hécube (*Don. scortum*), Cardium, Idothée (Corbeille), Telline, Lucine, Sémélé, (*Tellin. reticulata*), Mactre, Libitine (Cypricarde), Cyclade (Cyprine), Cythérée; (E) très-nombreuses, Arche et ses subdivisions, Leda (Nucule).

Dans la sous-section des univalves, la forme générale donne les trois premières divisions en scutiformes, spirées et tubivalves.

Les scutiformes sont ensuite partagées en trois subdivisions, suivant qu'elles sont : valveformes, *valvæformia*, Orbicule, Ombrelle, Nacelle, Patelle : calyptrées, *calyptrata*, Fissurelle, Emarginule, Amalthée (Cabochon), Creuset (Calyptrée), Bonnet ou *Mitrularia* (*Calypt. equestris*) : crépidulées, *crepidulea*, Sandaline ou Crépidule et Trochite (*Pat. chinensis*).

Pour la division des spirées qui sont infiniment plus nombreuses, M. Schumacher considère la spire : 1.º visible et
élevée ; 2.º visible et discoïde ; 3.º invisible, ce qui lui donne
trois subdivisions.

La première est ensuite partagée d'après la columelle (A)
déprimée, Haliotide, Sigaret, Hydatine (*Bulla physis*), Nérite,
Scalaire, Colonne (*Agath. columna*); (B) lisse, Natice,
Mamelle (*Nat. mamilla*), Amphibole (*Ampull. avellana*);
Hélice, Otale (*Hel. hæmastoma*), Bouton (Rotelle), Caro-
colle, Eperon, Toupie, Janthine, Dauphinule, Annulaire
(*Cyc. colvulus*), Cyclostome, Pelleron ou *Batillus* (*Turb. cor-
nutus*), Sabot, Turritelle, Limnée, Ampullaire, Limicolaire
(*Bulim. flammeus*), Mélanie, Bulime, Agathine, Glandine
(*Bulim. glans*), Utricule (*Con. geographus*), Cône, Ta-
rière, Eburne, Ebène (Mélanopside), Harpe, Pavillon ou
Aplustrum (*Bull. aplustre*), Tonne, Tritone (Buccin, Lamck.)
Rudolphe (*Monoceros*), Buccin (Pourpre, Lamck.), Tym-
panotone (Potamide), Mélongène (Pyrule, Lamck.) Pourpre
(*Murex*, Lamck.) Bécasse, Rapane (Pyrule sp.), Pyrule, Rocher,
Pugiline (*Mur. morio*), Fuseau, Pleurotome, Turritule (*Mur.
Javanus*, Chemn., 4, t. 143, f. 1336-38), Perron (*Mur.
perron*, Chemn.); (C) mixte, Canaris (*Stromb. urceus*,
Linn.), Strombe, Ptérocère; (D) calleuse transversalement en arrière, Rostellaire, Cerite, Nasse (*Bucc. spiratum*,
Linn.), Naine (*Melan. marrocana*, De Fér.), Stramonite (*Bucc.
hæmastoma*); (E), tuberculeuse au milieu et en avant, Mu-
rule (Ricinule), Chenille ou *Vertagus* (*Cer. vert.*), Auricule,
Pythie (Scarabé), Angistome (Tomogère), Dentellaire (*Hel.
sinuata*, Mull.) Maillot, Polydonte (*Troch. maculatus*), Py-
ramis (*Troch. obeliscus*), Télescope; (F) torse, Pyramidelle, Alêne, Dactyle (*Bull. solidula*); (G) plissée antérieurement, Hyaline (*Volv. pallida*), Marginelle, Persicule
(*Marg. persicula*), Imbricaire (*Voluta decorata*, Soland.), Cylindre (*Mitra crenulata*, Lamck.), Gondole, Volute, Mitre, Cancellaire, Carafe ou *Lagena* (*Turbinella rustica*), Ricinelle
(Ricinule), Cynodone (*Turbin. ceramica*, Lamck.), Polygone (*Tur-

Turbin. infundibulum), Eclair ou *Fulguraria* (*Vol. fulminata*, Lamck). Turbinelle, Fasciolaire; (H) striée, Olive, Ancille, Columbelle, Guitare ou *Cythara* (*Mur. harpa*, Gmel.); (I) striée et plissée, Cyprée, Casque, Bézoard ou *Bezoardica* (*Buccin. glaucum*, Linn.), Echinore (*Bucc. echinophorum*), Grimace ou *Distorta* (*Mur. anus*), Lampasie (*Murex pileare*, Linn.), Couleuvre ou *Colubraria* (*Buccin. sp.*, Chemn., 4, t. 132, f. 1257-58); Crapaud ou *Bufonaria* (*Mur. rana*, Linn.), Lampas (*Murex lampas*, Linn.), Girone ou *Gyrina* (*Ranella gigantea*, Lamck.), Ranulaire (*Purp. gutturnium*, Martin., 3, pl. 112, f. 1048-49).

La seconde subdivision est partagée en uniloculaires pour les genres Planorbe et Cornu (*Argonauta cornu*) seulement, et en multiloculaires pour la Spirule.

La troisième subdivision, dont la spire n'est pas visible, est partagée en deux; (A) Nautile, Bulle, Copeau, *Assula* (*Bull. lignaria*), Ovule, Écale ou *Naucum* (*Bulla naucum*, Linn.), Navette; (B) Argonaute.

Enfin la seule division des tubivalves contient les genres Arrosoir nommé *Clepsa*, Anguinaire (Siliquaire), Verniculaire (*Serpul. spirorbis*, Linn.), et Dentale.

D'après cette analyse du système conchyliologique de M. Schumacher, il est aisé de voir qu'il est complètement arbitraire et artificiel, même en pure et simple conchyliologie, quoique quelquefois, rarement il est vrai, l'auteur ait fait fléchir sa règle, comme lorsqu'il place son genre Malacotte (*Lepas aurita*), auquel il ne reconnoît que deux valves, parmi les multivalves, à cause, dit-il, de l'animal. Le principe dominateur, la forme de la charnière dans les bivalves, celle de l'ouverture dans les univalves, a été sans doute le plus souvent rigoureusement observé; en sorte que M. Schumacher n'a plus eu égard à rien autre chose; ainsi la régularité ou l'irrégularité des valves, leur similitude, le nombre des impressions musculaires, leur fermeture plus ou moins complète parmi les bivalves; l'intégrité ou l'échancrure de l'ouverture, l'existence ou non d'un opercule, sa forme, sa nature, le partage de la cavité en une ou plusieurs loges, parmi les univalves, sont entièrement

passés sous silence , ou ne servent qu'à former des divisions de
dernier ordre; mais on trouve même des dispositions con-
chyliologiques bien singulières. En effet , qui pourra penser à
mettre les balanes et les anatifes dans des divisions différentes ,
tandis que ces genres sont si rapprochés , que Linnæus, dont
M. Schumacher s'honore avec raison d'avoir été l'élève , n'en
formoit qu'un seul genre ? Comment la lingule peut-elle être
rangée avec les pinnes et la pandore avec la placune ? Comment trouve-t-il dans l'anodonte , la modiole et le lithodome ,
un système d'engrenage assez semblable pour les réunir dans un
même genre , qui ne comprend cependant pas les moules? Le
genre Térébratule peut-il être placé entre les corbules et le
spondyle ? Il faut donc regarder ce système comme le résultat
d'un simple amusement dans lequel M. Schumacher a considéré
essentiellement l'étendue de sa collection, et peut-être les lieux
dans lesquels il devoit la ranger. Il faut cependant ajouter que
cette étude rigoureuse de la charnière des bivalves et de l'ouverture des univalves l'a conduit à l'établissement d'un très-
grand nombre de genres , dont les uns avoient déjà été proposés
dans des ouvrages inconnus à M. Schumacher, et dont les autres le seront sans doute , en jugeant d'après ce que nous voyons
tous les jours. Le nombre total de ses genres est de 222 , 12 de
multivalves , 79 de bivalves et 131 d'univalves : et encore ne
ne comprend-il dans ce nombre aucun de ceux qui sont
établis sur des coquilles fossiles , et cela parce qu'il pense
qu'elles appartiennent à l'oryctologie, ce qui est assez singulier
pour quelqu'un qui n'étudie rigoureusement que les coquilles. Il
a donc eu à imaginer beaucoup de noms nouveaux : malheureusement il a cru aussi devoir en changer quelques uns d'antérieurement reçus ou de proposés par Mégerle, ce qui est
un tort, surtout dans sa manière de voir. Par contre il n'a
donné de dénominations à presque aucune de ses subdivisions ,
et c'est au moins un avantage. Il est seulement fâcheux qu'il
ait changé l'acception des mots monothalames et polythalames ,
adoptés depuis Breynius pour une division principale des univalves. On remarquera du reste que la caractéristique des genres
est devenue plus longue et plus rigoureuse, à mesure qu'ils

ont été plus nombreux , et que M. Schumacher place les coquilles univalves et bivalves dans la position naturelle déterminée par celle de l'animal , ce qui nous paroît une innovation
heureusement adoptée des malacologistes.

Le second ouvrage que nous devons analyser avec plus de
détails comme plus important, est celui de M. Latreille. Il a
d'abord été présenté à l'Académie royale des Sciences dans la
séance du 22 novembre 1824 ; un extrait ou le tableau analytique a été publié dans les Annales des Sciences naturelles,
tom. III , pag. 317 , et enfin l'ouvrage dont il fait partie a paru
en mai 1825.

M. Latreille divise les mollusques dans lesquels il n'admet
ni les acéphales nus , à l'imitation de M. de Lamarck, ni les
cirrhipèdes dont il dit que la coquille n'est qu'un épiderme en-
durci, en deux grandes sections, qu'il désigne sous les noms de
phanérogames et d'*agames*, en prenant en considération l'appareil de la génération comme dans le système de M. de Blainville.

Dans la première section, partagée en deux parties, les *pté-*
rygiens et les *aptérygiens*, il établit trois classes, comme M. Cuvier, en continuant la considération de l'appareil locomoteur,
les céphalopodes , les ptéropodes et les gastéropodes.

La première, subdivisée en deux ordres, décapodes et octopodes, comme dans le système de M. de Férussac, ne contient
rien de nouveau que la singularité de voir les sèches former la
seconde famille du premier, tandis que les coquilles polythalames, dont l'animal n'est pas connu, constituent la première.
Le second ordre est partagé en *acochleïdes* pour les poulpes ,
et en *cymbicochleïdes* pour les argonautes et le bellérophe.

La seconde classe, ou les ptéropodes, est également partagée
en deux ordres , *mégaptérygiens* et *microptérygiens*, d'après le
plus ou moins grand développement des appendices natateurs.
Le premier a deux familles, celle des *procéphales* pour les genres
Limacine, Clio, Cléodore, etc., et celle des *cryptocéphales* pour
le seul genre Hyale , en sorte que le genre Cléodore , qu'il est si
difficile de séparer des hyales, se trouve dans un autre ordre que
lui. Quant au second ordre, il ne renferme que les genres Pneumoderme et Gastéroptère , genres qui appartiennent à des fa-

milles toutes différentes, celui-ci étant évidemment une espèce d'acères.

La troisième classe, beaucoup plus nombreuse, est d'abord divisée en deux parties, *hermaphrodites* et *dioïques*, encore d'après la considération de l'appareil générateur, à peu près comme dans le système de M. de Blainville, et en faisant l'observation que la dernière pourroit très-bien faire une classe distincte, confirmation flatteuse pour ce que ce dernier zoologiste avoit déjà établi.

La première partie de cette classe est ensuite subdivisée en ordres d'après la considération de l'appareil respirateur, comme dans tous les autres malacologistes qui avoient précédé M. Latreille; ils sont au nombre de quatre, comme dans la méthode de M. Cuvier; mais chacun d'eux est partagé en familles un peu plus nombreuses que dans le système de ce zoologiste.

Ainsi, l'ordre des nudibranches contient trois familles : les *urobranches* pour les genres Doris, Polycère, Onchidore et Carinaire, qui n'a cependant guère les branchies sur la queue; les *séribranches* pour les genres Tritonie, Thethys et Scyllée; les *phyllobranches*, pour les genres Laniogère, Glaucus, Eolide et Tergipe.

L'ordre des inférobranches est divisé en deux familles : les *bifaribranches*, pour les genres Phyllidie, Diphyllidie et Atlas, mais avec un point de doute; les *unabranches*, pour les genres Pleurobranche et Linguelle, qui a cependant ses branchies tout-à-fait comme dans les phyllidies, tout autour du rebord du manteau.

L'ordre des tectibranches est, comme dans M. Cuvier, divisé en tentaculés et en acères, si ce n'est que le genre Phylliroé s'y trouve, on ne sait trop pourquoi.

L'ordre des pulmonés ne présente non plus rien de nouveau, que des noms différens. Ainsi la famille des limaciens est nommée *nulimaces*, celle des colimacés de M. de Lamarck est appelée *géocochlides*, et les limnéens et les auriculés de MM. de Blainville et de Férussac sont réunis sous la dénomination commune de *limnocochleïdes* peut-être avec raison; car si les auricules sont en général terrestres, littorales, M. Lesson, naturaliste de l'expédition du capitaine Duperrey, vient de nous en faire connoître une d'eau douce.

La seconde division de la classe des gastéropodes, ou celle des dioïques, n'est partagée qu'en deux ordres : le premier, celui des *pneumopomes*, imité de M. de Férussac, comprend les pulmonés operculés de ce conchyliologiste, terrestres ou aquatiques, c'est-à-dire, dans la même famille, les cyclostomes terrestres qui sont réellement dioïques, et les auricules qui sont hermaphrodites, rapprochement plus erroné dans le système adopté par M. Latreille que dans tout autre. Le second, celui des pectinibranches, est partagé en deux ordres, suivant que la coquille est visible ou cachée, encore comme dans le système de M. de Férussac, d'où les *gymnocochlides* et les *cryptocochlides*, ce qui est encore plus défectueux que chez ce dernier, parce qu'il y a des genres voisins des sigarets qui ont leur coquille bien complètement extérieure, et d'autres qui n'en ont pas du tout.

Quant aux gymnocochlides, ils sont subdivisés comme de coutume en espèces non siphonculées, et en espèces siphonculées, et n'offrent dans la distribution en familles que des différences de fort peu d'importance. Aussi, après avoir fait observer que le nombre de ces familles (*fusiformes, ailés, variqueux, cassidites, dorsaires, buccinides, subulés, columellaires, conoïdes, olivaires, ovoïdes*, est encore augmenté de manière à correspondre à peu près aux genres linnéens, nous nous bornerons à cette remarque que dans la famille des plicacés se trouve le genre Tornatelle, qui n'est évidemment qu'une espèce d'auricule, de sorte que voilà deux genres à peine distincts, et seulement pour les conchyliologistes, qui se trouvent non seulement dans deux ordres différens, mais même dans des divisions presque classiques différentes.

La seconde section des mollusques offre une première division, suivant que la tête est extérieure ou intérieure, d'où les noms d'*exocéphales* et d'*endocéphales*.

Les exocéphales correspondent exactement à la division des céphalophores que M. de Blainville a nommée hermaphrodites. M. Latreille n'y établit qu'une classe qu'il nomme *peltocochlides*, et qu'il partage en deux ordres, comme M. Cuvier, les scutibranches et les cyclobranches : il porte même l'imitation jusqu'à conserver dans la même famille les genres Ombrelle et Patelle, dont l'un est évidemment hermaphrodite, et l'autre monoïque ; mais où il ne le suit pas, c'est dans l'établissement de quatre familles qu'il nomme *auriformes*, *piléiformes*, *scutiformes*, et *lamellés*.

La seconde division des agames ne contient que deux classes : celle des brachiopodes, qui ne présente absolument rien de nouveau, que des subdivisions et des dénominations tranchées (*pédonculés* et *sessiles*), là où les différences se nuancent, et celle des conchacés partagés d'après la considération du manteau, comme dans le système de MM. Poli, Cuvier, de Blainville, etc., mais en ordres rigoureusement tranchés, d'où les *manteaux ouverts*, *biforés*, *triforés* et *tubuleux*.

L'ordre des manteaux ouverts est partagé en deux sections, d'après la considération nouvelle de la position des impressions musculaires, d'où les noms de *mésomyones* et les *plagimyones* ; mais du reste elles renferment les mêmes familles que dans M. de Lamarck.

L'ordre des manteaux biforés contient les deux familles des *mytilacés* et des *naïades* de M. de Lamarck, c'est-à-dire des animaux dont le manteau n'offre réellement qu'une seule ouverture.

Celui des triforés ne renferme que les tridacnes, et cependant les cames, les isocardes, etc., sont tout autant triforées que les tridacnes, quoiqu'elles soient dans l'ordre suivant des manteaux tubuleux qu'elles n'ont certainement pas.

Quant à ce dernier ordre, il est d'abord partagé en *uniconques* et en *diconques*, ou tubulés, dénominations qui n'indiquent guère le caractère distinctif ; car par là M. Latreille se propose de rendre la différence des bivalves libres, ou contenues dans un tube.

La division des uniconques est encore de nouveau partagée en *clausiconques* et en *hianticonques*, suivant que la coquille est close ou bâillante, et les genres ensuite répartis en familles un peu plus nombreuses que celle de M. de Lamarck et ramenées aux genres linnéens ; ce sont les camacés, les cardiacés, les cycladines, vénérides, tellinides, y compris les lithophages et

les nymphacés, les corbulides et les matracés, dans les clausi--
conques; les myaires, solénides, pholadines, dans les hianticonques. Quant aux diconques, ils ne renferment que la famille des tubicoles, en sorte que les tarets qui sont si rapprochés des pholades, que certaines espèces établissent le passage
entre ces deux genres, sont dans des familles différentes, et
que certains genres, comme le gastrochène, devra avoir
ses espèces réparties dans les deux familles; car il y en a qui
ont un tube, et d'autres qui n'en ont pas, et, bien plus, la même
espèce en a quelquefois, et d'autres fois n'en a pas.

Ainsi, la distribution méthodique des malacozoaires, proposée
par M. Latreille, ne contient presqu'aucune vue nouvelle, comme
il se plaît à le reconnoître lui-même, et n'est qu'une des nombreuses combinaisons différentes qu'il pouvoit faire des caractères
tirés de la considération d'organes ou d'appareils dans un autre
ordre que ceux adoptés par les malacologistes ses prédécesseurs.

Elle rompt un assez grand nombre de rapports naturels, et ce
défaut est devenu d'autant plus sensible, que la dichotomie, et
les dénominations ont été plus rigoureuses, et que le nom de
famille est plus souvent employé.

L'échafaudage artificiel des divisions, subdivisions, sections
sans noms ou avec des noms, outre les classes, ordres, familles,
a été tellement compliqué, qu'il est très-difficile d'en saisir l'ensemble, ce qui peut contribuer à effrayer l'élève, et l'empêcher
de faire ses efforts pour y parvenir, et cet inconvénient dans ce
groupe d'animaux est d'autant plus grave, qu'il étoit à peu
près inutile, à cause de leur petit nombre comparativement avec
celui des insectes.

Les dénominations nouvelles sont en général fort nombreuses,
comme on a pu le voir, souvent inutiles, et encore plus souvent
peut-être mal appropriées, en sorte qu'il est à craindre qu'elles ne
rentrent dans la classe de celles qui, suivant M. Latreille lui-
même, ne seront pas adoptées, parce qu'elles sentent beaucoup
trop le néologisme.

Ainsi les noms de phanérogames et d'agames, outre qu'ils indiquent des choses erronées, les organes de la génération n'étant
souvent pas plus ni moins visibles dans les uns que dans les autres,

ont le grave inconvénient d'appartenir à une autre partie des sciences naturelles, et de donner aux mêmes mots des acceptions différentes, inconvénient qui existe aussi, quoiqu'à un degré inférieur, dans le système de M. de Blainville lui-même. Aussi pense-t-il qu'il seroit préférable de remplacer les mots dioïques, monoïques et hermaphrodites par d'autres qui signifieroient que dans les premiers il y a des sexes séparés sur des individus différens, que dans les seconds les sexes sont distincts, quoique portés sur le même individu; et enfin que dans les troisièmes, il n'y a plus que le sexe femelle.

Les noms des ptérygiens et d'aptérygiens ne sont pas plus véritables. En effet, il n'y a certainement aucune trace d'ailes dans les poulpes rangés dans la première section, et au contraire il y a un assez grand nombre d'espèces d'aplysies, et surtout de bulles et de bullées qui en ont d'aussi grandes que beaucoup de ptéropodes, quoiqu'elles soient dans la division des aptérygiens, comme le prouve au reste M. Latreille lui-même en plaçant le gastéroptère dans les ptéropodes.

Les dénominations de mégaptérygiens et de microptérygiens, sous lesquelles sont désignés les deux ordres de ptéropodes, ne sont guère plus rigoureuses. En effet les ailes du gastéroptère, quoique placé dans les microptères, sont certainement bien plus grandes que dans aucun des genres des macroptères.

Nous pouvions étendre beaucoup plus cette analyse critique du système malacologique de M. Latreille, ou bien n'en pas parler du tout, comme n'étant qu'une combinaison de l'esprit, avec des matériaux préparés par d'autres; mais la juste réputation de son auteur dans la connoissance des insectes ne permettoit pas de le passer sous silence, quoiqu'il paroisse n'y attacher d'autre importance que de faire voir comment il comprend la distribution méthodique des parties de la série animale dont il n'a pas fait spécialement le sujet de ses études. Nous ne pouvions d'ailleurs guère faire autrement que de relever le singulier anachronisme que M. Latreille fait sur notre compte, en parlant avec une faveur dont nous sentons tout le prix, de nos travaux en malacologie. Nous nous bornerons cependant à remarquer qu'il a réellement donné l'exemple d'un véritable *futur-passé*, en disant au plus tôt, à la fin du mois de novembre 1824, que notre article sur les mollusques, dans le Dictionnaire des Sciences naturelles, *sera* un des plus riches en observations, et une mine féconde pour le conchyliologiste, puisqu'il avoit paru près de deux mois avant la lecture de son Mémoire, plus de trois avant sa publication dans les Annales des Sciences naturelles, et plus de six avant la publication définitive dans l'ouvrage dont il devoit faire partie.

DE LA GÉNÉRATION. Chap. VI et VII, pag. 137 et 160, *ajoutez :* Malgré l'opinion assez généralement reçue de l'hermaphrodisme suffisant des acéphalophores, opinion que M. Treviranus vient encore de confirmer dans plusieurs des animaux de cette classe, tout dernièrement M. Prevost de Genève a annoncé avoir observé dans des individus de la moulette des peintres, des animalcules spermatiques qu'il n'a pu voir dans les individus qui contenoient des œufs, ce qui lui fait admettre des sexes séparés dans ses mollusques.

Puisque nous sommes revenus sur cette partie de l'organisation des malacozoaires, nous donnerons de nouveaux détails, craignant de n'avoir pas été assez clairs, surtout à cause de quelques erreurs typographiques. En effet, page 137, lignes 16, au lieu de *paracéphalés*, lisez acéphalés, dont il est question dans cet alinéa; et ajoutez que, depuis la connoissance que nous avons eue de l'observation de M. Prevost, nous avons examiné un assez grand nombre d'individus, environ quarante, de la moulette des peintres, de la moulette batave, et de l'anodonte des canards, sans trouver la moindre différence qui pût nous faire soupçonner l'existence du sexe mâle : tous nous ont offert un ovaire plus ou moins volumineux remplissant les interstices des muscles de la base de la masse abdominale et des lobes du foie qui y sont contenus. Les deux parties droite et gauche communiquant entr'elles par des espèces d'anastomoses transverses se terminent chacune par un oviducte très-court, s'ouvrant à la racine antérieure de la paire de branchies interne, un peu au-dessous de l'orifice de l'organe brun ou du poumon de M. Bojanus. Quelquefois même ces deux orifices semblent être percés dans une sorte de cloaque commun, tant ils sont rapprochés l'un de l'autre, et ils sont recouverts par une sorte de lobe charnu du bord de l'oviducte. Sur un individu, nous avons pu en voir sortir les œufs les uns à la suite des autres dans un courant aqueux, et cela pendant plusieurs minutes. Il ne nous a pas paru qu'ils se dirigeassent nécessairement vers les ouvertures dorsales des branchies, quoique l'on conçoive fort bien qu'ils puissent s'y déposer. L'organe brun est donc en connexion immédiate avec l'appareil générateur. On remarque aisément que toute sa cavité est doublée par des replis transverses nombreux qui ressemblent un peu aux valvules conniventes de l'intestin grêle des mammifères ; mais son intérieur ne nous a offert ni matière blanche qui pourroit le faire regarder comme une sorte de testicule ou de vésicule séminale, ni matière muqueuse d'où l'on pourroit supposer que cet organe sécréteroit les membranes adventives à l'œuf. Ainsi il faut ajouter à ce que nous avons dit de cet organe à l'article de la dépuration urinaire, p. 136, que certainement il n'a pas d'autre orifice que celui dont il vient d'être question, et qui est antérieur.

D'après cette disposition de l'appareil générateur des unios, anodontes, que nous avons retrouvée à peu près la même dans les cardiums, les vénus, les myes, on voit qu'elle diffère de ce que nous avons décrit dans les peignes et les moules, où l'on trouve bien évidemment l'oviducte se prolongeant en arrière de chaque côté de l'abdomen.

Dans le dernier paragraphe de cette même page 137, au lieu de *paracéphalés monoïques*, lisez paracéphalés hermaphrodites.

Enfin, dans le premier paragraphe de la page 138 qui a trait à l'appareil générateur des mollusques où les deux sexes distincts sont réunis sur le même individu, ce qui constitue nos paracéphalés dioïques, ajoutez que les anatomistes ne sont pas encore complètement d'accord sur ce qu'on doit considérer comme la partie mâle et la partie femelle, les uns prenant pour l'ovaire ce que les autres regardent comme le testicule. Ce qu'il y a de certain, c'est que l'organe que nous nommons l'ovaire avec M. Cuvier, renferme souvent des globules qui ont bien la forme d'œufs, ce que nous n'avons jamais vu dans le testicule qui nous a paru au contraire toujours contenir une substance blanche et fluide, comme spermatique ; mais il faut dire aussi que le canal excréteur naît de l'ovaire par des ramifications assez fines, à la manière des vaisseaux hépatiques, et que sa grande ténuité, ses nombreuses circonvolutions ressemblent plutôt à un canal déférent. Quelque soin que nous ayons mis à tâcher de dévoiler la connexion intime qui existe entre les deux canaux excréteurs, vers l'extrémité du second oviducte, sur la nature duquel il ne peut y avoir de doute, nous convenons n'avoir jamais pu rien obtenir qui nous satisfît complètement ; c'eût été cependant un moyen de décider la question.

HISTOIRE NATURELLE. Chap. VIII.

Art. 1. *Séjour et habitation*, pag. 169, *ajoutez :* pour preuve que les espèces de chaque genre n'ont pas essentiellement le même séjour, que MM. Lesson et Garnot, naturalistes de l'expédition du capitaine Duperrey, ont observé une espèce de néritine en grande abondance sur des plantes terrestres à plus d'un quart de lieue de toute eau douce dans la Nouvelle-Irlande, ainsi qu'une jolie espèce d'auricule, l'auricule de Dombey, dans une petite rivière du Chili.

Art. 2. *Répartition à la surface de la terre*, pag. 173. Les mêmes naturalistes dans leur circumnavigation n'ont trouvé de limnées qu'à la Nouvelle-Hollande, mais jamais de planorbes, si ce n'est une très-petite espèce dans les ruisseaux des côtes du Pérou. Partout au contraire les néritines sont fort nombreuses.

Ils ont aussi découvert une petite espèce de cyclade à la Nou-velle-Hollande.

BIBLIOGRAPHIE MALACOLOGIQUE. Chap. XI, p. 216, *ajoutez :*

- **BARNES** (D. W.). Description de cinq espèces d'oscabrions recueillies sur les côtes du Pérou. *Americ. Journ. of Scienc.*, vol. XII, n° 2, nov. 1823, avec fig. coloriées.

CARUS (C. G.). *Icones scorpiarum in littore maris Mediterranei* *collectaram, cum tab. 5 œn. pictis.* Nov. Act. Cæs. Leop. Car. t. XII, 1 part., p. 314.

De Férussac et Poli. Sur l'animal de l'argonaute, Bulletin des Sciences par M. de Férussac, mai 1825, p. 137.

Landsdown Guelding. Description d'une nouvelle espèce d'onchidie. *Trans. of Linn. Soc.*, vol. XIV, part. 2, pag. 322, avec figures.

Bibliographie conchyliologique. *Ajoutez :*

Par. 1. *Systématiques*, p. 319.

Schumacher (Chret.-Fréd.). Essai d'un nouveau système des habitations des vers testacés; un vol. in-4.º de 287 pages et 23 planches gravées. Copenhague, 1817.

Par. 3. *Musæographes*, p. 323.

Solander (Daniel). Catalogue des coquilles du cabinet de la duchesse de Portland; ouvrage que je ne connois pas, mais qui contient, dit-on, presque autant de genres que d'espèces.

Art. 3, pag. 325. *Journaux.*

Spengler (....). *Natur. historie-selskabets skioter*, ou Recueil d'écrits sur les objets rares d'histoire naturelle. Copenhague, 1790, 2-5, B, in-8º.

L'auteur y traite successivement des genres : *Lepas, Pholas, Teredo, Gastrochœna, Mya, Unio, Solen, Chiton, Tellina, Cardium* et *Mactra.*

Par. 1. *Univalves*, p. 326.

Swainson (William). Monographie du genre Ancillaire, Journ. des Sciences et des Arts, nº 36, p. 372.

Par. 2. *Bivalves*, p. 328.

Retzius (....). *Dissertatio historico-naturalis sistens nova testaceorum genera, Thesis Laur. Munter. Philipson.* Lundoe, 1783, 4º.

C'est cet auteur qui a commencé à diviser les genres *Anomia*, *Mya*, *Ostrea* et *Mytilus* de Linné, en en séparant les genres Cranie, Térébratule, Placenta, Unio et Méline (Perne); il a en outre établi le genre Chæna avec une nouvelle espèce de coquille et le genre Tricla avec l'animal prétendu dont Gioëni avoit fait son Gioënia.

DEFRANCE (.....). Sur la nécessité de former deux genres différens des espèces comprises dans le genre Plagiostome. Ann. des Scienc. nat., 1825.

Art. 5, pag. 335. *Fossiles.*

FAURE-BIGUET (....). Rectifiez ainsi le titre de son ouvrage : Considérations sur les bélemnites suivies d'un essai de bélemnitologie; brochure de 58 pages in-8°. Lyon, 1810.

Sect. III. SYSTÈME GÉNÉRAL DE MALACOLOGIE.

Nous aurons bien davantage à corriger et à ajouter au *genera*. Nous suivrons dans ces additions l'ordre que nous avons établi.

SÈCHE (*p.* 368). En parlant du genre Sèche, nous avons dit qu'on trouve fossiles, dans des terrains postérieurs à la craie, des pièces calcaires qui paroissent avoir appartenu à des sèches. C'est à M. G. Cuvier que la science doit cet heureux rapprochement. Cependant, en examinant attentivement ces corps organisés fossiles, et en les comparant avec les os de sèches et de certaines espèces de bélemnites, il nous semble qu'ils doivent faire le passage entre ces deux genres, en ce que la cavité est bien plus prononcée, en même temps qu'il n'y a pas de partie avancée comme dans les os des sèches, et que la première est beaucoup moindre que dans les bélemnites, et par conséquent constituer un genre distinct pour lequel nous adopterons le nom de béloptère, imaginé par M. Deshayes, qui a également fort bien vu ce rapprochement depuis que nous lui avons communiqué nos idées sur les bélemnites. On pourra le caractériser ainsi.

BÉLOPTÈRE. *Beloptera.*

Animal entièrement inconnu, contenant dans le dos de son enveloppe musculaire une pièce calcaire symétrique formée de deux parties, un sommet épais. solide, très-chargé en arrière; et en avant un tube conique plus ou moins complet, à cavité également conique. comme annelée en travers, élargies au point de leur jonction par des appendices aliformes et sans prolongement clypéacé antérieur.

A. Espèces dont les appendices aliformes se réunissent en dessous du sommet et dont la cavité est un peu en forme de hotte.

Ex. La Béloptère sépioïde. *Beloptera sepioidea.*

B. Espèces dont les appendices aliformes sont distincts, et dont la cavité est complètement conique avec des indices de cloisons et de siphon.

Ex. La B. bélemnoïde. *B. belemnoidea.*

Observ. Ce genre qui doit être placé à la fin de la famille des sépiacés, ne renferme encore que les deux espèces citées dont l'une est évidemment très-rapprochée de l'os des sèches, et l'autre des bélemnites. Toutes deux sont fossiles et de terrains postérieurs à la craie.

CONULAIRE (*pag.* 277). Nous avons observé dans la collection de M. Defrance un bel individu d'un corps fossile qu'il regarde comme appartenant à ce genre. On ne peut mieux le comparer qu'à une borne pyramidale et tétragone. Sur chaque angle, et au milieu de chaque face, est un sillon peu marqué qui se prolonge plus ou moins loin vers le sommet; mais on n'y voit aucune trace de cloisons, de siphon ni d'ouverture.

AMMONITE (*p.* 385). Nous avons observé chez M. Defrance plusieurs beaux individus de différentes espèces d'ammonites qui lui ont été communiquées généreusement par M. Deslongchamps de Caën, et qui présentent leur ouverture bien complète. Nous avons pu nous assurer que cette ouverture n'est pas toujours évasée, comme nous l'avons dit d'après un auteur anglois; sou-

vent même elle est plutôt contractée ; mais ce qu'elle offre de plus
constant, c'est que son bord est renflé par un bourrelet épais,
bien régulièrement symétrique, comme dans les autres coquilles
univalves, et que ce bord souvent subauriculé ou mieux échancré à sa racine, est sinueux de chaque côté d'une manière quelquefois bien singulière, en sorte qu'il faudra ajouter à la caractéristique de ce genre : ouverture symétrique un peu évasée ou
contractée, à bord épaissi en bourrelet, et souvent échancré
ou sinueux et auriculé, d'une manière variable à leur origine.

Ces ouvertures d'ammonites sont figurées pl. IX.

SCAPHITE (*p.* 384). En donnant la caractéristique de ce
genre, ce n'est que par inadvertance que nous avons copié ce
que nous avions dit dans la première édition de ce *genera*, d'après
la figure donnée dans l'atlas du Dictionnaire des Sciences naturelles ; car, en observant une scaphite dans la collection de
M. Brongniart, nous étions bien résolus de la changer, comme
le prouve la seconde phrase des *Observations :* « c'est un genre à
peine distinct de certaines ammonites. » La caractéristique de ce
genre, si on persiste à l'admettre, ce qui nous paroît douteux,
pourra être ainsi établie.

Coquille ovale, naviforme, enroulée au sommet, le dernier
tour s'avançant presqu'en ligne droite, se contractant et se recourbant un peu lui-même vers l'ouverture, de manière à
s'approcher de la spire, et à faire que la coquille semble s'en-
rouler par ses deux extrémités.

FUSEAU (*p.* 395). *Ajoutez :* d'après l'observation de M. Deshayes.

G. Espèces licornées ou portant une sorte de corne au milieu du bord
droit.

Ex. Le F. Licorne. *F. Monoceros.* Deshayes.

TURBINELLE (*p.* 3₉8). *Ajoutez :* d'après l'observation de
M. Deshayes.

D. Espèces licornées ou portant une apophyse en forme de corne au
milieu du bord droit.

Ex. La T. Cordon blanc. *T. leucozonalis.* De Lamck.', Fav.,
Conch., pl. 35, fig. H, 2 ?

CASSIDAIRE (*p.* 409). *Ajoutez :*

A. Espèces ovales, subglobuleuses, à canal subascendant.

    Ex. Le Cassidaire échinophore. *Cassidaria echinophora.*

B. Espèces oblongues, subcylindriques, à canal droit et très-court.
                   (G. ONISCIA. Sowerby.)

    Ex. Le C. cloporte. *C. oniscus.* Brug. ; Gualt., Test., tab. 22,
fig. I.

OLIVE (*p.* 417). *Ajoutez :* M. Duclos, qui vient de faire une
monographie de ce genre de coquilles dont il possède la plus
belle collection qui existe, en caractérise soixante et dix-neuf
espèces vivantes, quoiqu'il ait été obligé de regarder comme de
simples variétés quinze des soixante-neuf décrites par M. de
Lamarck, et quatorze espèces fossiles. La plupart de ses trente-
deux espèces nouvelles ont été rapportées de la Nouvelle-
Guinée par MM. Quoy et Gaimard de l'expédition du capitaine
Freycinet, il les partage de cette manière :

A. Espèces dont le pli columellaire est en forme de torsade.
                   (Les O. ANCILLOÏDES. Ducl.)

    Ex. L'Olive hiatule. *Oliva hiatula.* Enc. m. , pl. 368 , f. 5,
a b.

B. Espèces cylindracées, à spire fort pointue, avec des plis columellaires très-nombreux et occupant presque tout le bord gauche.
                 (Les O. CYLINDROÏDES. Ducl.)

    Ex. L'O. zonale. *O. zonalis.* De Lamck.

C. Espèces globuleuses, ventrues, à spire courte, et le bord columellaire strié seulement jusqu'à moitié.   (Les O. GLANDIFORMES. Ducl.)

    Ex. L'O. porphyre. *O. porphyria.* Enc. m. , pl. 361, f. 4,
a b.

D. Espèces qui ont la spire mucronée, et dont le canal s'oblitère vers
le commencement du dernier tour.   (Les O. VOLUTELLES. Ducl.)

    Ex. L'O. du Brésil. *O. Brasiliana.* De Lamck.; Chemn.,
Conch., 10, t. 147, f. 1567-1568.

Observ. M. Duclos place ce genre entre les ancillaires et les vo- lutes. L'olive hiatelle par la forme excavée de son bord columel- laire est en effet une ancillaire dont la suture est canaliculée.

PÉRIBOLE (*p.* 420). Ajoutez que nous n'avions conservé ce genre que par la grande confiance que nous avions aux obser- vations d'Adanson, le seul auteur qui ait jusqu'ici étudié les mollusques conchylifères d'une manière à peu près satisfaisante, mais le soin que M. Duclos a mis de recueillir pour plusieurs espèces de porcelaine, la coquille, depuis le moment où elle sort presque de l'œuf, jusqu'à son état adulte, ne nous permet plus de douter que le péribole ne soit réellement un jeune âge d'une espèce de ce genre, et ne doive par conséquent être supprimé.

MITRE. (*p.* 418). *Ajoutez :*

E. Espèces presque complètement conoïdales avec des plis comme imbriqués au milieu du bord columellaire.
(G. IMBRICARIA. Schum.; CONOELIX. Sow.)

Ex. La Mitre décorée. *Mitra decorata.* Schum., Nouveau Système de Conch., pl. 21, fig. 5; et pl. XXVIII *bis*, fig. 7.

NÉRITE (*p.* 444). *Ajoutez*, à la suite de la caractéristique des espèces de la division *E*, (G. CLITHON. D. M.).

LIMNÉE (*p.* 449). *Ajoutez :* que les naturalistes de l'expédition du capitaine Duperrey en ont rapporté de l'Australasie.

BULIME (*p.* 455). A la sect. *D ajoutez :*

Espèces sénestres à ouverture appointie aux deux extrémités.
(G. BALEA. Prideaux et Gray.)

Ex. Le B. citron. *B. citrinus.* Chemn., 9 , t. 134, fig. 10-12.

AGATHINE (*p.* 456). *Ajoutez :* que les animaux de ce genre, et surtout de la section des Polyphèmes, vivent dans les terrains marécageux.

BULLE et BULLÉE (*p.* 477). En étudiant plus attentivement les espèces de ces deux genres, que Mlle Warn nous assure être

40

carnivores et avaler les mollusques bivalves avec leur coquille, et qu'on pourroit très-bien réunir sans inconvénient, il nous semble que la plupart seroient cependant mieux dans le genre Bulle que dans le genre Bullée, où l'on pourroit ne laisser que celle qui lui sert de type, et une autre rapportée dernièrement des mers de l'Australasie par M. Quoy et Gaimard. Dans cette opinion voici comme les espèces peuvent être groupées :

A. Espèces fortement involvées, à spire visible et saillante à l'extérieur; l'ouverture très-étroite en arrière.   (G BULINE. De Fér.)

Ex. La Bulle de la Jonkaire. Basterot, pl. XLV, fig. 9.

B. Espèces complètement involvées, ampullacées; la spire bien distincte, visible, mais non saillante, avec une sorte de bourrelet à la partie antérieure du bord columellaire.   (G. APLUSTRE. Schum.)

Ex. La B. banderole. *B. aplustre*. Enc. méth. , pl. 359. fig. 2, *a b*; et pl. XLV. fig. 10.

C. Espèces plus épaisses, plus solides, assez complètement involvées; les tours de spire à peine visibles dans un ombilic plus ou moins profond du sommet saillant à l'intérieur.   (G. BULLE.)

Ex. La B. hydatide. *B. hydatis*. Pl. XLV. fig. 1.

D. Espèces minces, ampullacées; les tours de spire visibles à l'extérieur, mais sans saillie et avec une suture comme canaliculée, sans bourrelet à la partie antérieure du bord columellaire.
                              (G. ATYS. D. M.)

Ex. La B. papyracée. *B. naucum*. Pl. XLV. fig. 11.

E. Espèces fort minces, assez involvées; les tours de spire distincts en dedans comme en dehors; la suture profonde, anguleuse et fissurée dans une plus ou moins grande partie de son étendue.

Ex. la B. fragile. *B. fragilis*, Lamck., pl. XLV. fig. 7.

F. Espèces extérieures, subenroulées, mais sans spire visible ni en dedans ni en dehors.   (G. SCAPHANDRE. D. M.)

Ex. La B. oublie. *B. lignaria*. Pl. XLV, f. 8.

G. Espèces intérieures, très-minces, en oublie, avec un commencement d'enroulement à l'origine du bord gauche. (G. BULLÉE. Lamck.)

Ex. La B. plancienne *B. aperta*. Pl. XLV, f. 2.

Observ. Nous ne connoissons dans la première section qu'une espèce fossile. Nous avons observé l'animal de la Bulle ampoule : les lobes latéraux de son pied sont fort petits, en sorte qu'il est probable qu'il nage peu ; c'est le contraire pour la Bulle fragile, dont la coquille est extrêmement mince quoiqu'extérieure. L'animal a son pied très-dilaté à droite et à gauche. C'est à tort que dans le texte nous avons rapporté cette espèce à la *Bulla hydatis*, Linn., avec quelques auteurs anglois ; celle-ci est une véritable Bulle de la division *C. M.* de Roissy nous a fait observer une grande espèce de la section *E* dans la collection de M. Castelin. Nous avons également observé l'animal de la *B. lignaria* ; il a les lobes de son manteau extrêmement courts, à peu de chose près comme dans la Bulle plancienne.

BERTHELLE (*p.* 469). *Ajoutez* à la caractéristique de ce genre : coquille interne, fort mince, ovale, à sommet à peine distinct.

BELLÉROPHE (*p.* 477). *Ajoutez :* que M. Defrance place ce genre à côté des argonautes.

LOBAIRE (*p.* 478). *Ajoutez*, aux observations, que ce genre, établi par Muller, a été nommé par M. Meckel d'abord *Doridium*, Beytrage Z. Vergl. anat. Bd, 1. H, 2, 1808; *Acère*, par M. Cuvier, Ann du Mus., t. XVIII; et enfin *Bullidium*, par M. Meckel dans une note ajoutée à sa dissertation sur le genre Pleurobranchidie.

POLYBRANCHES (*p.* 488). *Ajoutez :*

DERMATOBRANCHE. *Dermatobranchus.*

Corps déprimé, semicirculaire, pourvu en dessous d'un pied assez large, fort distinct, recouvert en dessus d'un manteau élargi, arrondi en avant, rétréci en arrière, hérissé de stries ou de pustules alongées, branchiales ? une paire de tentacules courts, rapprochés, contractiles, situés entre la tête et le manteau. Yeux nuls ? trois ouvertures au côté droit du corps, l'antérieure près la tête pour l'appareil générateur, la seconde pour l'anus, et la troisième pour l'organe urinaire.

Ex. Le D. strié. *D. striatus.* Hasselt.

Observ. Ce genre est établi par M. Van Hasselt pour plusieurs

espèces de mollusques nus de la côte de Java. Malgré quelques
détails anatomiques qu'il donne sur ces animaux, il est assez difficile de déterminer positivement sa place. Je crois cependant
plus probable qu'il ne doit pas être éloigné des scyllées.

PLACOBRANCHE. *Placobranchus.*

Corps très-déprimé, formant avec le pied non distinct une sorte
de lame un peu gibbeuse au milieu; tête distincte arrondie en
avant, avec un appendice ou tentacule concave en dessous de
chaque côté; yeux très-petits, fort rapprochés sur le milieu de la
tête ; bouche inférieure avec une paire de tentacules labiaux, sub-
aigus, sans trompe ; branchies découvertes et formées par des lamelles très-fines, serrées, divergentes antérieurement d'un centre
commun; anus supérieur à droite de la gibbosité dorsale; orifice
des organes de la génération distant, celui de l'oviducte à
droite en avant de l'anus; celui de l'appareil excitateur mâle à la
base du tentacule droit.

Ex. Le P. ocellé. *P. ocellatus.* Hasselt.

Observ. M. le docteur Van Hasselt auquel nous devons l'établissement de ce genre, le place auprès des éolides et des doris; il nous
semble probable que c'est aux cyclobranches qu'il appartient;
mais c'est ce que nous ne voulons pas assurer. Il ne contient encore qu'une espèce de la côte de Java.

DENTALE (*p.* 496). *Ajoutez :*

E. Espèces dont le tube est rétréci vers son orifice et doublé à l'intérieur par un autre tube.   (G. ENTALE. Defrance.)

Ex. La D. doublée. *D. duplicatum.*

PATELLE (*p.* 499). *Ajoutez :* que les patelles ordinaires qui se
creusent à la surface des roches tendres qu'elles préfèrent une
excavation souvent de trois ou quatre lignes de profondeur,
comme nous l'avons observé nous-mêmes sur les côtes de la
Manche, n'en sortent pas moins pour errer çà et là, probablement dans le but de chercher leur nourriture, et ce qui a été vu
par M. d'Orbigny fils, qu'elles reviennent toujours à la même
place.

Thécidée (*p.* 513). *Ajoutez :* que la thécidée vivante dans la Méditerranée, a son articulation formée par une grosse dent médiane de la valve plate saisie entre les deux dents condyloïdiennes de la valve creuse, et qu'en outre la face interne est hérissée de crêtes fort singulières.

Orbicule et **Cranie** (*p.* 515). *Ajoutez*, pour aider à la distinction de ces deux genres, que les orbicules ne sont réellement que retenues dans les anfractuosités des rochers, ou à peine adhérentes par quelques fibres du muscle adducteur de l'animal, tandis que dans les cranies toute la valve plate adhère complètement et immédiatement.

Hippurite (*p.* 516). *Ajoutez*, pour aider à confirmer la place que nous assignons à ce genre auprès des sphérulites et des radiolites, que M. de Férussac avoit émis transitoirement le doute qu'il pourroit bien devoir être rapproché des premières, quoiqu'il ne l'ait pas fait, et surtout que M. Deshayes vient d'établir ce rapprochement sur une comparaison approfondie. Il pense même que les prétendues cloisons des hippurites ne sont autre chose que des lames d'accroissement, comme dans les huîtres. L'observation de cloisons libres, épaisses, que nous avons faite dans un bel individu de la collection de M. Defrance, et qui est figuré pl. LVIII, fig. 1, nous permet de douter encore un peu de ce rapprochement.

Calcéole (*p.* 518). La régularité, la symétrie de ces singulières coquilles font que ce genre scroit peut-être mieux parmi les palliobranches de la première section.

Anomie (*p.* 519). *Ajoutez* que M. Defrance nous a fait voir dans sa collection un individu d'anomie pelure d'oignon, qui a son osselet soudé complètement aux bords de l'ouverture de la valve plate, et une anomie évidemment radiée.

Harpace (*p.* 520). *Ajoutez* que, d'après ce que m'a dit M. Deshayes, ce genre que nous ne connoissions que d'après la figure citée, est établi sur une véritable plicatule.

Plagiostome (*p.* 513), et

PACHYTE (*p.* 522). Observez que **M.** Defrance a fait le contraire de ce qu'il étoit d'abord convenu avec nous, en réservant le nom de plagiostome aux espèces de ce genre non symétriques, comme le **P.** Géant, et en donnant le nom de pachyte aux espèces régulières et térébratuloïdes, comme le **P.** épineux, en sorte que ces noms doivent être échangés.

Ainsi (*p.* 513, et par conséquent *p.* 514), au lieu de **PLAGIOSTOME**, substituez **PACHYTE**; et (*p.* 522) à la division *B* des espèces de gryphées, au lieu de **PACHYTE**, substituez **PLAGIOSTOME**, et par conséquent pour exemple, prenez le **P.** Géant, *P. Gigas.*

GRYPHÉE (*p.* 522). *Ajoutez :*

C. Espèces rayonnées, subpectiniformes ; le talon de la grande valve non voluté et accompagné à droite et à gauche d'une fosse considérable
(G. **UNCITE.** Defrance.)

Ex. La G. térébratuloïde. *G. terebratuloidea. Terebratula gryphæus.* (Schlotteim.)

AVICULE (*p.* 530). *Ajoutez*, à la division *A* des espèces non ailées, que **M.** de Lamarck a quelque temps nommé ce genre **MÉLÉAGRINE**, au lieu de **PINTADINE**.

ETHÉRIE (*p.* 543). *Ajoutez* que ce genre seroit peut-être mieux, comme le pense **M.** Sowerby, parmi les submytilacés dont aucune espèce cependant n'est aussi irrégulière.

ANODONTE (*p.* 538). Au lieu de charnière, dans les caractères de la subdivision *A*, lisez bord cardinal, et *ajoutez :*

F. Espèces non auriculées, alongées, avec une lame cardinale, brusquement tronquée en arrière.   (G. **ALASMISODONTE.** Say.)

Ex. L'A. ondulée. *A. undulata.* Enc. Am., Conch., pl. 2, fig. 3.

G. Espèces ovales, arrondies, bâillantes aux extrémités, avec une sorte de crête aux sommets, et une longue callosité longitudinale partagée en deux lames par une fossette cardinale linéaire.
(G. **CRISTARIA.** Schum.)

Ex. L'A. cristaire. *A. cristata ; Crist. tuberculata.* Schum., Essai d'une Nouv. méth. de Conchyl., pl. 20, fig. 2.

Observ. La coquille de la section *G* ne m'est connue que par la caractéristique et la figure incomplète de M. Schumacher, peut-être seroit-elle mieux parmi les Glycimères.

MYOCONQUE. *Myoconcha.*

Coquille oblique, inéquilatérale, à sommet antérodorsal ; ligament externe ; une dent alongée, oblique dans la valve gauche ; impression palléale non excavée en arrière.

Ex. La Myoconque épaisse. *Myoconcha crassa.* Sowerby, Manuel de Conchol., n° 81.

Observ. Je n'ai rien vu de ce genre établi par M. Sowerby ; j'avoue même que d'après la caractéristique qu'il en donne, il est difficile d'assigner posivement sa place.

CAME (*p.* 542). Aux caractères de ce genre qui n'ont guère été tirés que des cames gryphoïdes et feuilletées, *ajoutez* cette nouvelle distribution des espèces :

A. Espèces irrégulières, inéquivalves, sans lunule, adhérentes par la valve gauche, la plus grande ; les deux sommets s'enroulant plus ou moins en spirale.

* *Le sommet gauche se prolongeant beaucoup plus que le droit.*

Ex. La Came feuilletée. *C. Lazarus.* Pl. LXX, fig. 2.

** *Les deux sommets se prolongeant presque également.*

Ex. La C. gryphoïde. *C. gryphoïdes.* Enc. méth., pl. 197, f. 2, *a b.*

B. Espèces subéquivalves, subrégulières, avec une lunule distincte, et les sommets peu spirés, adhérentes par les deux valves.

Ex. La C. arcinelle. *C. arcinella.* Linn., Enc. méth., pl. 197, fig. 4, *a b.*

C. Espèces subrégulières, hémicardites, très-inéquivalves ; valve droite très-excavée ; valve gauche operculaire ; une dent cardinale conique, lisse de celle-ci, se logeant dans une fossette profonde de celle-là ;

ligament comme double, la partie interne beaucoup plus épaisse que l'externe ; impression musculaire antérieure très-longue.

(G. Camostrée. De Roissy.)

Ex. la C. hémicarde. *C. hemicardium.* (Nouv. esp.)

Observ. Ce genre est assez difficile à caractériser par le système d'engrenage; car chaque espèce présente une modification particulière ; cependant celle qui constitue la dernière section est réellement si différente, que M. de Roissy qui a observé cette coquille dans la collection de M. Castelin, a pensé qu'elle devoit former un genre qui, conchyliologiquement parlant, pourra fort bien être adopté.

Vénérupe (*p.* 559). A la division *B*, au lieu de Rupérelle, substituez Rupellaire.

Glycimère (*p.* 571). *Ajoutez :* que l'impression palléale qui réunit les deux impressions musculaires, est profonde et sans sinuosité postérieure, comme je m'en suis assuré sur un individu de la collection de M. Castelin. Je me suis aussi à peu près convaincu que ce genre doit être reporté dans la famille des submytilacés à côté des anodontes. La coquille très-épaisse a ses natèces écorchées et n'est réellement pas bâillante à la manière de celle des pyloridés.

Pholade (*p.* 577). M. Defrance m'a montré une jolie espèce qu'il regarde comme appartenante à ce genre, et qui a été trouvée dans du bois de gayac; mais il m'a paru que cette espèce est intermédiaire aux pholades et aux tarets.

Après la caractérisque des espèces de la division *D*, *ajoutez :* (G. Martesia. Leach.).

Fistulane (*p.* 580). *Ajoutez,* comme preuve que ce genre doit à peine être distingué de celui des tarets, que M. Deshayes en a trouvé une espèce dans du bois de Campêche.

TABLE.

SECTION TROISIÈME. *SYSTÈME GÉNÉRAL DE MALACOLOGIE*, p. 363.

FIN DE LA TABLE.

NOUVELLES ADDITIONS ET CORRECTIONS
AU GENERA.

Je comprendrai sous ce même titre un certain nombre d'observations nouvelles, qui me sont parvenues depuis la publication du Manuel de malacologie, et les corrections qui devront être faites soigneusement avant de s'en servir.

J'y joins celles qui regardent le numérotage des planches, en sorte que, pour avoir de suite la figure d'un genre ou d'un sous-genre, il suffira d'en chercher le nom dans la table, qui renvoie à la page où est citée le numéro de la planche. Il m'a donc paru inutile de donner une explication générale des planches, qui n'auroit fait que grossir le volume sans être d'une bien grande utilité.

Page 369. Aux observations sur le genre Miliole, *ajoutez :*

J'ai vu la coquille d'une miliole vivante dans la collection de M. Castelin, et j'en ai trouvé moi-même une avec l'animal fixé sur un *Murex* des côtes de la Manche. La coquille n'a réellement rien qui ressemble le moins du monde à un genre quelconque de véritables polythalames, et l'animal a encore moins de rapport avec un cryptodibranche.

P. 370. La Textulaire sagittule. Pl. V, fig. 6. *Lisez :* fig. 5.

P. 371. La Rénulaire operculaire. Pl. VI, fig. 3. On a par inadvertance figuré à sa place la *Rotalite trochidiforme,* qui ainsi l'a été deux fois.

Ibid. La R. aplatie. Pl. VI, fig. 2. *Lisez :* fig. 4, sous le nom de *Frondiculaire aplatie.*

Ibid. La Pénérople oreille. Pl. VI, fig. 1. *Lisez :* fig. 5, sous le nom de *Planulaire oreille.*

Page 372. La Nummulite lisse. Pl. VI, fig. 2. *Ajoutez :* sous le nom de *N. lenticulaire.*

P. 375, ligne 28, il n'en est pas de même des hamites, des scaphites ; nous ne savons guère ce que c'est. *Supprimez : des scaphites,* puisqu'il est certain que ce sont de véritables ammonites.

P. 377. La Bélemnite pénicillée. Pl. XI, fig. 8. *Lisez :* Pl. XI *bis,* fig. 8.

Ibid. La B. obtuse. Knorr, Petrif. Supplém., pl. 4. *Ajoutez :* copiée Pl. XI, fig. 10.

P. 379. L'Orthocère régulière. Pl. XI, fig. 9. *Lisez :* Pl. XI *bis,* fig. 9.

P. 381. La Lituole nautiloïde. Pl. II, fig. 5. *Lisez :* Pl. XI, fig. 5.

P. 382. L'Ammonocératite glossoïde. Pl. XI, fig. 1. *Notez :* Que, n'ayant pu nous procurer le seul individu connu de la véritable A. glossoïde, nous avons fait figurer l'A. aplatie de la collection de M. Defrance.

P. 383. Fam. des Cristacés. L'observation qui est à la fin du genre Crépiduline, doit être reportée p. 385, à la fin de la famille qui correspond en effet au genre Cristellaire de M. de Lamarck.

P. 384. Genre Linthurie, après Pl. X, fig. 3. *Ajoutez :* et Pl. LXII *bis,* fig. 1 — 16, sous le nom de *Cristellaire casque.*

P. 387. Aux observations sur le genre Orbulite, *ajoutez :* Ce sont de véritables ammonites, dont les tours de spire sont cachés.

P. 388. La Polystomelle planulée. Pl. VIII, fig. 8. *Lisez :* Pl. VII, fig. 8.

P. 390. Aux observations sur le genre Lenticuline, *ajoutez :* Sur des lenticulines de la collection de M. Michelin, j'ai très-bien vu une ouverture étroite et triangulaire.

Ibid. Ligne 25, au lieu de Sphinctérule, *lisez : Spinctérule,* et, ligne 26, au lieu de tab. 13, *lisez :* tab. 4.

P. 391. Dans la caractéristique du genre Rotalite, *supprimez* les deux mots : *en dessous,* qui font un double emploi.

Page 395. La Rostellaire macroptère. Pl. XVI, fig. 3. *Supprimez* cette citation d'une figure qui n'existe pas, et *ajoutez :* la Rostellaire aile-de-colombe, Pl. XXVIII, fig. 5, sous le nom d'*Hippocrène columbaire.*

P. 396. Genre Pyrule. *Ajoutez* entre la 11.ᵉ et la 12.ᵉ ligne,

D. Espèces courtes, très-minces. (G. Rapana. Schumach.?)

Ex. La P. radis. *P. rapa.* Enc. méth., pl. 454, fig. 1 *a, b;* et à la 13.ᵉ (Les P. pourpres, *ajoutez :* G. Melongena. Schumach.)

P. 398. G. Turbinelle. A la ligne,

C. Espèces turriculées subfusiformes. *Ajoutez :* (G. Polygonum. Schumach.)

P. 399. La Colombelle strombiforme. Pl. XXVIII *bis. Lisez :* Pl. XXIX, fig. 5.

P. 400. Le Triton noduleux. Pl. XVII, fig. 1. *Lisez :* Pl. XVII *bis*, fig. 1, sous le nom de *Struthiolaire noduleuse.*

Ibid. La Ranelle granuleuse. Pl. XVIII, fig. 2. *Ajoutez :* sous le nom de *Ranelle crapaud.*

Ibid. La Ranelle grenouillette. Pl. XIX, fig. 1. *Ajoutez :* sous le nom d'*Apole gyrin.*

P. 403. G. Cérite. *Ajoutez* à la caractéristique de la division *A :* (G. Vertagus, Schumach.)

P. 410. G. Cassidaire. *Ajoutez :* Opercule corné, ovale, à élémens subconcentriques et à sommet submarginal, absolument comme dans les Buccins.

Ibid. G. Casque. *Ajoutez :* D'après une espèce de la collection de M. Deshayes : opercule corné, étroit, ovale, transverse, à sommet médian et marginal, d'où s'irradioit en dehors un grand nombre de stries très-saillantes, se portant du milieu jusqu'au bord.

P. 411. G. Ricinule. *Portez* l'application du G. Sistre de Denys de Montfort, à la division *B* au lieu de la division *C.*

P. 417. G. Olive. Quoique dans l'espèce de ce genre, dont j'ai observé l'animal en bon état de conservation, je n'ai pu apercevoir d'opercule ni de place où il étoit attaché, M. Duclos m'a dit qu'il s'étoit assuré qu'il y en avoit un très-petit. Je ne l'ai pas encore vu.

Page 418. Genre MITRE. *Ajoutez :* que M. Gray m'a assuré qu'il y a un très-petit opercule corné dans ce genre.

P. 425. G. TOUPIE. *Changez* ainsi la caractéristique de la division *A :*

Espèces ombiliquées, subcalyptriformes par la grande saillie de la carène ou de la circonférence lamelleuse, son excavation et la petitesse de la cavité spirale formée par une lame septiforme. (G. ENTONNOIR. Denys de Montfort.)

P. 426. G. TOUPIE. A la caractéristique de la division *G*, *ajoutez :* dépassant l'origine du bord droit, sinueux ou excavé assez fortement dans son milieu, un peu comme dans les Pyramidelles.

P. 427. G. SABOT. A la caractéristique de l'animal de ce genre *ajoutez :* Bouche sans dent supérieure labiale, mais avec deux lèvres latérales, cornées et dentées ; et *terminez* ainsi :

Anus à l'extrémité d'un long rectum, traversant obliquement la cavité branchiale ; organe excitateur exserte et assez grand.

P. 429. Ligne 19. Opecrule, *lisez :* opercule, et *ajoutez* au dernier paragraphe des observations sur le G. SABOT :

Il est certain qu'il y a des monodontes parmi les toupies et parmi les sabots ; en effet, il y a dans nos mers une espèce de toupie monodonte qui a l'opercule multispiré ; j'ai vu dans la collection du Muséum un monodonte de la Nouvelle-Hollande qui a un opercule paucispiré, comme les turbos, mais entièrement corné.

P. 430. G. DAUPHINULE. La D. laciniée. Pl. XXIII, fig. 3. *Lisez :* Pl. XXXIII, fig. 3 ; et *disposez* ainsi les espèces :

A. Espèce à ouverture parfaitement ronde et sans plis. (DAUPHINULE.)

Ex. La D. laciniée. *D. laciniata.* Pl. XXXIII, fig. 3.

B. Espèces subturriculées, avec l'ouverture triangulaire, et quatre plis à la columelle, dont le second est le moins prononcé. (G. TRIGONOSTOMA.)

Ex. La D. bordstrape. *D. trigonostoma.* Favan., Conch., pl. 79, fig. *cc.*

Page 432. Genre Vermet. *Ajoutez :*

Opercule corné, parfaitement circulaire, composé d'élémens grossiers, concentriques, non spirés.

Ibid. Ligne 25. Au lieu de nématopodes, *lisez :* chétopodes.

P. 432. G. Siliquaire. Dans la caractéristique j'ai eu tort de faire entrer la terminaison de la fissure avant le sommet ; en effet, ce caractère ne se trouve pas dans toutes les espèces que l'on pourra partager ainsi :

A. Espèce à coupe circulaire, à fissure arrêtée avant le sommet.

Ex. La S. anguine, etc.

B. Espèces à coupe polygonale, à fissure commune avec le sommet.

Ex. La S. polygonale. *S. polygonalis.* (Nouvelle espèce non figurée.)

P. 438. G. Rissoaire.

D. Espèces plus ou moins globuleuses. (G. Alvania, Risso.)

P. 451. G. Piétin. A la suite des observations qui terminent ce genre, p. 352 au lieu de 451, *ajoutez :*

Les véritables tornatelles devront être séparées nettement de ce genre, puisque l'espèce qui sert de type au genre, est évidemment operculée, comme me l'avoit assuré M. Gray, en Octobre 1826, et comme je m'en suis assuré sur un individu desséché de la collection du duc de Rivoli. Quant au piétin d'Adanson et au conovule, je suis certain qu'ils n'ont pas d'opercule. Ainsi je rétablirai aussi le genre Tornatelle.

TORNATELLE. *Tornatella.*

Animal à peu près inconnu, pourvu sur le dos de son pied d'un véritable opercule. Coquille ovale, subcylindrique, non épidermée, striée, suivant la décurrence de la spire ; ouverture ovale, élargie en avant, entière, avec un gros pli décurrent à la columelle ; bord droit tranchant.

Opercule corné, fort mince, ovale, alongé tout-à-fait de la forme de l'ouverture, à élémens très-fins, indiqués par des stries obliques, partant d'une sorte de côte concave antérieure et interne.

Ex. La Tornatelle fasciée. *Tornatella fasciata.* De Lamarck. Pl. XXXVIII, fig. 5.

Observ. Ce genre ainsi défini devra-t-il rester parmi les auriculacés, qui ne sont pas operculés? Il faut attendre la connoissance de l'animal.

Page 453. Genre Auricule. La division *E*, dont les espèces n'ont ni plis ni dents, n'appartient pas à ce genre. La coquille qui lui sert de type est operculée, et appartient au genre Paludine, comme l'a dit M. Gray, d'après l'observation d'un naturaliste anglois.

Ibid. G. Pyramidelle. M. Gray m'a assuré que les animaux de ce genre sont pourvus d'un opercule.

P. 457. G. Agathine. *Ajoutez* aux observations entre la ligne 3 et la ligne 4 :

Elles vivent, et surtout celles de la division des polyphêmes, dans les endroits marécageux.

P. 462. G. Vitrine. *Ajoutez* aux observations sur ce genre que les espèces qui lui appartiennent se divisent, comme les limaces, en deux groupes, suivant que l'extrémité du corps est entière ou carénée, et que la parmacelle de Taunay doit appartenir à cette dernière division, ainsi qu'une nouvelle et belle espèce, que MM. Quoy et Gaimard m'ont envoyée de Ténériffe, et une troisième de l'île Western , observée dans la Nouvelle-Hollande par les mêmes naturalistes, et qu'ils ont nommée V. de Western.

P. 468. G. Stomatelle. *Ajoutez :* qu'il est très-probable que ce genre devra être réuni, du moins pour les espèces orbiculaires, au genre Cryptostome. En effet, MM. Quoy et Gaimard, dans un mémoire envoyé dernièrement à l'Académie des sciences, ont figuré sous le nom de *stomate* un véritable cryptostome.

P. 473. G. Pleurobranche. *Ajoutez* aux observations sur ce genre : que MM. Quoy et Gaimard, dans le Mémoire cité plus haut, ont établi, sous les noms de *Westernia* et de *Gervisia ,* deux genres pour deux petits mollusques, qui ne sont peut-être que des pleurobranches, ou qui du moins appartiennent à la même famille. Tous deux sont des mers de la Nouvelle-Hollande.

Page 474. Genre Élysie. La figure que M. Risso vient de donner du mollusque qui a servi à l'établissement de ce genre, ne nous permet pas davantage que sa description de dire ce que c'est.

P. 475. G. Ombrelle. *Ajoutez* aux observations que ce genre avoit été établi par Mégerle sous le nom d'*Acarde*.

Ibid. G. Siphonaire. *Ajoutez* aux observations que M. Savigny (Égypt. Gastéropod., pl. 3, fig. 1 — 5) a figuré l'animal d'une espèce de ce genre.

P. 480. G. Hyale. *Ajoutez* aux observations que la troncature du sommet des hyales est accidentelle, comme s'en est assuré M. Schranck, et que M. Lesueur, dans une Monographie des espèces de ce genre, qu'il a trouvées en abondance dans les eaux de l'archipel américain, confond dans ce genre les cléodores. les vaginelles, etc.

P. 481. G. Cléodore. *Ajoutez* à la division des espèces :

C. Espèces très-alongées, acuminiformes, à coupe et ouverture circulaires, celle-ci tout-à-fait terminale. (G. Styliole. Lesueur.)

Ex. La S. droite. *S. recta*, Lesueur, Mss., pl. 4, fig. 11.

Ibid. G. Cymbulie. *Ajoutez* que M. Lesueur, dans la Monographie manuscrite citée plus haut, décrit et figure deux nouvelles espèces de cymbulies, des mers de la Martinique ; l'une. sous le nom de *C. obtusa*, et l'autre, sous celui de *C. parva*. dont il propose même de faire un genre qu'il nomme Argivora, à cause que son corps est entièrement dépourvu de têt.

P. 483. G. Pneumoderme. *Ajoutez* que, d'après la figure donnée par MM. Quoy et Gaimard du pneumoderme vivant, les faisceaux des suçoirs tentaculaires représentent des espèces de tentacules ramifiés, et dont chaque ramification est terminée par une petite boule.

P. 484. Ligne 12, au lieu de Pl. XLVI, fig. 5, *lisez :* Pl. XLVI *bis*, fig. 5.

P. 485. Ligne 10, au lieu de Pl. XLVI, fig. 4, *lisez :* Pl. XLVI *bis*, fig. 3.

P. 490. G. Linguelle. *Ajoutez* que M. Otto a découvert une espèce de ce genre dans la mer de Naples.

Page 492. Pour la caractéristique de la division *C, mettez :*

C. Espèces dont le corps, en forme de flèche, est pourvu de trois paires de nageoires horizontales, dont une terminale, sans nucléus évident.

Ex. La Sagitelle équipinne. *Sagitella œquipinnis*, Lesueur, Monog. des Ptérop., pl. 11, fig. 1 — 3.

Ajoutez en outre aux observations : que M. Lesueur définit et figure trois espèces de sagitelles, et que, si la description est exacte, ce sont des animaux tous différens des Firoles, puisqu'ils n'ont ni nucléus ni pied abdominal en nageoire; mais une forme de poisson.

P. 493. Ligne 25, Pl. XLVIII. *Lisez :* fig. 9.

P. 498. A la fin de la dernière ligne, *ajoutez :* Pl. XLIX, fig. 7.

P. 500. Ligne 7, après recouvrante, *ajoutez :* débordée.

P. 502. G. Parmophore. *Ajoutez* aux observations : que l'animal de la grande espèce est tout noir, avec les bords du pied d'un blanc jaunâtre, d'après MM. Quoy et Gaimard, et que M. Lesson a rapporté une espèce de ce genre de Coquimbo, aux côtes du Pérou.

P. 503. Division *D.* Pl. XLIX *bis*, fig. 4. *Ajoutez :* sous le nom de *Stomate nacrée.*

P. 504. G. Ancyle. Ligne 5, après coquille, *ajoutez :* épidermée, et aux observations : que sur des individus d'une espèce que j'ai reçue de Ténériffe, et que MM. Quoy et Gaimard nomment *A. striée*, j'ai cru que ce genre devoit être porté dans la famille des monopleurobranches.

P. 504. Ligne 22, après coquille, *ajoutez :* débordante.

P. 508. G. Notrème. *Ajoutez* aux observations : que depuis la publication que M. Rafinesque a faite de la figure de ce genre. (*Journal de physique*, Août, 1819), il ne m'a pas été plus possible de deviner les rapports naturels de cet animal.

P. 509. G. Lingule. Après coquille, *ajoutez :* dorso-ventrale.

P. 510. G. Térébratule. Après coquille, ligne 9, *ajoutez :* dorso-ventrale.

Page 511. Ligne 22, au lieu de PENTASTÈRE, *substituez :* PEN-TAMÈRE.

P. 512. Ligne 9, au lieu de Pl. LIII, fig. 1, *lisez :* Pl. LIV, fig. 1.

P. 515. Ligne 8, après adhérente, *ajoutez :* ou mieux retenue.

Ibid. Ligne 23, après valve inférieure, *ajoutez :* adhérente.

P. 522. Ligne 16, *lisez :* fig. 4, au lieu de fig. 3.

Ibid. G. GRYPHÉE. *Supprimez* toute la division *B*, dans laquelle nous avions à tort rangé, soit les podopsides, soit les plagiostomes non symétriques.

P. 524. G. HINNITE. *Ajoutez* après coquille, le mot adhérente, et aux observations, que M. Gray a fait connoître une espèce vivante de ce genre dans les *Annals of philosophy*.

Ibid. G. PEIGNE. *Ajoutez* aux observations que Mégerle fait un genre sous le nom d'AMUSIUM avec le *Pecten magellanicus;* un autre sous la dénomination de PANDORE, avec le *Pecten maximus ;* et que M. Drouet en a aussi proposé un qu'il nomme NEITHEA, avec le *Pecten quinquecostatus.*

P. 526. G. LIME. *Ajoutez* qu'il y en a certainement au moins trois espèces dans la Méditerranée et une dans la Manche.

P. 529. G. CATILLE. Ligne dernière, au lieu de Pl. LXI *bis*, fig. 2, *lisez :* Pl. LXII *bis*, fig. 4.

P. 531. G. AVICULE. *Ajoutez* au nom générique de la division *A :* G. MARGARITIPHORA, Mégerle. MARGARITA, Leach. PINTADINE ou MELEAGRIS, de Lamarck.

Ibid. Ligne 22, après fig. 5 (jeune), *ajoutez :* sous le nom d'Avicule aronde.

P. 532. Avant le nom de la division *B*, *ajoutez :* LITHOPHAGA. Mégerle.

P. 538. G. ANODONTE. Dans la caractéristique de la division *A*, au lieu de mince, *mettez :* assez épaisse, et avant IRIDINE, *mettez :* G. BERROLIS. Leach.

Aux observations *ajoutez :*

La première division doit d'autant plus être adoptée comme genre, que M. Deshayes m'a fait voir que l'animal rapporté par M. Caillaud de l'Égypte supérieure , a son manteau fermé en arrière et pourvu de deux tubes courts, mais bien distincts. Il paroît cependant que ce singulier caractère se trouve aussi dans l'Anodonte pourpre, tandis que dans toutes les anodontes et les mulettes dont j'ai examiné l'animal, il n'y a jamais de tube proprement dit, mais bien une bride transverse qui circonscrit une seule ouverture anale, la branchiale étant incomplète. Devra-t-on, à cause de ce caractère de l'animal de quelques anodontes, en faire un genre de la famille des conchacés ? J'avoue que j'en doute.

M. Ratke, de Copenhague, a établi sous le nom de GLOCHIDIUM un genre distinct avec les petites coquilles qui se trouvent en grande abondance dans les branchies externes des Anodontes et des Unios, et qu'il regarde comme parasites. (Act. de la soc. de Copenhague pour 1797.) M. Jacobson est de la même opinion, que nous ne partageons pas encore.

Page 539. Genre MULETTE. *Ajoutez* aux observations : que M. Lesueur, ayant envoyé à Paris un grand nombre d'individus et d'espèces de ce genre, de l'Amérique septentrionale, j'ai pu m'assurer *de visu*, que la variété de forme que présente ce genre de coquilles est véritablement incroyable.

P. 547. G. BUCARDE. *Ajoutez* une sixième division pour une espèce nouvelle que j'ai reçue de Terre-Neuve.

F. Espèces tout-à-fait lisses et à dents cardinales presque effacées.
Ex. Le B. anodonte. *B. anodonta.*

P. 552. G. CYPRINE. Aux observations *ajoutez :* J'ai vu l'animal d'une espèce de cette section ; il est pourvu de deux tubes courts, distincts, et son pied est sécuriforme.

P. 555. G. CRASSATELLE. *Ajoutez* aux observations : J'ai vu, dans la collection de M. Marmin, une espèce fossile de ce genre provenant de l'Amérique septentrionale.

P. 558. G. VÉNUS. *Supprimez* la division *Q*, formant le genre NICANIA de Leach, parce que, d'après ce que m'a dit M. Gray, c'est le même que celui que M. de Lamarck a nommé CRASSINE, et Sowerby ASTARTE.

Page 558, ligne 21, *supprimez* les mots : dans la Vénus Méroé, puisque c'est une Donace, type du genre CUNÉUS de Mégerle.

P. 562. Genre SPHÈNE. Ligne 2, après valve gauche, *lisez :* un peu plus aplatie que la droite, d'une sorte de dent plate, élargie, oblique, horizontale, etc.

Ligne 6, après ligament, *lisez :* très-court, inséré sur la dent.

Ligne 8, *ajoutez : Corbula rostrata*, de Lamarck.

Aux observations, *ajoutez :* que ce genre, établi par Turton, est à peine distinct des Corbules.

Ibid. G. ONGULINE. Après le mot subbifide, *ajoutez :* en arrière d'une petite fossette d'engrenage.

A la fin de la caractéristique, après impression palléale, au lieu d'inconnue, *mettez :* non flexueuse.

Aux observations *ajoutez :* que j'étudie l'onguline transverse de la collection de M. Deshayes, et qu'il est plus que probable que ce genre doit être reporté beaucoup plus haut.

Ibid. PYLORIDÉS. Il faut rapporter ici, dans la première section de la famille des Pyloridés, les genres CORBULE et SPHÈNE, qui ont été placés à tort dans la famille des conchacés. Alors cette première section, qui a pour caractère essentiel d'avoir le ligament interne, pourra être subdivisée elle-même en deux groupes, suivant l'inégalité ou l'égalité des valves.

Dans la première seront les genres CORBULE, SPHÈNE ; OSTÉO-DESME ou PÉRIPLOME, THRACIE, HÉMICYCLOSTOMES et ANATINE.

Dans la seconde, les genres MYE, LIGULE et LUTRAIRE.

P. 564. G. ANATINE. *Supprimez* les divisions *A* et *C*, contenant l'*A. myalis*, qui est le type du genre OSTÉODESME, et l'*A. rupicola*, et *placez* l'article suivant avant le genre THRACIE.

OSTÉODESME. *Osteodesma.*

Corps ovale ; manteau épais et bilabié inférieurement, fermé partout, si ce n'est dans son tiers antérieur et inférieur, e pourvu en arrière d'un tube unique, assez court ; masse abdominale petite, terminée par un pied lamelleux, tranchant et subantérieur ; bouche petite, subovale, transverse, avec deux paires d'appendices larges et foliacés ; branchies ovales, assez grandes, à stries très-obliques d'arrière en avant, épaisses, unilobées de chaque côté et complétement libres entre elles.

Coquille fort mince, fragile, ovale-oblongue, saillante, équi- ou inéquivalve (la valve gauche plus bombée que la droite), inéquilatérale; sommets peu marqués, comme fendus; charnière édentule; ligament double, l'externe très-mince, l'interne épais, porté sur des callosités nymphales assez saillantes, quelquefois en forme de cuilleron, et soutenu à son bord antérieur par un osselet transverse, bien symétrique; deux impressions musculaires distantes; impression paléale échancrée en arrière.

A. Espèces inéquivalves, régulières.

Ex. L'Ostéodesme trapézoïdal. *Osteodesma trapezoidalis. Anatina trapezoidalis*, de Lamarck. Pl. LXXVI, fig. 8 et 8 *a.*

B. Espèces équivalves, térébrantes. (G. Rupicole. Fleur. de Bellev.)

Ex. L'A. rupicole. *A. rupicola* (non figurée).

Observ. Ce genre, proposé dernièrement par M. Deshayes, l'avoit déjà été par M. Schumacher, sous le nom de *Periploma.* Nous l'avons caractérisé d'après l'*Anatina myalis*, connue sur nos côtes, et dont nous devons la connoissance ainsi que celle de son animal à M. de Gerville. Le singulier osselet qui en fait le caractère principal, est contenu dans une sorte de gaîne transverse qui entoure un repli du manteau. C'est cette espèce à dent mobile, dont il est parlé à la fin des observations sur le genre ANATINE.

Il faudra sans doute placer ici un nouveau genre, indiqué par M. Deshayes sous le nom d'*Hemicyclonosta*, pour une coquille fossile des environs de Paris, que M. Hardouin-Michelin a figurée dans la première feuille des objets de sa collection; mais comme on ne connoît encore qu'une valve, il vaut mieux attendre, pour en donner la caractéristique, que les deux aient été rencontrées.

Page 565. Genre THRACIE. *Supprimez* la division *B*, établie sur une coquille que je n'avois pas vue, et qui paroît n'être autre chose que celle qui sert de type au genre OSTÉODESME, le *Mya declives* de Pennant, *Mya pubescens* de Montagu et de Pultency, et non de Linné ni de Gmelin, qui n'ont pas d'espèce de myc sous ce nom.

Page 566. Ligne antépénultième, au lieu de vertical, *lisez :* horizontal.

P. 567. G. Psammocole. Dans la première division des espèces de ce genre il y a une erreur grave ; en effet, dans la caractéristique j'ai eu en vue la sanguinolaire rugueuse de M. de Lamarck, figurée pl. LXXVII, fig. 6, et j'ai cité, comme exemple, la psammobie vespertinale de M. de Lamarck, qui n'est nullement striée, figurée pl. LXVII, fig. 4, sous le nom de psammocole vespertinale.

Page 570. Genre Solen. Ligne 10, au lieu de *Solen pygmæus*, lisez : *S. minutus.*

Ibid. G. Solémye. C'est à tort que j'ai appelé dent cardinale l'espèce de cuilleron qui porte le ligament ; c'est une véritable callosité nymphale plus intérieure et plus oblique que dans les solens, en sorte qu'il faudra rectifier ainsi cette partie de la caractéristique : Charnière édentule ; ligament oblique, subintérieur, inséré sur une callosité nymphale un peu en cuilleron oblique, très-rentrée et presque à l'extrémité de la coquille.

P. 571. G. Glycimère. Ce genre, qui devroit être placé immédiatement après les solémyes, dont il diffère à peine, ne contient réellement encore que deux espèces, la G. épaisse et la G. rousse de M. Bosc ; car je me suis assuré que les deux autres que M. de Lamarck y rapporte, n'en ont nullement les caractères : ainsi la G. arctique est plutôt pour moi une espèce de panopée, puisque outre une véritable petite dent à la charnière, il y a une impression palléale très-sinueuse en arrière, et que le sommet est beaucoup plus antérieur, en sorte que le côté court de la coquille n'est pas celui du ligament.

Quant à la G. nacrée, qui est fossile, la position du sommet et la grandeur de l'excavation palléale ne permettent pas non plus de la rapprocher des véritables glycimères.

P. 572. G. Saxicave. Ligne 14, *ajoutez :* Pl. LXVIII, fig. 5, sous le nom de *Corbule australe.*

P. 574. G. Gastrochène.

Ligne 9, au lieu de coquille, *lisez :* corps.

Ligne 11, au lieu de masse, etc., *lisez :* ouverture arrondie, par laquelle sort un très-petit pied linguiforme.

Ligne 22, *ajoutez* à la caractéristique du tube : ouvert ou fermé à sa base, et avec une seule ouverture au sommet.

Ligne 29; au lieu de fig. 4, *lisez :* fig. 3.

Page 576. G. ARROSOIR. Ligne 19, *ajoutez :* composée de tubes réunis.

P. 576. *Ajoutez* aux observations : comme preuve que l'animal de l'arrosoir vit fixé aux corps submergés; qu'il existe, dans la collection du duc de Rivoli, un disque de son tube dont les épines tubuleuses sont adhérentes sur une coquille.

P. 578. G. PHOLADE. *Ajoutez* aux observations sur ce genre : qu'en examinant attentivement un bel individu de la grande espèce de pholade de nos côtes, il m'a semblé voir des traces d'un ligament externe, et que sur l'animal de la PH. scabrelle, je me suis assuré que la partie la plus saillante de la callosité subapiciale sert à l'insertion du muscle adducteur antérieur, qui, par conséquent, ne manque pas dans ce genre d'animaux. Il est même probable que c'est à l'action de ce muscle qu'est dû le mouvement de la coquille dans la perforation de la roche, et non pas seulement à celle des muscles rétracteurs du pied qui s'attachent aux cuillerons, comme le pense M. Gray.

P. 580. G. FISTULANE. Ligne 29, *ajoutez* à la fin de la caractéristique du tube : plus ou moins complète.

P. 592. NÉMATOPODES.

Ligne 16, au lieu de par, *lisez :* à.

Ligne 17, *ajoutez* après ces mots, pourvue de chaque côté : de six paires.

Ligne 19, les mots : rudiment de membres, doivent être mis entre parenthèses.

P. 595. G. LITHOLÈPE. *Ajoutez* à ces mots, *Ex.* Le Litholèpe de Mont-Serrat : Pl. LXXXIV, fig. 6, d'après Sowerby.

Ligne 22, après n.ºˢ 7, 8 : sous le nom de *Lithotria.*

Terminez par cette remarque :

D'après la figure de M. Sowerby, il me paroît extrêmement probable que cette espèce de lépadiens est une véritable pentalèpe ou lépas ordinaire, à cinq valves ; avec deux très-petites accessoires à la base de l'antérieure, et qui, étant tombé à l'état d'œuf dans un trou de vénérupe, s'est implantée sur une des valves de cette coquille : en effet, la terminaison de ce pied n'a en aucune manière la forme de cette prétendue patelle renversée.

Page 595. Fam. BALANIDES. Dans la caractéristique, après le mot coquille, *ajoutez :* péristomatique.

P. 596. Fam. BALANIDES. *Ajoutez* aux observations : que les jeunes individus de ce groupe, en sortant de l'œuf, paroissent, pendant quelque temps, n'avoir pas la partie coronaire de la coquille, mais seulement l'operculaire.

P. 601. G. CORONULE. *Ajoutez* aux observations : que M. Gray, qui a publié dernièrement un nouveau système de distribution des *Lepas* de Linnæus, a observé des coronules sur des animaux sans vertèbres, et entre autres sur un crabe et sur une volute.

P. 609. Dernier paragraphe. Observez que la mauvaise ponctuation a rendue mon idée presque inintelligible. *Lisez* ainsi :

D'après cette analyse du système conchyliologique de M. Schumacher, il est aisé de voir qu'il est complétement arbitraire et artificiel, même en pure et simple conchyliologie. Quoique quelquefois, rarement il est vrai, l'auteur ait fait fléchir sa règle, comme lorsqu'il place son genre MALACOTTE (*Lepas aurita*), auquel il ne reconnoît que deux valves, parmi les multivalves, à cause, dit-il, de l'animal, le principe dominateur, la forme de la charnière dans les bivalves, celle de l'ouverture dans les univalves, a été sans doute le plus souvent rigoureusement observé, etc.

P. 612. Ligne 12, au lieu de, dans, *lisez :* par.

P. 622. G. BÉLOPTÈRE. Après le premier exemple, *ajoutez :* Pl. XI, fig. 7.

Après le second, *ajoutez :* Pl. XI, fig. 8.

Aux observations *ajoutez :* que je connois trois ou quatre espèces de ce genre.

Ibid. G. CONULAIRE. Au lieu de page 277, *lisez :* 377.

P. 628. G. PLACOBRANCHE. Aux observations *ajoutez :* que ce doit être un animal voisin des aplysies plutôt que des doris.

Page 63o. Genre Anodonte. Au lieu d'Alasmisodonte , *lisez :* Alasmidonte.

P. 643. Entre la ligne 6 et la ligne 7 , première colonne, *intercalez :* Lithodome. Page 552.

P. 645. Lignes 20 et 21 , 2.ᶜ colonne, au lieu de 374 et 473 , *lisez :* 457.

Entre les lignes 23 et 24, 2.ᶜ colonne, *intercalez :* Rostellaire. Page 395.

Entre les lignes 38 et 39 , *intercalez :* Sarcoptère. P. 479 en note.

TABLE SYNOPTIQUE

d'une disposition systématique des coquilles, assez rigoureusement établie d'après les caractères qui leur sont inhérens, et cependant de manière à concorder avec la classification méthodique des animaux dont elles proviennent.

POLYTHALA[MES]

UNIVALVES......

MONOTHALA[MES]

COQUILLES...

BIVALVES........ les valves..

TÊTS....

MULTIVALVES.... les valves dis[posées]

TUBES OU FOURREAUX (Chétopodes).
ENVELOPPES OU POLYTOMES (Échinides).

Division	Sous-division	Forme	Famille	Caractère	Sous-caractère 1	Sous-caractère 2	Genres
cellulées		plates	*Sépiacées*				Sèche.
			Planulacées				Réguline, Frondiculaire, Pénérople.
		sphéroïdes	*Sphérulacées*				Milliole, Pollonte, Melonie, Bordlie. / Sarracénaire, Textulaire.
		circulaires	*Nummulacées*				Nummulite, Licrophre, Hélicite, Rotalite, Egéone, Sidérolite, Orbiculine.
loculées	symétriques	droites	*Orthocérées*	à cloisons	simples		Bélemnite, Conulaire, Conilite, Orthocère.
					sinueuses		Baculite.
		semi-droites	*Lituacées*	à cloisons	simples		Ichthyosarcolite, Lituole, Spirule, Hortole, Spiroline.
					sinueuses		Hamite, Ammonocératite.
		subenroulées	*Cristacées*				Crépiduline, Oréas, Linthurie.
		enroulées	*Ammonacées*	à cloisons	sinueuses		Discorbite, Scaphite, Ammonite.
					simples		Simplégade, Ammonie, Planulite, Ellipsolite, Amalté.
		très-enroulées	*Nautilacées*	à cloisons	sinueuses		Orbulite, Aganide, Pélaguse.
					simples		Nautile, Angulite, Océanie, Bisiphite.
	non symétriques		*Turbinacées*				Cibicide, Rotalite, Storille, Cidarolle, Cortale.
			Turriculacées				Turrilite.
engainantes; ouverture	non entière	siphonée	*Siphonostomes*	sans bourrelet			Pleurotome, Rostellaire, Fuseau, Pyrule, Fasciolaire, Turbinelle.
				à bourrelet			Colombelle, Triton, Strathiolaire, Ranelle, Rocher.
		échancrée	*Entomostomes*	operculées	turritées		Cérite, Nérine, Potamide, Pyrène, Mélanopside, Planaxe, Alène.
					turbinées		Eburne, Buccin.
					ampullées		Harpe, Tonne, Cassidaire, Ricinule, Cancellaire, Pourpre, Licorne.
					patelloïdes		Concholepas.
				inoperculées			Vis, Mitre.
		échancrée et très-longue	*Angyostomes*	operculées			Strombe, Ptérocère, Cône.
				inoperculées			Tarière, Séraphe, Olive, Ancillaire, Volute, Marginelle, Volvaire. / Porcelaine, Ovule.
	entière	anguleuse	*Coniostomes*				Cadran, Toupie, Roulette, Tectaire, Télescope, Cantharide.
	operculée	ronde	*Cricostome*	de forme	subglobuleuse		Monodonte, Turbo, Littorine, Dauphinule.
					subturriculée		Cyclostome, Paludine, Valvée.
					turriculée		Scalaire, Proto, Turritelle.
					tubuleuse		Vermet, Siliquaire, Magile.
		demi-ronde	*Hémicyclostomes*				Nérite, Néritine, Clithon, Vélate, Piléole, Navicelle, Natice.
		elliptique	*Ellipsostomes*				Hélicine, Ampullaire, Mélanie, Rissoaire, Phasianelle, Pleurocère.
		à bord aigu	*Oxystomes*				Janthine.
	inoperculée	très-variable	*Hétérostomes*	de forme	ovale ou ronde tranchante		Limnée, Physe, Planorbe.
					ovale rebordée		Piétin, Tornatelle, Conovule, Auricule, Scarabe, Carychium, Pyramidelle.
					ovale tranchante		Ambrette, Bulime, Agathine, Polyphème.
					obronde, rebordée		Clausilie, Tomogère, Maillot, Grenaille, Partule.
					transverse		Hélice et ses subdivisions.
					patulée		Vitrine, Testacelle, Parmacelle.
		très-grande	*Mégastomes*	de forme	auriculée		Sigaret, Cryptostome, Stomatelle, Vélutine, Stomate, Haliotide, Padolle.
					bullée		Bulle, Bullée.
					patellée		Aplysie, Dolabelle, Ombrelle, Siphonaire, Ancyle.
recouvrantes	symétriques; en forme de	nacelle	*Naviculaires*				Carinaire, Atlante, Spiratelle, Argonaute.
		gaine	*Vaginulaires*				Hyale, Cléodore, Vaginule, Cymbulie, Pyrgo.
		défense	*Dentalaires*				Dentale.
		bouclier	*Clypéolaires*	à sommet	antérieur		Patelle, Helcion, Fissurelle.
					postérieur		Emarginule, Rimule, Entaille, Semidmarginule, Parmophore.
	non symétriques		*Péolaires*				Crépidule, Calyptrée, Cabochon, Hipponice.
closes; charnière	post. ou anale; coquille	mince	*Lingulacées*	de forme	régulière		Lingule, Térébratule, Pentastère, Strygocéphale, Magas, Productus. / Thécydée, Strophomène, Plagiostome, Dianchore, Podopside.
					irrégulière		Orbicule, Discine, Cranie.
		épaisse, grossière	*Rudacées*				Sphérulite, Hippurite, Radiolite, Birostrite, Calcéole.
	antér. ou orale; coquille	inéquivalves	*Ostracées*				Anomie, Placune, Huitre, Gryphée, Pachyte.
		subéquivalves	*Subostracées*				Spondyle, Plicatule, Hinnite, Peigne, Houlette, Lime.
	suborale		*Margaritacées*	ligament	simple		Vulselle, Marteau, Avicule, Pintadine.
					multiple		Perne, Crénatule, Inocérame, Catille, Pulvinite, Gervillie.
		presque nulles	*Mytilacées*				Jambonneau, Monie, Modiole, Lithodome.
		très-nombreuses	*Arcacées*				Arche, Cucullée, Pétoncle, Nucule.
		lamelleuses	*Sphénytilacées*		epidermées		Anodonte, Hyrie, Dipsas, Mulette, Iridine, Castalie.
					non épidermées		Cardite, Vénéricarde, Cypricarde.
	dorsale... dents	grossières	*Camacées*		irrégulières		Came, Dicérate, Ethérie.
					régulières		Tridacne, Hippope, Trigonie, Opis.
		normales	*Conchacées*	régulières		avec dents latérales écartées	Bucarde, Hémicarde, Donace, Capse, Telline, Tellinide. / Lucine, Loripède, Amphidesme, Corbeille, Cyclade, Cyrène, Galathée.
						sans dents latérales écartées	Cyprine, Mactre, Erycine.
				irrégulières			Crassatelle, Cythérée, Arthémis, Vénus, Triquètre, Crassine. / Vénérupe, Rupellaire, Pétricole, Coralliophage.
bâillantes; ligam.	évident		*Pyloridées*	à ligament	interne		Clotho, Corbule, Sphène, Onguline.
					externe	libres	Panoroée, Anatine, Rupicole, Thracie, Mye, Lutricole. / Panopée, Psammobie, Psammotée, Solétellina, Sanguinolaire, Solécurte. / Solen, Solémye, Panopée, Glycimère, Saxicave, Byssomye, Rhomboïde.
						tubicoles	Gastrochène, Clavagelle, Arrosoir.
	nul		*Adesmacées*		libres		Pholade, Pholadidœle.
					tubicoles		Térédine, Taret, Fistulane, Cloisonnaire.
tout autour du corps, les bords		non engrenés	*Périsomiales*				Gymnolèpe (Otion et Cinéras), Pentalèpe (Pentalasmis, Pollicipède), Polylèpe, Litholèpe.
		engrenés	*Coronales*	opercule	articulé		Balane, Acaste, Ochthosie, Conie, Creusie, Pyrgome, Chthalame.
					non articulé		Coronule, Chélonobie, Cétopire, Diadème, Tubicinelle.
en série dorsale			*Sériales*				Oscabrion, Oscabrelle.

TABLE SYNOPTIQUE

DE LA

MÉTHODE CONCHYLIOLOGIQUE

DE M. DE LAMARCK.

coquilles d'animaux...

inarticulés...

SUBSPIRALES des....... TRACHÉLIPODES.......

Coquilles presque toujours d'une seule pièce, quelquefois de plusieurs, jamais articulées en charnière, le plus souvent contournées en spirale, extérieure ou intérieure, et auxquelles l'animal est, en général, attaché par un muscle. (Elles appartiennent à différens mollusques.)

PTÉROPODES..........

GASTÉROPODES........

CÉPHALOPODES.......

articulés......

CARDINIFÈRES des.......

Coq. essentiellement bivalves, avec ou sans pièces accessoires; les deux valves articulées en charnière.
Appart. aux conchifères.

DIMYAIRES. Coq. ayant intérieurement deux impressions musculaires, séparées et latérales.

MONOMYAIRES. ou coquilles ayant une seule impression musculaire subcentrale; ligament.......

SUBCORONALES. Coquilles plurivalves, soit en couronlée et comprimée, à pièces inégales, tantôt soudnière ni contournées en spirale; aucun lien paquille.

VERMICULAIRES. Coq. d'une seule pièce en tuyaux alorégulière, servant de fourreau à l'animal, qui n'y e